T0074350

Induktivitäten in der Leistungselektronik

Manfred Albach

Induktivitäten in der Leistungselektronik

Spulen, Trafos und ihre parasitären Eigenschaften

 Springer Vieweg

Manfred Albach
Lehrstuhl für elektromagnetische Felder
Friedrich-Alexander Universität
Erlangen, Deutschland

ISBN 978-3-658-15080-8 ISBN 978-3-658-15081-5 (eBook)
DOI 10.1007/978-3-658-15081-5

Die Deutsche Nationalbibliothek verzeichnet diese Publikation in der Deutschen Nationalbibliografie; detaillierte bibliografische Daten sind im Internet über http://dnb.d-nb.de abrufbar.

Springer Vieweg

Gedruckt auf säurefreiem und chlorfrei gebleichtem Papier.

Springer Vieweg ist Teil von Springer Nature
Die eingetragene Gesellschaft ist Springer Fachmedien Wiesbaden GmbH
Die Anschrift der Gesellschaft ist: Abraham-Lincoln-Strasse 46, 65189 Wiesbaden, Germany

Vorwort

Die Ausgangssituation

Induktive Bauelemente spielen eine Schlüsselrolle bei der Entwicklung von Netzgeräten, Wechselrichtern und anderen leistungselektronischen Systemen. Die gegenseitige Abhängigkeit von ausgewählter Schaltung (Topologie und Betriebsart) und induktiver Komponente ermöglicht eine Optimierung des Gesamtsystems nur unter gleichzeitiger Einbeziehung der Spulen und Transformatoren.

Im Gegensatz zu den Halbleiterbauelementen oder auch den Kondensatoren sind die Spulen und Transformatoren aber nur in Sonderfällen, wie z. B. bei Filterspulen, käuflich verfügbar. In der Regel werden diese Bauelemente von den Schaltungsentwicklern passend für die jeweilige Applikation optimiert. Zur Erfüllung der unterschiedlichsten Anforderungen an die zu realisierende Komponente stehen dem Entwickler eine Vielzahl von Kernen, unterschieden nach Bauformen und Materialien, sowie verschiedene Querschnittsformen der Leiter, wie z. B. Runddrähte, Litzen oder Folien zur Verfügung. Unabhängig von dieser Auswahl besteht das Hauptproblem in der Festlegung des speziellen Wicklungsaufbaus. Unterschiedliche Kombinationen von Windungszahl und Luftspaltgröße und insbesondere die Positionierung der Windungen im Wickelfenster eröffnen vielfältige Möglichkeiten.

Der Wunsch nach kleiner werdenden Schaltungen führt häufig auf die Forderung nach höheren Schaltfrequenzen. Damit spielen die parasitären Effekte in den induktiven Komponenten eine immer bedeutendere Rolle, sowohl im Hinblick auf die Verluste als auch auf das EMV-Verhalten. In einigen Schaltungen kommt es auf minimale Streuinduktivitäten oder minimale Wicklungskapazitäten an, in anderen Schaltungen werden diese parasitären Eigenschaften in die Betriebsweise integriert, indem z. B. die Wicklungskapazität als Teil eines Resonanzkreises verwendet wird.

Ein gutes Verständnis für die Ursachen und die Beeinflussungsmöglichkeiten dieser parasitären Eigenschaften ist erforderlich, vor allem vor dem Hintergrund, dass sich diese Eigenschaften gegenseitig beeinflussen. Eine bessere induktive Kopplung zwischen den Transformatorwicklungen erhöht in der Regel die parasitären Kapazitäten sowie die Proximityverluste in den Wicklungen. Die zusätzlichen Randbedingungen bei der Auslegung der induktiven Komponenten, wie z. B. die zu übertragende Leistung, das maximale Volumen des Bauelements, die maximal zulässigen Verluste, der maximale Temperaturanstieg unter ungünstigsten Betriebsbedingungen oder auch das EMV-Verhalten erschweren die Situation zusätzlich.

Die Zielsetzung

Die primäre Zielsetzung dieses Buches besteht darin, ein tieferes Verständnis für die induktiven Bauteile und insbesondere deren parasitäre Eigenschaften zu entwickeln. Voraussetzung dafür ist die Kenntnis der elektrischen und magnetischen Felder innerhalb der dreidimensionalen Anordnungen. Diese Feldverteilungen sind der Ausgangspunkt für die weitere Analyse, wie z. B. die Herleitung der parasitären Eigenschaften.

Die Berechnung der Felder erfordert in der Regel einen hohen mathematischen Aufwand. Das gilt nicht nur für die induktiven und kapazitiven Kopplungen innerhalb der Wickelanordnungen, sondern insbesondere auch für die Berechnung der unterschiedlichen Verluste in Kern und Wicklung. Die Berücksichtigung nichtlinearer Materialeigenschaften erschwert die Analyse zusätzlich.

Simulationen mit Finite-Elemente Programmen benötigen sehr viel Speicherplatz und auch Rechenzeit. Das hängt vor allem damit zusammen, dass viele Windungen mit dünnen Drähten oder Litzen und mit eventuell kleiner Eindringtiefe aufgrund der hohen Frequenzen in einem verglichen dazu großen Wickelfenster untergebracht werden. Die dadurch notwendige Diskretisierung hat bei der Optimierung aller möglichen freien Parameter einen nicht vertretbaren zeitlichen Aufwand zur Folge. Zum Durchlaufen der vielen Optimierungsschleifen bieten auf analytischen Formeln basierende Programme deutliche Vorteile. Die Finite-Elemente Programme spielen ihre Vorteile dann aus, wenn Effekte an komplizierten Strukturen untersucht werden sollen, die einer analytischen Rechnung nicht mehr zugänglich sind.

Die Vorgehensweise

In den folgenden Kapiteln werden wir die einzelnen parasitären Eigenschaften getrennt untersuchen. Dazu werden ausgehend von dem geometrischen Aufbau nach Möglichkeit analytische Beziehungen aufgestellt. Bei manchen Problemstellungen wird der mathematische Aufwand derart komplex und umfangreich, dass auf eine ausführliche Herleitung der Gleichungen verzichtet wird. In diesen Fällen wird auf Simulationen mit handelsüblichen Softwaretools oder auch auf Messungen zurückgegriffen.

Viele Zusammenhänge werden an konkreten Zahlenbeispielen mit ausgewählten Kernen und Wickelanordnungen veranschaulicht. Die sich daraus ergebenden quantitativen Ergebnisse sind dann nicht unmittelbar auf andere Applikationen übertragbar, sie zeigen aber die funktionalen Abhängigkeiten auf und helfen das Verständnis der zugrunde liegenden Ursachen zu verbessern und diejenigen Parameter zu identifizieren, durch deren Änderung eine Optimierung der Komponenten im Hinblick auf bestimmte Kriterien ermöglicht wird.

Auf der anderen Seite bietet die von jedem PC zur Verfügung gestellte Rechenleistung die Möglichkeit, auch komplizierte mathematische Zusammenhänge zu programmieren und in vernachlässigbarer Zeit auszuwerten. Damit eröffnet sich die Möglichkeit, mithilfe der angegebenen Gleichungen verschiedenste Parameterstudien zu betreiben und übergeordnete Optimierungsschleifen, z. B. die Wahl der Schaltungstopologie oder die Betriebsweise der Schaltung betreffend, in die Analyse mit einzubeziehen. Erst mit diesen Ergebnissen können die Werte der Induktivitäten, der Übersetzungsverhältnisse, der Schaltfrequenz und der Stromformen geeignet festgelegt werden.

Der Inhalt

Im ersten Kapitel werden die mathematischen Gleichungen bereitgestellt, die ausgehend von den physikalischen Gesetzmäßigkeiten eine weitestgehend analytische Berechnung der grundlegenden Zusammenhänge ermöglichen. Es ist als Repetitorium konzipiert und sollte wie ein Nachschlagewerk verwendet werden, auf das beim Lesen der folgenden Kapitel bei Bedarf zurückgegriffen werden kann.

Das Buch ist so eingeteilt, dass wir uns zunächst nur mit den Wicklungen beschäftigen, anschließend nur mit den Kernen und schließlich mit den aus Kern und Wicklung bestehenden Komponenten. In den Kap. 2 bis 4 werden nur Anordnungen ohne hochpermeables Kernmaterial behandelt. Dieser Einstieg mit Luftspulen bietet den Vorteil, dass wir die verschiedenen Eigenschaften der Wicklungen ohne die später infolge der Kerne hinzukommenden Probleme wie Kernverluste, Sättigungserscheinungen oder auch die Abhängigkeit der Induktivität vom Strom, von der Temperatur oder der Frequenz untersuchen können.

Kap. 2 behandelt die Selbst- und Gegeninduktivitäten bei Draht- und Folienwicklungen, in Kap. 3 werden die Wicklungskapazitäten berechnet und Kap. 4 umfasst die Berechnungen der verschiedenen Verlustmechanismen in den Wicklungen, wobei nicht nur Runddraht und Folienwicklungen betrachtet werden, sondern auch die Verlustberechnungen in Hochfrequenzlitzen ausführlich behandelt werden.

Nachdem in Kap. 5 die Beschreibung der Kerne und die Erfassung der Materialeigenschaften, insbesondere von Ferritmaterialien, vorgestellt wurden, werden in Kap. 6 der Einfluss der Kerne auf die Induktivitäten und in Kap. 7 der Einfluss der Kerne auf die Kapazitäten untersucht. Die Verlustmechanismen werden in zwei getrennten Kapiteln behandelt, einerseits die Verluste in den Kernen in Kap. 8 und andererseits der Einfluss der Kerne auf die Wicklungsverluste infolge der geänderten Feldverteilung im Bereich der Wicklung in Kap. 9.

In Kap. 10 wird der Übergang von einer einzelnen Wicklung zu mehreren Wicklungen, d. h. zu Transformatoren vollzogen. Hier spielen die Themen Streuinduktivitäten und einfache Ersatzschaltbilder eine zentrale Rolle. Das Kap. 11 ist dem Thema Modellierung gewidmet mit den Schwerpunkten kapazitives und thermisches Ersatznetzwerk für Transformatoren. In Kap. 12 werden einige EMV-Aspekte der induktiven Komponenten behandelt. Konkret betrachten wir den Einfluss des Transformatoraufbaus auf die Funkstörspannungen, die Verwendung von Spulen als Filterbauelemente und die von den induktiven Komponenten erzeugten Magnetfelder.

Das Kap. 13 beschreibt mögliche Strategien bei der Dimensionierung induktiver Komponenten und in den Anhang in Kap. 14 sind einige Zusammenhänge ausgelagert, die für das Verständnis innerhalb der vorausgegangenen Abschnitte nicht unbedingt erforderlich sind, jedoch denjenigen Lesern als hilfreiche Unterstützungen dienen können, die sich intensiver mit der Thematik beschäftigen wollen.

Danksagungen

An dieser Stelle möchte ich mich bei zwei Mitarbeitern des Lehrstuhls für Elektromagnetische Felder an der Universität Erlangen-Nürnberg für die tatkräftige Unterstützung bedanken. Zum einen bei Herrn Dr.-Ing. Daniel Kübrich für den Aufbau der Schaltung und die Durchführung der Funkstörspannungsmessungen in Kap. 12, und zum anderen bei Herrn Dr.-Ing. Hans Roßmanith, der mit viel Zeitaufwand das Manuskript gelesen und in zahlreichen Diskussionen mit Vorschlägen für Verbesserungen und Ergänzungen einen großen Beitrag zum Zustandekommen des Buches in der vorliegenden Form geleistet hat.

Nicht zuletzt geht ein großer Dank an meine Frau Heidrun, die während der Laufzeit dieses Buchprojektes viel Geduld und Verständnis gezeigt hat und auf gemeinsame Freizeitaktivitäten verzichten musste.

Erlangen, September 2016   *Manfred Albach*

Abkürzungsverzeichnis

cm	common-mode (Gleichtaktstörungen)
dm	differential-mode (Gegentaktstörungen)
EMV	Elektromagnetische Verträglichkeit
ESB	Ersatzschaltbild
HF	Hochfrequenz
iGSE	improved Generalized Steinmetz Equation
MSE	Modified Steinmetz Equation
PFC	power factor correction
rms	root mean square (Effektivwert)
SNT	Schaltnetzteil

Inhaltsverzeichnis

Grundlegende Zusammenhänge

1

Zusammenfassung

In diesem Kapitel werden die physikalischen Gesetzmäßigkeiten und die daraus resultierenden mathematischen Zusammenhänge im Überblick dargestellt, zumindest
soweit sie für die spätere Analyse der induktiven Komponenten erforderlich sind.
Die Abschn. 1.1 bis 1.4 behandeln ausschließlich zeitunabhängige Vorgänge, die
Gleichungen für die zeitabhängigen Vorgänge sind in den Abschn. 1.5 bis 1.10 zusammengestellt. Zum leichteren Verständnis dieser formelmäßigen Zusammenhänge
sind die verwendeten Beziehungen aus der Vektoranalysis sowie die ausführlichen Re-
chenvorschriften für die Operatoren grad, div, rot und Δ sowohl für das kartesische als
auch für das zylindrische Koordinatensystem im Anhang 14.2 angegeben. Zusätzliche
Informationen können den Literaturstellen [1] bis [7] entnommen werden.
Leser, die mehr an den Ergebnissen und Auswertungen interessiert sind, können dieses
Kapitel überspringen und gegebenenfalls bei Bedarf an entsprechender Stelle nach-
schlagen.

1.1 Das Durchflutungsgesetz

Ausgangspunkt ist die in Abb. 1.1 dargestellte Anordnung, die einen Ausschnitt einer vom
Gleichstrom I durchflossenen Leiterschleife zeigt. Bekanntermaßen erzeugt die Stromschleife im gesamten Raum ein ortsabhängiges Magnetfeld. Durch Messung hat Oersted
den folgenden Zusammenhang gefunden

$$\oint_C \vec{H} \cdot d\vec{s} = I. \tag{1.1}$$

© Springer Fachmedien Wiesbaden GmbH 2017
M. Albach, *Induktivitäten in der Leistungselektronik*, DOI 10.1007/978-3-658-15081-5_1

Abb. 1.1 Zum Oerstedschen
Gesetz

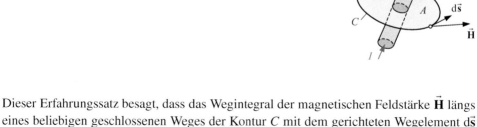

Dieser Erfahrungssatz besagt, dass das Wegintegral der magnetischen Feldstärke $\vec{H}$ längs eines beliebigen geschlossenen Weges der Kontur C mit dem gerichteten Wegelement $d\vec{s}$ dem Gesamtstrom I entspricht, der die von der Kontur C umschlossene Fläche A durchsetzt. Die Richtung des Stroms zeigt dabei entsprechend Abb. 1.1 in Richtung der von dem Umlaufintegral gebildeten Rechtsschraube.

In der Aussage (1.1) ist keine Einschränkung hinsichtlich der räumlichen Verteilung des Stroms enthalten. Fließt der Strom mit einer ortsabhängigen Dichte durch einen endlichen Leiterquerschnitt, dann muss der mit dem Umlaufintegral verkettete Strom durch Integration der Stromdichte $\vec{J}$ über die Querschnittsfläche berechnet werden

$$I = \iint\limits_{A} \vec{J} \cdot d\vec{A}\,. \tag{1.2}$$

Die Aussage (1.1) enthält auch keine Einschränkung hinsichtlich der Form, mit der die Fläche über die geschlossene Kurve C gespannt wird. Betrachten wir also eine beliebige Fläche A mit dem gerichteten Flächenelement $d\vec{A}$, dann kann das Umlaufintegral (1.1) nach dem Stokesschen Satz (14.10) in ein Flächenintegral über die Wirbel der magnetischen Feldstärke umgeformt werden. Drückt man weiterhin den Strom I nach Gl. (1.2) durch das Flächenintegral über die Stromdichte aus

$$\oint\limits_{C} \vec{H} \cdot d\vec{s} \overset{(14.10)}{=} \iint\limits_{A} \operatorname{rot} \vec{H} \cdot d\vec{A} = I = \iint\limits_{A} \vec{J} \cdot d\vec{A}\,, \tag{1.3}$$

dann stellt man wegen der beliebigen Wahl der Integrationsfläche fest, dass das magnetische Feld Wirbel an Stellen nicht verschwindender Stromdichte aufweist

$$\operatorname{rot} \vec{H} = \vec{J}\,. \tag{1.4}$$

Die bisherige Situation kann nun verallgemeinert werden. Wird die Integrationsfläche von mehreren Strömen „durchflutet", dann nimmt die Gl. (1.1) die verallgemeinerte Form

$$\oint\limits_{C} \vec{H} \cdot d\vec{s} = \Theta = \sum\limits_{k} I_k \tag{1.5}$$

an. Unter der Durchflutung Θ versteht man die Summe aller Ströme I_k, die durch die Fläche A hindurchfließen, wobei sich die Ströme ihrerseits aus der Integration von Stromdichteverteilungen gemäß Gl. (1.2) ergeben können. Ströme, die die Fläche in Gegenrichtung durchfließen, sind natürlich mit negativem Vorzeichen einzusetzen.

1.2 Die Flussdichten

In Analogie zur elektrischen Flussdichte

$$\vec{D} = \varepsilon\vec{E} = \varepsilon_r\varepsilon_0\vec{E} \quad \text{mit} \quad \varepsilon_0 = 8{,}854 \cdot 10^{-12}\,\text{As/Vm} \tag{1.6}$$

der Dimension As/m^2, die bei den später betrachteten Kapazitätsberechnungen verwendet wird und gemäß Gl. (1.6) als Produkt der elektrischen Feldkonstante ε_0, einer materialabhängigen Zahl ε_r und der elektrischen Feldstärke $\vec{E}$ dargestellt werden kann und deren Integral über eine Fläche A den diese Fläche durchsetzenden elektrischen Fluss Ψ der Dimension As ergibt

$$\Psi = \iint\limits_{A} \vec{D} \cdot d\vec{A} \,, \tag{1.7}$$

entspricht die magnetische Flussdichte mit der Dimension Vs/m^2

$$\vec{B} = \mu\vec{H} = \mu_r\mu_0\vec{H} \quad \text{mit} \quad \mu_0 = 4\pi \cdot 10^{-7}\,\text{Vs/Am} \tag{1.8}$$

der mit der magnetischen Feldkonstante μ_0 und einer materialabhängigen Zahl μ_r multiplizierten magnetischen Feldstärke $\vec{H}$. Ihr Integral über eine Fläche A ergibt den diese Fläche durchsetzenden magnetischen Fluss Φ der Dimension Vs

$$\Phi = \iint\limits_{A} \vec{B} \cdot d\vec{A} \,. \tag{1.9}$$

Die Zahlenwerte ε_r und μ_r nehmen im Vakuum und auch mit großer Genauigkeit in Luft den Wert 1 an. In Materialien sind diese Größen im allgemeinen Fall von verschiedenen Parametern abhängig. Insbesondere die Permeabilitätszahl μ_r verursacht größere Probleme bei den Feldberechnungen, da sie nicht nur vom Ort, sondern auch von der Frequenz, der Temperatur, der Materialaussteuerung und sogar von der Vorgeschichte abhängt, d. h. vom vorhergehenden zeitlichen Verlauf der magnetischen Feldgrößen. Als Beispiel lässt sich das an der Hystereseschleife in Abb. 5.7 erkennen. Die zu einem Wert der magnetischen Feldstärke gehörende Flussdichte ist abhängig davon, ob man sich dem Feldstärkewert von höheren oder niedrigeren Werten genähert hat.

Während die Quellen des elektrostatischen Feldes durch die Ladungen gegeben sind, existieren in der Magnetostatik erfahrungsgemäß keine magnetischen Einzelladungen, sie

treten immer nur in der Form von magnetischen Dipolen auf. (Die Aufteilung eines Stab-
magneten in einzelne Teilstäbe führt immer auf Teilmagnete, von denen jeder einzelne
wiederum einen Nord- und einen Südpol aufweist.) Es gilt daher der folgende Erfahrungssatz

$$\text{div } \vec{B} = 0. \tag{1.10}$$

Die magnetische Flussdichte ist quellenfrei!

Dieser Erfahrungssatz gilt allgemein, insbesondere auch für zeitlich veränderliche magnetische Felder. Aufgrund der Quellenfreiheit des magnetischen Feldes muss die über
eine geschlossene Fläche integrierte Flussdichte verschwinden

$$\oiint_A \vec{B} \cdot d\vec{A} \overset{(14.11)}{=} \iiint_V \text{div } \vec{B} \, dV \overset{(1.10)}{=} 0. \tag{1.11}$$

1.3 Die Feldgleichung für das magnetische Vektorpotential

Wegen der Quellenfreiheit eines Wirbelfeldes nach Gl. (14.12) ist es naheliegend, die magnetische Flussdichte $\vec{B}$ durch die Wirbel eines neuen Vektorfeldes $\vec{A}$ darzustellen, das
magnetisches Vektorpotential genannt wird (Vorsicht: nicht verwechseln mit der vektoriellen Fläche $\vec{A}$)

$$\text{div } \vec{B} \overset{(1.10)}{=} 0 \overset{(14.12)}{=} \text{div rot } \vec{A} \quad \rightarrow \quad \vec{B} = \text{rot } \vec{A}. \tag{1.12}$$

Zur Ableitung der Feldgleichung wird von der Beziehung (1.4) ausgegangen, in die nacheinander die Gln. (1.8) und (1.12) eingesetzt werden. Für konstante Werte μ gilt

$$\vec{J} \overset{(1.4)}{=} \text{rot } \vec{H} \overset{(1.8)}{=} \text{rot } \left(\frac{1}{\mu} \vec{B} \right) = \frac{1}{\mu} \text{rot } \vec{B} \overset{(1.12)}{=} \frac{1}{\mu} \text{rot rot } \vec{A}. \tag{1.13}$$

Für das magnetische Vektorpotential $\vec{A}$ erhält man damit die vektorielle Feldgleichung
(Poisson-Gleichung)

$$\text{rot rot } \vec{A} = \mu \vec{J}. \tag{1.14}$$

Während die Wirbel des Vektorpotentials der magnetischen Flussdichte entsprechen sind
über dessen Quellen bisher noch keine Festlegungen getroffen. Da die vorliegenden Erfah-
rungssätze keine Aussagen zu den Quellen von $\vec{A}(\vec{r})$ machen, kann mit der Vereinbarung
div $\vec{A} = 0$, d. h. das Vektorpotential wird als reines Wirbelfeld angenommen, die Beziehung (1.14) auf die Form

$$\text{rot rot } \vec{A} \overset{(14.16)}{=} \text{grad } \underbrace{\text{div } \vec{A}}_{=0} - \Delta \vec{A} = \mu \vec{J} \quad \rightarrow \quad \Delta \vec{A} = -\mu \vec{J} \tag{1.15}$$

gebracht werden. Für den Sonderfall der kartesischen Koordinaten mit den konstanten Einheitsvektoren ist der Laplace-Operator nach Gl. (14.23) separat auf jede Komponente des Vektorpotentials $\vec{A}$ anzuwenden

$$\Delta\vec{A} \stackrel{(14.23)}{=} \vec{e}_x\Delta A_x + \vec{e}_y\Delta A_y + \vec{e}_z\Delta A_z = -\mu\underbrace{\left(\vec{e}_x J_x + \vec{e}_y J_y + \vec{e}_z J_z\right)}_{=\vec{J}}, \qquad (1.16)$$

so dass die Gl. (1.15) in drei skalare, nicht miteinander gekoppelte Feldgleichungen zerfällt

$$\Delta A_i = -\mu J_i \quad \text{mit} \quad i = x, y, z \quad \text{und} \quad \begin{array}{l} A_i = A_i(x, y, z) \\ J_i = J_i(x, y, z) \end{array}. \qquad (1.17)$$

Außerhalb der stromführenden Leiter erhalten wir als Feldgleichung wegen $\vec{J} = \vec{0}$ die Laplace-Gleichung

$$\text{rot}\,\text{rot}\,\vec{A} = \vec{0} \quad \text{bzw.} \quad \Delta\vec{A} = \vec{0}. \qquad (1.18)$$

1.4 Felder unterschiedlicher Leiteranordnungen

1.4.1 Der unendlich lange Linienleiter

Betrachtet werden soll der im homogenen Raum der Permeabilität μ angeordnete unendlich lange dünne Linienleiter, der sich auf der z-Achse von $-\infty$ bis $+\infty$ erstreckt und vom Strom I durchflossen wird. Das hinsichtlich der Koordinate z ebene Problem kann in den Koordinaten des Kreiszylinders (ρ, φ) betrachtet werden. Die Anordnung ist unabhängig von der Koordinate φ und die den Leiter umschließenden magnetischen Feldlinien sind Kreise in Ebenen z = const[1]. Die allein φ-gerichtete magnetische Feldstärke hängt nur von der Koordinate ρ ab und kann mit dem Oerstedschen Gesetz (1.1) aus dem Umlaufintegral entlang der in Abb. 1.2 eingezeichneten Feldlinie C berechnet werden

$$I \stackrel{(1.1)}{=} \oint_C \vec{H}\cdot d\vec{s} = \int_0^{2\pi}\vec{e}_\varphi H(\rho)\cdot\vec{e}_\varphi\rho\,d\varphi = \int_0^{2\pi} H(\rho)\rho\,d\varphi = 2\pi\rho H(\rho) \;\rightarrow\; \vec{H} = \vec{e}_\varphi\frac{I}{2\pi\rho}.$$
$$(1.19)$$

Die magnetische Feldstärke klingt außerhalb des Leiters mit dem Abstand ρ vom Linienstrom ab. Nimmt man den Leiter als unendlich dünn an, dann wächst die Feldstärke nach

---

[1] Unter einer ebenen Anordnung (Problemstellung) soll verstanden werden, dass sie in Richtung einer kartesischen Koordinate (üblicherweise die z-Koordinate) unendlich ausgedehnt und von dieser selbst unabhängig ist. Die Berechnungen erfolgen in der zweidimensionalen Schnittebene z = const. Die Ergebnisse werden pro Längeneinheit der Koordinate z angegeben. Bemerkung: Bei der vorliegenden Anordnung ändert sich das elektrische Skalarpotential linear mit der Koordinate z, es wird aber nicht in die Betrachtungen mit einbezogen.

Abb. 1.2 Unendlich langer
Linienleiter

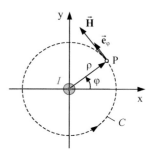

Gl. (1.19) für $\rho \to 0$ über alle Grenzen. Dieses Problem wird vermieden, wenn die endliche Leiterabmessung berücksichtigt wird. Bei der Anwendung des Oerstedschen Gesetzes auf eine kreisförmige Feldlinie innerhalb des Leiterquerschnitts ist zu beachten, dass nur ein Teil des Stroms von dem Integrationsweg eingeschlossen wird. Bezeichnet r_D den Leiterradius, dann liefert die Gl. (1.3) das Ergebnis

$$\int_0^{2\pi} H(\rho)\rho \, d\varphi \overset{(1.19)}{=} 2\pi \rho H(\rho) \overset{(1.3)}{=} \frac{\pi \rho^2}{\pi r_D^2} I \quad \to \quad \vec{H} = \vec{e}_\varphi \frac{I}{2\pi r_D} \frac{\rho}{r_D} . \tag{1.20}$$

Innerhalb des Leiters steigt die magnetische Feldstärke beginnend beim Wert 0 im Ursprung linear bis zum Maximalwert $I/2\pi r_D$ an der Leiteroberfläche an. Der Verlauf der Feldstärke in Abhängigkeit der Koordinate ρ ist in Abb. 4.1 dargestellt.

Das Vektorpotential weist entsprechend der Gl. (1.16) nur eine Komponente in Richtung des Stroms auf und ist ebenfalls von der Koordinate z unabhängig

$$B_\varphi(\rho) \overset{(1.8)}{=} \mu H_\varphi(\rho) \overset{(1.12)}{=} \vec{e}_\varphi \cdot \text{rot} \, \vec{A} = \vec{e}_\varphi \cdot \text{rot} \left[\vec{e}_z A_z(\rho) \right] \overset{(14.26)}{=} -\frac{dA_z}{d\rho} . \tag{1.21}$$

Mit der unbekannten Integrationskonstanten C liefert die für das Vektorpotential gefundene Differentialgleichung im Bereich außerhalb des Leiters die Beziehung

$$\frac{dA_z}{d\rho} = -\mu H_\varphi(\rho) \overset{(1.19)}{=} -\frac{\mu I}{2\pi \rho} \quad \to \quad A_z = -\frac{\mu I}{2\pi} \int \frac{d\rho}{\rho} = -\frac{\mu I}{2\pi} \ln \rho + C , \tag{1.22}$$

in der die Konstante C willkürlich gewählt werden kann. Mit der Festlegung eines an der Stelle $\rho = c$ verschwindenden Vektorpotentials, d. h. $A_z(c) = 0$, gilt schließlich

$$\vec{A}(\rho) = \vec{e}_z A_z(\rho) = -\vec{e}_z \frac{\mu I}{2\pi} \ln \frac{\rho}{c} \quad \text{für} \quad \rho \geq a . \tag{1.23}$$

1.4.2   Die räumliche Stromdichteverteilung

Betrachtet sei die in Abb. 1.3 dargestellte Anordnung mit der im Volumen V vorgegebenen von der Quellpunktskoordinate $\vec{r}_Q$ abhängigen räumlichen Stromdichteverteilung $\vec{J}(\vec{r}_Q)$.

Abb. 1.3 Räumliche Stromdichteverteilung

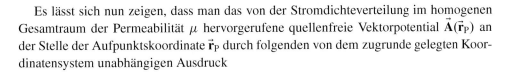

Es lässt sich nun zeigen, dass man das von der Stromdichteverteilung im homogenen Gesamtraum der Permeabilität μ hervorgerufene quellenfreie Vektorpotential $\vec{\mathbf{A}}(\vec{\mathbf{r}}_P)$ an der Stelle der Aufpunktskoordinate $\vec{\mathbf{r}}_P$ durch folgenden von dem zugrunde gelegten Koordinatensystem unabhängigen Ausdruck

$$\vec{\mathbf{A}}(\vec{\mathbf{r}}_P) = \frac{\mu}{4\pi} \iiint\limits_{V} \frac{1}{r}\vec{\mathbf{J}}(\vec{\mathbf{r}}_Q)\,dV_Q \quad \text{mit} \quad \vec{\mathbf{r}} = \vec{\mathbf{r}}_P - \vec{\mathbf{r}}_Q \quad \text{und} \quad r = |\vec{\mathbf{r}}_P - \vec{\mathbf{r}}_Q| \qquad (1.24)$$

berechnen kann. Das Ergebnis dieser Integration erfüllt für einen innerhalb der Stromdichteverteilung liegenden Aufpunkt automatisch die Poisson-Gleichung und für einen Aufpunkt außerhalb der Stromdichteverteilung die Laplace-Gleichung. Mithilfe der Gleichungen (1.8) und (1.12) lässt sich aus der Beziehung (1.24) das von Biot und Savart angegebene koordinatenunabhängige Gesetz zur Berechnung der magnetischen Feldstärke im linearen homogenen Medium ableiten

$$\vec{\mathbf{H}}(\vec{\mathbf{r}}_P) = \frac{1}{4\pi} \iiint\limits_{V} \vec{\mathbf{J}}(\vec{\mathbf{r}}_Q) \times \frac{\vec{\mathbf{r}}}{r^3}\,dV_Q \quad \text{mit} \quad \vec{\mathbf{r}} = \vec{\mathbf{r}}_P - \vec{\mathbf{r}}_Q \quad \text{und} \quad r = |\vec{\mathbf{r}}_P - \vec{\mathbf{r}}_Q|. \qquad (1.25)$$

1.4.3 Die dünne Leiterschleife

In vielen technischen Anwendungen ist der Querschnitt des stromführenden Leiters sehr klein gegenüber allen anderen Abmessungen. Für diesen Fall eines „dünnen" Leiters vereinfachen sich die bisherigen Gleichungen, da bei der Berechnung der Feldgrößen nicht mehr über das Leitervolumen dV_Q, sondern nur noch entlang der Leiterkontur integriert werden muss.

Für die in Abb. 1.4 dargestellte dünne Leiterschleife der Kontur C mit dem gerichteten Wegelement $d\vec{\mathbf{r}}_Q$ kann in den bisherigen Integralen der Ausdruck $\vec{\mathbf{J}}(\vec{\mathbf{r}}_Q)dV_Q$ durch $I\,d\vec{\mathbf{r}}_Q$ ersetzt werden, so dass man die entsprechenden Beziehungen für das Vektorpotential

$$\vec{\mathbf{A}}(\vec{\mathbf{r}}_P) \overset{(1.24)}{=} \frac{\mu I}{4\pi} \oint\limits_{C} \frac{1}{r}\,d\vec{\mathbf{r}}_Q \quad \text{mit} \quad \vec{\mathbf{r}} = \vec{\mathbf{r}}_P - \vec{\mathbf{r}}_Q \quad \text{und} \quad r = |\vec{\mathbf{r}}_P - \vec{\mathbf{r}}_Q| \qquad (1.26)$$

Abb. 1.4 Strom in einer dünnen Leiterschleife

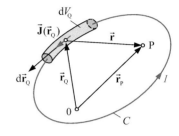

und für die magnetische Feldstärke

$$\vec{\mathbf{H}}(\vec{\mathbf{r}}_P) \overset{(1.25)}{=} \frac{I}{4\pi} \oint\limits_C \left(d\vec{\mathbf{r}}_Q \times \frac{\vec{\mathbf{r}}}{r^3} \right) \quad \text{mit} \quad \vec{\mathbf{r}} = \vec{\mathbf{r}}_P - \vec{\mathbf{r}}_Q \quad \text{und} \quad r = |\vec{\mathbf{r}}_P - \vec{\mathbf{r}}_Q| \quad (1.27)$$

erhält. Auch diese Gleichungen gelten zunächst nur für die Berechnung der Feldgrößen
im homogenen Gesamtraum der Permeabilität μ. Der Einfluss von Bereichen mit anderen
Materialeigenschaften wird dabei nicht erfasst.

1.5 Das Faradaysche Induktionsgesetz

Wir betrachten jetzt den von Faraday durch Messung gefundenen Zusammenhang bei zeitlich veränderlichen Vorgängen

$$iR = -\frac{d\Phi}{dt} \overset{(1.9)}{=} -\frac{d}{dt} \iint\limits_A \vec{\mathbf{B}} \cdot d\vec{\mathbf{A}} . \qquad (1.28)$$

Dieser Erfahrungssatz besagt, dass in einem dünnen Leiter der Kontur C ein Strom $i(t)$
zum Fließen kommt, wenn sich der die Leiterschleife C durchsetzende magnetische Fluss
Φ zeitlich ändert, und zwar entspricht die entlang der Leiterkontur C des Widerstands
R gemessene Umlaufspannung der negativen zeitlichen Änderung des die Leiterschleife durchsetzenden Flusses. Da wir uns ausschließlich auf ruhende Systeme beschränken,
kann die Gl. (1.28) in der vereinfachten Form (Integralform des Faradayschen Induktionsgesetzes)

$$iR = \oint\limits_C \vec{\mathbf{E}} \cdot d\vec{\mathbf{s}} = -\frac{d\Phi}{dt} = -\iint\limits_A \frac{\partial \vec{\mathbf{B}}}{\partial t} \cdot d\vec{\mathbf{A}} \qquad (1.29)$$

geschrieben werden, in der sich die zeitliche Ableitung nur noch auf die magnetische
Flussdichte bezieht.

Die Richtung des Stroms entlang der Kontur C mit dem gerichteten vektoriellen
Wegelement $d\vec{\mathbf{s}}$ und die Orientierung der von der Leiterschleife aufgespannten Fläche
A mit dem vektoriellen Flächenelement $d\vec{\mathbf{A}}$ sind entsprechend der Abb. 1.5 im Sinne

Abb. 1.5 Zum Induktionsgesetz von Faraday

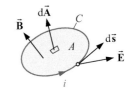

einer Rechtsschraube einander zugeordnet. Eine zeitliche Abnahme des magnetischen Flusses ruft einen Strom in der Leiterschleife hervor, der so gerichtet ist, dass das von ihm erzeugte Magnetfeld der Flussänderung durch die Schleife entgegen wirkt. Dieser Zusammenhang ist bekannt als Lenzsche Regel:

▶ Der in einer Leiterschleife als Folge der induzierten Spannung fließende Strom wirkt der ihn verursachenden Flussänderung entgegen.

Bemerkung: Nicht der Fluss, sondern dessen zeitliche Änderung soll verhindert werden.

Durch Anwendung des Stokesschen Satzes kann das Umlaufintegral der elektrischen Feldstärke in Gl. (1.29) in ein Flächenintegral über die beliebig über die Kontur C gespannte Fläche A umgewandelt werden. Da die Kontur C und damit die Fläche A beliebig gewählt werden können, gelangt man durch einen Vergleich der beiden Integranden

$$\oint_C \vec{E} \cdot \mathrm{d}\vec{s} \overset{(14.10)}{=} \iint_A \mathrm{rot}\, \vec{E} \cdot \mathrm{d}\vec{A} \overset{(1.29)}{=} \iint_A -\frac{\partial \vec{B}}{\partial t} \cdot \mathrm{d}\vec{A} \tag{1.30}$$

zur Differentialform des Faradayschen Induktionsgesetzes

$$\mathrm{rot}\, \vec{E} = -\frac{\partial \vec{B}}{\partial t}. \tag{1.31}$$

1.6 Das Durchflutungsgesetz bei zeitabhängigen Vorgängen

Die Beziehungen (1.3) und (1.4) gelten nur für zeitunabhängige Vorgänge. Für den allgemeinen zeitabhängigen Fall muss die „Konvektionsstromdichte" $\vec{J}$ um die „Verschiebungsstromdichte", also die zeitliche Änderung der elektrischen Flussdichte $\vec{D}$ erweitert werden. Damit erhalten wir als Integralform bzw. Differentialform des Durchflutungsgesetzes die Zusammenhänge

$$\oint_C \vec{H} \cdot \mathrm{d}\vec{s} = \iint_A \left(\vec{J} + \frac{\partial \vec{D}}{\partial t} \right) \cdot \mathrm{d}\vec{A} \quad \text{bzw.} \quad \mathrm{rot}\, \vec{H} = \vec{J} + \frac{\partial \vec{D}}{\partial t}. \tag{1.32}$$

1.7   Die Maxwellschen Gleichungen

Die in den beiden letzten Abschnitten angegebenen Gesetzmäßigkeiten stellen Zusammenhänge zwischen den Feldgrößen und den Wirbeln der elektrischen bzw. magnetischen Feldstärke her. Mit den Beziehungen für die Quellen der elektrischen und magnetischen Flussdichte bilden sie die vier Maxwellschen Gleichungen, deren Differentialform im Folgenden angegeben ist

$$\operatorname{rot}\vec{\mathbf{E}} = -\frac{\partial \vec{\mathbf{B}}}{\partial t}, \quad \operatorname{rot}\vec{\mathbf{H}} = \vec{\mathbf{J}} + \frac{\partial \vec{\mathbf{D}}}{\partial t}, \quad \operatorname{div}\vec{\mathbf{D}} = \rho, \quad \operatorname{div}\vec{\mathbf{B}} = 0. \tag{1.33}$$

Zusammen mit den Materialgleichungen

$$\vec{\mathbf{D}} = \varepsilon\vec{\mathbf{E}}, \quad \vec{\mathbf{J}} = \kappa\vec{\mathbf{E}} \quad \text{und} \quad \vec{\mathbf{B}} = \mu\vec{\mathbf{H}} \tag{1.34}$$

stellen sie die Grundlage dar für die Berechnung zeitabhängiger elektrodynamischer Probleme. Im Hinblick auf die Berechnung der Hochfrequenzverluste in den Wicklungen der induktiven Komponenten können einige Vereinfachungen vorgenommen werden. Bei diesen Problemen kann der Verschiebungsstrom gegenüber dem Leitungsstrom vernachlässigt werden, d. h. beim Durchflutungsgesetz entfällt der zweite Term auf der rechten Seite der Gleichung. Da weiterhin keine freien Ladungen berücksichtigt werden müssen, sind alle Feldgrößen quellenfrei und es gelten die vereinfachten Beziehungen

$$\operatorname{rot}\vec{\mathbf{E}} = -\frac{\partial \vec{\mathbf{B}}}{\partial t}, \quad \operatorname{rot}\vec{\mathbf{H}} = \vec{\mathbf{J}}, \quad \operatorname{div}\vec{\mathbf{D}} = 0, \quad \operatorname{div}\vec{\mathbf{B}} = 0. \tag{1.35}$$

1.8   Die Skingleichung

Eine Reduzierung des Rechenaufwands bei der Lösung der gekoppelten Gleichungen (1.35) lässt sich durch die Einführung von Potentialen erreichen, die wegen der jetzt vorliegenden zeitlichen Abhängigkeit als elektrodynamische Potentiale bezeichnet werden. Zweckmäßigerweise werden diese Potentiale so eingeführt, dass die aus ihnen durch Ableitung berechneten Feldstärken bereits die Maxwellschen Gleichungen erfüllen. Ausgangspunkt ist die Quellenfreiheit der magnetischen Flussdichte, so dass diese als die Rotation eines elektrodynamischen Vektorpotentials $\vec{\mathbf{A}}(\vec{\mathbf{r}}, t)$ dargestellt werden kann

$$\operatorname{div}\vec{\mathbf{B}} \overset{(1.35)}{=} 0 \overset{(14.12)}{=} \operatorname{div}\operatorname{rot}\vec{\mathbf{A}} \quad \rightarrow \quad \vec{\mathbf{B}} = \operatorname{rot}\vec{\mathbf{A}}. \tag{1.36}$$

Nach Einsetzen dieser Gleichung in das Induktionsgesetz erhält man eine Beziehung

$$\operatorname{rot}\vec{\mathbf{E}} \overset{(1.35)}{=} -\frac{\partial \vec{\mathbf{B}}}{\partial t} \overset{(1.36)}{=} -\frac{\partial}{\partial t}\operatorname{rot}\vec{\mathbf{A}} = \operatorname{rot}\left(-\frac{\partial \vec{\mathbf{A}}}{\partial t}\right) \quad \rightarrow \quad \operatorname{rot}\left(\vec{\mathbf{E}} + \frac{\partial \vec{\mathbf{A}}}{\partial t}\right) = \vec{\mathbf{0}}, \tag{1.37}$$

die das Verschwinden der Rotation des Vektorfeldes $\vec{E} + \partial\vec{A}/\partial t$ verlangt. Da nach Gl. (14.13) die Wirbel eines Gradientenfeldes verschwinden, muss das betrachtete Vektorfeld durch den Gradienten einer skalaren Ortsfunktion $\varphi = \varphi(\vec{r}, t)$ darstellbar sein. Diese wird als elektrodynamisches Skalarpotential bezeichnet

$$\vec{E} + \frac{\partial\vec{A}}{\partial t} \stackrel{(1.37)}{=} -\operatorname{grad}\varphi \quad \rightarrow \quad \vec{E} = -\frac{\partial\vec{A}}{\partial t} - \operatorname{grad}\varphi\,. \tag{1.38}$$

Die beiden aus den vier Gln. (1.35) noch nicht berücksichtigten Beziehungen, nämlich das Durchflutungsgesetz und die Quellenfreiheit der elektrischen Flussdichte werden nun verwendet, um die benötigten Differentialgleichungen abzuleiten, aus denen die beiden Potentiale bestimmt werden müssen. Bei der folgenden Herleitung werden die Materialeigenschaften als ortsunabhängig angesehen. Bildet man die Wirbel der Flussdichte, d. h. die zweifache Rotation des Vektorpotentials, dann folgt aufgrund der nachstehenden Umformung die erste gesuchte Beziehung

$$\operatorname{rot}\operatorname{rot}\vec{A} \stackrel{(1.36)}{=} \operatorname{rot}\vec{B} = \mu\operatorname{rot}\vec{H} \stackrel{(1.35)}{=} \mu\vec{J} \stackrel{(1.34)}{=} \kappa\mu\vec{E} \stackrel{(1.38)}{=} \kappa\mu\left(-\frac{\partial\vec{A}}{\partial t} - \operatorname{grad}\varphi\right), \tag{1.39}$$

in der die beiden Potentiale miteinander verknüpft sind

$$\operatorname{rot}\operatorname{rot}\vec{A} + \kappa\mu\frac{\partial\vec{A}}{\partial t} = -\kappa\mu\operatorname{grad}\varphi\,. \tag{1.40}$$

Eine weitere Beziehung erhält man ausgehend von der Quellenfreiheit der elektrischen Flussdichte

$$0 = \operatorname{div}\vec{D} = \varepsilon\operatorname{div}\vec{E} \stackrel{(1.38)}{=} \varepsilon\operatorname{div}\left(-\frac{\partial\vec{A}}{\partial t} - \operatorname{grad}\varphi\right) = -\varepsilon\operatorname{div}\frac{\partial\vec{A}}{\partial t} - \varepsilon\operatorname{div}\operatorname{grad}\varphi\,, \tag{1.41}$$

die mit dem Laplace-Operator Δ nach Gl. (14.14) auf die resultierende Beziehung

$$\operatorname{div}\frac{\partial\vec{A}}{\partial t} = -\Delta\varphi \tag{1.42}$$

führt. Die ursprünglich vier gekoppelten partiellen Differentialgleichungen erster Ordnung (1.35) sind damit auf die beiden gekoppelten partiellen Differentialgleichungen (1.40) und (1.42) zweiter Ordnung und die beiden Gleichungen (1.36) und (1.38) zur Bestimmung von $\vec{B}$ und $\vec{E}$ zurückgeführt.

Während die Wirbel des Vektorpotentials eindeutig die magnetische Flussdichte liefern, sind über die Quellen des Vektorpotentials noch keine Aussagen getroffen. Die freie Wahl von div $\vec{A}$, oft als Eichung bezeichnet, lässt nun unterschiedliche Möglichkeiten zu, die elektrodynamischen Potentiale so zu wählen, dass die Lösungen der von ihnen zu erfüllenden Feldgleichungen, ihre Kopplung untereinander sowie die aus ihnen abgeleiteten

Feldstärken auf möglichst einfache Weise berechnet werden können. Zunächst soll jedoch allgemein gezeigt werden, dass beliebig viele elektrodynamische Potentiale existieren, die alle über die Beziehungen (1.36) und (1.38) auf die gleichen Feldgrößen $\vec{B}$ und $\vec{E}$ führen. Dazu betrachten wir die mit einem Strich gekennzeichneten neuen Potentiale, die mit den bisherigen Potentialen $\vec{A}(\vec{r},t)$ und $\varphi(\vec{r},t)$ aus den Gln. (1.36) und (1.38) über die Beziehungen

$$\vec{A}' = \vec{A} + \operatorname{grad} \psi \quad \text{und} \quad \varphi' = \varphi - \frac{\partial \psi}{\partial t} \tag{1.43}$$

verknüpft sind. Über die skalare Ortsfunktion $\psi = \psi(\vec{r},t)$ wird zunächst keine weitere Aussage gemacht. Wegen der Wirbelfreiheit eines Gradientenfeldes gilt die Gl. (1.36) auch für das neue Vektorpotential $\vec{A}'(\vec{r},t)$

$$\operatorname{rot} \vec{A}' = \operatorname{rot} \vec{A} + \operatorname{rot} \operatorname{grad} \psi \overset{(14.13)}{=} \operatorname{rot} \vec{A} = \vec{B} \,. \tag{1.44}$$

Setzt man die beiden Gln. (1.43) in die Beziehung für die elektrische Feldstärke (1.38) ein, dann stellt man das Verschwinden der Anteile mit $\psi(\vec{r},t)$ fest, so dass die Feldstärke $\vec{E}$ auch mit den neuen Potentialen aus der gleichen Beziehung berechnet werden kann

$$-\frac{\partial \vec{A}'}{\partial t} - \operatorname{grad} \varphi' = -\frac{\partial \vec{A}}{\partial t} - \operatorname{grad} \frac{\partial \psi}{\partial t} - \operatorname{grad} \varphi + \operatorname{grad} \frac{\partial \psi}{\partial t} = -\frac{\partial \vec{A}}{\partial t} - \operatorname{grad} \varphi = \vec{E} \,. \tag{1.45}$$

Bei der nun vorgeschlagenen Konvention wird der in Gl. (1.43) eingeführte skalare Term ψ dem über die Zeit integrierten ursprünglichen Skalarpotential gleichgesetzt. Für das neue Vektorpotential wird dann mit der Beziehung (1.43) der Ansatz

$$\vec{A}' = \vec{A} + \int \operatorname{grad} \varphi \, \mathrm{d}t \quad \text{und} \quad \varphi' = \varphi - \varphi = 0 \tag{1.46}$$

gemacht. Es sei angemerkt, dass aufgrund der Festlegung (1.46) für das Skalarpotential ψ das neue elektrodynamische Skalarpotential φ' in Gl. (1.43) verschwindet, d. h. die Feldbeschreibung erfolgt allein mit dem Vektorpotential (1.46). Die elektrische Feldstärke wird direkt aus der negativen zeitlichen Ableitung des Vektorpotentials berechnet

$$\vec{E} \overset{(1.38)}{=} -\frac{\partial \vec{A}}{\partial t} - \operatorname{grad} \varphi \overset{(1.46)}{=} -\frac{\partial}{\partial t} \left(\vec{A}' - \operatorname{grad} \int \varphi \, \mathrm{d}t \right) - \operatorname{grad} \varphi = -\frac{\partial \vec{A}'}{\partial t} \,. \tag{1.47}$$

Setzt man nun diese mit einem Strich gekennzeichneten Potentiale (1.46) in die Gl. (1.42) ein

$$-\Delta \varphi \overset{(1.42)}{=} \operatorname{div} \frac{\partial \vec{A}}{\partial t} \overset{(1.46)}{=} \operatorname{div} \frac{\partial}{\partial t} \left(\vec{A}' - \int \operatorname{grad} \varphi \, \mathrm{d}t \right) = \frac{\partial}{\partial t} \operatorname{div} \vec{A}' - \underbrace{\operatorname{div} \operatorname{grad} \varphi}_{=\Delta \varphi}$$

$$\rightarrow \frac{\partial}{\partial t} \operatorname{div} \vec{A}' = 0 \quad \rightarrow \quad \operatorname{div} \vec{A}' = 0 \,, \tag{1.48}$$

dann stellt man für den Fall der zeitabhängigen Größen die Quellenfreiheit des neuen zeitabhängigen Vektorpotentials fest. Beim Einsetzen dieses Vektorpotentials in die Gl. (1.40) verschwinden mit Gl. (14.13) alle Glieder mit dem Skalarpotential φ

$$\operatorname{rot}\operatorname{rot}\left(\vec{\mathbf{A}}' - \int \operatorname{grad}\varphi\, \mathrm{d}t\right) + \kappa\mu\frac{\partial}{\partial t}\left(\vec{\mathbf{A}}' - \int \operatorname{grad}\varphi\, \mathrm{d}t\right) = -\kappa\mu\operatorname{grad}\varphi \qquad (1.49)$$

und man erhält resultierend die Skingleichung

$$\operatorname{rot}\operatorname{rot}\vec{\mathbf{A}}' + \kappa\mu\frac{\partial\vec{\mathbf{A}}'}{\partial t} = \vec{\mathbf{0}} \quad\xrightarrow{(14.16)}\quad \Delta\vec{\mathbf{A}}' = \kappa\mu\frac{\partial\vec{\mathbf{A}}'}{\partial t} \quad\text{und}\quad \operatorname{div}\vec{\mathbf{A}}' = 0 \qquad (1.50)$$

für das quellenfreie Vektorpotential sowie die beiden Bestimmungsgleichungen (1.44) und (1.47)

$$\vec{\mathbf{B}} = \operatorname{rot}\vec{\mathbf{A}}' \quad\text{und}\quad \vec{\mathbf{E}} = -\frac{\partial\vec{\mathbf{A}}'}{\partial t}. \qquad (1.51)$$

Diese Gleichungen werden bei der Berechnung der Skin- und Proximityverluste in den Wicklungen zugrunde gelegt. Bei den kreisförmigen Windungen fließt der Strom nur in Richtung der Zylinderkoordinate φ, für die elektrische Feldstärke und das Vektorpotential wird dann auch nur eine φ-Komponente angenommen. Da aber zwischen den Windungen ebenfalls Spannungen bestehen, besitzen die beiden Feldvektoren auch Komponenten in ρ- bzw. z-Richtung. Berechnet man die Feldverteilung über den gesamten Querschnitt des Wickelpakets mit Feldberechnungsprogrammen, dann sind diese zusätzlichen Komponenten zu berücksichtigen. Bei der analytischen Lösung in Kap. 4 werden diese Verschiebungsströme infolge der zwischen den Windungen bestehenden Kapazitäten vernachlässigt. Da immer nur ein Einzeldraht, d. h. ein homogener Bereich betrachtet wird, kann auf diese zusätzlichen Komponenten verzichtet werden.

1.9 Die Rechnung mit komplexen Amplituden

Bei zeitlich periodischen Signalformen wird vielfach mit den sogenannten komplexen Amplituden gerechnet. Eine mit der Kreisfrequenz $\omega = 2\pi f$ zeitveränderliche Größe

$$u(t) = \hat{u}\cos\left(\omega t + \varphi_u\right) \qquad (1.52)$$

lässt sich nämlich als der Realteil einer komplexen Größe darstellen

$$\begin{aligned} u(t) &= \operatorname{Re}\left\{\hat{u}\cos\left(\omega t + \varphi_u\right) + \mathrm{j}\hat{u}\sin\left(\omega t + \varphi_u\right)\right\} = \operatorname{Re}\left\{\hat{u}\mathrm{e}^{\mathrm{j}(\omega t + \varphi_u)}\right\} \\ &= \operatorname{Re}\left\{\hat{u}\mathrm{e}^{\mathrm{j}\varphi_u}\,\mathrm{e}^{\mathrm{j}\omega t}\right\} = \operatorname{Re}\left\{\underline{\hat{u}}\mathrm{e}^{\mathrm{j}\omega t}\right\}. \end{aligned} \qquad (1.53)$$

Auf einen in späteren Kapiteln häufig verwendeten Sonderfall soll an dieser Stelle hingewiesen werden. Wird die zeitabhängige Funktion ohne den Phasenwinkel vorgegeben, d. h. es gilt $\varphi_u = 0$, dann entspricht die komplexe Amplitude $\underline{\hat{u}}$ wegen $\mathrm{e}^{\mathrm{j}\varphi_u} = 1$ der Amplitude der Zeitfunktion $\hat{u}$.

Da das Vorzeichen des Imaginärteils keine Rolle spielt, kann die zeitabhängige Größe auch mithilfe der durch einen hochgestellten Stern gekennzeichneten konjugiert komplexen Amplitude auf folgende Weise dargestellt werden

$$u(t) = \mathrm{Re}\left\{\underline{\hat{u}}\mathrm{e}^{\mathrm{j}\omega t}\right\} = \mathrm{Re}\left\{\underline{\hat{u}}^*\mathrm{e}^{-\mathrm{j}\omega t}\right\} = \frac{1}{2}\left[\underline{\hat{u}}\mathrm{e}^{\mathrm{j}\omega t} + \underline{\hat{u}}^*\mathrm{e}^{-\mathrm{j}\omega t}\right]. \tag{1.54}$$

Für das Produkt zweier Größen erhält man entsprechend der nachstehenden Ableitung ein Ergebnis

$$\begin{aligned}
u_1(t)u_2(t) &= \frac{1}{2}\left[\underline{\hat{u}}_1\mathrm{e}^{\mathrm{j}\omega t} + \underline{\hat{u}}_1^*\mathrm{e}^{-\mathrm{j}\omega t}\right]\frac{1}{2}\left[\underline{\hat{u}}_2\mathrm{e}^{\mathrm{j}\omega t} + \underline{\hat{u}}_2^*\mathrm{e}^{-\mathrm{j}\omega t}\right] \\
&= \frac{1}{4}\left[\underline{\hat{u}}_1\underline{\hat{u}}_2^* + \underline{\hat{u}}_1^*\underline{\hat{u}}_2\right] + \frac{1}{4}\left[\underline{\hat{u}}_1\underline{\hat{u}}_2\mathrm{e}^{\mathrm{j}2\omega t} + \underline{\hat{u}}_1^*\underline{\hat{u}}_2^*\mathrm{e}^{-\mathrm{j}2\omega t}\right] \\
&= \frac{1}{2}\mathrm{Re}\left\{\underline{\hat{u}}_1\underline{\hat{u}}_2^*\right\} + \frac{1}{2}\mathrm{Re}\left\{\underline{\hat{u}}_1\underline{\hat{u}}_2\mathrm{e}^{\mathrm{j}2\omega t}\right\},
\end{aligned} \tag{1.55}$$

in dem der erste Ausdruck einem zeitunabhängigen konstanten Mittelwert entspricht, der von einem mit doppelter Kreisfrequenz schwingenden Pendelanteil überlagert ist.

Die komplexe Amplitude $\underline{\hat{u}}$ enthält die Informationen über die Amplitude der Zeitfunktion und die Phasenverschiebung φ_u gegenüber einem Bezugswert. Der Zeitfaktor $\mathrm{e}^{\mathrm{j}\omega t}$ ist für alle zeitabhängigen Größen identisch und bleibt bei der Rechnung zunächst unberücksichtigt. Nachdem alle Größen allein mit den komplexen Amplituden berechnet wurden, erfolgt der Übergang zu den zeitabhängigen Verläufen, indem entsprechend Gl. (1.53) von den mit dem Zeitfaktor $\mathrm{e}^{\mathrm{j}\omega t}$ multiplizierten komplexen Amplituden der Realteil gebildet wird.

Die zeitliche Ableitung einer komplexen Größe entspricht gemäß

$$\frac{\mathrm{d}}{\mathrm{d}t}\left(\underline{\hat{u}}\mathrm{e}^{\mathrm{j}\omega t}\right) = \mathrm{j}\omega\underline{\hat{u}}\mathrm{e}^{\mathrm{j}\omega t} \tag{1.56}$$

einer Multiplikation mit dem Faktor $\mathrm{j}\omega$. Verzichten wir zur Vereinfachung der Schreibweise in den folgenden Kapiteln auf den hochgestellten Strich beim quellenfreien Vektorpotential nach Abschn. 1.8, dann können die Gleichungen (1.50) und (1.51) mit den komplexen Amplituden in der folgenden Form zur Behandlung der Skineffektprobleme innerhalb homogener Bereiche verwendet werden

$$\Delta\underline{\hat{\mathbf{A}}} = \mathrm{j}\omega\kappa\mu\underline{\hat{\mathbf{A}}}, \quad \mathrm{div}\,\underline{\hat{\mathbf{A}}} = 0, \quad \underline{\hat{\mathbf{B}}} = \mathrm{rot}\,\underline{\hat{\mathbf{A}}} \quad \text{und} \quad \underline{\hat{\mathbf{E}}} = -\mathrm{j}\omega\underline{\hat{\mathbf{A}}}. \tag{1.57}$$

1.10 Der Poyntingsche Vektor

In diesem Abschnitt soll eine Betrachtung zur Leistung bzw. zur Energie im elektromagnetischen Feld angestellt werden. Üblicherweise geht man von den Maxwellschen Gleichungen (1.33) aus, wobei man die Differenz aus der mit $\vec{E}$ multiplizierten zweiten

Gleichung und der mit $\vec{H}$ multiplizierten ersten Gleichung bildet

$$\vec{E} \cdot \operatorname{rot} \vec{H} - \vec{H} \cdot \operatorname{rot} \vec{E} \overset{(1.33)}{=} \vec{E} \cdot \vec{J} + \vec{E} \cdot \frac{\partial \vec{D}}{\partial t} + \vec{H} \cdot \frac{\partial \vec{B}}{\partial t} . \tag{1.58}$$

Die linke Seite dieser Beziehung kann als die Divergenz eines Kreuzproduktes geschrieben werden

$$\vec{E} \cdot \operatorname{rot} \vec{H} - \vec{H} \cdot \operatorname{rot} \vec{E} \overset{(14.17)}{=} -\operatorname{div}\left(\vec{E} \times \vec{H}\right) = -\operatorname{div}\vec{S}, \tag{1.59}$$

für das üblicherweise die Bezeichnung $\vec{S}$ verwendet wird. Dieses Vektorfeld

$$\vec{S} = \vec{E} \times \vec{H} \tag{1.60}$$

wird als Poyntingscher Vektor bezeichnet. Zum besseren Verständnis der physikalischen Bedeutung müssen die Terme auf der rechten Seite der Gl. (1.58) betrachtet werden. Diese besitzen die Dimension VA/m^3, d. h. einer Leistung pro Volumen. Der erste Anteil

$$\vec{E} \cdot \vec{J} = p_v \tag{1.61}$$

entspricht der Verlustleistungsdichte, die beiden anderen Ausdrücke können als die zeitliche Änderung der gespeicherten Energiedichte geschrieben werden. Bei linearen Materialeigenschaften gilt für die elektrische Energiedichte w_e

$$\vec{E} \cdot \frac{\partial \vec{D}}{\partial t} = \frac{\partial}{\partial t} w_e \quad \text{mit} \quad w_e = \frac{1}{2} \vec{E} \cdot \vec{D} \tag{1.62}$$

und für die magnetische Energiedichte w_m

$$\vec{H} \cdot \frac{\partial \vec{B}}{\partial t} = \frac{\partial}{\partial t} w_m \quad \text{mit} \quad w_m = \frac{1}{2} \vec{H} \cdot \vec{B} . \tag{1.63}$$

Zusammengefasst gilt:

$$-\operatorname{div}\vec{S} = -\operatorname{div}\left(\vec{E} \times \vec{H}\right) = p_v + \frac{\partial}{\partial t}\left(w_e + w_m\right). \tag{1.64}$$

Integriert man die Beziehung (1.64) über ein von der Fläche A umschlossenes Volumen V, dann kann die Volumenintegration über die Quellen des Vektorfeldes $\vec{S}$ mit dem Gaußschen Satz in eine Integration von $\vec{S}$ über die geschlossene Oberfläche umgewandelt werden

$$-\iiint\limits_{V} \operatorname{div}\vec{S} \, \mathrm{d}V \overset{(14.11)}{=} -\oiint\limits_{A} \vec{S} \cdot \mathrm{d}\vec{A}$$

$$\overset{(1.64)}{=} \iiint\limits_{V} p_v \, \mathrm{d}V + \frac{\partial}{\partial t} \iiint\limits_{V} \left(w_e + w_m\right) \mathrm{d}V = P_v + \frac{\partial}{\partial t}\left(W_e + W_m\right). \tag{1.65}$$

Auf der rechten Gleichungsseite erhält man nach Ausführung der Volumenintegration die im Volumen V entstandene Verlustleistung P_v sowie die zeitliche Änderung der im Volumen V gespeicherten elektrischen Energie W_e bzw. magnetischen Energie W_m. Entsprechend dem zweiten Ausdruck in Gl. (1.65) beschreibt der Vektor $-\vec{S}$ offenbar eine Leistungsdichte in W/m^2, mit der die Leistung durch die Oberfläche in das Volumen eintritt. Mit der Abkürzung

$$P_s = \oiint_A \vec{S} \cdot d\vec{A} = \oiint_A \left(\vec{E} \times \vec{H} \right) \cdot d\vec{A} \tag{1.66}$$

für die durch die Hüllfläche A des Volumens V nach außen hindurchtretende Leistung gilt nach Umstellung der Gl. (1.65)

$$-\frac{\partial}{\partial t} \left(W_e + W_m \right) = P_v + P_s \tag{1.67}$$

der folgende Energieerhaltungssatz:

▶ Die zeitliche Abnahme der in einem Volumen V gespeicherten elektrischen und magnetischen Energie entspricht der Summe der in dem Volumen entstehenden Verluste P_v und der nach außen durch die Hüllfläche des Volumens mit der Dichte $\vec{E} \times \vec{H}$ hindurchtretenden Leistung P_s.

Betrachten wir nun den aus technischer Sicht wichtigen Fall zeitlich periodisch veränderlicher Feldgrößen mit der konstanten Kreisfrequenz ω. Nach Gl. (1.55) kann der mit einem übergesetzten Querstrich gekennzeichnete zeitliche Mittelwert der im Volumen entstehenden Verlustleistung als der halbe Realteil aus dem Produkt von komplexer Amplitude der elektrischen Feldstärke mit konjugiert komplexer Amplitude der Stromdichte dargestellt werden

$$\overline{p}_v\left(\vec{r}\right) \overset{(1.55,1.61)}{=} \frac{1}{2}\text{Re}\left\{\hat{\underline{\vec{E}}}\left(\vec{r}\right) \cdot \hat{\underline{\vec{J}}}^{*}\left(\vec{r}\right)\right\} \overset{(1.34)}{=} \frac{1}{2}\kappa\,\text{Re}\left\{\hat{\underline{\vec{E}}}\left(\vec{r}\right) \cdot \hat{\underline{\vec{E}}}^{*}\left(\vec{r}\right)\right\} = \frac{1}{2}\kappa\hat{\underline{\vec{E}}}\left(\vec{r}\right) \cdot \hat{\underline{\vec{E}}}^{*}\left(\vec{r}\right). \tag{1.68}$$

Die Integration der Gl. (1.67) über eine volle Periode von $\omega t = 0$ bis $\omega t = 2\pi$ liefert wegen der Gleichheit der gespeicherten Energien am Anfang und am Ende einer vollen Periode

$$\int_0^{2\pi} P_v\,\mathrm{d}(\omega t) + \int_0^{2\pi} P_s\,\mathrm{d}(\omega t) = \omega \int_0^{2\pi} -\frac{\partial}{\partial(\omega t)}\left(W_e + W_m\right)\,\mathrm{d}(\omega t)$$

$$= \omega\left[W_{ges}(0) - W_{ges}(2\pi)\right] = 0 \tag{1.69}$$

den Ausdruck

$$\int_0^{2\pi} P_v\,\mathrm{d}(\omega t) = -\int_0^{2\pi} P_s\,\mathrm{d}(\omega t) \quad \rightarrow \quad \overline{P}_v = -\overline{P}_s > 0, \tag{1.70}$$

so dass die im zeitlichen Mittel im Volumen entstehende Verlustleistung durch die im zeitlichen Mittel durch die Hüllfläche in das Volumen eintretende Leistung gegeben ist

$$\overline{P}_v = \iiint\limits_V \overline{p}_v \, \mathrm{d}V \overset{(1.68)}{=} \frac{1}{2}\kappa \iiint\limits_V \hat{\underline{\vec{E}}}(\vec{r}) \cdot \hat{\underline{\vec{E}}}^*(\vec{r}) \, \mathrm{d}V = -\overline{P}_s$$

$$\overset{(1.66)}{=} -\frac{1}{2}\mathrm{Re}\left\{ \oiint\limits_A \left[\hat{\underline{\vec{E}}}(\vec{r}) \times \hat{\underline{\vec{H}}}^*(\vec{r}) \right] \cdot \mathrm{d}\vec{A} \right\}. \tag{1.71}$$

Ausgehend von dem Ausdruck für die komplexe Leistung

$$\underline{S} = \frac{1}{2}\underline{Z}|\hat{\underline{\imath}}|^2 = \frac{1}{2}\left(R + \mathrm{j}\omega L \right)|\hat{\underline{\imath}}|^2 = -\frac{1}{2} \oiint\limits_A \left[\hat{\underline{\vec{E}}}(\vec{r}) \times \hat{\underline{\vec{H}}}^*(\vec{r}) \right] \cdot \mathrm{d}\vec{A} \tag{1.72}$$

kann die Impedanz eines Leiters, bestehend aus Widerstand und innerer Induktivität, aus den beiden Beziehungen

$$R = -\frac{1}{|\hat{\underline{\imath}}|^2}\mathrm{Re}\left\{ \oiint\limits_A \left[\hat{\underline{\vec{E}}}(\vec{r}) \times \hat{\underline{\vec{H}}}^*(\vec{r}) \right] \cdot \mathrm{d}\vec{A} \right\} \quad \text{und}$$

$$\omega L = -\frac{1}{|\hat{\underline{\imath}}|^2}\mathrm{Im}\left\{ \oiint\limits_A \left[\hat{\underline{\vec{E}}}(\vec{r}) \times \hat{\underline{\vec{H}}}^*(\vec{r}) \right] \cdot \mathrm{d}\vec{A} \right\} \tag{1.73}$$

bestimmt werden.

Literatur

1. Albach M (2011) Elektrotechnik. Pearson Studium, München
2. Jackson JD (2002) Klassische Elektrodynamik, 3. Aufl. Walter de Gruyter, Berlin
3. Küpfmüller K (1984) Einführung in die theoretische Elektrotechnik, 11. Aufl. Springer, Berlin
4. Lehner G (2003) Elektromagnetische Feldtheorie für Ingenieure und Physiker, 4. Aufl. Springer, Heidelberg
5. Moon P, Spencer D (1988) Field Theory Handbook, 2. Aufl. Springer, Berlin
6. Philippow E (1976) Taschenbuch Elektrotechnik. VEB Verlag Technik, Berlin
7. Simoni K (1977) Theoretische Elektrotechnik. VEB Deutscher Verlag der Wissenschaften, Berlin

Die Induktivität von Luftspulen

2

Zusammenfassung

Ausgehend von der allgemeinen Formulierung für die Selbst- und Gegeninduktivitäten von Leitersystemen bei zeitunabhängigen Feldgrößen wird zunächst der Sonderfall dünner Leiterschleifen betrachtet. Diese Ergebnisse dienen als Ausgangspunkt für die Behandlung drahtgewickelter Spulen, sowohl mit kreisförmigen als auch mit rechteckförmigen Wickelkörpern. Die Berechnung der Spuleninduktivität kann zurückgeführt werden auf die Überlagerung der Selbst- und Gegeninduktivitäten der einzelnen Windungen. Eine Erweiterung der Formeln erlaubt auch die Behandlung von Folienspulen, wobei der mathematische Aufwand allerdings steigt.

Die Auswertungen zeigen die unterschiedlichen Einflüsse von der Geometrie der Wickelanordnung, der Windungszahl, der Positionierung der Windungen auf dem Wickelkörper, sowie die Unterschiede zwischen Draht- und Folienwicklung auf die resultierende Induktivität einer Spule.

2.1 Die Selbstinduktivität einer Leiterschleife

Die allgemeine Definition für die Selbstinduktivität einer Leiterschleife geht von der im Magnetfeld gespeicherten Energie W_m aus. Diese lässt sich durch Integration der magnetischen Energiedichte w_m über den gesamten Raum V_∞ berechnen

$$W_m = \iiint\limits_{V_\infty} w_m \, dV = \frac{1}{2} L I^2 \quad \text{mit} \quad w_m = \frac{1}{2} \vec{\mathbf{H}} \cdot \vec{\mathbf{B}}. \tag{2.1}$$

Durch Einführung des Vektorpotentials entsprechend Gl. (1.12) kann die Energie auch in der Form

$$W_m = \frac{1}{2} \iiint\limits_{V_\infty} \vec{\mathbf{H}} \cdot \vec{\mathbf{B}} \, dV = \frac{1}{2} \iiint\limits_{V} \vec{\mathbf{A}} \cdot \vec{\mathbf{J}} \, dV_Q \tag{2.2}$$

© Springer Fachmedien Wiesbaden GmbH 2017

M. Albach, *Induktivitäten in der Leistungselektronik*, DOI 10.1007/978-3-658-15081-5_2

dargestellt werden, wobei die Integration jetzt nur noch über das von der ortsabhängigen Stromdichte $\vec{\mathbf{J}}\left(\vec{\mathbf{r}}_Q\right)$ durchflossene Volumen zu erstrecken ist. Resultierend gilt für die Induktivität

$$L = \frac{1}{I^2} \iiint\limits_{V_\infty} \vec{\mathbf{H}} \cdot \vec{\mathbf{B}}\, dV = \frac{1}{I^2} \iiint\limits_{V} \vec{\mathbf{A}} \cdot \vec{\mathbf{J}}\, dV_Q . \tag{2.3}$$

2.2 Die Gegeninduktivitäten im System mehrerer Leiterschleifen

Betrachtet werden soll die in Abb. 2.1 dargestellte Anordnung, bei der der gesamte Raum die Permeabilität μ_0 aufweist. In dem Volumen befinden sich weiterhin n räumlich ausgedehnte stromdurchflossene Massivleiter.

Die magnetische Feldstärke im Aufpunkt P kann durch Summation der Beiträge der einzelnen Leiter berechnet werden. Bezeichnet man mit $\vec{\mathbf{H}}_k$ die Feldstärke im Aufpunkt P infolge der Stromdichte $\vec{\mathbf{J}}_k$ im k-ten Leiter, dann kann die Energie (2.2) folgendermaßen dargestellt werden

$$W_m = \frac{1}{2} \iiint\limits_{V_\infty} \left(\sum_{k=1}^{n} \vec{\mathbf{H}}_k \right) \cdot \left(\sum_{k=1}^{n} \vec{\mathbf{B}}_k \right) dV = \frac{1}{2} \sum_{i=1}^{n} \sum_{k=1}^{n} \iiint\limits_{V_\infty} \vec{\mathbf{H}}_i \cdot \vec{\mathbf{B}}_k\, dV . \tag{2.4}$$

Um die Integration entsprechend dem zweiten Term in Gl. (2.2) über die stromführenden Leiter durchführen zu können, wird das von allen Strömen verursachte gesamte Vektorpotential innerhalb der Leiter benötigt. Bezeichnet man mit $\vec{\mathbf{A}}_{ik}$ das Vektorpotential im

Abb. 2.1 Stromführende Massivleiter

Abb. 2.2 Stromführende Massivleiter

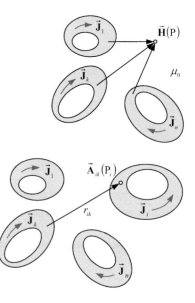

laufenden Punkt P_i des i-ten Leiters infolge der Stromdichteverteilung $\vec{\mathbf{J}}_k$ im k-ten Leiter gemäß Abb. 2.2, dann ist das resultierende Vektorpotential des i-ten Leiters durch eine Summation aller Beiträge gegeben

$$\vec{\mathbf{A}}_i = \sum_{k=1}^{n} \vec{\mathbf{A}}_{ik} \,. \tag{2.5}$$

Die Energieberechnung mit einer Integration über die Leitervolumina nimmt dann die folgende Form an

$$W_m \stackrel{(2.2)}{=} \frac{1}{2} \iiint\limits_{V} \vec{\mathbf{A}} \cdot \vec{\mathbf{J}} \, dV = \frac{1}{2} \sum_{i=1}^{n} \iiint\limits_{V_i} \vec{\mathbf{A}}_i \cdot \vec{\mathbf{J}}_i \, dV$$

$$\stackrel{(2.5)}{=} \frac{1}{2} \sum_{i=1}^{n} \iiint\limits_{V_i} \left(\sum_{k=1}^{n} \vec{\mathbf{A}}_{ik} \right) \cdot \vec{\mathbf{J}}_i \, dV = \frac{1}{2} \sum_{i=1}^{n} \sum_{k=1}^{n} \iiint\limits_{V_i} \vec{\mathbf{A}}_{ik} \cdot \vec{\mathbf{J}}_i \, dV \,, \tag{2.6}$$

in der im Falle homogener Permeabilität μ_0 das Vektorpotential im laufenden Punkt P_i des i-ten Leiters infolge der Stromdichte $\vec{\mathbf{J}}_k$ im k-ten Leiter nach Gl. (1.24) ausgedrückt werden kann

$$\vec{\mathbf{A}}_{ik} \stackrel{(1.24)}{=} \frac{\mu_0}{4\pi} \iiint\limits_{V_k} \frac{1}{r_{ik}} \vec{\mathbf{J}}_k \, dV \,. \tag{2.7}$$

Mit r_{ik} wird der in Abb. 2.2 eingetragene Abstand zwischen dem laufenden Punkt P_i des i-ten Leiters und dem laufenden Punkt P_k des k-ten Leiters bezeichnet.

Mit dem Gesamtstrom I_i im i-ten Leiter kann die magnetische Energie der Anordnung in Abb. 2.2 auch in der Form

$$W_m = \frac{1}{2} \sum_{i=1}^{n} \sum_{k=1}^{n} I_i I_k L_{ik} \tag{2.8}$$

mit den Proportionalitätsfaktoren L_{ik} dargestellt werden. Die eingeführten Größen L_{ik} werden für unterschiedliche Werte $i \neq k$ als Gegeninduktivität zwischen dem i-ten und k-ten Leiter bezeichnet. Bei gleichen Werten $i = k$ entspricht L_{ii} der bereits in Abschn. 2.1 betrachteten Selbstinduktivität des i-ten Leiters.

Durch Vergleich der Beziehungen (2.4) bzw. (2.6) mit der Darstellung (2.8) können unterschiedliche Ausdrücke für die Berechnung der Induktivitäten L_{ik} angegeben werden

$$L_{ik} = \iiint\limits_{V_\infty} \frac{\vec{\mathbf{H}}_i}{I_i} \cdot \frac{\vec{\mathbf{B}}_k}{I_k} \, dV = \iiint\limits_{V_i} \frac{\vec{\mathbf{A}}_{ik}}{I_k} \cdot \frac{\vec{\mathbf{J}}_i}{I_i} \, dV \,. \tag{2.9}$$

Bei der im ersten Ausdruck auszuführenden Volumenintegration über das unendliche Volumen bezeichnet $\vec{\mathbf{H}}_i$ die magnetische Feldstärke im Aufpunkt P infolge der Stromdichte $\vec{\mathbf{J}}_i$ des i-ten Leiters, und entsprechend bezeichnet $\vec{\mathbf{B}}_k$ die Flussdichte im Aufpunkt P infolge der Stromdichte $\vec{\mathbf{J}}_k$ des k-ten Leiters. Da in diesem Produkt die Indizes i und k vertauscht werden können, folgt daraus die Symmetrieeigenschaft für die Gegeninduktivitäten

$$L_{ik} = L_{ki} \, . \tag{2.10}$$

Für den Fall von Luftspulen kann durch Einsetzen des Vektorpotentials (2.7) in die Gl. (2.9) ein Ausdruck für die Induktivitäten angegeben werden

$$L_{ik} = \frac{\mu_0}{4\pi} \iiint\limits_{V_i} \left[\iiint\limits_{V_k} \frac{1}{r_{ik}} \frac{\vec{\mathbf{J}}_k}{I_k} \cdot \frac{\vec{\mathbf{J}}_i}{I_i} \, \mathrm{d}V \right] \mathrm{d}V \, , \tag{2.11}$$

bei dem die Integration nur über die Leitervolumina auszuführen ist. Bei der Berechnung der Selbstinduktivität L_{ii} ist dabei eine zweifache Integration über das Volumen des i-ten Leiters auszuführen. Die in diesem Abschnitt mithilfe der magnetischen Energie definierten Induktivitäten hängen nur von der Geometrie der Leiter und von den Materialeigenschaften $\mu(x, y, z)$ des Raumes ab.

2.3 Die Induktivität von Spulen

Bei einer aus N Windungen bestehenden Spule setzt sich die an den Anschlussklemmen zu messende Gesamtinduktivität L aus der Summe der Selbstinduktivitäten der einzelnen Windungen und der Summe aller Gegeninduktivitäten zwischen jeder Windung und allen anderen Windungen zusammen. Setzen wir also die in der Spule gespeicherte Energie nach Gl. (2.1) der Energiedarstellung nach Gl. (2.8) gleich, wobei in Gl. (2.8) wegen des gleichen Stroms in allen Windungen $I_i = I_k = I$ gesetzt werden muss, dann erhalten wir die Beziehung

$$\frac{1}{2}LI^2 = \frac{1}{2}I^2 \sum_{i=1}^{N} \sum_{k=1}^{N} L_{ik} \quad \rightarrow \quad L = \sum_{i=1}^{N} L_{ii} + \sum_{i=1}^{N} \sum_{k=1,k\neq i}^{N} L_{ik} \, . \tag{2.12}$$

In dieser Gleichung beschreibt L_{ii} die Selbstinduktivität der i-ten Windung, L_{ik} beschreibt die Gegeninduktivität zwischen der i-ten und k-ten Windung. Mithilfe der Symmetriebedingung (2.10) lässt sich diese Gleichung noch etwas vereinfachen

$$L = \sum_{i=1}^{N} L_{ii} + 2 \sum_{i=2}^{N} \sum_{k=1}^{i-1} L_{ik} \, . \tag{2.13}$$

2.4   Der Sonderfall dünner Leiterschleifen

Betrachten wir den Sonderfall einer aus dünnem Draht bestehenden Leiterschleife, dann können Vektorpotential und Stromdichte näherungsweise als konstant über den Leiterquerschnitt angesehen werden. Die Volumenintegration in Gl. (2.3) geht dann in eine Integration entlang der Leiterkontur C über, wobei $\vec{J}\, dV_Q$ durch $I\, d\vec{r}_Q$ zu ersetzen ist

$$L = \frac{1}{I} \oint_C \vec{A} \cdot d\vec{r}_Q\,. \tag{2.14}$$

Wird dieses Umlaufintegral mit dem Stokesschen Satz in ein Integral über die von der Kontur C eingeschlossene Fläche A umgewandelt, dann entspricht das Integral gemäß Abb. 2.3 dem magnetischen Fluss Φ, der die Fläche durchsetzt[1]

$$\oint_C \vec{A}_m \cdot d\vec{r}_Q \overset{(14.10)}{=} \iint_A \mathrm{rot}\vec{A}_m \cdot d\vec{A} \overset{(1.12)}{=} \iint_A \vec{B} \cdot d\vec{A} \overset{(1.9)}{=} \Phi\,. \tag{2.15}$$

Damit kann die Induktivität berechnet werden, indem der die Leiterschleife durchsetzende magnetische Fluss auf den ihn verursachenden Strom bezogen wird

$$L = \frac{\Phi}{I}\,. \tag{2.16}$$

2.4.1   Die Selbstinduktivität einer dünnen Leiterschleife

Einen Sonderfall stellt die Berechnung der Selbstinduktivität L_{ii} dünner Leiterschleifen dar. Da die magnetische Feldstärke nach Gl. (1.19) bei einer Annäherung an den Leiter mit dem reziproken Abstand $1/\rho$ nach unendlich strebt, wird die Berechnung der Integrale (2.15) ebenfalls den Wert unendlich liefern. Die Ursache für diese Problematik liegt in der Tatsache begründet, dass es physikalisch nicht möglich ist, einen endlichen Strom I durch einen unendlich dünnen Leiter fließen zu lassen. Bei der Berechnung der Selbstinduktivität müssen also die endlichen Leiterquerschnitte berücksichtigt werden, so dass der Pol bei der magnetischen Feldstärke für $\rho \to 0$ nicht auftreten kann.

Abb. 2.3 Fluss durch eine
Fläche

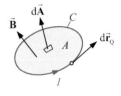

---

[1] In einigen Gleichungen ist das Vektorpotential zur besseren Unterscheidung von dem vektoriellen Flächenelement mit einem Index m markiert.

Abb. 2.4 Zur Berechnung der
äußeren Selbstinduktivität

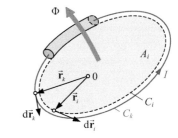

Das Problem wird üblicherweise dadurch umgangen, dass die Selbstinduktivität L_{ii}
einer dünnen Leiterschleife aus zwei Anteilen zusammengesetzt wird, nämlich einer äußeren Selbstinduktivität L_a und einer inneren Selbstinduktivität L_i. Zur Berechnung der
äußeren Selbstinduktivität wird der Strom als dünner Stromfaden I in der Leitermitte angenommen und der Fluss durch die Fläche A_i berechnet, die gemäß Abb. 2.4 durch die
äußere Berandung, d. h. die Oberfläche des Leiters gebildet wird. Bei der Berechnung
des Vektorpotentials wird auf der Leiteroberfläche entlang der Kontur C_i integriert. Die
äußere Selbstinduktivität wird somit aus der Beziehung

$$L_a = \frac{1}{I} \iint\limits_{A_i} \vec{B} \cdot d\vec{A}_i = \frac{1}{I} \oint\limits_{C_i} \vec{A}_m \cdot d\vec{r}_i \qquad (2.17)$$

berechnet, die im Falle eines homogenen Gesamtraums mithilfe der Gl. (1.26) auf die
vereinfachte Form

$$L_a = \frac{\mu_0}{4\pi} \oint\limits_{C_i} \oint\limits_{C_k} \frac{1}{r_{ik}} d\vec{r}_k \cdot d\vec{r}_i \quad \text{mit} \quad r_{ik} = |\vec{r}_i - \vec{r}_k| \qquad (2.18)$$

gebracht werden kann.

Die innere Selbstinduktivität wird aus der im Leiter der Querschnittsfläche $A = \pi r_D^2$
gespeicherten magnetischen Energie berechnet. Wegen des sehr kleinen Leiterdurchmes-
sers $2r_D$ wird die Krümmung der Leiterschleife vernachlässigt und die Anordnung kann
näherungsweise als ebenes Problem behandelt werden. Betrachten wir also den in Abb. 2.5
dargestellten Leiterquerschnitt, in dem der Gesamtstrom I homogen verteilt ist. Wird der
Leiter so in das zylindrische Koordinatensystem verlegt, dass sein Mittelpunkt mit der
Zylinderachse $\rho = 0$ zusammenfällt, dann ist die magnetische Feldstärke φ-gerichtet und
hängt nur von der Koordinate ρ ab.

Abb. 2.5 Zur Berechnung der
inneren Selbstinduktivität

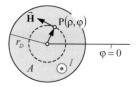

Zur Berechnung der gespeicherten Energie innerhalb des Leiters wird die Feldstärke nach Gl. (1.20) in die Beziehung (2.2) eingesetzt und über das Leitervolumen integriert

$$W_{m,i} = \frac{1}{2} \iiint_V \vec{H} \cdot \vec{B} \, \mathrm{d}V = \frac{\mu_0}{2} \int_0^l \int_0^{2\pi} \int_0^{r_D} \left(\frac{\rho I}{2\pi r_D^2} \right)^2 \rho \, \mathrm{d}\rho \, \mathrm{d}\varphi \, \mathrm{d}z = \frac{\mu_0 l}{16\pi} I^2 . \tag{2.19}$$

Mithilfe der Gl. (2.1) erhalten wir für die innere Selbstinduktivität den Wert

$$L_i = \frac{2}{I^2} W_{m,i} = \frac{\mu_0 l}{8\pi} . \tag{2.20}$$

Dieser ist naturgemäß proportional zur Länge der Leiterschleife l, jedoch unabhängig vom Radius r_D des kreisförmigen Leiterquerschnitts.

Für die Selbstinduktivität der dünnen Leiterschleife gilt damit das resultierende Ergebnis

$$L_{ii} = L_i + L_a = \frac{\mu_0 l}{8\pi} + \frac{1}{I} \oint_{C_i} \vec{A}_m \cdot \mathrm{d}\vec{r}_i . \tag{2.21}$$

Die Gl. (2.21) ist letztlich eine Näherungsbeziehung. Einerseits wurde bei der Berechnung von L_i von einer homogenen Verteilung der Stromdichte im Leiter ausgegangen, andererseits hängt der Wert L_a davon ab, wie der Verlauf der Kontur C_i in Abb. 2.4 entlang der Leiteroberfläche gewählt wird. Für die Praxis spielt das allerdings keine große Rolle. Der Fehler ist vernachlässigbar, da der Schleifendurchmesser üblicherweise sehr groß ist verglichen mit dem Drahtdurchmesser.

2.4.2 Die Gegeninduktivität dünner Leiterschleifen

Zur Berechnung der Gegeninduktivität L_{ik} im System zweier dünner Leiterschleifen C_i und C_k kann wieder von der Gl. (2.16) ausgegangen werden. Das Problem einer nach unendlich gehenden magnetischen Feldstärke existiert in diesem Fall nicht, so dass mit der Berechnung des Flusses durch die eine Schleife bezogen auf den verursachenden Strom in der anderen Schleife nach Gl. (2.15) die Gegeninduktivität mit der folgenden Gleichung bestimmt werden kann

$$L_{ik} = \frac{1}{I_k} \iint_{A_i} \vec{B}_k \cdot \mathrm{d}\vec{A}_i = \frac{1}{I_k} \oint_{C_i} \vec{A}_{ik} \cdot \mathrm{d}\vec{r}_i \quad \text{für} \quad i \neq k . \tag{2.22}$$

Wegen der Symmetrieeigenschaft (2.10) können die Schleifenindizes i und k vertauscht werden. Der in dem Integral auftretende Ausdruck $\vec{A}_{ik}$ bezeichnet das an der Stelle P_i, d. h. auf der Kontur C_i, hervorgerufene Vektorpotential infolge des durch die Schleife C_k fließenden Stroms I_k. Dieser wird in der Drahtmitte der Schleife k angenommen. Als Kontur C_i und damit auch als Berandung der Integrationsfläche A_i wird jetzt die Drahtmitte der Schleife i gewählt.

Abb. 2.6 Konturintegration
über beide Leiterschleifen

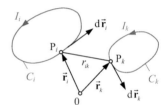

Für den Fall homogener Permeabilität μ_0 kann das Vektorpotential mit dem in Abb. 2.6 eingezeichneten Abstand r_{ik} zwischen den laufenden Punkten P_i und P_k der beiden Schleifen gemäß Gl. (1.26) durch Integration über die stromführende Schleife C_k berechnet werden. Damit folgt die der Gl. (2.18) entsprechende Beziehung für die Gegeninduktivität dünner Leiterschleifen

$$L_{ik} = \frac{\mu_0}{4\pi} \oint_{C_i} \oint_{C_k} \frac{1}{r_{ik}} \mathrm{d}\vec{\mathbf{r}}_k \cdot \mathrm{d}\vec{\mathbf{r}}_i \quad \text{mit} \quad r_{ik} = |\vec{\mathbf{r}}_i - \vec{\mathbf{r}}_k| \quad \text{für} \quad i \neq k \,. \tag{2.23}$$

2.4.3   Die Induktivitätsmatrix

Ausgehend von der Gl. (2.16) für dünne Leiterschleifen kann der Fluss Φ_i durch die Leiterschleife i infolge des Stroms I_k in der Leiterschleife k durch die Beziehung $\Phi_i = L_{ik} I_k$ beschrieben werden. Zusammenfassend lässt sich dann für ein System aus n Leiterschleifen das folgende Gleichungssystem aufstellen

$$\begin{aligned}
\Phi_1 &= L_{11}I_1 + L_{12}I_2 + \ldots + L_{1n}I_n \\
\Phi_2 &= L_{21}I_1 + L_{22}I_2 + \ldots + L_{2n}I_n \\
&\ldots \\
\Phi_n &= L_{n1}I_1 + L_{n2}I_2 + \ldots + L_{nn}I_n \,.
\end{aligned} \tag{2.24}$$

Die Richtung des magnetischen Flusses durch die i-te Schleife wird dabei allgemein so festgelegt, dass er rechtshändig mit dem Strom I_i in dieser Schleife verknüpft ist. Dabei ergeben sich automatisch positive Werte für die Selbstinduktivitäten L_{ii}. Die Gegeninduktivitäten $L_{ik} = L_{ki}$ werden häufig auch mit M_{ik} (mutual inductance) bezeichnet. Die Gleichung (2.24) lässt sich dann in der folgenden Weise in Matrizenform darstellen

$$\begin{pmatrix} \Phi_1 \\ \Phi_2 \\ .. \\ \Phi_n \end{pmatrix} = \begin{pmatrix} L_{11} & L_{12} & .. & L_{1n} \\ L_{12} & L_{22} & .. & L_{2n} \\ .. & .. & .. & .. \\ L_{1n} & L_{2n} & .. & L_{nn} \end{pmatrix} \begin{pmatrix} I_1 \\ I_2 \\ .. \\ I_n \end{pmatrix} = \begin{pmatrix} L_{11} & M_{12} & .. & M_{1n} \\ M_{12} & L_{22} & .. & M_{2n} \\ .. & .. & .. & .. \\ M_{1n} & M_{2n} & .. & L_{nn} \end{pmatrix} \begin{pmatrix} I_1 \\ I_2 \\ .. \\ I_n \end{pmatrix} \,. $$

$$\tag{2.25}$$

Abb. 2.7 Induktiv gekoppelte Stromkreise mit gleich gerichteten Teilflüssen durch die Schleifen

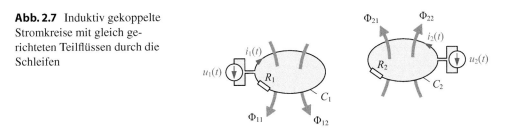

Betrachten wir jetzt als Beispiel die Anordnung in Abb. 2.7. Jede Leiterschleife besitzt einen ohmschen Widerstand und ist an eine zeitabhängige Spannungsquelle angeschlossen.

Der in der Abbildung eingetragene Fluss durch die i-te Schleife mit $i = 1, 2$ setzt sich aus der Überlagerung der beiden Teilflüsse Φ_{i1} infolge des Stroms i_1 und Φ_{i2} infolge des Stroms i_2 zusammen. Unter Beachtung der rechtshändigen Verknüpfung zwischen Stromrichtung und Flussrichtung und der gleichen Orientierung der beiden eingezeichneten Teilflüsse durch eine Schleife führt das Induktionsgesetz (1.29) auf eine Beziehung für die Schleife 1

$$\oint_{C_1} \vec{E} \cdot d\vec{s} = R_1 i_1\,(t) - u_1\,(t) = -\frac{d\Phi_{ges}}{dt} = -\frac{d}{dt}\left(\Phi_{11} + \Phi_{12}\right)$$

$$= -\frac{d}{dt}\left[L_{11}i_1\,(t) + L_{12}i_2\,(t)\right], \qquad (2.26)$$

die für zeitlich konstante Induktivitäten folgendermaßen umgestellt werden kann

$$u_1\,(t) = R_1 i_1\,(t) + L_{11}\frac{di_1\,(t)}{dt} + L_{12}\frac{di_2\,(t)}{dt}. \qquad (2.27)$$

Mit der gleichen Vorgehensweise erhalten wir für eine aus n Leiterschleifen bestehende Anordnung n Gleichungen, deren Zusammenfassung als Gleichungssystem in Matrizenschreibweise die folgende Form annimmt

$$\begin{pmatrix} u_1\,(t) \\ u_2\,(t) \\ .. \\ u_n\,(t) \end{pmatrix} = \begin{pmatrix} R_1 i_1\,(t) \\ R_2 i_2\,(t) \\ .. \\ R_n i_n\,(t) \end{pmatrix} + \begin{pmatrix} L_{11} & M_{12} & .. & M_{1n} \\ M_{12} & L_{22} & .. & M_{2n} \\ .. & .. & .. & .. \\ M_{1n} & M_{2n} & .. & L_{nn} \end{pmatrix} \cdot \frac{d}{dt} \begin{pmatrix} i_1\,(t) \\ i_2\,(t) \\ .. \\ i_n\,(t) \end{pmatrix}. \qquad (2.28)$$

Bei der Herleitung dieser Gleichung wurden alle Teilflüsse durch eine Schleife in die gleiche Richtung positiv gezählt. Als Konsequenz der additiven Überlagerung der Teilflüsse, z. B. in Gl. (2.26), stehen positive Vorzeichen vor den Gegeninduktivitäten M_{ik} im Gleichungssystem (2.28). Hätten wir diejenigen Teilflüsse durch die Schleifen, die von den Strömen in der jeweils anderen Schleife verursacht sind, im vorliegenden Beispiel also die Flüsse Φ_{12} und Φ_{21}, in die entgegengesetzte Richtung positiv gezählt, dann hätten sich die Gesamtflüsse durch die Schleifen aus einer Differenzbildung ergeben, als Beispiel $\Phi_{1ges} = \Phi_{11} - \Phi_{12}$. In dem Gleichungssystem (2.28) würden dann negative Vorzeichen vor den Gegeninduktivitäten M_{ik} stehen. Am Ergebnis ändert sich durch diese willkürliche Festlegung der Zählrichtungen nichts, da sich in diesem Fall die Werte der Gegeninduktivitäten (= Fluss bezogen auf den verursachenden Strom) wegen der anderen Richtung beim Fluss ebenfalls im Vorzeichen von den Werten in Gl. (2.28) unterscheiden. Wir werden auf diese Situation im Zusammenhang mit Abb. 10.1 zurückkommen.

2.5 Drahtgewickelte Spulen

In diesem Abschnitt berechnen wir die Induktivität der aus Runddraht hergestellten Spulen, wobei der Wickelkörper kreisförmigen oder rechteckförmigen Querschnitt aufweisen kann.

2.5.1 Kreisförmige Leiterschleifen

Als erstes konkretes Beispiel betrachten wir die in Abb. 2.8 dargestellte einzelne kreisförmige Leiterschleife vom Radius a. Sie liegt in der Ebene $z = 0$ und besteht aus einem Draht des Durchmessers $d = 2r_D$. In einem ersten Schritt berechnen wir in einem beliebigen Raumpunkt das von der stromdurchflossenen Windung hervorgerufene Vektorpotential.

Zur Berechnung der Feldgrößen werden die Koordinaten des Kreiszylinders verwendet, in denen der Aufpunkt P und der Quellpunkt Q durch die Vektoren

$$\vec{r}_P = \vec{e}_{\rho P}\rho_P + \vec{e}_z z_P \quad \text{und} \quad \vec{r}_Q = \vec{e}_{\rho Q}a \tag{2.29}$$

beschrieben werden. Für den Abstand r zwischen Aufpunkt und Quellpunkt findet man den von dem Differenzwinkel $\varphi_P - \varphi_Q$ abhängigen Ausdruck

$$r^2 = \left(\vec{r}_P - \vec{r}_Q\right)^2 = \vec{r}_P^2 + \vec{r}_Q^2 - 2\vec{r}_P \cdot \vec{r}_Q = r_P^2 + a^2 - 2a\rho_P \cos\left(\varphi_P - \varphi_Q\right), \tag{2.30}$$

so dass der Betrag des Abstandsvektors in der Form

$$r = \sqrt{r_P^2 + a^2 - 2a\rho_P \cos\left(\varphi_P - \varphi_Q\right)} \quad \text{mit} \quad r_P^2 = \rho_P^2 + z_P^2 \tag{2.31}$$

Abb. 2.8 Kreisförmige Leiterschleife

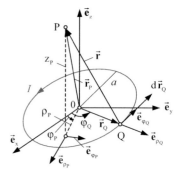

zusammen mit dem gerichteten Wegelement $\mathrm{d}\vec{\mathbf{r}}_Q = \vec{\mathbf{e}}_{\varphi_Q} a\,\mathrm{d}\varphi_Q$ in die Beziehung (1.26) für das Vektorpotential eingesetzt werden kann. Da das Vektorpotential die gleichen Komponenten wie die Stromdichte aufweist, gilt

$$\vec{\mathbf{A}}\left(\vec{\mathbf{r}}_P\right) = \frac{\mu_0 I}{4\pi} \int\limits_0^{2\pi} \frac{\vec{\mathbf{e}}_{\varphi_Q} a\,\mathrm{d}\varphi_Q}{r} = \underbrace{\vec{\mathbf{e}}_{\rho_P} A_\rho}_{0} + \vec{\mathbf{e}}_{\varphi_P} A_\varphi + \underbrace{\vec{\mathbf{e}}_z A_z}_{0} . \tag{2.32}$$

Die φ-gerichtete Komponente des Vektorpotentials im Aufpunkt P erhält man aus dem Skalarprodukt

$$A_\varphi = \vec{\mathbf{e}}_{\varphi_P} \cdot \vec{\mathbf{A}}\left(\vec{\mathbf{r}}_P\right) = \frac{\mu_0 I a}{4\pi} \int\limits_0^{2\pi} \frac{\vec{\mathbf{e}}_{\varphi_P} \cdot \vec{\mathbf{e}}_{\varphi_Q}}{r}\mathrm{d}\varphi_Q = \frac{\mu_0 I a}{4\pi} \int\limits_0^{2\pi} \frac{\cos\left(\varphi_P - \varphi_Q\right)}{r}\mathrm{d}\varphi_Q . \tag{2.33}$$

Da die erregende Anordnung unabhängig ist von der Winkelkoordinate φ, kann auch das Vektorpotential nicht von dieser Koordinate abhängen, so dass das über 2π zu erstreckende Integral für alle Werte φ_P immer zum gleichen Ergebnis führt. Mit der Vereinfachung $\varphi_P = 0$ gelangt man zu dem allgemeingültigen Ausdruck

$$\vec{\mathbf{A}}\left(\vec{\mathbf{r}}_P\right) = \vec{\mathbf{e}}_{\varphi_P} A_\varphi\left(\vec{\mathbf{r}}_P\right) = \vec{\mathbf{e}}_{\varphi_P} \frac{\mu_0 I}{4\pi} \int\limits_0^{2\pi} \frac{\cos\varphi\,\mathrm{d}\varphi}{\sqrt{1 + \left(\frac{r_P}{a}\right)^2 - 2\frac{\rho_P}{a}\cos\varphi}}$$

$$= \vec{\mathbf{e}}_{\varphi_P} \frac{\mu_0 I}{2\pi} \int\limits_0^{\pi} \frac{\cos\varphi\,\mathrm{d}\varphi}{\sqrt{1 + \left(\frac{r_P}{a}\right)^2 - 2\frac{\rho_P}{a}\cos\varphi}} . \tag{2.34}$$

Mit der Abkürzung

$$m = \frac{4a\rho_P}{(a + \rho_P)^2 + z_P^2} \tag{2.35}$$

kann das Vektorpotential dieser kreisförmigen Leiterschleife in der nachstehenden Form durch die von dem Parameter m abhängigen vollständigen elliptischen Integrale K(m) erster Art und E(m) zweiter Art

$$\mathrm{K}(m) = \int\limits_0^{\pi/2} \frac{\mathrm{d}\theta}{\sqrt{1 - m\,\sin^2\theta}} \quad \text{und} \quad \mathrm{E}(m) = \int\limits_0^{\pi/2} \sqrt{1 - m\,\sin^2\theta}\,\mathrm{d}\theta \tag{2.36}$$

ausgedrückt werden

$$A_\varphi\left(\vec{\mathbf{r}}_P\right) = \frac{\mu_0 I}{\pi} \sqrt{\frac{ma}{\rho_P}} \int\limits_0^{\pi/2} \frac{\sin^2\theta - 1/2}{\sqrt{1 - m\sin^2\theta}}\mathrm{d}\theta = \frac{\mu_0 I}{\pi} \sqrt{\frac{a}{m\rho_P}} \left[\left(1 - \frac{m}{2}\right)\mathrm{K}(m) - \mathrm{E}(m)\right] . \tag{2.37}$$

Die Berechnung der Funktionen K und E und ihre Darstellung in Abhängigkeit des Parameters m kann in Abschn. 14.3 nachgeschlagen werden.

Für die folgenden Rechnungen wird die nachstehende Abkürzung eingeführt

$$G\left(a,\rho,z\right) = \frac{1}{2\pi} \int_0^\pi \frac{\cos\varphi\,d\varphi}{\sqrt{1 + \frac{\rho^2+z^2}{a^2} - 2\frac{\rho}{a}\cos\varphi}} = \frac{1}{\pi}\sqrt{\frac{a}{m\rho}}\left[\left(1 - \frac{m}{2}\right)K(m) - E(m)\right],$$

(2.38)

mit der das Vektorpotential einer in der Ebene $z = 0$ gelegenen kreisförmigen Schleife mit Radius a im allgemeinen Raumpunkt $P(\rho, \varphi, z)$ die einfache Form

$$\vec{A}\left(\vec{r}_P\right) = \vec{e}_\varphi A_\varphi\left(\rho,z\right) = \vec{e}_\varphi \mu_0 I\, G\left(a,\rho,z\right)$$

(2.39)

annimmt. Damit ist die Selbstinduktivität der aus einem Draht mit Radius r_D bestehenden Kreisschleife nach Gl. (2.21) durch den folgenden Ausdruck gegeben

$$L_{ii} = L_i + L_a = \frac{\mu_0 l}{8\pi} + \frac{1}{I}\oint_C \vec{A}\cdot d\vec{r}_i = \frac{\mu_0 a}{4} + \mu_0 2\pi\left(a - r_D\right)G\left(a, a - r_D, 0\right).$$

(2.40)

Wir erweitern jetzt die Anordnung auf die in Abb. 2.9 im Querschnitt dargestellte Luftspule. Diese besteht aus N Windungen eines Drahtes der Dicke $2r_D$. Die i-te Windung befindet sich in der Ebene z_i und besitzt den Schleifendurchmesser $2a_i$.

Die Gegeninduktivität zwischen der i-ten und k-ten Windung kann unmittelbar angegeben werden

$$L_{ik} \overset{(2.22)}{=} \frac{1}{I_k}\oint_{C_i} \vec{A}_{ik}\cdot d\vec{r}_i = \frac{1}{I_k}A_{\varphi i,k} 2\pi a_i \overset{(2.39)}{=} \mu_0 2\pi a_i\, G\left(a_k, a_i, z_i - z_k\right).$$

(2.41)

Einsetzen der Ergebnisse (2.40) und (2.41) in die Gl. (2.13) liefert die resultierende Gesamtinduktivität der aus N Windungen bestehenden Wicklung

$$L = \mu_0 2\pi \sum_{i=1}^{N}\left[\frac{a_i}{8\pi} + \left(a_i - r_D\right)G\left(a_i, a_i - r_D, 0\right)\right]$$

$$+ \mu_0 4\pi \sum_{i=2}^{N}\left[a_i \sum_{k=1}^{i-1} G\left(a_k, a_i, z_i - z_k\right)\right].$$

(2.42)

Abb. 2.9 Querschnitt durch
eine Luftspule

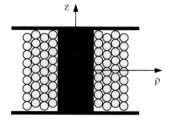

Abb. 2.10 Anordnung der
beiden Leiterschleifen

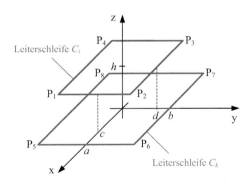

2.5.2 Rechteckförmige Leiterschleifen

Der formelmäßige Unterschied zu den kreisförmigen Drahtschleifen besteht in der Berechnung der Gegeninduktivitäten und damit auch der äußeren Selbstinduktivität einer Windung. Wir betrachten die beiden in den Ebenen z = const liegenden dünnen rechteckförmigen Leiterschleifen der Abmessungen $2a$ und $2b$ bzw. $2c$ und $2d$ in Abb. 2.10. Ihre Mittelpunkte befinden sich auf der z-Achse in einem Abstand h und die Seiten der Rechteckschleifen verlaufen parallel zu den Achsen des kartesischen Koordinatensystems.

Ausgangspunkt für die Berechnung der Gegeninduktivität ist die Gl. (2.23). Das Skalarprodukt $\mathrm{d}\vec{\mathbf{r}}_k \cdot \mathrm{d}\vec{\mathbf{r}}_i$ liefert nur dann einen Beitrag, wenn die beiden vektoriellen Wegelemente gleich gerichtet sind. Mit den in der Abbildung eingetragenen Bezeichnungen P_i mit $i = 1, 2, ..8$ für die Ecken der beiden Schleifen nimmt das Integral die ausführliche Form

$$L_{ik} = \frac{\mu_0}{4\pi} \left\{ \int_{P_1}^{P_2} \left[\int_{P_5}^{P_6} \frac{1}{r_1(\mathbf{r}_i, \mathbf{r}_k)}\, \mathrm{d}\mathbf{r}_k + \int_{P_7}^{P_8} \frac{1}{r_2(\mathbf{r}_i, \mathbf{r}_k)}\, \mathrm{d}\mathbf{r}_k \right] \cdot \mathrm{d}\mathbf{r}_i \right.$$

$$+ \int_{P_3}^{P_4} \left[\int_{P_5}^{P_6} \frac{1}{r_2(\mathbf{r}_i, \mathbf{r}_k)}\, \mathrm{d}\mathbf{r}_k + \int_{P_7}^{P_8} \frac{1}{r_1(\mathbf{r}_i, \mathbf{r}_k)}\, \mathrm{d}\mathbf{r}_k \right] \cdot \mathrm{d}\mathbf{r}_i$$

$$+ \int_{P_2}^{P_3} \left[\int_{P_6}^{P_7} \frac{1}{r_3(\mathbf{r}_i, \mathbf{r}_k)}\, \mathrm{d}\mathbf{r}_k + \int_{P_8}^{P_5} \frac{1}{r_4(\mathbf{r}_i, \mathbf{r}_k)}\, \mathrm{d}\mathbf{r}_k \right] \cdot \mathrm{d}\mathbf{r}_i$$

$$+ \left. \int_{P_4}^{P_1} \left[\int_{P_6}^{P_7} \frac{1}{r_4(\mathbf{r}_i, \mathbf{r}_k)}\, \mathrm{d}\mathbf{r}_k + \int_{P_8}^{P_5} \frac{1}{r_3(\mathbf{r}_i, \mathbf{r}_k)}\, \mathrm{d}\mathbf{r}_k \right] \cdot \mathrm{d}\mathbf{r}_i \right\} \qquad (2.43)$$

an. In dieser Beziehung können die Skalarprodukte $\mathrm{d}\vec{\mathbf{r}}_k \cdot \mathrm{d}\vec{\mathbf{r}}_i$ wegen der jeweils gleich gerichteten vektoriellen Wegelemente durch die skalaren Größen $\mathrm{d}x_k\, \mathrm{d}x_i$ bzw. $\mathrm{d}y_k\, \mathrm{d}y_i$

ersetzt werden. Aufgrund der Symmetrie der betrachteten Anordnung sind jeweils zwei der auftretenden Integrale gleich, so dass man zunächst den vereinfachten Ausdruck

$$L_{ik} = \frac{\mu_0}{2\pi} \int\limits_{-d}^{d} \left[\int\limits_{-b}^{b} \frac{1}{r_1(y_i, y_k)} \mathrm{d}y_k + \int\limits_{b}^{-b} \frac{1}{r_2(y_i, y_k)} \mathrm{d}y_k \right] \mathrm{d}y_i$$

$$+ \frac{\mu_0}{2\pi} \int\limits_{c}^{-c} \left[\int\limits_{a}^{-a} \frac{1}{r_3(x_i, x_k)} \mathrm{d}x_k + \int\limits_{-a}^{a} \frac{1}{r_4(x_i, x_k)} \mathrm{d}x_k \right] \mathrm{d}x_i \qquad (2.44)$$

erhält. Die in den Integralen auftretenden Abstände zwischen den laufenden Punkten auf den beiden Schleifen sind durch die Beziehungen

$$r_1(y_i, y_k) = \sqrt{(y_i - y_k)^2 + h^2 + (a - c)^2},$$

$$r_2(y_i, y_k) = \sqrt{(y_i - y_k)^2 + h^2 + (a + c)^2},$$

$$r_3(x_i, x_k) = \sqrt{(x_i - x_k)^2 + h^2 + (b - d)^2},$$

$$r_4(x_i, x_k) = \sqrt{(x_i - x_k)^2 + h^2 + (b + d)^2} \qquad (2.45)$$

gegeben. Die Berechnung der Integrale liefert das Ergebnis

$$L_{ik} = \frac{\mu_0}{\pi} \left[b \ln \frac{h^2 + (a + c)^2}{h^2 + (a - c)^2} + a \ln \frac{h^2 + (b + d)^2}{h^2 + (b - d)^2} + (d + b) \ln \frac{d + b + W_1}{d + b + W_4} \right.$$

$$\left. + (d - b) \ln \frac{d - b + W_3}{d - b + W_2} + (c + a) \ln \frac{c + a + W_3}{c + a + W_4} + (c - a) \ln \frac{c - a + W_1}{c - a + W_2} \right]$$

$$+ \frac{2\mu_0}{\pi} \left[-W_1 + W_2 - W_3 + W_4 \right] \qquad (2.46)$$

mit den Abkürzungen

$$W_1 = \sqrt{(b + d)^2 + h^2 + (a - c)^2}, \qquad W_2 = \sqrt{(b - d)^2 + h^2 + (a - c)^2}$$

$$W_3 = \sqrt{(b - d)^2 + h^2 + (a + c)^2}, \qquad W_4 = \sqrt{(b + d)^2 + h^2 + (a + c)^2}.$$

Mit der Beziehung (2.46) kann die äußere Selbstinduktivität einer Rechteckschleife der Abmessungen $2a$ und $2b$ unmittelbar angegeben werden. Mit dem Drahtdurchmesser $2r_D$ und dem Abstand $h = 0$ in Abb. 2.10 gelten für die in Abb. 2.11 eingetragenen Abmessungen die Zusammenhänge $b - d = r_D, a - c = r_D, b + d = 2b - r_D$ und $a + c = 2a - r_D$.

Abb. 2.11 Rechteckförmige Leiterschleife aus Runddraht

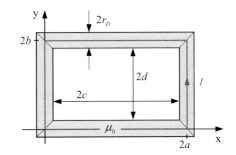

Mit der so vereinfachten Gl. (2.46) ergibt sich für die Selbstinduktivität nach Gl. (2.21) dann der folgende Ausdruck

$$
\begin{aligned}
L_{ii} = {} & \frac{\mu_0}{2\pi}\,(a+b) \\
& + \frac{2\mu_0}{\pi}\left[-W_1 + W_2 - W_3 + W_4 + b\ln\left(2\frac{a}{r_D}-1\right) + a\ln\left(2\frac{b}{r_D}-1\right)\right] \\
& + \frac{\mu_0}{\pi}\left[(2b-r_D)\ln\frac{2b-r_D+W_1}{2b-r_D+W_4} + (2a-r_D)\ln\frac{2a-r_D+W_3}{2a-r_D+W_4}\right. \\
& \qquad\qquad \left. - r_D\ln\left(\frac{r_D-W_3}{r_D-W_2}\frac{r_D-W_1}{r_D-W_2}\right)\right]
\end{aligned}
\tag{2.47}
$$

mit den Abkürzungen

$$
\begin{aligned}
W_1 &= \sqrt{(2b-r_D)^2 + r_D^2}, & W_2 &= r_D\sqrt{2} \\
W_3 &= \sqrt{r_D^2 + (2a-r_D)^2}, & W_4 &= \sqrt{(2b-r_D)^2 + (2a-r_D)^2}\,.
\end{aligned}
$$

Durch Einsetzen der Selbstinduktivitäten (2.47) und der Gegeninduktivitäten (2.46) mit den entsprechenden Abmessungen der einzelnen Windungen in die Gl. (2.13) erhält man wieder die Gesamtinduktivität für eine aus N Windungen bestehende Wicklung.

2.5.3 Auswertungen

Als erstes Beispiel betrachten wir die Induktivität einer einzelnen kreisförmigen Windung nach Abb. 2.12. Der Drahtradius sei $r_D = d/2$, der Schleifenradius a.

Die Abb. 2.13 zeigt die innere und die äußere Selbstinduktivität nach Gl. (2.40) als Funktion der Abmessung a. Die von dem Drahtdurchmesser unabhängige innere Induktivität L_i ist vergleichsweise gering und kann nahezu vernachlässigt werden. Das gilt insbesondere bei Spulen mit mehreren Windungen, da L_i proportional zur Drahtlänge ist, d. h. linear mit der Windungszahl wächst, während die äußere Induktivität L_a mit N^α ansteigt, wobei der Exponent α kleiner als 2, aber deutlich größer als 1 ist (vgl. Abb. 2.15).

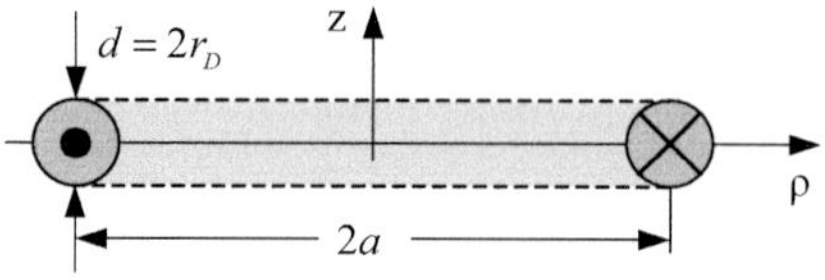

Abb. 2.12 Einzelne kreisförmige Windung

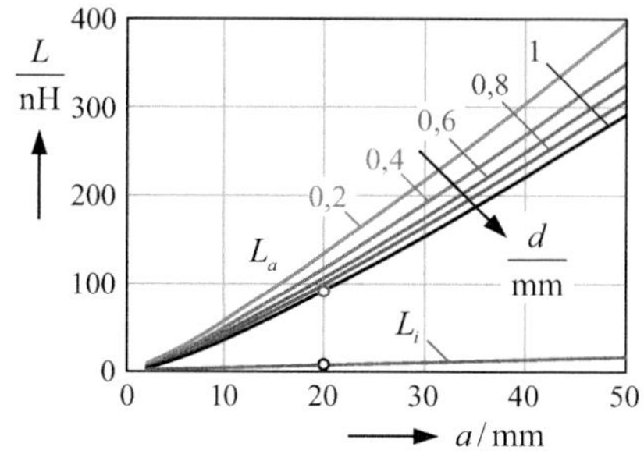

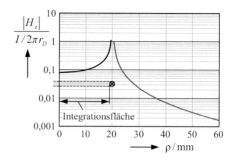

Abb. 2.13 Induktivität einer kreisförmigen Windung

Die von der Drahtstärke abhängige äußere Induktivität ist in Abb. 2.13 für verschiedene Werte d angegeben. Man erkennt, dass dieser Beitrag zur Induktivität nicht nur mit größer werdendem Schleifenradius zunimmt, sondern auch mit dünner werdendem Draht. Dies hängt damit zusammen, dass die Integrationsfläche für den Fluss durch die Schleife nach Gl. (2.15) am Rand zunimmt, und zwar genau in dem Bereich, in dem die Feldstärke einen großen Wert aufweist. Dieser Zusammenhang lässt sich auch mithilfe von Abb. 2.4 nachvollziehen. Bei gleichem Schleifenradius a bleibt die Kontur C_k unverändert, während der Abstand zwischen C_i und C_k mit abnehmendem Drahtradius geringer wird.

Um den relativ großen Einfluss des Drahtdurchmessers besser zu verstehen ist der Betrag der z-gerichteten magnetischen Feldstärke entsprechend der in Gl. (12.9) angegebenen Beziehung in der Schleifenebene z = 0 in Abb. 2.14 für den Fall $d = 1$ mm und $a = 20$ mm im Bereich $0 \le \rho \le 60$ mm dargestellt. Diese Feldstärke ist normiert auf den Wert an der Oberfläche eines unendlich langen Drahtes des Durchmessers $2r_D$. Die Feldstärke ist auf der Drahtoberfläche nicht konstant, an der Innenberandung ist sie geringfügig größer als an der Außenberandung. Im Bereich der Integrationsfläche $0 \le \rho \le a - r_D$ variiert die Feldstärke um mehr als eine Zehnerpotenz.

Abb. 2.14 $|H_z|$ in der Schleifenebene

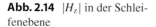

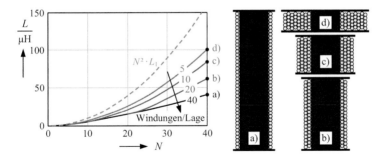

Abb. 2.15 Induktivität als Funktion der Windungszahl bei unterschiedlichen Wickelbreiten. Der Durchmesser des Wickelkörpers müsste bei richtiger Skalierung im Vergleich zum Drahtdurchmesser um einen Faktor 4,5 vergrößert dargestellt werden

Als zweites Beispiel betrachten wir eine Wicklung mit bis zu 40 Windungen. Der Drahtdurchmesser sei wieder $d = 1\,\text{mm}$ und der Radius der Windungen in der ersten bzw. innersten Lage sei $a = 20\,\text{mm}$. Die unterste Kurve in Abb. 2.15 zeigt die Induktivität für den Fall, dass sich alle Windungen in der gleichen Lage befinden. Für $N = 1$ beträgt die auch aus Abb. 2.13 ablesbare Induktivität $L_1 = 0,1\,\mu\text{H}$ (entspricht der Addition der beiden mit einem Kreis markierten Werte). Bei einer langgestreckten einlagigen Spule mit $N = 40$ Windungen (Punkt a) in Abb. 2.15) erhöht sich der Wert auf $L_{40} = 41,2\,\mu\text{H} \approx L_1 \cdot 40^{1,63}$. Man erkennt an diesem Beispiel, dass die Induktivität nicht proportional zum Quadrat der Windungszahl ansteigt. Der Exponent ist wegen der nicht perfekten Kopplung infolge der großen räumlichen Abstände zwischen den Windungen am Rand der Wicklung deutlich kleiner als 2. Zum Vergleich betrachten wir die oberste (gestrichelte) Kurve. Diese entspricht der mit N^2 multiplizierten Induktivität L_1 und gilt für den Fall einer perfekten Kopplung $k = 1$ (zum Begriff der Kopplung vgl. Abschn. 10.2).

Eine bessere Kopplung und damit eine größere Induktivität lassen sich erreichen, wenn der mittlere Abstand zwischen den Windungen reduziert wird. Werden die Windungen auf mehrere übereinander angeordnete Lagen verteilt, wobei sich zwangsläufig die maximale Anzahl der Windungen pro Lage reduziert, dann erhalten wir die in Abb. 2.15 dargestellten Kurven, die zwischen den bisher diskutierten beiden Grenzfällen liegen. Betrachten wir z. B. die Kurve mit 10 Windungen pro Lage, dann ist die Induktivität für den Bereich $1 \leq N \leq 10$ identisch mit der einlagigen Spule, für $N > 10$ wird die Induktivität aber größer und nimmt beim Punkt c) für $N = 40$ bereits den Wert 85 μH an. Wird die Wickelbreite weiter eingeschränkt, so dass die Anzahl der Lagen weiter ansteigt, dann steigt auch die Induktivität kontinuierlich weiter an. Das gilt auch für den Übergang von zwei Windungen pro Lage zu dem Grenzfall mit jeweils nur noch einer Windung pro Lage.

In der Praxis ist ein Teil der Induktivitätserhöhung auch auf die zunehmende Schleifenfläche bei den Windungen in den äußeren Lagen zurückzuführen. Dieser Einfluss ist bei einer niedrigen Lagenzahl für das betrachtete Zahlenbeispiel noch relativ gering, macht sich aber mit wachsender Lagenzahl immer stärker bemerkbar.

Abb. 2.16 Zum Verständnis
der Kopplungen

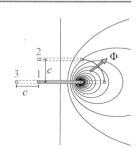

Die unterschiedliche Kopplung bei nebeneinander bzw. übereinander liegenden Windungen lässt sich auf einfache Weise an dem Feldlinienbild erkennen. In Abb. 2.16 ist das Feldlinienbild für die stromdurchflossene kreisförmige Windung 1 in der rechten Bildhälfte dargestellt. Eine identische Windung 2 ist in einem Abstand c konzentrisch zur ersten angeordnet. Dieser Fall entspricht den nebeneinander liegenden Windungen in den bisherigen Beispielen. Zusätzlich ist eine Windung 3 in der gleichen Ebene wie die erste Windung, aber mit dem um c größeren Schleifenradius dargestellt. Dieser Fall entspricht den übereinander liegenden Windungen in den bisherigen Beispielen.

Die unterschiedliche Kopplung der Windung 1 mit den beiden anderen Windungen lässt sich an dem unterschiedlichen Fluss durch die Windungen 2 bzw. 3 erkennen. Der gesamte Fluss durch die Windung 2 durchsetzt auch die Windung 3. Der Fluss Φ durch den in der rechten Bildhälfte eingezeichneten Kreisbogen durchsetzt aber nur die Windung 3 und ist verantwortlich für die bessere Kopplung zwischen den übereinander liegenden Windungen 1 und 3.

Als drittes Beispiel betrachten wir eine rechteckförmige Windung gemäß Abb. 2.11, bei der als zusätzlicher Parameter das Seitenverhältnis im Bereich $1 \leq a/b < \infty$ berücksichtigt werden muss. Der Wert $a/b = 1$ entspricht der quadratischen Schleife, für $a/b \to \infty$ geht die Anordnung in eine Doppelleitung über. Ein Vergleich der Induktivitäten von Kreis- und Rechteckschleife kann auf der Basis gleicher Schleifenflächen oder auf der Basis gleicher Drahtlängen, d. h. bei gleichem Umfang der Schleifen erfolgen. Als Referenz wird wieder die Kreisschleife mit $a = 20\,\text{mm}$, $d = 2r_D = 1\,\text{mm}$ und der Induktivität $L = 0{,}1\,\mu\text{H}$ verwendet. Die Ergebnisse sind in Abb. 2.17 dargestellt.

Abb. 2.17 Induktivität einer
Rechteckschleife

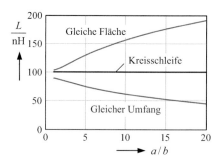

Abb. 2.18 Planare Leiterschleife

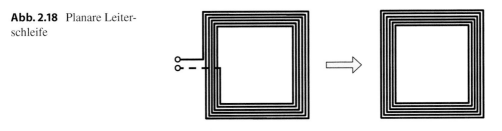

Besitzt die Rechteckschleife die gleiche Fläche, dann ist der Umfang größer und somit die Drahtlänge. Die Flächen nahe am Leiter mit großer Feldstärke (vgl. Abb. 2.14) nehmen zu und damit steigt die Induktivität gegenüber der Kreisschleife. Bei gleichem Umfang hingegen nimmt die Schleifenfläche gegenüber der Kreisschleife ab und damit wird auch die Induktivität einen kleineren Wert annehmen.

2.6 Planare Spulen

In vielen Fällen werden Induktivitäten mithilfe geätzter spiralförmiger Leiterbahnstrukturen auf Platinen realisiert. Die einzelnen Windungen können Rechteckform wie in Abb. 2.18 aufweisen oder auch kreisförmig sein. Da die Abstände zwischen den Leiterbahnen im Hinblick auf eine gute Kopplung minimiert werden, lässt sich die Induktivität auf einfache Weise sehr genau berechnen. Die Spiralstruktur wird durch einzelne geschlossene Windungen ersetzt, wobei für jede spiralförmige Windung eine Mittelung zwischen deren Anfang und Ende gemacht werden muss, so dass die beiden dargestellten Geometrien möglichst identisch sind. Für die Anordnung auf der rechten Seite der Abb. 2.18 kann dann die Gesamtinduktivität mit Gl. (2.13) und den entsprechenden Formeln für Kreis- bzw. Rechteckwindungen berechnet werden. Diese Vorgehensweise ist identisch zu der bisher betrachteten Berechnung von gewickelten Spulen, da auch dort die Steigungshöhe beim Wickeln vernachlässigt und jede einzelne Windung als geschlossene Schleife behandelt wird.

2.7 Folienspulen

Wir betrachten jetzt Spulen, die aus einer leitfähigen Folie der Breite c und der Dicke d hergestellt sind. Die Isolation zwischen den Folienwindungen besitze die Dicke h. Zur Berechnung der Induktivität wird ein homogen über die Folienbreite verteilter Gleichstrom I angenommen. Diese Stromverteilung wird sich bei höheren Frequenzen infolge des Skineffekts ändern (vgl. Abb. 4.45), so dass die mit Gleichstrom durchgeführte Rechnung bei höheren Frequenzen Abweichungen gegenüber der Realität aufweist. Konkret wird sich

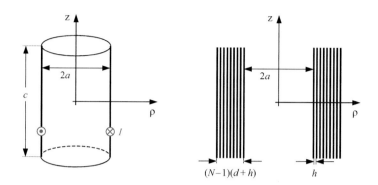

Abb. 2.19 Folienspule mit N Windungen

die Selbstinduktivität der Windungen sowie die Kopplung zwischen den Windungen infolge der Stromverdrängung zum Rand der Folie hin verringern und damit zu einer mit steigender Frequenz abnehmenden Induktivität führen.

2.7.1 Die kreisförmige Folienspule

Als erstes Beispiel betrachten wir eine kreisförmige Folienspule, die gemäß Abb. 2.19 auf einen Wickelkörper des Durchmessers $2a$ aufgewickelt ist. Der mittlere Radius der innersten Windung sei $a_1 = a + d/2$, der Radius der i-ten Windung mit $i = 1 .. N$ beträgt $a_i = a_1 + (i - 1) \cdot (d + h)$.

Wegen der vernachlässigbaren Foliendicke kann mit einem φ-gerichteten Strombelag

$$\vec{\mathbf{K}} = \vec{\mathbf{e}}_\varphi K_\varphi = \vec{\mathbf{e}}_\varphi \frac{I}{c} \tag{2.48}$$

gerechnet werden. Die Integration über das Leitervolumen in Gl. (2.3) reduziert sich damit auf eine Flächenintegration

$$L = \frac{1}{I^2} \int\limits_{-c/2}^{c/2} \int\limits_{0}^{N 2\pi} \vec{\mathbf{A}} \cdot \vec{\mathbf{K}} \rho \, d\varphi \, dz = \frac{1}{I^2} \int\limits_{-c/2}^{c/2} \int\limits_{0}^{N 2\pi} A_\varphi \left(\rho, z\right) K_\varphi \rho \, d\varphi \, dz$$

$$= \frac{1}{cI} \int\limits_{-c/2}^{c/2} \int\limits_{0}^{N 2\pi} A_\varphi \left(\rho, z\right) \rho \, d\varphi \, dz . \tag{2.49}$$

Das bei der Integration entlang der gesamten Wicklung einzusetzende von beiden Koordinaten ρ und z abhängige Vektorpotential setzt sich aus den Beiträgen der Ströme in

allen Windungen zusammen. Wir können die Rechnung wieder etwas übersichtlicher gestalten, indem wir die Integration längs der Folie in Richtung der Koordinate φ dadurch
vereinfachen, dass wir jede einzelne Windung als geschlossene Schleife mit der Form eines Kreiszylinders betrachten und die Induktivität aus der Überlagerung aller Selbst- und
Gegeninduktivitäten gemäß Gl. (2.13) berechnen.

Die Selbstinduktivität einer einzelnen Windung erhalten wir auf die gleiche Weise wie
bei den Runddrähten. Die innere Selbstinduktivität L_i wird aus der im Leiter gespeicherten
Energie bestimmt, zur Berechnung der äußeren Selbstinduktivität L_a wird der Strombelag
in der Folienmitte, d. h. für die i-te Windung bei $\rho = a_i$ angenommen. Das Vektorpotential
wird auf der Folienoberfläche bei $a_i - d/2$ integriert. Mit Gl. (2.49) gilt dann die Beziehung

$$L_a = \frac{1}{I} 2\pi \left(a_i - \frac{d}{2} \right) \frac{1}{c} \int\limits_{-c/2}^{c/2} A_\varphi \left(a_i - \frac{d}{2}, z \right) dz$$

$$= \frac{1}{I} 2\pi \left(a_i - \frac{d}{2} \right) \frac{2}{c} \int\limits_{0}^{c/2} A_\varphi \left(a_i - \frac{d}{2}, z \right) dz, \tag{2.50}$$

in der das von der Integrationsvariablen z abhängige Vektorpotential von dem über die
Folienbreite c verteilten Strom hervorgerufen wird

$$A_\varphi \left(a_i - \frac{d}{2}, z \right) \overset{(2.39)}{=} \frac{\mu_0 I}{c} \int\limits_{-c/2}^{c/2} G \left(a_i, a_i - \frac{d}{2}, z - z_Q \right) dz_Q. \tag{2.51}$$

Die Berechnung der inneren Selbstinduktivität wird im Gegensatz zum Runddraht wesentlich umfangreicher, da die Feldstärke zwei Komponenten aufweist, die von jeweils zwei
Koordinaten abhängen. Da dieser Beitrag zur Induktivität aber insbesondere bei mehreren
Windungen keinen Einfluss auf das Gesamtergebnis hat (vgl. auch Abb. 2.13), können wir
ihn ohne Auswirkung auf die Genauigkeit vernachlässigen. Zusammengefasst erhalten wir
für die Selbstinduktivität der Folienwindung das Ergebnis

$$L_{ii} \approx \mu_0 2\pi \left(a_i - \frac{d}{2} \right) \frac{2}{c} \int\limits_{0}^{c/2} \left[\frac{1}{c} \int\limits_{-c/2}^{c/2} G \left(a_i, a_i - \frac{d}{2}, z - z_Q \right) dz_Q \right] dz. \tag{2.52}$$

Mit der Gegeninduktivität L_{ik} zwischen der i-ten und k-ten Windung

$$L_{ik} = \mu_0 2\pi a_i \frac{1}{c} \int\limits_{-c/2}^{c/2} \left[\frac{1}{c} \int\limits_{-c/2}^{c/2} G \left(a_k, a_i, z - z_Q \right) dz_Q \right] dz \tag{2.53}$$

kann die Gesamtinduktivität der Folienwicklung angegeben werden. Für den Sonderfall, dass alle Windungen gleichmäßig, also ohne Versatz übereinander gewickelt sind, kann das erste Integral wegen der Symmetrie bezüglich $z = 0$ auf den Bereich $z \geq 0$ beschränkt werden. Das Ergebnis muss dann mit dem Faktor 2 multipliziert werden. Einsetzen der Gleichungen (2.52) und (2.53) in die Beziehung (2.13) liefert die resultierende Induktivität der Folienwicklung

$$
L = \mu_0 2\pi \sum_{i=1}^{N} \left\{ \left(a_i - \frac{d}{2} \right) \frac{2}{c} \int_0^{c/2} \left[\frac{1}{c} \int_{-c/2}^{c/2} G\left(a_i, a_i - \frac{d}{2}, z - z_Q \right) dz_Q \right] dz \right\}
$$

$$
+ \mu_0 4\pi \sum_{i=2}^{N} \left\{ a_i \sum_{k=1}^{i-1} \frac{1}{c} \int_{-c/2}^{c/2} \left[\frac{1}{c} \int_{-c/2}^{c/2} G\left(a_k, a_i, z - z_Q \right) dz_Q \right] dz \right\}. \qquad (2.54)
$$

2.7.2 Die rechteckförmige Folienspule

Vergleicht man die Beziehungen (2.42) und (2.54) miteinander, dann besteht der Unterschied darin, dass bei der Folie zusätzlich zwei Integrationen über die Folienbreite durchzuführen sind, einmal über die Quellpunktskoordinate z_Q bei der Berechnung des Vektorpotentials und einmal über die Aufpunktskoordinate z bei der Berechnung von L.

Für die auf einem rechteckigen Wickelkörper realisierte Folienspule können wir die Herleitung der Formeln dadurch vereinfachen, dass wir bereits von der Beziehung (2.46) bei den drahtgewickelten rechteckförmigen Spulen ausgehen, den dort verwendeten Abstand h durch $z - z_Q$ ersetzen und die zweifache Integration ausführen. Mit den Abmessungen a_i, b_i für die i-te Windung und a_k, b_k für die k-te Windung sowie der Folienbreite c ist die Gegeninduktivität durch die Beziehung

$$
L_{ik} = \frac{2\mu_0}{\pi} \frac{1}{c} \int_{-c/2}^{c/2} \frac{1}{c} \int_{-c/2}^{c/2} \left[-W_1 + W_2 - W_3 + W_4 \right] dz_Q \, dz \qquad (2.55)
$$

$$
+ \frac{\mu_0}{\pi} \frac{1}{c} \int_{-c/2}^{c/2} \frac{1}{c} \int_{-c/2}^{c/2} \left[b_i \ln \frac{(z - z_Q)^2 + (a_i + a_k)^2}{(z - z_Q)^2 + (a_i - a_k)^2} + a_i \ln \frac{(z - z_Q)^2 + (b_i + b_k)^2}{(z - z_Q)^2 + (b_i - b_k)^2} \right.
$$

$$
+ (b_k + b_i) \ln \frac{b_k + b_i + W_1}{b_k + b_i + W_4} + (b_k - b_i) \ln \frac{b_k - b_i + W_3}{b_k - b_i + W_2}
$$

$$
\left. + (a_k + a_i) \ln \frac{a_k + a_i + W_3}{a_k + a_i + W_4} + (a_k - a_i) \ln \frac{a_k - a_i + W_1}{a_k - a_i + W_2} \right] dz_Q \, dz
$$

mit den Abkürzungen

$$W_1 = \sqrt{(b_i + b_k)^2 + (z - z_Q)^2 + (a_i - a_k)^2},$$

$$W_2 = \sqrt{(b_i - b_k)^2 + (z - z_Q)^2 + (a_i - a_k)^2},$$

$$W_3 = \sqrt{(b_i - b_k)^2 + (z - z_Q)^2 + (a_i + a_k)^2},$$

$$W_4 = \sqrt{(b_i + b_k)^2 + (z - z_Q)^2 + (a_i + a_k)^2}$$

gegeben. Bei der Berechnung der Selbstinduktivität der k-ten Windung müssen in dieser Gleichung die Abmessungen a_i durch $a_k - d/2$ und b_i durch $b_k - d/2$ ersetzt werden. Die Gesamtinduktivität der Folienwicklung ist wieder durch die Summation (2.13) gegeben.

2.7.3 Alternative Berechnung der Selbstinduktivität

An dieser Stelle soll am Beispiel der Rechteckwindung in Abb. 2.20 eine alternative Möglichkeit zur Berechnung der Selbstinduktivität L_{ii} aufgezeigt werden. Wir stellen uns die Folie in N einzelne, parallel verlaufende Drähte aufgeteilt vor. Der Querschnitt eines solchen Drahtes $cd/N = \pi r_D^2$ wird als Kreisfläche mit Radius r_D aufgefasst. Seine Selbstinduktivität L_{ii} wird nach Gl. (2.47) berechnet, die Gegeninduktivität zwischen zwei Einzeldrähten ist allgemein durch die Gl. (2.46) gegeben. Da sich alle Drähte in der gleichen Wicklungslage befinden, können in dieser Gleichung mit den Bezeichnungen der Abb. 2.10 die Abmessungen c durch a und d durch b ersetzt werden. Für den Abstand h zwischen der i-ten und k-ten Windung ist der Wert $|i - k| c/N$ einzusetzen, so dass die Gegeninduktivität aus der Beziehung

$$L_{ik} = \frac{2\mu_0}{\pi} \left[-W_1 + W_2 - W_3 + W_4 + a \ln \left(\frac{W_1}{h} \frac{2a + W_3}{2a + W_4} \right) + b \ln \left(\frac{W_3}{h} \frac{2b + W_1}{2b + W_4} \right) \right]$$

$$(2.56)$$

mit den Abkürzungen

$$W_1 = \sqrt{h^2 + 4b^2}, \quad W_2 = h, \quad W_3 = \sqrt{h^2 + 4a^2},$$

$$W_4 = \sqrt{4b^2 + h^2 + 4a^2}, \qquad h = |i - k| \frac{c}{N}$$

folgt.

Da die N Drähte parallel geschaltet sind, liegt an jedem Draht die gleiche Spannung u an und der Strom durch einen Draht beträgt i/N. Das Gleichungssystem (2.28) für diese N gekoppelten Schleifen nimmt daher unter Vernachlässigung der Widerstände die folgende

Form an

$$
\begin{pmatrix} u \\ u \\ .. \\ u \end{pmatrix} = \begin{pmatrix} L_{ii} & L_{12} & .. & L_{1N} \\ L_{12} & L_{ii} & .. & L_{2N} \\ .. & .. & .. & .. \\ L_{1N} & L_{2N} & .. & L_{ii} \end{pmatrix} \cdot \frac{\mathrm{d}}{\mathrm{d}t} \begin{pmatrix} i/N \\ i/N \\ .. \\ i/N \end{pmatrix}. \tag{2.57}
$$

Die Addition dieser Gleichungen liefert zunächst das Zwischenergebnis

$$
Nu = \sum_{i=1}^{N} \left[L_{ii} + \sum_{k=1, k \neq i}^{N} L_{ik} \right] \cdot \frac{\mathrm{d}}{\mathrm{d}t} \left(\frac{i}{N} \right) = \left[NL_{ii} + 2 \sum_{i=2}^{N} \sum_{k=1}^{i-1} L_{ik} \right] \cdot \frac{\mathrm{d}}{\mathrm{d}t} \left(\frac{i}{N} \right), \tag{2.58}
$$

das nach der Umformung

$$
u = \left[\frac{1}{N} L_{ii} + \frac{2}{N^2} \sum_{i=2}^{N} \sum_{k=1}^{i-1} L_{ik} \right] \cdot \frac{\mathrm{d}i}{\mathrm{d}t} \tag{2.59}
$$

unmittelbar auf den gesuchten Wert für die Selbstinduktivität der Folienwindung

$$
L = \frac{1}{N} L_{ii} + \frac{2}{N^2} \sum_{i=2}^{N} \sum_{k=1}^{i-1} L_{ik} \tag{2.60}
$$

mit L_{ii} nach Gl. (2.47), L_{ik} nach Gl. (2.56), $h = |i - k| c/N$ und $r_D = (cd/N\pi)^{1/2}$ führt.

2.7.4 Auswertungen

Im ersten Beispiel untersuchen wir den Einfluss der Breite c auf die Selbstinduktivität einer rechteckförmigen Folienwindung. Die Foliendicke beträgt $d = 1\,\mathrm{mm}$ und die Breite durchläuft den Bereich $1\,\mathrm{mm} \leq c \leq 40\,\mathrm{mm}$. Für $c = d = 1\,\mathrm{mm}$ geht der Wert der Induktivität über in den Wert einer einzelnen Drahtwindung mit dem Drahtdurchmesser $1\,\mathrm{mm}$. Mit zunehmender Folienbreite nimmt die Selbstinduktivität deutlich ab, und zwar

Abb. 2.20 Rechteckförmige Folienwindung

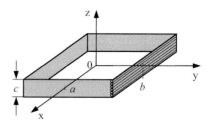

Abb. 2.21 Induktivität als
Funktion der Folienbreite

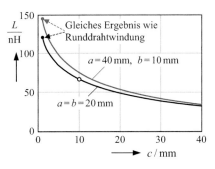

relativ unabhängig vom Verhältnis a/b. Die Ursache ist darin zu suchen, dass sich der Strom über die Folienbreite verteilt und die Kopplung zwischen den Stromanteilen an den Rändern aufgrund der größeren Entfernung voneinander deutlich reduziert.

Im folgenden Beispiel wird die Windungszahl zwischen 1 und 20 variiert. Es gelten die folgenden Daten: $a = b = 20$ mm für die innerste Windung, $d = 1$ mm und $c = 10$ mm. Bei $N = 1$ ist die Induktivität identisch zu dem mit einem Kreis gekennzeichneten Wert in Abb. 2.21. Alle Windungen sind übereinander gewickelt mit einem Isolationsabstand von 0,093 mm. Diese Dicke entspricht der Isolation eines einfach lackierten Runddrahts von 1 mm Durchmesser. Die Induktivität dieser Folienspule ist in Abb. 2.22 dargestellt. Bei der doppelt logarithmischen Darstellung ist zu erkennen, dass die Induktivität recht genau mit dem Quadrat der Windungszahl ansteigt. Die Ursache dafür ist einerseits die gute Kopplung bei den übereinander liegenden Windungen (vgl. Abb. 2.15) und andererseits der zunehmende Schleifendurchmesser bei den weiter außen liegenden Windungen.

Zum Vergleich ist in der Abbildung auch die Induktivität einer aus 1 mm Runddraht bestehenden Drahtspule eingetragen, bei der die Drähte ähnlich einer Flachspule exakt übereinander liegen. Die Radien der Windungen sind bei beiden Spulen identisch. Der größere Induktivitätswert der Drahtspule ist in Übereinstimmung mit der Situation in Abb. 2.21, wo der maximale Induktivitätswert ebenfalls bei minimaler Folienbreite auftritt.

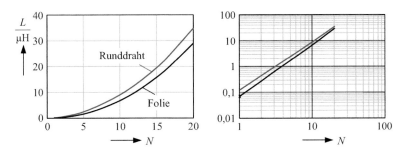

Abb. 2.22 Induktivität als Funktion der Windungszahl, lineare bzw. logarithmische Darstellung

Die Kapazität von Luftspulen

3

Zusammenfassung

In diesem Kapitel soll die Wicklungskapazität betrachtet werden, die an den Eingangs-klemmen der Spulen gemessen werden kann und zusammen mit der Induktivität einen Resonanzkreis bildet. In den meisten Fällen wird ein Minimum dieser Kapazität ange-strebt, um das Bauelement bis zu möglichst hohen Frequenzen sinnvoll einsetzen zu können.

Der Schwerpunkt der Untersuchungen liegt auf den üblichen Wicklungsanordnungen wie den aus Runddrähten und Litzen aufgebauten Lagenwicklungen sowie den Foli-enspulen. Der Einfluss von Lagenzahl, von unvollständigen Lagen und von parallel geschalteten Drähten wird genauso betrachtet wie der Einfluss von runden und recht-eckigen Wickelkörpern auf die zu erwartende Wicklungskapazität.

Ausgehend von den Berechnungsformeln und den ausgewerteten Beispielen werden in einem weiteren Abschnitt die Möglichkeiten zusammengestellt, mit deren Hilfe Ein-fluss auf die Werte der Wicklungskapazitäten genommen werden kann.

In Abschn. 2.1 wurde die Induktivität einer Leiterschleife aus der im Magnetfeld ge-speicherten Energie W_m berechnet. Die Berechnung der Wicklungskapazität erfolgt auf analoge Weise aus der im elektrischen Feld gespeicherten Energie W_e. Diese wiederum erhält man durch Integration der elektrischen Energiedichte w_e über den gesamten Raum V_∞

$$W_e = \iiint\limits_{V_\infty} w_e \, \mathrm{d}V = \frac{1}{2} C U^2 \quad \text{mit} \quad w_e = \frac{1}{2}\vec{\mathbf{E}} \cdot \vec{\mathbf{D}} . \tag{3.1}$$

In dieser Gleichung bezeichnen $\vec{\mathbf{E}}$ die elektrische Feldstärke und $\vec{\mathbf{D}}$ die elektrische Fluss-dichte. Diese beiden Vektoren sind über die folgende Beziehung miteinander verknüpft

$$\vec{\mathbf{D}} = \varepsilon \vec{\mathbf{E}} \quad \text{mit} \quad \varepsilon = \varepsilon_r \varepsilon_0 \quad \text{und} \quad \varepsilon_0 = 8{,}854 \cdot 10^{-12} \, \text{As/Vm} . \tag{3.2}$$

© Springer Fachmedien Wiesbaden GmbH 2017

M. Albach, *Induktivitäten in der Leistungselektronik*, DOI 10.1007/978-3-658-15081-5_3

Der als Dielektrizitätszahl bezeichnete Zahlenwert ε_r nimmt im Vakuum (und mit hinreichender Genauigkeit auch in Luft) den Wert 1 an, für die Lackisolation der Kupferdrähte liegt er in dem Bereich zwischen 2 und 4. U bezeichnet die an die Anschlussklemmen angelegte Gleichspannung. Resultierend erhalten wir zur Berechnung der Kapazität die Beziehung

$$C = \frac{1}{U^2} \iiint\limits_{V_\infty} \vec{\mathbf{E}} \cdot \vec{\mathbf{D}} \, dV = \frac{\varepsilon_0}{U^2} \iiint\limits_{V_\infty} \varepsilon_r E^2 \, dV \ . \tag{3.3}$$

Zur Berechnung der ortsabhängigen elektrischen Feldstärke muss die Potentialverteilung innerhalb der Wicklung bekannt sein. Infolge der unterschiedlichen magnetischen Kopplung zwischen den einzelnen Windungen sowie der Verschiebungsströme infolge der kapazitiven Effekte kann man insbesondere im höheren Frequenzbereich nicht davon ausgehen, dass sich die angelegte Spannung exakt linear entlang der Wicklung verteilt. Bei den später betrachteten Spulen mit Kern sind alle Windungen vom praktisch gleichen Fluss durchsetzt, so dass der Einfluss unterschiedlicher Kopplungen vernachlässigbar ist. Aus diesem Grund werden wir die Rechnungen auch bei den Luftspulen unter der Voraussetzung einer linearen Potentialverteilung entlang der Wicklung durchführen. Aufgrund der im Bauelement verteilten Energie resultiert auch eine verteilte Kapazität. Da das aus den Rechnungen folgende Ersatzschaltbild aber nur eine zur Induktivität parallel liegende konzentrierte Kapazität enthält, ist das Ersatznetzwerk oberhalb der ersten Resonanzfrequenz ohnehin nicht mehr gültig.

3.1 Drahtgewickelte Spulen

Als erstes Beispiel soll die Kapazität von drahtgewickelten Spulen mit beliebiger Windungszahl berechnet werden. Die Abb. 3.1 zeigt den Querschnitt durch eine Luftspule, bei der eine mehrlagige Wicklung aus lackisoliertem Runddraht auf einen rotationssymmetrischen Spulenkörper aufgebracht ist. Die einzelnen Lagen sind durch zusätzliche Isolationsfolien voneinander getrennt.

Abb. 3.1 Spulenquerschnitt

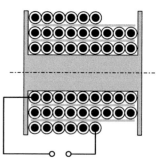

Um das Problem einer näherungsweisen analytischen Berechnung zugänglich zu machen werden einige Vereinfachungen vorgenommen. Aus Gl. (3.3) ist zu erkennen, dass die elektrische Feldstärke quadratisch in das Ergebnis eingeht, d. h. die Bereiche mit kleiner elektrischer Feldstärke können vernachlässigt werden. Da die hohen Feldstärken insbesondere zwischen den Lagen auftreten sind folgende Vereinfachungen zulässig:

- Die Kapazität zwischen den Nachbardrähten innerhalb einer Lage wird wegen der kleinen Spannung (Potentialdifferenz) vernachlässigt.
- Die Kapazitäten zwischen weiter entfernten Drähten und auch weiter entfernten Lagen bleiben wegen der größeren Abstände unberücksichtigt.
- Die einzelnen Drähte der Zweilagenwicklung liegen senkrecht übereinander. Bei einer praktisch ausgeführten Wicklung ohne zusätzliche Isolationsfolie werden sich die Drähte in die Zwischenräume jeweils zweier darunter liegender Drähte legen und wegen der von Lage zu Lage wechselnden Steigungsrichtung beim Wickeln irgendwo auf dem Umfang kreuzen.
- Die Endeffekte am Anfang bzw. Ende der jeweiligen Lage bleiben ebenfalls unberücksichtigt.

Das Ziel ist also die Berechnung der zwischen den Lagen gespeicherten Feldenergie. Aus der Literatur sind verschiedene Lösungsansätze zur näherungsweisen analytischen Berechnung der Kapazität bekannt. Eine Übersicht mit umfangreicher Literaturliste ist in [2] enthalten. Erfahrungsgemäß liefert die in [5] vorgestellte Methode sehr gute Ergebnisse. Die ausführliche Rechnung kann dort nachgelesen werden und soll hier nur kurz zusammengefasst werden. Der erste Schritt besteht darin, den Feldlinienverlauf unter Berücksichtigung der bereits gemachten Vereinfachungen qualitativ zu beschreiben (vgl. Abb. 3.2):

- Die Leiteroberflächen sind Äquipotentialflächen, d. h. die Feldlinien treten senkrecht aus den Leiteroberflächen in die umgebende dielektrische Isolationsschicht.
- Aus Symmetriegründen sind die Feldlinien in der Mitte der Folie senkrecht, d. h. y-gerichtet.
- Aus Symmetriegründen weist die elektrische Feldstärke in den Ebenen $x = 0$ und $x = r_0$ nur eine y-Komponente auf.
- Eine beim Winkel φ senkrecht aus der Leiteroberfläche austretende Feldlinie besitzt im allgemeinen Fall sowohl eine x- als auch eine y-Komponente; das Abbiegen dieser Feldlinie hin zu einer nur noch y-gerichteten Feldlinie in der Symmetrieebene $y = 0$ wird zur Vereinfachung der Rechnung an die Übergangsstelle zwischen der dielektrischen Isolationsschicht und dem umgebenden Luftbereich gelegt.

In [2] ist der mithilfe einer Finite-Elemente-Simulation berechnete exakte Feldlinienverlauf sowohl für die Wickelanordnung in Abb. 3.2 als auch für die später betrachtete Wickelanordnung in Abb. 3.6 dargestellt. Das Ergebnis rechtfertigt die gemachten Vereinfachungen, so dass wir nach Zusammenfassung der aufgelisteten Punkte den im linken

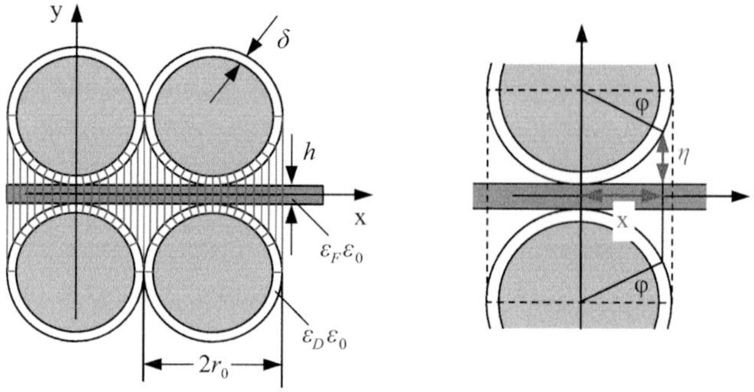

Abb. 3.2 Vereinfachter Feldlinienverlauf und verwendete
Bezeichnungen

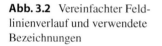

Teil der Abbildung gezeigten schematisierten Feldlinienverlauf der weiteren Rechnung zugrunde legen können. Wegen der Stetigkeit der Normalkomponente des elektrischen Flusses, der die Isolationsschicht (Index D) verlässt und in idealisierter Weise allein y-gerichtet in die Luftschicht (Index L) eintritt, muss die Beziehung

$$\varepsilon_D \varepsilon_0 E_D = \varepsilon_0 E_L \sin \varphi \tag{3.4}$$

gelten. Die Vernachlässigung der Ablenkung der Feldlinien innerhalb der dielektrischen Isolationsschicht führt zu einem Fehler, der im Bereich kleiner Winkel φ am größten ist. Da hier aber der Abstand zwischen den Leiteroberflächen der oberen und unteren Lage am größten ist, wird der Energieinhalt in diesem Bereich am kleinsten und mithin der Beitrag zum Gesamtfehler gering bleiben. Bei der höchsten Energiedichte, d. h. bei $\varphi = 90°$ ist der angenommene Feldlinienverlauf exakt richtig. An der Übergangsstelle zwischen Folie (Index F) und Luft gilt für den angenommenen Feldlinienverlauf

$$\varepsilon_F \varepsilon_0 E_F = \varepsilon_0 E_L \,. \tag{3.5}$$

Die beliebig angenommene Spannung U zwischen den beiden übereinander liegenden Drähten ist als Wegintegral der elektrischen Feldstärke durch die Beziehung

$$U = E_D 2\delta + E_F h + E_L 2\eta \tag{3.6}$$

gegeben, wobei mit h die Foliendicke und mit η die Weglänge der Feldlinie in Luft beschrieben wird (vgl. rechte Seite der Abb. 3.2). Mithilfe der bisherigen Gleichungen können die drei Feldstärken durch die Spannung U ausgedrückt werden

$$E_L = \frac{U}{\frac{2\delta}{\varepsilon_D} \sin \varphi + \frac{h}{\varepsilon_F} + 2\eta}, \quad E_F = \frac{1}{\varepsilon_F} E_L, \quad E_D = \frac{\sin \varphi}{\varepsilon_D} E_L \,. \tag{3.7}$$

In den Gln. (3.7) treten die voneinander abhängigen Größen φ und η auf, die zunächst in Abhängigkeit der Koordinate x dargestellt werden

$$\sin \varphi = \frac{\sqrt{r_0^2 - x^2}}{r_0} \quad \text{und} \quad \eta = r_0 - \sqrt{r_0^2 - x^2}. \tag{3.8}$$

Damit können die Feldstärkebeziehungen auf eine Form gebracht werden, in der sie auch nur von der Koordinate x abhängen. Mit den allein aus den Abmessungen und den Materialeigenschaften zu berechnenden Abkürzungen

$$\zeta = 1 - \frac{\delta}{\varepsilon_D r_0} \quad \text{und} \quad \beta = \frac{1}{\zeta}\left(1 + \frac{h}{2\varepsilon_F r_0}\right) \tag{3.9}$$

erhält man für die Feldstärken die Beziehungen

$$E_L = \frac{U}{2\zeta\left(\beta r_0 - \sqrt{r_0^2 - x^2}\right)}, E_F = \frac{1}{\varepsilon_F} E_L \quad \text{und} \quad E_D = \frac{\sqrt{r_0^2 - x^2}}{\varepsilon_D r_0} E_L. \tag{3.10}$$

Im nächsten Schritt werden die Energieanteile in dem Bereich $|x| \leq r_0$ und $|y| \leq h/2 + r_0$ berechnet. Dieser Rechteckbereich ist im rechten Teilbild der Abb. 3.2 gestrichelt markiert. Bezeichnet l_w die mittlere Länge einer Windung, dann kann die Energie im Bereich der Luft

$$W_L = 2 \cdot \frac{\varepsilon_0}{2} l_w \int\limits_{-r_0}^{+r_0} \int\limits_{0}^{\eta(x)} E_L^2(x)\, dy\, dx = \varepsilon_0 l_w \int\limits_{-r_0}^{+r_0} \int\limits_{0}^{r_0 - \sqrt{r_0^2 - x^2}} E_L^2(x)\, dy\, dx, \tag{3.11}$$

im Bereich der Folie

$$W_F = \frac{\varepsilon_F \varepsilon_0}{2} l_w h \int\limits_{-r_0}^{+r_0} E_F^2(x)\, dx \tag{3.12}$$

sowie in der Lackisolation bei Verwendung von Zylinderkoordinaten mit dem Leitermittelpunkt als Koordinatenursprung angegeben werden

$$W_D = 2 \cdot \frac{\varepsilon_D \varepsilon_0}{2} l_w \int\limits_{0}^{\pi} \int\limits_{r_0 - \delta}^{r_0} E_D^2(\varphi)\, \rho\, d\rho\, d\varphi. \tag{3.13}$$

Da alle Feldstärken entsprechend der Gl. (3.10) proportional zur angenommenen Spannung U sind, lässt sich die Gesamtenergie in der abgekürzten Form

$$W_{ges} = W_L + W_F + W_D = \varepsilon_0 l_w U^2 Y_1 \tag{3.14}$$

mit dem allein von der Geometrie und den Materialeigenschaften abhängigen Wert

$$Y_1 = \int\limits_{-r_0}^{+r_0} \int\limits_{0}^{r_0 - \sqrt{r_0^2 - x^2}} \frac{E_L^2(x)}{U^2}\, dy\, dx + \frac{\varepsilon_F}{2} h \int\limits_{-r_0}^{+r_0} \frac{E_F^2(x)}{U^2}\, dx + \varepsilon_D \int\limits_{0}^{\pi} \int\limits_{r_0 - \delta}^{r_0} \frac{E_D^2(\varphi)}{U^2}\, \rho\, d\rho\, d\varphi$$

$$\tag{3.15}$$

Abb. 3.3 Zweilagenwicklung

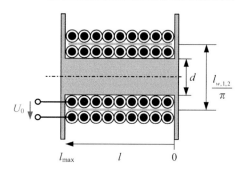

darstellen. Die Auswertung der Integrale ist in [5] angegeben und liefert das Ergebnis

$$Y_1 = \frac{1}{\zeta}\left[V - \frac{\pi}{4} + \frac{1}{2\varepsilon_D}\left(\frac{\delta}{r_0}\right)^2 \frac{Z}{\zeta}\right] \qquad (3.16)$$

mit

$$V = \frac{\beta}{\sqrt{\beta^2 - 1}}\arctan\left(\sqrt{\frac{\beta+1}{\beta-1}}\right) \quad \text{und} \quad Z = \frac{1}{\beta^2 - 1}\left[(\beta^2 - 2)\,V - \frac{\beta}{2}\right] - \frac{\pi}{4}.$$

Für eine vorgegebene Wickelanordnung, d. h. der Wickelkörper und die Drahtsorte sind bekannt, kann die in dem Rechteckbereich zwischen den beiden übereinander liegenden Runddrähten nach Abb. 3.2 enthaltene Energie berechnet werden. Um nun die resultierende Kapazität einer Spule zu bestimmen, müssen die Beiträge aller übereinander liegenden Runddrähte berücksichtigt werden.

Der Ausgangspunkt für die weiteren Betrachtungen ist die in Abb. 3.3 dargestellte Spule mit zwei vollständigen Lagen. Die Kapazität dieser Anordnung wird allgemein als Lagenkapazität C_L bezeichnet.

Die Gl. (3.14) beschreibt die Energie zwischen zwei Windungen der mittleren Länge l_w, wobei die Potentialdifferenz zwischen der oberen und unteren Windung den entlang der Windung konstanten Wert U aufweist. Bei einer mehrlagigen Spule ist die mittlere Windungslänge von den betrachteten Lagen abhängig. Bezeichnet d den Durchmesser des Wickelkörpers, $l_{w,n}$ die Länge einer Windung in der n-ten Lage und $l_{w,n,n+1}$ den Mittelwert der Windungslängen $l_{w,n}$ und $l_{w,n+1}$, dann gilt

$$l_{w,1} = \pi\,(d + 2r_0) \quad \text{und} \quad l_{w,n} = l_{w,1} + (n-1)\,\Delta l_w \quad \text{mit} \quad \Delta l_w = 2\pi\,(h + 2r_0).$$
$$(3.17)$$

Für die mittlere Länge bei der Kapazitätsberechnung zwischen den Lagen n und $n + 1$ ist dann der Wert

$$l_{w,n,n+1} = \frac{l_{w,n} + l_{w,n+1}}{2} = l_{w,1} + \frac{2n-1}{2}\Delta l_w = \pi\,[d - h + 2n\,(h + 2r_0)] \quad (3.18)$$

zu verwenden.

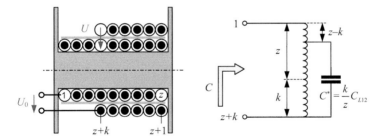

Abb. 3.4 Angefangene zweite Lage und zugehöriges Ersatzschaltbild

Betrachten wir jetzt den allgemeineren Fall, dass sich die Spannung längs der Drähte ändert, dann beschreibt

$$dW = \varepsilon_0 U(l)^2 Y_1 \, dl \qquad (3.19)$$

den Energiebeitrag der differentiellen Länge dl, wobei $U(l)$ jetzt die Spannung an dieser Stelle bedeutet. Für die Zweilagenwicklung wird sich beim Anlegen einer Spannung U_0 zwischen den an der linken Seite eingezeichneten Anschlussklemmen ein linearer Spannungsverlauf zwischen den jeweils übereinander liegenden Drähten einstellen, der mit U_0 auf der linken Seite beginnend linear auf 0 an der rechten Seite abfällt, da hier die obere und untere Windung miteinander verbunden sind. Mit der in Abb. 3.3 eingezeichneten Variablen l und dem zugehörigen Maximalwert $l_{\max}$, der dem Produkt aus der mittleren Windungslänge zwischen der ersten und zweiten Lage nach Gl. (3.18) und der Anzahl der Windungen z in *einer* Lage entspricht, gilt somit

$$U(l) = \frac{l}{l_{\max}} U_0 \quad \text{mit} \quad l_{\max} = z l_{w,1,2}. \qquad (3.20)$$

Die Gesamtenergie der dargestellten Zweilagenanordnung W_{La} findet man durch Integration der Gl. (3.19) mithilfe der Gl. (3.20) zu

$$W_{La} = \varepsilon_0 \left(\frac{U_0}{l_{\max}}\right)^2 Y_1 \int_0^{l_{\max}} l^2 dl = \frac{\varepsilon_0}{3} U_0^2 l_{\max} Y_1 = \frac{\varepsilon_0}{3} U_0^2 z l_{w,1,2} Y_1. \qquad (3.21)$$

Damit ist die eingangs gesuchte Lagenkapazität

$$C_{L12} = \frac{2 W_{La}}{U_0^2} = \frac{2}{3} \varepsilon_0 z l_{w,1,2} Y_1 \quad \text{mit} \quad l_{w,1,2} = \pi (d + h + 4 r_0) \qquad (3.22)$$

zwischen den Wicklungslagen 1 und 2 bereits bekannt.

Im nächsten Schritt wird die Wicklung in Abb. 3.4 untersucht, die aus einer vollständigen Lage mit z Windungen und einer angefangenen Lage mit $k < z$ Windungen besteht.

Da sich nur noch k Windungen aus den beiden Lagen gegenüberstehen, entspricht die im Ersatzschaltbild auftretende Kapazität C^*, die zwischen den Windungen $z - k$ und

$z + k$ gemessen werden kann, dem im Verhältnis k/z reduzierten Wert der Lagenkapazität. Weiterhin ist der Abbildung zu entnehmen, dass die Kapazität C^* an der Sekundärseite eines Spartransformators liegt und mit dem Quadrat des entsprechenden Übersetzungsverhältnisses N_2/N_1 an die Eingangsklemmen 1 und $z + k$ zu transformieren ist. $N_2 = 2k$ bezeichnet die sekundärseitige und $N_1 = z + k$ die primärseitige Windungszahl. Somit ist die resultierende Wicklungskapazität der Anordnung in Abb. 3.4 durch die Beziehung

$$C = \left(\frac{N_2}{N_1}\right)^2 C^* = \left(\frac{2k}{z+k}\right)^2 \cdot \frac{k}{z} C_{L12} \tag{3.23}$$

gegeben, die mit der Abkürzung $\gamma = k/z$ in der Form

$$C = \frac{4\gamma^3}{(1+\gamma)^2} C_{L12} \quad \text{mit} \quad \gamma = \frac{k}{z} \le 1 \quad \text{für} \quad z \le N \le 2z \tag{3.24}$$

dargestellt werden kann. N bezeichnet die Gesamtzahl der Windungen, die im vorliegenden Fall auf mindestens eine komplette Lage und höchstens zwei komplette Lagen verteilt sind. Für zwei vollständige Lagen erhält man mit $\gamma = 1$ wieder den Wert C_{L12} und für nur eine Lage wird die Kapazität $C = 0$. Die eingangs gemachten Vereinfachungen sind für die Berechnung der Kapazität einer einlagigen Spule nicht mehr zulässig[1]. In der Praxis verschwindet die Kapazität einer einlagigen Spule nicht vollständig, ihr Wert ist aber extrem klein, verglichen mit dem Wert C_{L12}. Formeln zur Berechnung der Kapazität einer einlagigen Spule sind in [4] angegeben.

▶ Bevor wir die Spulen mit drei und mehr Lagen betrachten, soll noch kurz eine alternative Vorgehensweise zur Berechnung der Kapazität (3.23) vorgestellt werden, bei der lediglich mit den Energien, aber nicht mit der Transformation der Kapazitäten gerechnet wird. Dazu betrachten wir nochmals die Abb. 3.4, in der die Spannung U am Anfang der übereinander liegenden Windungen eingetragen ist. Ausgangspunkt ist wiederum die Gl. (3.19), die über die Länge l integriert wird. Für die einzusetzende Spannung gilt jetzt in Abweichung von Gl. (3.20) die Beziehung

$$U(l) = \frac{l}{l_{\max}} U \quad \text{mit} \quad U = \frac{2k}{z+k} U_0 \quad \text{und} \quad l_{\max} = k l_{w,1,2}. \tag{3.25}$$

Die Ausführung der Integration

$$W = \varepsilon_0 Y_1 \int_0^{l_{\max}} U(l)^2 \, \mathrm{d}l = \varepsilon_0 Y_1 \left(\frac{1}{l_{\max}} \frac{2k}{z+k} U_0\right)^2 \frac{1}{3} l_{\max}^3$$

$$= \frac{1}{2} \underbrace{\varepsilon_0 Y_1 \left(\frac{2k}{z+k}\right)^2 \frac{2}{3} k l_{w,1,2}}_{C} U_0^2 \tag{3.26}$$

---

[1] Die vorgenommene Transformation auf die Primärseite setzt perfekte Kopplung zwischen den Windungen voraus. Bei der Verwendung von hochpermeablen Kernen ist diese Voraussetzung sehr gut erfüllt, bei den Luftspulen kann es zu Abweichungen kommen.

Abb. 3.5 Ersatzschaltbild

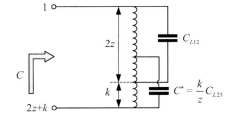

liefert den gleichen Wert für die Kapazität wie bereits in Gl. (3.23) angegeben. Die resultierende Kapazität einer Wickelanordnung kann also entweder durch Berechnung der Kapazitäten zwischen den einzelnen Lagen und deren jeweilige Transformation an die Eingangsklemmen oder durch Berechnung der insgesamt im Wickelpaket, d. h. zwischen allen Lagen gespeicherten Energie und anschließendes Einsetzen in die Gl. (3.1) ermittelt werden.

An dieser Stelle setzen wir die Betrachtung fort für die Fälle, bei denen mehr als 2 komplette Lagen vorhanden sind. Als Konsequenz aus der mit zunehmender Lagenzahl größer werdenden Windungslänge wird auch die Lagenkapazität nach außen zunehmen. Wegen der Proportionalität zur Länge gilt der Zusammenhang

$$C_{L23} = \frac{l_{w,2,3}}{l_{w,1,2}} C_{L12}, \quad C_{L34} = \frac{l_{w,3,4}}{l_{w,1,2}} C_{L12}, \ldots C_{Ln,n+1} = \frac{l_{w,n,n+1}}{l_{w,1,2}} C_{L12}. \qquad (3.27)$$

Für eine Wicklung mit zwei kompletten und einer angefangenen Lage entsprechend Abb. 3.1 gilt das Ersatzschaltbild nach Abb. 3.5 und die Transformation der beiden Teilkapazitäten an die Eingangsklemmen führt auf das Ergebnis

$$C = \left(\frac{2z}{2z+k}\right)^2 C_{L12} + \left(\frac{2k}{2z+k}\right)^2 C^* = \frac{4}{(2+\gamma)^2} C_{L12} + \frac{4\gamma^3}{(2+\gamma)^2} \frac{l_{w,2,3}}{l_{w,1,2}} C_{L12}. \qquad (3.28)$$

Bezeichnen wir nun allgemein mit C_n die Wicklungskapazität einer Spule mit n vollständigen Lagen, dann gilt mit den Gln. (3.24) und (3.28) sowie $\gamma = 1$

$$C_2 = C_{L12} \quad \text{und} \quad C_3 = \frac{4}{9} C_2 + \frac{4}{9} \frac{l_{w,2,3}}{l_{w,1,2}} C_{L12} = \frac{4}{3^2} \left(1 + \frac{l_{w,2,3}}{l_{w,1,2}}\right) C_2. \qquad (3.29)$$

Aus der Verallgemeinerung der Gl. (3.28) für n vollständige und eine angefangene Lage

$$C = \left(\frac{nz}{nz+k}\right)^2 C_n + \left(\frac{2k}{nz+k}\right)^2 C^* = \frac{n^2}{(n+\gamma)^2} C_n + \frac{4\gamma^3}{(n+\gamma)^2} \frac{l_{w,n,n+1}}{l_{w,1,2}} C_2 \qquad (3.30)$$

lässt sich sukzessive die Wicklungskapazität bei neu angefangenen Lagen aus dem Wert der Kapazität der vorhandenen vollständigen Lagen berechnen. Die Fortführung der

Gl. (3.29) für vollständige Lagen ist auf einfache Weise mithilfe der Gl. (3.30) möglich, wenn dort $\gamma = 1$ gesetzt wird. Als Ergebnis erhalten wir die folgenden Zusammenhänge

$$C_4 = \left(\frac{3}{4}\right)^2 C_3 + \frac{4}{4^2} \frac{l_{w,3,4}}{l_{w,1,2}} C_2 = \frac{4}{4^2} \left(1 + \frac{l_{w,2,3} + l_{w,3,4}}{l_{w,1,2}}\right) C_2$$

$$C_5 = \left(\frac{4}{5}\right)^2 C_4 + \frac{4}{5^2} \frac{l_{w,4,5}}{l_{w,1,2}} C_2 = \frac{4}{5^2} \left(1 + \frac{l_{w,2,3} + l_{w,3,4} + l_{w,4,5}}{l_{w,1,2}}\right) C_2$$

$$C_6 = \ldots \tag{3.31}$$

Es zeigt sich, dass alle Kapazitätswerte proportional zu dem Wert $C_2 = C_{L12}$ sind. Zur Überprüfung des Ergebnisses kann der vereinfachte Fall betrachtet werden, dass alle Windungslängen gleich sind, d. h. $l_{w,n,n+1} = l_{w,1,2}$. Damit reduziert sich die Gl. (3.31) zu der in [3] angegebenen Näherungsbeziehung

$$C_n = \frac{4}{n^2} (n - 1) C_2. \tag{3.32}$$

Mithilfe der bisher angegebenen Zusammenhänge kann die resultierende Beziehung für die Kapazität einer aus n vollständigen und einer angefangenen Lage bestehenden Wicklung hergeleitet werden. Durch Einsetzen der Gl. (3.31) in die Gl. (3.30) erhalten wir zunächst das Zwischenergebnis

$$C = \frac{n^2}{(n+\gamma)^2} \frac{4}{n^2} \frac{1}{l_{w,1,2}} \left(\sum_{i=1}^{n-1} l_{w,i,i+1}\right) C_2 + \frac{4\gamma^3}{(n+\gamma)^2} \frac{l_{w,n,n+1}}{l_{w,1,2}} C_2$$

$$= \frac{4}{(n+\gamma)^2} \frac{C_2}{l_{w,1,2}} \left[\left(\sum_{i=1}^{n-1} l_{w,i,i+1}\right) + \gamma^3 l_{w,n,n+1}\right], \tag{3.33}$$

das mit der Lagenkapazität nach Gl. (3.22) sowie den jeweiligen Längen nach Gl. (3.18) das resultierende Ergebnis

$$C = \frac{8\pi}{3(n+\gamma)^2} \varepsilon_0 z Y_1 \left\{(n - 1 + \gamma^3)(d - h) + n(n - 1 + 2\gamma^3)(h + 2r_0)\right\} \tag{3.34}$$

liefert. In der Praxis werden die meisten Wicklungen ohne die zwischen den Lagen liegenden Isolationsfolien realisiert. In diesem Fall kann die Kapazität nicht einfach dadurch berechnet werden, dass in den vorstehenden Gleichungen die Foliendicke h zu null gesetzt wird. Beim Wickeln werden sich die Windungen einer Lage in die Räume zwischen den Windungen der vorhergehenden Lage legen, so dass die sogenannte orthozyklische Wicklung in Abb. 3.6 entsteht.

Ausgangspunkt bei der Betrachtung dieser Anordnung ist wieder die Berechnung der elektrischen Energie, in diesem Fall in einem dreieckförmigen Bereich und deren Integration über die Lagenbreite. Als Ergebnis erhalten wir die zur Gl. (3.19) analoge Beziehung

$$dW = \varepsilon_0 U(l)^2 Y_2 \, dl, \tag{3.35}$$

Abb. 3.6 Drähte zweier
Wicklungslagen

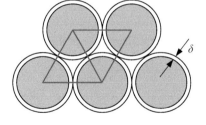

in der lediglich der bisherige Wert Y_1 durch einen geänderten Wert Y_2 ersetzt werden muss. Gemäß der Ableitung in [5] gilt

$$Y_2 = 4M_L + \frac{2\delta}{\varepsilon_D r_0} \left(2 - \frac{\delta}{r_0} \right) M_D \qquad (3.36)$$

mit

$$M_L = \frac{1}{2} \int_0^{\pi/6} \frac{\cos^2 \psi - \cos \psi \sqrt{\cos^2 \psi - 0{,}75} - 0{,}5}{\left[\cos \psi - \zeta \left(\sqrt{\cos^2 \psi - 0{,}75} + 0{,}5 \right) \right]^2} \, d\psi$$

und

$$M_D = \frac{1}{2} \int_0^{\pi/6} \frac{\sin^2 \psi + \cos \psi \sqrt{\cos^2 \psi - 0{,}75}}{\left[\cos \psi - \zeta \left(\sqrt{\cos^2 \psi - 0{,}75} + 0{,}5 \right) \right]^2} \, d\psi \,.$$

Die Abkürzung ζ ist bereits in Gl. (3.9) angegeben. Mit dem geänderten Längenzuwachs bei der orthozyklischen Wicklung

$$\Delta l_w = 2\pi \sqrt{3} r_0 \qquad (3.37)$$

gilt für die mittlere Länge zwischen den Lagen n und $n + 1$ der Ausdruck

$$l_{w,n,n+1} = l_{w,1} + \frac{2n - 1}{2} \Delta l_w = \pi \left[d + 2r_0 + (2n - 1) \sqrt{3} r_0 \right]. \qquad (3.38)$$

Mit der sich jetzt ergebenden Lagenkapazität

$$C_{L12} = C_2 = \frac{2}{3} \varepsilon_0 z l_{w,1,2} Y_2 \quad \text{mit} \quad l_{w,1,2} = \pi \left(d + 2r_0 + \sqrt{3} r_0 \right) \qquad (3.39)$$

kann die resultierende Beziehung für die Kapazität einer aus n vollständigen und einer angefangenen Lage bestehenden Wicklung durch Einsetzen der Gln. (3.38) und (3.39) in die Gl. (3.33) angegeben werden

$$C = \frac{8\pi}{3 \left(n + \gamma \right)^2} \varepsilon_0 z Y_2 \left\{ \left(n - 1 + \gamma^3 \right) \left[d + 2r_0 + (n - 1) \sqrt{3} r_0 \right] + \gamma^3 n \sqrt{3} r_0 \right\}. \qquad (3.40)$$

3.1.1 Auswertungen

Um einen Eindruck von dem gesamten Kapazitätsverlauf als Funktion der Windungszahl bzw. der Lagenzahl zu erhalten, zeigt die Abb. 3.7 die auf die Lagenkapazität bezogene an den Eingangsklemmen messbare Kapazität einer mehrlagigen Wicklung.

Die vollständigen Lagen sind jeweils an den Maxima zu erkennen. Die Kapazität der einlagigen Spule ist gegenüber der mehrlagigen Spule praktisch vernachlässigbar. Das absolute Maximum tritt bei zwei vollständigen Lagen auf. Die Abnahme der Kapazität mit dem Beginn der dritten Lage hängt damit zusammen, dass die Transformation der Lagenkapazität an die Eingangsklemmen mit zunehmender Gesamtwindungszahl auf kleinere Werte führt (vgl. den ersten Term auf der rechten Seite in Gl. (3.28)). Die anschließende Umkehr zu wieder steigenden Kapazitätswerten ist durch den zweiten Term in Gl. (3.28), d. h. die zunehmende Kapazität zwischen der zweiten und dritten Lage verursacht. Diese Situation wiederholt sich mit jeder neuen Lage, wobei die neuen Maxima zunehmend geringer werden. Die Abnahme bei den weiteren Maximalwerten fällt aber wegen der ansteigenden Windungslänge bei den weiter außen liegenden Lagen geringer aus als in der Näherungslösung (3.32) angegeben.

Als weiteres Beispiel betrachten wir die in Abb. 2.15 dargestellten Wickelanordnungen mit den gleichen dort bereits zugrunde gelegten Daten. Als Dielektrizitätszahl wird der Zahlenwert $\varepsilon_r = 3{,}2$ verwendet. Die Kapazität der einlagigen Spule kann mit den angegebenen Formeln nicht berechnet werden. Sie ist aber extrem klein verglichen mit den mehrlagigen Wicklungen. Bei den Anordnungen b), c) und d) erhalten wir bei 40 Windungen zwei, vier bzw. acht komplette Lagen. Die Kurvenverläufe in Abb. 3.8 sind praktisch eine Kopie der Kurve in Abb. 3.7, die bis zur jeweiligen maximalen Lagenzahl übernommen werden kann. Die Lagenkapazitäten C_{L12} stehen in den Verhältnissen 4 : 2 : 1 entsprechend den unterschiedlichen Lagenbreiten. Man erkennt, dass die im Hinblick auf eine minimale Kapazität auszuwählende Wickelbreite stark von der Windungszahl abhängt. Im unteren Windungszahlenbereich ist eine niedrige Lagenzahl von Vorteil, im hohen Windungszahlenbereich dagegen führt bei begrenzter Wickelbreite die höhere Lagenzahl zu einer kleineren Kapazität.

Welchen quantitativen Einfluss hat nun die in Abb. 3.2 eingezeichnete Folie zwischen den Lagen? Diese Frage lässt sich beantworten, wenn wir uns die Lagenkapazität in Ab-

Abb. 3.7 Kapazitätsverlauf als Funktion der Windungs- bzw. Lagenzahl

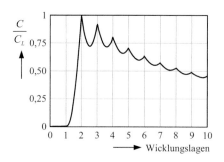

Abb. 3.8 Kapazität als Funktion der Windungszahl bei unterschiedlichen Wickelbreiten

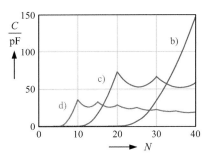

hängigkeit der Foliendicke h berechnen. Als Beispiel verwenden wir den Fall b) aus der letzten Abbildung mit 40 Windungen verteilt auf zwei Lagen. Die dort nach Gl. (3.39) berechnete Lagenkapazität gilt für die orthozyklische Wicklung in Abb. 3.6 und besitzt einen Kapazitätswert von 146 pF. Im Gegensatz dazu liefert die mit Gl. (3.22) berechnete Lagenkapazität gemäß Abb. 3.2 mit $h = 0$ den Zahlenwert 85 pF. Wird keine Folie als Zwischenlage verwendet, dann stellt sich im Wesentlichen die orthozyklische Wicklung ein. Allerdings ist zu beachten, dass sich bei der üblichen Vorgehensweise die Wickelrichtung von Lage zu Lage ändert. Das bedeutet, dass jede Windung die darunter liegende Windung kreuzen muss. Auf dem entsprechen Abschnitt entlang ihres Umfangs stellt sich die Situation nach Abb. 3.2 mit der entsprechend geringeren Kapazität ein. Wir nehmen an, dass diese Kreuzung etwa 20 % des Umfangs in Anspruch nimmt und erhalten als Lagenkapazität für die Wicklung ohne Folie einen realistischeren Wert von $(0{,}8 \cdot 146 + 0{,}2 \cdot 85)\,\text{pF} = 134\,\text{pF}$. Dieser ist als Referenzwert C_{ref} in der folgenden Abbildung zugrunde gelegt.

Die Abb. 3.9 zeigt die Abnahme der Lagenkapazität für den Fall, dass eine Folie mit $\varepsilon_F = 3{,}2$ als Zwischenlage verwendet wird und zwar in Abhängigkeit der Foliendicke. Allein der Übergang von der orthozyklischen Wicklung auf die Situation in Abb. 3.2 führt schon zu einer Reduzierung um den Faktor $85/134 \approx 0{,}64$, selbst bei einer verschwindenden Foliendicke. Eine Folie mit $h = 1\,\text{mm}$ führt zu einer Verringerung der Lagenkapazität bis unter 15 % des Ausgangswertes.

Abb. 3.9 Einfluss einer Folie zwischen den Wicklungslagen

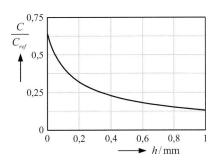

Abb. 3.10 Vergleich der
Kapazitäten bei Ein- und
Zweidrahtwicklung

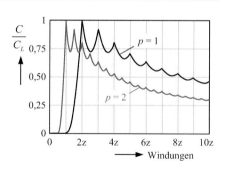

3.1.2 Parallel geschaltete Drähte

In der Praxis tritt gelegentlich der Fall auf, dass eine Wicklung mit mehreren parallel geschalteten Drähten realisiert wird. Ein Beispiel ist in Abb. 4.30 gezeigt. In diesem Abschnitt wollen wir den Einfluss dieser Vorgehensweise auf die Wicklungskapazität untersuchen. Werden p Drähte parallel geschaltet, dann wird bei gleicher Drahtsorte ein um den Faktor p größeres Wickelfenster gegenüber der Eindrahtwicklung benötigt. Bei unveränderter Lagenzahl erhöht sich die Lagenbreite und damit auch die Kapazität um den Faktor p. Sinnvoller ist jedoch die Annahme, dass der gleiche Kern, d.h. auch der gleiche Wickelkörper verwendet wird, so dass sich nicht die Lagenbreite, sondern die Anzahl der Lagen bei der Mehrdrahtwicklung entsprechend erhöht. Legen wir die Annahme zugrunde, dass das Wickelfenster bei der Eindrahtwicklung nur zur Hälfte ausgefüllt ist, dann kann auf den gleichen Wickelkörper eine Zweidrahtwicklung mit der gleichen Windungszahl aufgebracht werden. Lässt man die in der Praxis häufig auftretende unregelmäßige Positionierung der Windungen in den äußeren Lagen außer Betracht, dann können aus dem Vergleich der Ergebnisse in Abb. 3.10 einige Schlussfolgerungen gezogen werden.

Die Anzahl der Drähte in einer vollständigen Lage beträgt noch immer z, da jetzt aber p Drähte pro Windung nebeneinander liegen, reduziert sich die Anzahl der Windungen pro Lage auf z/p. Als Konsequenz wird die in Abb. 3.7 jetzt als Funktion der Windungszahl dargestellte Kurve in Richtung der horizontalen Achse um den Faktor p gestaucht. Das Maximum beim Kapazitätsverlauf tritt jetzt bei der um einen Faktor p kleineren Windungszahl auf. Als Folge davon wird die Kapazität in dem Windungszahlenbereich oberhalb von $2z$ geringer als bei der Eindrahtwicklung.

3.1.3 Gleichmäßige Windungsverteilung in der obersten Lage

Bei den bisher betrachteten Anordnungen waren die Windungen in der obersten unvollständigen Lage dicht an dicht gewickelt. Die gleichmäßige Windungsverteilung unter Ausnutzung der zur Verfügung stehenden Wickelbreite führt auf die Anordnung in Abb. 3.11. Im Vergleich zur Anordnung in Abb. 3.4 gibt es zwei nennenswerte Grün-

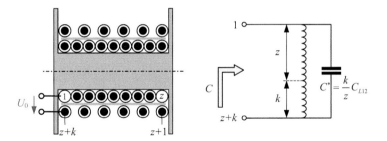

Abb. 3.11 Gleichmäßige Windungsverteilung in der obersten Lage

de, die jetzt zu einem Anstieg der Kapazität führen. Zum einen liegt wieder die letzte Windung über der ersten Windung der vorhergehenden Lage mit der Folge einer erhöhten Potentialdifferenz. Damit ändert sich die Transformation der Kapazität C^* zwischen der vorletzten und letzten (obersten) Lage an die Eingangsklemmen. Für den Sonderfall, dass die oberste Lage mit der zweiten Lage identisch ist, entfällt beim Übergang von der Anordnung in Abb. 3.4 zur Anordnung in Abb. 3.11 die Transformation der Kapazität C^* mit dem Übersetzungsverhältnis entsprechend Gl. (3.23), d. h. die Eingangskapazität C entspricht direkt dem Wert C^*. Es gibt aber noch eine zusätzliche Ursache, die die Kapazität weiter erhöht. Bei der bisherigen Berechnung war das von der oberen Windung ausgehende elektrische Feld auf den in Abb. 3.2 skizzierten Rechteckbereich begrenzt. Infolge des Abstands zwischen den Windungen kann sich das Feld nun auch seitwärts ausdehnen und vergrößert damit die wirksame Querschnittsfläche.

Der Kapazitätsverlauf als Funktion der Windungszahl nach Abb. 3.7 wird sich bei der gleichmäßigen Windungsverteilung in der jeweils obersten Lage ändern. Die Maxima bei den vollen Lagen bleiben zwar unverändert, in den Zwischenbereichen wird die Kapazität jedoch weniger stark abfallen.

3.1.4 Ein alternatives Wickelschema

Die Abb. 3.3 zeigt die konventionelle Wickelanordnung. Die unterste Lage wird z. B. von links nach rechts gewickelt, die darüber liegende Lage in der umgekehrten Richtung. Als Konsequenz ist der Potentialunterschied zwischen den beiden übereinander liegenden Windungen rechts praktisch verschwindend klein, zwischen den beiden Windungen links dagegen liegt die volle Eingangsspannung. Die Spannung zwischen den Lagen steigt nach Gl. (3.20) von dem Wert null auf der rechten Seite linear an bis auf den Wert U_0 auf der linken Seite, entsprechend der gestrichelten Kurve im rechten Teilbild der Abb. 3.12.

Bei dem alternativen Wickelschema im linken Teilbild der Abbildung werden alle Lagen in der gleichen Richtung, z. B. von links nach rechts gewickelt. Unabhängig von der Frage, wie die Verbindung zwischen der rechts in der ersten Lage liegenden Windung z

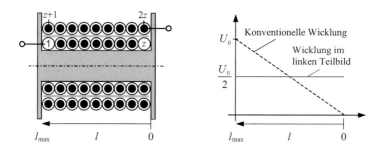

Abb. 3.12 Gleiche Wickelrichtung in den Lagen, Potentialdifferenz entlang der Lage

und der links in der zweiten Lage liegenden Windung $z + 1$ realisiert wird, wollen wir hier nur den Einfluss auf die Wicklungskapazität untersuchen. Es ist offensichtlich, dass die Spannung zwischen den Windungen der oberen und unteren Lage unabhängig von der Variablen l immer den konstanten Wert $U_0/2$ aufweist.

Nach Gl. (3.21) muss das Quadrat der Spannung über die Lage von 0 bis $l_{\max}$ integriert werden. Nach Gl. (3.22) geht dieses Ergebnis dann direkt in die Lagenkapazität ein. Bei der konventionellen Wicklung muss der lineare Anstieg zugrunde gelegt werden, bei der alternativen Wicklung die Konstante. Aus dem unmittelbaren Vergleich der beiden Ergebnisse

$$\int_0^{l_{\max}} \left(\frac{U_0}{l_{\max}}l\right)^2 \mathrm{d}l = \frac{l_{\max}}{3}U_0^2 \quad \text{und} \quad \int_0^{l_{\max}} \left(\frac{U_0}{2}\right)^2 \mathrm{d}l = \frac{l_{\max}}{4}U_0^2 \tag{3.41}$$

ist zu erkennen, dass die Lagenkapazität bei der Wickelanordnung nach Abb. 3.12 um 25 % kleiner wird. Betrachten wir jetzt eine Anordnung, die aus einer vollständigen Lage mit z Windungen und einer angefangenen Lage mit $k < z$ Windungen besteht, dann erhalten wir bei diesem alternativen Wickelschema für die mit C_{alt} bezeichnete Kapazität den Zusammenhang

$$C_{alt} \stackrel{(3.1)}{=} \frac{2W_e}{U_0^2} \stackrel{(3.19)}{=} 2\varepsilon_0 Y_1 \int_0^{kl_{w,1.2}} \frac{U^2}{U_0^2} \mathrm{d}l = 2\varepsilon_0 Y_1 \int_0^{kl_{w,1.2}} \frac{z^2}{(z+k)^2} \mathrm{d}l$$

$$= 2\varepsilon_0 Y_1 \frac{z^2}{(z+k)^2} kl_{w,1.2} . \tag{3.42}$$

Für zwei vollständige Lagen, d. h. $k = z$ gilt somit

$$C_{L12,alt} = \frac{1}{2}\varepsilon_0 z l_{w,1,2} Y_1 \stackrel{(3.22)}{=} \frac{3}{4}C_{L12} . \tag{3.43}$$

Bezeichnet $C_{n,alt}$ die Kapazität einer Anordnung mit n vollständigen Lagen, dann erhalten wir für n vollständige und eine angefangene Lage die der Gl. (3.30) entsprechende

Abb. 3.13 Kapazitätsverlauf bei konventionellem und alternativem Wickelschema

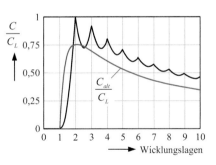

Beziehung

$$C_{alt} = \left(\frac{nz}{nz+k}\right)^2 C_{n,alt} + 2\varepsilon_0 Y_1 \int\limits_0^{kl_{w,n,n+1}} \frac{z^2}{(nz+k)^2}\,\mathrm{d}l$$

$$= \frac{n^2}{(n+\gamma)^2} C_{n,alt} + \frac{4\gamma}{(n+\gamma)^2}\frac{l_{w,n,n+1}}{l_{w,1,2}} C_{2,alt}\,. \tag{3.44}$$

Abgesehen vom Exponenten bei γ im Zähler des zweiten Terms sind die beiden Ausdrücke gleich aufgebaut. Einen Vergleich der Kapazitäten als Funktion der Windungs- bzw. Lagenzahl beim konventionellen und alternativen Wickelschema zeigt die Abb. 3.13. Bei vollständigen Lagen beträgt das Kapazitätsverhältnis jeweils 3/4. Ist die zweite Lage unvollständig, dann besitzt das alternative Wickelschema im Bereich $k/z < (3/4)^{1/2}$ allerdings die größere Wicklungskapazität.

3.1.5 Wicklungen mit Litzen

Zur Berechnung der Wicklungskapazitäten mit den bisherigen Formeln mussten entsprechend Abb. 3.2 der Außendurchmesser der Runddrähte mit Lackisolation $2r_0$ sowie die Dicke der Lackisolation δ bekannt sein. Um diese Formeln auch bei Litzewicklungen anwenden zu können, ist es erforderlich, die Daten der Litzen in diese beiden Parameter umzurechnen. Betrachten wir dazu die Abb. 3.14. Bei den Litzen sind üblicherweise die Anzahl der Einzeldrähte N, deren nominaler Kupferdurchmesser $d_{E,nom}$, ihr Außendurchmesser d_E und der Außendurchmesser des gesamten Litzebündels $2r_0$, eventuell inklusive einer zusätzlichen Ummantelung, bekannt. Die äquivalente Isolationsdicke δ kann aus den bekannten Daten abgeschätzt werden. Mit den angegebenen Bezeichnungen gilt näherungsweise

$$\delta = \frac{1}{2}\left(2r_0 - d_{\ddot{a}qui}\right) = r_0 - \frac{1}{2}\left(d_{Li} - d_E + d_{E,nom}\right)$$

$$= r_0 - \frac{1}{2}\left(\sqrt{\frac{2N\sqrt{3}}{\pi}}d_E - d_E + d_{E,nom}\right)\,. \tag{3.45}$$

Abb. 3.14 Zur Umrechnung der Litzedaten in einen äquivalenten Volldraht

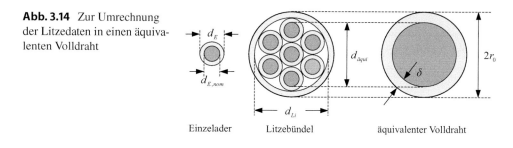

Einzeladter   Litzebündel   äquivalenter Volldraht

Mit diesen Daten können die bisherigen Berechnungsformeln auch auf Litzewicklungen angewendet werden. Die erreichbare Genauigkeit bei den Ergebnissen ist jedoch begrenzt, da sich hier zusätzliche Einflussgrößen bemerkbar machen. Zum einen spielt die auf die Litze ausgeübte Zugkraft beim Wickeln eine bedeutende Rolle, zum anderen wird die Kapazität von der Form des Wickelkörpers beeinflusst. Die Ursache liegt in der Veränderbarkeit der Querschnittsform von Litzen. Mit wachsender Zugkraft beim Wickeln legen sich die Litzen dichter aufeinander, indem sie sich besser in die Zwischenräume der darunterliegenden Windungen einfügen und wegen der abnehmenden Abstände zwischen den Windungen die Kapazität vergrößern [1]. An den Ecken der rechteckigen Wickelkörper nimmt der Litzenquerschnitt die Form einer Ellipse an.

3.1.6 Mehrkammerwicklungen

Eine effektive Möglichkeit zur Reduzierung der Wicklungskapazität besteht darin, die Windungen auf mehrere Kammern zu verteilen. Die Abb. 3.15 zeigt einige Beispiele. Bei der Berechnung der resultierenden Kapazität müssen mehrere Einflussfaktoren berücksichtigt werden. Wird der gesamte Wickelraum in k Kammern unterteilt, dann wird die Kapazität der Wicklung in einer Kammer um den Faktor k kleiner, da sich die Lagenbreite um genau diesen Faktor reduziert. Bei der Berechnung der Energie muss aber beachtet werden, dass die Spannung an einer Kammerwicklung ebenfalls um den Faktor k kleiner als die Gesamtspannung ist, die Energie also zusätzlich um k^2 abnimmt. Die innerhalb einer Kammer gespeicherte elektrische Energie (3.1) ist resultierend um den Faktor k^3 kleiner als bei der Einkammerwicklung. Alternativ lässt sich auch hier wieder mit der

Einkammerwicklung   Zweikammerwicklung   Vierkammerwicklung

Abb. 3.15 Beispiele für Mehrkammerwicklungen

Transformation der Kapazität der Kammerwicklung an die Eingangsklemmen argumentieren. Da abschließend die Beiträge von allen Kammern addiert, das bisherige Ergebnis also wieder mit k multipliziert wird, verbleibt eine um den Faktor k^2 geringere Gesamtkapazität.

Damit würde sich bei zwei Kammern nur noch 1/4 der bisherigen Kapazität einstellen. In der Praxis wird dieser theoretische Wert nicht erreicht, da die beiden Kammern eng benachbart sind und die in dem Bereich zwischen den Kammern gespeicherte elektrische Energie ebenfalls zur Kapazität beiträgt. Eine Reduzierung auf 1/3,5 ist realistisch. Eine Annäherung an den theoretisch möglichen Wert lässt sich erreichen, wenn der Abstand zwischen den Kammern vergrößert wird.

3.2 Folienspulen

Zur Berechnung der Kapazität einer Folienspule betrachten wir die Anordnung in Abb. 3.16, in der nur zwei Windungen in der Seitenansicht dargestellt sind. Die Folie besitzt die Dicke d und die Breite c. Der Abstand h entspricht der Dicke der Folienisolation. Zur Berechnung der in der Anordnung gespeicherten elektrischen Energie benötigen wir die von der Winkelkoordinate φ abhängige Potentialdifferenz zwischen innerer und äußerer Windung. Analog zu den Drahtwicklungen werden wir auch hier die Rechnung für den Sonderfall niedriger Frequenzen durchführen, d. h. mit der vereinfachenden Annahme einer linearen Potentialverteilung entlang der Wicklung.

Werden N Windungen übereinander gelegt, dann nehmen die Längen der einzelnen Windungen von innen nach außen zu, d. h. auch die Spannung zwischen den benachbarten Folien ändert sich. Um diesen Einfluss zu erfassen, betrachten wir die Folie der Gesamtlänge l_{ges} zunächst im abgewickelten Zustand entsprechend Abb. 3.17.

Mit dem Abstand zwischen der nach außen gerichteten Folienoberfläche und dem Koordinatenursprung

$$r_1 (\varphi) = a + \frac{\varphi}{2\pi} (d + h) \tag{3.46}$$

kann die Länge der ersten Windung berechnet werden

$$l_1 = \int\limits_0^{2\pi} r_1 (\varphi) \, d\varphi = 2\pi a + \pi (d + h) . \tag{3.47}$$

Abb. 3.16 Runder Wickelkörper mit zwei Folienwindungen, Seitenansicht

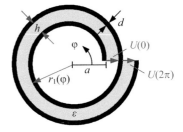

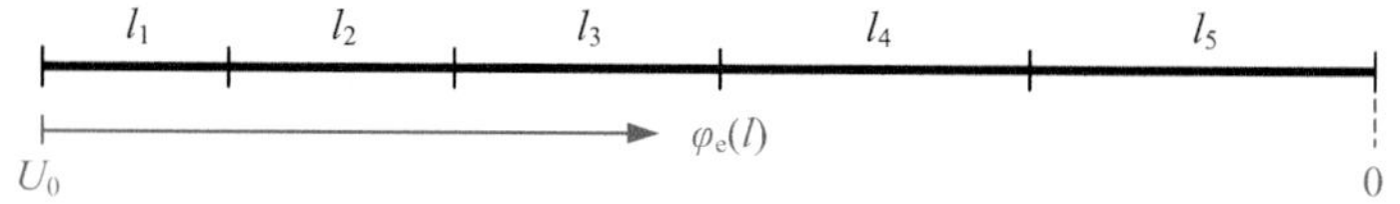

Abb. 3.17 Fünf Folienwindungen im abgewickelten Zustand

Bezeichnet Δl den Längenzuwachs der jeweils nächsten Windung, dann lässt sich die Gesamtlänge der Folie folgendermaßen darstellen

$$l_{ges} = \int\limits_0^{N2\pi} r_1\,(\varphi)\,\mathrm{d}\varphi = N2\pi a + N^2\pi\,(d+h) = Nl_1 + \frac{N\,(N-1)}{2}\Delta l \qquad (3.48)$$

$$\text{mit}\quad \Delta l = 2\pi\,(d+h)\,.$$

Unter der Annahme eines linearen Potentialverlaufs entlang der Folie erhalten wir für die gesuchte Potentialdifferenz zwischen innerer und äußerer Folie an den beiden Grenzen $l = 0$ und $l_{\max} = l_{ges} - l_N$ die Werte

$$U\,(0) = \frac{l_1}{l_{ges}}U_0 \quad \text{und} \quad U\,(l_{\max}) = \frac{l_N}{l_{ges}}U_0.\qquad (3.49)$$

In der Praxis ist die Abmessung h sehr klein gegenüber dem Radius $r_1(\varphi)$, so dass die mit der Länge l linear ansteigende Feldstärke im Bereich zwischen den Windungen mit sehr guter Näherung in der Form

$$E\,(l) = \frac{1}{h}U(l) = \frac{1}{h}\left\{U\,(0) + \frac{l}{l_{\max}}\left[U\,(l_{\max}) - U\,(0)\right]\right\} = \frac{U_0}{l_{ges}h}\left[l_1 + \frac{l}{l_{\max}}\,(l_N - l_1)\right]$$
$$(3.50)$$

für den Bereich $0 \le l \le l_{\max}$ dargestellt werden kann. Damit erhalten wir das folgende Integral zur Berechnung der Kapazität der Folienspule

$$C_F \stackrel{(3.1)}{=} \frac{2W_e}{U_0^2} = \frac{1}{U_0^2}\varepsilon ch\int\limits_0^{l_{\max}} E\,(l)^2\,\mathrm{d}l = \frac{\varepsilon c}{l_{ges}^2 h}\int\limits_0^{l_{\max}}\left[l_1 + \frac{l}{l_{\max}}\,(l_N - l_1)\right]^2\,\mathrm{d}l\,.\qquad (3.51)$$

Die Auswertung liefert das Ergebnis

$$C_F = \frac{\varepsilon c}{h}\frac{l_{\max}}{l_{ges}^2}\frac{l_1^2 + l_1 l_N + l_N^2}{3}\quad \text{mit}\quad l_{\max} = (N-1)\,l_1 + \frac{(N-1)\,(N-2)}{2}\Delta l\,.$$
$$(3.52)$$

Zum Vergleich mit der Abb. 3.7 betrachten wir eine Folienwicklung, deren Breite identisch ist mit der Lagenbreite der in der Abb. 3.7 verwendeten Runddrähte. Die Dicke

Abb. 3.18 Kapazität der Folienwicklung im Vergleich zur Runddrahtwicklung

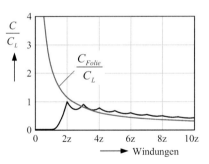

der Folie ist so gewählt, dass sie den gleichen Kupferquerschnitt wie der verwendete Runddraht aufweist. Die Dicke der Isolation zwischen den Folien ist so angepasst, dass sich bei gleicher Gesamtwindungszahl (entsprechend den 10 vollständigen Lagen bei den Runddrähten) insgesamt die gleiche Wickelhöhe bei der Folienwicklung einstellt, d. h. das gesamte Wickelpaket hat sowohl bei der Runddrahtwicklung als auch bei der Folienwicklung die gleichen Außenabmessungen. Bei den Berechnungen wurde in allen Fällen die Dielektrizitätszahl $\varepsilon_r = 3{,}2$ zugrunde gelegt.

Die Abb. 3.18 zeigt die nach Gl. (3.52) berechnete Kapazität der Folienwicklung im Vergleich zur Runddrahtwicklung. Bei nur wenigen Windungen liegt die Kapazität der Folienwicklung deutlich über dem Wert bei der Runddrahtwicklung. Die Ursache für den starken Abfall der Kapazität mit wachsenden Windungszahlen ist die gleiche wie bei der zunehmenden Lagenzahl im Falle der Drahtwicklungen. Jede Teilkapazität zwischen zwei Folienwindungen wird mit dem Übersetzungsverhältnis $1/N^2$ an die Eingangsklemmen transformiert und spielt mit zunehmender Windungszahl eine immer kleinere Rolle.

Diese qualitativen Aussagen gelten allgemein, der quantitative Vergleich ist aber von den verwendeten Abmessungen der Drähte, der Folien und des Wickelkörpers abhängig. Insbesondere die Isolationsdicke h hat einen großen Einfluss auf die Kapazität.

3.3 Der Einfluss eines rechteckigen Wickelkörpers

Die Betrachtungen der bisherigen Abschnitte bezogen sich auf Wicklungen, die auf einem kreisförmigen Wickelkörper aufgebracht waren. Bei vielen Kernformen besitzt der Wickelkörper aber einen quadratischen bzw. rechteckförmigen Querschnitt. In diesem Fall müssen die Gleichungen für die Windungslängen angepasst werden. Bezeichnen wir mit a und b die Seitenlängen des Wickelkörpers, dann gilt bei der Runddrahtwicklung

$$l_{w,1} = 2\,(a+b) + 8r_0 \quad \text{und} \quad l_{w,n} = l_{w,1} + (n-1)\,\Delta l_w, \tag{3.53}$$

wobei im Falle der Wickelanordnung nach Abb. 3.2 für den Längenzuwachs

$$\Delta l_w = 8\,(h + 2r_0) \tag{3.54}$$

Abb. 3.19 Windungen auf
rechteckigem Wickelkörper

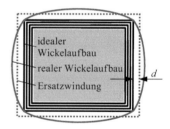

und im Falle der orthozyklischen Wicklung nach Abb. 3.6

$$\Delta l_w = 8\sqrt{3}r_0 \tag{3.55}$$

zu verwenden ist. Vergleicht man die Messergebnisse mit den Rechnungen, dann stellt man bei den runden Wickelkörpern eine gute Übereinstimmung fest, während die gemessenen Kapazitäten beim Rechteckwickelkörper um 30–40 % geringer ausfallen können. Eine wesentliche Ursache ist darin zu suchen, dass sich die Windungen der verschiedenen Lagen nur an den Ecken dicht aufeinander legen, während sie sich im sonstigen Bereich leicht wölben und damit einen größeren Abstand zu den Windungen der vorhergehenden Lage aufweisen. Mit zunehmender Lagenzahl werden sich die Windungen der Kreis- bzw. Ellipsenform annähern. Um diesen Effekt näherungsweise abzuschätzen betrachten wir einen quadratischen Wickelkörper der Seitenlänge a. Ein rechteckförmiger Wickelkörper wird zur Vereinfachung genauso wie einen quadratischer Wickelkörper mit gleichem Umfang behandelt (vgl. Abb. 3.19).

Wir nehmen an, dass die Windungen nach $m+1$ Lagen eine Kreisform angenommen haben. Die Länge einer Windung in dieser Lage hat sich damit gegenüber dem idealen quadratischen Wickelaufbau um den Faktor

$$\frac{U_{Kreis}}{U_{Quadrat}} = \frac{2\pi r}{4a} = \frac{2\pi}{4a}\frac{a}{\sqrt{2}} = 1{,}1107 \tag{3.56}$$

erhöht. Die Umrechnung von U_{Kreis} in ein äquivalentes Quadrat mit gleichem Umfang ergibt einen zusätzlichen mittleren Abstand zwischen den Lagen

$$d = \frac{4(1{,}1107a - a)}{8} = \frac{0{,}1107}{8}4a = \frac{0{,}1107}{8}U_{Quadrat} = \frac{0{,}1107}{8}U_{Rechteck}. \tag{3.57}$$

Dieser Abstand wird nun gleichmäßig auf die m Zwischenräume verteilt. Die Vorgabe des Wertes m ist in gewisser Weise willkürlich und wird hier in der Form

$$m = \frac{a}{2r_0} \tag{3.58}$$

festgelegt. Diese Beziehung trägt der Tatsache Rechnung, dass sich die Kreisform umso schneller ausbildet, je kleiner die Wickelkörperabmessung und je dicker die Drähte sind.

Resultierend ergibt sich mit diesen Annahmen ein zusätzlicher mittlerer Lagenabstand von

$$\frac{d}{m} = \frac{0,1107}{8m} U_{Rechteck} = \frac{0,1107}{8} \frac{2r_0}{a} 4a = 0,1107 r_0 \,, \tag{3.59}$$

also etwa 5,5 % des Drahtdurchmessers. Es ist offensichtlich, dass dieser Wert nur eine Abschätzung ist, der außerdem stark von der Zugspannung beim Wickeln beeinflusst wird. Ein stärkeres Aufeinanderpressen der Windungen infolge einer größeren Zugspannung führt zu einem Anstieg der Kapazität.

Bei den Gleichungen für die Folienspule sind ebenfalls einige Anpassungen vorzunehmen. Mit

$$l_1 = 2\,(a+b) + \frac{\Delta l}{2}, \quad l_N = l_1 + (N-1)\,\Delta l \quad \text{und} \quad \Delta l = 8\,(d+h) \tag{3.60}$$

sowie

$$l_{ges} = N l_1 + \frac{N\,(N-1)}{2}\Delta l = 2N\,[a+b+2N\,(d+h)] \tag{3.61}$$

und unter Einbeziehung der zusätzlichen Abstände zwischen den ersten $m+1$ Windungen kann die Gl. (3.52) weiterhin verwendet werden.

3.4   Möglichkeiten zur Reduzierung der Wicklungskapazität

Einige grundlegende Möglichkeiten zur Minimierung der Wicklungskapazität erkennt man bereits an der Formel zur Berechnung eines Plattenkondensators $C = \varepsilon A/d$. An den Materialeigenschaften lässt sich in der Regel wenig beeinflussen. In den Wickelpaketen sind die eingeschlossenen Luftbereiche sowie die Dicke der Lackisolationen im Wesentlichen vorgegeben. Die Dielektrizitätszahl ε_r liegt bei den Lackschichten üblicherweise im Bereich zwischen 2 und 4, wobei ein möglichst kleiner Wert natürlich von Vorteil ist. Die beiden anderen Parameter, nämlich die Plattenfläche A und der Abstand d zwischen den Elektroden bieten viel mehr Möglichkeiten, um durch geschicktes Design Einfluss auf die entstehende Kapazität zu nehmen. Die Übertragung dieser Prinzipien auf die Wicklungen führt auf folgende Vorschläge:

- Abstand zwischen den Lagen vergrößern durch zusätzliche Isolationsfolien,
- bei Folienwicklungen dickere Lackisolation verwenden,
- Abstand zwischen den Drähten vergrößern (s. Abb. 3.20a),
- dickere Drahtisolation verwenden (zweifach oder dreifach isolierte Drähte),
- Abstand zwischen Wicklung und Kern möglichst groß (die Kapazität zum Kern wird in Kap. 7 behandelt).

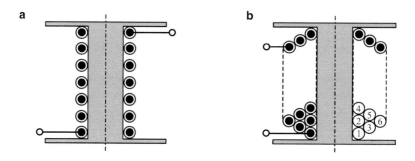

Abb. 3.20 Reduzierung der Wicklungskapazität. **a** Vergrößerung der Abstände, **b** modifiziertes Wickelschema

Aus den Ableitungen in den vorangegangenen Abschnitten ist zu erkennen, dass die Bereiche mit hoher elektrischer Feldstärke einen großen Beitrag zur elektrischen Energie leisten und daher möglichst vermieden bzw. klein gehalten werden müssen. Diese Bereiche entstehen, wenn Windungen mit großen Potentialunterschieden nahe beieinander liegen. Daraus resultieren die folgenden Vorschläge:

- Drahtspulen nur einlagig wickeln (optimale Lösung),
- alternativ sehr viele Lagen verwenden, d. h. die Lagenbreite reduzieren und im Gegenzug die Anzahl der Lagen erhöhen (zwei Lagen vermeiden),
- modifizierte Wickelschemata: in Abb. 3.20b besteht eine Lage aus maximal drei Drähten, die Anzahl der Lagen ist aber entsprechend groß,
- die oberste Lage nur mit halber Wickelbreite ausführen,
- bei kleinen Windungszahlen Drahtspulen bevorzugen, bei sehr hohen Windungszahlen bieten Folienspulen gegebenenfalls Vorteile (s. Abb. 3.18),
- gleiche Wickelrichtung in den Lagen (s. Abb. 3.13),
- Mehrkammerwicklungen verwenden (s. Abb. 3.15),
- möglichst großer Abstand zwischen den Windungen am Anfang und am Ende der Wicklung (s. Abb. 3.20),
- möglichst großer Abstand zwischen den Anschlussdrähten (s. Abb. 3.20a),
- Drähte aus weiter entfernten Lagen dürfen nicht miteinander in Berührung kommen, das gilt insbesondere an den Enden der oberen Lagen, in denen die Wicklung nicht mehr die Regelmäßigkeit wie bei den unteren Lagen aufweist.

Literatur

1. Albach M, Lauter J (1997) The winding capacitance of solid and litz wires. 7th European Power Electronics Conference EPE, Trondheim, Norway, S 2.001–2.005

2. Biela J, Kolar JW (2008) Using transformer parasitics for resonant converters – a review of the calculation of the stray capacitance of transformers. IEEE Trans Ind Appl 44:223–233. doi:10.1109/TIA.2007.912722

3. Feldtkeller R (1963) Theorie der Spulen und Überträger. 4. Aufl. S. Hirzel, Stuttgart

4. Grandi G, Kazimierczuk MK, Massarini A, Reggiani U (1999) Stray capacitances of single-layer solenoid air-core inductors. IEEE Trans Ind Appl 35(5):1162–1168. doi:10.1109/28.793378

5. Koch J (1968) Berechnung der Kapazität von Spulen, insbesondere in Schalenkernen. Valvo Ber 14(3):99–119

Die Verluste in Luftspulen

4

Zusammenfassung

In diesem Kapitel werden die Formeln hergeleitet zur Berechnung der Verlustmechanismen in unterschiedlichen Wickelgütern. Die Trennung in rms-, Skin- und Proximityverluste erlaubt die Identifikation der dominanten Effekte. Die analytisch korrekte Berechnung der Proximityverluste in einem Wickelpaket mit Runddrähten inklusive der Rückwirkung der Drähte aufeinander wird vorgestellt. Das Verfahren verzichtet auf die Verwendung von sogenannten äquivalenten Ersatzfolien mitsamt den damit verbundenen Einschränkungen. Zur Verdeutlichung der Vorgehensweise wird das Verfahren an einem einfachen Beispiel mit nur zwei kreisförmigen Windungen demonstriert. Aufgrund der guten Konvergenz des Verfahrens kann der Rechenaufwand dramatisch reduziert werden, so dass trotz exakter Ergebnisse die Rechenzeit um Faktoren geringer ist verglichen mit numerischen Verfahren.

Ein weiteres Thema ist die Minimierung der Verluste durch geeignete Wahl der Wickelgüter und deren Positionierung auf dem Wickelkörper.

Allgemein können die Wicklungsverluste unterteilt werden in

- die frequenzunabhängigen ohmschen (rms-)Verluste[1],
- die frequenz- und drahtabhängigen Skinverluste,
- die von einem äußeren Magnetfeld verursachten frequenzabhängigen Proximityverluste sowie
- die dielektrischen Verluste in den Lackisolationen.

Der zuletzt genannte Verlustmechanismus spielt in der Praxis eine untergeordnete Rolle und bleibt daher in den folgenden Kapiteln unberücksichtigt.

---

[1] Die Abkürzung rms steht für *root mean square* und kennzeichnet die Verluste infolge des Effektivwerts des Stroms. Bei zeitunabhängigen Strömen entsprechen diese Verluste den Gleichstromverlusten.

© Springer Fachmedien Wiesbaden GmbH 2017
M. Albach, *Induktivitäten in der Leistungselektronik*, DOI 10.1007/978-3-658-15081-5_4

Die Wicklungsverluste sind abhängig vom Strom, d. h. insbesondere vom Effektivwert (**r**oot **m**ean **s**quare) des Stroms, von dem in der zeitabhängigen Stromform enthaltenen Oberschwingungsanteil, von der Querschnittsform und -fläche des Wickelguts sowie vom Aufbau der Wicklung. Bei den Proximityverlusten kommt eine zusätzliche Abhängigkeit von der Kernform und der Anzahl, Größe und Position eventuell vorhandener Luftspalte hinzu. Der Einfluss der Kerne auf die Verluste in den Wicklungen wird in Kap. 9 behandelt.

Bei der Berechnung der Verluste in den folgenden Kapiteln wird die Krümmung des Drahtes infolge der Schleifenform vernachlässigt. Diese vereinfachende Annahme ist bei den üblichen Designs gerechtfertigt, da der Schleifenradius sehr groß ist gegenüber dem Drahtradius. Der quantitative Einfluss wird am Beispiel der Folienwindung in Abschn. 4.6.1.4 untersucht.

4.1 Rms- und Skinverluste in drahtgewickelten Spulen

4.1.1 Zeitlich konstanter Strom

Wir betrachten zunächst den einfachsten Fall, dass ein Runddraht der Querschnittsfläche $A = \pi r_D^2$ nach Abb. 4.1 in z-Richtung (senkrecht zur Zeichenebene) von einem Gleichstrom I durchflossen wird. Der Strom ist mit der Dichte $J_0 = I/A$ homogen über den Drahtquerschnitt verteilt und die Verluste können aus der Beziehung $P = I^2 R_0$ berechnet werden, in der $R_0 = l/\kappa A$ den Gleichstromwiderstand des Drahtes der Länge l und κ die spezifische Leitfähigkeit des Leitermaterials, in der Regel Kupfer oder Aluminium, bezeichnen.

4.1.2 Sinusförmiger Strom

Wird der Draht von einem zeitabhängigen Strom, z. B. $i(t) = \hat{i} \cos(\omega t)$ mit der Amplitude $\hat{i}$ und der Frequenz f bzw. der Kreisfrequenz $\omega = 2\pi f$ durchflossen, dann ist das von dem Strom innerhalb des Drahtes hervorgerufene Magnetfeld ebenfalls zeitabhängig. Infolge des Induktionsgesetzes werden zusätzliche Wirbelströme im Draht erzeugt, so dass

Abb. 4.1 Stromdurchflossener Rundleiter im Zylinderkoordinatensystem

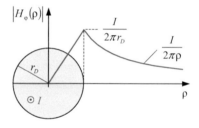

sich die Stromverteilung über den Drahtquerschnitt ändert. Dieser sogenannte Skineffekt ist dadurch gekennzeichnet, dass der Strom in diejenigen Bereiche des Leiterquerschnitts verdrängt wird, in denen das Magnetfeld bei Gleichstromerregung am größten ist. Beim Runddraht steigt die magnetische Feldstärke innerhalb des Drahtes gemäß der Ableitung in Abschn. 1.4.1 linear mit dem Abstand von der Leitermitte an, erreicht den Maximalwert an der Drahtoberfläche und fällt außerhalb des Drahtes mit dem Kehrwert des Abstands wieder ab (vgl. Abb. 4.1).

Bei zeitabhängigen Strömen wird die Stromdichte daher in der Mitte des Runddrahtes abnehmen und mit steigender Frequenz mehr und mehr an die Drahtoberfläche verdrängt. Die Berechnung erfolgt mit dem quellenfreien, allein von der Koordinate ρ und der Zeit t abhängigen z-gerichteten Vektorpotential, das mit der Stromdichte über die Beziehung

$$\vec{\mathbf{J}} \overset{(1.34)}{=} \kappa \vec{\mathbf{E}} = -\kappa \frac{\partial \vec{\mathbf{A}}}{\partial t} \quad \to \quad \widehat{\vec{\mathbf{J}}} \overset{(1.57)}{=} -\mathrm{j}\omega\kappa\widehat{\underline{\mathbf{A}}} = -\mathrm{j}\omega\kappa\vec{\mathbf{e}}_z \widehat{\underline{A}}(\rho) \tag{4.1}$$

verknüpft ist. Die in Gl. (4.1) angegebene komplexe Amplitude des Vektorpotentials muss im Bereich des Leiters $\rho \leq r_D$ die Skingleichung

$$\Delta \widehat{\underline{A}} \overset{(14.27)}{=} \frac{\mathrm{d}^2 \widehat{\underline{A}}}{\mathrm{d}\rho^2} + \frac{1}{\rho}\frac{\mathrm{d}\widehat{\underline{A}}}{\mathrm{d}\rho} \overset{(1.57)}{=} \mathrm{j}\omega\kappa\mu_0\widehat{\underline{A}} = \alpha^2 \widehat{\underline{A}} \quad \text{mit} \quad \alpha^2 = \mathrm{j}\omega\kappa\mu_0 \tag{4.2}$$

erfüllen. Mit der Randbedingung

$$\widehat{\underline{\vec{\mathbf{H}}}}(\rho = r_D) = \vec{\mathbf{e}}_\varphi \frac{\widehat{\underline{i}}}{2\pi r_D} \quad \text{mit} \quad \widehat{\underline{i}} \overset{(1.53)}{=} \widehat{i} \tag{4.3}$$

ist das Randwertproblem vollständig definiert und liefert die Lösung

$$\widehat{\underline{\vec{\mathbf{A}}}}(\rho) = -\vec{\mathbf{e}}_z \frac{\mu_0 \widehat{i}}{2\pi} \frac{\mathrm{I}_0(\alpha\rho)}{\alpha r_D \mathrm{I}_1(\alpha r_D)} \quad \text{und} \quad \widehat{\underline{\vec{\mathbf{H}}}}(\rho) = \vec{\mathbf{e}}_\varphi \frac{\widehat{i}}{2\pi r_D} \frac{\mathrm{I}_1(\alpha\rho)}{\mathrm{I}_1(\alpha r_D)} \tag{4.4}$$

für das Vektorpotential und die magnetische Feldstärke innerhalb des Leiters $\rho \leq r_D$.

Bei den Ergebnissen in Gl. (4.4) treten die modifizierten Bessel-Funktionen erster Art und nullter bzw. erster Ordnung I_0 und I_1 auf. In Abschn. 14.4 sind die Formeln zur Berechnung dieser Funktionen sowie deren Verlauf in der komplexen Ebene beschrieben.

Mithilfe des als Eindringtiefe bezeichneten Parameters δ lässt sich die in Gl. (4.2) eingeführte Skinkonstante α wegen $\sqrt{\mathrm{j}} = (1 + \mathrm{j})/\sqrt{2}$ in der folgenden Weise darstellen

$$\alpha = \frac{1 + \mathrm{j}}{\delta} \quad \text{mit} \quad \delta = \sqrt{\frac{2}{\omega\kappa\mu}} = \frac{1}{\sqrt{\pi f \kappa \mu_r \mu_0}} \overset{Cu,Al}{=} \frac{1}{\sqrt{\pi f \kappa \mu_0}} \cdot \tag{4.5}$$

Im allgemeinen Fall ist bei der Eindringtiefe die Permeabilität $\mu = \mu_r\mu_0$ einzusetzen, in den Leitermaterialien Kupfer und Aluminium gilt jedoch $\mu_r = 1$. Oftmals wird die Eindringtiefe als äquivalente Leitschichtdicke bezeichnet. Es lässt sich nämlich zeigen, dass

Abb. 4.2 Eindringtiefe als
Funktion der Frequenz

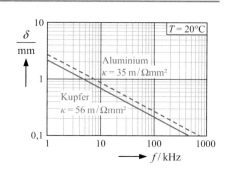

für den Sonderfall unendlich langer und unendlich breiter Folien der frequenzabhängige
Widerstand der Folie und damit auch die Verluste so berechnet werden können, als würde
der Strom bei einer gegebenen Frequenz nicht mehr homogen über die gesamte Foliendicke verteilt fließen, sondern nur noch in einer dünnen Oberflächenschicht auf beiden
Seiten der Folie, wobei die Breite dieser stromführenden Schicht genau der Eindringtiefe
entspricht. Beim Runddraht gilt dieser Zusammenhang nur noch näherungsweise, allerdings erhält man auch in diesem Fall eine relativ gute Abschätzung, wenn man davon
ausgeht, dass der Strom mit zunehmender Frequenz nur noch in einer Oberflächenschicht
der Dicke δ fließt.

Um einen Eindruck von der Größenordnung der Eindringtiefe zu erhalten, zeigt die
Abb. 4.2 den nach Gl. (4.5) berechneten Wert als Funktion der Frequenz für die beiden
genannten Leitermaterialien. Wegen der geringeren Leitfähigkeit von Aluminium $\kappa_{Al} =
35\,\mathrm{m}/\Omega\mathrm{mm}^2$ gegenüber Kupfer $\kappa_{Cu} = 56\,\mathrm{m}/\Omega\mathrm{mm}^2$ ist die Eindringtiefe bei Aluminium
größer, d. h. der Stromverdrängungseffekt ist weniger stark ausgeprägt.

Die Eindringtiefe nimmt mit steigender Frequenz deutlich ab. Bei Kupfer beträgt sie
bei 50 Hz etwa 9,3 mm und bei 100 kHz nur noch etwa 0,21 mm.

Durch Einsetzen des Vektorpotentials aus Gl. (4.4) in die Beziehung (4.1) erhalten wir
die resultierende Stromdichteverteilung innerhalb des Leiters

$$\widehat{\vec{J}}(\rho) = \vec{e}_z \frac{\hat{i}}{2\pi r_D^2} \frac{\alpha r_D \mathrm{I}_0(\alpha\rho)}{\mathrm{I}_1(\alpha r_D)} \quad \text{mit} \quad \alpha = \frac{1+\mathrm{j}}{\delta}. \tag{4.6}$$

Normiert man die komplexe Amplitude der Stromdichte (4.6) auf den im Grenzfall $f \to 0$
vorliegenden Wert $\hat{i}/\pi r_D^2$, dann erhält man den in Abb. 4.3 dargestellten Verlauf in der
komplexen Ebene. Jede Kurve gilt für ein festes Verhältnis r_D/δ. Im Fall $r_D/\delta = 0$, d. h.
bei Gleichstrom $I = \hat{i}$, ist die Stromdichte im gesamten Leiterquerschnitt gleich $\hat{i}/\pi r_D^2$
und für den normierten Wert erhalten wir den Punkt an der Stelle Re $= 1$, Im $= 0$. Mit
steigender Frequenz, d. h. mit wachsenden Verhältnissen r_D/δ, ändert sich die Stromdichte in Abhängigkeit der Koordinate ρ. Von dem laufenden Parameter $0 \leq \rho/r_D \leq 1$ entlang
der Kurven sind jeweils die drei ausgewählten Werte $1/2$, $3/4$ und 1 durch einen kleinen
Kreis markiert. Die betragsmäßig größte Stromdichte entsteht an der Oberfläche des Leiters bei $\rho/r_D = 1$. An dieser Stelle nähert sich das Argument der zugehörigen komplexen

Abb. 4.3 Normierte Stromdichteverteilung

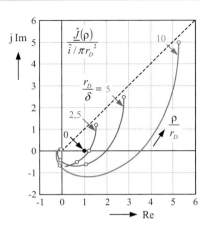

Werte dem Winkel 45°. Die Winkelhalbierende ist als gestrichelte Kurve in das Diagramm eingezeichnet. Das bedeutet, dass Real- und Imaginärteil an der Oberfläche bei hohen Frequenzen praktisch gleich groß werden und die Stromdichte an dieser Stelle um $\pi/4$ voreilt. Ein weiterer interessanter Effekt ist an den Kurven zu erkennen. Für Verhältnisse $r_D/\delta > 4{,}27$ tritt der Fall ein, dass die normierte Stromdichte einen Schnittpunkt mit der negativen reellen Achse aufweist. Ein verschwindender Imaginärteil bei gleichzeitig negativem Realteil bedeutet, dass der Strom in dem zugehörigen Mittelpunktsabstand ρ/r_D in die entgegengesetzte Richtung fließt.

Der Betrag der normierten Stromdichte ist in Abb. 4.4 dargestellt. In diesem Bild erkennt man gut die zum Rand des Leiters hin ansteigende Stromdichte. Diese Ergebnisse lassen sich auch aus der Abb. 4.3 ablesen. Für ein bestimmtes Verhältnis r_D/δ muss auf der entsprechenden Kurve bei dem jeweiligen Wert ρ/r_D der Abstand zwischen dem Punkt auf der Kurve und dem Ursprung ermittelt werden.

Abb. 4.4 Relative Stromdichteverteilung über den
Leiterquerschnitt

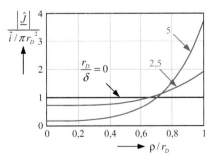

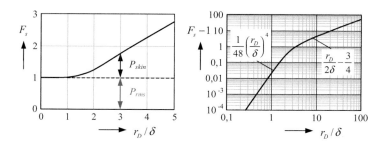

Abb. 4.5 Skinfaktor als Funktion des Verhältnisses r_D/δ

Die Bestimmung der komplexen Impedanz mithilfe des Poyntingschen Vektors nach Gl. (1.72) liefert das Ergebnis

$$R + \mathrm{j}\omega L = -\frac{l}{|\hat{\underline{i}}|^2} \int_0^{2\pi} \left[\vec{\mathbf{e}}_z \frac{1}{\kappa} \underline{\hat{J}}(r_D) \times \vec{\mathbf{e}}_\varphi \underline{\hat{H}}^*(r_D) \right] \cdot \vec{\mathbf{e}}_\rho r_D \, \mathrm{d}\varphi$$

$$\overset{(4.3.4.6)}{=} \frac{l}{2\kappa\pi r_D^2} \alpha\, r_D \frac{\mathrm{I}_0(\alpha r_D)}{\mathrm{I}_1(\alpha r_D)} = \frac{1}{2} R_0 \alpha\, r_D \frac{\mathrm{I}_0(\alpha r_D)}{\mathrm{I}_1(\alpha r_D)}. \tag{4.7}$$

Für den Gleichstromfall $f \to 0$ bzw. $\delta \to \infty$ liefert das Ergebnis (4.7) mit den Näherungsbeziehungen der Bessel-Funktionen für kleine Argumente $\mathrm{I}_0(\alpha\, r_D) \approx 1$ und $\mathrm{I}_1(\alpha\, r_D) \approx \alpha\, r_D/2$ wieder den Gleichstromwiderstand des Runddrahtes R_0. Bezieht man den frequenzabhängigen Widerstand R auf den Gleichstromwert, dann folgt die als Skinfaktor F_s bezeichnete normierte Darstellung

$$\frac{R}{R_0} = F_s = \frac{1}{2} \mathrm{Re} \left\{ \alpha\, r_D \frac{\mathrm{I}_0(\alpha r_D)}{\mathrm{I}_1(\alpha r_D)} \right\}. \tag{4.8}$$

Wir verwenden den Index s als Hinweis darauf, dass dieser Skinfaktor für den Volldraht (solid wire) gilt. In den folgenden Kapiteln werden wir sehen, dass das Widerstandsverhältnis oder auch die Verlustberechnung bei Litzen und Folien auf die gleichen Formeln führt, wobei allerdings der Skinfaktor sowie der anschließend noch einzuführende Proximityfaktor anders berechnet werden müssen.

Die Abb. 4.5 zeigt auf der linken Seite den Skinfaktor F_s als Funktion des Verhältnisses von Drahtradius zu Eindringtiefe r_D/δ im linearen Maßstab. Auf der rechten Seite ist der Wert $F_s - 1$ im doppelt logarithmischen Maßstab dargestellt.

Der mit wachsender Frequenz bzw. mit wachsendem Verhältnis r_D/δ immer stärker ausgeprägte Skineffekt führt zu einem Anstieg der Verluste bei höheren Frequenzen. Mit dem Effektivwert des Stroms $I_{rms} = \hat{i}/\sqrt{2}$ und dem Gleichstromwiderstand des Rundleiters R_0 kann der zeitliche Mittelwert der Verluste in der Form

$$P = \frac{\hat{i}^2}{2} R = I_{rms}^2 R_0 F_s \quad \text{mit} \quad F_s = \frac{R}{R_0} \tag{4.9}$$

Abb. 4.6 Frequenzabhängiger Widerstand für Runddrähte unterschiedlicher Durchmesser $d = 2r_D$. *Durchgezogene Linien*: Kupfer. *Gestrichelte Linien*: Aluminium

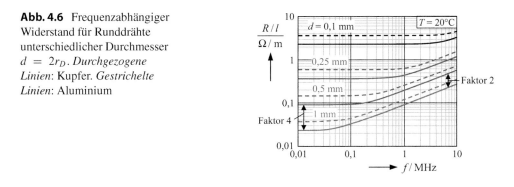

dargestellt werden[2]. Für einen cosinusförmigen Strom des Effektivwertes I_{rms} und der Kreisfrequenz ω erhält man also die Verluste aus einer Multiplikation der mit dem Strom I_{rms} berechneten Gleichstromverluste ($= I_{rms}^2 R_0$) mit dem Skinfaktor F_s.

Die durch Gl. (4.9) beschriebenen Verluste lassen sich auf einfache Weise in rms- und Skinverluste zerlegen

$$P = P_{rms} + P_{skin} = I_{rms}^2 R_0 + I_{rms}^2 R_0 \cdot (F_s - 1) \,. \tag{4.10}$$

Die prozentuale Aufteilung der Verluste in den frequenzunabhängigen Anteil P_{rms} und die zusätzlichen Skinverluste P_{skin} kann aus der Abb. 4.5 unmittelbar abgelesen werden.

An den im rechten Teilbild angegebenen Approximationen ist zu erkennen, dass die zusätzlichen Verluste infolge des Skineffekts im Bereich $r_D/\delta < 1{,}5$ mit der 4. Potenz von r_D/δ ansteigen. Die Verluste P_{skin} steigen in diesem Bereich also mit dem Quadrat der Frequenz und mit der 4. Potenz vom Radius r_D, d. h. mit dem Quadrat der Querschnittsfläche πr_D^2. Im oberen Frequenzbereich $r_D/\delta > 4$ steigen diese Verluste nur noch linear mit r_D/δ, d. h. mit der Wurzel aus Frequenz und Querschnittsfläche. Die praktische Berechnung des Skinfaktors sowie die Ableitung geeigneter Approximationen mit zugehöriger Fehlerbetrachtung sind in Abschn. 14.5 beschrieben.

Für einige ausgewählte Runddrähte ist der Widerstand pro Länge R/l in Abb. 4.6 als Funktion der Frequenz angegeben. Bei niedrigen Frequenzen stehen die Widerstände der Drähte im Verhältnis der Querschnittsflächen, d. h. sie sind proportional zu $1/r_D^2$. Eine Verdopplung des Durchmessers reduziert den Widerstand um den Faktor 4. Bei ausgeprägtem Skineffekt verteilt sich der Strom nur noch über einen schmalen Randbereich und der Widerstand ändert sich nur noch entsprechend dem Drahtumfang, d. h. R wird proportional zu $1/r_D$. In diesem Bereich führt eine Verdopplung des Durchmessers lediglich zu einer Halbierung des Widerstands.

Oft stellt sich die Frage nach einem Vergleich der Verluste bei Aluminiumwindungen gegenüber Kupferwindungen. Zur Beurteilung der rms- und Skinverluste genügt der

---

[2] Da es sich bei den Verlusten immer um zeitliche Mittelwerte handelt, sind diese zur besseren Übersicht nicht mit einem übergesetzten Querstrich gekennzeichnet. Das gilt auch für die Kernverluste in Kap. 8.

Vergleich der frequenzabhängigen Widerstände. Bei niedrigen Frequenzen stehen die Widerstände im umgekehrten Verhältnis der Leitfähigkeiten, d. h. die rms-Verluste sind in Aluminiumleitern um den Faktor $\kappa_{Cu}/\kappa_{Al} \approx 56/35 = 1,6$ größer. Bei den Skinverlusten sieht die Situation anders aus. Wegen der schlechteren Leitfähigkeit ist die Eindringtiefe bei Aluminium größer, d. h. der Wert r_D/δ ist bei gleichem Drahtradius kleiner, so dass sich die Skinverluste erst bei höheren Frequenzen bemerkbar machen. Ein Vergleich der gestrichelten mit den durchgezogenen Kurven in Abb. 4.6 zeigt aber, dass der größere Gleichstromwiderstand bei Aluminium dafür sorgt, dass bei der gemeinsamen Betrachtung von rms- und Skinverlusten der Kupferdraht über den gesamten Frequenzbereich und damit unabhängig von der Stromform besser abschneidet.

Die gleichen Erkenntnisse lassen sich auch auf die Temperaturerhöhung der Leitermaterialien im realen Betrieb übertragen. Eine zunehmende Temperatur führt zu einer abnehmenden Leitfähigkeit und damit trotz geringer werdender Skinverluste zu einem Anstieg der Summe aus rms- und Skinverlusten.

4.1.3 Zeitlich periodischer nichtsinusförmiger Strom

Liegt ein periodischer aber nicht mehr sinusförmiger Strom vor, dann besteht die Vorgehensweise darin, den Stromverlauf zunächst in eine Fourier-Reihe zu entwickeln

$$i\left(t\right) = a_0 + \sum_{n=1}^{\infty} \hat{a}_n \sin\left(n\omega t\right) + \hat{b}_n \cos\left(n\omega t\right) = a_0 + \sum_{n=1}^{\infty} \hat{c}_n \cos\left(n\omega t + \varphi_n\right). \quad (4.11)$$

In dieser Gleichung beschreibt a_0 den Mittelwert und

$$\hat{c}_n = \sqrt{\hat{a}_n^2 + \hat{b}_n^2} \quad (4.12)$$

die Amplitude der n-ten Oberschwingung. Die Koeffizienten werden aus den über eine komplette Periodendauer $T = 2\pi/\omega$ zu erstreckenden Integralen

$$a_0 = \frac{1}{T} \int_0^T i\left(t\right) \mathrm{d}t, \qquad \hat{a}_n = \frac{2}{T} \int_0^T i\left(t\right) \sin\left(n\omega t\right) \mathrm{d}t,$$

$$\hat{b}_n = \frac{2}{T} \int_0^T i\left(t\right) \cos\left(n\omega t\right) \mathrm{d}t \quad (4.13)$$

berechnet. Wegen der Orthogonalität der in Gl. (4.11) enthaltenen Funktionen gilt für den Effektivwert die Beziehung

$$I_{rms}^2 = a_0^2 + \sum_{n=1}^{\infty} \frac{\hat{c}_n^2}{2}. \quad (4.14)$$

Die Aufteilung der Verluste in P_{rms} und P_{skin} führt auf die Beziehungen

$$P_{rms} = a_0^2 R_0 + \frac{1}{2} R_0 \sum_{n=1}^{\infty} \hat{c}_n^2 \quad \text{und} \quad P_{skin} = \frac{1}{2} R_0 \sum_{n=1}^{\infty} \hat{c}_n^2 \cdot (F_{s,n} - 1). \quad (4.15)$$

In dieser Gleichung bezeichnet $F_{s,n}$ den Skinfaktor bei der Frequenz der n-ten Oberschwingung, d. h. bei $n\omega$

$$F_{s,n} = \frac{1}{2} \mathrm{Re} \left\{ \alpha_n r_D \frac{\mathrm{I}_0 (\alpha_n r_D)}{\mathrm{I}_1 (\alpha_n r_D)} \right\} \quad \text{mit} \quad \alpha_n = \frac{1 + \mathrm{j}}{\delta_n} \quad \text{und} \quad \delta_n = \sqrt{\frac{2}{n \omega \kappa \mu_0}}. \quad (4.16)$$

4.2 Proximityverluste in drahtgewickelten Spulen

Bei bekannter Stromform (4.11) und mit der bei der gegebenen Betriebstemperatur einzusetzenden spezifischen Leitfähigkeit $\kappa(T)$ können die rms- und Skinverluste für jeden beliebigen Runddraht des Durchmessers $2r_D$ mit Gl. (4.15) exakt berechnet werden. Etwas aufwändiger wird die Situation bei dem eingangs erwähnten Proximityeffekt. Dieser tritt auf, wenn sich ein Leiter in einem zeitabhängigen externen Magnetfeld befindet, unabhängig davon, ob der Leiter von einem eigenen Strom durchflossen wird oder nicht. Der Begriff *extern* soll darauf hinweisen, dass bei der Berechnung dieses Feldes der Beitrag des Stroms in dem betrachteten Leiterquerschnitt nicht berücksichtigt wird. Es wird von den Strömen in den Nachbarwindungen sowie dem Strom im Rückleiter hervorgerufen und von dem Kern und den Luftspalten beeinflusst. Durch dieses Feld werden ebenfalls Wirbelströme in dem Leiter induziert, die ihrerseits einen beträchtlichen Beitrag zu den Gesamtverlusten in einer Wicklung liefern können (Bemerkung: Nach dem Induktionsgesetz wird eine Spannung induziert. Wenn hier von induzierten Strömen gesprochen wird, dann sind die in den Leitern infolge der induzierten Spannung hervorgerufenen Ströme gemeint). Dieses externe Magnetfeld an der Position eines Einzelleiters hängt ab von der Anzahl und der Position der Nachbarwindungen, von dem Strom durch diese Windungen, ob sie zur Primär- oder zu einer der Sekundärwicklungen gehören, sowie von dem Fluss durch den Kernquerschnitt und von der Kerngeometrie und den Luftspalten.

In der Literatur gibt es sehr viele Artikel, die sich auf die Publikation [3] beziehen, in der eine Lage mit Runddrähten durch eine äquivalente dünne leitende Folie ersetzt wird, für die sich die Berechnung unter gewissen vereinfachenden Annahmen wesentlich einfacher gestaltet. Äquivalent bedeutet in diesem Fall, dass der Gleichstromwiderstand und damit die rms-Verluste in der Lage mit Runddrähten und in der Ersatzfolie identisch sind. Dazu wird in einem ersten Schritt der Runddraht durch einen quadratischen Draht mit gleicher Querschnittsfläche ersetzt. Dessen Seitenlänge legt die Foliendicke fest. Die nicht leitenden Bereiche zwischen den Drähten werden dadurch erfasst, dass die Leitfähigkeit des Folienmaterials so reduziert wird, dass gleiche rms-Verluste entstehen. Die Folie wird dann als unendlich ausgedehnt angenommen, so dass die Feldverteilung nur von der Koordinate senkrecht zur Folie abhängt und damit ein eindimensionales Problem zu lösen ist, bei dem die magnetischen Feldlinien ausschließlich tangential zu den Folien verlaufen. Es ist offensichtlich, dass diese Vorgehensweise viele der bei den Runddrahtwicklungen vorhandenen Effekte nicht beschreiben kann. Grundsätzlich entstehen zwei Problemfelder:

- Zweidimensionale Feldverteilungen, hervorgerufen durch die endliche Folienbreite, insbesondere den Abstand zwischen Wicklung und Kern, durch die Luftspalte in den Kernen sowie die Magnetisierungsströme im Kern führen wegen der senkrecht zu den Ersatzfolien stehenden Feldkomponenten zu sehr hohen Verlusten, werden aber nicht erfasst.
- Die Skin- und Proximityverluste können aufgrund der geänderten Leitergeometrie nicht korrekt beschrieben werden. Problematisch ist aber auch, dass die Packungsdichte der Runddrähte in die modifizierte Leitfähigkeit der Ersatzfolie eingeht und damit im Widerspruch zur Physik die Eindringtiefe beeinflusst.

Eine weitere in [5] vorgestellte Methode geht zwar von der richtigen Lösung für den einzelnen Runddraht im homogenen Feld aus, wechselt dann aber doch wieder zu einer lagenorientierten Lösung mit der Annahme eines homogenen tangential zur Lage verlaufenden Feldes. Da die gegenseitige Beeinflussung der Windungen unberücksichtigt bleibt, ist auch in diesem Fall die Genauigkeit der Lösung abhängig vom Drahtabstand. Die kritische Auseinandersetzung mit diesen Lösungen in [7] zeigt, dass die Fehler verglichen mit einer numerischen Lösung bis zu 60 % bei der ersten Methode bzw. bis zu 150 % bei der zweiten Methode betragen können, abhängig vom Windungsabstand.

Wir werden diese Probleme vermeiden, indem wir ausgehend von der zugrunde liegenden Feldgleichung für jeden einzelnen Draht im Wickelpaket die Proximityverluste exakt bestimmen. Das nicht homogene und damit ortsabhängige externe Magnetfeld, in dem sich jeder einzelne Draht befindet, wird als Randbedingung bei der Berechnung der Proximityströme richtig mit einbezogen. Die Methode kann am Beispiel der Luftspule vollständig beschrieben werden, der Kern mit Luftspalten verändert lediglich die einzusetzenden Zahlenwerte beim externen Feld und damit bei den Randbedingungen. Dieser Einfluss wird separat in Kap. 9 betrachtet.

In den folgenden Abschnitten wird in drei Schritten ausgehend von dem trivialen Sonderfall eines Rundleiters im homogenen senkrecht zur Drahtachse verlaufenden Magnetfeld diese Vorgehensweise im Detail beschrieben. Der zweite Schritt behandelt den Übergang zum nicht homogenen Feld und im dritten Schritt wird die Rückwirkung der Proximityströme auf die Nachbardrähte erfasst. In Abschn. 4.2.3 wird an einem einfachen Beispiel der gesamte Rechenablauf demonstriert und auch die Frage nach der Genauigkeit bzw. der Konvergenz des Verfahrens diskutiert.

4.2.1 Runddraht im homogenen externen Magnetfeld

Um den Einstieg in diese Vorgehensweise möglichst einfach zu gestalten, betrachten wir zunächst den in Abb. 4.7a dargestellten Sonderfall, bei dem sich ein unendlich langer Runddraht in einem externen, senkrecht zur Drahtachse gerichteten homogenen zeitabhängigen Magnetfeld befindet.

Wegen der zeitlichen Periodizität mit der Kreisfrequenz ω wird die Rechnung mit den allein ortsabhängigen komplexen Amplituden entsprechend Abschn. 1.9 durchgeführt. Ausgehend von der externen magnetischen Feldstärke

$$\vec{e}_x \hat{H}_{ex} \cos(\omega t + \phi_{ex}) = (\vec{e}_\rho \cos\varphi - \vec{e}_\varphi \sin\varphi)\,\mathrm{Re}\left\{\hat{H}_{ex}\mathrm{e}^{\mathrm{j}\phi_{ex}}\mathrm{e}^{\mathrm{j}\omega t}\right\} \quad \text{mit}\quad \hat{H}_{ex}\mathrm{e}^{\mathrm{j}\phi_{ex}} \overset{(1.53)}{=} \underline{\hat{H}}_{ex}$$

$$(4.17)$$

kann ein zugehöriges externes Vektorpotential mithilfe der Beziehung

$$(\vec{e}_\rho \cos\varphi - \vec{e}_\varphi \sin\varphi)\,\mu_0\underline{\hat{H}}_{ex} = \mathrm{rot}\left[\vec{e}_z \underline{\hat{A}}_{ex}(\rho,\varphi)\right] \overset{(14.26)}{=} \vec{e}_\rho \frac{1}{\rho}\frac{\partial \underline{\hat{A}}_{ex}}{\partial\varphi} - \vec{e}_\varphi\frac{\partial \underline{\hat{A}}_{ex}}{\partial\rho} \quad (4.18)$$

angegeben werden

$$\underline{\hat{A}}_{ex}(\rho,\varphi) = \mu_0\underline{\hat{H}}_{ex}\rho\sin\varphi\,. \tag{4.19}$$

Im Gegensatz zum Skineffekt ist die Feldverteilung jetzt von beiden Zylinderkoordinaten ρ und φ abhängig. Ausgangspunkt für die Berechnung der Wirbelstromverteilung im Draht sind die Feldgleichungen für das z-gerichtete Vektorpotential, nämlich die Skingleichung (1.57) im Bereich 1 innerhalb des Leiters

$$\Delta\underline{\hat{A}}_1 \overset{(14.27)}{=} \frac{\partial^2 \underline{\hat{A}}_1}{\partial\rho^2} + \frac{1}{\rho}\frac{\partial \underline{\hat{A}}_1}{\partial\rho} + \frac{1}{\rho^2}\frac{\partial^2 \underline{\hat{A}}_1}{\partial\varphi^2} = \alpha^2\underline{\hat{A}}_1 \quad \text{für}\quad \rho \le r_D \tag{4.20}$$

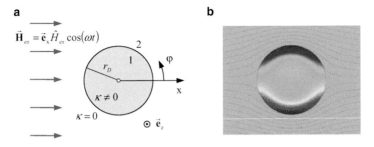

Abb. 4.7 a Rundleiter im äußeren homogenen Magnetfeld, **b** Stromdichte und Feldverteilung infolge des Proximityeffekts

und wegen $\kappa = 0$ bzw. $\alpha = 0$ die Laplace-Gleichung im Bereich 2 außerhalb des Leiters

$$\Delta \underline{\hat{A}}_2 \overset{(14.27)}{=} \frac{\partial^2 \underline{\hat{A}}_2}{\partial \rho^2} + \frac{1}{\rho} \frac{\partial \underline{\hat{A}}_2}{\partial \rho} + \frac{1}{\rho^2} \frac{\partial^2 \underline{\hat{A}}_2}{\partial \varphi^2} = 0 \quad \text{für} \quad \rho > r_D \,. \tag{4.21}$$

Lösungsansätze für diese partiellen Differentialgleichungen können mit der Methode der Separation der Variablen aufgestellt werden. Wegen der eingeschlossenen Rotationsachse können die modifizierten Bessel-Funktionen zweiter Art nicht Bestandteil der Lösung innerhalb des Drahtes sein. Da die Lösung der beiden Differentialgleichungen in Abhängigkeit der Koordinate φ periodisch sein muss und das Integral der zum Vektorpotential proportionalen Stromdichte über den Leiterquerschnitt verschwinden muss, können weder eine von φ unabhängige noch eine linear mit φ ansteigende Lösung existieren, so dass im Raum 1 der vereinfachte Produktansatz mit zunächst unbekannten Koeffizienten

$$\underline{\hat{A}}_1 (\rho, \varphi) = \sum_{k=1}^{\infty} I_k (\alpha \rho) \left[C_{1k} \cos k\varphi + D_{1k} \sin k\varphi \right] \tag{4.22}$$

aufgestellt werden kann. Als Lösung der Dgl. (4.21) erhalten wir den allgemeinen Ansatz

$$\underline{\hat{A}}_2 (\rho, \varphi) = \sum_{k=1}^{\infty} \left[A_{2k} \left(\frac{\rho}{r_D} \right)^k + B_{2k} \left(\frac{\rho}{r_D} \right)^{-k} \right] \left[C_{2k} \cos k\varphi + D_{2k} \sin k\varphi \right], \tag{4.23}$$

in dem ebenfalls bereits die von φ unabhängige sowie die linear mit φ ansteigende Lösung weggelassen wurden.

Im Außenraum $\rho > r_D$ setzt sich das Feld zusammen aus dem bereits vorhandenen externen Feld (4.19) und einem zusätzlichen durch die im Draht induzierten Wirbelströme hervorgerufenen Störanteil. Beide Anteile müssen durch die Gl. (4.23) darstellbar sein. Der Störanteil muss mit wachsendem Abstand vom Leiter abklingen, so dass wir im Raum 2 den neuen Ansatz

$$\begin{aligned} \underline{\hat{A}}_2 (\rho, \varphi) &= \underline{\hat{A}}_{ex} (\rho, \varphi) + \underline{\hat{A}}_{2St} (\rho, \varphi) \\ &= \mu_0 \hat{\underline{H}}_{ex} \rho \sin \varphi + \sum_{k=1}^{\infty} \left(\frac{\rho}{r_D} \right)^{-k} \left[C_{2k} \cos k\varphi + D_{2k} \sin k\varphi \right] \end{aligned} \tag{4.24}$$

erhalten. Im Leiterinneren kann eine Zerlegung in dieser Form nicht durchgeführt werden, da das vorgegebene externe Feld keine Lösung der Skingleichung (4.20) darstellt.

Die verbleibenden unbekannten Koeffizienten in den Ansätzen (4.22) und (4.24) werden mithilfe der Randbedingungen auf der Drahtoberfläche, nämlich der Stetigkeit des Potentials sowie der Stetigkeit der Normalableitung des Potentials

$$\underline{\hat{A}}_1 (r_D, \varphi) = \underline{\hat{A}}_2 (r_D, \varphi) \quad \text{und} \quad \frac{\partial \hat{\underline{A}}_1}{\partial \rho} = \frac{\partial \hat{\underline{A}}_2}{\partial \rho} \bigg|_{\rho = r_D} \tag{4.25}$$

bestimmt. Diese Randbedingungen sind im vorliegenden Fall identisch mit der Forderung nach der Stetigkeit der beiden Komponenten der magnetischen Feldstärke H_ρ und H_φ auf der Drahtoberfläche. Als Ergebnis erhalten wir die Potentiale

$$\underline{\hat{A}}_1\left(\rho, \varphi\right) = \mu_0 \underline{\hat{H}}_{ex} \frac{2}{\alpha} \frac{\mathrm{I}_1\left(\alpha\rho\right)}{\mathrm{I}_0\left(\alpha r_D\right)} \sin\varphi \quad \text{für} \quad \rho \leq r_D \tag{4.26}$$

und

$$\underline{\hat{A}}_2\left(\rho, \varphi\right) = \mu_0 \underline{\hat{H}}_{ex}\left[\rho - \frac{r_D^2}{\rho} + \frac{2r_D}{\alpha\rho} \frac{\mathrm{I}_1\left(\alpha r_D\right)}{\mathrm{I}_0\left(\alpha r_D\right)}\right] \sin\varphi \quad \text{für} \quad \rho > r_D . \tag{4.27}$$

Für die komplexe Amplitude der Stromdichte im Leiter gilt mit Gl. (4.1) die Beziehung

$$\underline{\hat{\mathbf{J}}}\left(\rho, \varphi\right) = -\vec{\mathbf{e}}_z \frac{2\underline{\hat{H}}_{ex}}{r_D} \frac{\alpha r_D \mathrm{I}_1\left(\alpha\rho\right)}{\mathrm{I}_0\left(\alpha r_D\right)} \sin\varphi . \tag{4.28}$$

In Abb. 4.7b ist die Amplitude der induzierten Wirbelstromverteilung (4.28) für das Verhältnis $r_D/\delta = 5$ dargestellt. Die Ströme sind am oberen und unteren Rand des Leiters entgegengesetzt gerichtet. Sie erzeugen ein Feld, das dem erregenden x-gerichteten Feld entgegenwirkt. Am oberen Rand fließen die Ströme also in die Zeichenebene hinein, am unteren Rand dagegen aus der Zeichenebene heraus. Das über den Leiterquerschnitt gebildete Integral dieser Ströme verschwindet zwar, dennoch können an den beiden Rändern des Runddrahtes extrem hohe Verluste entstehen. Die Wirbelströme erzeugen ihrerseits ein magnetisches Feld ähnlich dem eines Liniendipols, das sich dem ursprünglich homogenen Feld überlagert und eine Verdrängung des Feldes aus dem Drahtinneren zur Folge hat. Bezogen auf die Richtung des externen Feldes wird das resultierende Feld im Außenbereich vor und hinter dem Draht (links und rechts von dem Draht in Abb. 4.7b) reduziert, auf den Seiten (oberhalb und unterhalb) dagegen verstärkt.

Für die Berechnung der Gesamtverluste im Draht ist es wichtig, dass die durch das externe Magnetfeld verursachten Proximityverluste P_{prox} unabhängig von den rms- und Skinverlusten im Draht berechnet werden dürfen. Wegen der Orthogonalität der Lösungsfunktionen in den Stromverteilungen hinsichtlich der Koordinate φ (Konstante in Gl. (4.6) und $\sin(\varphi)$ bei Gl. (4.28)) können sie unabhängig voneinander berechnet werden. Die beim Quadrieren der gesamten Stromverteilungen (Überlagerung der Ergebnisse (4.6) und (4.28)) entstehenden gemischten Glieder fallen nämlich bei der Integration über φ in den Grenzen von 0 bis 2π weg. Diese Orthogonalität bleibt auch erhalten, wenn wir anschließend den allgemeinen Fall eines inhomogenen äußeren Feldes betrachten.

Der zeitliche Mittelwert der Proximityverluste wird wieder mithilfe des Poyntingschen Vektors aus der Beziehung

$$
P_{prox} = \frac{1}{2}|\hat{\underline{I}}|^2 R \overset{(1.73)}{=} -\frac{l}{2}\text{Re}\left\{\int\limits_0^{2\pi}\left[\vec{\mathbf{e}}_z\frac{1}{\kappa}\hat{\underline{J}}(r_D,\varphi)\times\vec{\mathbf{e}}_\varphi\hat{\underline{H}}_\varphi^*(r_D,\varphi)\right]\cdot\vec{\mathbf{e}}_\rho r_D\,\mathrm{d}\varphi\right\}
$$

$$
= \frac{lr_D}{2\kappa}\text{Re}\left\{\int\limits_0^{2\pi}\hat{\underline{J}}(r_D,\varphi)\,\hat{\underline{H}}_\varphi^*(r_D,\varphi)\,\mathrm{d}\varphi\right\} \tag{4.29}
$$

berechnet. Mit der Stromdichte nach Gl. (4.28) und der Tangentialkomponente der magnetischen Feldstärke auf der Drahtoberfläche

$$
\hat{\underline{H}}_\varphi(r_D,\varphi) = -\left.\frac{1}{\mu_0}\frac{\partial\hat{\underline{A}}_2}{\partial\rho}\right|_{\rho=r_D} = -2\hat{\underline{H}}_{ex}\left[1-\frac{\mathrm{I}_1(\alpha r_D)}{\alpha r_D\mathrm{I}_0(\alpha r_D)}\right]\sin\varphi\,, \tag{4.30}
$$

deren konjugiert komplexer Wert einzusetzen ist, folgt

$$
P_{prox} = \frac{2l}{\kappa}\text{Re}\left\{\hat{\underline{H}}_{ex}\frac{\alpha r_D\mathrm{I}_1(\alpha r_D)}{\mathrm{I}_0(\alpha r_D)}\hat{\underline{H}}_{ex}^*\left[1-\frac{\mathrm{I}_1(\alpha r_D)}{\alpha r_D\mathrm{I}_0(\alpha r_D)}\right]^*\int\limits_0^{2\pi}(\sin\varphi)^2\,\mathrm{d}\varphi\right\}
$$

$$
= \frac{2\pi l}{\kappa}\hat{H}_{ex}^2\text{Re}\left\{\frac{\alpha r_D\mathrm{I}_1(\alpha r_D)}{\mathrm{I}_0(\alpha r_D)}\right\}\,. \tag{4.31}
$$

Die Proximityverluste sind proportional zur Drahtlänge l und zum Quadrat der Amplitude der externen magnetischen Feldstärke. Das Ergebnis lässt sich ähnlich wie die Skinverluste durch Einführung eines dimensionslosen Proximityfaktors D_s auf einfache Weise darstellen

$$
P_{prox} = \frac{l}{\kappa}\hat{H}_{ex}^2 D_s \quad\text{mit}\quad D_s = 2\pi\text{Re}\left\{\frac{\alpha r_D\mathrm{I}_1(\alpha r_D)}{\mathrm{I}_0(\alpha r_D)}\right\}\quad\text{und}\quad \alpha = \frac{1+\mathrm{j}}{\delta}\,. \tag{4.32}
$$

Der Proximityfaktor D_s ist in Abb. 4.8 sowohl im linearen als auch im doppelt logarithmischen Maßstab dargestellt.

Aus dem rechten Teilbild ist zu erkennen, dass der Proximityfaktor im Bereich $r_D/\delta < 1$ mit der 4. Potenz ansteigt. Die Verluste (4.32) steigen in diesem Bereich also mit dem Quadrat der Frequenz und mit der 4. Potenz vom Radius r_D, d. h. mit dem Quadrat der Querschnittsfläche πr_D^2. Im oberen Frequenzbereich $r_D/\delta > 2$ steigen diese Verluste nur noch linear mit r_D/δ, d. h. mit der Wurzel aus Frequenz und Querschnittsfläche.

Zum Vergleich der Proximityverluste nach Gl. (4.32) bei Kupfer bzw. Aluminium betrachten wir die Abb. 4.9. Für die gleichen Drähte und für den gleichen Frequenzbereich wie in Abb. 4.6 ist jetzt das Verhältnis D_s/κ mit den beiden Leitfähigkeiten $\kappa_{Cu} = 56\,\mathrm{m}/\Omega\mathrm{mm}^2$ und $\kappa_{Al} = 35\,\mathrm{m}/\Omega\mathrm{mm}^2$ dargestellt.

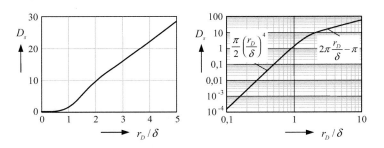

Abb. 4.8 Proximityfaktor als Funktion des Verhältnisses r_D/δ

Abb. 4.9 Normierte Proximityverluste für Runddrähte
unterschiedlicher Durchmesser $d = 2r_D$, Bezugswert
$\kappa_0 = 1\,\mathrm{m}/\Omega\mathrm{mm}^2$. *Durchgezogene Linien*: Kupfer.
Gestrichelte Linien: Aluminium

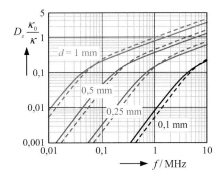

Für ein gegebenes Material hängen die Kurven nur vom Drahtradius r_D und der Frequenz f ab. Diese beiden Parameter sind in dem Proximityfaktor nach Gl. (4.32) nur
in dem Produkt $\alpha\, r_D \sim r_D\sqrt{f}$ enthalten. Bei konstant gehaltenem Produkt $r_D\sqrt{f}$ ergibt
sich immer die gleiche Kurve, d. h. bei einem geänderten Drahtradius verschiebt sich die
Kurve lediglich entlang der Frequenzachse. Die Schnittpunkte der Kurven für die bei-
den Materialien liegen bei dem Wert $(r_D/\mathrm{mm}) \cdot (f/\mathrm{kHz})^{1/2} \approx 4{,}264$. Ist das Produkt
aus dem Drahtradius in mm und der Wurzel aus der Frequenz in kHz kleiner als die-
ser Wert, dann ist das Verhältnis D_s/κ nach Abb. 4.9 bei Aluminium kleiner als bei
Kupfer. Mit der in Abb. 4.8 angegebenen Approximation des Proximityfaktors in diesem unteren Bereich ergibt sich eine maximale Reduzierung der Verluste um den Faktor
$P_{Al}/P_{Cu} = \kappa_{Al}/\kappa_{Cu} \approx 0{,}625$. Der Frequenzbereich, in dem dieser Vorteil ausgenutzt
werden kann, dehnt sich bei dünneren Drähten deutlich in Richtung höherer Frequenzen
aus. Oberhalb der Schnittpunkte geht der Proximityfaktor in den flachen Anstieg über.
Mit der Approximation in diesem Bereich ergibt sich eine maximale Erhöhung der Ver-
luste in Aluminium gegenüber Kupfer um den Faktor $P_{Al}/P_{Cu} = (\kappa_{Cu}/\kappa_{Al})^{1/2} \approx 1{,}265$.
Die Herleitung dieser Approximationen ist in Abschn. 14.5 angegeben. Eine detailliertere
Darstellung der beschriebenen Zusammenhänge insbesondere für den Übergangsbereich
zeigt die Abb. 4.10.

Die Änderung der Verluste ist bei sonst gleichen Daten eine unmittelbare Folge der
unterschiedlichen Leitfähigkeiten. Damit ist auch der Temperatureinfluss auf diesen Ver-

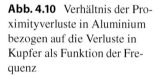

Abb. 4.10 Verhältnis der Proximityverluste in Aluminium bezogen auf die Verluste in Kupfer als Funktion der Frequenz

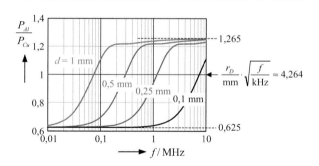

lustmechanismus einfach abzuschätzen. Der spezifische Widerstand des Leitermaterials $\rho = 1/\kappa$ steigt pro Temperaturerhöhung von $1°$ bei Kupfer um $0,39\%$ und bei Aluminium um $0,38\%$ bezogen auf den Wert bei $20\,°C$. Die abnehmende Leitfähigkeit kann also in Abhängigkeit von dem Produkt $r_D\sqrt{f}$ gemäß Abb. 4.9 zu einer Erhöhung oder auch zu einer Reduzierung der Proximityverluste führen.

Ist der Wickelaufbau einer Spule oder eines Transformators bekannt, dann kann die magnetische Feldstärke innerhalb des Wickelfensters und damit an der Position der einzelnen Windungen berechnet werden. Legt man also für jeden Draht das externe Feld, berechnet an der Stelle seines Mittelpunktes, zugrunde, dann können die Proximityverluste mit Gl. (4.32) relativ gut abgeschätzt werden. Diese Ergebnisse sind bereits deutlich besser als die Verwendung einer Ersatzfolie, da die zweidimensionalen Effekte bei der Feldverteilung bereits berücksichtigt werden, insbesondere, wenn auch der Einfluss des Kerns auf die Feldverteilung entsprechend Kap. 9 mit einbezogen wird. Die beiden noch nicht berücksichtigten Einflüsse, nämlich die inhomogene Feldverteilung sowie der Beitrag der Proximityströme zum Feld werden in den folgenden Abschnitten betrachtet.

4.2.2 Runddraht im inhomogenen externen Magnetfeld

In einem praktischen Wickelaufbau liegen die Drähte dicht beieinander, d. h. das externe Magnetfeld ist nicht homogen, sondern ortsabhängig. Besonders ausgeprägt ist diese Situation in der Nähe von Luftspalten. Um den Einfluss der Feldinhomogenitäten zu berücksichtigen, muss eine ausführlichere Rechnung durchgeführt werden [1]. Wir betrachten jetzt die verallgemeinerte Situation, bei der sich der Draht aus Abb. 4.7 in einem beliebig ortsabhängigen senkrecht zur Drahtachse orientierten zeitabhängigen Magnetfeld befindet.

Ausgangspunkt sind wieder die bereits angegebenen Feldgleichungen mit den Lösungsansätzen (4.22) und (4.24). Der Unterschied zur bisherigen Lösung besteht darin, dass das in Gl. (4.24) eingesetzte externe Potential, das die ortsabhängige Verteilung des externen Feldes beschreibt und die Wirbelströme im Draht verursacht, jetzt eine andere (verallgemeinerte) Form annimmt. Dieses externe Feld, z. B. infolge der Nachbardrähte, geht nur in die an der Drahtoberfläche zu erfüllenden Randbedingungen ein und muss daher nur auf dem Zylindermantel $\rho = r_D$ bekannt sein. Da wir es auf jeder Stelle des Drahtumfangs berechnen können und da es in φ-Richtung mit 2π periodisch sein muss, können wir die beiden Feldstärkekomponenten mithilfe der Fourier-Entwicklung in der folgenden allgemeinen Form

$$\hat{\underline{H}}_{\rho ex}(r_D, \varphi) = \sum_{k=1}^{k_{max}} \hat{\underline{a}}_k \cos k\varphi + \hat{\underline{b}}_k \sin k\varphi \tag{4.33}$$

$$\hat{\underline{H}}_{\varphi ex}(r_D, \varphi) = \sum_{k=1}^{k_{max}} \hat{\underline{c}}_k \cos k\varphi + \hat{\underline{d}}_k \sin k\varphi \tag{4.34}$$

mit bekannten Koeffizienten $\hat{\underline{a}}_k$ bis $\hat{\underline{d}}_k$ darstellen. Der bisher behandelte Fall des homogenen externen Feldes (4.17) ist als Sonderfall mit dem allein auftretenden Eigenwert $k = 1$ und mit den Koeffizienten

$$\hat{\underline{a}}_1 = -\hat{\underline{d}}_1 = \hat{\underline{H}}_{ex} \quad \text{und} \quad \hat{\underline{b}}_1 = \hat{\underline{c}}_1 = 0 \tag{4.35}$$

in der jetzigen verallgemeinerten Betrachtung mit enthalten. Die praktische Berechnung der Koeffizienten ist in Abschn. 4.2.3 an einem einfachen Beispiel mit nur zwei Windungen ausführlich beschrieben.

Der weitere Verlauf der Rechnung ist der gleiche wie bei dem vorab betrachteten Sonderfall des homogenen Feldes. Die Forderung nach der Stetigkeit der Tangentialkomponente der magnetischen Feldstärke liefert die erste Bestimmungsgleichung

$$\hat{\underline{H}}_{\varphi 1}(r_D, \varphi) = \hat{\underline{H}}_{\varphi 2St}(r_D, \varphi) + \hat{\underline{H}}_{\varphi ex}(r_D, \varphi)$$

$$\xrightarrow{(14.26)} \quad -\frac{1}{\mu_0}\frac{\partial \hat{\underline{A}}_1}{\partial \rho} = -\frac{1}{\mu_0}\frac{\partial \hat{\underline{A}}_{2St}}{\partial \rho} + \hat{\underline{H}}_{\varphi ex}(r_D, \varphi) \tag{4.36}$$

und die Forderung nach der Stetigkeit der Normalkomponente liefert die zweite Bestimmungsgleichung

$$\hat{\underline{H}}_{\rho 1}(r_D, \varphi) = \hat{\underline{H}}_{\rho 2St}(r_D, \varphi) + \hat{\underline{H}}_{\rho ex}(r_D, \varphi)$$

$$\rightarrow \quad \frac{1}{\mu_0}\frac{\partial \hat{\underline{A}}_1}{\rho \partial \varphi} = \frac{1}{\mu_0}\frac{\partial \hat{\underline{A}}_{2St}}{\rho \partial \varphi} + \hat{\underline{H}}_{\rho ex}(r_D, \varphi) \tag{4.37}$$

für die unbekannten Koeffizienten in den Ansätzen (4.22) und (4.24). Nach Einsetzen dieser Ansätze in die beiden Gleichungen (4.36) und (4.37) liefert ein einfacher Koeffizientenvergleich die resultierenden Potentiale

$$\hat{\underline{A}}_1(\rho \leq r_D, \varphi) = \mu_0 \sum_{k=1}^{k_{max}} \frac{I_k(\alpha\rho)}{\alpha I_{k-1}(\alpha r_D)}\left[-\left(\hat{\underline{b}}_k + \hat{\underline{c}}_k\right)\cos k\varphi + \left(\hat{\underline{a}}_k - \hat{\underline{d}}_k\right)\sin k\varphi\right]$$

$$\tag{4.38}$$

innerhalb des Leiters und

$$\hat{\underline{A}}_{2St}\left(\rho \geq r_D, \varphi\right) = \mu_0 \sum_{k=1}^{k_{max}} \left(\frac{r_D}{\rho}\right)^k \frac{r_D}{k} \left[-\underline{Z1}_k \cos k\varphi + \underline{Z2}_k \sin k\varphi\right] \qquad (4.39)$$

außerhalb des Leiters mit den Abkürzungen

$$\underline{Z1}_k = k\left(\hat{\underline{b}}_k + \hat{\underline{c}}_k\right) \frac{I_k\left(\alpha r_D\right)}{\alpha r_D I_{k-1}\left(\alpha r_D\right)} - \hat{\underline{b}}_k \quad \text{und}$$

$$\underline{Z2}_k = k\left(\hat{\underline{a}}_k - \hat{\underline{d}}_k\right) \frac{I_k\left(\alpha r_D\right)}{\alpha r_D I_{k-1}\left(\alpha r_D\right)} - \hat{\underline{a}}_k . \qquad (4.40)$$

Die Stromdichteverteilung innerhalb des Drahtes ist mit Gl. (4.1) durch

$$\hat{\overline{\underline{J}}} = -\vec{e}_z j\omega\kappa \underline{\hat{A}}_1\left(\rho, \varphi\right) = -\vec{e}_z \sum_{k=1}^{k_{max}} \frac{\alpha I_k\left(\alpha\rho\right)}{I_{k-1}\left(\alpha r_D\right)} \left[-\left(\hat{\underline{b}}_k + \hat{\underline{c}}_k\right) \cos k\varphi + \left(\hat{\underline{a}}_k - \hat{\underline{d}}_k\right) \sin k\varphi\right]$$

$$(4.41)$$

gegeben. Für die Feldstärkekomponenten innerhalb des Drahtes folgt

$$\hat{\underline{H}}_\rho\left(\rho \leq r_D, \varphi\right) = \sum_{k=1}^{k_{max}} \frac{k}{\alpha\rho} \frac{I_k\left(\alpha\rho\right)}{I_{k-1}\left(\alpha r_D\right)} \left[\left(\hat{\underline{a}}_k - \hat{\underline{d}}_k\right) \cos k\varphi + \left(\hat{\underline{b}}_k + \hat{\underline{c}}_k\right) \sin k\varphi\right] \quad (4.42)$$

und

$$\hat{\underline{H}}_\varphi\left(\rho \leq r_D, \varphi\right) = \sum_{k=1}^{k_{max}} \frac{\frac{k}{\alpha\rho} I_k\left(\alpha\rho\right) - I_{k-1}\left(\alpha\rho\right)}{I_{k-1}\left(\alpha r_D\right)} \left[-\left(\hat{\underline{b}}_k + \hat{\underline{c}}_k\right) \cos k\varphi + \left(\hat{\underline{a}}_k - \hat{\underline{d}}_k\right) \sin k\varphi\right].$$

$$(4.43)$$

Im Außenraum gilt die Überlagerung

$$\hat{\underline{H}}_\rho\left(\rho \geq r_D, \varphi\right) = \hat{\underline{H}}_{\rho ex}\left(\rho, \varphi\right) + \hat{\underline{H}}_{\rho 2St}\left(\rho, \varphi\right) \qquad (4.44)$$

$$\hat{\underline{H}}_\varphi\left(\rho \geq r_D, \varphi\right) = \hat{\underline{H}}_{\varphi ex}\left(\rho, \varphi\right) + \hat{\underline{H}}_{\varphi 2St}\left(\rho, \varphi\right) \qquad (4.45)$$

mit der durch die Stromverteilung im Draht hervorgerufenen Feldstärke

$$\hat{\underline{H}}_{\rho 2St}\left(\rho, \varphi\right) = \sum_{k=1}^{k_{max}} \left(\frac{r_D}{\rho}\right)^{k+1} \left[\underline{Z2}_k \cos k\varphi + \underline{Z1}_k \sin k\varphi\right] \qquad (4.46)$$

$$\hat{\underline{H}}_{\varphi 2St}\left(\rho, \varphi\right) = \sum_{k=1}^{k_{max}} \left(\frac{r_D}{\rho}\right)^{k+1} \left[-\underline{Z1}_k \cos k\varphi + \underline{Z2}_k \sin k\varphi\right]. \qquad (4.47)$$

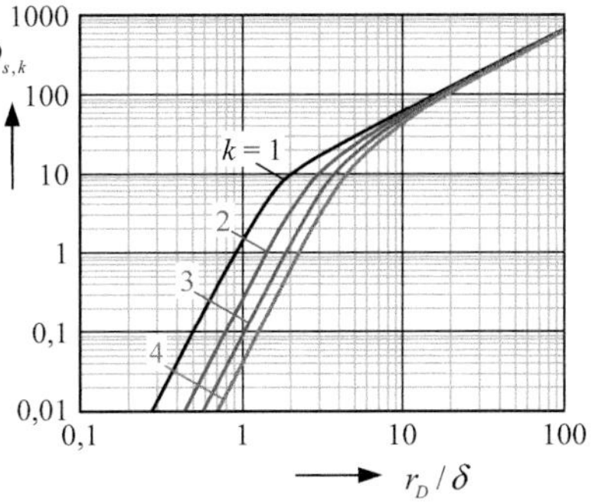

Abb. 4.11 Proximityfaktoren beim inhomogenen externen Magnetfeld als Funktion des Verhältnisses r_D/δ

Damit ist das Randwertproblem vollständig gelöst und die resultierende Feldverteilung ist bekannt. In einem Wickelpaket muss diese Rechnung für jeden einzelnen Draht durchgeführt werden.

Die Berechnung der Verluste erfolgt schließlich wieder mit dem Poyntingschen Vektor nach Gl. (1.71) und liefert das Ergebnis

$$P_{prox} = \frac{l}{4\kappa} \sum_{k=1}^{k_{max}} \left(|\hat{\underline{b}}_k + \hat{\underline{c}}_k|^2 + |\hat{\underline{a}}_k - \hat{\underline{d}}_k|^2 \right) \cdot D_{s,k} \quad \text{mit} \quad D_{s,k} = 2\pi \text{Re} \left\{ \frac{\alpha r_D \text{I}_k(\alpha r_D)}{\text{I}_{k-1}(\alpha r_D)} \right\},$$

$$(4.48)$$

das für den Sonderfall des homogenen externen Feldes mit Gl. (4.35) in das Ergebnis (4.32) übergeht. Der bisher verwendete Proximityfaktor D_s, der bei einem Runddraht im homogenen externen Feld auftritt, entspricht nach der verallgemeinerten Definition in Gl. (4.48) dem Wert $D_{s,1}$.

In Abb. 4.11 sind die Proximityfaktoren $D_{s,k}$ für $k = 1..4$ dargestellt. Man erkennt, dass bei den üblichen Designs mit Drahtradien in der Größenordnung der Eindringtiefe die höheren Harmonischen, d. h. die Anteile mit höheren k-Werten, einen deutlich geringeren Beitrag zu den Verlusten leisten. Da gleichzeitig die Amplituden bei der externen Feldstärke auf den Drahtoberflächen für wachsende k-Werte abnehmen, ist eine Beschränkung für den Laufindex auf $k_{max} = 3$ bei der Verlustberechnung vollkommen ausreichend.

Im Falle eines als Fourier-Reihe (4.11) dargestellten nicht sinusförmigen periodischen Stroms erhalten wir auch für das Magnetfeld eine Darstellung in Form einer Summe über alle Oberschwingungen. Die Proximityverluste (4.48) müssen in diesem Fall für alle zeitlichen Oberschwingungen separat berechnet und anschließend addiert werden, so dass die verallgemeinerte Formel

$$P_{prox} = \frac{l}{4\kappa} \sum_{n=1}^{\infty} \left[\sum_{k=1}^{k_{max}} \left(|\hat{\underline{b}}_{k,n} + \hat{\underline{c}}_{k,n}|^2 + |\hat{\underline{a}}_{k,n} - \hat{\underline{d}}_{k,n}|^2 \right) \cdot D_{s,k,n} \right]$$

$$\text{mit} \quad D_{s,k,n} = 2\pi \text{Re} \left\{ \frac{\alpha_n r_D \text{I}_k(\alpha_n r_D)}{\text{I}_{k-1}(\alpha_n r_D)} \right\} \qquad (4.49)$$

mit den Abkürzungen α_n aus Gl. (4.16) gilt. Der Zählindex n kennzeichnet die n-te *zeitliche* Oberschwingung für das Magnetfeld eines periodischen Stroms nach Gl. (4.11), der Zählindex k kennzeichnet die k-te *örtliche* Oberschwingung des externen Magnetfelds auf der Drahtoberfläche nach Gl. (4.33) bzw. (4.34).

4.2.3 Rückwirkung der Proximityströme auf das externe Magnetfeld

Die mit Gl. (4.41) in den Drähten berechneten zusätzlichen Stromverteilungen rufen ebenfalls Magnetfelder hervor, die mit den bereits angegebenen Gleichungen berechnet werden können. Damit verändern sich aber auch die bisher zugrunde gelegten externen Felder auf den Drahtoberflächen, d. h. zu den bisherigen Koeffizienten in den Gln. (4.33) und (4.34) müssen die Beiträge infolge der zusätzlichen Proximityströme hinzugefügt werden und der in Abschn. 4.2.2 beschriebene Rechengang muss wiederholt werden. Im Endeffekt läuft es auf ein iteratives Verfahren hinaus, das bei der Programmierung lediglich eine zusätzliche Schleife bedeutet. Wir wollen die Vorgehensweise nochmals kurz zusammenfassen:

1. In einem ersten Schritt wird in allen Drähten eine homogene Stromverteilung über den Drahtquerschnitt zugrunde gelegt. Der Skineffekt muss dabei nicht berücksichtigt werden, da die Verdrängung des Stroms an die Oberfläche der Drähte deren Außenfeld nicht verändert. Bei zeitlich periodischen aber nicht sinusförmigen Strömen wird die Rechnung für jede Oberschwingung separat durchgeführt. Die Verluste bei den einzelnen Oberschwingungen werden am Ende addiert. Für die Berechnung der erregenden Feldstärke auf der Oberfläche eines Drahtes werden das Außenfeld der anderen Drähte und die Beeinflussung durch den Kern benötigt (s. Abschn. 9.1). Bei Transformatoren mit mehreren Wicklungen werden natürlich die Beiträge von allen Wicklungen unter Berücksichtigung der Phasenbeziehungen mit einbezogen.
2. Mit der Kenntnis der externen Feldstärke auf der Oberfläche eines Drahtes, d. h. der Koeffizienten in den Gln. (4.33) und (4.34), kann zwar die Verteilung der Proximityströme im Draht mit Gl. (4.41) direkt angegeben werden, diese Auswertung ist aber nicht erforderlich, da lediglich das von den Proximityströmen im Außenbereich des Drahtes hervorgerufene zusätzliche Magnetfeld gemäß den Gln. (4.46) und (4.47) benötigt wird.
3. Der folgende Schritt besteht darin, die Felder auf den Drahtoberflächen, d. h. die Koeffizienten in den Gln. (4.33) und (4.34) unter Einbeziehung der hinzugekommenen Störfelder von allen Drähten neu zu berechnen.
4. Ab jetzt wiederholen sich die Schritte 2 und 3, und zwar so lange bis ein definiertes Abbruchkriterium erfüllt ist. Ein möglicher Ausstieg aus dieser Schleife ist gegeben, wenn sich die Verluste praktisch nicht mehr ändern.

Bei dieser iterativen Vorgehensweise stellt sich natürlich die Frage nach der Rechenzeit. Da die induzierten Wirbelströme in den Drähten aber Dipol- oder bei höheren Eigenwerten k Multipolcharakter aufweisen, klingt das Störfeld infolge dieser Ströme nach außen schnell ab, so dass das Verfahren extrem gut konvergiert und bereits nach zwei bis maximal drei Schritten abgebrochen werden kann (vgl. das folgende Beispiel).

Diese Methode ist nicht nur wesentlich schneller als jedes numerische Verfahren, sie ist auch extrem flexibel. Sie erlaubt die Berechnung der Verluste in Runddrähten und HF-Litzen

- bei beliebiger Positionierung der Drähte auf dem Wickelkörper (eine lagenorientierte Wickelgeometrie wird nicht vorausgesetzt),
- bei gleichzeitiger Verwendung von Runddrähten unterschiedlicher Durchmesser,
- bei Wicklungen mit parallel geschalteten Drähten,
- bei Wicklungen mit Hochfrequenzlitzen, sofern das Verhalten der Litze im externen Magnetfeld bekannt ist (vgl. Abschn. 4.4),
- bei der Verwendung zusätzlicher Folienwindungen, deren Magnetfeld in die Oberflächenfeldstärken einbezogen werden kann,
- bei Transformatoren mit beliebiger Anzahl von Sekundärseiten,
- bei verschachtelten Wicklungen,
- bei beliebig periodischen Stromformen durch Anwendung der Fourier-Entwicklung gemäß Gl. (4.11),
- bei beliebigen Eindringtiefen,
- bei Kernen mit beliebiger Positionierung auch von mehreren Luftspalten, da die vom Kern und den Luftspalten verursachten Felder lediglich die Koeffizienten in den Oberflächenfeldstärken in Gl. (4.33) und Gl. (4.34) in bekannter Weise beeinflussen (vgl. Kap. 9).

Beispiel

Zur Berechnung der Proximityverluste in einem Runddraht wird das externe Magnetfeld auf seiner Oberfläche entsprechend den Gln. (4.33) und (4.34) benötigt. Diese Formeln gelten für den Fall, dass sich der Draht mit seinem Mittelpunkt im Ursprung eines zylindrischen Koordinatensystems befindet. Wir betrachten jetzt den in Abb. 4.12 dargestellten allgemeinen Fall mit zwei kreisförmigen Windungen der Radien a_1 und a_2, die sich in den Ebenen z_{m1} und z_{m2} befinden. Die Durchmesser der Drähte betragen $2r_1$ bzw. $2r_2$. Die Ströme in den Drähten werden durch ihre komplexen Amplituden beschrieben.

Im ersten Schritt wollen wir die beiden Feldstärkekomponenten auf der Oberfläche des Leiters 2 infolge des Stroms im Leiter 1 berechnen. Dazu legen wir ein kartesisches Koordinatensystem (x, y) bzw. ein zylindrisches Koordinatensystem (r, ψ) mit seinem Ursprung in die Mitte des Leiters 2. Die beiden Einheitsvektoren in Richtung wachsender Koordinatenwerte r und ψ sind $\vec{e}_r$ und $\vec{e}_\psi$. Die Punkte auf der Oberfläche des Leiters besitzen den Mittelpunktsabstand r_2. Mit der Winkelkoordinate ψ muss die

Abb. 4.12 Zur Berechnung
der Proximityverluste in
Wickelpaketen

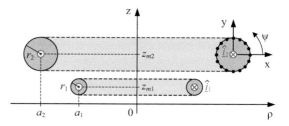

gesuchte Feldstärke nach Gl. (4.33) und (4.34) dann die folgende Form annehmen

$$\hat{\underline{H}}_{rex}(r_2, \psi) = \sum_{k=1}^{k_{max}} \hat{\underline{a}}_k \cos k\psi + \hat{\underline{b}}_k \sin k\psi \qquad (4.50)$$

$$\hat{\underline{H}}_{\psi ex}(r_2, \psi) = \sum_{k=1}^{k_{max}} \hat{\underline{c}}_k \cos k\psi + \hat{\underline{d}}_k \sin k\psi . \qquad (4.51)$$

Diese Feldstärke wird von dem Wert des eingeprägten Gesamtstroms im Leiter 1 verursacht. Die später durchgeführten Iterationsschritte gemäß der Beschreibung zu Beginn dieses Abschnitts erfassen nur noch den Einfluss der Proximityströme. Dabei ist zu beachten, dass diese Proximityströme nicht den Wert des Gesamtstroms durch den Leiter verändern, sondern ausschließlich die ortsabhängige Verteilung des Stroms innerhalb des Leiters. Das bedeutet aber, dass die im jetzigen ersten Schritt berechnete Oberflächenfeldstärke den überwiegenden Teil der Proximityverluste bestimmt und durch die nachfolgenden Iterationsschritte nur noch kleine Änderungen erfährt. Aus diesem Grund legen wir, im Hinblick auf möglichst exakte Ergebnisse bei der Berechnung der Oberflächenfeldstärke, die wirkliche Kreisform der Leiterschleife 1 zugrunde, im Gegensatz zu den späteren Iterationsschritten, bei denen die Leiter zur Vereinfachung als parallel verlaufende unendlich lange Drähte behandelt werden können. Da sich die Proximityströme auch nur noch auf die unmittelbar benachbarten Leiter auswirken, kann bei den nachfolgenden Iterationsschritten der Beitrag der separaten Rückleiter auf das externe Feld dann ebenfalls vernachlässigt werden.

Um die Koeffizienten der Fourier-Darstellung der beiden Feldstärkekomponenten auf der rechten Seite der Gln. (4.50) und (4.51) berechnen zu können, müssen die von der Koordinate ψ abhängigen Feldstärkeverläufe auf der linken Gleichungsseite bekannt sein. Da diese mit 2π periodischen Verläufe stetige Funktionen sind, ist eine numerische Fourier-Entwicklung basierend auf endlich vielen Stützstellen vollkommen ausreichend. Zu diesem Zweck legen wir 16 äquidistante Stützstellen auf der Oberfläche des Leiters 2 im Abstand $\pi/8$ fest, in denen die vom Leiter 1 verursachte Feldstärke berechnet wird.

Die Feldstärke einer kreisförmigen in der Ebene $z = 0$ gelegenen Leiterschleife ist in den Gln. (12.8) und (12.9) angegeben. Mit der Koordinatenverschiebung um z_{m1}, dem Zählindex $i = 0, 1, .. i_{max} - 1$ und $i_{max} = 16$ liegen die markierten Stützstellen an den Positionen

$$\rho_i = a_2 + r_2 \cos\psi_i, \qquad\qquad z_i = \Delta z + r_2 \sin\psi_i,$$

$$\Delta z = z_{m2} - z_{m1}, \qquad\qquad \psi_i = \frac{i}{i_{\max}} 2\pi \,. \tag{4.52}$$

Die Feldstärke im i-ten Punkt auf der Oberfläche ist dann gegeben durch

$$\begin{aligned}
\widehat{\vec{\underline{H}}}\,(\rho_i, z_i) &= \vec{e}_\rho \hat{\underline{I}}_1 \frac{z_i}{4\pi\rho_i} \sqrt{\frac{m}{a_1\rho_i}} \left[\frac{a_1^2 + \rho_i^2 + z_i^2}{(a_1 - \rho_i)^2 + z_i^2} \mathrm{E}\,(m) - \mathrm{K}\,(m) \right] \\
&\quad + \vec{e}_z \hat{\underline{I}}_1 \frac{1}{4\pi} \sqrt{\frac{m}{a_1\rho_i}} \left[\frac{a_1^2 - \rho_i^2 - z_i^2}{(a_1 - \rho_i)^2 + z_i^2} \mathrm{E}\,(m) + \mathrm{K}\,(m) \right] \\
&= \vec{e}_\rho \hat{\underline{H}}_\rho\,(\rho_i, z_i) + \vec{e}_z \hat{\underline{H}}_z\,(\rho_i, z_i) \tag{4.53}
\end{aligned}$$

mit

$$m = \frac{4a_1\rho_i}{(a_1 + \rho_i)^2 + z_i^2} \tag{4.54}$$

nach Gl. (12.10). Es ist zu beachten, dass sich die Einheitsvektoren in dieser Gleichung auf ein zylindrisches Koordinatensystem beziehen, dessen Mittelpunkt mit dem Mittelpunkt der Leiterschleife 1 ($\rho = 0$, $z = z_{m1}$) zusammenfällt. Zur Umrechnung dieser Komponenten in die Normal- bzw. Tangentialkomponente auf der Oberfläche des Leiters 2 muss aber ein Koordinatensystem verwendet werden, dessen Mittelpunkt mit dem Mittelpunkt des Leiters 2 ($\rho = a_2$, $z = z_{m2}$) übereinstimmt. Mit den in der Abb. 4.12 eingetragenen Koordinatenachsen x und y gelten nach Gl. (14.4) die Zusammenhänge

$$\vec{e}_\rho \,\hat{=}\, \vec{e}_x = \vec{e}_r \cos\psi - \vec{e}_\psi \sin\psi \quad\text{und}\quad \vec{e}_z \,\hat{=}\, \vec{e}_y = \vec{e}_r \sin\psi + \vec{e}_\psi \cos\psi \,. \tag{4.55}$$

Damit können die Feldstärkekomponenten in den i Stützpunkten auf der Oberfläche des Leiters 2 mit ρ_i und z_i aus Gl. (4.52) angegeben werden

$$\begin{aligned}
\widehat{\vec{\underline{H}}}_{ex}\,(r_2, \psi_i) &= \left(\vec{e}_r \cos\psi_i - \vec{e}_\psi \sin\psi_i \right) \underline{\hat{H}}_\rho\,(\rho_i, z_i) + \left(\vec{e}_r \sin\psi_i + \vec{e}_\psi \cos\psi_i \right) \underline{\hat{H}}_z\,(\rho_i, z_i) \\
&= \vec{e}_r \left[\underline{\hat{H}}_\rho\,(\rho_i, z_i) \cos\psi_i + \underline{\hat{H}}_z\,(\rho_i, z_i) \sin\psi_i \right] \\
&\quad + \vec{e}_\psi \left[\underline{\hat{H}}_z\,(\rho_i, z_i) \cos\psi_i - \underline{\hat{H}}_\rho\,(\rho_i, z_i) \sin\psi_i \right] \\
&= \vec{e}_r \underline{\hat{H}}_r\,(\psi_i) + \vec{e}_\psi \underline{\hat{H}}_\psi\,(\psi_i) \,. \tag{4.56}
\end{aligned}$$

Die gesuchten Koeffizienten $\hat{\underline{a}}_k$ bis $\hat{\underline{d}}_k$ in den Gln. (4.50) und (4.51) erhält man aus der bekannten Fourier-Entwicklung mithilfe der Beziehungen

$$\hat{\underline{a}}_k = \frac{i_{max}}{2k^2\pi^2} \sum_{i=0}^{i_{max}-1} \left[\hat{\underline{H}}_r(\psi_{i+1}) - \hat{\underline{H}}_r(\psi_i) \right] \left(\cos k \frac{i+1}{i_{max}} 2\pi - \cos k \frac{i}{i_{max}} 2\pi \right), \quad (4.57)$$

$$\hat{\underline{b}}_k = \frac{i_{max}}{2k^2\pi^2} \sum_{i=0}^{i_{max}-1} \left[\hat{\underline{H}}_r(\psi_{i+1}) - \hat{\underline{H}}_r(\psi_i) \right] \left(\sin k \frac{i+1}{i_{max}} 2\pi - \sin k \frac{i}{i_{max}} 2\pi \right), \quad (4.58)$$

$$\hat{\underline{c}}_k = \frac{i_{max}}{2k^2\pi^2} \sum_{i=0}^{i_{max}-1} \left[\hat{\underline{H}}_\psi(\psi_{i+1}) - \hat{\underline{H}}_\psi(\psi_i) \right] \left(\cos k \frac{i+1}{i_{max}} 2\pi - \cos k \frac{i}{i_{max}} 2\pi \right), \quad (4.59)$$

$$\hat{\underline{d}}_k = \frac{i_{max}}{2k^2\pi^2} \sum_{i=0}^{i_{max}-1} \left[\hat{\underline{H}}_\psi(\psi_{i+1}) - \hat{\underline{H}}_\psi(\psi_i) \right] \left(\sin k \frac{i+1}{i_{max}} 2\pi - \sin k \frac{i}{i_{max}} 2\pi \right). \quad (4.60)$$

Zur Veranschaulichung werten wir ein Zahlenbeispiel mit zwei Windungen innerhalb einer Lage aus. Gegeben seien die Amplitude des Stroms $\hat{i} = 1$ A sowie die Abmessungen

$$a_1 = a_2 = 10\,\text{mm}, \quad r_1 = r_2 = 0{,}5\,\text{mm}, \quad \Delta z = 1{,}1\,\text{mm}. \quad (4.61)$$

Die beiden Windungen sind im richtigen Abmessungsverhältnis in Abb. 4.13a mit eingezeichnet. Diese Abbildung zeigt die Normal- und Tangentialkomponente der Oberflächenfeldstärke auf dem oberen Leiter 2, die von dem im Leiter 1 fließenden Strom verursacht wird. Der Strom im Leiter 1 wird bei diesem ersten Schritt als dünner Stromfaden in der Mitte des Leiters angenommen. Bei einem homogenen Feld müssten diese Kurven nach Gl. (4.17) ideal sinusförmig sein. Die Abweichung dieser beiden Kurven von der reinen Sinusform ist ein Maß für die Inhomogenität des Feldes. Die Kreuze markieren die 16 äquidistanten Stellen, an denen die Feldstärkekomponenten auf der Leiteroberfläche nach Gl. (4.56) berechnet wurden. Die durchgezogenen Kurven sind mithilfe der Gln. (4.50) und (4.51) mit $k_{max} = 5$ und mit den Koeffizienten nach Gl. (4.57) bis Gl. (4.60) berechnet.

Die Abb. 4.13b zeigt die gleichen Ergebnisse für den Fall, dass der Abstand zwischen den beiden Windungen auf 3,3 mm erhöht wird. Diese Lücke entspricht der Abmessung von zwei Drahtdurchmessern. Mit wachsendem Abstand zwischen den betrachteten Windungen nimmt nicht nur die Amplitude der Feldstärke stark ab, der Kurvenverlauf nähert sich auch erkennbar der Sinusform. Das bedeutet aber auch, dass lediglich die benachbarten Windungen (und natürlich der Luftspalt) einen Beitrag zu den Harmonischen $k > 1$ liefern und so wie bisher beschrieben behandelt werden müssen. Für die weiter entfernten Windungen im Wickelfenster genügt die Erfassung des homogenen Feldanteils. Diesen erhält man einfach dadurch, dass man das Feld im Mittelpunkt des Leiters nach Betrag und Richtung infolge der Ströme in allen Windungen, die einen Mindestabstand zum betrachteten Leiter aufweisen, zusammenfasst.

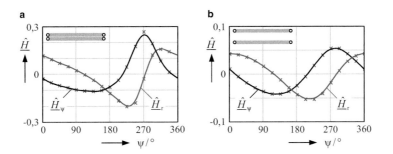

Abb. 4.13 Fourier-Entwicklung der Oberflächenfeldstärke

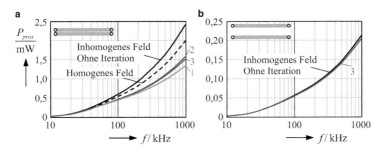

Abb. 4.14 Einfluss der Iterationen auf die berechneten Proximityverluste bei **a** geringem und **b** größerem Abstand zwischen den Windungen

Bei mehreren Wicklungen mit unterschiedlichen Strömen müssen natürlich die Phasenbeziehungen zwischen den Strömen bei der Überlagerung berücksichtigt werden. Bei nicht sinusförmigen Strömen gilt diese Betrachtung für alle zeitlichen Oberschwingungen.

Entsprechend der bisherigen Vorgehensweise wurden bei der Berechnung der Koeffizienten $\hat{\underline{a}}_k$ bis $\hat{\underline{d}}_k$ die inhomogene Feldverteilung berücksichtigt, nicht aber die Rückwirkung der Proximityströme auf das Feld. Die Berechnung der Verluste in den beiden Windungen mithilfe von Gl. (4.48) führt auf die obere Kurve in Abb. 4.14a. Diese zeigt die Proximityverluste in den beiden Windungen als Funktion der Frequenz für die eingangs angegebenen Daten.

Folgt man jetzt der zuvor beschriebenen Methode, dann muss die Feldstärke auf der Oberfläche der Leiter um den nach Gl. (4.46) und (4.47) gegebenen Beitrag der Proximityströme erweitert werden. Die erneute Anwendung der Fourier-Entwicklung entsprechend den Gln. (4.57) bis (4.60) führt auf modifizierte Koeffizienten und schließlich auf die in der Abb. 4.14a mit 1 gekennzeichnete Kurve. Die frequenzabhängigen Verluste sind wegen der gleichen Stromrichtung in den beiden Schleifen jetzt deutlich niedriger. Die Überlagerung der ursprünglichen Stromverteilung mit den Proximityströmen führt dazu, dass der Strom im oberen Leiter 2 nach oben verdrängt, der Strom im unteren Leiter 1 dagegen nach unten verdrängt wird, also jeweils in Richtung der größeren magnetischen Feldstärke im Gleichstromfall. Der zunehmende mittlere Abstand zwischen den Strömen verursacht die abnehmenden Verluste. Bei entgegen gerichteten Strömen würden die Verluste jetzt ansteigen. Die Wiederholung der Schritte in einer zweiten und dritten Iteration liefert die Kurven mit den Nummern 2 und 3. Man erkennt, dass das Ergebnis trotz des minimalen Abstands zwischen den beiden Windungen extrem schnell konvergiert.

Die Abbildung enthält eine weitere gestrichelte Kurve. Diese wurde mit einem homogenen externen Feld nach Abschn. 4.2.1 berechnet. Als Feldamplitude wurde derjenige Wert zugrunde gelegt, der sich im Mittelpunkt eines Leiters infolge des Stroms im Mittelpunkt des anderen Leiters einstellt. Diese Rechnung ist wesentlich einfacher und schneller, führt aber infolge des geringen Leiterabstands zu merklichen Unterschieden im Ergebnis.

Die Abb. 4.14b zeigt die gleichen Kurven für den Fall, dass die Windungen den eingezeichneten größeren Abstand voneinander aufweisen. Aus den Ergebnissen lässt sich schlussfolgern, dass ab einem bestimmten Abstand zwischen den Windungen, z. B. drei Drahtdurchmesser, die vereinfachte Rechnung mit dem homogenen Feld hinreichend genau ist. Die Feldstärke wird im Mittelpunkt des Drahtes ermittelt, auf Iterationen infolge der Proximityströme kann verzichtet werden.

4.3 Auswertungen

Als erstes Beispiel untersuchen wir den Einfluss des Drahtabstands innerhalb einer Lage auf die Proximityverluste. Dazu betrachten wir eine einlagige Wicklung mit 15 Windungen auf einem Wickelkörper mit kreisförmigem Querschnitt. Der Radius der Windungen sei $a = 20\,\text{mm}$. Der Effektivwert des Stroms beträgt 1 A, die gewählte Frequenz ist 100 kHz. Die Abb. 4.15 zeigt die Proximityverluste für zwei unterschiedliche Drahtdurchmesser d als Funktion des Abstands zwischen den einzelnen Windungen, und zwar sowohl in linearer als auch in doppelt logarithmischer Darstellung. Der minimale Abstand ist durch den Drahtradius und die Dicke der Lackisolation gegeben. Im linken Teilbild ist sehr gut der Einfluss eines bereits geringen zusätzlichen Drahtabstands zu erkennen. Bei großen Drahtabständen führt eine weitere Zunahme des Abstands zwar zu weiterhin abnehmenden Proximityverlusten, die Reduzierung bei den Absolutwerten fällt aber nicht mehr so sehr ins Gewicht. Zusätzlich ist zu bedenken, dass die zunehmende Drahtlänge proportional in die rms- und Skinverluste eingeht und damit den Rückgang der Gesamtverluste zum Teil wieder kompensiert.

Im rechten Teilbild ist zu erkennen, dass die Proximityverluste näherungsweise quadratisch mit dem Abstand zwischen den Windungen abnehmen. Betrachtet man die Verteilung der Verluste über die einzelnen Windungen, dann stellt man eine deutliche Zunahme der Verluste zum Rand der Lage hin fest. Die Ursache liegt in der deutlich höheren Feldstärke am Rand der Lage. Bei den ganz außen liegenden Windungen überlagern sich die

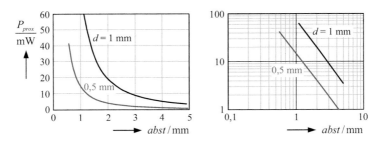

Abb. 4.15 Proximityverluste in einer Lage in Abhängigkeit vom Mittelpunktsabstand der Windungen

Abb. 4.16 Verluste als Funktion der Windungszahl bei unterschiedlichen Wickelbreiten

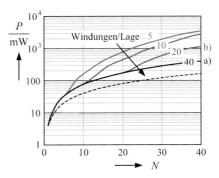

Felder aller anderen Windungen additiv, bei einer Windung in der Mitte der Lage kompensieren sich dagegen die Felder teilweise, wenn Windungen auf gegenüberliegenden Seiten in gleichem Abstand liegen.

Als zweites Beispiel betrachten wir die in Abb. 2.15 dargestellten Wickelanordnungen mit den gleichen dort bereits zugrunde gelegten Daten. Der Strom besitzt wieder den Effektivwert $I_{rms} = 1\,A$ und für die Frequenz gilt $f = 100\,kHz$.

Die rms- und Skinverluste nach Gl. (4.10) für eine einzelne Windung betragen mit den angenommenen Daten ziemlich genau 4 mW. Die gestrichelte Kurve in Abb. 4.16 entspricht der Multiplikation dieses Wertes mit der Windungszahl, d. h. diese Kurve beschreibt die Verluste für eine einlagige Wicklung bei Vernachlässigung der Proximityverluste. Die zusätzliche Berücksichtigung dieser Verluste nach Gl. (4.48) liefert die darüber liegende Kurve. Bei $N = 40$ steigen die Gesamtverluste damit von 160 mW auf 392 mW an. Die Verteilung der Proximityverluste über die Windungen ist nicht homogen, an den Enden der Lage sind sie etwa um den Faktor 3 höher als in den Windungen in der Lagenmitte. Die Ursache ist die gleiche wie im vorangegangenen Beispiel. Wird die Breite des Wickelkörpers nun so eingeschränkt, dass nur noch 20, 10 oder 5 Windungen in einer Lage untergebracht werden können, dann erhöht sich die Zahl der Lagen, bei $N = 40$ auf 2, 4 bzw. 8 voll besetzte Lagen. Mit der Lagenzahl steigen aber die Verluste dramatisch an. Einen kleinen Beitrag dazu liefern die rms- und Skinverluste aufgrund der größeren Win-

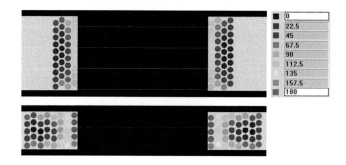

Abb. 4.17 Verteilung der Proximityverluste in mW über den Wicklungsaufbau

dungslänge bei weiter außen liegenden Lagen, der überwiegende Anteil wird aber durch den starken Anstieg der Proximityverluste verursacht. Für das Beispiel mit 8 voll besetzten Lagen setzen sich die Gesamtverluste aus $P_{rms} + P_{skin} = 190\,\mathrm{mW}$ und $P_{prox} = 3{,}31\,\mathrm{W}$ zusammen.

Wo liegen nun die Ursachen für diese Ergebnisse? Betrachten wir dazu die Verteilung der Proximityverluste über den Wicklungsaufbau nach Abb. 4.17. Die Werte der Farbskala geben die Verluste in mW pro Windung an. Bei der mehrlagigen Wicklung entstehen die höchsten Proximityverluste in den inneren Lagen.

Die Erklärung dafür ist relativ einfach. Das Feldbild einer Wicklungslage entspricht in guter Näherung dem Feldbild der in Abb. 4.33 dargestellten Folienwindung. Die Feldstärkeamplitude ist innerhalb der Wicklungslage sehr viel größer als außerhalb. Wickeln wir nun mehrere Lagen übereinander, dann entsteht das resultierende Feld aus der Überlagerung der Beiträge der einzelnen Lagen, d. h. die Feldstärke steigt von Lage zu Lage nach innen hin immer mehr an. Da die Proximityverluste nach Gl. (4.32) aber vom Quadrat der magnetischen Feldstärke abhängen, steigen diese Verluste mit der Lagenzahl ebenfalls deutlich an. Die Ursache liegt also in der hohen Feldstärke im Bereich der inneren Lagen.

Bemerkenswert ist auch der Bereich innerhalb der Wicklung mit sehr geringen Proximityverlusten. Die Richtung der Feldstärke im Bereich der inneren Lagen ist entgegengesetzt zur Richtung der Feldstärke im Bereich der äußeren Lagen, d. h. es muss dazwischen eine Nullstelle bei der Feldstärke geben mit entsprechend niedrigen Verlusten in diesem Bereich.

Vergleichen wir die Ergebnisse in Abb. 4.16 für eine vorgegebene Windungszahl N, dann erkennt man zwar den Einfluss der Wickelanordnung, d. h. der Lagenzahl auf die Verluste, der Vergleich ist aber insofern problematisch, als sich die Induktivität ebenfalls mit der Lagenzahl entsprechend Abb. 2.15 ändert. Als ergänzendes Beispiel wollen wir daher die Verluste für den Fall einer vorgegebenen Induktivität untersuchen. Die einlagige Spule mit $N = 40$ Windungen (s. Punkt a) in Abb. 2.15) liefert eine Induktivität von $L = 40\,\mu\mathrm{H}$. Da der verwendete Draht mit Lackisolation einen Außendurchmesser von 1,093 mm aufweist, benötigt der Wickelkörper für diesen Fall eine maximale Breite von $b = 44\,\mathrm{mm}$. In Abb. 4.18 sind die Ergebnisse als Funktion der Wickelbreite b dargestellt,

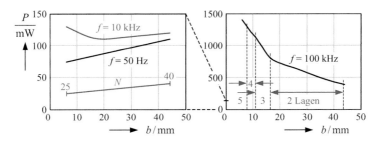

Abb. 4.18 Verluste als Funktion der Wickelbreite b

wobei der Minimalwert für b so gewählt wird, dass eine Lage noch $N = 5$ Windungen aufnehmen kann. Wegen der besseren Kopplung mit steigender Lagenzahl kann N mit abnehmender Wickelbreite ebenfalls reduziert werden. Der Zusammenhang zwischen benötigter Windungszahl als Funktion der Wickelkörperbreite für den konstant gehaltenen Wert $L = 40\,\mu\mathrm{H}$ ist im linken Teilbild dargestellt. Das Diagramm ist so ausgewertet, dass für jede vorgegebene Windungszahl N zwischen den Grenzen 25 und 40 die Wickelbreite b so bestimmt wird, dass sich die geforderte Induktivität einstellt. Da N nur ganzzahlige Werte annimmt, ergibt sich ein nicht stetiger Kurvenverlauf. Zur besseren Übersicht sind die Kurven in Abb. 4.18 interpoliert.

Im Vergleich zur Abb. 4.16 steigen die Verluste bei einer Reduzierung der Wickelbreite von 44 mm auf 5,5 mm bei der Frequenz 100 kHz nicht mehr um den Faktor 8,9, sondern nur noch um den Faktor 3,6. Die vorgegebene Induktivität erfordert nämlich bei der kleinsten Wickelbreite jetzt nur noch 25 Windungen.

Interessant ist aber noch ein anderer Aspekt an der Abb. 4.18. Der Anstieg der Verluste mit zunehmender Lagenzahl ist abhängig vom Drahtradius und der Frequenz. Mit den gewählten Daten gilt $r_D/\delta = 2{,}4$, d. h. nach Abb. 4.8 treten schon merkliche Proximityverluste auf. Führt man die Berechnungen bei niedrigeren Frequenzen durch, dann werden die Proximityverluste zunehmend vernachlässigbar und die rms-Verluste dominieren. Da aber die Gesamtlänge des Kupferdrahtes mit abnehmender Windungszahl ebenfalls abnimmt, werden die Verluste beim Übergang zu mehreren Lagen sogar geringer. Im linken Teilbild sind die Gesamtverluste bei der gleichen Wickelanordnung wie im rechten Teilbild, aber bei den Frequenzen 50 Hz bzw. 10 kHz dargestellt. Man beachte den großen Unterschied bei den Verlusten beim Übergang von 10 kHz nach 100 kHz.

In einem abschließenden Beispiel wollen wir noch den Einfluss der Leitermaterialien auf die Verluste in Abhängigkeit der Frequenz untersuchen. Zu diesem Zweck betrachten wir die maßstabsgerechte Darstellung der Luftspule in Abb. 4.19. Auf den Wickelkörper eines RM10 Kerns sind drei Lagen mit je 34 Runddrähten des Durchmessers 0,25 mm aufgebracht. Im rechten Teilbild sind die rms-, Skin- und Proximityverluste zusammen mit den Gesamtverlusten für einen Kupferdraht in dem Frequenzbereich von 20 kHz bis 3 MHz aufgetragen. Der Effektivwert des angenommenen Stroms ist $I_{rms} = 1\,\mathrm{A}$. Man

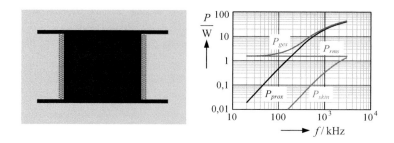

Abb. 4.19 Frequenzabhängigkeit der verschiedenen Verlustmechanismen für eine Beispielanordnung

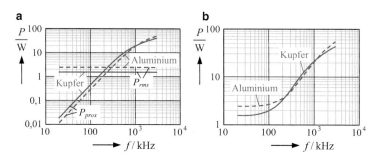

Abb. 4.20 Vergleich der Verluste bei Kupfer und Aluminium. **a** rms- und Proximityverluste, **b** Gesamtverluste

erkennt, dass die rms-Verluste im unteren Frequenzbereich und die Proximityverluste im oberen Frequenzbereich dominieren, die Skinverluste sind dagegen vernachlässigbar.

In Abb. 4.20a sind die beiden relevanten Verlustanteile für die Leitermaterialien Kupfer und Aluminium gegenübergestellt. Die rms-Verluste sind bei Kupfer wegen der besseren Leitfähigkeit immer um den Faktor κ_{Al}/κ_{Cu} geringer, bei den Proximityverlusten sieht die Situation anders aus. Nach Abb. 4.10 sind diese Verluste in Aluminium bei dem gewählten Drahtdurchmesser im Frequenzbereich unterhalb von 1,16 MHz kleiner als bei Kupfer, oberhalb ist Kupfer wieder verlustärmer.

Betrachtet man die Gesamtverluste im Teilbild b, dann ergibt sich folgende Situation:

- Mithilfe der in Abb. 4.10 angegebenen Beziehung kann für einen gegebenen Drahtdurchmesser die Frequenz berechnet werden, oberhalb der Kupfer die geringeren Proximityverluste und damit auch die geringeren Gesamtverluste aufweist.
- Unterhalb dieser Grenzfrequenz befindet man sich nach Abb. 4.6 in dem Bereich, in dem die Skinverluste gegenüber den rms-Verlusten noch keine Rolle spielen. Der Wechsel von Kupfer zu Aluminium bedeutet also, dass die rms-Verluste um den Faktor $\kappa_{Cu}/\kappa_{Al} \approx 56/35 = 1,6$ steigen, während die Proximityverluste im günstigsten Fall um den Faktor $0{,}625 = 1/1{,}6$ sinken. Der Einfluss auf die Gesamtverluste hängt al-

so von dem Verhältnis der beiden Verlustmechanismen zueinander ab. Falls in diesem Frequenzbereich beim Kupferdraht $P_{rms}/P_{prox} < 0{,}625$ gilt, sind die Gesamtverluste in Aluminium geringer.

- Bei niedrigen Frequenzen dominieren die rms-Verluste und damit ist Kupfer in diesem Bereich immer verlustärmer als Aluminium.

Schlussfolgerung

Resultierend lässt sich festhalten, dass in einem mittleren Frequenzbereich die Möglichkeit gegeben ist, dass die Wicklungsverluste in Aluminiumleitern sogar geringer werden können als bei Kupferleitern. Notwendige Voraussetzungen dafür sind, dass die Frequenz unterhalb der genannten Grenze liegt und dass das Verhältnis der rms- zu den Proximityverlusten bei Kupfer unterhalb von 0,625 liegt.

4.4 Die Verwendung von HF-Litzen

Bevor wir uns mit den Verlusten in den Litzen beschäftigen, sollen zunächst einige in diesem Zusammenhang verwendete Begriffe erläutert werden. Ein Litzenbündel entsteht, wenn mindestens 2 bis maximal mehrere 100 lackierte Kupferdrähte verdrillt bzw. verflochten werden. Dieses Gebilde bezeichnet man im deutschen Sprachraum als Litze, Hochfrequenzlitze oder Litzendraht. Der Begriff Litze wird aber sehr oft auch in der Kabelindustrie verwendet. Dort beschreibt er die Verarbeitung von nicht lackierten Kupferadern zu Kabeln. Zur Unterscheidung von den Produkten der Kabelbranche hat sich daher die Verwendung des Wortes Hochfrequenzlitze (HF-Litze) durchgesetzt. Im englischen Sprachgebrauch findet man häufig die Bezeichnungen *stranded wire*, *twisted wire* oder *litz wire*, wobei sich die unterschiedlichen Begriffe auf unterschiedliche Realisierungen beziehen. Als twisted wire bezeichnet man oft Drähte, bei denen die Einzeladern lediglich verdrillt sind. In diesem Fall wechseln die Einzeladern längs des Drahtes zwar ihre Position im Drahtquerschnitt, aber immer nur so, dass sie gleichbleibenden Abstand zum Drahtmittelpunkt behalten. Bei den im Folgenden betrachteten HF-Litzen sind die Einzeldrähte miteinander verflochten oder verdrillt in mehreren Unterverseilungen, d. h. sie nehmen im statistischen Mittel auf einer bestimmten Länge des Drahtes gleich oft jede Position im Drahtquerschnitt an, sowohl in der Mitte als auch am Rand des Drahtes.

4.4.1 Die Charakterisierung von HF-Litzen

Die wichtigsten Parameter zur Charakterisierung von HF-Litzen sind die Anzahl der verwendeten Einzeldrähte (strands), der Einzeldrahtdurchmesser sowie Schlaglänge und Schlagrichtung. Weitere Merkmale sind die Querschnittsform des gesamten Litzebündels, z. B. mit kreisförmigem oder auch rechteckförmigem Außenprofil sowie die verwendeten

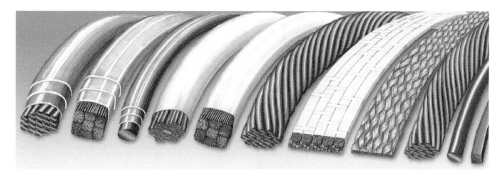

Abb. 4.21 Eine Auswahl von unterschiedlichen HF-Litzen

Abb. 4.22 Zur Erklärung
der Begriffe Schlaglänge und
Schlagrichtung

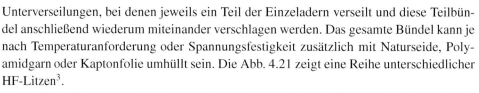

Unterverseilungen, bei denen jeweils ein Teil der Einzeladern verseilt und diese Teilbündel anschließend wiederum miteinander verschlagen werden. Das gesamte Bündel kann je nach Temperaturanforderung oder Spannungsfestigkeit zusätzlich mit Naturseide, Polyamidgarn oder Kaptonfolie umhüllt sein. Die Abb. 4.21 zeigt eine Reihe unterschiedlicher HF-Litzen[3].

Die Begriffe Schlaglänge und Schlagrichtung werden in Abb. 4.22 verdeutlicht. Der dunkel eingefärbte Draht benötigt die Strecke von z. B. 40 mm für einen Schlag, d. h. für eine Drehung um 360° innerhalb der Litze. Die Schlagrichtung, auch Dreh- oder Drallrichtung genannt, wird im rechten Teilbild beschrieben. Werden die einzelnen Drähte einer HF-Litze so verseilt, dass eine Drehung vom Betrachter weg im Uhrzeigersinn erfolgt, spricht man von Z-Schlag oder rechtsgängiger HF-Litze. Entsprechendes gilt für den S-Schlag. Diese Festlegung macht die eindeutige Bestimmung der Schlagrichtung möglich. Als Vorteil erweist sich dabei die Unabhängigkeit vom Standort des Betrachters.

In der Norm [2] werden Empfehlungen für zu verwendende Schlaglängen gegeben. Die Schlaglänge sollte 60 mm bei vorgegebener Schlagrichtung S nicht überschreiten. In der Praxis spielen aber sowohl bei der Schlaglänge als auch bei der Schlagrichtung immer die kundenspezifischen Festlegungen eine Rolle. Eine Standardisierung ist durch die vielen unterschiedlich aufgebauten Wickelgüter der Endabnehmer nicht immer möglich. Entscheidend bei der Festlegung bleiben die Anzahl der verwendeten Einzeldrähte und deren Durchmesser. Großen Einfluss auf die zu verwendende Schlaglänge hat aber die äuße-

---

[3] Aus dem Angebot der Firma Pack-Feindrähte, Gummersbach.

re Isolierung der Hochfrequenzlitze. Diese Umhüllung hält den Drahtverbund zusätzlich zusammen und erlaubt die Realisierung größerer Schlaglängen.

Mit zunehmender Anzahl der Einzeldrähte innerhalb des Litzenverbundes wird die Festlegung der Schlaglänge und Schlagrichtung komplizierter. Bei einer $80 \times 0{,}10\,\mathrm{mm}$ Litze handelt es sich um eine mehrfach verseilte HF-Litze. Im Gegensatz dazu steht als Beispiel die einfach verseilte $15 \times 0{,}10\,\mathrm{mm}$ Litze. Der Aufbau mehrfach verseilter Hochfrequenzlitzen kann sehr unterschiedlich sein. Die sogenannte erste Verseilung erfolgt beispielsweise mit 20 Drähten als $20 \times 0{,}10\,\mathrm{mm}$. Als Schlaglänge wird 20 mm gewählt. Die Schlagrichtung ist vorzugsweise S. Im nächsten Verseilschritt werden 4 Litzenbündel zu einer $80 \times 0{,}10\,\mathrm{mm}$ ($4 \times 20 \times 0{,}10\,\mathrm{mm}$) Litze zusammengefügt. Für die Schlagrichtung sind die Kombinationen SS oder SZ möglich.

Der spezielle Aufbau der HF-Litzen hat verglichen mit dem Volldraht einige Konsequenzen für die Realisierung induktiver Bauteile, die unter Umständen beachtet werden müssen. Neben dem unterschiedlichen Verhalten in Bezug auf die Hochfrequenzverluste, die in den folgenden Abschnitten betrachtet werden und ein wesentliches Argument für die Verwendung von HF-Litzen sind, besteht der größte Unterschied darin, dass die Querschnittsfläche bei gleichem Kupfergesamtquerschnitt gegenüber dem Volldraht deutlich ansteigt. Infolge der Isolation der einzelnen Adern und der Lücken zwischen den Adern sinkt der prozentual nutzbare Kupferquerschnitt. Dieser Effekt wird umso ausgeprägter, je mehr Ebenen von Unterverseilungen verwendet werden. Das bedeutet, dass weniger Windungen auf dem Wickelkörper untergebracht werden können und dass bei bereits voller Ausnutzung des Wickelfensters eine weitere Verfeinerung der HF-Litze durch noch dünnere Einzeldrähte nur durch eine Reduzierung der Adernzahl erreicht werden kann. Eine weitere Reduzierung der Hochfrequenzverluste führt dann zwangsläufig zu steigenden rms-Verlusten. Ein weiterer Effekt ist die infolge der Verflechtung zunehmende Drahtlänge bei den HF-Litzen, die im Bereich 1–2 % liegt und den Gleichstromwiderstand entsprechend erhöht. Diese Längenkorrektur kann bei den Berechnungen zwar berücksichtigt werden, spielt in der Verlustbilanz aber eine untergeordnete Rolle.

Ein weiteres wichtiges Thema bei der Verwendung von Litzen ist die Anschlussproblematik. Jede am Windungsende nicht kontaktierte Ader verursacht zwar Proximityverluste, trägt aber nicht zum Leitungsstrom bei und erhöht damit den Widerstand. Ähnlich verhält es sich mit einzelnen Adern, die infolge mechanischer Beanspruchung gebrochen sind. Und schließlich spielt auch das Thema Wärmeabfuhr eine Rolle. Bei Litzen ist der thermische Widerstand quer zum Wickelpaket sehr groß, so dass eine effektive Kühlung zum Problem werden kann.

4.4.2 Hochfrequenzverluste in idealen HF-Litzen

Ein wichtiges Design-Kriterium bei induktiven Komponenten ist die Minimierung der Verluste. Nach Gl. (4.15) ist eine Reduzierung der rms-Verluste bei gegebenem Effektivwert des Stroms nur durch eine Reduzierung des Gleichstromwiderstands R_0 zu erreichen.

Abb. 4.23 Querschnitt der zu
vergleichenden Leiteranord-
nungen

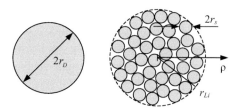

Die zusätzlichen Skinverluste können aber minimiert werden, wenn es gelingt, den Kupferquerschnitt durch eine dem Draht aufgezwungene homogenere Stromdichteverteilung besser auszunutzen. Die Stromverdrängung an die Drahtoberfläche wird bei den aus vielen einzelnen, gegeneinander elektrisch isolierten dünnen Drähten bestehenden HF-Litzen dadurch reduziert, dass diese Adern untereinander auf geeignete Weise verschlagen werden. Das Verhalten einer ideal verschlagenen HF-Litze, d. h. einer Litze, bei der jede einzelne Ader mit jeder anderen auf einer genügend kurzen Drahtlänge ihren Platz tauscht, ist dadurch gekennzeichnet, dass sich der Gesamtstrom gleichmäßig auf alle Adern aufteilt. Bei den zu Beginn des Abschn. 4.4 beschriebenen twisted wires wird dieser Effekt nicht erreicht, da die Einzeladern ihren Abstand zum Mittelpunkt des Bündels beim Verdrillen nicht ändern. Damit bleibt der sich über das Gesamtbündel einstellende Skineffekt erhalten. Eine Reduzierung ist in diesem Fall nur bei den Proximityverlusten zu erwarten.

Im folgenden Abschnitt soll untersucht werden, welchen Einfluss der Adernradius r_s und die Anzahl der Adern N auf die Verluste in der HF-Litze haben. Die Ergebnisse sollen mit dem Volldraht verglichen werden, wobei jeweils gleicher Kupfergesamtquerschnitt zugrunde gelegt wird. R_0 ist also in allen Fällen gleich und nach Abb. 4.23 gilt der Zusammenhang $\pi r_D^2 = N\pi r_s^2$. Der Radius einer einzelnen Ader ist dann durch $r_s = r_D/\sqrt{N}$ gegeben.

4.4.2.1 Die rms- und Skinverluste in idealen HF-Litzen

Die Berechnung der Verluste in der idealen HF-Litze erfolgt unter der bereits genannten Voraussetzung, dass sich der Gesamtstrom gleichmäßig auf die N Adern (strands) aufteilt, d. h. $I_{rms,strand} = I_{rms}/N$. Das bedeutet aber, dass der Skineffekt bezogen auf das Gesamtbündel, d. h. die Verlagerung des Stroms von den inneren zu den äußeren Adern, vernachlässigt werden kann. Da der Widerstand der einzelnen Ader $R_{0,strand} = NR_0$ beträgt, liefert die Summation der rms-Verluste über alle Adern

$$P_{rms} = \left(\frac{I_{rms}}{N}\right)^2 NR_{0,strand} = I_{rms}^2 R_0 \tag{4.62}$$

die gleichen rms-Verluste wie beim Runddraht. Bei der Berechnung der Skinverluste wird von Gl. (4.10) ausgegangen, die für eine einzelne Ader den Wert

$$P_{skin,strand} = \left(\frac{I_{rms}}{N}\right)^2 R_{0,strand}(F_{s,strand} - 1) \tag{4.63}$$

liefert. Bei der Summation über alle Adern verschwindet der Parameter N in der Gleichung

$$P_{skin,Litze,ideal} = I_{rms}^2 R_0 \left(F_{s,strand} - 1 \right), \tag{4.64}$$

so dass sich die Skinverluste des Litzedrahtes von denen des Runddrahtes durch den in der Gleichung zu verwendenden, für eine Ader des Radius r_s gültigen Skinfaktor

$$F_{s,strand} = \frac{1}{2} \text{Re} \left\{ \frac{\alpha r_s \mathrm{I}_0 \left(\alpha r_s \right)}{\mathrm{I}_1 \left(\alpha r_s \right)} \right\} \tag{4.65}$$

unterscheiden. Dieser wird aber wegen $r_s = r_D / \sqrt{N}$ wesentlich kleiner als beim Volldraht, so dass die Skinverluste in der HF-Litze deutlich niedriger ausfallen. Bei kleinen Argumenten $r_D / \delta = (\sqrt{N}) r_s / \delta < 1$ nimmt der Skinfaktor nach Abb. 4.5 jeweils den Wert 1 an und es verbleiben allein die in beiden Fällen gleich großen rms-Verluste. Betrachten wir jedoch die Approximation des Skinfaktors für große Argumente, dann nimmt das Verhältnis der Bessel-Funktionen nach Abb. 14.4 wegen $\mathrm{I}_0(x + \mathrm{j}\,x) \approx \mathrm{I}_1(x + \mathrm{j}\,x)$ für $x \gg 1$ den Wert 1 an und für das Verhältnis der bisher berechneten Gesamtverluste gilt näherungsweise die Beziehung

$$\frac{P_{Litze}}{P_{Runddraht}} = \frac{I_{rms}^2 R_0 F_{s,strand}}{I_{rms}^2 R_0 F_s} = \frac{r_s}{r_D} = \frac{1}{\sqrt{N}} \quad \text{für} \quad \frac{r_s}{\delta} = \frac{r_D}{\sqrt{N}\delta} \gg 1. \tag{4.66}$$

In der Abb. 4.24 ist dieser Faktor eingetragen. Die bisher betrachteten Verluste sind damit in einer HF-Litze kleiner als beim Runddraht, der formal als Sonderfall $N = 1$ betrachtet werden kann, und sie sind umso geringer, je größer die Anzahl der Adern ist. Die Reduzierung der Verluste lässt sich sehr einfach mithilfe der Abb. 4.5 abschätzen. In beiden Fällen (Runddraht bzw. HF-Litze) werden die gleichen rms-Verluste $I_{rms}^2 R_0$ mit einem Skinfaktor multipliziert. Während beim Runddraht der Wert F_s an der Stelle r_D / δ in der Abbildung abgelesen wird, wird für eine HF-Litze mit N Adern der Faktor an der Stelle $r_s / \delta = r_D / (\delta \sqrt{N})$, also entsprechend weiter links abgelesen.

Dieser offensichtliche Vorteil der HF-Litzen reduziert sich aber infolge des sogenannten inneren Proximityeffekts. Dieser wird dadurch hervorgerufen, dass sich jede einzelne Ader in dem von den Nachbaradern verursachten Magnetfeld befindet. Durch die gleichmäßige Stromaufteilung zwischen den Adern stellt sich entsprechend Abb. 4.1 eine vom Mittelpunkt des Bündels zu dessen Oberfläche hin näherungsweise linear ansteigende Feldstärke ein. Bezeichnet d den über das Litzebündel gemittelten Wert für den Mittelpunktsabstand zweier benachbarter Adern innerhalb der HF-Litze, dann kann der in Abb. 4.23 definierte Radius der Litze r_{Li} durch die Beziehung

$$r_{Li} = d \sqrt{\frac{N \sqrt{3}}{2\pi}} \tag{4.67}$$

beschrieben werden. Die Magnetfeldverteilung innerhalb der HF-Litze ist dann nach Gl. (1.20) näherungsweise durch die Beziehung

$$\widehat{\vec{\mathbf{H}}}(\rho) = \vec{\mathbf{e}}_\varphi \frac{\hat{i}\,\rho}{2\pi\, r_{Li}^2} \tag{4.68}$$

gegeben. Die inneren Proximityverluste $P_{prox,in}$ können nun mithilfe der Gl. (4.32) berechnet werden, indem die Verluste mit der Feldstärke (4.68) über alle Adern integriert werden. Setzt man die Feldstärke (4.68) in die Beziehung für die Verluste pro Flächeneinheit ein

$$\frac{P_{prox,in}(\rho)}{\text{Fläche}} = \frac{l}{\kappa}\hat{H}(\rho)^2 \frac{D_{s,strand}}{A_{strand}} = \frac{l}{\kappa}\hat{H}(\rho)^2 \frac{N}{\pi\, r_{Li}^2} D_{s,strand}\,, \tag{4.69}$$

dann lässt sich das entstehende Integral unmittelbar auswerten

$$P_{prox,in} = \frac{l}{\kappa}\frac{N}{\pi\, r_{Li}^2} D_{s,strand} \int\limits_0^{2\pi}\int\limits_0^{r_{Li}}\left(\frac{\hat{i}\,\rho}{2\pi\, r_{Li}^2}\right)^2 \rho\,\mathrm{d}\rho\,\mathrm{d}\varphi = \frac{\hat{i}^2}{2}\frac{N\,l}{4\pi^2\kappa\, r_{Li}^2} D_{s,strand}\,. \tag{4.70}$$

Mit dem Gleichstromwiderstand des gesamten Litzebündels

$$R_0 = \frac{l}{\kappa\,\pi\, r_D^2} = \frac{l}{\kappa\, N\,\pi\, r_s^2} \tag{4.71}$$

können die inneren Proximityverluste in ähnlicher Weise wie die Skinverluste in Gl. (4.10) als die mit einem Faktor multiplizierten rms-Verluste dargestellt werden

$$P_{prox,in} = I_{rms}^2 R_0 \frac{N^2 r_s^2 D_{s,strand}}{4\pi\, r_{Li}^2} \overset{(4.32)}{=} I_{rms}^2 R_0 \frac{N^2 r_s^2}{2 r_{Li}^2}\mathrm{Re}\left\{\frac{\alpha r_s \mathrm{I}_1(\alpha r_s)}{\mathrm{I}_0(\alpha r_s)}\right\}. \tag{4.72}$$

Diese Näherungsbeziehung gilt für große Werte N, bei denen die Feldstärkeverteilung hinreichend gut durch die Gl. (4.68) beschrieben wird. Bei nur wenigen Adern ist diese Voraussetzung nicht mehr erfüllt und die Rechnung wird wesentlich aufwändiger, da die wirkliche zweidimensionale Verteilung

$$\vec{\mathbf{H}}(\rho,\varphi) = \vec{\mathbf{e}}_\rho H_\rho(\rho,\varphi) + \vec{\mathbf{e}}_\varphi H_\varphi(\rho,\varphi) \tag{4.73}$$

innerhalb der HF-Litze zugrunde gelegt werden muss. Durch eine leichte Modifikation der Beziehung (4.72), in der ein Faktor N durch $N-1$ ersetzt wird, kann die Beschreibung der inneren Proximityverluste bei kleiner Anzahl der Adern wesentlich verbessert werden. Dies hat praktisch keinen Einfluss bei großen Werten N, liefert aber im Grenzfall $N = 1$ den richtigen Wert $P_{prox,in}(N = 1) = 0$.

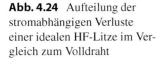 **Abb. 4.24** Aufteilung der stromabhängigen Verluste einer idealen HF-Litze im Vergleich zum Volldraht

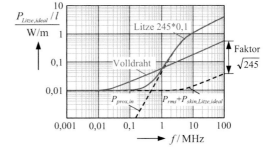

Zu den bisherigen Verlusten (4.62) und (4.64) kommen also bei HF-Litze noch die Anteile (4.72) hinzu. Zusammenfassend erhalten wir bei der idealen Litze für die Summe aus rms-, Skin- und inneren Proximityverlusten das Ergebnis

$$P_{Litze,ideal} = I_{rms}^2 R_{ideal} = I_{rms}^2 R_0 F_{l,ideal} \quad \text{mit} \quad F_{l,ideal} = \frac{R_{ideal}}{R_0} . \tag{4.74}$$

Der Skinfaktor der idealen Litze ist durch die Beziehung

$$F_{l,ideal} = \frac{1}{2} \text{Re} \left\{ \alpha r_s \left[\frac{I_0(\alpha r_s)}{I_1(\alpha r_s)} + \frac{N(N-1) r_s^2}{r_{Li}^2} \frac{I_1(\alpha r_s)}{I_0(\alpha r_s)} \right] \right\} \tag{4.75}$$

gegeben. Die Gl. (4.74) ist völlig identisch aufgebaut zur Gl. (4.9).

Um den Einfluss der einzelnen Beiträge besser einordnen zu können, zeigt die Abb. 4.24 für einen Strom mit Effektivwert $I_{rms} = 1\,$A die Verluste in einer HF-Litze im Vergleich zum Volldraht bei gleichem Kupferquerschnitt. Der Kurvenverlauf ist damit nach Gl. (4.74) auch identisch zum frequenzabhängigen Verlauf des Widerstands R_{ideal}. Im unteren Frequenzbereich verhalten sich die Drähte wegen der dominierenden rms-Verluste gleich. Die erzwungene homogenere Stromverteilung über den Gesamtquerschnitt führt bei der Litze über einen großen Frequenzbereich zu einem wesentlich geringeren Widerstand. Dieser Effekt lässt sich auch damit begründen, dass das Verhältnis von Eindringtiefe zu Drahtradius bei den Litzeadern wesentlich größer ist als beim Volldraht und der Skineffekt erst bei wesentlich höheren Frequenzen einsetzt. Dieser Unterschied ist an der flach verlaufenden gestrichelten Kurve zu erkennen. Die Verluste infolge des inneren Proximityeffekts, ebenfalls dargestellt als gestrichelte Kurve, sind dafür verantwortlich, dass die Gesamtverluste in der HF-Litze oberhalb einer charakteristischen Frequenz die Verluste eines Volldrahts mit gleichem Kupferquerschnitt übersteigen. Die Vorteile einer Litze gegenüber dem Volldraht sind also auf einen von den Litzeparametern abhängigen Frequenzbereich beschränkt.

4.4.2.2 Die Proximityverluste in idealen HF-Litzen
Bei der Berechnung der äußeren Proximityverluste in den Litzen stehen wir vor einem weiteren Problem. Das externe Magnetfeld induziert Wirbelströme in den Einzeladern,

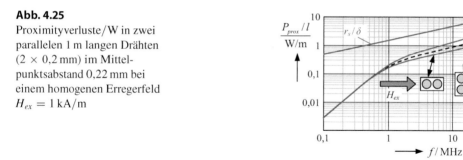

Abb. 4.25
Proximityverluste/W in zwei
parallelen 1 m langen Drähten
(2 × 0,2 mm) im Mittel-
punktsabstand 0,22 mm bei
einem homogenen Erregerfeld
$H_{ex} = 1\,\text{kA/m}$

die ihrerseits ein Magnetfeld erzeugen, das sich dem externen Feld bei den jeweiligen Nachbaradern überlagert. Zum leichteren Verständnis dieser so entstehenden Wechselwirkung zwischen den Adern betrachten wir zwei Einzeladern, die im ersten Fall bezogen auf die Richtung des externen Magnetfelds hintereinander und im zweiten Fall nebeneinander angeordnet sind. Nach den Erklärungen zu Abb. 4.7b müssen die Verluste beim ersten Fall infolge des reduzierten Außenfelds geringer sein, beim zweiten Fall dagegen höher. Ein Zahlenbeispiel ist in Abb. 4.25 angegeben. Dieser Kurvenverlauf entspricht dem Proximityfaktor in Abb. 4.8 mit der doppelt logarithmischen Darstellung. Die angenommene Richtung des externen Feldes ist durch den Pfeil gekennzeichnet. Ohne Berücksichtigung der gegenseitigen Beeinflussung, d. h. die Verluste eines Einzelleiters werden mit dem Faktor 2 multipliziert, ergibt sich die dazwischen liegende gestrichelt gezeichnete Kurve.

Die Ergebnisse in Abb. 4.25 lassen erkennen, dass bei idealen Litzen mit nur wenigen Adern sowie bei Profillitzen mit ausgeprägt rechteckförmiger Struktur die Richtung des externen Feldes einen nicht zu vernachlässigenden Einfluss auf die Verluste hat. Bei Rundlitzen mit vielen Adern bzw. bei Wicklungen, in denen die Litzen einzeln nebeneinander und mehrlagig übereinander gewickelt werden, heben sich diese Einflüsse gegenseitig auf.

Der zeitliche Mittelwert der Proximityverluste in idealen HF-Litzen kann dann in Analogie zur Gl. (4.32) mithilfe der Beziehung

$$P_{prox,ideal} = \frac{l}{\kappa}\hat{H}_{ex}^2 D_{l,ideal} \quad \text{mit} \quad D_{l,ideal} = 2\pi N\,\text{Re}\left\{\frac{\alpha r_s \text{I}_1\,(\alpha r_s)}{\text{I}_0\,(\alpha r_s)}\right\} \tag{4.76}$$

berechnet werden, in der wieder r_s den Radius einer einzelnen Ader und N die Anzahl der Adern in der HF-Litze bezeichnen.

4.4.2.3 Die Orthogonalität der internen und externen Proximityverluste

In der Praxis treten der Strom durch eine Litze und das externe Magnetfeld infolge der Ströme in den Nachbarwindungen gleichzeitig auf. In den letzten beiden Abschnitten haben wir die Proximityverluste je nach Herkunft des äußeren Feldes in zwei Anteile zerlegt und bei der Bestimmung der Gesamtverluste einfach addiert. Die inneren Proximityverluste als Folge des Feldes von den Nachbaradern in der gleichen Windung sind in dem Skinfaktor $F_{l,ideal}$ enthalten, die externen Proximityverluste als Folge des Feldes von den

Nachbarwindungen werden formelmäßig durch den Proximityfaktor $D_{l,ideal}$ erfasst. Um die Verluste in einer Ader korrekt zu berechnen müssten wir die Summe der beiden Felder gleichzeitig betrachten, und das bedeutet, dass beim Quadrieren ein gemischtes Glied auftritt, das bei der Summation der einzelnen Verlustanteile gemäß den Gln. (4.74) und (4.76) aber fehlt. Damit stellt sich die Frage nach der Gültigkeit der bisherigen Verlustaufteilung.

Bezogen auf ein zylindrisches Koordinatensystem mit dem Ursprung im Mittelpunkt der Litze ist das von dem Strom in der Litze erzeugte und für die inneren Proximityverluste verantwortliche Magnetfeld unter den beiden Voraussetzungen, dass die Litze eine kreisförmige Querschnittsfläche aufweist und dass man die Feinstruktur der Litze außer Acht lässt, φ-gerichtet und von der Koordinate φ selbst unabhängig. Das externe Magnetfeld ist aber bezüglich dieser Koordinate φ periodisch mit 2π. Diese Aussage gilt sowohl für den Fall eines homogenen als auch eines inhomogenen externen Magnetfelds. Die beschreibenden Funktionen für diese beiden Fälle sind also wieder orthogonal zueinander. Dieser bereits in [4] angegebene Zusammenhang ist identisch zu der Skin- und Proximityverlustberechnung beim Volldraht. Unter den genannten Voraussetzungen dürfen diese beiden Verlustanteile also unabhängig voneinander berechnet und anschließend addiert werden.

4.4.3 Hochfrequenzverluste in realen HF-Litzen

Die bisherigen Verlustbetrachtungen sind aber für die Praxis noch nicht allgemein anwendbar. Da die HF-Litzen an ihren Enden verlötet, d. h. alle Adern elektrisch leitend miteinander verbunden werden, können sich Schleifenströme ausbilden, die in einer Ader in die eine Richtung und in einer anderen Ader in die entgegengesetzte Richtung fließen. In diesem Fall verschwindet das über die Querschnittsfläche einer Ader gebildete Integral der Proximityströme nicht mehr, d. h. die Bedingung, dass alle Adern gleichberechtigt sind und die Litze als „ideale Litze" angesehen werden kann, gilt nicht mehr.

Als zweiten Grenzfall neben der idealen (perfekt verschlagenen) HF-Litze betrachten wir zunächst eine Situation, bei der die Adern nicht verschlagen sind und somit parallel verlaufen. Dieser Fall tritt z. B. auf, wenn die Länge der HF-Litze zwischen den verlöteten Enden kurz ist verglichen mit der Schlaglänge. Die Skin- und Proximityverluste können in diesem Fall wie bei einem Runddraht berechnet werden, sofern man zwei Anpassungen vornimmt. Zum einen muss der gegenüber dem Volldraht größere Gesamtquerschnitt des Bündels r_{Li} zugrunde gelegt werden. Zum anderen resultiert wegen des identischen Gleichstromwiderstandes R_0 eine im Mittel geringere spezifische Leitfähigkeit κ_{Li}. Bezeichnet d wieder den mittleren Abstand zwischen zwei benachbarten Adern, dann kann durch Gleichsetzen der Gleichstromwiderstände die mittlere spezifische Leitfähigkeit

$$\kappa \pi r_D^2 = \kappa_{Li} \pi r_{Li}^2 \quad \rightarrow \quad \kappa_{Li} = \kappa \frac{2\pi r_s^2}{\sqrt{3} d^2}, \quad \alpha_{Li} = (1+\mathrm{j}) \sqrt{\pi f \kappa_{Li} \mu_0} \qquad (4.77)$$

Abb. 4.26 Vergleich von idealer HF-Litze ($15 \times 0{,}1$ mm), realer HF-Litze und parallel geführten Einzeldrähten (Summe aus rms-, Skin- und inneren Proximityverlusten)

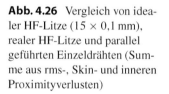

angegeben werden. Die Summe aus rms- und Skinverlusten ist für die parallel verlaufenden Adern nach Gl. (4.10) durch

$$P_{rms+skin,par} = I_{rms}^2 R_{par} = I_{rms}^2 R_0 F_{s,par} \quad \text{mit} \quad F_{s,par} = \frac{1}{2}\text{Re}\left\{\alpha_{Li} r_{Li} \frac{\text{I}_0\,(\alpha_{Li} r_{Li})}{\text{I}_1\,(\alpha_{Li} r_{Li})}\right\} \quad (4.78)$$

gegeben. Mit Gl. (4.77) gilt aber $\alpha_{Li}\, r_{Li} = \alpha\, r_D$, so dass die Summe dieser Verluste bei den parallel verlaufenden Adern und beim äquivalenten Volldraht identisch sind

$$P_{rms+skin,par} = I_{rms}^2 R_0 \frac{1}{2}\text{Re}\left\{\alpha r_D \frac{\text{I}_0\,(\alpha r_D)}{\text{I}_1\,(\alpha r_D)}\right\}. \quad (4.79)$$

Für die Proximityverluste infolge eines externen Felds gilt mit Gl. (4.32)

$$P_{prox,par} = \frac{l}{\kappa_{Li}}\hat{H}_{ex}^2 D_{s,par} \quad \text{mit} \quad D_{s,par} = D_s = 2\pi\text{Re}\left\{\frac{\alpha r_D \text{I}_1\,(\alpha r_D)}{\text{I}_0\,(\alpha r_D)}\right\}. \quad (4.80)$$

Diese Verluste sind infolge der im Nenner stehenden geringeren Leitfähigkeit κ_{Li} größer als beim Volldraht. Abb. 4.26 zeigt die frequenzabhängigen Widerstände für eine $15 \times 0{,}1$ mm-Litze. R_{ideal} kennzeichnet die nach Gl. (4.74) berechnete ideale HF-Litze, R_{par} ist nach Gl. (4.78) berechnet für den Fall paralleler Einzeldrähte und die dazwischenliegende Kurve ist der Messwert für die reale HF-Litze.

Es ist natürlich zu erwarten, dass der frequenzabhängige Widerstand der realen HF-Litze zwischen den beiden Grenzfällen liegt. Ausgehend von dem gemeinsamen Schnittpunkt der drei Kurven bietet sich die Möglichkeit, die HF-Litze mithilfe eines einzigen Parameters λ_s durch eine Linearkombination der beiden Grenzfälle zu beschreiben

$$P_{Litze,real} = I_{rms}^2 R_{real} = I_{rms}^2 \left[\lambda_s R_{ideal} + (1 - \lambda_s)\, R_{par}\right] = I_{rms}^2 R_0 F_{l,real}. \quad (4.81)$$

Den Skinfaktor für die reale Litze erhalten wir mit den Gln. (4.75) und (4.79)

$$F_{l,real} = \frac{1}{2}\text{Re}\left\{\lambda_s \alpha r_s \left[\frac{\text{I}_0\,(\alpha r_s)}{\text{I}_1\,(\alpha r_s)} + \frac{N\,(N-1)\,r_s^2}{r_{Li}^2}\frac{\text{I}_1\,(\alpha r_s)}{\text{I}_0\,(\alpha r_s)}\right] + (1 - \lambda_s)\,\alpha r_D \frac{\text{I}_0\,(\alpha r_D)}{\text{I}_1\,(\alpha r_D)}\right\}$$

$$(4.82)$$

mit α nach Gl. (4.5) und mit dem Radius des äquivalenten Volldrahts $r_D = r_s \sqrt{N}$.

Der Wert λ_s kann als Qualitätsparameter angesehen werden: $\lambda_s = 1$ bedeutet eine ideale HF-Litze, $\lambda_s = 0$ eine Anordnung aus parallelen Adern.

Die Untersuchung der Proximityverluste einer realen HF-Litze zeigt, dass auch diese in der gleichen Weise aus den beiden Grenzfällen mit einem jedoch anderen Qualitätsparameter λ_p zusammengesetzt werden können. In einer realen HF-Litze gilt resultierend die Näherungsbeziehung

$$P_{prox,real} = \lambda_p P_{prox,ideal} + \left(1 - \lambda_p\right) P_{prox,par} = \frac{l}{\kappa} \hat{H}_{ex}^2 D_{l,real} \tag{4.83}$$

mit dem Proximityfaktor für die reale Litze nach Gl. (4.76) und Gl. (4.80)

$$D_{l,real} = 2\pi \operatorname{Re} \left\{ \lambda_p N \frac{\alpha r_s \mathrm{I}_1\left(\alpha r_s\right)}{\mathrm{I}_0\left(\alpha r_s\right)} + \left(1 - \lambda_p\right) \frac{r_{Li}^2}{r_D^2} \frac{\alpha r_D \mathrm{I}_1\left(\alpha r_D\right)}{\mathrm{I}_0\left(\alpha r_D\right)} \right\}. \tag{4.84}$$

Die Erweiterung der beiden Gln. (4.81) und (4.83) auf nicht sinusförmige periodische Ströme erfolgt in der gleichen Weise wie in Gl. (4.49), nämlich durch eine zusätzliche Summation über die Beiträge aller Oberschwingungen.

4.4.4   Die Qualitätsparameter von HF-Litzen

Die beiden Parameter λ_s und λ_p hängen von dem internen Aufbau der HF-Litzen wie z. B. den Unterverseilungen oder auch dem äußeren Profil der Litze ab. Diese Werte sind theoretisch nur schwer zu erfassen und müssen daher durch zwei unabhängige Messungen bestimmt werden. In [10] sind geeignete Messapparaturen zur getrennten Bestimmung der beiden Qualitätsparameter beschrieben.

Die Messung sehr vieler unterschiedlicher HF-Litzen zeigt, dass der Parameter λ_s innerhalb eines weiten Wertebereichs zwischen 0,15 und 0,9 variieren kann. Abhängig ist das Ergebnis insbesondere von den Kriterien

- wie wird verschlagen,
- welche Teilbündel werden vorab verschlagen und anschließend zusammen verseilt,
- welche Schlaglängen wurden gewählt.

Generell kann festgestellt werden, dass sich bessere HF-Litzen durch eine gleichmäßigere Verteilung der Aufenthaltswahrscheinlichkeit der Adern über den Litzequerschnitt, bezogen auf die Länge des Litzeabschnitts, auszeichnen. Dieses Ziel wird durch eine geeignete Unterverseilung erreicht.

Bei dem Parameter λ_p zeigt sich ein anderes Bild. Alle Messwerte liegen oberhalb von 0,95. Ob sich eine HF-Litze ideal oder doch mehr real verhält wird wesentlich durch den Abstand der Lötstellen, d. h. durch die Länge der Litze in der jeweiligen Wicklung bestimmt. Für Litzeabschnitte mit Längen oberhalb der Schlaglänge nähert sich λ_p dem Wert 1. Der kleinste und damit ungünstigste Wert λ_p stellt sich ein, wenn die dem Feld ausgesetzte Litzenlänge etwa der halben Schlaglänge entspricht. In diesem Fall nehmen die Ströme in den Einzeladern, die sich über die verlöteten Enden schließen, einen Maximalwert an. Der Wert λ_p reduziert sich dann auf etwa 0,9.

Eine weitere Einflussgröße für den Qualitätsparameter λ_p ist die Formstabilität der HF-Litzen. Nicht umsponnene Litzen ändern beim Wickeln ihre äußere Form in Richtung elliptischer Querschnitt. Steht die größere Querschnittsfläche senkrecht zum Magnetfeld, dann nimmt der magnetische Fluss durch die Flächen zwischen den Adern zu und damit steigen die Ausgleichsströme, die sich über die verlöteten Enden schließen. Die doppelt umsponnenen Litzetypen haben den höchsten Qualitätsparameter im Hinblick auf den Proximityeffekt. In realen Wickelpaketen kommt bei diesen Litzetypen als weiterer Vorteil der größere Abstand zwischen den benachbarten Windungen hinzu.

Bei Rechteckprofilen hat die Richtung des externen Felds für den Qualitätsparameter λ_p großen Einfluss. Dringt das externe Feld auf einer Schmalseite in das Litzeprofil ein, wird es von den induzierten Wirbelströmen der Adern besser abgeschirmt als wenn es senkrecht dazu verläuft (vgl. auch Abb. 4.25). Im Wickelpaket wird dieser Effekt durch die Nachbarlitzen allerdings abgeschwächt.

4.4.5 Auswertungen

In diesem Abschnitt wollen wir die Frage untersuchen, wie die Wicklungsverluste von der Anzahl der Einzeladern in den Litzen abhängen. Als Referenz dient der Runddraht mit dem Durchmesser $2r_D = 1$ mm. Da die Ergebnisse direkt als Funktion der Frequenz dargestellt werden sollen, sind die dem Runddraht zugeordneten Kurven F_s und D_s aus Abb. 4.5 und Abb. 4.8 in den folgenden Bildern auf die Frequenzachse umgerechnet. Die Voraussetzung ist wieder, dass alle betrachteten HF-Litzen den gleichen Kupfergesamtquerschnitt aufweisen, der Radius der Einzeladern also durch $r_s = r_D / \sqrt{N}$ gegeben ist.

Die Vorgehensweise bei der Berechnung der Gesamtverluste im Wickelpaket ist praktisch die gleiche wie bereits bei den Volldrähten beschrieben. Es gibt lediglich zwei Unterschiede:

- die Skin- und Proximityfaktoren in den Gln. (4.8) und (4.32) müssen durch die Gln. (4.82) und (4.84) ersetzt werden und
- die in Abschn. 4.2.3 beschriebene Iteration infolge der Rückwirkung der Proximityströme auf das externe Magnetfeld kann entfallen. Wegen der geringen Aderndurchmesser klingt das Feld dieser Ströme mit zunehmendem Abstand noch schneller ab als beim Volldraht und kann daher vernachlässigt werden.

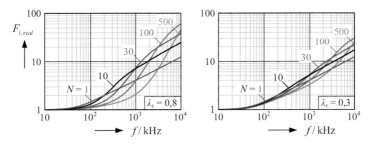

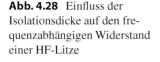

Abb. 4.27 Normierter frequenzabhängiger Widerstand (Skinfaktor) für verschiedene HF-Litzen

Abb. 4.28 Einfluss der
Isolationsdicke auf den frequenzabhängigen Widerstand
einer HF-Litze

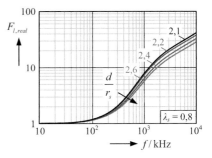

Im ersten Beispiel betrachten wir das Verhältnis $F_{l,real} = R_{real}/R_0$ nach Gl. (4.82) für
verschiedene HF-Litzen. Die Dicke der Lackisolation auf den Einzeladern wird zu $0{,}1r_s$
gewählt, der mittlere Adernabstand beträgt dann $d = 2{,}2r_s$.

Die beiden Teilbilder in Abb. 4.27 unterscheiden sich durch den Qualitätsparameter λ_s.
Bei kleinen Werten λ_s ist der Unterschied zum Volldraht ($N = 1$) nur gering. Im linken
Teilbild dagegen sind die Unterschiede sehr ausgeprägt. Man erkennt, dass der Schnittpunkt mit der Kurve für den Volldraht zu höheren Frequenzen hin verschoben werden
kann, indem die Anzahl der Adern erhöht wird. Je feiner die Litze unterteilt wird, desto
größer wird der Vorteil gegenüber dem Volldraht, und zwar sowohl betragsmäßig als auch
den Frequenzbereich betreffend.

Im nächsten Beispiel soll der Einfluss der Lackisolation auf den Einzeladern betrachtet
werden. Dazu wählen wir die Kurve mit $N = 30$ und $\lambda_s = 0{,}8$ aus dem linken Teilbild von
Abb. 4.27. In Abb. 4.28 wird die Dicke der Isolation zwischen $0{,}05r_s$ und $0{,}3r_s$ variiert.
Mit zunehmender Lackdicke wird der Abstand zwischen den einzelnen Adern größer. Da-
mit steigt der Radius der Litze r_{Li} und die inneren Proximityverluste werden entsprechend
Gl. (4.72) reduziert.

Die folgende Auswertung bezieht sich auf den äußeren Proximityeffekt. Im Gegensatz zum bisher betrachteten Skinfaktor wird jetzt der Proximityfaktor des Volldrahts aus
Abb. 4.8 bzw. nach Gl. (4.32) dem Proximityfaktor $D_{l,real}$ nach Gl. (4.84) und zwar für die
gleichen bereits in Abb. 4.27 zugrunde gelegten HF-Litzen gegenübergestellt.

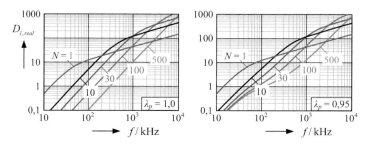

Abb. 4.29 Proximityfaktor für verschiedene HF-Litzen

Das Ergebnis ist sehr ähnlich zur Abb. 4.27. Auch die Verluste infolge externer Magnetfelder werden umso geringer, je feiner die HF-Litze unterteilt ist. Oberhalb einer von der Anzahl der Einzeladern abhängigen Frequenz ist der Volldraht wieder günstiger. Der Unterschied in den beiden Teilbildern ist durch den geänderten Qualitätsparameter λ_p verursacht. Obwohl dieser Wert bei den vermessenen Litzen immer größer als 0,9 ist, zeigt sich, dass auch eine geringe Abweichung vom Idealwert 1 bereits großen Einfluss auf das Verhalten der HF-Litze im unteren Frequenzbereich hat und bei der Verlustbetrachtung berücksichtigt werden muss. Die Ursache lässt sich an den Gln. (4.83) und (4.84) erkennen. Bei der Situation im linken Teilbild mit $\lambda_p = 1$ tritt nur der erste Anteil in der Gleichung $P_{prox,ideal}$ auf. Der durch das nicht ideale Verhalten verursachte Verlustanteil $P_{prox,par}$ ist zahlenmäßig deutlich größer und macht sich schon bei kleinen Werten $(1 - \lambda_p)$ entsprechend stark bemerkbar.

Der begrenzte Frequenzbereich, in dem die HF-Litzen weniger Verluste als der äquivalente Volldraht aufweisen, erfordert eine von der Stromform (Frequenz und Oberwellenspektrum) abhängige Litzenauswahl. Ein wichtiges Kriterium bei dieser Entscheidung ist die Grenzfrequenz f_{gr}, oberhalb der die geringeren Verluste wieder beim Volldraht auftreten. Dieser Wert lässt sich aus den bisherigen Formeln herleiten. Bei $f_{gr,skin}$ müssen der Skinfaktor des Volldrahts F_s nach Gl. (4.8) und der Skinfaktor der realen HF-Litze $F_{l,real}$ nach Gl. (4.82) gleich sein. Einsetzen dieser beiden Ausdrücke liefert das Zwischenergebnis, in dem sich der Parameter λ_s wegkürzt

$$\frac{1}{2}\mathrm{Re}\left\{\alpha r_D \frac{\mathrm{I}_0\left(\alpha r_D\right)}{\mathrm{I}_1\left(\alpha r_D\right)}\right\} = \frac{1}{2}\mathrm{Re}\left\{\alpha r_s \left[\frac{\mathrm{I}_0\left(\alpha r_s\right)}{\mathrm{I}_1\left(\alpha r_s\right)} + \frac{N\left(N-1\right)r_s^2}{r_{Li}^2}\frac{\mathrm{I}_1\left(\alpha r_s\right)}{\mathrm{I}_0\left(\alpha r_s\right)}\right]\right\}. \qquad (4.85)$$

Auf der linken Gleichungsseite steht der Skinfaktor des Volldrahts, in dem Ausdruck auf der rechten Seite sind Skin- und Proximityfaktor für die einzelne Ader enthalten. Betrachten wir jetzt z. B. die Abb. 4.27 (oder noch besser Abb. 4.29), dann ist zu erkennen, dass sich bei den Schnittpunkten die Kurve für den Volldraht im oberen Frequenzbereich (Steigung mit $\sqrt{f}$) und bei den Litzen die Kurven im unteren Frequenzbereich (Steigung mit f^2) befinden. Ersetzen wir also die Ausdrücke in Gl. (4.85) durch die in Abb. 4.5 und

Abb. 4.8 angegebenen Approximationen, dann erhalten wir mit

$$\frac{1}{2}\text{Re}\left\{\alpha r_D \frac{\text{I}_0\left(\alpha r_D\right)}{\text{I}_1\left(\alpha r_D\right)}\right\} \approx 1 + \frac{r_D}{2\delta} - \frac{3}{4} = \frac{1}{4} + \sqrt{N}\frac{r_s}{2\delta} \qquad (4.86)$$

und

$$\frac{1}{2}\text{Re}\left\{\alpha r_s\left[\frac{\text{I}_0\left(\alpha r_s\right)}{\text{I}_1\left(\alpha r_s\right)} + \frac{N\left(N-1\right)r_s^2}{r_{Li}^2}\frac{\text{I}_1\left(\alpha r_s\right)}{\text{I}_0\left(\alpha r_s\right)}\right]\right\} \approx \frac{1}{4} + \frac{r_s}{2\delta} + \frac{N\left(N-1\right)r_s^2}{r_{Li}^2}\frac{1}{4\pi}\frac{\pi}{2}\left(\frac{r_s}{\delta}\right)^4$$
$$(4.87)$$

den Zusammenhang

$$\sqrt{N} - 1 = \frac{N\left(N-1\right)r_s^2}{r_{Li}^2}\frac{1}{4}\left(\frac{r_s}{\delta}\right)^3 \xrightarrow{(4.67)} \frac{1}{\sqrt{N}+1} = \frac{r_s^2}{d^2}\frac{\pi}{2\sqrt{3}}\left(\frac{r_s}{\delta}\right)^3. \qquad (4.88)$$

Mit der Eindringtiefe aus Gl. (4.5) kann dieser Ausdruck nach der Frequenz aufgelöst werden

$$\frac{r_s}{\delta} = \left[\frac{2}{\pi}\frac{\sqrt{3}}{\sqrt{N}+1}\left(\frac{d}{r_s}\right)^2\right]^{1/3} \rightarrow f_{gr,skin} = \left[\frac{2}{\pi}\frac{\sqrt{3}}{\sqrt{N}+1}\left(\frac{d}{r_s}\right)^2\right]^{2/3}\frac{1}{\pi\kappa\mu_0 r_s^2}. $$
$$(4.89)$$

Mit den in Abb. 4.27 verwendeten Daten $r_s = 0,5\,\text{mm}/\sqrt{N}$ und $d = 2,2 r_s$ erhält man die Schnittpunkte mit der Kurve für den Volldraht $N = 1$.

Zur Bestimmung der Schnittpunkte bei den Proximityverlusten in Abb. 4.29 müssen die Proximityfaktoren in Gl. (4.32) und (4.84) gleichgesetzt werden. Mit der Vereinfachung $\lambda_p = 1$ und unter der Voraussetzung, dass der Durchmesser des Volldrahts groß gegenüber der Eindringtiefe ist, d. h. $2r_s\sqrt{N} \gg \delta$, erhält man mit einer ähnlichen Rechnung das Ergebnis

$$\frac{r_s}{\delta} = \left(\frac{4}{\sqrt{N}}\right)^{1/3} \rightarrow f_{gr,prox} = \left(\frac{4}{\sqrt{N}}\right)^{2/3}\frac{1}{\pi\kappa\mu_0 r_s^2}. \qquad (4.90)$$

Schlussfolgerung

Es fällt auf, dass die beiden Grenzfrequenzen $f_{gr,skin}$ und $f_{gr,prox}$ sehr nahe beieinander liegen. Die Auswahl einer HF-Litze muss also nicht davon abhängig gemacht werden, in welchem Verhältnis die einzelnen Verluste (Skin- und innerer Proximityeffekt bzw. äußerer Proximityeffekt) im realen Bauelement zueinander stehen.

4.5 Die Parallelschaltung von Drähten

In diesem Abschnitt wollen wir einige Aspekte im Zusammenhang mit der Parallelschaltung von Drähten diskutieren. Der Grundgedanke besteht darin, durch die Parallelschaltung von N gleichen Drähten den ohmschen Widerstand einer Wicklung und damit die

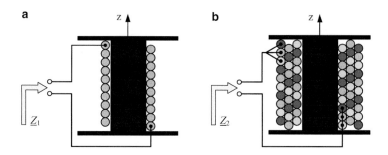

Abb. 4.30 a Wicklung mit Einzeldraht, **b** Wicklung mit drei parallel geschalteten Drähten

Verluste auf $1/N$ des ursprünglichen Wertes zu reduzieren. In der Praxis treten dabei jedoch einige Besonderheiten auf, die diesem Ziel entgegenstehen und die wir an einem konkreten Beispiel untersuchen. Zum Vergleich betrachten wir die beiden Situationen in Abb. 4.30. Der Kupferdraht besitze den Durchmesser d und den Außendurchmesser mit Lackisolation d_a. Der Radius der Windungen in der innersten Lage sei a. Die Wicklung besteht aus $N = 10$ Windungen, im Teilbild a wird nur ein Einzeldraht verwendet, im Teilbild b sind drei Drähte parallel geschaltet. Wir nehmen an, dass genau 10 Drähte in einer Lage untergebracht werden können.

Die Situation mit den parallel geschalteten Drähten ist teilweise vergleichbar mit den Litzen. Da die Drähte an den Enden der Wicklung miteinander verlötet sind, werden geschlossene Schleifen erzeugt, in denen sich unter Umständen Kurzschlussströme ausbilden können. Dieser Fall tritt ein, wenn sich die Flüsse durch die von den Einzeldrähten gebildeten Schleifen unterscheiden. Wenn diese induzierten Ströme in einem Draht hin und in einem anderen Draht zurück fließen, ist die gleichmäßige Aufteilung des Gesamtstroms auf die parallelen Drähte nicht mehr gewährleistet mit entsprechenden Auswirkungen auf die Verlustbilanz.

Zum Vergleich der beiden Anordnungen müssen die in Abb. 4.30 eingetragenen Impedanzen $\underline{Z}_1$ und $\underline{Z}_2$ berechnet werden. Ein einfaches Ersatzschaltbild für die beiden Spulen besteht in einer Reihenschaltung aus einem Widerstand mit einer Induktivität und einem parallel zu den beiden Komponenten angeordneten Kondensator. Nach den Herleitungen in Abschn. 3.1 ist offensichtlich, dass die Wicklungskapazität der Anordnung b wesentlich größer ist als bei der einlagigen Spule in Anordnung a. Diese Situation kann auch umgekehrt sein. Falls die Spule mit nur einem Draht bereits zwei oder mehr Lagen aufweist, dann wird die Kapazität einer Spule mit parallelen Drähten aufgrund der steigenden Lagenzahl nach Abb. 3.10 kleiner werden. Als Konsequenz bleibt festzuhalten, dass der Einfluss auf die Wicklungskapazität und damit auf die Resonanzfrequenz der Spule vom Einzelfall abhängt und von Fall zu Fall getrennt betrachtet werden muss. Bei der folgenden Untersuchung werden wir daher den kapazitiven Einfluss auf die Impedanzen unberücksichtigt lassen.

Die Berechnung der Impedanz $\underline{Z}_1$ wurde bereits ausführlich behandelt, in Abschn. 2.5 wurde die Induktivität berechnet und in den ersten Abschnitten dieses Kapitels der Widerstand bzw. die Verluste. Wir können uns daher auf die Anordnung in Teilbild 4.30b beschränken und die Unterschiede zum Teilbild 4.30a zusammenstellen.

Die Parallelschaltung der drei Drähte entspricht der Parallelschaltung dreier gekoppelter Induktivitäten, die an der gleichen Spannung angeschlossen sind. Für den Sonderfall zeitlich sinusförmiger Größen können wir das folgende Gleichungssystem mit komplexen Amplituden aufstellen

$$\begin{pmatrix} \hat{\underline{u}} \\ \hat{\underline{u}} \\ \hat{\underline{u}} \end{pmatrix} = \begin{pmatrix} R_{11} + j\omega L_{11} & R_{12} + j\omega M_{12} & R_{13} + j\omega M_{13} \\ R_{12} + j\omega M_{12} & R_{22} + j\omega L_{22} & R_{23} + j\omega M_{23} \\ R_{13} + j\omega M_{13} & R_{23} + j\omega M_{23} & R_{33} + j\omega L_{33} \end{pmatrix} \begin{pmatrix} \hat{\underline{i}}_1 \\ \hat{\underline{i}}_2 \\ \hat{\underline{i}}_3 \end{pmatrix}. \quad (4.91)$$

Mit den Widerständen in der Matrix werden die von den drei gegebenenfalls unterschiedlichen Strömen verursachten Verluste erfasst. Das Gleichungssystem entspricht der Gl. (2.28) mit zusätzlichen Widerständen auf den Nebendiagonalen. Auf diese Erweiterung wird nachstehend eingegangen. Da die Aufteilung des Gesamtstroms auf die drei Einzelströme die Verluste und damit die Werte der Widerstände mitbestimmt, läuft die Aufstellung des Gleichungssystems wieder auf ein iteratives Verfahren hinaus. Im ersten Schritt werden ausgehend von einer gleichmäßigen Stromaufteilung mithilfe der Feldverteilung im Wickelpaket die Gesamtverluste und damit die Widerstandswerte bestimmt. Mit dieser Kenntnis kann wegen der drei gleichen Spannungen eine modifizierte Stromaufteilung bestimmt werden, mit der die gesamte Rechnung nochmals wiederholt werden kann. In der Praxis werden sich die Teilströme nicht wesentlich unterscheiden, so dass man auf die Wiederholung dieser Rechnung im Allgemeinen verzichtet.

Schauen wir uns die quantitative Bestimmung der Matrix etwas genauer an. Die Impedanz des i-ten Drahtes $\underline{Z}_{ii} = R_{ii} + j\omega L_{ii}$ wird berechnet, indem die in der Anordnung in Abb. 4.30b vorgegebene Geometrie für diesen Draht zugrunde gelegt wird, s. Abb. 4.31, und alle anderen Ströme mit einem Index verschieden von i zu null gesetzt werden. Die Summe aller entstehenden Verluste, nämlich der rms- und Skinverluste in dem betrachteten Draht sowie aller Proximityverluste auch in den anderen Drähten, werden dem Widerstand R_{ii} zugeordnet. Der rms- und Skinanteil wird nach Gl. (4.8) bestimmt und unterscheidet sich von der Anordnung a durch die geänderte Länge des Drahtes. Ein Vergleich von Abb. 4.31 und Teilbild a in Abb. 4.30 zeigt zwei Ursachen auf, die zu einer größeren Drahtlänge führen. Zum einen liegen einige Windungen in der zweiten und dritten Lage, d. h. der Durchmesser dieser Windungen wird abhängig vom Drahtdurchmesser d_a ansteigen. Zum anderen ist die in Abb. 4.31 eingezeichnete Steigungshöhe h proportional zur Anzahl der parallel geschalteten Drähte, im Teilbild 4.30a gilt $h = d_a$, im Teilbild b dagegen $h = 3d_a$. Die Länge der in Abb. 4.31 markierten ersten Windung kann aus der Beziehung $l = [(2\pi a)^2 + h^2]^{1/2}$ berechnet werden. Für die Gesamtlänge muss über alle Einzelwindungen summiert werden. Aus Teilbild b ist bereits zu erkennen, dass die drei Drähte unterschiedlich auf die Lagen verteilt sind, d. h. die Gesamtlängen und damit auch

Abb. 4.31 Zur Impedanzberechnung für einen Einzeldraht

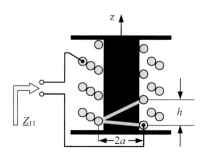

die Gleichstromwiderstände sind bereits unterschiedlich. Die Proximityverluste in allen Windungen können mit den bereits beschriebenen Methoden berechnet werden.

Auf diese Weise können alle Widerstände auf der Hauptdiagonalen bestimmt werden, indem immer nur für einen der Ströme ein von null verschiedener Wert angenommen wird.

Die Berechnung der Induktivität kann für einen runden Wickelkörper mit Gl. (2.42) erfolgen. Allerdings ist zu beachten, dass die dort gemachte Voraussetzung, dass nämlich jede Windung in einer Ebene $z = $ const liegt, bei der Wicklung in Abb. 4.31 infolge der großen Steigungshöhe h nur noch bedingt zutrifft. Brauchbare Ergebnisse erhält man, wenn man die z-Ebene einer Windung in die Mitte zwischen Anfang und Ende der Windung legt, also eine mittlere Position für jede Windung wählt. Diese Rechnung führt im Gegensatz zur einlagigen Wicklung in Teilbild a bereits auf unterschiedliche Werte für die Induktivitäten L_{ii} bei den drei Drähten, d. h. bereits ohne Berücksichtigung der Kopplung zwischen den drei Schleifen stellen sich allein aufgrund der Hauptdiagonalelemente in Gl. (4.91) unterschiedliche Ströme ein.

Damit verbleibt noch die Berechnung der Impedanzen auf den Nebendiagonalen. Fließen mehrere Ströme gleichzeitig, dann geht das Quadrat des gesamten Magnetfelds (Summe der Felder infolge der einzelnen Ströme) in die Proximityverluste eines Drahtes ein. Dieses Ergebnis unterscheidet sich aber infolge der bei der Binomischen Formel auftretenden gemischten Glieder von der Summe der Verluste, die bei jeweils nur einem vorhandenen Strom berechnet wurden. Diese Unterschiede in den Ergebnissen werden von den Widerständen auf den Nebendiagonalen erfasst.

Die Berechnung der Gegeninduktivitäten L_{ik} zwischen den drei Schleifen ist identisch zur Berechnung der äußeren Induktivitäten in Gl. (2.42) für einen Rund- bzw. in Gl. (2.46) für einen Rechteckwickelkörper. Da die drei Drähte nicht gleichberechtigt sind, einer liegt z. B. in der Mitte, die beiden anderen liegen außen, sind auch hier unterschiedliche Ergebnisse zu erwarten.

Die Auflösung des Gleichungssystems (4.91) liefert als Konsequenz Ströme in den drei Drähten, die sich nach Amplitude und Phase unterscheiden. Sollten sich die Ströme nur wenig unterscheiden, kann der Rechengang bereits abgeschlossen werden, im anderen Fall bildet die neue Stromverteilung den Ausgangspunkt für einen nochmaligen Rechendurchlauf.

Es ist offensichtlich, dass bei den vielfältigen Möglichkeiten der sich ergebenden Wickelanordnungen keine einfache Formel zur Berechnung der Verluste angegeben werden kann. Um dennoch den Einfluss von zwei in diesem Zusammenhang wichtigen Einflussgrößen etwas transparenter zu machen, betrachten wir nochmals die bereits in Abb. 2.15 beschriebene Anordnung mit den dort angegebenen Daten. Wir beschränken uns auf die beiden Situationen a) mit maximal 40 Windungen pro Lage und b) mit maximal 20 Windungen pro Lage. Die gesamten Wicklungsverluste für diese beiden Fälle sind als Funktion der Windungszahl für eine Eindrahtwicklung in Abb. 4.16 angegeben. Diesen Ergebnissen stellen wir die Verluste gegenüber, die sich bei gleichen Wickelkörperbreiten und gleichen Windungszahlen ergeben, wenn zwei Drähte parallel geschaltet werden.

Die durchgezogenen Kurven in Abb. 4.32a gelten für die Eindrahtwicklung und sind aus Abb. 4.16 übernommen. Die gestrichelten Kurven gelten für die Zweidrahtwicklung, also die Situation mit zwei parallel geschalteten Drähten. Betrachten wir zunächst die beiden untersten Kurven für den Wickelkörper mit maximal 40 Windungen pro Lage. Für Windungszahlen $N \leq 20$ liegen alle Drähte in der untersten Lage und die Verluste der Eindrahtwicklung werden durch den zweiten parallelen Draht auf etwa 56 % reduziert. Eine Reduzierung auf 50 % wird durch die zunehmende Drahtlänge infolge der doppelten Steigungshöhe h sowie durch zusätzliche Proximityverluste, die sich insbesondere bei wenigen Windungen bemerkbar machen, verhindert. Steigt die Windungszahl über 20, dann liegen bei der Zweidrahtwicklung die Drähte für $N > 20$ bereits in der zweiten Lage. Damit steigen aber die Proximityverluste in der untersten Lage deutlich an und bei den Windungszahlen $N > 26$ sind die Verluste der Zweidrahtwicklung P_2 sogar größer als bei der Eindrahtwicklung P_1. Das zahlenmäßige Verhältnis P_2/P_1 ist in Abb. 4.32b dargestellt. Bei 40 Windungen, gleichbedeutend mit einer bzw. mit zwei kompletten Lagen steigt das Verhältnis bis auf den Wert 1,75 an.

Betrachten wir nun den Fall mit halber Wickelkörperbreite. Bis $N = 10$ sind die Ergebnisse identisch zu dem vorhergehenden Fall. Ab der 11-ten Windung liegen die Drähte bei der Zweidrahtwicklung bereits in der zweiten Lage und der Vorteil gegenüber der Eindrahtwicklung geht schon bei $N = 14$ verloren. Der Nachteil wird bei Windungszahlen $N > 20$ vorübergehend wieder etwas geringer, wenn bei der Eindrahtwicklung ebenfalls mit der nächsten Lage begonnen wird.

Insgesamt lässt sich feststellen, dass der konkrete Wicklungsaufbau und die sich ergebende Lagenzahl entscheidenden Einfluss auf die Verlustbilanz haben. Die erhoffte Verlustreduzierung durch die Parallelschaltung von Drähten kehrt sich sehr schnell ins Gegenteil um.

Die eingangs erwähnte zweite wichtige Einflussgröße ist die Frequenz. Hätten wir die Rechnungen nicht mit 100 kHz sondern mit der Netzfrequenz 50 Hz durchgeführt, dann wäre die Situation völlig anders. Wegen der vernachlässigbaren Hochfrequenzverluste wäre allein der Gleichstromwiderstand der beiden Wicklungen von Bedeutung. In diesem Fall sinken die Verluste der Eindrahtwicklung unabhängig von der Windungszahl durch einen zweiten parallel geschalteten Draht immer unter 60 %.

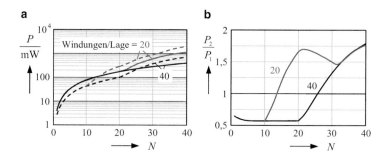

Abb. 4.32 Vergleich der Verluste bei Eindraht- und Zweidrahtwicklung

---

Schlussfolgerung

Generell lässt sich feststellen, dass beim Übergang zu einer Anordnung mit N parallel geschalteten Drähten eine Reduzierung der Verluste auf ein N-tel nur unter bestimmten Bedingungen und dann auch nur näherungsweise erreicht werden kann. Bei hohen Windungszahlen bzw. steigenden Lagenzahlen und bei hohen Frequenzen, also insbesondere bei Strömen mit einem hohen Oberschwingungsanteil, kippt die Situation und die Eindrahtwicklung ist die bessere Lösung.

4.6 Folienwicklungen

Eine Alternative zu den Runddraht bzw. Litzewicklungen stellen die Folienwicklungen dar. Die Frage nach der optimalen Querschnittsform der zu verwendenden Wickelgüter hängt von vielen Faktoren ab und muss abhängig von der Applikation entschieden werden. Im Hinblick auf die entstehenden Verluste haben die Folien den Vorteil, dass sie den zur Verfügung stehenden Wickelraum deutlich besser ausnutzen als die Runddrähte. Der bei niederfrequenten Anwendungen viel zitierte *Füllfaktor* ist relativ hoch. Hat der Strom durch die Spule einen großen Gleichanteil oder einen entsprechend großen, der Hochfrequenz überlagerten Netzfrequenzanteil, dann sind die Hochfrequenzverluste gering verglichen mit den rms-Verlusten. Zur Minimierung der Verluste ist dann ein niedriger Gleichstromwiderstand und damit ein möglichst großer Leiterquerschnitt erforderlich. Ein weiterer Vorteil ist die bessere Wärmeleitfähigkeit in Richtung der Wickelfensterbreite, verglichen mit den Runddrahtwicklungen.

Bei Hochfrequenzanwendungen sieht die Situation etwas anders aus. Wegen der gegenüber den Rundleitern völlig anderen Querschnittsform bestehen andere Zusammenhänge zwischen den Skin- bzw. Proximityverlusten und den geometrischen Daten des Wicklungsaufbaus. Mit der Verlustentstehung werden wir uns in den folgenden Abschnitten etwas näher beschäftigen. Es gibt aber noch weitere Punkte zu beachten. Z. B. können die Endeffekte eine besondere Rolle spielen, also der Anschluss der Folienenden an die übrige

Schaltung. Am Folienende stellt sich eine andere Stromverteilung ein mit der Konsequenz, dass sich auch das Magnetfeld nach Betrag und Richtung ändert. Dadurch können höhere Verluste in den Nachbarwindungen oder auch im Kern entstehen. Werden die leitenden Verbindungen zwischen Folienende und Außenanschluss durch Bereiche mit hoher magnetischer Feldstärke geführt, dann können auch hier zusätzliche Verluste entstehen. Diese Stromzuführungen von außen zur Spule sowie die Endeffekte der Wicklung bleiben bei den folgenden Rechnungen generell unberücksichtigt.

4.6.1 Die eindimensionale Verlustberechnung

Die korrekte analytische Berechnung rechteckförmiger Leiterstrukturen ist mit erheblichem mathematischem Aufwand verbunden. Die Anwendung stückweise zusammengesetzter Eigenfunktionen führt zwar zum Ziel, erfordert aber die Bestimmung komplexer Eigenwerte aus transzendenten Gleichungen [11]. In vielen Fällen ist dieser Aufwand gar nicht erforderlich, da vereinfachende Annahmen gemacht werden können, die den Rechenaufwand erheblich reduzieren ohne die Ergebnisse nennenswert zu beeinflussen. Oft steht auch nicht die Frage nach den absoluten Ergebnissen im Vordergrund, sondern es interessieren vielmehr die zur Verfügung stehenden Möglichkeiten im Hinblick auf eine Optimierung. Bei der vorliegenden Problemstellung interessieren insbesondere die Minimierung der Gesamtverluste und deren Abhängigkeit von den verschiedenen Einflussgrößen.

Die Abb. 4.33 zeigt den Feldverlauf einer einzelnen, auf einen kreisförmigen Wickelkörper des Durchmessers $2a = 40\,\text{mm}$ aufgebrachten und von einem Gleichstrom durchflossenen Windung. Die Folienbreite beträgt $c = 30\,\text{mm}$, die Foliendicke ist $d = 0{,}1\,\text{mm}$. Das linke Teilbild zeigt den Verlauf der Feldlinien, im rechten Teilbild ist der Betrag der Feldstärke dargestellt.

Man erkennt, dass die Feldlinien im Wesentlichen tangential zur Folie verlaufen. Vernachlässigt man zunächst den Einfluss der radial gerichteten Feldkomponenten, dann kann die Anordnung als eindimensionales Problem behandelt werden. Für die in diesem Abschnitt vorgestellte Rechnung werden daher folgende Vereinfachungen vorgenommen:

- Die Folie wird als unendlich breit angenommen.
- Da die Foliendicke d sehr klein ist gegenüber dem Radius der jeweiligen Windung, hat die Krümmung der Folie praktisch keinen Einfluss auf die Stromverteilung (s. Abschn. 4.6.1.4). Daher werden für die Berechnung der Stromverteilung innerhalb des Folienquerschnitts kartesische Koordinaten verwendet. Erst bei der Berechnung der Verluste in der jeweiligen Windung wird wieder die kreisförmige Struktur berücksichtigt, indem die Integration der Verluste entlang der Windung durch eine Multiplikation mit dem Umfang der kreisförmigen Windung ersetzt wird. Der Vorteil liegt in der Vermeidung der Bessel-Funktionen mit komplexen Argumenten sowie in der Möglichkeit, die Skin- und Proximityverluste getrennt zu betrachten (s. Abschn. 4.6.1.3).

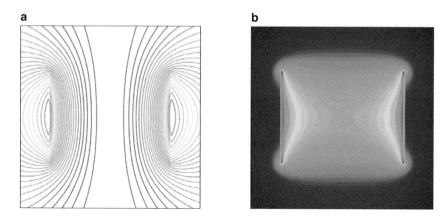

Abb. 4.33 Feldbild einer einzelnen kreisförmigen Folienwindung. **a** Feldlinien, **b** Feldstärkeamplitude

Abb. 4.34 Unendlich ausgedehnte stromdurchflossene Folie

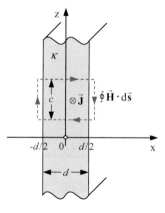

Trotz dieser Vereinfachung werden die folgenden Rechnungen ein gutes Verständnis der hier zugrunde liegenden Problematik erlauben und Hinweise liefern, wie die Verluste von den unterschiedlichen Parametern abhängen.

4.6.1.1 Die Berechnung der Skinverluste in kartesischen Koordinaten

Als erstes und einfachstes Beispiel betrachten wir die Anordnung in Abb. 4.34. Die in y- und z-Richtung unendlich ausgedehnte Folie der Dicke d wird von einem y-gerichteten Strom durchflossen, dessen Gesamtwert pro Länge c der z-Koordinate $i\,(t) = \hat{i}\cos(\omega t)$ beträgt. Wegen der periodischen Zeitabhängigkeit kann die Rechnung mit den allein von der Koordinate x abhängigen komplexen Amplituden durchgeführt werden.

Das y-gerichtete quellenfreie Vektorpotential muss innerhalb der Folie die Skingleichung erfüllen

$$\Delta \underline{\hat{A}} \stackrel{(14.22)}{=} \frac{\mathrm{d}^2 \underline{\hat{A}}}{\mathrm{dx}^2} \stackrel{(1.57)}{=} \mathrm{j}\omega\kappa\mu_0\underline{\hat{A}} \stackrel{(4.2)}{=} \alpha^2 \underline{\hat{A}} . \tag{4.92}$$

Die magnetische Feldstärke besitzt bei der betrachteten Problemstellung nur eine z-gerichtete Komponente

$$\underline{\widehat{\mathbf{H}}} \stackrel{(1.36)}{=} \frac{1}{\mu_0} \mathrm{rot}\left[\vec{\mathbf{e}}_y \underline{\hat{A}}(\mathrm{x})\right] \stackrel{(14.21)}{=} \frac{\vec{\mathbf{e}}_z}{\mu_0} \frac{\partial \underline{\hat{A}}}{\partial \mathrm{x}} = \vec{\mathbf{e}}_z \underline{\hat{H}}(\mathrm{x}) , \tag{4.93}$$

die zur Ebene x $= 0$ schiefsymmetrisch ist und aufgrund der Stromvorgabe außerhalb der Folie und damit auch an der Folienoberfläche entsprechend dem Durchflutungsgesetz (1.1) die Werte

$$\underline{\widehat{\mathbf{H}}}(\mathrm{x}) = \pm\vec{\mathbf{e}}_z \frac{\hat{i}}{2c} \quad \text{für} \quad \begin{array}{l} \mathrm{x} \leq -d/2 \\ \mathrm{x} \geq d/2 \end{array} \tag{4.94}$$

aufweist. Die Lösung der Problemstellung ist z. B. aus [6] bekannt. Für die Stromdichte und die Feldstärke innerhalb der Folie erhalten wir die Ergebnisse

$$\underline{\widehat{\mathbf{J}}}(\mathrm{x}) \stackrel{(4.1)}{=} -\vec{\mathbf{e}}_y \mathrm{j}\omega\kappa\underline{A}(\mathrm{x}) = \vec{\mathbf{e}}_y \hat{J}_0 \frac{\alpha d}{2} \frac{\cosh\alpha\mathrm{x}}{\sinh(\alpha d/2)} \quad \text{mit} \quad \hat{J}_0 = \frac{\hat{i}}{cd} \tag{4.95}$$

und

$$\underline{\widehat{\mathbf{H}}}(\mathrm{x}) = \vec{\mathbf{e}}_z \frac{-\hat{i}}{2c} \frac{\sinh\alpha\mathrm{x}}{\sinh(\alpha d/2)} \quad \text{für} \quad |\mathrm{x}| \leq d/2 . \tag{4.96}$$

Die Abb. 4.35a zeigt den Betrag der Stromdichte über die Foliendicke für unterschiedliche Verhältnisse von Foliendicke zu Eindringtiefe. Die zugehörige magnetische Feldstärke ist im Teilbild b dargestellt. Bei Gleichstrom stellt sich eine homogene Stromdichte über den Folienquerschnitt ein, die Feldstärke steigt linear vom Wert null in der Folienmitte bis zum vorgegebenen Wert auf der Oberfläche. Die Stromdichte ist symmetrisch bezüglich der Folienmitte, die Feldstärke dagegen schiefsymmetrisch. Mit zunehmender Frequenz und damit abnehmender Eindringtiefe nach Gl. (4.5) wird der Strom an die Oberfläche verdrängt und die Feldstärke nimmt innerhalb der Folie ab. Als Konsequenz steigen die Verluste in der Folie infolge des Skineffekts an und die gespeicherte magnetische Energie nimmt ab. Damit ist eine Reduzierung der Induktivität verbunden.

Um die Auswirkungen auf die Impedanz der Folie zu berechnen, betrachten wir den in Abb. 4.36 dargestellten Ausschnitt aus der Folie mit der Dicke d, der Höhe c und der Länge l. Die Impedanz erhalten wir durch Integration des Poyntingschen Vektors über die

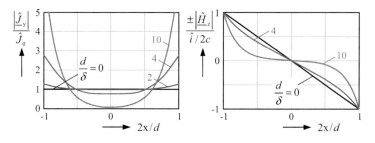

Abb. 4.35 a Betrag der normierten Stromdichte und **b** magnetische Feldstärke innerhalb der Folie

Abb. 4.36 Zur Berechnung
der frequenzabhängigen Impedanz

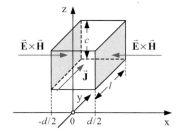

Oberfläche des betrachteten Quaders. Mit der y-gerichteten elektrischen Feldstärke und
der z-gerichteten magnetischen Feldstärke ist der Poyntingsche Vektor ausschließlich x-
gerichtet und die Integration über die Oberfläche kann auf die beiden hervorgehobenen in
den Ebenen $x = \pm d/2$ gelegenen Flächen beschränkt werden

$$R + \mathrm{j}\omega L \overset{(1.72)}{=} -\frac{1}{\hat{i}^2} \int\limits_0^c \int\limits_0^l \left[\vec{e}_y \frac{1}{\kappa} \hat{\underline{J}}\left(\frac{d}{2}\right) \times \vec{e}_z \hat{\underline{H}}^*\left(\frac{d}{2}\right) \right] \cdot 2\vec{e}_x \, \mathrm{dy} \, \mathrm{dz} = \frac{l}{cd\kappa} \frac{\alpha d}{2} \coth \frac{\alpha d}{2} .$$

$$(4.97)$$

Zur Darstellung der beiden Verläufe von R und L in Abhängigkeit von der Eindringtiefe
werden deren Werte R_0 und L_0 bei der Frequenz $\omega = 0$ als Bezugswerte verwendet. Der
Gleichstromwiderstand kann für den Quader direkt angegeben werden $R_0 = l/\kappa cd$. Die
Bezugsgröße L_0 wird aus der Energie berechnet und liefert mit Gl. (4.96) für $\alpha \to 0$ das
Ergebnis

$$W_{m0} = \frac{1}{2} L_0 \hat{i}^2 \overset{(2.1)}{=} \frac{\mu_0}{2} cl \int\limits_{-d/2}^{d/2} \left(\frac{\hat{i}}{2c} \frac{2\mathrm{x}}{d} \right)^2 \mathrm{dx} \quad \to \quad L_0 = \mu_0 \frac{ld}{12c} .$$

$$(4.98)$$

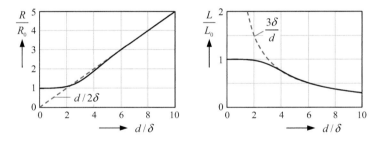

Abb. 4.37 Widerstand und innere Induktivität als Funktion des Verhältnisses d/δ

Bei den Runddrähten hatten wir diesen Beitrag zur Induktivität als innere Induktivität gemäß Gl. (2.20) bezeichnet. Die Abb. 4.37 zeigt den Verlauf von Widerstand

$$\frac{R}{R_0} = \frac{d}{2\delta}\mathrm{Re}\left\{(1+\mathrm{j})\coth\left[(1+\mathrm{j})\frac{d}{2\delta}\right]\right\} = \frac{d}{2\delta}\frac{\sinh\left(d/\delta\right)+\sin\left(d/\delta\right)}{\cosh\left(d/\delta\right)-\cos\left(d/\delta\right)} \tag{4.99}$$

und innerer Induktivität

$$\frac{L}{L_0} = \frac{3\delta}{d}\mathrm{Im}\left\{(1+\mathrm{j})\coth\left[(1+\mathrm{j})\frac{d}{2\delta}\right]\right\} = \frac{3\delta}{d}\frac{\sinh\left(d/\delta\right)-\sin\left(d/\delta\right)}{\cosh\left(d/\delta\right)-\cos\left(d/\delta\right)}, \tag{4.100}$$

jeweils normiert auf deren Wert bei Gleichstrom.

Die Funktion $\coth[(1+\mathrm{j})\,d/2\delta]$ strebt für steigende Frequenz, d. h. für steigende Argumente $d/2\delta$ gegen 1. Daher gelten für große Frequenzen die Näherungen

$$\frac{R}{R_0} = \frac{d}{2\delta} \quad \text{und} \quad \frac{L}{L_0} = \frac{3\delta}{d}, \tag{4.101}$$

die ebenfalls in Abb. 4.37 eingezeichnet sind.

Zur Berechnung der Verluste betrachten wir nochmals den in Abb. 4.36 dargestellten quaderförmigen Bereich. Mit dem bereits bekannten Widerstand sind die im zeitlichen Mittel entstehenden Verluste wiederum durch die Gl. (4.9) mit einem allerdings gegenüber dem Runddraht geänderten Skinfaktor gegeben

$$P = \frac{\hat{\imath}^2}{2}R = I_{rms}^2 R_0 F_f \quad \text{mit} \quad F_f = \frac{R}{R_0} = \frac{d}{2\delta}\frac{\sinh\left(d/\delta\right)+\sin\left(d/\delta\right)}{\cosh\left(d/\delta\right)-\cos\left(d/\delta\right)}. \tag{4.102}$$

Wir wollen für dieses Ergebnis noch eine alternative Formulierung angeben. Mit dem Zusammenhang zwischen Strom und Oberflächenfeldstärke (4.94) gilt auch die Darstellung

$$P_{rms+skin} = \hat{H}^2\frac{lc}{\kappa\delta}\frac{\sinh\left(d/\delta\right)+\sin\left(d/\delta\right)}{\cosh\left(d/\delta\right)-\cos\left(d/\delta\right)} = \hat{H}^2\frac{l}{\kappa}\frac{2c}{d}F_f. \tag{4.103}$$

4.6.1.2   Die Berechnung der Proximityverluste in kartesischen Koordinaten

Als zweites Beispiel betrachten wir die Situation, bei der sich die Folie im Feld einer anderen Folie befindet. Da eine Folie unter den bisherigen Vereinfachungen im Außenbereich nach Gl. (4.94) ein homogenes Feld hervorruft, werden wir jetzt wieder die Anordnung aus Abb. 4.34 zugrunde legen, wobei aber anstelle des vorgegebenen Stroms in der Folie jetzt ein externes Magnetfeld

$$\widehat{\vec{\mathbf{H}}}_{ex} = \vec{\mathbf{e}}_z \hat{H}_{ex} \tag{4.104}$$

vorgegeben wird, das auf beiden Seiten der Folie den gleichen Wert aufweist. Gegenüber der Rechnung im letzten Abschnitt ändern sich lediglich die Randbedingungen auf der Folienoberfläche, auf der jetzt die Feldstärke (4.104) vorliegt. Die Lösung dieses Randwertproblems liefert die Stromdichte

$$\widehat{\vec{\mathbf{J}}}(x) = \vec{\mathbf{e}}_y \hat{J}(x) = -\vec{\mathbf{e}}_y \hat{H}_{ex} \frac{\alpha \sinh \alpha x}{\cosh (\alpha d / 2)} \tag{4.105}$$

sowie die Feldstärke

$$\widehat{\vec{\mathbf{H}}}(x) = \vec{\mathbf{e}}_z \hat{H}_{ex} \frac{\cosh \alpha x}{\cosh (\alpha d / 2)} \tag{4.106}$$

innerhalb der Folie. Da die über die gesamte Folienbreite integrierte Stromdichte (4.105) verschwindet, wird im Bereich außerhalb der Folie keine zusätzliche Feldstärke hervorgerufen.

Zur Berechnung der im zeitlichen Mittel entstehenden Verluste verwenden wir wieder den Poyntingschen Vektor. Ausgehend von der Gl. (4.97) erhalten wir das Ergebnis

$$
\begin{aligned}
P_{prox} &= -\frac{1}{2}\mathrm{Re}\left\{ \int_0^c \int_0^l \left[\vec{\mathbf{e}}_y \frac{1}{\kappa} \hat{J}\left(\frac{d}{2}\right) \times \vec{\mathbf{e}}_z \hat{H}^*\left(\frac{d}{2}\right) \right] \cdot 2\vec{\mathbf{e}}_x \, dy \, dz \right\} \\
&= -\frac{lc}{\kappa}\mathrm{Re}\left\{ \hat{J}\left(\frac{d}{2}\right) \hat{H}^*\left(\frac{d}{2}\right) \right\} = \frac{lc}{\kappa}|\hat{H}_{ex}|^2 \mathrm{Re}\left\{ \alpha \tanh \frac{\alpha d}{2} \right\} .
\end{aligned}
\tag{4.107}
$$

Die Auswertung liefert das der Gl. (4.32) entsprechende Ergebnis mit einem allerdings gegenüber dem Runddraht geänderten Proximityfaktor

$$P_{prox} = \frac{l}{\kappa} \hat{H}_{ex}^2 D_f \quad \text{mit} \quad D_f = \frac{c}{\delta} \frac{\sinh (d/\delta) - \sin (d/\delta)}{\cosh (d/\delta) + \cos (d/\delta)}. \tag{4.108}$$

4.6.1.3   Die Orthogonalität der Skin- und Proximityverluste

Bei der Berechnung der Gesamtverluste im Runddraht haben wir festgestellt, dass die durch das externe Magnetfeld verursachten Proximityverluste P_{prox} unabhängig von den rms- und Skinverlusten berechnet werden dürfen. Unter den bisher gemachten Vereinfachungen liegt eine ähnliche Situation auch bei den Folien vor [5]. Während die den rms- und Skinverlusten zugrunde gelegte Stromdichte (4.95) eine gerade Funktion hinsichtlich der Koordinate x ist, ergibt sich bei der Stromdichte infolge des externen Magnetfelds nach Gl. (4.105) eine ungerade Funktion in x. Die Orthogonalität lässt sich leichter erkennen, wenn man die Verluste nicht über den Poyntingschen Vektor berechnet, sondern indem man das Betragsquadrat der gesamten Stromdichte, also der Summe aus beiden Anteilen, über den Leiterquerschnitt integriert. In diesem Fall erhält man neben den Quadraten der einzelnen Beiträge ein gemischtes Glied, in dem die beiden Anteile miteinander multipliziert werden. Dieses Glied fällt aber bei der Integration über die Foliendicke weg, so dass sich die Gesamtverluste aus der Summe der beiden Einzelbeiträge (4.103) und (4.108) zusammensetzen. Skin- und Proximityverluste dürfen bei dem betrachteten Sonderfall unabhängig voneinander berechnet und anschließend addiert werden.

Diese Möglichkeit zur getrennten Berechnung macht man sich bei den Folienwicklungen zu Nutze. Kennt man für eine Windung die Feldstärken auf den beiden Oberflächen, dann können diese in einen symmetrischen Anteil $\underline{\hat{H}}_c$ und einen schiefsymmetrischen Anteil $\underline{\hat{H}}_d$ aufgespalten werden. Aus den Zusammenhängen

$$\underline{\widehat{\mathbf{H}}}\left(\frac{-d}{2}\right) = \vec{\mathbf{e}}_z\left[\hat{H}_c + \hat{H}_d\right] \quad \text{und} \quad \underline{\widehat{\mathbf{H}}}\left(\frac{d}{2}\right) = \vec{\mathbf{e}}_z\left[\hat{H}_c - \hat{H}_d\right] \tag{4.109}$$

folgt

$$\underline{\hat{H}}_c = \frac{1}{2}\left[\hat{H}\left(\frac{-d}{2}\right) + \hat{H}\left(\frac{d}{2}\right)\right] \quad \text{und} \quad \underline{\hat{H}}_d = \frac{1}{2}\left[\hat{H}\left(\frac{-d}{2}\right) - \hat{H}\left(\frac{d}{2}\right)\right]. \tag{4.110}$$

Die Längen der Pfeile in Abb. 4.38 veranschaulichen diese Aufteilung. Die Gesamtverluste sind dann durch die Beziehung

$$\begin{aligned} P_k &= P_{rms+skin} + P_{prox} \\ &= \frac{lc}{\kappa\delta}\left[|\underline{\hat{H}}_d|^2 \frac{\sinh(d/\delta) + \sin(d/\delta)}{\cosh(d/\delta) - \cos(d/\delta)} + |\hat{H}_c|^2 \frac{\sinh(d/\delta) - \sin(d/\delta)}{\cosh(d/\delta) + \cos(d/\delta)}\right] \end{aligned} \tag{4.111}$$

gegeben. Der Index k deutet auf die Berechnung in kartesischen Koordinaten hin. Wir werden später auf dieses Ergebnis zurückkommen.

4.6.1.4 Vergleich der Verlustberechnung in kartesischen bzw. zylindrischen Koordinaten

Wir wollen jetzt die Frage beantworten, inwieweit die Krümmung der Folie zu einer kreisförmigen Windung Einfluss auf das Ergebnis nimmt. Als Vergleichswert dient die Rechnung in kartesischen Koordinaten. Ausgangspunkt ist die Folie in Abb. 4.34, zu der wir jetzt den Rückleiter, z. B. links von dieser Folie annehmen. Mit der Zerlegung der

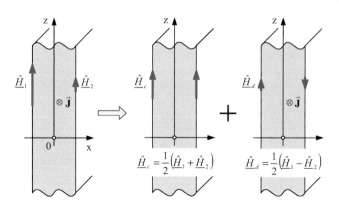

Abb. 4.38 Aufteilung der Oberflächenfeldstärken in einen symmetrischen und einen schiefsymmetrischen Anteil

resultierenden Oberflächenfeldstärken in einen symmetrischen und einen schiefsymmetrischen Anteil

$$\hat{\underline{H}}\left(-\frac{d}{2}\right) = \frac{\hat{i}}{c} \quad \text{und} \quad \hat{\underline{H}}\left(\frac{d}{2}\right) = 0 \quad \rightarrow \quad \hat{\underline{H}}_c = \frac{\hat{i}}{2c} \quad \text{und} \quad \hat{\underline{H}}_d = \frac{\hat{i}}{2c} \qquad (4.112)$$

sind die Gesamtverluste nach Gl. (4.111) bekannt.

Zum Vergleich betrachten wir die kreisförmige Folienwindung gemäß Abb. 4.39 in Zylinderkoordinaten mit dem Innenradius r_1 und dem Außenradius $r_2 = r_1 + d$. Die in z-Richtung unendlich lange Folie wird von einem φ-gerichteten Strom durchflossen, dessen Gesamtwert pro Länge c der z-Koordinate $i\,(t) = \hat{i}\cos(\omega t)$ beträgt. Für die Feldstärke auf der Oberfläche der Windung gilt

$$\widehat{\vec{\underline{H}}}(r_1) = \vec{e}_z\frac{\hat{i}}{c} \quad \text{und} \quad \widehat{\vec{\underline{H}}}(r_2) = \vec{0}. \qquad (4.113)$$

Innerhalb des Leiters muss die komplexe Amplitude des Vektorpotentials die Skingleichung (1.50)

$$\operatorname{rot}\operatorname{rot}\left[\vec{e}_\varphi\hat{\underline{A}}(\rho)\right] + \vec{e}_\varphi\alpha^2\hat{\underline{A}}(\rho) = \vec{0} \xrightarrow{(14.26)} \frac{\partial^2\hat{\underline{A}}}{\partial\rho^2} + \frac{1}{\rho}\frac{\partial\hat{\underline{A}}}{\partial\rho} - \frac{1}{\rho^2}\hat{\underline{A}} = \alpha^2\hat{\underline{A}} \qquad (4.114)$$

erfüllen, deren Lösung durch die modifizierten Bessel-Funktionen erster Ordnung

$$\hat{\underline{A}}(\rho) = C\,\mathrm{I}_1(\alpha\rho) + D\,\mathrm{K}_1(\alpha\rho) \qquad (4.115)$$

gegeben ist. Mit den beiden Randbedingungen (4.113) können die Konstanten C und D bestimmt werden. Als Ergebnis erhält man innerhalb des Leiters die Stromdichte

$$\widehat{\vec{\underline{J}}}(\rho) \overset{(4.1)}{=} -\vec{e}_\varphi\mathrm{j}\omega\kappa\hat{\underline{A}}(\rho) = -\vec{e}_\varphi\frac{\hat{i}\alpha}{c}\frac{\mathrm{K}_0(\alpha r_2)\,\mathrm{I}_1(\alpha\rho) + \mathrm{I}_0(\alpha r_2)\,\mathrm{K}_1(\alpha\rho)}{\mathrm{K}_0(\alpha r_2)\,\mathrm{I}_0(\alpha r_1) - \mathrm{I}_0(\alpha r_2)\,\mathrm{K}_0(\alpha r_1)} \qquad (4.116)$$

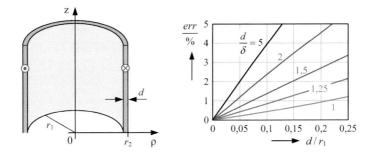

Abb. 4.39 Relativer Fehler bei der Rechnung mit kartesischen Koordinaten

sowie die Feldstärke

$$\widehat{\underline{\mathbf{H}}}(\rho) = \vec{\mathbf{e}}_z \frac{\hat{i}}{c} \frac{\mathrm{K}_0(\alpha r_2)\,\mathrm{I}_0(\alpha\rho) - \mathrm{I}_0(\alpha r_2)\,\mathrm{K}_0(\alpha\rho)}{\mathrm{K}_0(\alpha r_2)\,\mathrm{I}_0(\alpha r_1) - \mathrm{I}_0(\alpha r_2)\,\mathrm{K}_0(\alpha r_1)}. \tag{4.117}$$

Die Berechnung der Verluste mit dem Poyntingschen Vektor führt auf das Ergebnis

$$
\begin{aligned}
P_z &= -\frac{1}{2}\mathrm{Re}\left\{\int\limits_0^c\int\limits_0^{2\pi}\left[\vec{\mathbf{e}}_\varphi\frac{1}{\kappa}\underline{\hat{J}}(r_1)\times\vec{\mathbf{e}}_z\underline{\hat{H}}^*(r_1)\right]\cdot(-\vec{\mathbf{e}}_\rho)\,r_1\,\mathrm{d}\varphi\,\mathrm{d}z\right\}\\
&= \frac{\pi c r_1}{\kappa}\mathrm{Re}\left\{\underline{\hat{J}}(r_1)\,\underline{\hat{H}}^*(r_1)\right\}\\
&= -\hat{i}^2\frac{\pi r_1}{\kappa c\delta}\mathrm{Re}\left\{(1+\mathrm{j})\frac{\mathrm{K}_0(\alpha r_2)\,\mathrm{I}_1(\alpha r_1) + \mathrm{I}_0(\alpha r_2)\,\mathrm{K}_1(\alpha r_1)}{\mathrm{K}_0(\alpha r_2)\,\mathrm{I}_0(\alpha r_1) - \mathrm{I}_0(\alpha r_2)\,\mathrm{K}_0(\alpha r_1)}\right\}. \tag{4.118}
\end{aligned}
$$

Der Index z deutet auf die Berechnung in zylindrischen Koordinaten hin. Dieses Ergebnis beinhaltet die gesamten Verluste. Eine getrennte Berechnung von Skin- und Proximityverlusten macht bei dieser Anordnung physikalisch keinen Sinn, da der Beitrag des Rückleiters zum Feld nicht separiert werden kann.

Mit der Bezeichnung für die Verluste bei der kartesischen Rechnung P_k und bei der zylindrischen Rechnung P_z können wir den prozentualen Fehler angeben

$$err = \frac{P_k - P_z}{P_z}\cdot 100\,\%\,. \tag{4.119}$$

Die Abb. 4.39 zeigt dieses Ergebnis in Abhängigkeit verschiedener Abmessungsverhältnisse. Für einen fairen Vergleich wurde die Länge bei der kartesischen Rechnung der mittleren Windungslänge bei der kreisförmigen Windung $l = \pi(r_1 + r_2)$ gleichgesetzt. Der bevorzugt auf der Innenseite des Leiters fließende Strom führt wegen der etwas kürzeren Länge zu prinzipiell kleineren Verlusten bei der zylindrischen Rechnung und damit zu positiven Werten im Diagramm. Der zunehmende Unterschied mit wachsendem Verhältnis d/r_1 ist eine Folge der stärkeren Krümmung und leicht einzusehen, in der Praxis liegen diese Verhältnisse im unteren Prozent- oder Promillebereich. Die Abweichung zwischen den beiden Rechnungen nimmt auch zu, wenn das Verhältnis d/δ größer wird. Auch in diesem Fall fließt der Strom bei der kreisförmigen Windung auf der Innenseite durch eine kürzere Länge. Da man in der Praxis über den Wert $d/\delta = 2$ nicht wesentlich hinausgeht, lässt sich festhalten, dass die zu erwartenden Fehler bei der wesentlich einfacheren kartesischen Rechnung unter einem Prozent liegen und daher vernachlässigt werden können.

4.6.1.5 Der Einfluss der Windungszahl

Ein wesentlicher Einflussfaktor für die Gesamtverluste ist die Anzahl der übereinander liegenden Windungen. Um die Zusammenhänge möglichst einfach zu halten bleiben wir bei der eindimensionalen Rechnung und betrachten jetzt die in Abb. 2.19 dargestellte Folienspule mit N Windungen der Foliendicke d und dem Abstand h zwischen den Windungen. Da jede Windung nur ein Magnetfeld in ihrem Innenbereich $\rho \leq r_1$ hervorruft, führt die Überlagerung der Felder von allen Windungen zu der in Abb. 4.40 eingezeichneten Feldverteilung, bei der die weiter innen liegenden Windungen einer wesentlich höheren magnetischen Feldstärke ausgesetzt sind. Nummerieren wir die Windungen mit dem Zählindex $1 \leq n \leq N$, wobei die außen liegende Windung den Wert $n = 1$ und die innerste Windung den Wert $n = N$ erhält, dann befindet sich die n-te Windung der Länge l_n entsprechend den Randbedingungen (4.113) in einem Magnetfeld

$$\widehat{\underline{\vec{H}}}\left(r_{1,n}\right) = \vec{e}_z n \frac{\hat{i}}{c} \quad \text{und} \quad \widehat{\underline{\vec{H}}}\left(r_{2,n}\right) = \vec{e}_z (n-1) \frac{\hat{i}}{c}$$

$$\rightarrow \quad \underline{\hat{H}}_{c,n} = \frac{2n-1}{2}\frac{\hat{i}}{c} \quad \text{und} \quad \underline{\hat{H}}_{d,n} = \frac{\hat{i}}{2c} \tag{4.120}$$

mit

$$r_{1,n} = a + (N-n)(d+h),\, r_{2,n} = r_{1,n} + d \quad \text{und} \quad l_n = \pi\left(r_{1,n} + r_{2,n}\right),\, l_{ges} = \sum_{n=1}^{N} l_n\,. \tag{4.121}$$

Mit den Feldstärken auf der Oberfläche nach Gl. (4.120) lassen sich auch die Stromdichte sowie die Feldstärke innerhalb der n-ten Windung angeben. Für die Stromdichte gilt mit den Gln. (4.95) und (4.105)

$$\widehat{\underline{\vec{J}}}_n(x) = \vec{e}_y \hat{J}_0 \frac{\alpha d}{2}\left[\frac{\cosh \alpha x}{\sinh(\alpha d/2)} - (2n-1)\frac{\sinh \alpha x}{\cosh(\alpha d/2)}\right] \quad \text{mit} \quad \hat{J}_0 = \frac{\hat{i}}{cd} \tag{4.122}$$

und für die Feldstärke innerhalb der n-ten Windung erhalten wir aus den Gln. (4.96) und (4.106) das Ergebnis

$$\widehat{\underline{\vec{H}}}_n(x) = \vec{e}_z \frac{\hat{i}}{2c}\left[-\frac{\sinh \alpha x}{\sinh(\alpha d/2)} + (2n-1)\frac{\cosh \alpha x}{\cosh(\alpha d/2)}\right]. \tag{4.123}$$

Abb. 4.40 Ortsabhängige magnetische Feldstärke innerhalb
der Wicklung, eindimensionale
Betrachtung

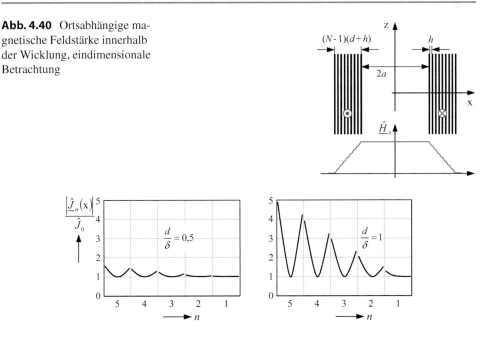

Abb. 4.41 Normierte Stromdichteverteilung in den äußeren fünf Windungen

Der jeweils zweite Term in den beiden Gleichungen ist durch den Proximityeffekt verursacht und steigt mit der Zählung n, d. h. in den Windungen von außen nach innen,
kontinuierlich an. Die Abb. 4.41 zeigt den Betrag der normierten Stromdichte in den äußeren fünf Windungen des rechten Wickelpakets aus Abb. 4.40. Der Anstieg der Stromdichte
in der Nähe der Folienoberflächen nimmt bei den weiter innen liegenden Folien deutlich
zu, und zwar umso mehr, je kleiner die Eindringtiefe im Verhältnis zur Foliendicke wird.
Schon bei $d = \delta$ sehen wir einen dramatischen Anstieg der Stromdichte, der zu einem
starken Anstieg der Verluste führt. Das Problem wird offenbar umso gravierender, je mehr
Windungen übereinander gewickelt werden und je höher die Frequenz wird, bzw. je geringer die Eindringtiefe wird.

An dieser Stelle taucht die Frage auf, warum hier steigende Verluste infolge einer deutlich höheren Stromdichte entstehen, obwohl der Gesamtstrom durch die Folie von außen
vorgegeben ist und sich nicht ändert. Dazu betrachten wir die Abb. 4.42, in der die zugehörige Phasenlage der ortsabhängigen Stromdichte gemäß der Gleichung

$$\varphi_n\left(x\right) = \arctan\left[\frac{\mathrm{Im}\left\{\hat{\underline{J}}_n\left(x\right)\right\}}{\mathrm{Re}\left\{\hat{\underline{J}}_n\left(x\right)\right\}}\right] \tag{4.124}$$

dargestellt ist. Die Ursache erkennt man besonders deutlich an den weiter innen liegenden Folien im rechten Teilbild, also bei der größeren Foliendicke. Der Phasenwinkel der

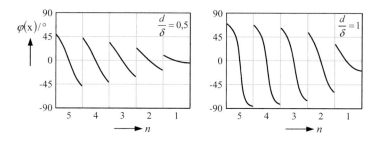

Abb. 4.42 Ortsabhängige Phasenlage der Stromdichteverteilung in den äußeren fünf Windungen

Stromdichte an der Oberfläche strebt den Werten $\pm 90°$ zu, d. h. die Stromdichte ist an den beiden Oberflächen nahezu entgegengesetzt gerichtet. Es entstehen offenbar große Blindströme, die zu dem Anstieg beim Betrag der Stromdichte in Abb. 4.41 beitragen. Das zugrunde liegende Prinzip besteht darin, dass das System versucht, seine Energie zu minimieren. Betrachten wir z. B. die Folien $n = 1$ und $n = 2$. Der Strom in der Folie 1 induziert in der Folie 2 einen Strom, der an der rechten Oberfläche so gerichtet ist, dass er den inneren Bereich der Folie 2 von dem Feld der Folie 1 abschirmt. Da das Integral der Stromdichte über den Folienquerschnitt aber dem vorgegebenen Gesamtstrom entsprechen muss, muss der an der rechten Oberfläche fließende Blindstrom an der linken Oberfläche mit entgegengesetztem Phasenwinkel nochmals fließen. Die nach Abb. 4.40 bei den inneren Folien immer größer werdende Feldstärke verursacht immer größere Blindströme und führt letztlich zu den hohen Stromamplituden der Abb. 4.41.

Die Verluste des gesamten Wickelpakets erhält man durch Summation der Beiträge (4.111) über alle Windungen

$$P = \frac{\hat{\imath}^2}{4\kappa\delta c}\left[\frac{\sinh\left(d/\delta\right) + \sin\left(d/\delta\right)}{\cosh\left(d/\delta\right) - \cos\left(d/\delta\right)}\sum_{n=1}^{N} l_n + \frac{\sinh\left(d/\delta\right) - \sin\left(d/\delta\right)}{\cosh\left(d/\delta\right) + \cos\left(d/\delta\right)}\sum_{n=1}^{N} l_n \left(2n-1\right)^2\right].$$
(4.125)

Mit dem bereits definierten Skinfaktor für Folien nach Gl. (4.102) und dem Proximityfaktor nach Gl. (4.108) gilt

$$P = \frac{\hat{\imath}^2}{2}\frac{l_{ges}}{\kappa c d}\left[F_f + D_f\frac{d}{2cl_{ges}}\sum_{n=1}^{N} l_n\left(2n-1\right)^2\right] = I_{rms}^2 R$$
(4.126)

mit

$$R = R_0\left[F_f + D_f\frac{d}{2cl_{ges}}\sum_{n=1}^{N} l_n\left(2n-1\right)^2\right].$$
(4.127)

Bei verschwindender Frequenz $f \to 0$ nimmt die eckige Klammer den Wert 1 an und wir erhalten die Verluste $P_0 = I_{rms}^2 R_0$. Das in Abb. 4.43 dargestellte Verhältnis entspricht dem

Abb. 4.43 Normierter Widerstand für eine Wicklung mit N
Windungen

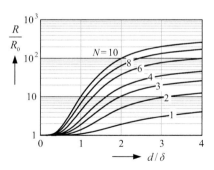

Ausdruck in der eckigen Klammer und zeigt den Anstieg des Widerstands in Abhängigkeit von der Frequenz bzw. der Eindringtiefe mit der Windungszahl als Parameter. Eine
Vervierfachung der Frequenz bedeutet eine Verdopplung für das Verhältnis d/δ. Als Ergebnis dieser Auswertung bleibt festzuhalten, dass sowohl die Windungszahl als auch die
Frequenz möglichst gering sein sollten. Für nicht sinusförmige periodische Stromformen
bedeutet das, dass das Oberwellenspektrum minimiert und damit steilflankige Stromände-
rungen vermieden werden sollten.

4.6.1.6 Der Einfluss der Foliendicke

Die Abb. 4.43 zeigt, dass der Wert der eckigen Klammer in Gl. (4.127) bei konstanter
Frequenz mit der Foliendicke d ansteigt. Auf der anderen Seite nimmt aber der Gleichstromwiderstand R_0 mit größerer Foliendicke ab. Das bedeutet, dass es einen optimalen
Wert für d geben muss, bei dem die Gesamtverluste im Wickelpaket minimal werden. Um
diesen Zusammenhang zu verdeutlichen muss eine alternative Darstellung gewählt werden, bei der der untersuchte Parameter d nicht gleichzeitig in dem Bezugswert R_0 enthalten
ist. Die einfachste Möglichkeit besteht darin, den Widerstand des gesamten Wickelpakets
nach Gl. (4.127) direkt als Funktion der Foliendicke darzustellen. Die Abb. 4.44 zeigt das
Ergebnis für Wicklungen mit unterschiedlichen Windungszahlen, wobei für die Auswer-
tung die folgenden Werte verwendet wurden: $a = 20\,\text{mm}$, $h = 0{,}2\,\text{mm}$, $c = 30\,\text{mm}$ und
$f = 100\,\text{kHz}$, d. h. die Eindringtiefe beträgt $0{,}21\,\text{mm}$.

Ist die Foliendicke klein im Vergleich zur Eindringtiefe, dann spielen die Hochfrequenzverluste keine Rolle und die rms-Verluste sind umgekehrt proportional zur Foliendicke, sofern man davon absieht, dass die Länge der äußeren Windungen in geringem
Maße von der Foliendicke abhängt. Nähert sich d dem Wert der Eindringtiefe, dann steigen die Verluste mit wachsender Foliendicke aufgrund der Proximityverluste wieder an.
Mit zunehmender Windungszahl tritt dieser Effekt auch schon früher ein.

An den Kurven ist zu erkennen, dass das optimale Verhältnis d/δ mit wachsender Windungszahl N geringer wird. Die Ursache ist leicht zu verstehen: die rms- und Skinverluste
steigen linear mit N an, während die Proximityverluste näherungsweise quadratisch mit
N ansteigen. Eine Minimierung der Verluste erfordert eine Reduzierung des dominanten

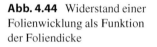

Abb. 4.44 Widerstand einer Folienwicklung als Funktion der Foliendicke

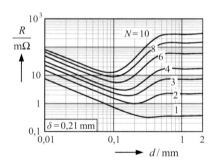

Verlustanteils und damit eine Reduzierung der Foliendicke. Dieser Einfluss überwiegt den Anstieg der rms-Verluste infolge des reduzierten Folienquerschnitts.

Die bisherigen Ergebnisse setzen eine konstante Foliendicke für das gesamte Wickelpaket voraus. Da die rms- und Skinverluste an jeder Stelle entlang der Wicklung gleich sind, die Proximityverluste aber zu den inneren Folien hin stark ansteigen, erhalten wir bei den weiter innen liegenden Windungen ein größeres Verlustleistungsverhältnis $P_{prox}/P_{rms+skin}$. Das bedeutet aber auch, dass für jede Windung abhängig von ihrer Position im Wickelpaket eine andere optimale Foliendicke existiert. Lässt man die Frage nach der Realisierung einer Folie, deren Dicke sich abhängig von der Längenkoordinate ändert, unbeachtet, dann können die Gesamtverluste nach [9] um ca. 12 % gegenüber der optimierten konstanten Foliendicke reduziert werden.

4.6.2 Die zweidimensionale Verlustberechnung

Mit der bisher durchgeführten eindimensionalen Rechnung lassen sich zwar die meisten Zusammenhänge untersuchen, die absoluten Werte von Widerständen bzw. Verlusten stimmen aber mit der Realität noch nicht überein. Die endliche Folienbreite hat eine inhomogene Stromdichteverteilung über die Folienbreite zur Folge und verursacht zusätzliche Hochfrequenzverluste. Da die analytischen Verfahren zur Berechnung der Stromverteilung in einem Rechteckleiter einen hohen mathematischen Aufwand erfordern, wählt man für diese Anordnungen üblicherweise numerische Rechenverfahren. Die Beschreibung dieser Verfahren geht über die Zielsetzung dieses Buchs deutlich hinaus, so dass wir im Folgenden lediglich einige Ergebnisse betrachten, um den Unterschied zur eindimensionalen Rechnung aufzuzeigen.

Im ersten Beispiel untersuchen wir den Einfluss der endlichen Folienbreite auf die Skinverluste. Ausgangspunkt ist die Verteilung der Stromdichte über die Breite einer als unendlich lang angenommenen Folie, wobei der Einfluss des Rückleiters zunächst vernachlässigt wird. Die Bezeichnungen für die Abmessungen werden aus Abb. 2.19 übernommen. Die Daten der zugrunde liegenden Folie sind $c = 30$ mm und $d = 0{,}1$ mm. Im Grenzübergang $f \to 0$ verteilt sich der Strom gleichmäßig über den Querschnitt cd.

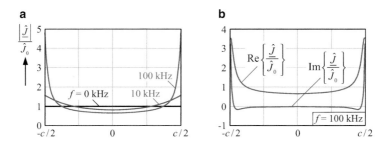

Abb. 4.45 Normierte Stromdichteverteilung in der Folie. **a** Betrag, **b** Real- und Imaginärteil

Mit steigender Frequenz wird sich die Stromdichte nicht mehr homogen über die Folienbreite verteilen. Ähnlich wie bei der Stromverdrängung in Richtung der Foliendicke in Abb. 4.35a nimmt sie am Rand der Folie zu, während sie in der Folienmitte abnimmt. Wegen $c \gg d$ ist aber zu erwarten, dass dieser Effekt schon bei wesentlich niedrigeren Frequenzen einsetzt.

Die Abb. 4.45a zeigt den auf $\hat{J}_0$ normierten Betrag der komplexen Amplitude der Stromdichte bei verschiedenen Frequenzen. Man erkennt deutlich die erwartete Umverteilung des Stroms mit wachsender Frequenz. Die Kurven sind sehr ähnlich zu denen der Runddrähte in Abb. 4.4. Die Konsequenz ist auch hier ein mit der Frequenz ansteigender Widerstand und damit ansteigende Verluste. Für die Frequenz $f = 100\,\text{kHz}$ zeigt die Abb. 4.45b nochmals die normierte Stromdichte, jetzt aber nicht den Betrag, sondern die Aufteilung in Real- und Imaginärteil. Am Folienrand ist der Realteil etwas größer als der Imaginärteil, d. h. der Phasenwinkel liegt hier knapp unterhalb von 45°. Dieses Verhalten ist ebenfalls identisch zum Runddraht, für den die entsprechenden Ergebnisse in Abb. 4.3 dargestellt sind.

Um einen Eindruck von den Proximityverlusten zu bekommen legen wir die in z-Richtung als unendlich lang angenommene Folie in ein homogenes Magnetfeld mit verschwindender z-Komponente. Das Diagramm in Abb. 4.46 zeigt die Proximityverluste in Abhängigkeit von dem in der Abbildung eingetragenen Einfallswinkel des magnetischen Felds bei der Frequenz 100 kHz. Die einzelnen Kurven gelten jeweils für die gleiche Querschnittsfläche $A = cd = 3\,\text{mm}^2$, aber für unterschiedliche Seitenverhältnisse c/d. Für die oberste Kurve gelten die Abmessungen $c = 30\,\text{mm}$ und $d = 0,1\,\text{mm}$. Die Verluste sind normiert auf die Verluste P_0 eines Runddrahts mit gleicher Querschnittsfläche A.

Man erkennt eine sehr starke Abhängigkeit von der Richtung des äußeren Feldes bezogen auf die Lage der Folie. Beim quadratischen Leiterquerschnitt sind die Verluste praktisch identisch zu den Verlusten im Runddraht. Mit ansteigendem Seitenverhältnis c/d nehmen die Verluste ab, wenn das Feld auf die schmale Seite des Leiters trifft, sie steigen aber dramatisch an, wenn die Feldlinien des externen Magnetfelds senkrecht auf die Folie auftreffen. Diese Situation ist umso ausgeprägter, je dünner und breiter die Fo-

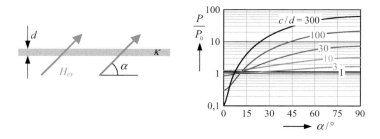

Abb. 4.46 Normierte Proximityverluste in der Folie in Abhängigkeit von der Richtung des magnetischen Felds

lie wird. Die Unterschiede bei den Proximityverlusten können mehrere Größenordnungen betragen.

▶ Im Falle einer Folienwicklung muss darauf geachtet werden, dass senkrecht zur Folie orientierte Feldstärkekomponenten möglichst vermieden werden. Das betrifft sowohl die Randbereiche der Folienwicklung als auch die Luftspaltfelder (s. Abschn. 9.4).

Die Abb. 4.47 zeigt den auf den Wert bei Gleichstrom bezogenen Widerstand einer Wicklung mit N Windungen als Funktion der Frequenz, bei der die bisherige Folie auf einen kreisförmigen Wickelkörper mit Radius $a = 20$ mm aufgebracht wurde. Die Ergebnisse im linken Teilbild basieren auf der eindimensionalen Rechnung, im rechten Teilbild auf der zweidimensionalen Rechnung. Das zugehörige Feldbild für $N = 1$ ist in Abb. 4.33 maßstabsgerecht dargestellt.

Ein Vergleich der beiden Teilbilder zeigt zwei wesentliche Unterschiede. Nach der zweidimensionalen Rechnung steigt der Widerstand infolge der Stromverdrängung über die Folienbreite bereits ab einer Frequenz von 5 kHz an, während bei der eindimensionalen Rechnung bis etwa 100 kHz mit dem Gleichstromwiderstand R_0 gerechnet werden darf. Der Anstieg des Widerstands im linken Teilbild ist allein durch die Stromverdrängung in Richtung der Foliendicke verursacht. Im rechten Teilbild führt dieser Effekt zu einem Knick und damit zu einem steileren Anstieg in den Kurven. Allerdings liegt der Widerstand bei sehr hohen Frequenzen unter dem Wert der eindimensionalen Rechnung. Die Ursache sind die reduzierten Proximityverluste infolge einer geringeren externen Feldstärke bei den einzelnen Windungen. Das Feld einer endlich breiten Folie weicht von den in Gl. (4.113) angegebenen Werten ab. Im Innenbereich der Windung ist die Feldstärke geringer, im Außenbereich hat sie eine nicht verschwindende, in die entgegengesetzte Richtung zeigende Komponente, die das in Abb. 4.40 schematisch angedeutete Gesamtfeld im Wickelpaket reduziert.

Als letztes Beispiel untersuchen wir den Einfluss des Seitenverhältnisses c/d bei den Folien. Zum Vergleich wird die Querschnittsfläche cd und damit der Gleichstromwiderstand bei allen Folien konstant gehalten. In Abb. 4.48 sind die Ergebnisse für $N = 5$

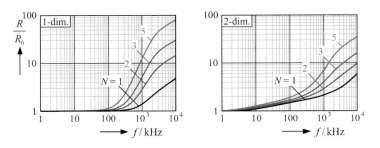

Abb. 4.47 Frequenzabhängiger Anstieg des Widerstands bei einer aus N Windungen bestehenden Folienwicklung, Vergleich der eindimensionalen und zweidimensionalen Rechnung

Abb. 4.48 Frequenzabhängiger Anstieg des Widerstands bei einer aus 5 Windungen bestehenden Folienwicklung für unterschiedliche Seitenverhältnisse der Rechteckfolie

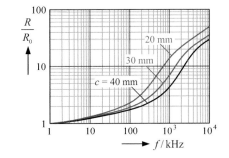

Windungen gegenübergestellt. Aus den im Bild angegebenen unterschiedlichen Folienabmessungen ist zu erkennen, dass der Widerstand im unteren Frequenzbereich noch praktisch gleich ist. Der Knick in der Charakteristik infolge der Stromverdrängung in Richtung der Foliendicke setzt aber bei den dickeren Folien bereits bei niedrigeren Frequenzen ein, so dass die Verluste kleiner werden, wenn die Folie dünner und breiter wird.

4.7 Möglichkeiten zur Reduzierung der Wicklungsverluste

Ein wesentliches Ziel bei der Dimensionierung induktiver Komponenten ist die Minimierung der Verluste. Nach den bisherigen Ergebnissen wird es also darum gehen, die Summe aus rms-, Skin- und Proximityverlusten zu reduzieren. Üblicherweise sind die Ströme durch die Wicklungen infolge der gewählten Schaltung und der vorgegebenen Betriebsdaten, wie z. B. Quellenspannungen, zu übertragende Leistung und Schaltfrequenz bereits bekannt. Mithilfe der Darstellung der zeitabhängigen periodischen Ströme durch eine Fourier-Reihe gemäß Gl. (4.11) ist sowohl der Effektivwert (4.14) als auch das Oberwellenspektrum eindeutig bestimmt.

Es ist selbstverständlich, dass eine Optimierung der gesamten Schaltung auch die Frage nach den optimalen Werten der Induktivitäten und der Schaltfrequenz beantworten muss. Letztlich werden damit die Stromformen und auch die Verluste beeinflusst. Wir wollen uns aber nicht mit dieser äußeren Optimierungsschleife beschäftigen, sondern die Möglichkeiten auflisten, die bei bekannter Stromform zur Verfügung stehen, um die Verluste zu minimieren.

Im Folgenden sind einige Vorschläge zusammengestellt, und zwar getrennt nach den drei untersuchten Verlustmechanismen. Bei der Umsetzung in der Praxis muss jedoch darauf geachtet werden, dass einige Vorschläge Vorteile bieten bei den Verlusten, bei denen sie gelistet sind, bei den anderen Verlustmechanismen aber eventuell von Nachteil sind und die Gesamtverlustbilanz sogar verschlechtern. Die Auswahl der richtigen Maßnahmen hängt entscheidend von dem Fourier-Spektrum des Stroms einschließlich des Gleichanteils ab.

Beginnen wir die Zusammenstellung mit den **rms-Verlusten**. Diese können nach Gl. (4.10) nur dadurch reduziert werden, dass der Gleichstromwiderstand R_0 verringert wird. Damit ergeben sich die folgenden Optionen:

- größerer *Drahtquerschnitt*:
  - Falls die hochfrequenten Verlustmechanismen vernachlässigbar sind, z. B. bei 50 Hz-Anwendungen oder bei hohen Gleichanteilen im Strom, bedeutet das einen möglichst hohen Kupferfüllfaktor, also eine optimale Ausnutzung des Wickelfensters.
  - Rechteckquerschnitte bei den Leitern, wie z. B. bei Folien, sind hier von Vorteil gegenüber den Runddrähten.
  - Parallelschaltung von Drähten erhöht die Querschnittsfläche.
  - Bei mehreren Wicklungen (Transformatoren) und limitiertem Wickelfenster ist häufig ein größerer Drahtquerschnitt für diejenige Wicklung sinnvoll, in der der größte Strom fließt.
- kürzere *Drahtlänge*:
  - Bei Luftspulen stellt sich hier das Optimierungsproblem, mit möglichst kurzer Drahtlänge eine vorgegebene Induktivität zu realisieren (s. Abb. 2.15). Dabei spielen der Schleifendurchmesser und auch die Verteilung der Windungen auf die Lagen eine besondere Rolle.
  - Wegen der zunehmenden Windungslänge bei den äußeren Lagen sollten bei Transformatoren die Wicklungen mit dem größeren Strom in den inneren Lagen angeordnet werden.
- bessere *Leitfähigkeit*:
  - Zu bevorzugen sind Materialien mit hoher Leitfähigkeit: $\kappa_{Cu} = 56 \, \mathrm{m}/\,\Omega\mathrm{mm}^2$, $\kappa_{Al} = 35 \, \mathrm{m}/\,\Omega\mathrm{mm}^2$, $\kappa_{Ag} = 62{,}5 \, \mathrm{m}/\,\Omega\mathrm{mm}^2$.
  - Die Verwendung von Aluminium aus Kosten- oder Gewichtsgründen führt zu wesentlich höheren rms-Verlusten.

Im nächsten Schritt betrachten wir die Minimierung der **Skinverluste**. Mehr noch als bei den rms-Verlusten kann dieser Verlustbeitrag durch die Wahl der Schaltung beeinflusst werden. Während die rms-Verluste im Wesentlichen durch die zu übertragende

Leistung und die Spannungen bestimmt werden, sind die Skinverluste eine Folge des Oberwellenspektrums und damit der Betriebsart der Schaltung. In diesem Sinne sind resonante Schaltungen mit näherungsweise sinusförmigen Strömen den pulsweitenmodulierten Schaltungen mit dreieckförmigen Strömen vorzuziehen, ebenso ist eine niedrigere Schaltfrequenz von Vorteil. Für die Auslegung des Bauelements ergeben sich folgende Optionen:

- Die Reduzierung der Drahtlänge geht linear in den Widerstand R_0 ein und reduziert im gleichen Maße die Skinverluste nach Gl. (4.10).
- Ein größerer Drahtradius r_D steht einerseits quadratisch im Nenner von R_0, andererseits geht dieser Parameter je nach Frequenz mit unterschiedlichem Exponent in den Skinfaktor ein (s. rechtes Teilbild in Abb. 4.5). Die Summe von rms- und Skinverlusten wird aber nach Abb. 4.6 mit steigendem Drahtradius immer geringer.
- Die bessere Leitfähigkeit von Kupfer gegenüber Aluminium reduziert zwar die Eindringtiefe und erhöht den Anteil P_{skin} in Abb. 4.5 bei gleicher Frequenz, trotzdem zeigt Kupfer nach Zusammenfassung von rms- und Skinverlusten entsprechend Abb. 4.6 über den gesamten Frequenzbereich die geringeren Verluste.
- Der Skinfaktor F_s in Gl. (4.10) lässt sich durch Verwendung optimierter Litzen (Anzahl und Durchmesser der Adern) gemäß Abb. 4.27 deutlich reduzieren.
- Eine dickere Lackisolation auf den Einzeladern der Litzen reduziert den Skinfaktor bzw. die inneren Proximityverluste nach Abb. 4.28 weiter.
- Die Parallelschaltung von Drähten reduziert die Summe aus rms- und Skinverlusten. Der Zuwachs bei den Proximityverlusten infolge zusätzlicher Lagen kann zu erhöhten Gesamtverlusten führen (vgl. Abb. 4.32).

Für die Minimierung der **Proximityverluste** gelten im Hinblick auf die Schaltung die gleichen Maßnahmen wie bereits bei den Skinverlusten beschrieben. Für die Auslegung der Komponente gilt:

- Eine reduzierte Drahtlänge führt nach Gl. (4.32) zu geringeren Verlusten.
- Ein reduzierter Drahtradius führt nach Abb. 4.8 zu einem kleineren Proximityfaktor und damit nach Gl. (4.32) zu geringeren Proximityverlusten. Hier ist allerdings ein Kompromiss mit den ansteigenden rms-Verlusten erforderlich.
- Die Leitfähigkeit des Materials geht bei den Runddrähten abhängig vom Produkt $r_D \cdot f^{1/2}$ unterschiedlich in die Verlustbilanz ein (vgl. Abb. 4.9). Für Werte $(r_D/\text{mm}) \cdot (f/\text{kHz})^{1/2} < 4{,}264$ sind die Proximityverluste in Aluminium kleiner als bei Kupfer, oberhalb wird Kupfer wieder günstiger.
- Die Verwendung optimierter Litzen (Anzahl und Durchmesser der Adern) nach Gl. (4.84) bzw. Abb. 4.29 reduziert die Proximityverluste. Vorsicht: bei höheren Frequenzen ist der Runddraht wieder besser als Litze! Bei nicht sinusförmigen Strömen kann die Litze infolge der erhöhten Verluste bei den Oberschwingungen ihren Vorteil gegenüber den Volldrähten verlieren.

- Die Erhöhung der Adernzahl einer HF-Litze bei gleich bleibendem Kupfergesamtquerschnitt reduziert die Verluste nach Abb. 4.29 gegenüber dem Volldraht. Bei bereits voll ausgenutztem Wickelfenster sinkt aber die verfügbare Kupferquerschnittsfläche mit steigender Adernzahl, d. h. es existiert ein Optimum für die Anzahl der Adern.
- Die Anzahl der Windungen sollte nach Abb. 4.16 möglichst klein sein.
- Die Windungen sollten auf möglichst wenige Lagen verteilt werden, da die magnetische Feldstärke in den inneren Lagen stark ansteigt. Kerne mit breiterem Wickelfenster sind in dieser Hinsicht günstiger. Die Verteilung der Transformatorwicklungen über eine größere Wickelbreite reduziert zusätzlich die Streuinduktivität (vgl. Abschn. 10.7).
- Eine Verringerung des externen Magnetfelds nach Gl. (4.32) lässt sich durch größere Abstände zwischen den Drähten, z. B. innerhalb einer Lage erreichen (vgl. Abb. 4.15).
- Bei Folienwicklungen steigen die Verluste mit der Anzahl der Windungen stark an.
- Folien sollten bei vorgegebener Querschnittsfläche möglichst breit und dünn sein (vgl. Abb. 4.48).
- Die Stromverdrängung in Richtung der Foliendicke sollte vermieden werden, um sie nicht in dem Bereich des erhöhten Widerstandsanstiegs zu betreiben, d. h. die Foliendicke sollte möglichst kleiner sein als die Eindringtiefe. Die optimale Foliendicke nimmt mit steigender Windungszahl ab.
- Die Optimierung der Dicke für jede einzelne Windung, abhängig von ihrer Position im Wickelpaket, reduziert die Verluste um weitere 12 %. Hier stellt sich die Frage nach dem technischen Aufwand.
- Bei einem großen Oberschwingungsanteil kann eine geringere Foliendicke zu reduzierten Verlusten führen.

Weitere Optionen zur Reduzierung der Proximityverluste im Zusammenhang mit hochpermeablen Kernen und in Transformatoren sind in Abschn. 9.6 und Abschn. 10.11 aufgelistet.

Literatur

1. Albach M (2000) Two-dimensional calculation of winding losses in transformers. PESC, Galway, Ireland, S 1639–1644. doi:10.1109/PESC.2000.880550
2. DIN IEC 60317-11 (2004) Technische Lieferbedingungen für bestimmte Typen von Wickeldrähten
3. Dowell PL (1966) Effects of eddy currents in transformer windings. PROC IEE, Bd 113, Nr 8, S 1387–1394. doi:10.1049/piee.1966.0236
4. Ferreira JA (1989) Electromagnetic modelling of power electronic converters. Kluwer Academic Publishers. ISBN 0-7923-9034-2
5. Ferreira JA (1994) Improved analytical modeling of conductive losses in magnetic components. IEEE Trans Power Electron 9(1):127-131. doi:10.1109/63.285503
6. Lammeraner J, Stafl M (1966) Eddy currents. ILIFFE Books, London

7. Nan X, Sullivan CR (2003) An improved calculation of proximity-effect loss in high-frequency windings of round conductors. PESC, Acapulco, Mexiko, Bd 2, S 853–860. doi:10.1109/PESC.2003.1218168

8. Nysveen A, Hernes M (1993) Minimum loss design of a 100 kHz inductor with foil windings. European Power Electronics Conference EPE, Bd 3, S 106–111

9. Perry MP (1979) Multiple layer series connected winding design for minimum loss. IEEE Trans Power Appar Syst 98(1):116–123. doi:10.1109/TPAS.1979.319520

10. Rossmanith H, Doebroenti M, Albach M, Exner D (2011) Measurement and characterization of high frequency losses in nonideal litz wires. IEEE Trans Power Electron 26(11):3386–3394. doi:10.1109/TPEL.2011.2143729

11. Stadler A, Albach M, Bucher A (2006) Calculation of core losses in toroids with rectangular cross section. Power Electronics and Motion Control Conference, S 828–833. doi:10.1109/EPEPEMC.2006.4778502

12. Vandelac JP, Ziogas PD (1988) A novel approach for minimizing high-frequency transformer copper losses. IEEE Trans Power Electron 3(3):266–277. doi:10.1109/63.17944

Kerne

5

Zusammenfassung

Zur Realisierung induktiver Komponenten stehen sehr unterschiedliche Kernformen zur Verfügung. In den folgenden Abschnitten wird gezeigt, wie diese Kerne durch wenige effektive Kernparameter beschrieben werden können, wodurch der Designprozess wesentlich vereinfacht wird. Das Verhalten der Komponenten wird natürlich auch stark von den nichtlinearen Materialeigenschaften beeinflusst. Mithilfe der zahlreichen Diagramme zur Charakterisierung der Materialien können die in den abgeleiteten Ersatzschaltbildern verwendeten Komponenten zur Erfassung der parasitären Eigenschaften mit hinreichender Genauigkeit beschrieben werden.

5.1 Grundlegende Zusammenhänge

Die Erhöhung der Induktivität von Spulen lässt sich auf sehr einfache Weise durch die Verwendung von Kernen mit hochpermeablem Material erreichen. Bevor wir uns jedoch in den folgenden Kapiteln intensiver mit der Dimensionierung induktiver Bauteile mit Kernen beschäftigen, sollen zunächst noch einmal einige grundlegende Zusammenhänge an einem Beispiel diskutiert werden.

Beginnen wollen wir mit der Gegenüberstellung von elektrischem und magnetischem Kreis. Die Abb. 5.1 zeigt auf der linken Seite einen aus einem Material der Leitfähigkeit κ bestehenden Körper, der sich aus vier Schenkeln mit rechteckigem Querschnitt zusammensetzt. Wird an der eingezeichneten Trennstelle mithilfe zweier Elektroden eine Spannung U_0 angelegt, dann stellt sich ein Strom I ein, der nun berechnet werden soll. Der erste Schritt besteht darin, die dreidimensionale Anordnung durch ein möglichst einfaches Ersatzschaltbild zu beschreiben. Wir nehmen an, dass der Strom homogen über den jeweiligen Schenkelquerschnitt verteilt fließt und dass die Leiterlänge der gestrichelt

© Springer Fachmedien Wiesbaden GmbH 2017

M. Albach, *Induktivitäten in der Leistungselektronik*, DOI 10.1007/978-3-658-15081-5_5

Abb. 5.1 Elektrischer und
magnetischer Kreis

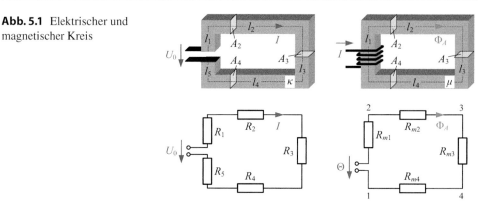

eingezeichneten mittleren Weglänge entspricht[1]. Unter dieser Voraussetzung kann jeder
Schenkel durch einen ohmschen Widerstand ersetzt werden. Mit dem Zählindex $i = 1..5$
gilt für den Widerstand im i-ten Leiterabschnitt der Ausdruck

$$R_i = \frac{l_i}{\kappa A_i} \,, \tag{5.1}$$

in dem l_i die mittlere Schenkellänge und A_i die Querschnittsfläche des i-ten Schenkels
bezeichnen. Mithilfe des Ohmschen Gesetzes kann der gesuchte Strom I aus dem zugehörigen Ersatzschaltbild berechnet werden

$$\oint_C \vec{E} \cdot d\vec{s} = 0 = -U_0 + I \sum_{i=1}^{5} R_i \quad \rightarrow \quad I = \frac{U_0}{R_1 + R_2 + R_3 + R_4 + R_5} \,. \tag{5.2}$$

Betrachten wir nun den magnetischen Kreis auf der rechten Seite der Abb. 5.1. Dabei soll
angenommen werden, dass der Körper aus ferromagnetischem Material mit $\mu_r \gg 1$ besteht. Die aus N Windungen aufgebaute und vom Strom I durchflossene Wicklung erzeugt
innerhalb des hochpermeablen Materials eine magnetische Flussdichte $B = \mu_r \mu_0 H$. Da
an der Trennstelle zur umgebenden Luft die Tangentialkomponente der magnetischen
Feldstärke stetig sein muss, ist die tangential zur Oberfläche gerichtete Komponente der
Flussdichte im Kern um den Faktor μ_r größer als in dem umgebenden Raum, d. h. der
Fluss wird in dem hochpermeablen Material geführt und darf im umgebenden Raum in
erster Näherung vernachlässigt werden. Lassen wir auch in diesem Fall den besonderen
Flussverlauf in den Ecken unberücksichtigt, dann darf eine homogene Feldverteilung über
den Querschnitt des jeweiligen Schenkels angenommen werden. Für den Fluss im Schen-

---

[1] In der Praxis wird sich der Strom insbesondere in den Ecken nicht mehr homogen verteilen, d. h.
die hier durchgeführte Rechnung liefert eine Näherungslösung, die aber umso genauer ist, je größer
die Schenkellängen gegenüber den Querschnittsabmessungen sind.

kel 1 gilt

$$\Phi_{A_1} = B_1 A_1 = \mu_r \mu_0 H_1 A_1 = \mu H_1 A_1 \,. \tag{5.3}$$

Da das Integral der Flussdichte über eine geschlossene Hüllfläche nach Gl. (1.11) immer verschwindet, muss die Summe aller zu einem Knoten hinfließenden Flüsse gleich sein zu der Summe aller von dem Knoten wegfließenden Flüsse. Der Begriff Knoten bezieht sich allgemein auf eine Verzweigung mehrerer Schenkel. In dem hier vorliegenden Sonderfall existiert keine Verzweigung, so dass der magnetische Fluss in allen Schenkeln gleich groß ist (analog zu dem überall gleichen Strom in einem Stromkreis mit nur einer einzigen Masche). Resultierend muss gelten

$$\Phi_{A_1} = \Phi_{A_2} = \Phi_{A_3} = \Phi_{A_4} = \Phi_A \quad \rightarrow \quad H_1 A_1 = H_2 A_2 = H_3 A_3 = H_4 A_4 \,. \tag{5.4}$$

Das Umlaufintegral der magnetischen Feldstärke entlang des gestrichelt eingezeichneten Weges auf der rechten Seite der Abb. 5.1 liefert nach Gl. (1.5) die Durchflutung Θ

$$\oint_C \vec{\mathbf{H}} \cdot \mathrm{d}\vec{\mathbf{s}} = \underbrace{H_1 l_1}_{V_{m12}} + \underbrace{H_2 l_2}_{V_{m23}} + \underbrace{H_3 l_3}_{V_{m34}} + \underbrace{H_4 l_4}_{V_{m41}} = \Theta = NI \,, \tag{5.5}$$

die als Summe der magnetischen Spannungen V_m in den Schenkeln dargestellt werden kann. Die Indizes bei V_m korrespondieren mit den Bezeichnungen an den Ecken des Ersatzschaltbilds. Aus den Beziehungen (5.3) bis (5.5) erhält man für jeden Schenkel eine Gleichung, z. B.

$$V_{m23} = H_2 l_2 = \frac{l_2}{\mu A_2} \Phi_A = R_{m2} \Phi_A \quad \text{mit} \quad R_{m2} = \frac{l_2}{\mu A_2} \,, \tag{5.6}$$

die völlig analog zum Ohmschen Gesetz im elektrischen Stromkreis aufgebaut ist. Der magnetische Widerstand R_m, der auch als Reluktanz bezeichnet wird, ist genauso wie der elektrische Widerstand proportional zur Länge l und umgekehrt proportional zur Materialeigenschaft (Permeabilität) und zum Querschnitt A. Trotz des gleichen Aufbaus der Beziehungen ergibt sich bei der Berechnung der magnetischen Netzwerke in der Praxis jedoch eine zusätzliche Schwierigkeit. Während die elektrische Leitfähigkeit κ eine vom Strom unabhängige Materialkonstante ist, hängt die Permeabilität μ entsprechend der Hysteresekurve vom magnetischen Fluss ab. Mit den Materialeigenschaften werden wir uns in Abschn. 5.3 beschäftigen. Die Beziehung

$$V_m = R_m \Phi_A \tag{5.7}$$

heißt Ohmsches Gesetz des magnetischen Kreises. Entsprechend definiert man auch den magnetischen Leitwert Λ_m der Dimension Vs/A als den Kehrwert des magnetischen Widerstands

$$\Lambda_m = \frac{1}{R_m} = \frac{\mu A}{l} \,. \tag{5.8}$$

Tab. 5.1 Gegenüberstellung der Beziehungen für elektrisches und magnetisches Netzwerk

Bezeichnung	Elektrisches Netzwerk	Magnetisches Netzwerk
Materialeigenschaft	κ	μ
Widerstand	$R = \dfrac{l}{\kappa A}$	$R_m = \dfrac{l}{\mu A}$
Leitwert	$G = \dfrac{1}{R}$	$\Lambda_m = \dfrac{1}{R_m}$
Spannung	$U_{12} = \displaystyle\int_{P_1}^{P_2} \vec{E} \cdot d\vec{s}$	$V_{m12} = \displaystyle\int_{P_1}^{P_2} \vec{H} \cdot d\vec{s}$
Strom bzw. Fluss	$I = \displaystyle\iint_A \vec{J} \cdot d\vec{A} = \kappa \iint_A \vec{E} \cdot d\vec{A}$	$\Phi_A = \displaystyle\iint_A \vec{B} \cdot d\vec{A} = \mu \iint_A \vec{H} \cdot d\vec{A}$
Ohmsches Gesetz	$U = RI$	$V_m = R_m \Phi_A$
Maschengleichung	$U_0 = \displaystyle\sum_{Masche} RI$	$\Theta = \displaystyle\sum_{Masche} R_m \Phi_A$
Knotengleichung	$\displaystyle\sum_{Knoten} I = 0$	$\displaystyle\sum_{Knoten} \Phi_A = 0$

Denkt man sich die Durchflutung als erregende Quelle ebenfalls in das Ersatzschaltbild eingetragen, wie z. B. in Abb. 5.1 angedeutet, dann kann mit diesem magnetischen Kreis in der gleichen Weise wie mit einem elektrischen Netzwerk gerechnet werden. Man beachte jedoch die Beziehung zwischen der Zählrichtung der Durchflutung (Generatorzählpfeilsystem) und dem den Fluss verursachenden Strom auf der rechten Seite der Abb. 5.1. Mit dem Ersatzschaltbild gelten dann insbesondere die den Kirchhoffschen Gleichungen analogen Beziehungen. Die der Maschenregel des elektrischen Kreises (5.2) entsprechende Beziehung lautet jetzt

$$\oint_C \vec{H} \cdot d\vec{s} - \Theta \overset{(5.5)}{=} 0 \overset{(5.6)}{=} \Phi_A \sum_i R_{mi} - \Theta \quad \rightarrow \quad \Theta = \sum_{Masche} R_m \Phi_A = \sum_{Masche} V_m \quad (5.9)$$

und für den Stromknoten gilt analog zum elektrischen Fall die Beziehung

$$\sum_{Knoten} \Phi_A = 0. \quad (5.10)$$

In Tab. 5.1 sind noch einmal die Beziehungen für den elektrischen und den magnetischen Kreis zusammengefasst.

Die beiden in dieser Form gegenübergestellten Netzwerke beschreiben physikalisch völlig unterschiedliche Zusammenhänge. Während die dem elektrischen Widerstand zugeführte Energie in Wärme umgewandelt wird, wird die Energie in der Reluktanz gespeichert. Der Vorteil dieser vergleichenden Betrachtungsweise liegt in der gleichen mathematischen Vorgehensweise bei der Berechnung. Unter Beachtung der in der Tabelle

Abb. 5.2 Beispielanordnung
zur Induktivitätsbestimmung

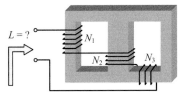

angegebenen Korrespondenzen können die magnetischen Netzwerke mit den Formeln der elektrischen Netzwerke behandelt werden.

Beispiel

Als Beispiel für die Anwendung der magnetischen Netzwerke wollen wir die Induktivität der in Abb. 5.2 dargestellten Anordnung berechnen. Die beiden Außenschenkel des aus Ferritmaterial der Permeabilitätszahl μ_r bestehenden Kerns besitzen die Querschnittsfläche A und die Länge l_A. Der Mittelschenkel besitzt die Querschnittsfläche $2A$ und die Länge l_M. Auf dem Kern befinden sich drei in Reihe geschaltete Wicklungen mit den Windungszahlen N_1, N_2 und N_3. Zur Vereinfachung wird angenommen, dass die magnetische Flussdichte B homogen über den Kernquerschnitt verteilt ist.

Im ersten Schritt wird ein magnetisches Ersatzschaltbild erstellt. Die Zählrichtung für die magnetischen Flüsse in den drei Schenkeln werden entsprechend Abb. 5.3 festgelegt. Diese Wahl ist willkürlich und hat keinen Einfluss auf das Ergebnis. Mit den magnetischen Widerständen der Schenkel

$$R_{mL} = R_{mR} = \frac{l_A}{\mu_r \mu_0 A} \quad \text{und} \quad R_{mM} = \frac{l_M}{\mu_r \mu_0 2A} \tag{5.11}$$

erhalten wir das auf der rechten Seite der Abbildung dargestellte Ersatzschaltbild. Man beachte die eindeutige Zuordnung zwischen dem Strom in den Wicklungen und der Richtung der im Ersatzschaltbild eingetragenen Durchflutungen.

Im nächsten Schritt müssen die Flüsse in den Schenkeln berechnet werden. Die Anwendung der Maschenregel auf die linke Masche

$$N_1 I - N_2 I = \Phi_L R_{mL} - \Phi_M R_{mM} \quad \rightarrow \quad \Phi_L = \frac{(N_1 - N_2)\, I + \Phi_M R_{mM}}{R_{mL}} \tag{5.12}$$

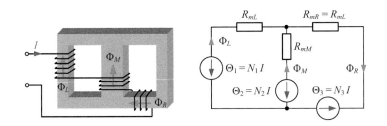

Abb. 5.3 Festlegung der Flüsse und magnetisches Ersatzschaltbild

sowie auf die rechte Masche

$$N_2 I + N_3 I = \Phi_M R_{mM} + \Phi_R R_{mL} \quad \rightarrow \quad \Phi_R = \frac{(N_2 + N_3)\, I - \Phi_M R_{mM}}{R_{mL}} \quad (5.13)$$

und Einsetzen der Ergebnisse in die Knotengleichung

$$\Phi_L + \Phi_M = \Phi_R \quad\quad\quad (5.14)$$

liefert die Flüsse in den Schenkeln

$$\frac{\Phi_M}{I} = \frac{-N_1 + 2N_2 + N_3}{R_{mL} + 2R_{mM}} \quad\quad\quad (5.15)$$

und

$$\frac{\Phi_L}{I} = \frac{N_1 - N_2}{R_{mL}} - \frac{R_{mM}}{R_{mL}} \frac{N_1 - 2N_2 - N_3}{R_{mL} + 2R_{mM}},$$

$$\frac{\Phi_R}{I} = \frac{N_2 + N_3}{R_{mL}} + \frac{R_{mM}}{R_{mL}} \frac{N_1 - 2N_2 - N_3}{R_{mL} + 2R_{mM}}. \quad\quad\quad (5.16)$$

Für die gesuchte Induktivität erhalten wir resultierend das Ergebnis

$$L = \frac{\Phi}{I} = N_1 \frac{\Phi_L}{I} + N_2 \frac{\Phi_M}{I} + N_3 \frac{\Phi_R}{I}. \quad\quad\quad (5.17)$$

5.2 Die effektiven Kernparameter und der A_L-Wert

Die Vielfalt der Kernformen sowie deren teils komplizierte Geometrien erschweren den Designprozess enorm. In der Praxis wird daher versucht, für die sehr unterschiedlichen Kerne sogenannte effektive Kernparameter abzuleiten, in denen der Einfluss variabler Querschnittsflächen und unterschiedlicher Weglängen für die Feldlinien bereits berücksichtigt sind. Das Ziel bei dieser Vorgehensweise besteht darin, einen beliebigen Kern umzurechnen in einen äquivalenten Ringkern, der bei gleicher Windungszahl die gleiche Induktivität aufweist. Für die Dimensionierung kann dann auf diese in den Datenbüchern enthaltenen effektiven Parameter zurückgegriffen werden, ohne nochmals die reale Kerngeometrie in die Überlegungen mit einbeziehen zu müssen.

Die Formeln zur Berechnung der effektiven Kernparameter für geschlossene magnetische Kreise aus ferromagnetischen Werkstoffen sind in der Norm [2] angegeben. Wir wollen uns an dieser Stelle das prinzipielle Vorgehen am Beispiel einfacher Kerne anschauen. Für jeden Kern werden zunächst die beiden Kernfaktoren C_1 und C_2 aus den

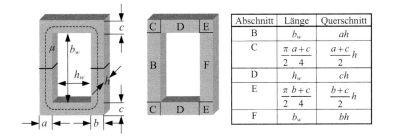

Abschnitt	Länge	Querschnitt
B	b_w	ah
C	$\dfrac{\pi}{2}\dfrac{a+c}{4}$	$\dfrac{a+c}{2}h$
D	h_w	ch
E	$\dfrac{\pi}{2}\dfrac{b+c}{4}$	$\dfrac{b+c}{2}h$
F	b_w	bh

Abb. 5.4 U-Kern

einzelnen Abschnitten gemäß den Beziehungen

$$C_1 = \sum_i \frac{l_i}{A_i} \quad \text{und} \quad C_2 = \sum_i \frac{l_i}{A_i^2} \tag{5.18}$$

bestimmt. Die gesuchten Kernparameter werden aus diesen Werten mittels der Formeln

$$A_e = \frac{C_1}{C_2}, \quad l_e = \frac{C_1^2}{C_2} \quad \text{und} \quad V_e = A_e l_e \tag{5.19}$$

abgeleitet. A_e wird als effektiver (magnetisch wirksamer) Querschnitt und l_e als effektive (magnetisch wirksame) Länge bezeichnet.

Als erstes Beispiel zur Berechnung der Kernfaktoren betrachten wir den in Abb. 5.4 aus zwei U-Kernhälften mit unterschiedlichen Schenkelbreiten zusammengesetzten Kern. Das linke Teilbild zeigt den geschlossenen magnetischen Kreis mit dem angedeuteten Verlauf einer Feldlinie. Das rechte Teilbild zeigt die Zerlegung des Kerns in einzelne Abschnitte. Zur Berechnung der magnetischen Widerstände werden die Längen und Querschnitte der hier auftretenden unterschiedlichen Abschnitte benötigt. Diese sind rechts in der Tabelle angegeben. In den Ecken C und E wird die Länge aus einem Viertel eines Kreisumfangs $2\pi r$ berechnet, wobei r aus dem arithmetischen Mittel von $a/2$ und $c/2$ bzw. $b/2$ und $c/2$ gebildet wird. Die Querschnittsfläche wird in den Ecken ebenfalls aus dem arithmetischen Mittel der beiden Flächen gebildet, durch die der Fluss ein- bzw. austritt.

Durch Einsetzen in die Gln. (5.18) erhalten wir die Kernfaktoren

$$C_1 = \frac{l_B}{A_B} + 2\frac{l_C}{A_C} + 2\frac{l_D}{A_D} + 2\frac{l_E}{A_E} + \frac{l_F}{A_F} = \frac{1}{h}\left(\pi + \frac{b_w}{a} + \frac{b_w}{b} + \frac{2h_w}{c}\right) \tag{5.20}$$

und

$$C_2 = \frac{l_B}{A_B^2} + 2\frac{l_C}{A_C^2} + 2\frac{l_D}{A_D^2} + 2\frac{l_E}{A_E^2} + \frac{l_F}{A_F^2} = \frac{1}{h^2}\left(\frac{b_w}{a^2} + \frac{\pi}{a+c} + \frac{2h_w}{c^2} + \frac{\pi}{b+c} + \frac{b_w}{b^2}\right) \tag{5.21}$$

und daraus wiederum die effektiven Kernparameter mithilfe der Gln. (5.19).

Abb. 5.5 E-Kern

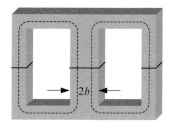

Als zweites Beispiel betrachten wir den E-Kern in Abb. 5.5. Für die übliche Wickelanordnung, d. h. die Windungen sind um den Mittelschenkel angeordnet, teilt sich der
Fluss im Mittelschenkel gleichmäßig auf die beiden Außenschenkel auf. Wir können den
E-Kern behandeln wie die Parallelschaltung zweier U-Kerne, wobei die Parallelschaltung
eine Verdopplung der Querschnittsflächen bedeutet. Verwenden wir die gleichen Bezeichnungen wie in Abb. 5.4, die Breite des Mittelschenkels wird jetzt mit $2b$ bezeichnet, dann
erhalten wir die Kernfaktoren des E-Kerns, indem wir den Wert C_1 aus Gl. (5.20) halbieren
und den Wert C_2 aus Gl. (5.21) durch vier teilen.

Als letztes Beispiel betrachten wir noch den geschlossenen Ringkern nach Abb. 5.6. In
Gl. (5.18) wurden die Kernfaktoren durch Summation der Abmessungsverhältnisse von
einzelnen Kernabschnitten ermittelt. Bei dieser Vorgehensweise werden pro Abschnitt
eine mittlere Länge, eine mittlere Querschnittsfläche und eine homogene Flussdichteverteilung über den Querschnitt zugrunde gelegt. Beim Ringkern ist die ortsabhängige
Feldverteilung jedoch bekannt, so dass die Summation durch eine Integration ersetzt werden kann, wodurch wir genauere Ergebnisse für die beiden Kernfaktoren und damit auch
für die effektiven Kernparameter erhalten.

Ausgangspunkt ist nach [9] die Auswertung der beiden folgenden Integrale

$$\frac{A_e}{l_e} = \int_a^b \frac{h \, d\rho}{2\pi \rho} = \frac{h}{2\pi} \ln\left(\frac{b}{a}\right) \quad \text{und} \quad \frac{A_e}{l_e^2} = \int_a^b \frac{h \, d\rho}{(2\pi \rho)^2} = \frac{h}{4\pi^2} \frac{b-a}{ab} . \tag{5.22}$$

Mit diesen Ergebnissen können die effektiven Kerngrößen nach Gl. (5.19)

$$A_e = h \frac{ab}{b-a} \left[\ln\left(\frac{b}{a}\right)\right]^2 ,$$

Abb. 5.6 Ringkern mit rechteckförmigem Kernquerschnitt

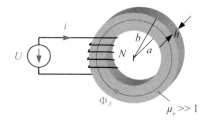

$$l_e = 2\pi \frac{ab}{b-a} \ln\left(\frac{b}{a}\right),$$

$$V_e = 2\pi h \frac{a^2 b^2}{(b-a)^2} \left[\ln\left(\frac{b}{a}\right)\right]^3 \tag{5.23}$$

und auch die Kernfaktoren nach Gl. (5.18) für den Ringkern angegeben werden

$$C_1 = \frac{l_e}{A_e} = \frac{2\pi}{h \ln(b/a)}, \quad C_2 = \frac{l_e}{A_e^2} = \frac{2\pi}{h^2 \left[\ln(b/a)\right]^3} \frac{b-a}{ab}. \tag{5.24}$$

In diesen Formeln ist die inhomogene Flussdichteverteilung im Kern berücksichtigt, so dass wir damit insgesamt zu genaueren Ergebnissen, nicht nur bei der Dimensionierung von L, sondern auch bei der späteren Berechnung der im Kernvolumen entstehenden Verluste gelangen.

Bei Kernformen, bei denen die Querschnittsfläche längs des Feldlinienverlaufs nicht konstant ist, z. B. kann die Fläche im Mittelschenkel kleiner sein als die Summe der Querschnittsflächen in den Außenschenkeln, wird in den Datenbüchern zusätzlich auch die minimale Querschnittsfläche $A_{\min}$ angegeben. Wegen der Stetigkeit des magnetischen Flusses wird die Flussdichte im Bereich der kleinsten Querschnittsfläche am größten, d. h. diese Kenngröße hat entscheidenden Einfluss auf die einsetzenden Sättigungseffekte (vgl. Abschn. 5.3.3).

Kehren wir noch einmal zum magnetischen Kreis in Abb. 5.1 zurück. Die Induktivität der Anordnung erhalten wir nach Gl. (2.16) aus dem Verhältnis von dem insgesamt mit der Spule verketteten Fluss und dem verursachenden Strom zu

$$L = \frac{\Phi}{I} = \frac{N\Phi_A}{I} \stackrel{(5.9)}{=} \frac{N\Theta}{I \sum\limits_i R_{mi}} \stackrel{(5.5)}{=} N^2 \frac{1}{\sum\limits_i R_{mi}} \stackrel{(5.6)}{=} N^2 \frac{\mu_0}{\sum\limits_i \frac{l_i}{\mu_r A_i}}. \tag{5.25}$$

Liegt im gesamten Kern die gleiche Permeabilität vor, dann schreibt man diese Gleichung in der Form

$$L = N^2 \frac{\mu_r \mu_0}{\sum\limits_i \frac{l_i}{A_i}} \stackrel{(5.18)}{=} N^2 \frac{\mu_0 \mu_r}{C_1} = N^2 \mu_r \mu_0 \frac{A_e}{l_e} \tag{5.26}$$

mit dem in Gl. (5.18) definierten Kernfaktor C_1 und den effektiven Kerngrößen nach Gl. (5.19). Die Induktivität (5.26) wird also berechnet, indem das Quadrat der Windungszahl mit einem Faktor multipliziert wird, in dem ausschließlich Informationen über den Kern, nämlich seine Geometrie und seine Materialeigenschaft, enthalten sind. Allgemein wird dieser Faktor als A_L-Wert bezeichnet und in den Datenbüchern für alle vorgefertigten Kerne mit Luftspalten angegeben, und zwar üblicherweise in nH

$$L = N^2 A_L. \tag{5.27}$$

Im Gegensatz zu den Luftspulen sind die einzelnen Windungen einer Wicklung infolge der Flussführung durch den Kern sehr gut gekoppelt. Aus diesem Grund darf hier, anders als bei der Luftspule, näherungsweise mit dem Quadrat der Windungszahl gerechnet werden. Allerdings hängt in der Praxis wegen vorhandener Streuflüsse der mit einer Windung verkettete Fluss von der Position der Windung innerhalb des Wickelfensters ab. Zur Vermeidung der daraus resultierenden unterschiedlichen Induktivitäten für Drähte an unterschiedlichen Positionen gelten die von den Kernherstellern angegebenen A_L-Werte für voll bewickelte Spulenkörper. In einem solchen Fall mitteln sich die positionsabhängigen Unterschiede aus.

Wird die zur Verfügung stehende Wickelhöhe nur zum Teil ausgenutzt, dann kann die mit dem angegebenen A_L-Wert nach Gl. (5.27) berechnete Induktivität um bis zu 10 % größer sein als der tatsächlich messbare Wert. Dafür gibt es im Wesentlichen zwei Ursachen. Zum einen ist die von den Windungen in den inneren Lagen gebildete Schleifenfläche und damit auch deren Induktivität kleiner, zum anderen führt die infolge eines Luftspalts hervorgerufene Feldverdrängung in den Wickelbereich nach Abb. 6.2 dazu, dass die Windungen in der Nähe des Luftspalts nicht mehr vom gesamten Fluss im Kern durchsetzt werden und somit ebenfalls einen geringeren Beitrag zur Gesamtinduktivität leisten.

5.3 Ferritmaterialien

Die weichmagnetischen Ferrite sind keramische Materialien, die im Wesentlichen aus Eisenoxid Fe_3O_4 bestehen. Die magnetischen Eigenschaften lassen sich verbessern, indem einzelne Eisenatome durch andere Metalle ersetzt werden. In der Zusammensetzung $MeFe_2O_4$ steht Me stellvertretend für z. B. Mangan (Mn), Nickel (Ni), Zink (Zn), Kobalt (Co), Kupfer (Cu) oder Magnesium (Mg). Die unterschiedlichen Zusätze führen auf unterschiedliche Eigenschaften hinsichtlich Temperaturverhalten, Materialsättigung, elektrische Leitfähigkeit usw. und werden im Hinblick auf die Anwendung optimiert [3, 4]. Für den Einsatz in leistungselektronischen Schaltungen lassen sich die Ferrite grob in zwei Gruppen einteilen. Einerseits die Mangan-Zink-Ferrite ($Mn_\delta Zn_{(1-\delta)}Fe_2O_4$) für einen Frequenzbereich bis ca. 1,5 MHz und andererseits die Nickel-Zink-Ferrite ($Ni_\delta Zn_{(1-\delta)}Fe_2O_4$) für einen Einsatz in einem noch höheren Frequenzbereich. Bei Ferroxcube beginnt der Name der MnZn-Ferrite mit der Ziffer 3, z. B. 3C90 oder 3F3, der Name der NiZn-Ferrite mit der Ziffer 4, z. B. 4C65 oder 4F1. Die beiden Gruppen unterscheiden sich in ihren Eigenschaften. Während die MnZn-Ferrite eine deutlich größere Permeabilität aufweisen, besteht der Vorteil der NiZn-Ferrite in einer um mehrere Größenordnungen geringeren elektrischen Leitfähigkeit. Die dadurch wesentlich kleineren Wirbelstromverluste ermöglichen den Einsatz bei höheren Frequenzen.

In den folgenden Abschnitten werden wir versuchen, die für die Auslegung von Spulen und Transformatoren in leistungselektronischen Schaltungen relevanten Materialparameter formelmäßig zu beschreiben. Damit können diese nichtlinearen Zusammenhänge in die entsprechenden Rechenprogramme eingebunden und beim Design der induktiven Komponenten hinreichend genau berücksichtigt werden.

Abb. 5.7 Magnetisierungs-
kurve eines ferromagnetischen
Materials

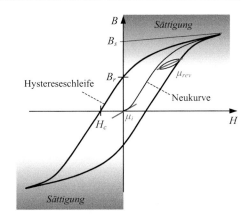

5.3.1 Die Permeabilität

In vielen Gleichungen wird der Zusammenhang zwischen der magnetischen Flussdichte
und der magnetischen Feldstärke in der Form $B = \mu H = \mu_r \mu_0 H$ mit der magnetischen Feldkonstanten μ_0 und dem als Permeabilitätszahl bezeichneten Zahlenfaktor μ_r
verwendet. Betrachtet man jedoch den in Abb. 5.7 dargestellten prinzipiellen Verlauf einer Hysteresekurve, dann wird deutlich, dass der Zusammenhang zwischen B und H nicht
nur vom gewählten Ferritmaterial abhängt, sondern auch stark nichtlinear ist. Die Permeabilität hängt zusätzlich von der äußeren Feldstärke, von der Temperatur und sogar von der
Vorgeschichte ab. Das erkennt man daran, dass zu einem Feldstärkewert unterschiedliche
Flussdichten gehören, je nachdem, ob man sich von höheren oder niedrigeren Feldstärkewerten dem augenblicklichen Zustand genähert hat. Die lineare Beziehung $B = \mu H$ kann
daher nur als eine grobe Näherung angesehen werden, die aber umso genauer gilt, je enger
die materialabhängige Hystereseschleife oder je kleiner die Aussteuerung, d. h. die Differenz zwischen Maximal- und Minimalwert der auftretenden magnetischen Feldstärke ist.
Die in der Abbildung markierten Punkte, bei denen jeweils eine der beiden Feldgrößen
verschwindet, heißen Remanenz bzw. Remanenzinduktion (B_r) und Koerzitivfeldstärke
(H_c).

Für die Praxis definiert man unterschiedliche Permeabilitäten, die je nach Anwen-
dungsfall anstelle der Permeabilitätszahl μ_r verwendet werden (s. Abschn. 6.5). Die Anfangspermeabilität wird bei sehr kleiner Feldstärke mit einem geschlossenen Ringkern
gemessen. Sie ist definiert als

$$\mu_i = \frac{1}{\mu_0} \left. \frac{\Delta B}{\Delta H} \right|_{\Delta H \to 0} \tag{5.28}$$

und entspricht der Steigung der Neukurve, also bei einer vollständig entmagnetisierten
Probe, im Ursprung der BH-Kurve. Die Abb. 5.8 zeigt als Beispiel die Temperaturabhängigkeit von μ_i für ein ausgewähltes Ferritmaterial. Oberhalb der Curie-Temperatur

Abb. 5.8 Anfangsper-
meabilität als Funktion der
Temperatur

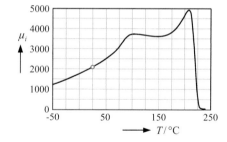

im Bereich >200 °C verändert das Material seine Eigenschaft und die Permeabilität verschwindet fast völlig.

Als Überlagerungspermeabilität μ_Δ bezeichnet man die Steigung einer Geraden durch die beiden Endpunkte einer Schleife, die durch kleine Änderungen der magnetischen Flussdichte bei gleichzeitigem Vorhandensein eines vormagnetisierenden Gleichfelds entsteht (s. Abb. 5.7)

$$\mu_\Delta = \frac{1}{\mu_0} \frac{\Delta B}{\Delta H}\bigg|_{H_{dc}} . \tag{5.29}$$

Die Verbindung der Endpunkte der kleinen Subschleife liefert eine Gerade, deren Steigung dem Wert μ_Δ entspricht. Aus der Abbildung ist zu erkennen, dass diese Steigung deutlich geringer ist als die Steigung der äußeren Hystereseschleife an dem betrachteten Arbeitspunkt. Das bedeutet aber auch, dass die wirksame Induktivität für kleine Strom-Spannungsänderungen innerhalb eines übergeordneten zeitabhängigen Signalverlaufs geringer ist.

Bei vernachlässigbarer Feldstärkeänderung $\Delta H \to 0$ spricht man von der reversiblen Permeabilität μ_{rev}

$$\mu_{rev} = \frac{1}{\mu_0} \frac{\Delta B}{\Delta H}\bigg|_{H_{dc}, \Delta H \to 0} . \tag{5.30}$$

Das Verhalten der reversiblen Permeabilität als Funktion der magnetischen Feldstärke für ein ausgewähltes Ferritmaterial zeigt die Abb. 5.9. Bei verschwindender Gleichfeldvormagnetisierung $H_{dc} \to 0$ geht μ_{rev} in den Wert μ_i über. Mit ansteigender Feldstärke bleiben μ_{rev} und damit auch die Steigung der kleinen Subschleifen in Abb. 5.7 zunächst relativ konstant, bis oberhalb einer bestimmten Grenzfeldstärke ein beginnender starker Abfall den Übergang in den Sättigungsbereich markiert.

Die Steigung der Geraden zwischen dem Ursprung und einem Punkt auf der Hystereseschleife wird als totale Permeabilität bezeichnet

$$\mu_{tot} = \frac{1}{\mu_0} \frac{B}{H} . \tag{5.31}$$

Diese hängt sehr stark von dem betrachteten Punkt auf der Hystereseschleife ab.

Abb. 5.9 Reversible Permeabilität als Funktion der
magnetischen Feldstärke

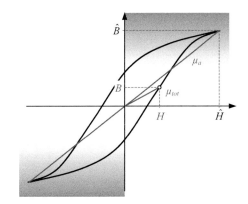

Wesentlich größere Bedeutung für die praktische Auslegung der Komponenten hat die
Amplitudenpermeabilität. Diese ist definiert als

$$\mu_a = \frac{1}{\mu_0} \frac{\hat{B}}{\hat{H}} \tag{5.32}$$

und beschreibt die Steigung einer Geraden, die die beiden Enden der Hystereseschleife
verbindet. $\hat{H}$ und $\hat{B}$ bezeichnen die Amplituden der beiden Feldgrößen bei Wechsel-
stromaussteuerung (ohne Vormagnetisierung). Aus Abb. 5.10 ist zu erkennen, dass μ_a
einen über den gesamten Aussteuerbereich gemittelten Wert darstellt, der das Verhältnis
der beiden Feldgrößen B und H unabhängig von dem Momentanwert der zeitabhängigen
Aussteuerung beschreibt.

Die Amplitudenpermeabilität hängt von der Frequenz, von der Temperatur und wegen
der Nichtlinearität der BH-Kurve auch von der Aussteuerung ab. Diese Abhängigkeiten
sind zum Teil in Abb. 5.11 dargestellt. Bei kleinen Amplituden geht die Amplitudenpermeabilität μ_a in die Anfangspermeabilität μ_i über (vgl. die eingezeichneten Kreise
in Abb. 5.8 und Abb. 5.11). Mit steigender Aussteuerung wird μ_a zunächst größer, entsprechend der zunächst ebenfalls größeren Steigung der Neukurve in Abb. 5.7, um dann
infolge der einsetzenden Sättigung bei noch größerer Aussteuerung wieder abzufallen.

Abb. 5.10 Zur Definition
von totaler Permeabilität und
Amplitudenpermeabilität

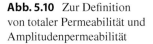

Abb. 5.11 Amplitudenpermeabilität als Funktion der
Aussteuerung für zwei Temperaturen

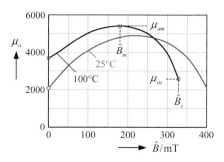

5.3.2 Analytische Beschreibung der Amplitudenpermeabilität

Zur Dimensionierung von induktiven Komponenten mithilfe von Softwaretools ist eine
analytische Beschreibung der Materialeigenschaften erforderlich. Wegen der besonderen
Bedeutung der Amplitudenpermeabilität sollen in diesem Abschnitt einige Beziehungen
angegeben werden, die eine formelmäßige Beschreibung der Kurvenverläufe in Abb. 5.11
erlauben, und zwar nicht nur für die üblicherweise in Datenblättern angegebenen Verläufe
bei den Temperaturen 25 °C und 100 °C, sondern für den gesamten bei technischen Anwendungen auftretenden Temperaturbereich. In einem ersten Schritt diskutieren wir die
mathematische Funktion zur Beschreibung von $\mu_a\left(\hat{H}\right)$, in einem zweiten Schritt erweitern wir den Formalismus um die Temperaturabhängigkeit.

Voraussetzung für eine adäquate Beschreibung der Zusammenhänge ist, dass die zu
verwendende Funktion

- möglichst leicht an die gemessenen Kurvenverläufe bei Ferriten angepasst werden kann
  und
- nur wenige zu bestimmende Parameter benötigt werden, die aus den vorhandenen Da-
  tenblattinformationen leicht extrahiert werden können.

Ausgangspunkt ist die Beziehung (5.32), nach der die feldstärkeabhängige Amplitudenpermeabilität durch das Verhältnis von Magnetisierung und Feldstärke dargestellt werden
kann

$$\hat{B} = \mu_a\mu_0\hat{H} = \mu_0\hat{H} + \mu_0\left(\mu_a - 1\right)\hat{H} = \mu_0\hat{H} + \mu_0\hat{M} \quad \rightarrow \quad \mu_a - 1 = \frac{\hat{M}}{\hat{H}}. \quad (5.33)$$

Nach [1] kann dieses Verhältnis für die verschiedenen Ferritmaterialien durch die folgende
Fitfunktion mit den zunächst unbekannten Werten a,b,c angenähert werden, die die beiden
genannten Bedingungen sehr gut erfüllt

$$\mu_a\left(\hat{H}\right) - 1 = a\,\frac{\left(\hat{H}/H_0\right)^{1,6} + b}{\left(\hat{H}/H_0\right)^{2,5} + c} \quad \text{mit} \quad H_0 = 1\frac{\text{A}}{\text{m}}. \quad (5.34)$$

Für sehr kleine Feldstärkeamplituden geht die Amplitudenpermeabilität μ_a in die Anfangspermeabilität μ_i über, so dass wir die erste Bestimmungsgleichung

$$\lim_{\hat{H} \to 0} \left[\mu_a \left(\hat{H} \right) - 1 \right] = \mu_i - 1 = a \frac{b}{c} \quad \to \quad \mu_a \left(\hat{H} \right) - 1 = \frac{a \left(\hat{H}/H_0 \right)^{1,6} + (\mu_i - 1)\, c}{\left(\hat{H}/H_0 \right)^{2,5} + c}$$

(5.35)

erhalten. Bezeichnen wir die Amplitudenpermeabilität bei sehr großen Feldstärkeamplituden, also im Bereich der Sättigung, mit μ_{as}, dann gilt mit der zugehörigen Sättigungsflussdichte $\hat{B}_s$ der Zusammenhang

$$\lim_{\hat{H} \to \hat{H}_s} \left[\mu_a \left(\hat{H} \right) - 1 \right] = \underbrace{\mu_{as} - 1}_{\approx \mu_{as}} = a \left(\frac{\hat{H}_s}{H_0} \right)^{-0,9} = a \left(\frac{\hat{B}_s}{\mu_{as} \mu_0 H_0} \right)^{-0,9}.$$

(5.36)

Mit der Vereinfachung $\mu_{as} - 1 \approx \mu_{as}$ folgt die zweite Bestimmungsgleichung

$$a = \mu_{as}^{0,1} \left(\frac{\hat{B}_s}{\mu_0 H_0} \right)^{0,9}.$$

(5.37)

Zur Bestimmung des noch fehlenden Wertes c wird der Maximalwert μ_{am} bei der zugehörigen Flussdichte $\hat{B}_m$ aus der Abb. 5.11 abgelesen. Einsetzen in die Gl. (5.35) liefert das Ergebnis

$$c = \frac{a \left(\hat{H}_m/H_0 \right)^{1,6} - (\mu_{am} - 1) \left(\hat{H}_m/H_0 \right)^{2,5}}{\mu_{am} - \mu_i} \quad \text{mit} \quad \hat{H}_m = \frac{\hat{B}_m}{\mu_{am} \mu_0}.$$

(5.38)

Damit ist die Amplitudenpermeabilität als Funktion der Feldstärkeamplitude gemäß Gl. (5.34) für die entsprechende Temperatur, bei der die Werte a, b, c bestimmt wurden, analytisch beschrieben. In Abb. 5.11 sind als Beispiel für die Temperatur $100\,°C$ die Punkte an der Kurve mit einem Kreuz markiert, bei denen die benötigten Werte abgelesen werden können.

Die Datenblattangaben erlauben diese Vorgehensweise aber nur bei wenigen Temperaturen, im vorliegenden Beispiel nur bei $25\,°C$ und $100\,°C$. Um eine analytische Beschreibung für den gesamten interessierenden Temperaturbereich zu erhalten, müssen die in Gl. (5.35) enthaltenen Parameter als Funktion der Temperatur bekannt sein. Die verallgemeinerte Gleichung lautet damit

$$\mu_a \left(\hat{H}, T \right) - 1 \approx \mu_a \left(\hat{H}, T \right) = \frac{a(T) \left(\hat{H}/H_0 \right)^{1,6} + [\mu_i(T) - 1]\, c(T)}{\left(\hat{H}/H_0 \right)^{2,5} + c(T)}.$$

(5.39)

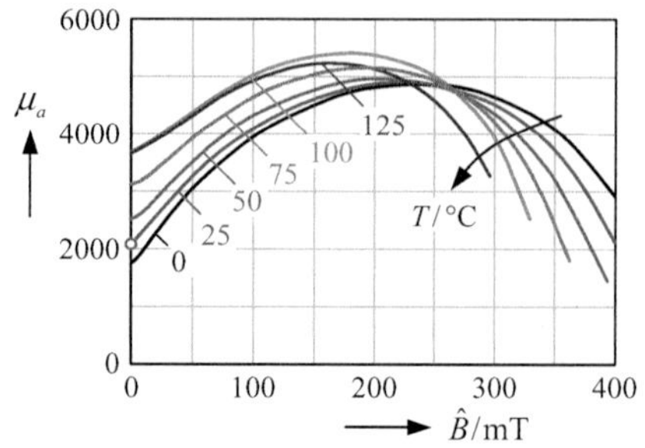

Abb. 5.12 Amplitudenpermeabilität als Funktion der
Aussteuerung mit der Temperatur als Parameter

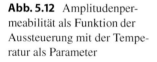

Die Temperaturabhängigkeit der Anfangspermeabilität $\mu_i(T)$ ist aber aus Abb. 5.8 bereits bekannt. Aus der Kenntnis der Werte $a(T)$ und $c(T)$ bei den beiden Temperaturen bietet sich eine lineare Approximation an

$$a(T) = a(25°)\,[1 + \alpha \cdot (T - 25°)] \quad \text{mit} \quad \alpha = \frac{1}{75°}\left[\frac{a(100°)}{a(25°)} - 1\right]. \tag{5.40}$$

Die entsprechende Beziehung für $c(T)$ führt unter Umständen auf negative Werte $c < 0$ bei großen Temperaturen und damit auf größere Abweichungen bei der Approximation (5.39). Erfahrungsgemäß ist die Darstellung

$$c(T) = c(25°)\,e^{\gamma(T-25°)} \quad \text{mit} \quad \gamma = \frac{1}{75°}\ln\frac{c(100°)}{c(25°)} \tag{5.41}$$

besser geeignet. Resultierend liegt damit auch eine Beschreibung der Amplitudenpermeabilität als Funktion der Temperatur vor. Ausgehend von einer Datenextraktion basierend auf den beiden Kurven in Abb. 5.11 zeigt die Abb. 5.12 das Ergebnis für einige weitere ausgewählte Temperaturwerte.

5.3.3 Die Sättigung

Zur quantitativen Beschreibung der Sättigung verwendet man die Sättigungsflussdichte B_s. Diese erhält man als Schnittpunkt der Ordinate $H = 0$ mit der im Bereich der Sättigung an die Hystereseschleife gezeichneten Tangente (vgl. Abb. 5.7). Die maximal im Material erreichbare Flussdichte kann nicht größer werden als die Summe aus der Flussdichte im Vakuum $B = \mu_0 H$ und der Sättigungsflussdichte B_s. Genauso wie die Permeabilitätszahl ist auch die Sättigungsflussdichte stark von der Temperatur abhängig. Typische Werte bei Ferriten liegen im Bereich 250–500 mT.

Oberhalb einer bestimmten materialabhängigen Temperatur verlieren die Stoffe ihre ferromagnetischen Eigenschaften. Die Temperatur, bei der dieser Übergang stattfindet, wird Curie-Temperatur genannt (nach Marie Curie, 1867–1934) und liegt bei Eisen etwa bei 770 °C.

Abb. 5.13 Hysteresekurven
für zwei Temperaturen

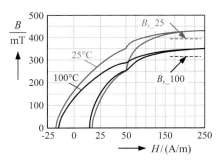

In Datenblättern sind die $B = f(H)$ Kurven üblicherweise für zwei Temperaturen angegeben (s. Abb. 5.13). Der Knick in den Kurven bei $H = 50\,\mathrm{A/m}$ hängt mit der unterschiedlichen Abszisseneinteilung zusammen. In der Abbildung bezeichnen B_s_25 die Sättigungsflussdichte bei 25 °C und B_s_100 die Sättigungsflussdichte bei 100 °C. Beide Werte werden zur Erhöhung des Sicherheitsabstands etwas unterhalb der Kurven gewählt und dienen als Grenzwerte bei der Auslegung der induktiven Komponente.

Zusammen mit der Curietemperatur T_C, bei der die Sättigungsflussdichte nach Abb. 5.8 praktisch völlig verschwindet und in der folgenden Gleichung zur Vereinfachung direkt zu null gesetzt wird, sind drei Werte bekannt, mit deren Hilfe eine Darstellung der Sättigungsflussdichte als Funktion der Temperatur in Form einer Potenzreihe mit drei Gliedern abgeleitet werden kann: $B_s(T) = a_0 + a_1 T + a_2 T^2$. Die drei unbekannten Koeffizienten in dieser Gleichung können durch Auflösen des Gleichungssystems

$$\begin{pmatrix} 1 & 25° & (25°)^2 \\ 1 & 100° & (100°)^2 \\ 1 & T_C & T_C^2 \end{pmatrix} \begin{pmatrix} a_0 \\ a_1 \\ a_2 \end{pmatrix} = \begin{pmatrix} B_s\_25 \\ B_s\_100 \\ 0 \end{pmatrix} \tag{5.42}$$

bestimmt werden. Das Ergebnis dieser Rechnung liefert den Zusammenhang

$$B_s(T) = (T - T_C)\left[\frac{B_s\_25}{25° - T_C} + \left(\frac{B_s\_100}{100° - T_C} - \frac{B_s\_25}{25° - T_C} \right)\left(\frac{T - 25°}{75°} \right) \right]. \tag{5.43}$$

Die zugehörige Auswertung ist in Abb. 5.14 dargestellt. Mit steigender Temperatur nimmt die Sättigungsflussdichte ab, d. h. der Kern geht bereits früher in Sättigung!

Abb. 5.14 Sättigungsflussdichte als Funktion der
Temperatur

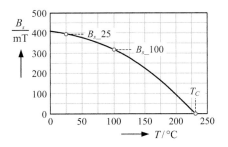

Bei der Auslegung der Komponenten ist auf diesen Zusammenhang unbedingt zu achten, zumal sich hier im Betrieb ein Mitkoppeleffekt einstellen kann. Verluste erwärmen den Kern, oberhalb einer bestimmten Temperatur steigen die Kernverluste mit der Temperatur ihrerseits an und erzeugen eine noch höhere Temperatur, so dass sich eine thermische Instabilität einstellt.

5.3.4   Die Leitfähigkeit des Ferritmaterials

Die Ferritmaterialien besitzen eine zwar geringe, jedoch nicht völlig verschwindende Leitfähigkeit. Die Herstellerangaben sind an dieser Stelle in der Regel sehr dürftig, meistens wird nur der spezifische Widerstand des Materials bei ausgewählten Temperaturen und Frequenzen angegeben. Nach [4] liegen diese Werte in der Größenordnung $0,1\text{--}10\,\Omega\text{m}$ für MnZn-Ferrite und $10^4\text{--}10^6\,\Omega\text{m}$ für NiZn-Ferrite. Bei einem Temperaturanstieg von $0\,°\text{C}$ auf $100\,°\text{C}$ sinkt der spezifische Widerstand beim MnZn-Ferrit 3C94 um einen Faktor 7, beim NiZn-Ferrit 4C65 nach Datenblatt sogar um einen Faktor 500.

Etwas vereinfacht betrachtet bestehen die Ferrite aus kleinen leitfähigen Partikeln, die durch eine dünne Oxidschicht mit geringer Leitfähigkeit von den Nachbarpartikeln isoliert sind. Das Material verhält sich wie die Zusammenschaltung von vielen Widerständen und Kondensatoren. Die über die Oxidschichten fließenden Verschiebungsströme nehmen mit der Frequenz zu, d. h. die Impedanz des Materials sinkt mit der Frequenz. Als Konsequenz erhalten wir eine Zunahme bei den Wirbelstromverlusten mit ansteigender Frequenz aufgrund der steigenden Leitfähigkeit des Materials. Bei einer Erhöhung der Frequenz von $100\,\text{kHz}$ auf $10\,\text{MHz}$ reduziert sich der spezifische Widerstand nach Datenblatt um einen Faktor 20 bei MnZn-Ferriten und um einen Faktor 10 bei NiZn-Ferriten. Messungen in [8] zeigen einen ähnlich starken Einfluss der Frequenz auf diese Materialeigenschaft.

Man kann davon ausgehen, dass die angegebenen Werte einen relativ großen Toleranzbereich aufweisen, so dass man die Zahlen als Richtwerte betrachten sollte. Unabhängig davon zeigt die Abhängigkeit des spezifischen Widerstands von Temperatur und Frequenz, dass die Wirbelstromverluste unter realen Betriebsbedingungen durchaus zum Problem werden können.

5.4   Alternative Materialien

Neben den Ferriten existiert eine große Anzahl weiterer weichmagnetischer Kernmaterialien, die in der Leistungselektronik eingesetzt werden und je nach Applikation Vorteile gegenüber den Ferriten aufweisen. Die entscheidenden Kriterien für die Auswahl eines Materials sind

- die Sättigungsflussdichte in Abhängigkeit von der Temperatur,
- die Permeabilität in Abhängigkeit von Aussteuerung, Temperatur und Frequenz,

- die gesamten Kernverluste in Abhängigkeit von Aussteuerung, Temperatur und Stromform,
- Temperatur- und Frequenzbereich, in denen das Material eingesetzt werden kann
- und eventuell auch die Verfügbarkeit bestimmter Kernformen.

Der Wunsch des Designers besteht immer darin, ein Material zu finden, das bei allen genannten Punkten Vorteile gegenüber anderen Materialien bietet (das nicht technische Kriterium Kosten wollen wir an dieser Stelle einmal ausklammern). Eine hohe Sättigungsflussdichte erlaubt eine größere Aussteuerung des Materials und damit eventuell einen kleineren Kern. Die hohe Permeabilität erlaubt die Realisierung einer vorgegebenen Induktivität mit kleinerer Windungszahl und damit geringeren Wicklungsverlusten und der mögliche Einsatz des Materials bei hohen Frequenzen eröffnet die Möglichkeit, andere Schaltungstopologien zu verwenden oder die Schaltungen mit kleineren Induktivitäten zu realisieren. Trotz all dieser Vorteile sollen die Verluste möglichst gering bleiben um den Wirkungsgrad der Gesamtschaltung zu maximieren.

Es ist leicht einzusehen, dass keines der verfügbaren Materialien all diese Vorteile gleichzeitig bieten kann. Die Ursache liegt in den physikalischen Zusammenhängen bei den verschiedenen Materialeigenschaften. Als Beispiel können wir die Sättigungsflussdichte und die Kernverluste betrachten. Die Änderung von einer der beiden Eigenschaften bedeutet, dass sich auch die andere Eigenschaft in die gleiche Richtung ändert. Die höchsten Sättigungsflussdichten findet man bei den Metallen bzw. den Legierungen, allerdings sind dann auch die elektrischen Leitfähigkeiten sehr gut und die Wirbelstromverluste in den Kernen steigen extrem an. Um dieses im höheren Frequenzbereich dominierende Problem zu begrenzen, muss der Querschnitt der leitfähigen Bereiche senkrecht zur Flussrichtung möglichst klein werden. Die Lösung besteht darin, die Kerne aus dünnen Blechen, aus folienartigen Bändern oder aus Metallpulver herzustellen, wobei die einzelnen leitfähigen Bereiche voneinander isoliert werden.

Obwohl wir uns in diesem Buch fast ausschließlich mit den Ferriten beschäftigen, soll zumindest ein kleiner Überblick über andere Materialgruppen und deren Vor- und Nachteile gegenüber den Ferriten gegeben werden. Wesentlich umfangreichere Informationen findet man in den Firmenunterlagen oder in [5].

5.4.1 Metallpulverkerne

Bei den Metallpulverkernen werden ferromagnetische Partikel zusammen mit einem isolierenden Binder unter hohem Druck zusammengepresst. Die Isolation zwischen den Partikeln wirkt wie ein verteilter Luftspalt, in dem die Energie gespeichert wird (vgl. die Energieaufteilung beim Ringkern mit Luftspalt in den Gln. (6.24) und (6.25)). Für die Auslegung der induktiven Komponenten wird das isotrope Material gleichzeitig auch als homogen angenommen und durch eine effektive Permeabilität beschrieben, die aber aufgrund der besonderen Materialstruktur sehr niedrig ist und etwa in dem Bereich $10 <$

$\mu_r < 500$ liegt. Zusätzliche Luftspalte sind bei Kernen aus diesem Material in der Regel nicht erforderlich.

Diese niedrige Permeabilität führt zu kleinen Induktivitäten und bei der Anwendung in klassischen Transformatoren (s. Abschn. 10.10.1) zu hohen Magnetisierungsströmen. Der spezifische Widerstand des Materials ist deutlich niedriger als bei Ferriten, so dass diese Kerne für Anwendungen in hochfrequenten Schaltungen, z. B. in Schaltnetzteilen, nicht unbedingt geeignet sind. Ihr Einsatzbereich liegt dort, wo die hohe Sättigungsflussdichte bis 1 T Vorteile bietet und die Amplituden der Hochfrequenzströme im Hinblick auf geringe Verluste hinreichend klein sind, wie z. B. bei dm-Filterspulen (s. Abschn. 12.3.1). Hier darf sich die Induktivität trotz des großen Niederfrequenzstroms (Gleichstrom oder 50/60 Hz Netzstrom) nicht merklich ändern, um die Dämpfungswirkung nicht zu verlieren. Ein weiteres Anwendungsgebiet wegen der möglichen Energiespeicherung sind Spulen oder entsprechend betriebene Transformatoren (s. Abschn. 10.10.2), sofern die Hochfrequenzströme hinreichend klein bleiben, die Schaltungen also im stark kontinuierlichen Bereich betrieben werden.

Obwohl die Metallpulverkerne vorwiegend als Ringkerne angeboten werden, besteht prinzipiell eine hohe Flexibilität bei der Auswahl der herzustellenden Kernformen.

5.4.2 Ringbandkerne

Ein völlig anderes Herstellungsverfahren liegt den Ringbandkernen zugrunde. Zunächst wird eine metallische Schmelze mit einer Temperatur von ungefähr 1300 °C direkt auf ein schnell rotierendes, wassergekühltes Kupferrad gegossen. Dabei wird das flüssige Metall innerhalb von einer tausendstel Sekunde erstarrt und es entsteht ein ca. 20 µm dünnes Metallband aus amorphem Material. Durch weitere z. B. thermische Behandlungsschritte entstehen kristalline Strukturen im nm-Bereich. Da die Kerne durch Aufwickeln der dünnen permeablen Folien entstehen, sind die möglichen Kerngeometrien auf Ringkerne oder ovale Formen beschränkt.

Bei den nanokristallinen Materialien werden sowohl hohe Sättigungsflussdichten bis 1,8 T als auch sehr hohe Permeabilitäten bis $\mu_r = 10^5$ erreicht. Dadurch lässt sich in vielen Fällen verglichen mit Ferritkernen ein deutlich kleineres Bauvolumen realisieren. Als Folge einer relativ hohen Curietemperatur T_C im Bereich von 600 °C besitzen diese Materialien nur eine geringe Abhängigkeit der Sättigungsflussdichte und der Permeabilität von der Temperatur.

Da diese Materialien außerdem eine geringe Koerzitivfeldstärke H_c aufweisen (s. Abb. 5.7), sind die statischen Hystereseverluste (s. Kap. 8) niedriger als bei Ferriten [7]. Ein wesentliches Problem ist der geringe spezifische Widerstand des Materials und die damit verbundenen hohen Wirbelstromverluste, insbesondere im hohen Frequenzbereich. Die Einsatzgebiete liegen dann auch vorwiegend im Frequenzbereich unterhalb 100 kHz (Filterspulen) und bei Anwendungen, in denen die Amplituden der hochfrequenten Ströme eher gering bleiben.

Für Anwendungen, bei denen Energiespeicherung erforderlich ist, muss ein Luftspalt vorgesehen werden. Allerdings ist das Aufschneiden der Kerne in zwei Hälften problematisch. Im Bereich der Schnittstellen entstehen erhöhte Verluste, z. B. infolge von leitenden Verbindungen zwischen den einzelnen Folien oder durch senkrecht zu den Folien stehende Komponenten der magnetischen Feldstärke in der Nähe des Luftspalts (s. Abb. 4.46).

5.4.3 Vergleich zwischen Ferrit und alternativen Materialien

An dieser Stelle können wir keinen umfassenden Überblick über die verfügbaren Materialien geben. Die Vielzahl unterschiedlicher Materialzusammensetzungen, die unterschiedlichen Herstellungsverfahren und vor allem die Möglichkeiten unterschiedlicher Nachbehandlungen zur Beeinflussung der verschiedenen Kenngrößen führen dazu, dass sich viele der relevanten Materialdaten innerhalb größerer Wertebereiche bewegen können. Da die klaren und eindeutigen Abgrenzungen nicht immer gegeben sind, zeigen die folgenden Aussagen mehr die tendenziellen Zusammenhänge auf.

Beginnen wir mit den **Ferriten**. Der große Vorteil liegt in dem um mehrere Zehnerpotenzen höheren spezifischen elektrischen Widerstand im Bereich 10^6–$10^9\ \Omega$m. Bei Hochfrequenzanwendungen bis in den MHz-Bereich hat Ferrit in Bezug auf die Verluste große Vorteile gegenüber den metallischen Materialien. Hinzu kommt, dass es verschiedene Ferrite gibt, die für den Einsatz in unterschiedlichen Frequenzbereichen optimiert sind. Ähnlich sieht es bei der Temperaturabhängigkeit aus. In den Datenblättern findet man Ferrite, deren Verlustminimum bei den üblichen Betriebstemperaturen in der Nähe von 100 °C liegt, es gibt aber auch Ferrite, z. B. für die Anwendung in Standbyschaltungen, die die minimalen Verluste bei Umgebungstemperatur aufweisen.

Ein weiterer Vorteil ist die große Vielfalt an existierenden, für unterschiedliche Anwendungen optimierten Kernformen, in Kombination mit unterschiedlichen Luftspaltlängen und den einfach zu bewickelnden Wickelkörpern, die zusätzliche Optionen wie Einkammer- oder Mehrkammerwicklungen bieten.

Der am häufigsten genannte Nachteil bei den Ferriten ist die geringe Sättigungsflussdichte im Bereich 250–500 mT. Bei den Hochfrequenzanwendungen sind aber meistens die Kernverluste der begrenzende Faktor, so dass die niedrigere Flussdichte gegenüber den anderen Materialien kein Nachteil sein muss.

Die Permeabilität im Bereich $1000 < \mu_r < 5000$ liegt deutlich oberhalb der Permeabilität der Metallpulverkerne, andererseits aber wesentlich niedriger als bei den Ringbandkernen.

Im Zusammenhang mit der Entwärmung spielt die schlechtere thermische Leitfähigkeit von Ferrit unter Umständen eine Rolle. Sie liegt im Bereich 3–5 W/Km. Bei den aus Metallbändern gewickelten Kernen ist diese Leitfähigkeit zumindest in der Richtung parallel zu den Bändern wesentlich größer.

Bei den **Metallpulverkernen** ist die höhere Sättigungsflussdichte ein Vorteil. Infolge des eingebauten verteilten Luftspalts ist die Abhängigkeit der Materialparameter von der

Temperatur deutlich reduziert. Aus dem gleichen Grund hat auch eine Gleichfeldvorma-gnetisierung einen geringeren Einfluss auf das Materialverhalten. Der Nachteil für viele potentielle Anwendungen ist aber die niedrige Permeabilität im Bereich $\mu_r < 500$. Die thermische Leitfähigkeit ist ebenfalls relativ niedrig und liegt nach [6] etwa bei 8 W/Km.

Bei den **Ringbandkernen** sind die hohe Sättigungsflussdichte und die große Permea-bilität entscheidende Vorteile. Die Kombination mit einer gegenüber Ferriten zulässigen höheren Betriebstemperatur erlaubt die Realisierung der Induktivitäten mit kleineren Win-dungszahlen und damit auch kleineren Wicklungsverlusten. Der mögliche Temperaturbe-reich kann allerdings nicht immer ausgenutzt werden, da es andere temperaturbegrenzende Faktoren gibt, wie z. B. infolge der unterschiedlichen im Bauelement verwendeten Isola-tionsmaterialien.

Ein weiterer Vorteil ist die geringere Abhängigkeit der Materialeigenschaften B_{sat}, μ_r und auch der Verluste von der Temperatur. Bei Ferriten werden diese Abhängigkeiten reduziert, wenn Luftspalte eingebaut werden (s. Abb. 6.7).

Die thermische Leitfähigkeit ist bei den Ringbandkernen mit 10 W/Km besser als bei den anderen Kernmaterialien, allerdings ist dieses Materialverhalten anisotrop mit einer deutlich schlechteren Leitfähigkeit senkrecht zu den Folien.

Die Datenblätter zeigen bei den nanokristallinen Materialien im Frequenzbereich un-terhalb 100 kHz zum Teil geringere Verluste pro Volumen bei gleicher Aussteuerung und gleicher Frequenz als bei den Ferriten. Diese Materialien sind damit zu einer interessanten Alternative geworden.

Ein wesentliches Problem bei den Materialien mit der extrem hohen Permeabilität be-steht darin, dass diese Materialeigenschaft stark von anderen Einflussfaktoren abhängt, wie z. B. von einer Gleichfeldvormagnetisierung, von der Frequenz, aber auch von me-chanischen Spannungen, die z. B. beim Pressen der Folien in eine bestimmte Form oder beim Schneidvorgang zum Einfügen von Luftspalten entstehen.

Ein weiterer Nachteil sind die eingeschränkten Formgebungsmöglichkeiten. Die Be-wicklung von Ringkernen ist aufwändiger als bei den vielen Ferritkernformen und Foli-enwicklungen können auch nur verwendet werden, wenn die Kerne eine langgestreckte Form aufweisen.

5.5 Die Energiespeicherung

In diesem Abschnitt wollen wir eine Beziehung herleiten, mit deren Hilfe die im Kern gespeicherte Energie aus der magnetischen Feldstärke $\vec{H}$ und der magnetischen Flussdich-te $\vec{B}$ unter Berücksichtigung des nichtlinearen Zusammenhangs zwischen diesen beiden Feldgrößen berechnet werden kann.

Ausgangspunkt ist die Ringkernspule in Abb. 5.6, bei der wir zur Vereinfachung an-nehmen, dass die Abmessung $b - a$ sehr klein ist, so dass wir mit einer homogenen Flussdichteverteilung über den Kernquerschnitt und einer mittleren Länge $l_m = \pi (a + b)$ der Feldlinien im Kern rechnen können. Besteht die Spule aus N Windungen mit dem Gesamtwiderstand R und bezeichnet Φ_A wieder den magnetischen Fluss im Kern, dann lässt sich aus dem Induktionsgesetz zunächst die folgende Beziehung aufstellen

$$u = Ri + \frac{d\Phi}{dt} = Ri + N\frac{d\Phi_A}{dt}. \tag{5.44}$$

Nach Multiplikation dieser Gleichung mit $i\,dt$ steht auf der linken Seite die von der Quelle während dt gelieferte elektrische Energie dW_e, der erste Ausdruck auf der rechten Seite beschreibt die in dem ohmschen Widerstand des Kupferdrahtes in Wärme umgesetzte Energie und der zweite Ausdruck entspricht der im Magnetfeld gespeicherten Energie dW_m

$$\underbrace{ui\,dt}_{dW_e} = Ri^2\,dt + \underbrace{Ni\,d\Phi_A}_{dW_m}. \tag{5.45}$$

Mit der magnetischen Feldstärke im Kern nach Gl. (5.5) und dem magnetischen Fluss nach Gl. (5.3) als Produkt von Flussdichte B und Kernquerschnitt A gilt

$$dW_m = Ni\,d\Phi_A = Hl_m\,d(BA) = l_m A H\,dB. \tag{5.46}$$

Wird die Flussdichte von dem Anfangswert $B = 0$ auf den Endwert B erhöht, dann ist die insgesamt in dem Kernvolumen $V = l_m A$ gespeicherte magnetische Energie durch das Integral

$$W_m = V\int_0^B H\,dB \tag{5.47}$$

gegeben. Das Verhältnis aus Energie und Volumen wird Energiedichte genannt und hat die Dimension VAs/m^3

$$w_m = \int_0^B H\,dB. \tag{5.48}$$

Betrachtet man den allgemeinen Fall eines nicht homogenen Feldes, dann ist die Energiedichte ortsabhängig. Die in einem elementaren Volumenelement dV gespeicherte Energie dW_m entspricht in diesem Fall dem Produkt aus der an der betrachteten Stelle vorliegenden Energiedichte mit dem Volumenelement. Die gesamte in einem Volumen V gespeicherte Energie findet man durch Integration der elementaren Beiträge über das Volumen

$$W_m = \iiint_V w_m\,dV = \iiint_V \left(\int_0^B H\,dB\right)dV. \tag{5.49}$$

Stehen die beiden Feldgrößen in einem linearen Zusammenhang, dann kann das Integral (5.47) auf einfache Weise berechnet werden

$$
w_m = \int_0^B H\, \mathrm{d}B = \frac{1}{\mu} \int_0^B B\, \mathrm{d}B = \frac{1}{2\mu} B^2 = \frac{1}{2} HB\,.
\tag{5.50}
$$

Bei gleich gerichteten Vektoren $\vec{\mathbf{H}}$ und $\vec{\mathbf{B}}$ kann das Produkt der beiden Feldgrößen auch wieder als Skalarprodukt der vektoriellen Feldgrößen dargestellt werden

$$
w_m = \frac{1}{2} HB = \frac{1}{2} \vec{\mathbf{H}} \cdot \vec{\mathbf{B}}
$$

und

$$
W_m = \iiint_V w_m\, \mathrm{d}V = \frac{1}{2} \iiint_V HB\, \mathrm{d}V = \frac{1}{2} \iiint_V \vec{\mathbf{H}} \cdot \vec{\mathbf{B}}\, \mathrm{d}V\,.
\tag{5.51}
$$

Literatur

1. Brockmeyer A, Albach M (1995) Analytical representation of the magnetization-curve of soft ferrites and its temperature dependence. PCIM, Nürnberg, Germany, S 187–197
2. DIN EN 60205 (2006) Berechnung der effektiven Kernparameter magnetischer Formteile.
3. Ferrites and Accessories, EPCOS Data Book (2013) http://de.tdk.eu/tdk-de/194476/tech-library/publikationen/ferrite, Zugriff: Oktober 2015
4. Ferroxcube Soft Ferrites and Accessories, Data Handbook (2013) http://www.ferroxcube.com/FerroxcubeCorporateReception/datasheet/FXC_HB2013.pdf, Zugriff: Oktober 2015
5. Hilzinger R, Rodewald W (2013) Magnetic Materials – Fundamentals, Products, Properties, Applications. Publicis Publishing, Erlangen
6. Rylko MS, Lyons BJ, Hayes JG, Egan MG (2011) Revised magnetics performance factors and experimental comparison of high-flux materials for high-current dc-dc inductors. IEEE Trans Power Electron 26(8):2112–2126. doi:10.1109/TPEL.2010.2103573
7. Schwenk H, Beichler J, Loges W, Scharwitz Ch (2015) Actual and future developments of nanocrystalline magnetic materials for common mode chokes and transformers. PCIM, Nürnberg, Germany, S 209–216
8. Skutt GR (1996) High-frequency dimensional effects in ferrite-core magnetic devices. Dissertation, Blacksburg, Virginia
9. Snelling EC (1969) Soft ferrites – properties and applications. ILIFFE Books, London

Der Einfluss des Kerns auf die Induktivität

6

Zusammenfassung

Den Ausgangspunkt für die Dimensionierung induktiver Komponenten bildet ein magnetisches Ersatznetzwerk, das analog zu den elektrischen Netzwerken behandelt werden kann. Auf diese Weise lässt sich auch der Einfluss von Luftspalten erfassen. Allerdings treten im Gegensatz zu den elektrischen Netzwerken zwei zusätzliche Schwierigkeiten auf: zum einen entstehen in der Nähe der Luftspalte starke Streufelder, so dass der magnetische Widerstand der Luftspalte nur durch Näherungsbeziehungen beschrieben werden kann und zum anderen hängt die magnetische Leitfähigkeit stark von der Aussteuerung ab. Während das Sättigungsverhalten bereits im vorangegangenen Kapitel behandelt wurde, werden wir uns in diesem Kapitel mit dem Einfluss von Luftspalten sowie der Flussverdrängung im Kernquerschnitt infolge der im Kern induzierten Wirbelströme beschäftigen. In einem weiteren Kapitel wird die Frage diskutiert, welche Permeabilität in den Formeln zur Berechnung der Induktivität zu verwenden ist.

6.1 Der Ringkern mit Luftspalt

In vielen Applikationen werden die induktiven Komponenten zur Speicherung magnetischer Energie verwendet, so z. B. bei den Spulen in den Schaltnetzteilen, wenn auf die galvanische Trennung verzichtet werden kann, aber auch bei den Transformatoren in einigen Netzteilen, wie z. B. bei der Flybackschaltung in Abb. 10.25. In diesen Fällen tritt das Problem auf, dass das Kernmaterial mit zunehmender Flussdichte in Sättigung geht. Nach Abb. 5.11 nimmt die Permeabilität und damit auch die Induktivität stark ab mit entsprechenden Konsequenzen für die Zuverlässigkeit der Schaltungen. Zur Vermeidung dieser kritischen Situationen werden üblicherweise Luftspalte in den magnetischen Kreis

© Springer Fachmedien Wiesbaden GmbH 2017
M. Albach, *Induktivitäten in der Leistungselektronik*, DOI 10.1007/978-3-658-15081-5_6

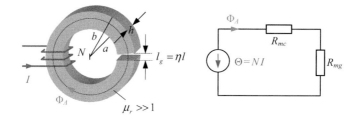

Abb. 6.1   Ringkernspule mit Luftspalt und magnetisches Ersatzschaltbild

eingefügt. In diesem Abschnitt wollen wir daher die Auslegung einer Spule an dem einfachen Beispiel eines Ringkerns diskutieren, in dem entsprechend Abb. 6.1 ein zusätzlicher Luftspalt enthalten ist.

Auf den aus hochpermeablem Material der Eigenschaft $\mu = \mu_r \mu_0$ bestehenden Ringkern mit Innenradius a, Außenradius b und Höhe h ist eine vom Strom I durchflossene Wicklung mit N Windungen aufgebracht. Die Bezeichnung μ_r steht stellvertretend für die dem Kernmaterial zugeordnete Permeabilitätszahl, z. B. für die Amplitudenpermeabilität bei Großsignalaussteuerung.

Wenn wir die Anordnung etwas idealisiert betrachten, dann können wir davon ausgehen, dass die Feldlinien einen kreisförmigen, vom Ringkern vorgegebenen Verlauf aufweisen und senkrecht aus dem Kern in den Luftspalt eintreten. Die vom Radius abhängige Länge einer Feldlinie $l = 2\pi\rho = l_c + l_g$ teilt sich auf in einen Abschnitt l_c durch den Kern (core) und einen Abschnitt l_g durch den Luftspalt (air gap). Mit den Feldstärken H_c im Kern und H_g im Luftspalt gilt nach dem Oerstedschen Gesetz (1.5)

$$\oint \vec{H} \cdot d\vec{s} = NI = H_c l_c + H_g l_g = H_c \left(1 - \eta\right) l + H_g \eta l \, . \tag{6.1}$$

Aus der Stetigkeit des magnetischen Flusses an der Übergangsstelle zwischen Kern und Luftspalt erhalten wir eine weitere Verknüpfung zwischen den beiden Feldstärken

$$\mu_r \mu_0 H_c = \mu_0 H_g \, . \tag{6.2}$$

Die Zusammenfassung der Gln. (6.1) und (6.2) liefert für die von der Koordinate ρ abhängige Feldstärke den Ausdruck

$$H_c \left(\rho\right) = \frac{NI}{\left(1 - \eta + \mu_r \eta\right) 2\pi\rho} \, . \tag{6.3}$$

Mit dem Fluss durch den Kernquerschnitt

$$\Phi_A = \iint_A \vec{B} \cdot d\vec{A} = \mu h \int_a^b H_c \left(\rho\right) d\rho = \frac{\mu h N I}{\left(1 - \eta + \mu_r \eta\right) 2\pi} \ln \frac{b}{a} \tag{6.4}$$

erhalten wir die Induktivität der Ringkernspule zu

$$L = \frac{N\Phi_A}{I} = N^2 \frac{\mu_r \mu_0 h}{2\pi \left[1 + \eta\left(\mu_r - 1\right)\right]} \ln\frac{b}{a} . \tag{6.5}$$

Die gleiche Induktivität erhalten wir auch aus Gl. (5.25), wenn wir im Nenner die Reihenschaltung der magnetischen Widerstände der beiden kreisförmigen Abschnitte entsprechend dem Ersatzschaltbild in Abb. 6.1 einsetzen

$$L = N^2 \frac{1}{R_{mc} + R_{mg}} . \tag{6.6}$$

Zur Berechnung der magnetischen Widerstände muss die innerhalb des Ringkerns von innen nach außen abnehmende magnetische Feldstärke nach Gl. (6.3) berücksichtigt werden. Zu diesem Zweck zerlegen wir den Ringkern gedanklich in elementare Anteile der Querschnittsfläche $h\,\mathrm{d}\rho$ und der zugehörigen Länge $(1 - \eta)\,2\pi\rho$ im Kern und $\eta 2\pi\rho$ im Luftspalt. Diese elementaren Anteile sind parallel geschaltet, so dass wir z. B. den magnetischen Leitwert des Kernabschnitts aus der Beziehung

$$\Lambda_{mc} = \mu_r \mu_0 \iint\limits_A \frac{\mathrm{d}A}{l} = \mu_r \mu_0 \int\limits_a^b \frac{h\,\mathrm{d}\rho}{(1 - \eta)\,2\pi\rho} = \frac{\mu_r \mu_0 h}{(1 - \eta)\,2\pi} \ln\frac{b}{a} \tag{6.7}$$

erhalten. Mit den magnetischen Widerständen als Kehrwerte der magnetischen Leitwerte

$$R_{mc} = \frac{1}{\Lambda_{mc}} = \frac{(1 - \eta)\,2\pi}{\mu_r \mu_0 h \ln(b/a)} \quad \text{und} \quad R_{mg} = \frac{\eta 2\pi}{\mu_0 h \ln(b/a)} \tag{6.8}$$

liefert die Gl. (6.6) wiederum die Induktivität nach Gl. (6.5). Für den Sonderfall des verschwindenden Luftspalts $\eta = 0$ vereinfacht sich diese Gleichung zu

$$L = N^2 \frac{\mu_r \mu_0 h}{2\pi} \ln\frac{b}{a} . \tag{6.9}$$

Das Einfügen eines Luftspalts in den Kern hat zur Folge, dass die Feldlinien teilweise durch Luft verlaufen, d. h. durch Bereiche, in denen die Permeabilitätszahl den Wert $\mu_r = 1$ aufweist. Die im Mittel wirksame Permeabilität wird geringer, beim Übergang von der Gl. (6.9) zur Gl. (6.5) muss der Wert μ_r durch den kleineren Wert $\mu_r / [1 + \eta\left(\mu_r - 1\right)]$ ersetzt werden. Allgemein bezeichnet man diesen Faktor als effektive Permeabilität μ_{eff}, so dass im Beispiel des Ringkerns die Induktivität in der verallgemeinerten Form

$$L = N^2 \mu_{eff} \mu_0 \frac{h}{2\pi} \ln\frac{b}{a} \quad \text{mit} \quad \mu_{eff} = \frac{\mu_r}{1 + \eta\left(\mu_r - 1\right)} \tag{6.10}$$

geschrieben werden kann. Für große Werte μ_r oder auch für größere Luftspaltlängen nähert sich μ_{eff} dem von μ_r unabhängigen Grenzwert $1/\eta = l/l_g$. Bei verschwindendem

Abb. 6.2 E-Kern mit Luftspalt, Verlauf der Feldlinien im Bereich des Luftspalts

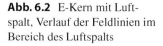

Luftspalt gilt $\mu_{eff} = \mu_r$. Für den allgemeinen Fall mit Luftspalt folgt aus den Gln. (5.26) und (5.27) einerseits der Zusammenhang

$$L \stackrel{(5.26)}{=} N^2 \frac{\mu_{eff}\mu_0}{C_1} \stackrel{(5.27)}{=} N^2 A_L \quad \rightarrow \quad \mu_{eff} = \frac{C_1 A_L}{\mu_0} \tag{6.11}$$

und aus den Gln. (5.26) und (6.10) andererseits der bereits in Gl. (5.24) angegebene Kernfaktor C_1 für den Ringkern

$$L \stackrel{(5.26)}{=} N^2 \frac{\mu_{eff}\mu_0}{C_1} \stackrel{(6.10)}{=} N^2 \mu_{eff}\mu_0 \frac{h}{2\pi} \ln \frac{b}{a} \quad \rightarrow \quad C_1 = \frac{2\pi}{h \ln (b/a)}. \tag{6.12}$$

6.2 Allgemeine Betrachtungen zum Luftspalt

Die in die Kerne eingefügten Luftspalte beeinflussen das Verhalten der induktiven Komponenten in mehrfacher Hinsicht. In diesem Abschnitt wollen wir die beiden folgenden Fragen etwas näher untersuchen:

- Wie sollte ein Luftspalt dimensioniert werden?
- Welche Auswirkungen hat der Luftspalt auf die Sättigungsproblematik?

Bei der Betrachtung des Ringkerns im letzten Abschnitt haben wir die Querschnittsflächen von Kern und Luftspalt als gleich groß angenommen. In vielen praktischen Fällen ist diese Vereinfachung aber nicht zulässig, so dass wir uns im Folgenden mit dieser Situation etwas eingehender beschäftigen werden.

Ausgangspunkt für die weiteren Betrachtungen ist die in Abb. 6.2 dargestellte Anordnung. Der aus zwei E-Kernhälften zusammengesetzte Kern besitzt im Mittelschenkel einen Luftspalt der Länge l_g. Die angedeutete Wicklung besteht im allgemeinen Fall aus N Windungen und soll den Strom I führen.

Mit der effektiven Länge des Kerns l_e und der zugeordneten Feldstärke H_e im effektiven Kernquerschnitt A_e liefert das Oerstedsche Gesetz zunächst die Beziehung

$$NI = H_e (l_e - l_g) + H_g l_g . \tag{6.13}$$

Der Luftspalt befindet sich bei dem betrachteten Beispiel im Mittelschenkel. Da der Querschnitt des Mittelschenkels nicht zwangsläufig mit dem gemäß Abschn. 5.2 ermittelten effektiven Querschnitt übereinstimmen muss, erhalten wir eine verbesserte Beziehung dadurch, dass wir im Bereich des Luftspalts nicht die effektive Feldstärke H_e nach Gl. (6.13) durch die Luftspaltfeldstärke ersetzen, sondern die in dem wirklichen Kernquerschnitt A_c an der Stelle des Luftspalts vorhandene Feldstärke H_c

$$NI = H_e l_e - H_c l_g + H_g l_g \,.\tag{6.14}$$

Wegen der sehr hohen Permeabilität des Ferritmaterials kann angenommen werden, dass praktisch der gesamte magnetische Fluss im Kern verläuft. Im Bereich des Luftspalts wird sich allerdings ein Streufluss einstellen, der sich in den Bereich des Wickelfensters ausdehnt. Betrachten wir dazu das rechte Teilbild in Abb. 6.2. Im inneren Bereich des Luftspalts verlaufen die Feldlinien senkrecht zwischen den beiden Schenkeln. Infolge des Streuflusses ist die vom Fluss durchsetzte Querschnittsfläche A_g im Bereich des Luftspalts größer als der dort tatsächlich vorliegende Schenkelquerschnitt A_c. Damit lässt sich folgende Beziehung angeben

$$\Phi_A = \iint\limits_A \vec{\mathbf{B}} \cdot d\vec{\mathbf{A}} = \mu_r \mu_0 H_e A_e = \mu_r \mu_0 H_c A_c = \mu_0 H_g A_g \,,\tag{6.15}$$

mit der die Gl. (6.14) umgeschrieben werden kann

$$NI = H_e l_e - H_c l_g + H_g l_g = \mu_r H_e A_e \left(\frac{1}{\mu_r} \frac{l_e}{A_e} - \frac{1}{\mu_r} \frac{l_g}{A_c} + \frac{l_g}{A_g} \right) .\tag{6.16}$$

Diese Querschnittsvergrößerung im Bereich des Luftspalts reduziert den magnetischen Widerstand nach Gl. (5.6) und erhöht dadurch den Wert der Induktivität.

In [1] ist eine Näherungsbeziehung für den scheinbaren Luftspaltquerschnitt angegeben, die recht brauchbare Ergebnisse liefert für den Fall, dass die Luftspaltlänge l_g klein ist gegenüber der Schenkellänge b_w

$$A_g = A_c + l_g \sqrt{A_c} \, \ln \left(\frac{2 b_w}{l_g} \right) .\tag{6.17}$$

An dieser Beziehung erkennt man, dass die Zunahme der Querschnittsfläche im Luftspalt nicht nur von der Luftspaltlänge, sondern auch von dem Schenkelquerschnitt A_c und von der Breite des Wickelfensters b_w abhängt. Diese Gleichung wird für runde und für quadratische Schenkelquerschnitte verwendet. Da der Streufluss aber nicht nur von dem Wert der Fläche A_c abhängt, sondern auch mit dem Umfang der Fläche zunimmt, sollte diese Beziehung für rechteckförmige Schenkelquerschnitte angepasst werden. Eine naheliegende Modifikation besteht darin, den nach Gl. (6.17) berechneten Flächenzuwachs im Verhältnis des Umfangs beim Rechteckquerschnitt zum Umfang des gleich großen quadratischen

Abb. 6.3 Effektiver Luftspaltquerschnitt

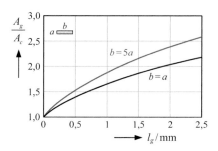

Querschnitts zu erhöhen. Bezeichnen wir mit a und b die beiden Seiten eines rechteckigen Schenkels, dann gilt

$$A_g = A_c + l_g \sqrt{A_c} \, \ln\left(\frac{2b_w}{l_g}\right) \frac{2a + 2b}{4\sqrt{A_c}} = A_c + l_g \frac{a+b}{2} \ln\left(\frac{2b_w}{l_g}\right). \tag{6.18}$$

Die Abb. 6.3 zeigt beispielhaft das Verhältnis zwischen wirksamem Luftspaltquerschnitt A_g und tatsächlich vorhandenem Schenkelquerschnitt A_c als Funktion der Luftspaltlänge für einen E20/10/5 Kern mit einem quadratischen Mittelschenkel der Abmessungen $b_w = 13$ mm und $A_c = 25$ mm². Es ist leicht einzusehen, dass bei größerer Luftspaltlänge die Ausdehnung des Streufelds in den Wickelraum zunimmt und damit das Flächenverhältnis A_g/A_c ebenfalls größer werden muss. Beim Übergang von der quadratischen zur rechteckförmigen Querschnittsform nimmt bei gleicher Fläche A_c der Schenkelumfang zu. Für ein angenommenes Seitenverhältnis $b/a = 5$ ist das nach Gl. (6.18) berechnete Flächenverhältnis ebenfalls im Diagramm eingetragen.

Die gesuchte Induktivität L der Spule ist durch den auf den Strom I bezogenen Fluss Φ gegeben, der die Windungen durchsetzt

$$L = \frac{N\Phi_A}{I} \overset{(6.15)}{=} \frac{N}{I} \mu_r \mu_0 H_e A_e. \tag{6.19}$$

Mit den Gln. (6.16) und (5.18) gilt dann

$$L = \frac{\mu_0 N^2}{\frac{1}{\mu_r}\left(C_1 - \frac{l_g}{A_c}\right) + \frac{l_g}{A_g}}. \tag{6.20}$$

Zur Realisierung einer vorgegebenen Induktivität L kann bei einer angenommenen Luftspaltlänge l_g im ersten Schritt mit den Gln. (6.17) bzw. (6.18) der wirksame Luftspaltquerschnitt A_g bestimmt werden. Aus der Gl. (6.20) folgt dann unmittelbar der gesuchte Zusammenhang zwischen Windungszahl und Luftspaltlänge

$$N = \sqrt{\frac{L}{\mu_0}\left[\frac{1}{\mu_r}\left(C_1 - \frac{l_g}{A_c}\right) + \frac{l_g}{A_g}\right]}. \tag{6.21}$$

Abb. 6.4 Windungszahl N als Funktion der Luftspaltlänge l_g

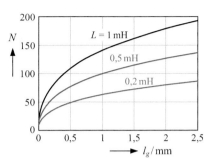

Eine Auswertung erfolgt nun wieder beispielhaft für den Kern E20/10/5. Mit der angenommenen Permeabilitätszahl $\mu_r = 2000$ zeigt die Abb. 6.4 für eine Luftspaltlänge, die zwischen 0 und 2,5 mm, also knapp 20 % der Schenkellänge variieren soll, den Zusammenhang zwischen der benötigten Windungszahl N und der jeweiligen Luftspaltlänge l_g nach Gl. (6.21) für verschiedene Sollwerte der Induktivität.

▶ Eine vorgegebene Induktivität kann also durch unterschiedliche Kombinationen von Windungszahl und Luftspaltlänge realisiert werden. Die Frage nach dem optimalen Verhältnis kann nur durch zusätzliche Bedingungen, wie z. B. minimale Verluste in dem Bauelement oder der Forderung nach einer von äußeren Einflussfaktoren möglichst unabhängigen Induktivität, beantwortet werden.

Eine untere Grenze für die Luftspaltlänge $l_{g,\min}$ erhalten wir aus der Beantwortung der zweiten eingangs gestellten Frage. Dazu berechnen wir zunächst die Flussdichte im Kern

$$B_e = \frac{\Phi_A}{A_e} = \frac{LI}{NA_e} \overset{(6.20)}{=} I\,\frac{\mu_0 N}{\frac{1}{\mu_r}\left(l_e - l_g \frac{A_e}{A_c}\right) + l_g \frac{A_e}{A_g}}\,. \tag{6.22}$$

Für die drei Induktivitätswerte in Abb. 6.4 und einen angenommenen Strom $I = 200\,\text{mA}$ erhalten wir die in Abb. 6.5 dargestellten Flussdichten. Bereits kleine Luftspaltlängen reduzieren die Flussdichte im Kern deutlich, das gilt natürlich auch für eine Gleichfeldvormagnetisierung. Damit nimmt das Problem der Sättigung mit wachsenden l_g-Werten entsprechend ab.

Zur Vermeidung der Sättigung muss die Flussdichte im Kern unterhalb der Sättigungsflussdichte bleiben. Es muss also gelten

$$B_e = \frac{LI}{NA_e} < B_s \quad \rightarrow \quad N > \frac{LI}{B_s A_e} = N_{\min}\,. \tag{6.23}$$

Die Windungszahl darf einen unteren Grenzwert nicht unterschreiten und damit muss der Luftspalt nach Gl. (6.21) bzw. nach Abb. 6.4 ebenfalls eine Mindestlänge aufweisen. Für den allgemeinen Fall, dass der Strom zeitabhängig ist und neben einem Wechselanteil

Abb. 6.5 Flussdichte B_e als
Funktion der Luftspaltlänge l_g

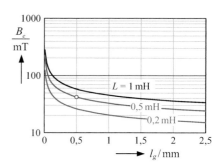

auch einen überlagerten Gleichanteil enthält, ist in diese Gleichung der Maximalwert von $|i(t)|$ einzusetzen.

An dieser Stelle ist eine zusätzliche Bemerkung angebracht. Durch Einfügen eines Luftspalts in den Kern tritt die Sättigung erst bei höheren Strömen auf. Dieser Vorteil wird aber durch eine reduzierte Induktivität erkauft. Wird also ein Luftspalt in den Kern eingefügt ohne gleichzeitig die Windungszahl zu erhöhen um damit die Induktivität konstant zu halten, dann hat diese Maßnahme keinen Einfluss auf die Sättigung. Die reduzierte Induktivität bedeutet bei gleicher angelegter Spannung wegen $u = L\,\mathrm{d}i/\mathrm{d}t$ einen im umgekehrten Verhältnis steigenden Strom, so dass sich das Produkt LI im Zähler von Gl. (6.23) und damit die Flussdichte B_e nicht ändert.

Betrachten wir ein einfaches Zahlenbeispiel. Wird durch eine Vergrößerung des Luftspalts der A_L-Wert auf die Hälfte reduziert, dann halbiert sich nach Gl. (5.27) auch die Induktivität auf die Hälfte und der Strom steigt bei gleicher angelegter Spannung auf den doppelten Wert. Wird dagegen die Induktivität konstant gehalten, indem nach Gl. (5.27) die Windungszahl gleichzeitig um den Faktor $\sqrt{2}$ erhöht wird, dann wird sich die Flussdichte im Kern nach Gl. (6.23) um den Faktor $\sqrt{2}$ verringern.

Die durch den Luftspalt verursachte geringere Flussdichte im Kern bedeutet aber auch eine geringere Energiedichte und damit weniger gespeicherte Energie im Kern. Nachdem sich aber bei gleicher Induktivität und gleichem Strom die magnetische Gesamtenergie nach Gl. (2.1) nicht ändern sollte, muss die Energieabnahme im Kern zu einem Energieanstieg im Luftspalt führen. Zur Kontrolle soll für den in Abb. 6.5 markierten Punkt bei $l_g = 0{,}5\,\mathrm{mm}$ die Verteilung der Energie zwischen Kern und Luftspalt abgeschätzt werden. Mit Gl. (5.50) gilt für den Kern

$$W_{mc} = \frac{1}{2} H_e\, B_e\, V_e = \frac{1}{2}\frac{43{,}1\,\mathrm{mT}}{2000\,\mu_0}\,43{,}1\,\mathrm{mT}\cdot(1340-12{,}5)\,\mathrm{mm}^3 \approx 0{,}5\,\mu\mathrm{Ws}\,. \qquad (6.24)$$

Im Bereich des Luftspalts vereinfachen wir die Rechnung dahingehend, dass wir die gleiche Querschnittsfläche wie beim Mittelschenkel annehmen, der Streubereich wird also nicht berücksichtigt. Auf der anderen Seite wird dann aber wegen der Randbedingung an der Übergangsstelle zwischen Kern und Luftspalt die gleiche Flussdichte als konstant über den Luftspaltquerschnitt angenommen, d. h. die Abnahme der Flussdichte zum Rand hin wird dann ebenfalls vernachlässigt. Diese beiden Effekte kompensieren sich zum Teil und als Näherung erhalten wir für die Energie im Luftspalt das Ergebnis

$$W_{mg} = \frac{1}{2} H_g B_e V_g = \frac{1}{2} \frac{43{,}1\,\text{mT}}{\mu_0} 43{,}1\,\text{mT} \cdot 12{,}5\,\text{mm}^3 \approx 9{,}25\,\mu\text{Ws}. \qquad (6.25)$$

In der Summe passen diese Werte unter den gemachten Näherungen hinreichend gut zu dem erwarteten Wert $W_m = 0{,}5LI^2 = 10\,\mu\text{Ws}$.

▶ Obwohl das Luftspaltvolumen nur einem Prozent des Kernvolumens entspricht, enthält der Luftspalt 95 % der gespeicherten Energie! Die Ursache liegt in dem großen Unterschied bei der Permeabilitätszahl μ_r. Sinkt die Permeabilität des Kerns, weil er z. B. in Sättigung geht, dann reduziert sich dieser dramatische Unterschied und es wird wieder ein prozentual höherer Anteil der Energie im Kern gespeichert.

Ganz offensichtlich trägt der Luftspalt wesentlich dazu bei, dass aufgrund der betrachteten Energieverteilung bzw. der geringeren Aussteuerung des Kernmaterials die Induktivität nur noch in geringem Umfang von den nichtlinearen Eigenschaften des Kernmaterials abhängt. Um diese Aussage zu verdeutlichen betrachten wir ein konkretes Zahlenbeispiel. Dabei wollen wir die Abhängigkeit der Induktivität von der Aussteuerung und von der Temperatur untersuchen.

Zu diesem Zweck realisieren wir eine Spule $L = 0{,}5\,\text{mH}$ mit zwei Kernhälften E20/10/5. Zur Berechnung der Induktivität nach Gl. (6.20) wird die Amplitudenpermeabilität μ_a nach Abb. 5.12 anstelle von μ_r verwendet. Wegen der Nichtlinearität der BH-Kurve hängt dieser Wert stark von der Aussteueramplitude ab. Wegen $\mu_a = f(B, T)$ ist auch die Induktivität $L = f(B, T)$ ebenfalls eine Funktion dieser Parameter. Im ersten Fall wird die Spule mit $N = 40$ Windungen und einem mit der richtigen Skalierung in Abb. 6.6 eingezeichneten kleinen Luftspalt realisiert. Die Abbildung zeigt auf der linken Seite den Querschnitt durch die Komponente und auf der rechten Seite die Induktivität L als Funktion des Spulenstroms mit der Temperatur als Parameter. Das Design ist so

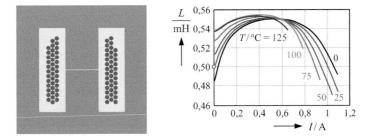

Abb. 6.6 Wicklungsaufbau mit $N = 40$ Windungen, Induktivität L als Funktion der Aussteuerung mit der Temperatur als Parameter

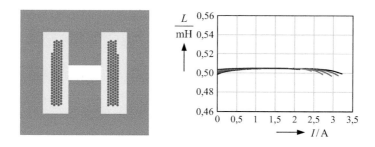

Abb. 6.7 Wicklungsaufbau mit $N = 120$ Windungen, Induktivität L als Funktion der Aussteuerung mit der Temperatur als Parameter

ausgelegt, dass die Spule bei kleinen Strömen und bei einer Umgebungstemperatur von 25 °C den Nominalwert aufweist.

Die Abhängigkeit der Induktivität von der Aussteuerung und von der Temperatur ist vergleichbar zur Abhängigkeit der Amplitudenpermeabilität von diesen Parametern gemäß Abb. 5.12. Bei kleinen Aussteuerungen führt ein Anstieg der Temperatur zu größeren Induktivitätswerten, bei großen Aussteuerungen ist das Verhalten umgekehrt. Zum Vergleich betrachten wir noch ein zweites Design mit $N = 120$ Windungen und einem entsprechend angepassten größeren Luftspalt. Die Ergebnisse für dieses Beispiel sind in Abb. 6.7 dargestellt.

Bei dieser Auslegung ist die Induktivität praktisch unabhängig von der Aussteuerung und auch von der Temperatur. Selbst bei Strömen, die um einen Faktor 2,5 größer sind als im ersten Design tritt noch keine nennenswerte Sättigung auf.

▶ Die Abhängigkeit der Induktivität von den Parametern Aussteuerung und Temperatur kann durch eine höhere Windungszahl N mit entsprechend größerem Luftspalt reduziert werden.

6.3 Die Reluktanz von großen Luftspalten

In Abb. 6.3 wurde die wirksame Querschnittsfläche im Luftspaltbereich bezogen auf die Querschnittsfläche des Schenkels als Funktion der Luftspaltlänge dargestellt. Die zugrunde gelegten Näherungsbeziehungen (6.17) bzw. (6.18) gelten allerdings nur für kleine Luftspaltlängen. Unabhängig von dieser Einschränkung zeigen die gestrichelten Kurven in Abb. 6.8 für drei Standardkerne das mit diesen Gleichungen berechnete Flächenverhältnis für einen in der Mitte des Mittelschenkels angeordneten Luftspalt, dessen Länge sich bis zur Breite des Wickelfensters erstrecken kann, d. h. der Mittelschenkel ist in diesem Grenzfall komplett entfernt (vgl. Abb. 6.9).

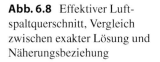

Abb. 6.8 Effektiver Luftspaltquerschnitt, Vergleich zwischen exakter Lösung und Näherungsbeziehung

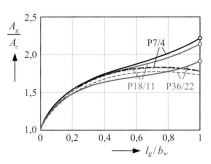

Die durchgezogenen Kurven sind das Ergebnis einer im Folgenden beschriebenen modifizierten Rechnung, vgl. [2]. Zur Ableitung dieser Ergebnisse wird in einem ersten Schritt die Induktivität der Anordnung für eine angenommene Luftspaltlänge aus der Flussverkettung mit allen Windungen berechnet. Die dazu notwendige Berechnung der ortsabhängigen Magnetfeldverteilung ist etwas aufwändiger und wird in Abschn. 9.1 beschrieben. In einem zweiten Schritt wird die Induktivität aus dem magnetischen Ersatzschaltbild berechnet. Aus der Forderung gleicher Induktivitäten in beiden Fällen kann auf die beim magnetischen Widerstand des Luftspalts einzusetzende Querschnittsfläche zurückgerechnet werden. Das sich so ergebende Flächenverhältnis ist in der Abbildung dargestellt. Man erkennt, dass insbesondere die Wendepunkte in den Kurven und das wieder steilere Ansteigen bei großen Luftspaltlängen von den gestrichelt gezeichneten Näherungen nicht widergegeben werden. Die Abweichungen sind daher bei nicht vorhandenem Mittelschenkel $l_g = b_w$ am größten.

Das Flächenverhältnis A_g/A_c lässt sich aber für diesen Grenzfall relativ einfach berechnen. Dazu betrachten wir die Abb. 6.9.

Zur Vereinfachung wird im Bereich des Wickelpakets der konzentriert in den N Windungen fließende Strom I als ortsunabhängige Stromdichte

$$J = \frac{N I}{(c - b) b_w} \tag{6.26}$$

aufgefasst. Bilden wir nun das Umlaufintegral der magnetischen Feldstärke entlang des auf der rechten Seite der Abbildung eingezeichneten Pfades, dann liefert das Oerstedsche Gesetz (1.3) wegen des Verschwindens der Feldstärke im hochpermeablen Kernmaterial

Abb. 6.9 Zur Berechnung des Grenzfalls $l_g = b_w$

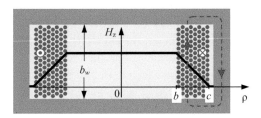

für die magnetische Feldstärke im Wickelfenster das Ergebnis

$$\vec{\mathbf{H}} = \vec{\mathbf{e}}_z H_z(\rho) = \vec{\mathbf{e}}_z \frac{NI}{b_w} \cdot \begin{cases} 1 & \rho \le b \\ \dfrac{c-\rho}{c-b} & \text{für} \quad b < \rho \le c \\ 0 & \rho > c \end{cases} . \tag{6.27}$$

Die Induktivität dieser Anordnung wird mithilfe von Gl. (2.3) aus der magnetischen Energie berechnet

$$L = \frac{\mu_0}{I^2} \int\limits_0^{b_w} \int\limits_0^{2\pi} \int\limits_0^c H_z(\rho)^2 \,\rho\, \mathrm{d}\rho\, \mathrm{d}\varphi\, \mathrm{d}z = N^2 \frac{\mu_0 \pi}{6 b_w} \left(c^2 + 2cb + 3b^2\right). \tag{6.28}$$

Ausgehend von dem magnetischen Ersatznetzwerk lässt sich die Induktivität auch in der folgenden Form darstellen

$$L \overset{(6.6)}{=} N^2 \frac{1}{R_{mc} + R_{mg}} \approx N^2 \frac{1}{R_{mg}} \overset{(5.8)}{=} N^2 \frac{\mu_0 A_g}{b_w} . \tag{6.29}$$

Durch Gleichsetzen der Beziehungen (6.28) und (6.29) kann der äquivalente Luftspaltquerschnitt A_g angegeben werden. Mit der Fläche des kreisförmigen Mittelschenkels $A_c = \pi r_c^2$ erhalten wir für den Grenzfall das Ergebnis

$$\frac{A_g}{A_c} = \frac{1}{\pi r_c^2} \frac{b_w}{\mu_0} \frac{L}{N^2} \overset{(6.28)}{=} \frac{c^2 + 2cb + 3b^2}{6 r_c^2} . \tag{6.30}$$

Mit den von den zugehörigen Wickelkörpern übernommenen Daten b und c sind die mithilfe von Gl. (6.30) berechneten Werte als kleine Kreise in der Abb. 6.8 eingetragen.

Im nun folgenden Schritt betrachten wir die Abhängigkeit des Flächenverhältnisses von der Position des Luftspalts im Mittelschenkel. Als Beispiel wird der P18/11 Kern zugrunde gelegt. Die Abmessung l_M beschreibt die Differenz zwischen der mittleren Position des Luftspalts und dem Mittelpunkt des Schenkels und wird, bezogen auf die Wickelfensterbreite b_w in Abb. 6.10, als Abszissenbezeichnung verwendet. Der Wert $l_M/b_w = 0$ kennzeichnet die symmetrische Position, die zugehörigen Ergebnisse sind identisch mit den Werten in Abb. 6.8. Der maximale Wert für l_M/b_w ergibt sich, wenn sich der Luftspalt bis zum oberen horizontalen Schenkel des Kerns erstreckt.

Jede der in Abb. 6.10 dargestellten Kurven gilt für eine bestimmte Luftspaltlänge. Unabhängig von der gewählten Länge ist allen Kurven gemeinsam, dass der wirksame Luftspaltquerschnitt A_g mit zunehmender Verschiebung aus der symmetrischen Position ansteigt, d. h. der magnetische Widerstand des Luftspalts sinkt und die Induktivität der Anordnung wird nach Gl. (6.6) größer.

Sowohl aus Abb. 6.8 als auch aus Abb. 6.10 ist zu erkennen, dass bei einer Annäherung des Luftspaltbereichs an den oberen bzw. unteren Querschenkel die wirksame

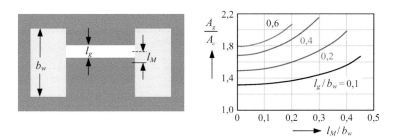

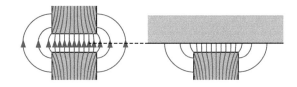

Abb. 6.10   Effektiver Luftspaltquerschnitt in Abhängigkeit der Luftspaltposition am Beispiel des P18/11 Kerns

Abb. 6.11   Feldlinienverlauf
im Luftspaltbereich

Querschnittsfläche des Luftspalts zunimmt. Dieser Effekt lässt sich mit der idealisierten Betrachtung in Abb. 6.11 leicht verstehen. Im rechten Teilbild wirkt die obere hochpermeable Fläche wie ein Spiegel, so dass sich schon bei halber Luftspaltlänge verglichen mit dem linken Teilbild die gleiche Querschnittsfläche des Luftspalts einstellt. In der Praxis trifft dieses Zahlenverhältnis nur näherungsweise zu, da weitere Kernabmessungen in das Verhältnis eingehen und die Spiegelfläche, z. B. bei E-Kernen, nicht in alle Richtungen gleich weit ausgedehnt ist.

6.4   Die Flussverdrängung im Kernquerschnitt

Die in den Wicklungen fließenden hochfrequenten Ströme rufen in dem Kern einen mit der gleichen Frequenz zeitabhängigen magnetischen Fluss hervor, der nach dem Induktionsgesetz (1.29) eine Spannung induziert. Diese ruft ihrerseits infolge der nicht verschwindenden Leitfähigkeit des Ferritmaterials zeitabhängige Ströme im Kern hervor, deren Magnetfeld eine ortsabhängige Phasenverschiebung gegenüber dem ursprünglichen Magnetfeld aufweist und sich diesem überlagert. Daraus ergeben sich zwei Konsequenzen: zum einen entstehen Wirbelstromverluste im Kern, die wir uns in Abschn. 8.6 etwas näher anschauen, zum anderen erhalten wir eine inhomogene Flussdichteverteilung über den Kernquerschnitt. Die Flussdichte nimmt in der Kernmitte ab und steigt zum Rand des Schenkels hin an, ähnlich dem Skineffekt bei den stromdurchflossenen Leitern. Die Abnahme der effektiv genutzten Kernquerschnittsfläche führt zu einer Reduzierung der effektiven Permeabilität und damit verbunden zu einer geringeren Induktivität.

Abb. 6.12 Querschnitt durch
a kreisförmigen und **b** rechteckförmigen Schenkel

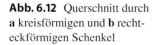 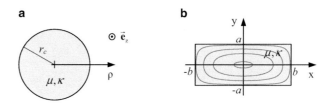

Dieser Effekt ist nicht nur von den Materialeigenschaften, sondern auch von der Querschnittsform des Kerns abhängig. Im Folgenden werden wir diesen Einfluss bei kreisförmigen und rechteckförmigen Schenkelquerschnitten untersuchen, wobei wir die Anordnungen dahingehend vereinfachen, dass wir einerseits den jeweiligen Schenkel samt
Bewicklung als unendlich lang ansehen, das Problem damit als unabhängig von der Koordinate senkrecht zur Zeichenebene behandeln und andererseits die Materialeigenschaften
als ortsunabhängig und linear annehmen. Als erstes Beispiel betrachten wir die Anordnung in Abb. 6.12a mit einem kreisförmigen Schenkelquerschnitt. Das Material besitzt
die elektrische Leitfähigkeit κ und die Permeabilität $\mu = \mu_r \mu_0$. Der in den Windungen
fließende Strom $i\,(t) \;=\; \hat{\imath}\cos\,(\omega t)$ wird als φ-gerichteter Strombelag auf der Schenkeloberfläche aufgefasst. Unter der Annahme, dass pro Schenkelabschnitt der Länge l
insgesamt N stromdurchflossene Windungen angeordnet sind, kann die erregende magnetische Feldstärke auf dem Rand des Schenkels bei $\rho = r_c$ nach dem Oerstedschen Gesetz
(1.1) in der Form

$$\widehat{\vec{\underline{H}}}_e = \vec{e}_z \hat{\underline{H}}_e = \vec{e}_z \,\frac{N\hat{\imath}}{l} \tag{6.31}$$

dargestellt werden. Die im Schenkel induzierten Ströme besitzen genauso wie die erregenden Ströme in der Wicklung nur eine φ-Komponente und hängen ausschließlich von
der Koordinate ρ ab.

Die Feldgleichung für die magnetische Feldstärke folgt bei Vernachlässigung des Ver-
schiebungsstroms direkt aus den Maxwellschen Gleichungen (1.33)

$$\mathrm{rot}\,\mathrm{rot}\,\vec{H} = \kappa\,\mathrm{rot}\,\vec{E} = -\kappa\frac{\partial \vec{B}}{\partial t} = -\kappa\mu\frac{\partial \vec{H}}{\partial t}\,. \tag{6.32}$$

Unter Berücksichtigung der Quellenfreiheit

$$\mathrm{div}\,\vec{H} = \mathrm{div}\left[\vec{e}_z H_z\,(\rho)\right] = 0 \tag{6.33}$$

und bei Verwendung der komplexen Amplituden sowie der in Gl. (4.2) definierten Skinkonstanten α nimmt die Feldgleichung die folgende Form an

$$\mathrm{rot}\,\mathrm{rot}\,\widehat{\vec{\underline{H}}} \stackrel{(14.16)}{=} \mathrm{grad}\,\underbrace{\mathrm{div}\,\widehat{\vec{\underline{H}}}}_{0} - \Delta\widehat{\vec{\underline{H}}} = -\,\underbrace{\mathrm{j}\omega\kappa\mu}_{\alpha^2}\,\widehat{\vec{\underline{H}}}$$

$$\xrightarrow{(14.27)} \quad \frac{\partial^2 \hat{\underline{H}}_z}{\partial\rho^2} + \frac{1}{\rho}\frac{\partial \hat{\underline{H}}_z}{\partial\rho} - \alpha^2 \hat{\underline{H}}_z = 0\,, \tag{6.34}$$

deren Lösung durch die modifizierten Bessel-Funktionen nullter Ordnung und erster Art $I_0(\alpha\rho)$ bzw. zweiter Art $K_0(\alpha\rho)$ gegeben ist. Wegen der Polstelle von $K_0(\alpha\rho)$ auf der eingeschlossenen Rotationsachse $\rho = 0$ kann die Bessel-Funktion zweiter Art nicht auftreten. Die Konstante C in dem verbleibenden Ansatz

$$\hat{\underline{H}}_z(\rho) = C\,I_0(\alpha\rho) \tag{6.35}$$

wird aus der Randbedingung

$$\hat{\underline{H}}_z(r_c) = C\,I_0(\alpha r_c) = \hat{\underline{H}}_e \quad \rightarrow \quad C = \frac{\hat{\underline{H}}_e}{I_0(\alpha r_c)} \tag{6.36}$$

bestimmt. Als Ergebnis erhalten wir die Feldstärke

$$\widehat{\vec{\underline{H}}}(\rho) = \vec{e}_z \hat{\underline{H}}_z(\rho) = \vec{e}_z \hat{\underline{H}}_e \frac{I_0(\alpha\rho)}{I_0(\alpha r_c)}. \tag{6.37}$$

Für die übrigen Feldgrößen gilt damit

$$\widehat{\vec{\underline{J}}}(\rho) \overset{(1.34)}{=} \kappa \widehat{\vec{\underline{E}}}(\rho) \overset{(1.33)}{=} \mathrm{rot}\left[\vec{e}_z \hat{\underline{H}}_z(\rho)\right] \overset{(14.26)}{=} -\vec{e}_\varphi \frac{\partial}{\partial\rho}\hat{\underline{H}}_z(\rho) = -\vec{e}_\varphi \hat{\underline{H}}_e \frac{\alpha I_1(\alpha\rho)}{I_0(\alpha r_c)}. \tag{6.38}$$

Die Impedanz des betrachteten Schenkelabschnitts kann durch Integration des Poynting-schen Vektors über die Schenkeloberfläche bestimmt werden

$$\underline{Z} = R + \mathrm{j}\omega L \overset{(1.72)}{=} -\frac{1}{\hat{i}^2}\oiint_A \left[\widehat{\vec{\underline{E}}}(r_c) \times \widehat{\vec{\underline{H}}}^*(r_c)\right]\cdot \mathrm{d}\vec{A} \tag{6.39}$$

$$= -\frac{1}{\hat{i}^2}\int_0^l \int_0^{2\pi} \left[-\vec{e}_\varphi \hat{\underline{H}}_e \frac{\alpha}{\kappa}\frac{I_1(\alpha r_c)}{I_0(\alpha r_c)} \times \vec{e}_z \hat{\underline{H}}_e^*\right]\cdot\vec{e}_\rho\, r_c\,\mathrm{d}\varphi\,\mathrm{d}z \overset{(6.31)}{=} N^2 \frac{2\pi}{\kappa l}\frac{\alpha r_c I_1(\alpha r_c)}{I_0(\alpha r_c)}.$$

Für die frequenzabhängige Induktivität folgt damit der Zusammenhang

$$L = N^2 \frac{1}{\omega\kappa l} 2\pi\,\mathrm{Im}\left\{\frac{\alpha r_c I_1(\alpha r_c)}{I_0(\alpha r_c)}\right\}. \tag{6.40}$$

Für den Grenzfall $f \to 0$ oder bei verschwindender Leitfähigkeit des Materials $\kappa \to 0$ geht die Eindringtiefe nach unendlich und es gilt $\alpha r_c \to 0$. Mit den für kleine Argumente geltenden Näherungsbeziehungen der Bessel-Funktionen $I_0 \approx 1$ und $I_1 \approx \alpha r_c/2$ nimmt die Induktivität den erwarteten Wert

$$L_0 = N^2 \frac{2\pi}{\omega\kappa l}\,\mathrm{Im}\left\{\frac{1}{2}(\alpha r_c)^2\right\} = N^2 \frac{2\pi}{\omega\kappa l}\frac{\omega\kappa\mu r_c^2}{2} = N^2 \mu \frac{\pi r_c^2}{l} \overset{(5.8)}{=} N^2 \Lambda_m = N^2 A_L \tag{6.41}$$

Abb. 6.13 Einfluss der Flussverdrängung auf die Induktivität bei unterschiedlichen Querschnittsformen

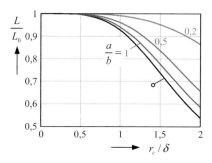

an. Die Abnahme der Induktivität mit steigender Frequenz bzw. steigender Leitfähigkeit und damit abnehmender Eindringtiefe $\delta = (2/\omega\kappa\mu)^{1/2}$ ist in Abb. 6.13 dargestellt. Die mit einem Kreis markierte Kurve zeigt das Verhältnis

$$\frac{L}{L_0} = \frac{\delta}{r_c} \operatorname{Im}\left\{\frac{(1+\mathrm{j})\,\mathrm{I}_1\,(\alpha r_c)}{\mathrm{I}_0\,(\alpha r_c)}\right\} \quad \text{mit} \quad \alpha r_c = (1+\mathrm{j})\,\frac{r_c}{\delta} \tag{6.42}$$

in Abhängigkeit von dem Abmessungsverhältnis r_c/δ für kreisrunde Schenkelquerschnitte.

Um einen Eindruck davon zu erhalten, wie stark dieser Einfluss in der Praxis ist, betrachten wir ein typisches Zahlenbeispiel. Ein MnZn-Ferritmaterial mit $\mu_r = 3000$, $1/\kappa = 5\,\Omega\mathrm{m}$ besitzt bei einer Frequenz $f = 1\,\mathrm{MHz}$ eine Eindringtiefe von $\delta = 20{,}5\,\mathrm{mm}$. Bei einem Schenkel mit $r_c = 10\,\mathrm{mm}$ ergibt sich ein Verhältnis von $r_c/\delta = 0{,}49$ und damit eine praktisch zu vernachlässigende Induktivitätsminderung. Erst bei größeren Schenkelabmessungen oder noch höheren Frequenzen macht sich dieser Einfluss bemerkbar. Vergleicht man diese Eindringtiefe mit Kupfer bei gleicher Frequenz, dann ergibt sich mit $\mu_r = 1$ und $1/\kappa = 0{,}0178 \cdot 10^{-6}\,\Omega\mathrm{m}$ eine um den Faktor 300 geringere Eindringtiefe.

▶ Trotz der hohen Permeabilität ist die Eindringtiefe bei Ferrit wegen der sehr geringen Leitfähigkeit deutlich größer als bei Kupfer.

Im nun folgenden Schritt untersuchen wir den Einfluss der Querschnittsform auf diese Zusammenhänge. Dazu betrachten wir den in Abb. 6.12b dargestellten Rechteckquerschnitt der Abmessungen $2a$ und $2b$. In diesem Fall enthält die Stromdichteverteilung im Schenkel zwei von den Koordinaten x und y abhängige Komponenten. Die Stromlinien sind, ausgehend von der nachstehend abgeleiteten Feldstärkeverteilung (6.45) in Verbindung mit der Forderung (6.51), bereits in der Abbildung eingezeichnet. Ausgangspunkt für die Berechnung ist wieder die Feldgleichung für die magnetische Feldstärke. Wegen der Quellenfreiheit

$$\operatorname{div}\left[\vec{\mathbf{e}}_z \underline{\hat{H}}_z (x, y)\right] = 0 \tag{6.43}$$

gilt die Beziehung

$$\Delta \widehat{\underline{\mathbf{H}}} = \alpha^2 \widehat{\underline{\mathbf{H}}} \quad \xrightarrow{(14.22)} \quad \Delta \hat{\underline{H}}_z = \frac{\partial^2 \hat{H}_z}{\partial x^2} + \frac{\partial^2 \hat{H}_z}{\partial y^2} = \alpha^2 \hat{\underline{H}}_z. \tag{6.44}$$

Durch Vorgabe der Feldstärke nach Gl. (6.31) auf der Oberfläche des Schenkels kann dieses Randwertproblem durch Separation der Variablen eindeutig gelöst werden. Eine elegante Vorgehensweise besteht darin, durch eine partikuläre Lösung (das Glied vor der Summe in der folgenden Gleichung) bereits die Randbedingungen an zwei Oberflächen, z. B. in den Ebenen $y = \pm a$ zu erfüllen. Der verbleibende Fehler in den Ebenen $x = \pm b$ wird durch die Summe mit den zunächst unbekannten Koeffizienten B_n korrigiert

$$\frac{\hat{\underline{H}}(x, y)}{\hat{\underline{H}}_e} = \frac{\cosh(\alpha y)}{\cosh(\alpha a)} + \sum_{n=1}^{\infty} B_n \frac{\cosh\left(\sqrt{p_n^2 + (\alpha a)^2}\frac{x}{a}\right)}{\cosh\left(\sqrt{p_n^2 + (\alpha a)^2}\frac{b}{a}\right)} \cos\left(p_n \frac{y}{a}\right) \tag{6.45}$$

$$\text{mit} \quad p_n = (2n - 1)\frac{\pi}{2}.$$

Dieser Ansatz erfüllt die Ausgangsgleichung (6.44) sowie die Randbedingungen in den Ebenen $y = \pm a$. Die Forderung in den Ebenen $x = \pm b$ liefert eine Bestimmungsgleichung für die Koeffizienten B_n

$$1 - \frac{\cosh(\alpha y)}{\cosh(\alpha a)} = \sum_{n=1}^{\infty} B_n \cos\left(p_n \frac{y}{a}\right). \tag{6.46}$$

Nach Ausführung der Orthogonalentwicklung

$$B_n = \frac{1}{a}\int_{-a}^{a}\left[1 - \frac{\cosh(\alpha y)}{\cosh(\alpha a)}\right]\cos\left(p_n \frac{y}{a}\right) dy = \frac{2}{p_n}(-1)^{n+1}\frac{(\alpha a)^2}{p_n^2 + (\alpha a)^2} \tag{6.47}$$

ist die gesuchte Feldstärkeverteilung innerhalb des Schenkelquerschnitts vollständig bekannt. Wegen der guten Konvergenz müssen bei der Auswertung nur wenige Glieder der Summe berücksichtigt werden.

Die zugehörige Stromdichteverteilung wird aus dem Durchflutungsgesetz (1.35) berechnet

$$\widehat{\underline{\mathbf{J}}}(x, y) = \vec{e}_x \hat{\underline{J}}_x(x, y) + \vec{e}_y \hat{\underline{J}}_y(x, y) \overset{(1.35)}{=} \text{rot}\,\widehat{\underline{\mathbf{H}}} \overset{(14.21)}{=} \vec{e}_x \frac{\partial \hat{H}_z}{\partial y} - \vec{e}_y \frac{\partial \hat{H}_z}{\partial x} \tag{6.48}$$

und besitzt die beiden Komponenten

$$\underline{\hat{J}}_x (x, y) = \frac{1}{a} \hat{H}_e \frac{\alpha a \sinh (\alpha y)}{\cosh (\alpha a)} \tag{6.49}$$

$$- \frac{2}{a} \hat{H}_e \sum_{n=1}^{\infty} \frac{(-1)^{n+1} (\alpha a)^2}{p_n^2 + (\alpha a)^2} \frac{\cosh \left(\sqrt{p_n^2 + (\alpha a)^2} \frac{x}{a} \right)}{\cosh \left(\sqrt{p_n^2 + (\alpha a)^2} \frac{b}{a} \right)} \sin \left(p_n \frac{y}{a} \right)$$

und

$$\underline{\hat{J}}_y (x, y) = - \frac{2}{a} \hat{H}_e \sum_{n=1}^{\infty} \frac{(-1)^{n+1}}{p_n} \frac{(\alpha a)^2}{\sqrt{p_n^2 + (\alpha a)^2}} \frac{\sinh \left(\sqrt{p_n^2 + (\alpha a)^2} \frac{x}{a} \right)}{\cosh \left(\sqrt{p_n^2 + (\alpha a)^2} \frac{b}{a} \right)} \cos \left(p_n \frac{y}{a} \right).$$

$$\tag{6.50}$$

Zur Berechnung der in der Ebene $z = $ const verlaufenden Stromlinien kann von der Stromliniengleichung ausgegangen werden, die entsprechend der nachstehenden Ableitung auf die Forderung konstanter magnetischer Feldstärke führt

$$d\vec{r} \times \underline{\widehat{\mathbf{J}}} = d\vec{r} \times \operatorname{rot} \underline{\widehat{\mathbf{H}}} = d\vec{r} \times \operatorname{rot} \left(\vec{e}_z \underline{\hat{H}} \right) = -d\vec{r} \times \left(\vec{e}_z \times \operatorname{grad} \underline{\hat{H}} \right) \tag{6.51}$$

$$= -\vec{e}_z \underbrace{\left(d\vec{r} \cdot \operatorname{grad} \underline{\hat{H}} \right)}_{= d\underline{\hat{H}}} + \underbrace{\left(\vec{e}_z \cdot d\vec{r} \right)}_{=0} \operatorname{grad} \underline{\hat{H}} = -\vec{e}_z \, d\underline{\hat{H}} = \vec{0} \quad \rightarrow \quad \underline{\hat{H}} (x, y) = \text{const}.$$

Die Berechnung der Impedanz erfolgt analog zur Gl. (6.39) durch Integration des Poyntingschen Vektors über die Oberfläche

$$\underline{Z} = R + j\omega L \tag{6.52}$$

$$= -\frac{1}{\hat{i}^2} \oiint_A \left(\underline{\widehat{\mathbf{E}}} \times \underline{\widehat{\mathbf{H}}}^* \right) \cdot d\vec{A} = \frac{2l}{\hat{i}^2 \kappa} \hat{H}_e^* \left[\int\limits_{-b}^{b} \underline{\hat{J}}_x (x, a) \, dx - \int\limits_{-a}^{a} \underline{\hat{J}}_y (b, y) \, dy \right].$$

Die Ausführung der Integration mit den Stromdichtekomponenten (6.49) und (6.50) liefert das Ergebnis

$$R + j\omega L \tag{6.53}$$

$$= \frac{2l}{\hat{i}^2 \kappa} \hat{H}_e^2 \left[2\alpha b \tanh (\alpha a) + 4 \sum_{n=1}^{\infty} \frac{(\alpha a)^4}{p_n^2 \sqrt{p_n^2 + (\alpha a)^2}^3} \tanh \left(\sqrt{p_n^2 + (\alpha a)^2} \frac{b}{a} \right) \right].$$

Unter Einbeziehung der Gl. (6.31) folgt daraus die Induktivität

$$L = N^2 \frac{\mu}{l} \delta^2 \, \mathrm{Im} \left\{ 2\alpha b \tanh(\alpha a) + 4 \sum_{n=1}^{\infty} \frac{(\alpha a)^4}{p_n^2 \sqrt{p_n^2 + (\alpha a)^2}^3} \tanh\left(\sqrt{p_n^2 + (\alpha a)^2} \frac{b}{a} \right) \right\}.$$

(6.54)

Für den Grenzfall $f \to 0$ oder bei verschwindender Leitfähigkeit des Materials $\kappa \to 0$ geht die Eindringtiefe nach unendlich und es gilt $\alpha a \to 0$. Der Summenausdruck verschwindet und mit der Näherungsbeziehung für kleine Argumente $\tanh(\alpha a) \approx \alpha a$ nimmt die Induktivität den Wert

$$L_0 = N^2 \frac{\mu}{l} \delta^2 2ab \, \mathrm{Im}\{\alpha^2\} = N^2 \frac{\mu}{l} \delta^2 2ab\omega\kappa\mu = N^2 \mu \frac{4ab}{l} = N^2 \Lambda_m$$

(6.55)

an. In Abb. 6.13 ist wieder das Verhältnis L/L_0 dargestellt. Der Vergleich mit dem kreisförmigen Schenkelquerschnitt erfolgt auf der Basis gleicher Querschnittsflächen, d. h. es gilt $\pi r_c^2 = 4ab$. Mit dem als Parameter in der Abbildung verwendeten Seitenverhältnis $b/a = \eta$ und den daraus resultierenden Zusammenhängen

$$b = \frac{r_c}{2} \sqrt{\pi\eta} \quad \text{und} \quad a = \frac{r_c}{2} \sqrt{\frac{\pi}{\eta}}$$

(6.56)

sind die darzustellenden Kurven durch die folgende Beziehung gegeben

$$\frac{L}{L_0} = \frac{\delta^2}{\pi r_c^2} \, \mathrm{Im} \left\{ 2\eta\alpha a \tanh(\alpha a) + 4 \sum_{n=1}^{\infty} \frac{(\alpha a)^4}{p_n^2 \sqrt{p_n^2 + (\alpha a)^2}^3} \tanh\left(\sqrt{p_n^2 + (\alpha a)^2}\eta \right) \right\}.$$

(6.57)

Schlussfolgerung

Als Ergebnis dieser Auswertung kann festgestellt werden, dass die Flussverdrängung im Kernquerschnitt

- erst bei sehr hohen Frequenzen oder entsprechend großen Querschnittsflächen berücksichtigt werden muss,
- bei rechteckförmigen Querschnittsformen weniger Einfluss auf die Induktivität hat als bei der Kreisform und
- der Einfluss umso geringer wird, je breiter und flacher die Querschnittsform wird.

6.5 Der Einfluss der nichtlinearen Materialeigenschaften

Die Formeln zur Berechnung der Induktivität enthalten als einen der Faktoren die Permeabilität des Kernmaterials (vgl. z. B. Abschn. 6.1). Nachdem wir aber in Abschn. 5.3.1 unterschiedliche Permeabilitäten definiert haben, stellt sich die Frage, welcher Wert an-

Abb. 6.14 *BH*-Kurve ohne Hysterese, dargestellt ist nur der erste Quadrant

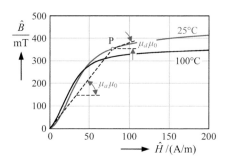

stelle von μ_r in den Gleichungen zu verwenden ist. Am einfachsten zu beantworten ist die Frage für die Kleinsignalaussteuerung um den Nullpunkt, also ohne Vormagnetisierung. In diesem Fall ist die Anfangspermeabilität μ_i nach Gl. (5.28) bzw. Abb. 5.8 die richtige Wahl.

Nicht so leicht fällt die Antwort bei Großsignalaussteuerung. Wir vereinfachen die Situation zunächst dahingehend, dass wir eine nichtlineare verlustfreie Induktivität betrachten, die symmetrisch um den Nullpunkt ausgesteuert wird. Die zugehörige für zwei unterschiedliche Temperaturen in Abb. 6.14 dargestellte *BH*-Kennlinie ist mithilfe von Gl. (5.39) berechnet. Zugrunde gelegt wurden die Daten des auch in den Abbildungen in Abschn. 5.3 verwendeten Ferritmaterials: $a(25°) = 1{,}926 \cdot 10^5$, $\alpha = -0{,}00227$, $c(25°) = 7{,}637 \cdot 10^3$, $\gamma = -0{,}00231$, $\mu_i(25°) = 2109$, $\mu_i(100°) = 3736$.

In diesen Fällen wird oft die in der Abbildung eingezeichnete Amplitudenpermeabilität μ_a anstelle von μ_r verwendet. Sie ist als Steigung einer Geraden, die die beiden Maximalwerte der Aussteuerung miteinander verbindet, eine Konstante und somit unabhängig von dem zeitlichen Verlauf der magnetischen Feldstärke und des Stroms. Sie stellt einen Mittelwert dar für die entlang der *BH*-Kurve veränderliche Steigung und ist nach Abb. 5.12 abhängig von der maximalen Aussteuerung und der Temperatur. Die zugehörige Induktivität

$$L\left(i\right) = \frac{\Phi\left(i\right)}{i} = N\frac{\Phi_A\left(i\right)}{i} \sim N\frac{\hat{B}}{\hat{H}} = N\mu_a\mu_0 \tag{6.58}$$

besitzt die gleichen Abhängigkeiten (s. Abb. 6.6). Ist man dagegen an dem Zusammenhang von Strom und Spannung zu einem bestimmten Zeitpunkt interessiert, dann muss die zu diesem Zeitpunkt vorliegende Aussteuerung des Kerns zugrunde gelegt werden und die Steigung der *BH*-Kurve an dieser Stelle verwendet werden. Als Ergebnis erhalten wir die sogenannte differentielle Induktivität aus der Beziehung

$$L_d\left(i\right) = \frac{\mathrm{d}\Phi\left(i\right)}{\mathrm{d}i} = N\frac{\mathrm{d}\Phi_A\left(i\right)}{\mathrm{d}i} \sim N\left.\frac{\mathrm{d}\hat{B}}{\mathrm{d}\hat{H}}\right|_P = N\mu_d\mu_0|_P \; . \tag{6.59}$$

Im Gegensatz zur Gl. (6.58) wird die Ableitung der Flussdichte nach der Feldstärke jetzt mithilfe einer Tangente an die *BH*-Kurve im betrachteten Punkt P berechnet.

Um einen Zusammenhang zwischen diesen beiden Induktivitäten herzustellen, setzen wir die beiden Gleichungen (6.58) und (6.59) in das Induktionsgesetz ein

$$u\left(t\right) = \frac{\mathrm{d}\Phi}{\mathrm{d}t} = \frac{\mathrm{d}\Phi}{\mathrm{d}i}\frac{\mathrm{d}i}{\mathrm{d}t} = \begin{cases} \overset{(6.58)}{=} \frac{\mathrm{d}}{\mathrm{d}i}\left(Li\right)\frac{\mathrm{d}i}{\mathrm{d}t} = \left[L + i\frac{\mathrm{d}L}{\mathrm{d}i}\right]\frac{\mathrm{d}i}{\mathrm{d}t} \\ \overset{(6.59)}{=} L_d\frac{\mathrm{d}i}{\mathrm{d}t} \end{cases} \rightarrow L_d = L + i\frac{\mathrm{d}L}{\mathrm{d}i}.$$

(6.60)

Mithilfe dieser Gleichung kann die differentielle Induktivität bestimmt werden, sofern die Großsignalinduktivität bekannt ist. Im Grenzübergang $i \rightarrow 0$ sind beide Induktivitäten gleich und entsprechen der mit der Anfangspermeabilität μ_i berechneten Induktivität (vgl. Abb. 6.15).

Zur Auflösung dieser Gleichung nach L setzt man die obere und untere Zeile in Gl. (6.60) gleich. Die anschließende Integration liefert eine Beziehung

$$\frac{\mathrm{d}}{\mathrm{d}i}\left(Li\right) = L_d \quad \rightarrow \quad L\left(i\right) = \frac{1}{i}\int_0^i L_d\left(\xi\right)\mathrm{d}\xi,$$

(6.61)

die der Berechnung des Mittelwerts entspricht.

Beispiel

Als Beispiel wollen wir die beiden Induktivitäten für eine dünne Ringkernspule ohne Luftspalt berechnen. Ausgehend von der Gl. (6.9) erhalten wir mit der Amplitudenpermeabilität den Ausdruck

$$L = N^2\frac{\mu_a\mu_0 h}{2\pi}\ln\frac{b}{a} = \mu_a L_0.$$

(6.62)

Zur Berechnung der differentiellen Induktivität gehen wir von Gl. (6.60) aus, die wir wegen der Proportionalität zwischen Strom und Feldstärke folgendermaßen umformen können

$$L_d = L + i\frac{\mathrm{d}L}{\mathrm{d}i} = L + \hat{H}\frac{\mathrm{d}L}{\mathrm{d}\hat{H}} = \left(\mu_a + \hat{H}\frac{\mathrm{d}\mu_a}{\mathrm{d}\hat{H}}\right)L_0 = \mu_d L_0.$$

(6.63)

Nach Einsetzen der Gl. (5.39) erhalten wir das Ergebnis

$$\mu_d = \mu_a + H\frac{\mathrm{d}\mu_a}{\mathrm{d}H} \overset{(5.39)}{=} \frac{0{,}1a\left(\hat{H}/H_0\right)^{4,1} - 1{,}5\left(\mu_i - 1\right)c\left(\hat{H}/H_0\right)^{2,5}}{\left[\left(\hat{H}/H_0\right)^{2,5} + c\right]^2}$$

$$+ \frac{2{,}6ac\left(\hat{H}/H_0\right)^{1,6} + \left(\mu_i - 1\right)c^2}{\left[\left(\hat{H}/H_0\right)^{2,5} + c\right]^2}.$$

(6.64)

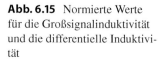

Abb. 6.15 Normierte Werte für die Großsignalinduktivität und die differentielle Induktivität

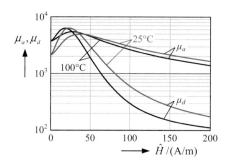

Wegen der Temperaturabhängigkeit der Parameter a, c und μ_i ist auch μ_d temperaturabhängig.

Die auf L_0 bezogenen Werte der Großsignalinduktivität L und der differentiellen Induktivität L_d nach Gl. (6.62) und (6.63) sind in Abb. 6.15 dargestellt.

Die Übereinstimmung beider Permeabilitäten mit der Anfangspermeabilität für den Fall kleiner Aussteuerung wurde bereits angesprochen. Verglichen mit μ_a steigt μ_d zunächst schneller an, erreicht ein höheres Maximum und fällt dann infolge der einsetzenden Sättigung deutlich stärker ab, und zwar umso früher und umso stärker je höher die Temperatur ist.

Eine andere Situation liegt vor, wenn der hochfrequente Strom bzw. die zugehörige magnetische Feldstärke einen überlagerten Gleichanteil aufweisen. Auch hier muss man bei dem Hochfrequenzstrom unterscheiden zwischen Kleinsignal- und Großsignalaussteuerung. Der klassische Fall für einen großen Gleichanteil und einen vergleichsweise geringen Hochfrequenzanteil tritt bei den Filterspulen auf. Während der zu dämpfende Hochfrequenzstrom im Bereich mA liegt, kann der von der zu übertragenden Leistung abhängige Gleichstrom oder auch der 50/60 Hz Netzstrom um mehrere Größenordnungen darüber liegen. Da der Wert der Induktivität direkt in die Dämpfung eingeht, ist die Kenntnis der wirksamen Permeabilität von entscheidender Bedeutung. Für die Dimensionierung eignet sich in diesem Fall die in Abb. 5.7 beschriebene und in Abb. 5.9 als Funktion der Feldstärke und damit durch einfache Umskalierung auch des Stroms dargestellte reversible Permeabilität μ_{rev}. Die Steigung der Subschleife ist geringer als die Steigung der Tangente an die *BH*-Kurve, d. h. es gilt $\mu_{rev} < \mu_d$. Kritisch ist vor allem der Bereich in der Nähe des maximalen Netzstroms, falls die Permeabilität aufgrund der hohen Feldstärke sinkt und die Dämpfungswirkung verlorengeht.

Der andere Fall, bei dem die Amplitude des Hochfrequenzstroms in der gleichen Größenordnung liegt wie der überlagerte Gleichanteil, ist typisch für die Spulen und Transformatoren in Konverterschaltungen. Das Auslegungskriterium bei diesen Anwendungen sind vor allem die Verluste in der Komponente und nicht vorrangig die Stromabhängigkeit der Induktivität, so dass üblicherweise mit der Amplitudenpermeabilität gearbeitet wird. Es muss allerdings darauf hingewiesen werden, dass μ_a von einem zusätzlichen Gleichanteil beeinflusst wird. Leider ist dieser Zusammenhang formelmäßig nicht so einfach zu erfassen, so dass man diesen Einfluss vernachlässigt oder man muss auf eigene Messungen zurückgreifen.

Schlussfolgerung

- Die in den Formeln verwendete relative Permeabilitätszahl μ_r dient lediglich als Platzhalter für eine der vielen unterschiedlich definierten Permeabilitäten. Je nach Betriebszustand (oder genauer gesagt Stromform) muss diejenige Permeabilität ausgewählt werden, die auf eine Induktivität führt, die das Betriebsverhalten der Komponente im Hinblick auf die gewünschte Anwendung am besten beschreibt.
- Die Amplitudenpermeabilität ist als Mittelwert nicht unbedingt dafür geeignet, die Sättigung hinreichend gut zu beschreiben. Sie reagiert zu träge auf die einsetzende Sättigung. Der schnelle Abfall der stromabhängigen Induktivität führt bei konstanter angelegter Spannung zu einem sehr steilen Stromanstieg. Zur Erfassung der durch die Sättigung entstehenden Probleme ist die Verwendung der differentiellen Induktivität zu bevorzugen.

Literatur

1. McLyman WT (2004) Transformer and Inductor Design Handbook. Marcel Dekker, New York
2. Stenglein E, Albach M (2016) The reluctance of large air gaps in ferrite cores. European Power Electronics Conference EPE, Karlsruhe, Germany, Session LS5b. doi:10.1109/EPE.2016.7695271

Der Einfluss des Kerns auf die Kapazität

7

Zusammenfassung

In Kap. 3 wurde die Wicklungskapazität von Luftspulen berechnet. Wird die Spule mit einem Kern realisiert, dann ändert sich zwar die räumliche Verteilung des elektrischen Felds, dieser Einfluss auf die Kapazitäten wird aber oft vernachlässigt, da bei den Luftspulen das Feld außerhalb des Wickelpakets auch nicht in die Berechnungen mit einbezogen wurde. In den Fällen, in denen die Wicklungskapazität sehr klein ist, z. B. bei einlagiger Wicklung, oder falls der Abstand zwischen Wicklung und Kern sehr klein wird, kann der Einfluss des Kerns auf die Wicklungskapazität aber nicht generell vernachlässigt werden. In diesem Kapitel werden daher einige Abschätzungen vorgenommen, die den Einfluss des Kerns quantitativ beschreiben.

Bei der Vielfalt der existierenden Kernformen erscheint es fast aussichtslos, zuverlässige Formeln zu finden, mit deren Hilfe der Einfluss des Kerns auf das elektrische Feld und damit auf die parasitären Kapazitäten des Bauelements erfasst werden kann. Um dennoch eine grobe Abschätzung für diese Effekte zu erhalten, werden wir in den folgenden Abschnitten einige Vereinfachungen vornehmen, so dass zwar die Erwartungen an die Genauigkeit der Ergebnisse etwas reduziert werden müssen, die wesentlichen Parameter und deren Einfluss auf die Ergebnisse aber trotzdem erkennbar bleiben.

In einem ersten Schritt werden wir die Oberfläche des Wickelpakets, die ja aus nebeneinander liegenden lackisolierten Einzeldrähten besteht, durch eine glatte leitende Oberfläche ersetzen. Der Abstand dieser sich so ergebenden Kondensatorplatte z. B. von dem Wickelkörper wird mithilfe der Gleichungen aus Abschn. 3.1 so bestimmt, dass die zu berechnenden Kapazitäten dadurch nicht beeinflusst werden. Mit diesem Zwischenergebnis können wir die elektrische Energie in den einzelnen relevanten Bereichen zwischen Kern und Wicklung auch unter Einbeziehung des Wickelkörpers relativ gut abschätzen. Diese Formeln erlauben auch mit vertretbarem Aufwand eine Berechnung des sich einstellenden

© Springer Fachmedien Wiesbaden GmbH 2017   191
M. Albach, *Induktivitäten in der Leistungselektronik*, DOI 10.1007/978-3-658-15081-5_7

Abb. 7.1 Vereinfachung der
Oberflächenstruktur

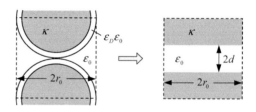

elektrostatischen Potentials des Kerns für den Fall, dass der Kern nicht mit der Wicklung galvanisch verbunden ist und sich sein Potential daher frei einstellen kann.

7.1   Die Berechnung der Ersatzoberfläche

Ausgangspunkt sind die in Abschn. 3.1 abgeleiteten Beziehungen für die Kapazität von übereinander liegenden Drähten. Für den auf der rechten Seite in Abb. 3.2 markierten Rechteckbereich wurde die Energie in Gl. (3.14) mit den zugehörigen Abkürzungen in Gl. (3.16) angegeben. Wir betrachten den Sonderfall ohne dazwischen liegende Folie. Mit $h = 0$ gilt dann nach Gl. (3.9) die Vereinfachung $\beta = 1/\zeta$. Diese Situation soll nun gemäß Abb. 7.1 umgerechnet werden in die Situation im rechten Teilbild, und zwar so, dass durch entsprechende Wahl des Abstands d die Kapazität in beiden Fällen gleich ist.

Für gleiche Plattenflächen $A = 2r_0 l_w$ gilt für die beiden Kapazitäten C_l im linken und C_r im rechten Teilbild

$$C_l \overset{(3.14)}{=} 2\varepsilon_0 l_w Y_1 \quad \text{bzw.} \quad C_r = \frac{\varepsilon_0 2 r_0 l_w}{2d} \,. \tag{7.1}$$

Aus der geforderten Gleichheit folgt unmittelbar

$$d = \frac{r_0}{2Y_1} \,. \tag{7.2}$$

Mit diesem Ergebnis wird jetzt z. B. die unterste Wicklungslage durch eine glatte Oberfläche im Abstand d vom Wickelkörper ersetzt. Sie weist ein ortsabhängiges Potential auf, das der Potentialverteilung der Drahtwicklung entspricht. Diese Vorgehensweise kann auf alle Oberflächen des Wickelpakets angewendet werden.

7.2   Die Berechnung der elektrischen Energie

Der nächste Schritt besteht darin, die in den relevanten Bereichen zwischen Kern und Wicklung gespeicherte elektrische Energie zu berechnen. Die Abb. 7.2a zeigt den Querschnitt durch einen voll bewickelten RM12 Kern im richtigen Maßstabsverhältnis.

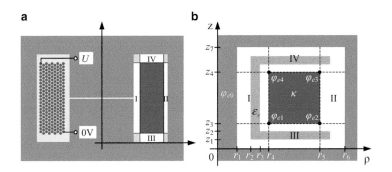

Abb. 7.2 Die betrachteten Bereiche: **a** maßstabsgerechte Darstellung, **b** Festlegung der Bezeichnungen

Werden die Eckbereiche vernachlässigt, dann verbleiben die vier im rechten Wickelfenster eingezeichneten Bereiche, in denen die Energie bestimmt werden muss. Das Teilbild b dient lediglich der Festlegung der Bezeichnungen für die folgenden Rechnungen. Die unterschiedliche Dielektrizitätszahl des Wickelkörpers gegenüber Luft wird bei der Berechnung mit erfasst.

7.2.1 Der Bereich zwischen Wicklung und Mittelschenkel

Wir betrachten zunächst den Bereich I zwischen Wicklung und Mittelschenkel. Zur Vereinfachung wird die Anordnung in den Zylinderkoordinaten berechnet. Im Falle eines rechteckigen Wickelkörpers kann ebenfalls auf die Zylinderkoordinaten zurückgegriffen werden, wenn die Form des Wickelkörpers durch einen Kreis mit gleichem Umfang ersetzt wird. Das von der Koordinate φ unabhängige elektrostatische Skalarpotential $\varphi_e(\rho, z)$ muss die Laplace-Gleichung

$$\Delta\varphi_e(\rho, z) \overset{(14.27)}{=} \frac{\partial^2 \varphi_e}{\partial \rho^2} + \frac{1}{\rho}\frac{\partial \varphi_e}{\partial \rho} + \frac{\partial^2 \varphi_e}{\partial z^2} = 0 \qquad (7.3)$$

erfüllen. Das Potential des Kerns sei φ_{e0} und das Potential der innersten Wicklungslage ändere sich zwischen φ_{e1} und φ_{e4} an den beiden Enden. Von dem sich nach Separation der Variablen ergebenden allgemeinen Lösungsansatz zur Gl. (7.3) betrachten wir nur den zum Eigenwert null gehörenden Anteil

$$\varphi_e(\rho, z) = (A_0 + B_0 \ln \rho)(C_0 + D_0 z) \qquad (7.4)$$

ohne Berücksichtigung der höheren Harmonischen. Die unbekannten Vorfaktoren A_0 bis D_0 müssen aus den vorliegenden Randbedingungen bestimmt werden. Sofern wir annehmen, dass sich das Potential linear zwischen den Werten φ_{e1} und φ_{e4} ändert, erhalten wir ausgehend von dem Ansatz (7.4) die Potentialverteilung im Bereich I

$$\varphi_{e,\mathrm{I}}(\rho, z) = \varphi_{e0} + \frac{\varphi_{e1} - \varphi_{e0} + (\varphi_{e4} - \varphi_{e1}) \frac{z-z_3}{z_4-z_3}}{\psi_1}$$

$$\cdot \begin{cases} \varepsilon_r \ln \frac{\rho}{r_1} & r_1 \leq \rho \leq r_2 \\ \varepsilon_r \ln \frac{r_2}{r_1} + \ln \frac{\rho}{r_2} & \text{für} \quad r_2 \leq \rho \leq r_3 \\ \varepsilon_r \ln \frac{r_2}{r_1} + \ln \frac{r_3}{r_2} + \varepsilon_r \ln \frac{\rho}{r_3} & r_3 \leq \rho \leq r_4 \end{cases} \qquad (7.5)$$

mit der Abkürzung

$$\psi_1 = \varepsilon_r \ln \frac{r_2}{r_1} + \ln \frac{r_3}{r_2} + \varepsilon_r \ln \frac{r_4}{r_3} . \qquad (7.6)$$

Mit der hier vorgenommenen Fallunterscheidung in die drei Teilbereiche sind die Randbedingungen an den Grenzflächen zwischen dem Wickelkörper ($\varepsilon = \varepsilon_r \varepsilon_0$) und den Luftbereichen ($\varepsilon = \varepsilon_0$), nämlich die Stetigkeit des Potentials sowie die Stetigkeit der Normalkomponente der elektrischen Flussdichte D_ρ erfüllt. Mit der zugehörigen elektrischen Feldstärke in den drei Bereichen

$$\vec{\mathbf{E}}_{\mathrm{I}} = -\mathrm{grad}\,\varphi_{e,\mathrm{I}} \stackrel{(14.27)}{=} -\vec{\mathbf{e}}_\rho \frac{\partial \varphi_{e,\mathrm{I}}}{\partial \rho} - \vec{\mathbf{e}}_z \frac{\partial \varphi_{e,\mathrm{I}}}{\partial z} \qquad (7.7)$$

erhalten wir für die Energie nach Gl. (3.1) die Beziehung

$$W_{e,\mathrm{I}} = \frac{1}{2} \int_{z_3}^{z_4} \int_{r_1}^{r_4} \int_0^{2\pi} \vec{\mathbf{E}}_{\mathrm{I}} \cdot \vec{\mathbf{D}}_{\mathrm{I}} \rho \, \mathrm{d}\varphi \, \mathrm{d}\rho \, \mathrm{d}z$$

$$= \varepsilon_0 \pi \int_{z_3}^{z_4} \left[\int_{r_1}^{r_2} \left(E_{\rho,\mathrm{I}}^2 + E_{z,\mathrm{I}}^2 \right) \rho \, \mathrm{d}\rho + \varepsilon_r \int_{r_2}^{r_3} \left(E_{\rho,\mathrm{I}}^2 + E_{z,\mathrm{I}}^2 \right) \rho \, \mathrm{d}\rho \right.$$

$$\left. + \int_{r_3}^{r_4} \left(E_{\rho,\mathrm{I}}^2 + E_{z,\mathrm{I}}^2 \right) \rho \, \mathrm{d}\rho \right] \mathrm{d}z , \qquad (7.8)$$

wobei die Feldstärkekomponenten für den jeweiligen Integrationsbereich aus den zugehörigen Potentialen gemäß der Fallunterscheidung in Gl. (7.5) zu berechnen sind. Die z-gerichtete Feldstärkekomponente ist proportional zur Potentialdifferenz $\varphi_{e4} - \varphi_{e1}$. Eine zahlenmäßige Auswertung zeigt, dass der Beitrag der z-Komponente zur Energie verglichen mit der ρ-Komponente im unteren einstelligen Prozentbereich liegt und daher praktisch vernachlässigt werden kann. Mit dieser Vereinfachung erhalten wir nach Auswertung der Integrale für die Energie den resultierenden Ausdruck

$$W_{e,\mathrm{I}} = \frac{\pi \varepsilon_r \varepsilon_0 (z_4 - z_3)}{\psi_1} \left[(\varphi_{e1} - \varphi_{e0})^2 + (\varphi_{e1} - \varphi_{e0})(\varphi_{e4} - \varphi_{e1}) + \frac{1}{3}(\varphi_{e4} - \varphi_{e1})^2 \right].$$

$$(7.9)$$

7.2.2 Der Bereich zwischen Wicklung und Außenschenkel

Mit der gleichen Vorgehensweise wie im letzten Abschnitt erhalten wir für den Bereich II das Potential

$$\varphi_{e,\text{II}}(\rho, z) = \varphi_{e0} + \left[\varphi_{e2} - \varphi_{e0} + (\varphi_{e3} - \varphi_{e2})\frac{z - z_3}{z_4 - z_3}\right]\frac{\ln \rho/r_6}{\ln r_5/r_6}. \tag{7.10}$$

Einsetzen der entsprechend Gl. (7.7) berechneten elektrischen Feldstärke in die Beziehung für die Energie

$$W_{e,\text{II}} = \frac{1}{2}\int\limits_{z_3}^{z_4}\int\limits_{r_5}^{r_6}\int\limits_0^{2\pi} \vec{\mathbf{E}}_{\text{II}} \cdot \vec{\mathbf{D}}_{\text{II}}\,\rho\,\mathrm{d}\varphi\,\mathrm{d}\rho\,\mathrm{d}z = \varepsilon_0\pi\int\limits_{z_3}^{z_4}\int\limits_{r_5}^{r_6}\left(E_{\rho,\text{II}}^2 + E_{z,\text{II}}^2\right)\rho\,\mathrm{d}\rho\,\mathrm{d}z \tag{7.11}$$

und Vernachlässigung der z-Komponente liefert das Ergebnis

$$W_{e,\text{II}} = \frac{\pi\varepsilon_0(z_4 - z_3)}{\ln r_6/r_5}\left[(\varphi_{e2} - \varphi_{e0})^2 + (\varphi_{e2} - \varphi_{e0})(\varphi_{e3} - \varphi_{e2}) + \frac{1}{3}(\varphi_{e3} - \varphi_{e2})^2\right]. \tag{7.12}$$

Die bisherige Rechnung setzt voraus, dass die Anordnung unabhängig von der Koordinate φ ist, der Kern die Wicklung also völlig umschließt. Bei E- und insbesondere U-Kernen ist diese Annahme nicht mehr erfüllt, so dass der Beitrag (7.12) zur Gesamtenergie in diesen Fällen Abweichungen aufweist.

7.2.3 Der Bereich zwischen Wicklung und unterem bzw. oberem Schenkel

Wir betrachten jetzt den Teilbereich III zwischen Wicklung und unterem Schenkel. Um wiederum den vereinfachten Potentialansatz (7.4) ohne Berücksichtigung der höheren Harmonischen verwenden zu können, wird der Potentialverlauf zwischen den beiden Endpunkten in der folgenden Form festgelegt

$$\varphi_e(\rho, z_3) = \varphi_{e1} + (\varphi_{e2} - \varphi_{e1})\frac{\ln \rho/r_4}{\ln r_5/r_4}. \tag{7.13}$$

Der Potentialverlauf zwischen den beiden Endpunkten wird sich in der Realität geringfügig von der Annahme (7.13) unterscheiden. Rechnerisch würde ein der Realität besser angepasster Verlauf die Miteinbeziehung der Harmonischen in dem Lösungsansatz und damit eine Orthogonalentwicklung erforderlich machen. Die geringe Verbesserung im Ergebnis ist aber durch diesen zusätzlichen Aufwand nicht gerechtfertigt. Mit der Annahme

(7.13) nimmt die Potentialverteilung dann die folgende Form an

$$\varphi_{e,\mathrm{III}}\left(\rho,z\right)=\varphi_{e0}+\frac{\varphi_{e1}-\varphi_{e0}+\left(\varphi_{e2}-\varphi_{e1}\right)\frac{\ln\rho/r_4}{\ln r_5/r_4}}{\psi_2}$$

$$\cdot\begin{cases}\varepsilon_r\left(z_1-z_2+z\right)+z_2-z_1 & & z_2\leq z\leq z_3\\ \varepsilon_r z_1+z-z_1 & \text{für} & z_1\leq z\leq z_2\\ \varepsilon_r z & & 0\leq z\leq z_1\end{cases}\qquad(7.14)$$

mit der Abkürzung

$$\psi_2=\varepsilon_r\left(z_1-z_2+z_3\right)+z_2-z_1\,.\qquad(7.15)$$

Die Berechnung der Energie mit den unter Berücksichtigung der Fallunterscheidungen in Gl. (7.14) berechneten Feldstärkekomponenten

$$W_{e,\mathrm{III}}=\frac{1}{2}\int\limits_0^{z_3}\int\limits_{r_4}^{r_5}\int\limits_0^{2\pi}\vec{E}_{\mathrm{III}}\cdot\vec{D}_{\mathrm{III}}\,\rho\,d\varphi\,d\rho\,dz$$

$$=\pi\varepsilon_0\int\limits_{r_4}^{r_5}\left[\int\limits_0^{z_1}\left(E_{\rho,\mathrm{III}}^2+E_{z,\mathrm{III}}^2\right)dz+\varepsilon_r\int\limits_{z_1}^{z_2}\left(E_{\rho,\mathrm{III}}^2+E_{z,\mathrm{III}}^2\right)dz\right.$$

$$\left.+\int\limits_{z_2}^{z_3}\left(E_{\rho,\mathrm{III}}^2+E_{z,\mathrm{III}}^2\right)dz\right]\rho\,d\rho\qquad(7.16)$$

liefert jetzt die beiden Beiträge

$$W_{e,z,\mathrm{III}}=\frac{\pi\varepsilon_r\varepsilon_0}{\psi_2}\left\{(\varphi_{e1}-\varphi_{e0})^2\frac{r_5^2-r_4^2}{2}+(\varphi_{e1}-\varphi_{e0})\left(\varphi_{e2}-\varphi_{e1}\right)\left(r_5^2-\frac{r_5^2-r_4^2}{2\ln r_5/r_4}\right)\right.$$

$$\left.+(\varphi_{e2}-\varphi_{e1})^2\left[\frac{r_5^2}{2}\left(1-\frac{1}{\ln r_5/r_4}\right)+\frac{r_5^2-r_4^2}{4\left(\ln r_5/r_4\right)^2}\right]\right\}\qquad(7.17)$$

infolge der z-Komponente und

$$W_{e,\rho,\mathrm{III}}=\frac{\pi\varepsilon_0\left(z_2-z_1\right)}{\psi_2^2}\frac{\left(\varphi_{e2}-\varphi_{e1}\right)^2}{\ln r_5/r_4}$$

$$\cdot\left\{\varepsilon_r^3 z_1^2+\varepsilon_r^2\left[\frac{z_1^3-z_2^3+z_3^3}{3\left(z_2-z_1\right)}+z_1\left(z_2-z_1\right)-\left(z_1+z_3\right)\left(z_3-z_2\right)\right]\right.$$

$$\left.+\varepsilon_r\left[\frac{1}{3}\left(z_2-z_1\right)^2+z_3^2-z_2^2\right]+\left(1-2\varepsilon_r\right)\left(z_2-z_1\right)\left(z_3-z_2\right)\right\}\qquad(7.18)$$

infolge der ρ-Komponente der elektrischen Feldstärke. Im Gegensatz zu den Bereichen I und II werden jetzt die Beiträge von beiden Feldstärkekomponenten berücksichtigt, da diese gegebenenfalls in der gleichen Größenordnung liegen. Die Ursache liegt darin begründet, dass hier Anfang und Ende der Wicklung sehr nah beieinander liegen können und sich damit hohe Feldstärkewerte auch in radialer Richtung einstellen können.

Für den Bereich IV können die Ergebnisse wegen der Spiegelsymmetrie übernommen werden, sofern die Potentiale φ_{e1} durch φ_{e4} und φ_{e2} durch φ_{e3} ersetzt werden. Die Gleichungen sind daher nicht nochmals angegeben.

7.2.4 Das Potential des Kerns

Bevor die Gesamtenergie aus der Summe der Einzelbeiträge $W_{e,\mathrm{I}}$ bis $W_{e,\mathrm{IV}}$ berechnet werden kann, müssen die Potentialvorgaben bekannt sein. Die Potentiale φ_{e1} bis φ_{e4} sind wie auch bereits in Abschn. 3.1 durch den Wickelaufbau und die von außen angelegte Spannung vorgegeben. Für das Potential des Kerns ergeben sich verschiedene Möglichkeiten. In manchen Fällen wird der Kern galvanisch mit einem Punkt innerhalb der Wicklung verbunden oder an einen Punkt innerhalb der Schaltung angeschlossen. Damit ist das Potential φ_{e0} bekannt. Häufig wird der Kern jedoch nicht auf ein vorgegebenes Potential gelegt, so dass sich der Wert φ_{e0} frei einstellen kann. In diesen Fällen muss man von der physikalischen Forderung ausgehen, dass der Kern insgesamt ungeladen ist, d. h. der gesamte elektrische Fluss zum Kern muss verschwinden. In diesen Fällen gilt die Forderung

$$\varepsilon_0 \int\limits_{z_3}^{z_4} \int\limits_{0}^{2\pi} \left[-E_{\rho,\mathrm{I}}\left(r_1,z\right) r_1 + E_{\rho,\mathrm{II}}\left(r_6,z\right) r_6 \right] \mathrm{d}\varphi\, \mathrm{d}z$$

$$+ \varepsilon_0 \int\limits_{r_4}^{r_5} \int\limits_{0}^{2\pi} \left[-E_{z,\mathrm{III}}\left(\rho,0\right) + E_{z,\mathrm{IV}}\left(\rho,z_7\right) \right] \rho\, \mathrm{d}\varphi\, \mathrm{d}\rho \overset{!}{=} 0, \tag{7.19}$$

die über den Zwischenschritt

$$\int\limits_{z_3}^{z_4} \left(r_1 \left.\frac{\partial \varphi_{e,\mathrm{I}}}{\partial \rho}\right|_{\rho=r_1} - r_6 \left.\frac{\partial \varphi_{e,\mathrm{II}}}{\partial \rho}\right|_{\rho=r_6} \right) \mathrm{d}z + \int\limits_{r_4}^{r_5} \left(\left.\frac{\partial \varphi_{e,\mathrm{III}}}{\partial z}\right|_{z=0} - \left.\frac{\partial \varphi_{e,\mathrm{IV}}}{\partial z}\right|_{z=z_7} \right) \rho\, \mathrm{d}\rho \overset{!}{=} 0 \tag{7.20}$$

auf das Ergebnis

$$\varphi_{e0} = \frac{1}{2} \left(-\frac{z_4 - z_3}{\psi_1} + \frac{z_4 - z_3}{\varepsilon_r \, \ln r_5/r_6} - \frac{r_5^2 - r_4^2}{\psi_2} \right)^{-1}$$

$$\cdot \left\{ (z_4 - z_3) \left(-\frac{\varphi_{e1} + \varphi_{e4}}{\psi_1} + \frac{\varphi_{e2} + \varphi_{e3}}{\varepsilon_r \, \ln r_5/r_6} \right) \right.$$

$$\left. - \left(r_5^2 - r_4^2\right) \frac{\varphi_{e1} + \varphi_{e4}}{\psi_2} - \left(r_5^2 - \frac{r_5^2 - r_4^2}{2 \ln r_5/r_4} \right) \frac{\varphi_{e2} - \varphi_{e1} + \varphi_{e3} - \varphi_{e4}}{\psi_2} \right\} \tag{7.21}$$

führt. Das gleiche Ergebnis erhält man auch aus der Forderung, dass die gesamte gespeicherte Energie in Abhängigkeit von φ_{e0} ein Minimum sein muss.

7.3 Die zusätzliche Kapazität

Setzt man die berechnete Energie in einem der Teilbereiche in die Gl. (3.1) ein, dann erhält man den zugehörigen Beitrag zur Kapazität der Spule. Die gesamte Kapazität einer Spule mit Kern setzt sich zusammen aus der Wicklungskapazität der Luftspule nach Kap. 3 und der zusätzlichen Kapazität C_{wc}, die sich aus der Energie in den Bereichen zwischen Kern und Wicklung gemäß der Beziehung

$$C_{wc} = \frac{2}{U^2} \left(W_{e,\text{I}} + W_{e,\text{II}} + W_{e,\rho,\text{III}} + W_{e,z,\text{III}} + W_{e,\rho,\text{IV}} + W_{e,z,\text{IV}} \right) \qquad (7.22)$$

berechnen lässt.

7.4 Auswertungen

Als Beispiel für die Auswertung wählen wir einen RM12 Kern und den Draht mit Kupferdurchmesser 0,56 mm und Außendurchmesser $2r_0 = 0,632$ mm. Die Dielektrizitätszahl für die Lackisolation und auch für den Wickelkörper wurde zu 3,2 festgelegt. Mit Gl. (7.2) ergibt sich damit $d = 0,03392$ mm. Dieser Wert wird für die Abmessungen $r_4 - r_3$ sowie $z_3 - z_2$ verwendet. Die übrigen Abmessungen für Kern und Wickelkörper sind den Datenblättern [1] entnommen. Auf den Wickelkörper können 9 Lagen mit 22 Windungen pro Lage aufgebracht werden. Die Situation mit voller Wicklung zeigt die Abb. 7.2a.

Wir wollen die Ergebnisse in Abhängigkeit der vorhandenen Lagenzahl $n = 1..9$ darstellen. Die Berechnungen wurden auch nur bei kompletten oberen Lagen durchgeführt und sind durch Kreuze in den folgenden Abbildungen markiert. In den Zwischenräumen sind die Ergebnisse interpoliert. Die Potentiale an den vier Ecken des Wickelbereichs nach Abb. 7.2b sind in Tab. 7.1 angegeben.

Mit diesen Daten kann das Potential des isolierten Kerns nach Gl. (7.21) berechnet werden. Das Ergebnis ist in Abb. 7.3a dargestellt. Bei nur einer Lage nimmt das Kernpotential

Tab. 7.1 Potentiale an den Ecken des Wickelbereichs

Lagenzahl	1	2	3	4	5	6	7	8	9
φ_{e1}	0 V	0 V	0 V	0 V	0 V	0 V	0 V	0 V	0 V
φ_{e2}	0 V	U	$2U/3$	U	$4U/5$	U	$6U/7$	U	$8U/9$
φ_{e3}	U	$U/2$	U	$3U/4$	U	$5U/6$	U	$7U/8$	U
φ_{e4}	U	$U/2$	$U/3$	$U/4$	$U/5$	$U/6$	$U/7$	$U/8$	$U/9$

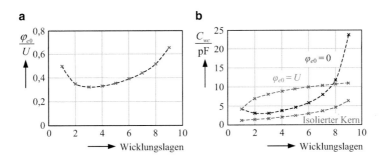

Abb. 7.3 Ergebnisse als Funktion der Lagenzahl: **a** Kernpotential, **b** wirksame Kapazität zwischen Kern und Wicklung bei unterschiedlichen Kernpotentialen

aus Symmetriegründen den Wert $U/2$ an. Bei steigender Lagenzahl fällt das Potential zunächst ab, da die Energie im Bereich I zwar dominiert, das mittlere Potential der unteren Lage $\varphi_{e4}/2$ aber geringer wird. Mit weiter steigender Lagenzahl steigt das Potential φ_{e0} aber wieder an, vor allem wegen des Bereichs II. Die Ursachen liegen in dem steigenden mittleren Potential der oberen Windungslage $(\varphi_{e2} + \varphi_{e3})/2$ sowie dem kleiner werdenden Abstand $r_6 - r_5$ zwischen dieser Lage und dem Kern. Die Zunahme des Abstands $r_5 - r_4$ trägt ebenfalls dazu bei.

Die mit diesem Kernpotential nach Gl. (7.22) berechnete zusätzliche Kapazität zwischen Kern und Wicklung führt auf die untere Kurve in Abb. 7.3b. Um diese Zahlenwerte besser einordnen zu können, sind sie in Abb. 7.4 zu der Wicklungskapazität der Luftspule addiert. Die sich ergebende Gesamtkapazität ist bei den vollständigen Lagen durch Kreuze markiert. Der Zuwachs an Kapazität macht sich besonders bei einer hohen Lagenzahl bemerkbar, wenn der Abstand zwischen äußerer Lage und Kern geringer wird.

Die Abb. 7.3b enthält aber noch weitere Informationen. Wird der Kern mit einem Ende der Wicklung leitend verbunden, dann nimmt sein Potential einen der Werte $\varphi_{e0} = 0\,\mathrm{V}$ bzw. $\varphi_{e0} = U$ an. Die beiden Anschlüsse sind in Abb. 7.2a gekennzeichnet. Betrachten wir zunächst den Fall, dass der Kern mit dem innen liegenden Anschluss der Wicklung $\varphi_{e0} = 0\,\mathrm{V}$ verbunden ist. Der sich ergebende Kapazitätsverlauf ist vergleichbar zum Ver-

Abb. 7.4 Kapazitätsverlauf als Funktion der Windungs- bzw. Lagenzahl

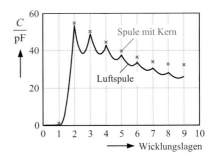

lauf des Potentials φ_{e0} im linken Teilbild, die Erklärung ist praktisch identisch. Der größte Beitrag zur Kapazität entsteht im Bereich II. Mit zunehmender Lagenzahl wird die Spannung zwischen oberster Lage und Kern immer größer und gleichzeitig der Abstand immer kleiner. Wird der Kern dagegen mit dem außen liegenden Wicklungsende verbunden, d. h. $\varphi_{e0} = U$, dann ist bei nur einer Lage die Situation zwar gleich, mit wachsender Lagenzahl steigt die Kapazität aber direkt an. Die Ursache liegt in dem abnehmenden mittleren Potential der untersten Lage. Die Spannung zwischen dieser Lage und dem Kern nimmt zu und damit steigt die Energie im Bereich I.

Schlussfolgerung

Die zusätzlichen Kapazitäten zwischen Kern und Wicklung

- erhöhen die Gesamtkapazität einer Spule und tragen zu einer Reduzierung der Resonanzfrequenz bei,
- sind abhängig vom Wickelaufbau, insbesondere der Lagenzahl,
- können nicht generell vernachlässigt werden, da sie z. B. bei voller Bewicklung zu einer deutlichen prozentualen Erhöhung der Gesamtkapazität beitragen,
- sind minimal, wenn der Kern sein Potential frei einstellen kann, also nicht leitend mit der Wicklung verbunden wird.

Literatur

1. Ferroxcube Soft Ferrites and Accessories, Data Handbook (2013) http://www.ferroxcube.com/FerroxcubeCorporateReception/datasheet/FXC_HB2013.pdf, Zugriff: Oktober 2015

Die Kernverluste

8

Zusammenfassung

In diesem Kapitel wollen wir die im Kern infolge der zeitlich veränderlichen Flussdichte entstehenden Verluste berechnen. Dabei soll vorausgesetzt werden, dass die Flussdichte die Periodendauer T aufweist und innerhalb einer Periode zwar einen stetigen aber ansonsten beliebigen zeitabhängigen Verlauf besitzt. Von besonderem Interesse sind die Temperaturabhängigkeit der Kernverluste, der Einfluss der Kerngeometrie und der Einfluss der Frequenz sowie der Kurvenform auf die Verluste.

Einen Schwerpunkt bilden die unterschiedlichen Möglichkeiten, den Einfluss der nicht sinusförmigen Stromverläufe auf die Kernverluste zu berücksichtigen. Die klassischen Wirbelstromverluste im Kern werden in einem eigenen Abschnitt behandelt. An Beispielen wird gezeigt, unter welchen Bedingungen dieser Verlustmechanismus berücksichtigt werden muss.

Folgt man der Literatur, dann lassen sich im Wesentlichen zwei unterschiedliche Vorgehensweisen zur Bestimmung der Kernverluste erkennen.

Die erste Strategie geht von der Tatsache aus, dass die Fläche der Hystereseschleife ein Maß für die Verlustleistungsdichte im Kernmaterial darstellt. Wir können uns diesen Zusammenhang mithilfe von Abb. 8.1 veranschaulichen.

Ersetzen wir in der Abb. 5.6 die Gleichspannungsquelle durch eine Spannungsquelle mit einem zeitlich sinusförmigen Verlauf, dann wird der Spulenstrom in jeder Periode genau einmal den positiven und den negativen Spitzenwert durchlaufen und die Hystereseschleife wird genau einmal umrundet. Aus Symmetriegründen genügt die Betrachtung der positiven Halbwelle. Wird der Strom vom Anfangswert null auf den Maximalwert erhöht, dann durchläuft auch die magnetische Feldstärke den Bereich zwischen null und Maximalwert, auf der Hysteresekurve in Abb. 8.1 wird der Bereich zwischen den Punkten 1 und 2 durchlaufen. Die Energiedichte (5.47) wird durch Integration aller Beiträge $H\,dB$ berechnet und entspricht der Fläche zwischen der Hysteresekurve und der B-Achse, d. h.

© Springer Fachmedien Wiesbaden GmbH 2017

M. Albach, *Induktivitäten in der Leistungselektronik*, DOI 10.1007/978-3-658-15081-5_8

Abb. 8.1 Zur Berechnung der Hystereseverluste

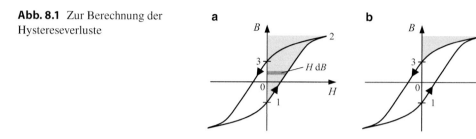

der Ordinate. Die von der Quelle an die Spule abgegebene Energie ist das Produkt aus der Energiedichte, diese entspricht der markierten Fläche in Abb. 8.1a, und dem Kernvolumen V. Nimmt der Strom jetzt wieder von seinem Maximalwert auf null ab, dann wird auf der Hysteresekurve der Bereich zwischen den Punkten 2 und 3 durchlaufen. Das Integral (5.47) entspricht jetzt der markierten Fläche in Abb. 8.1b. Sein Wert ist negativ und gibt als Produkt mit dem Kernvolumen V die Energie an, die von der Spule an die Quelle zurückgeliefert wird. In dem Sonderfall, dass die magnetische Feldstärke H und die Flussdichte B in einem linearen Zusammenhang stehen, die Schleifenfläche also verschwindet, kann die gesamte zuvor im Magnetfeld gespeicherte Energie wiedergewonnen werden. Im Falle der Hystereseschleife beschreibt die Differenz der beiden Flächen also genau diejenige Energie, die pro Volumen in Wärme umgewandelt wird. Da die gleiche Überlegung für die negative Halbwelle des Stroms angestellt werden kann, geht bei jedem Umlauf um die Hystereseschleife ein Teil der Energie als Wärme im Material verloren und es gilt die folgende Aussage:

► Der Energieverlust beim Umlaufen der Hystereseschleife entspricht dem Produkt aus der von der Schleife umfassten Fläche und dem Kernvolumen.

Das Ziel dieser Strategie besteht also in einer mathematischen Beschreibung der Hystereseschleife und davon ausgehend in einer Berechnung der von der Schleife aufgespannten Fläche [5, 6, 11]. Die Multiplikation mit dem Kernvolumen liefert dann die Verluste.

Für die praktische Anwendung haben diese Verfahren jedoch einige gravierende Nachteile. Die richtige Einbeziehung der unterschiedlichen physikalischen Einflussparameter wie Temperatur, zeitlicher Verlauf der Flussdichte im Kern bei steigender Frequenz bzw. anderen Zeitverläufen oder auch die Gleichfeldvormagnetisierung, die sich jeweils in einer geänderten, gegebenenfalls sehr stark unsymmetrischen Form und einer sich ändernden Größe der Hystereseschleife bemerkbar macht, bereitet große Schwierigkeiten. Im Ergebnis erfordern diese Vorgehensweisen umfangreiche Datensätze für die verschiedenen Materialien, die aber von den Herstellern nicht zur Verfügung gestellt werden und durch zeitintensive Messungen erarbeitet werden müssen.

Die zweite Strategie verzichtet auf die Beschreibung der Hystereseschleife und versucht, die Verluste direkt in einen formelmäßigen Zusammenhang mit den relevanten Einflussgrößen zu bringen. Dabei lassen sich auch wieder zwei Vorgehensweisen unterscheiden. Die erste Möglichkeit besteht darin, die gesamten Kernverluste in einzelne Anteile aufzuspalten, die den verschiedenen physikalischen Effekten zugeordnet sind. Bei der zweiten Möglichkeit werden direkt empirische Gleichungen aufgestellt, die nicht aus einem physikalischen Verständnis der Vorgänge im Material abgeleitet sind und auch nicht notwendigerweise einen Beitrag zur Erklärung der Verlustursachen liefern. Sie stellen aber ein Abbild des Materialverhaltens auf Basis zahlreicher Messergebnisse dar. Da bei der im Folgenden beschriebenen Methode zur Berechnung der Kernverluste beide Vorgehensweisen in geeigneter Weise kombiniert werden, sollen noch einige Bemerkungen zu den Verlustmechanismen vorangestellt werden.

Üblicherweise teilt man die Kernverluste zunächst in mehrere Anteile auf, die allerdings unterschiedliche Beiträge zu den Gesamtverlusten leisten, und zwar in die

- hauptsächlich materialabhängigen statischen und dynamischen Hystereseverluste unter Einbeziehung der Wirbelstromverluste innerhalb der Domänen,
- in die vor allem geometrieabhängigen Wirbelstromverluste, die sich verteilt über den gesamten Kernquerschnitt ausbilden und
- in die Verluste infolge von Resonanzerscheinungen innerhalb des Kerns.

Die statische Hystereseschleife stellt sich ein, wenn die verwendete Frequenz bzw. die zeitliche Änderung der Flussdichte im Kern hinreichend niedrig ist. Die zugehörigen Verluste sind proportional zur Frequenz, mit jedem Umlauf um die Hystereseschleife werden unabhängig von der Frequenz die gleichen Verluste verursacht. Mit zunehmender Frequenz bzw. schnellerer zeitlicher Änderung der Flussdichte im Kern treten zusätzliche Verlustmechanismen auf, wie z. B. Wirbelströme, die sich innerhalb der einzelnen Domänen ausbilden, z. B. durch das von den Strömen in den Wicklungen verursachte zeitabhängige Magnetfeld im Kern oder auch infolge lokaler Flussdichteänderungen. Die Ursachen dafür liegen einerseits in der Veränderung der Weißschen Bezirke durch Blochwandverschiebungen, andererseits aber auch in der sich sprungartig ändernden Magnetisierungsrichtung der einzelnen Domänen (Barkhausen-Sprünge).

Ein Vergleich mit Messungen zeigt, dass die so beschriebenen Kernverluste noch nicht alle materialabhängigen Effekte zufriedenstellend beschreiben. In einigen Publikationen findet man daher weitere Begriffe wie Nachwirkungsverluste, Restverluste, anomale Wirbelstromverluste oder dergleichen. Diese Verlustmechanismen sind wie die Hystereseverluste im Wesentlichen bedingt durch die Eigenschaft des speziellen Ferritmaterials und können daher gemeinsam durch eine Verlustleistungsdichte [W/m^3] erfasst werden. Zur Ermittlung ihres Gesamtbeitrags zu den Kernverlusten muss diese Verlustleistungsdichte über das Kernvolumen integriert bzw. unter der vereinfachenden Annahme einer ortsunabhängigen Verteilung mit dem Kernvolumen multipliziert werden. Da eine getrennte Betrachtung dieser unterschiedlichen Beiträge sowohl theoretisch als auch messtechnisch mit Schwierigkeiten verbunden ist, liegt es nahe, diese materialabhängigen Verluste gemeinsam zu betrachten und unter dem Begriff „spezifische Kernverluste" (*specific core losses*) zu subsumieren [8].

Der zweite Verlustmechanismus ist eine Folge der speziellen Materialstruktur der Ferrite. Diese bestehen vereinfacht betrachtet aus kleinen, durch eine dünne isolierende Schicht voneinander getrennten Partikeln eines hochpermeablen und elektrisch leitfähigen Materials (s. Abschn. 5.3), die unter hohem Druck zusammengepresst und bei Temperaturen im Bereich von 1200 °C gesintert werden. Mikroskopisch betrachtet kann man sich das Material als ein elektrisches Netzwerk, bestehend aus kleinen Widerständen (die Eisenpartikel) und Kondensatoren (die isolierenden Schichten) vorstellen. Infolge der Herstellung bilden sich aber auch statistisch verteilt leitende Kontakte zwischen den Partikeln aus, so dass das Ferritmaterial eine nicht verschwindende Leitfähigkeit aufweist. Mit steigender Frequenz nimmt diese Leitfähigkeit infolge der zusätzlichen Verschiebungsströme über die von den isolierenden Schichten gebildeten Kapazitäten stark zu.

Dieser Verlustmechanismus entsteht also dadurch, dass sich infolge des zeitabhängigen Magnetfelds im Kern Wirbelströme über den gesamten Schenkelquerschnitt ausbilden (*bulk eddy current losses*). Die dadurch verursachten Verluste steigen nicht nur proportional mit dem Kernvolumen, sondern zusätzlich nochmals mit der Querschnittsfläche der Schenkel. Damit spielt vor allem die Kerngeometrie (-größe) eine bedeutende Rolle. Diese Verluste hängen zwar auch von Materialparametern, wie z. B. der Leitfähigkeit des Ferritmaterials ab, sind aber wesentlich vom Kernquerschnitt beeinflusst und können bei kleinen Querschnittsflächen gegenüber den spezifischen Kernverlusten vernachlässigt werden. Diese Wirbelstromverluste steigen proportional zum Quadrat der Frequenz. Berücksichtigt man zusätzlich die mit wachsender Frequenz ansteigende Leitfähigkeit des Materials, dann steigt der Exponent bei der Frequenz auf Werte größer als zwei.

In der Praxis kann es zu einem weiteren von der Kerngeometrie abhängigen Verlustmechanismus kommen. Wegen der hohen Permeabilität und der aufgrund der besonderen Materialstruktur gleichzeitig sehr hohen effektiven Permittivität ist die Ausbreitungsgeschwindigkeit der elektromagnetischen Wellen in dem Material sehr viel niedriger als die Lichtgeschwindigkeit. Als Konsequenz wird auch die Wellenlänge sehr viel kleiner als im Vakuum, so dass der Fall eintreten kann, dass die Kernabmessungen und die Wellenlänge bei entsprechend hohen Frequenzen in der gleichen Größenordnung liegen. Die sich im Kern ausbildenden stehenden Wellen (*dimensional resonances*) führen ebenfalls zu erhöhten Verlusten. In diesem Fall verliert die den quasistationären Rechnungen zugrundeliegende Annahme, dass eine zeitliche Änderung der Feldgrößen überall innerhalb des Kerns gleichzeitig stattfindet, ihre Gültigkeit. Nach [15] gibt es zwei Gründe, die dafür sorgen, dass diese Resonanzen in der Praxis keine große Rolle spielen: zum einen werden die sehr hohen Frequenzen bevorzugt bei kleineren zu übertragenden Leistungen und damit kleineren Kernen verwendet, zum anderen werden bei sehr hohen Frequenzen entsprechend geeignete Materialien mit angepassten Hochfrequenzeigenschaften eingesetzt, z. B. werden MnZn-Ferrite durch NiZn-Ferrite ersetzt. In [14] wird gezeigt, dass sowohl ein Luftspalt als auch die Segmentierung des Kernquerschnitts in mehrere Bereiche, ähnlich der Lamellierung des Kerns in Form von mehreren gegeneinander isolierten Eisenblechen bei den Niederfrequenzanwendungen, die Ausbildung dieser geometrieabhängigen

Resonanzen behindern. Die Luftspalte sorgen für eine etwas homogenere Flussverteilung über den Kernquerschnitt und reduzieren damit einerseits die zusätzlichen Kernverluste, andererseits verschieben sie die Frequenzen, bei denen diese Effekte auftreten, in einen höheren Bereich. Diese Frequenzverschiebung tritt auch bei der Lamellierung des Kerns auf.

Basierend auf diesen Überlegungen werden die beiden erstgenannten Verlustmechanismen in den folgenden Abschnitten separat betrachtet, also einerseits die spezifischen Kernverluste, diese beschreiben das Verhalten des Ferritmaterials als Funktion der Frequenz, der Kurvenform, der Flussdichte und der Temperatur und sind vor allem materialabhängig, und andererseits die im Wesentlichen geometrie- und frequenzabhängigen Wirbelstromverluste im Kern.

Die notwendigen materialbeschreibenden Parameter in diesen Gleichungen werden von den Herstellern direkt zur Verfügung gestellt oder können zumindest weitgehend aus den Datenblättern extrahiert werden. Zusätzliche Messungen sind also nur in begrenztem Umfang erforderlich. Insofern ist dieser Ansatz mit einer Verlustauftrennung in material- und geometrieabhängige Anteile für die Praxis gut geeignet, zumindest für die optimierte Auslegung induktiver Komponenten im Hinblick auf minimale Verluste.

8.1   Die spezifischen Kernverluste bei sinusförmiger Aussteuerung

Die Hersteller geben in ihren Datenblättern verschiedene Diagramme an, mit deren Hilfe die spezifischen Kernverluste abgeschätzt werden können. Als Beispiel betrachten wir die beiden repräsentativen Diagramme in Abb. 8.2 für ein Ferritmaterial.

Die spezifischen Kernverluste werden vorzugsweise an kleinen geschlossenen Ringkernproben (R16 Kerne) gemessen, bei denen sich Außendurchmesser und Innendurchmesser nur wenig unterscheiden. Diese Kerne haben den Vorteil, dass neben den Luftspalteinflüssen auch die Inhomogenitäten bei der Flussdichteverteilung vermieden werden, die in den Ecken bei anderen Kernformen auftreten. Außerdem sind die Wirbelstromverluste

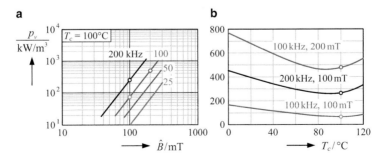

Abb. 8.2 Verlustleistungsdichte als Funktion verschiedener Parameter

im Kern wegen deren quadratischer Abhängigkeit von der Größe der Querschnittsfläche bei den kleinen Kernen praktisch vernachlässigbar.

Im Teilbild a sind die Verluste pro Volumen als Funktion der Flussdichteamplitude (sinusförmige Aussteuerung) für verschiedene Frequenzen und bei einer Temperatur von 100 °C angegeben. Die Temperaturabhängigkeit bei verschiedenen Kombinationen von Flussdichteamplitude und Frequenz zeigt das Teilbild b.

Zur mathematischen Beschreibung der temperaturabhängigen Verlustleistungsdichte (Mittelwert über eine Periode) wird die Steinmetz-Gleichung in einer gegenüber der ursprünglichen Publikation [16] bereits erweiterten Form

$$\frac{p_v\,(T_c)}{\mathrm{W/m^3}} = K \cdot \left(\frac{f}{\mathrm{Hz}}\right)^\alpha \left(\frac{\hat{B}}{\mathrm{T}}\right)^\beta C\,(\tau) \qquad (8.1)$$

mit

$$K \cdot \left(\frac{f}{\mathrm{Hz}}\right)^\alpha \left(\frac{\hat{B}}{\mathrm{T}}\right)^\beta = \frac{p_v\,(100\,°\mathrm{C})}{\mathrm{W/m^3}}, \quad C\,(\tau) = \frac{p_v\,(T_c)}{p_v\,(100\,°\mathrm{C})} \quad \text{und} \quad \tau = \frac{T_c}{100\,°\mathrm{C}} \qquad (8.2)$$

verwendet. In dieser Gleichung bedeuten

K	materialabhängiger Proportionalitätsfaktor, ermittelt bei $T_c = 100\,°\mathrm{C}$,
f	Frequenz einer Sinusschwingung [Hz] = 1/Periodendauer,
$\hat{B} = \dfrac{B_{\max} - B_{\min}}{2}$	Amplitude der Flussdichte [T = Vs/m^2],
α, β	materialabhängige Steinmetz-Koeffizienten, ermittelt bei $T_c = 100\,°\mathrm{C}$,
$C(\tau) = ct_0 - ct_1 \cdot \tau + ct_2 \cdot \tau^2$	Temperaturabhängigkeit (parabelförmiger Verlauf),
$\tau = T_c/100\,°\mathrm{C}$	die auf 100 °C normierte Kerntemperatur,
T_c	Betriebstemperatur des Kerns [°C],
ct_0, ct_1, ct_2	Koeffizienten.

Die Parameter K, α und β werden aus dem linken Diagramm, also bei $T_c = 100\,°\mathrm{C}$ bestimmt. Da sich die Verluste aus mehreren Beiträgen zusammensetzen, die auf unterschiedlichen physikalischen Ursachen mit jeweils unterschiedlicher Frequenzabhängigkeit beruhen, sind die Parameter K, α und β sowie auch die Koeffizienten ct frequenzabhängig. Die Funktion $C(\tau)$ in Gl. (8.1) stellt eine in [8] angegebene Erweiterung der ursprünglichen Steinmetz-Gleichung dar. Sie enthält eine Reihenentwicklung der Temperaturabhängigkeit bis zum quadratischen Glied und beschreibt das Verhältnis der temperaturabhängigen Verluste zu den Verlusten bei 100 °C. Verglichen mit den Temperaturverläufen im rechten Teilbild ist diese Beschreibung hinreichend genau.

Zur Berechnung der insgesamt entstehenden spezifischen Kernverluste muss die Verlustleistungsdichte (8.1) über das Kernvolumen integriert werden. Diese mathematische Operation ist aber nicht so leicht durchführbar, da sich die Flussdichte abhängig von der Kernform unterschiedlich über die Schenkelquerschnitte verteilt. In den Ecken, z. B. bei E- oder U-Kernen, stellt sich eine erhöhte Flussdichte ein. Um die Fehler, die sich bei einer einfachen Multiplikation der Verlustleistungsdichte mit dem wirklichen Kernvolumen ergeben, zu minimieren, wird das in den Datenblättern angegebene effektive Kernvolumen V_e verwendet, das die ortsabhängige Flussdichteverteilung näherungsweise berücksichtigt (vgl. Abschn. 5.2).

Ausgehend von Gl. (8.1) erhält man die zugeschnittene Größengleichung für die spezifischen Kernverluste

$$\frac{P_v}{\mathrm{W}} = K \cdot \left(\frac{f}{\mathrm{Hz}}\right)^{\alpha} \left(\frac{\hat{B}}{\mathrm{T}}\right)^{\beta} \left(ct_0 - ct_1 \cdot \tau + ct_2 \cdot \tau^2\right) \frac{V_e \cdot 10^{-9}}{\mathrm{mm}^3} . \tag{8.3}$$

Die einzelnen Koeffizienten in dieser Gleichung werden für verschiedene Materialien, gegebenenfalls unterteilt in mehrere Frequenzbereiche, von den Herstellern zur Verfügung gestellt [8]. Alternativ können diese Daten auch aus der Abb. 8.2 abgeleitet werden. Um den Exponenten β zu erhalten werden zwei Punkte P_1 und P_2 bei gleicher Frequenz im Diagramm eingetragen (Abb. 8.3a). Diese Punkte sind durch die beiden Flussdichten $\hat{B}_1$ und $\hat{B}_2$ sowie die zugehörigen Verlustleistungsdichten p_{v1} und p_{v2} gekennzeichnet. Einsetzen dieser Werte in die Gl. (8.1) und Division der beiden Gleichungen liefert den Parameter β bei der gewählten Frequenz

$$\frac{p_{v1}}{p_{v2}} = \left(\frac{\hat{B}_1}{\hat{B}_2}\right)^{\beta} \quad \rightarrow \quad \beta = \frac{\log\left(p_{v1}/p_{v2}\right)}{\log\left(\hat{B}_1/\hat{B}_2\right)} . \tag{8.4}$$

Um den Exponenten α zu erhalten wird zunächst angenommen, dass die Koeffizienten K und α in einem begrenzten Frequenzbereich $f_3 \le f \le f_4$ als konstant, d. h. unabhängig von der Frequenz angesehen werden können. Aus den beiden für gleiche Flussdichte in Abb. 8.3b eingetragenen Punkten P_3 und P_4, die durch die beiden Frequenzen f_3 und f_4 sowie die zugehörigen Verlustleistungsdichten p_{v3} und p_{v4} gekennzeichnet sind, folgt auf analoge Weise der Koeffizient α

$$\frac{p_{v3}}{p_{v4}} = \frac{f_3^{\alpha_3} \hat{B}^{\beta_3}}{f_4^{\alpha_4} \hat{B}^{\beta_4}} \approx \left(\frac{f_3}{f_4}\right)^{\alpha} \frac{\hat{B}^{\beta_3}}{\hat{B}^{\beta_4}} \quad \rightarrow \quad \alpha = \frac{\log\left[\left(p_{v3} \hat{B}^{\beta_4}\right)/\left(p_{v4} \hat{B}^{\beta_3}\right)\right]}{\log\left(f_3/f_4\right)} . \tag{8.5}$$

Die Abhängigkeit des so bestimmten Exponenten α von den gewählten Frequenzwerten lässt sich zumindest teilweise reduzieren, wenn die Werte f_3 und f_4 nahe beieinander liegen und der gesamte Frequenzbereich konsequenterweise in mehrere Abschnitte unterteilt wird. Dadurch reduziert sich auch die zusätzliche Abhängigkeit von der Flussdichte, da sich diese in Gl. (8.5) wegkürzt, allerdings erhöht sich dann der Fehler infolge der Ablesegenauigkeit.

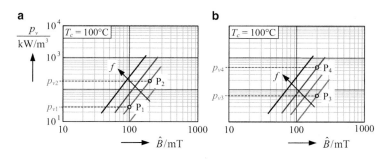

Abb. 8.3 Zur Ableitung der Koeffizienten für die Steinmetz-Gleichung

Die Exponenten α und β nehmen je nach Material und Frequenzbereich Werte im Bereich $1 < \alpha < 2{,}4$ und $2{,}2 < \beta < 3$ an. Im unteren Frequenzbereich, wo die Verluste im Wesentlichen durch die statischen Hystereseverluste bestimmt werden, liegt der Wert α in der Nähe von 1, im höheren Frequenzbereich $f > 100\,\text{kHz}$ dagegen steigt der Wert deutlich an und liegt näher bei 2. Den Vorfaktor K können wir jetzt mithilfe von einem Punkt, z. B. P_3 unmittelbar aus der Gl. (8.2) bestimmen

$$K\,(f_3) = \frac{p_{v3} \cdot 10^3}{\text{kW/m}^3} \left(\frac{f_3}{\text{Hz}}\right)^{-\alpha_3} \left(\frac{\hat{B}_3}{\text{T}}\right)^{-\beta_3} . \tag{8.6}$$

Der Faktor 10^3 im Zähler resultiert aus der Angabe der Verlustleistungsdichte in den Abbildungen in kW/m^3, während die Leistungsdichte nach Gl. (8.1) in W/m^3 angegeben ist. Die Frequenzabhängigkeit der Parameter macht sich dadurch bemerkbar, dass die Geraden in Abb. 8.3 nicht immer parallel verlaufen. Ist der Abstand zwischen den Kurven bei gleicher Frequenzvervielfachung (z. B. Verdopplung in Abb. 8.3) unterschiedlich, dann ändert sich auch der Exponent α mit der Frequenz. In diesen Fällen leitet man die Parameter so wie oben beschrieben für mehrere Frequenzbereiche separat ab. Die Parameter sind dann zunächst nicht kontinuierlich von der Frequenz abhängig, sondern besitzen in den einzelnen Bereichen jeweils konstante Werte. Diese abschnittsweise konstante Funktion kann natürlich durch eine geeignete Fitfunktion $\alpha(f)$ ersetzt werden, um die Unstetigkeitsstellen bei den Frequenzübergängen zu beseitigen. Mit der gleichen Vorgehensweise können auch die anderen Parameter als stetige Funktionen der Frequenz dargestellt werden.

Die noch fehlenden Werte ct_0, ct_1 und ct_2 werden aus dem rechten Diagramm der Abb. 8.2 abgeleitet. Die ausgewählten Kombinationen von Frequenz und Flussdichte der dort dargestellten Kurven sind als Punkte im linken Teilbild markiert. Wegen der Normierung bei $100\,^\circ\text{C}$

$$C\,(1) = ct_0 - ct_1 + ct_2 \overset{(8.2)}{=} 1 \tag{8.7}$$

werden nur noch zwei Werte benötigt. Dabei entsteht jedoch häufig das Problem, dass die publizierten Daten in den Diagrammen nicht konsistent sind. Zum Beispiel sollten

Abb. 8.4 Zur Ableitung der
Temperaturkoeffizienten

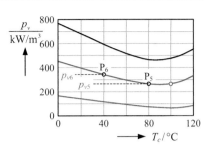

die mit den bisher abgeleiteten Parametern berechneten Ergebnisse mit den Kurven in Abb. 8.2b bei den entsprechenden Frequenz- und Flussdichtewerten und bei der Temperatur $T_c = 100\,°C$ bereits übereinstimmen. Ist das nicht der Fall, dann müssen die Parameter in der Weise nachgebessert werden, dass der sich bei den verschiedenen Kurven einstellende mittlere Fehler minimal wird. Unter der Annahme, dass der Wert bei 100 °C bereits stimmt, genügt es, bei zwei weiteren Temperaturen die Verlustleistungsdichten gemäß Abb. 8.4 abzulesen und diese Werte in die Gl. (8.1) bzw. (8.2) einzusetzen. Zusammen mit Gl. (8.7) sind dann alle benötigten Parameter zur Berechnung der spezifischen Kernverluste bekannt.

Ein wesentliches Problem der Datenblattangaben besteht darin, dass sie nur für sinusförmige Stromverläufe gültig sind. Damit bleiben der Einfluss eines überlagerten Gleichanteils (dc-Vormagnetisierung) sowie der Einfluss einer nicht sinusförmigen Stromform unberücksichtigt. In Abschn. 8.3 wird daher eine Methode vorgestellt, die eine Berechnung der Kernverluste auch bei anderen zeitabhängigen Stromverläufen erlaubt.

8.2 Der Einfluss der Kerngröße auf die spezifischen Kernverluste

In diesem Abschnitt wollen wir zunächst die Frage untersuchen, welchen Einfluss die effektiven Kernparameter l_e und A_e auf die spezifischen Kernverluste haben. Zur Beantwortung dieser Frage vergleichen wir jeweils zwei Spulendesigns, die sich nur durch einen der beiden genannten Parameter unterscheiden. Ausgangspunkt für den Vergleich sind die vorgegebene Induktivität der Spule und der vorgegebene sinusförmige Strom durch die Spule.

Im ersten Beispiel betrachten wir den Einfluss des effektiven Kernquerschnitts A_e. Die einfachste Vorgehensweise besteht darin, die bereits abgeleiteten Formeln für den Ringkern zugrunde zu legen und den Wert A_e zu variieren. Die Induktivität der in Abb. 6.1 dargestellten Ringkernspule ist in Gl. (6.5) bzw. für den Fall eines verschwindenden Luftspalts in Gl. (6.9) angegeben. Eine Variation von A_e lässt sich auf einfache Weise durch eine Änderung der Kernhöhe h realisieren. Zum Erreichen der gleichen Induktivität muss die Windungszahl N angepasst werden, und zwar so, dass das Produkt $N^2 h$ konstant bleibt. Betrachten wir nun die Beziehung (8.3) zur Berechnung der Verluste, dann beeinflusst die

Querschnittsfläche die beiden Faktoren $\hat{B}$ und V_e. Eine Änderung der Kernhöhe von dem Wert h auf einen Wert mh bedeutet eine Änderung des Volumens von V_e auf mV_e. Den Einfluss auf die Flussdichte erkennen wir an der Gl. (6.22), in der A_e durch mA_e und N wegen $N^2h = $ const durch $N/\sqrt{m}$ ersetzt werden müssen. Mit der Flussdichte

$$B_e = \frac{LI}{(N/\sqrt{m})\,mA_e} = \frac{1}{\sqrt{m}}\frac{LI}{NA_e} \tag{8.8}$$

ändern sich die Verluste in Gl. (8.3) insgesamt um den Faktor $m/[(\sqrt{m})^\beta]$. Für den Sonderfall $\beta = 2$ bleiben die Verluste unverändert. Bei den Ferriten liegen die β-Werte aber in der Regel im Bereich >2, so dass sich bei einer Vergrößerung des Querschnitts, d. h. für $m > 1$ eine Reduzierung der spezifischen Kernverluste um den Faktor $m^{1-\beta/2}$ ergibt.

Im zweiten Beispiel untersuchen wir den Einfluss der effektiven Länge l_e. Dabei soll vorausgesetzt werden, dass sich sowohl die Weglänge für die Feldlinien im Kern l_c als auch die Luftspaltlänge l_g um den gleichen Faktor m ändern. Als Konsequenz geht diese Änderung in den beiden Gleichungen (6.5) bzw. (6.9) nur in die Windungszahl und in den Ausdruck $\ln(b/a)$ ein, der auch in der Form $\ln(b/a) = \ln(1 + d/a)$ mit der konstant gehaltenen Kerndicke $d = b - a$ geschrieben werden kann. Um den Einfluss der Länge l_e leichter zu erkennen, nehmen wir an, dass der Radius a groß ist gegenüber der Kerndicke d, so dass wir aufgrund der Näherung

$$\ln\left(1 + \frac{d}{a}\right) \approx \frac{d}{a} \approx 2\pi\frac{d}{l_e} \tag{8.9}$$

eine Abnahme der Induktivität mit wachsender Länge l_e erhalten. Für konstant zu haltende Induktivität muss nach Gl. (6.5) die Windungszahl entsprechend angepasst werden, so dass das Produkt N^2/l_e konstant bleibt. Eine Änderung der Länge auf ml_e wirkt sich bei der Flussdichte

$$B_e = \frac{LI}{(N\sqrt{m})\,A_e} = \frac{1}{\sqrt{m}}\frac{LI}{NA_e} \tag{8.10}$$

und auch beim Volumen V_e genauso aus wie die Änderung der Querschnittsfläche A_e, so dass sich auch in diesem Fall die Verluste nach Gl. (8.3) um den Faktor $m^{1-\beta/2}$ ändern.

8.3   Das Prinzip der „äquivalenten Frequenz"

In Abschn. 8.1 wurde bereits darauf hingewiesen, dass die von den Herstellern publizierten Daten auf Messungen mit sinusförmigen Zeitverläufen beruhen. Wegen der nichtlinearen Abhängigkeit der Verlustmechanismen von der Flussdichte ist eine Fourier-Zerlegung eines periodischen nicht sinusförmigen Stroms in seine Harmonischen, die Berechnung der Verluste bei den einzelnen Harmonischen und deren lineare Überlagerung nicht zulässig (vgl. Abschn. 8.4). Eine alternative, erstmals in [4] vorgestellte Methode, zielt im Prinzip darauf ab, den realen zeitabhängigen Flussdichteverlauf mit der Periodendauer $T = 1/f$ in ein Sinussignal mit gleicher Amplitude und zunächst unbekannter Frequenz f_{eq} so umzuwandeln, dass beide Flussdichteverläufe die gleichen Verluste ergeben. Wenn es also gelingt, aus einem gegebenen Flussdichteverlauf in einem ersten Schritt diese äquivalente Frequenz des gleichwertigen Sinussignals herzuleiten (gleichwertig im Sinne von gleichen spezifischen Kernverlusten), dann können die Verluste auch mit dem Sinussignal berechnet werden, wobei dann wieder die Steinmetz-Gleichung mit den bereits bekannten Koeffizienten bei der Frequenz f_{eq} verwendet werden kann. In diesem Fall kann auf die messtechnische Bestimmung weiterer Materialdaten verzichtet werden. Diese in der Literatur inzwischen als MSE (*modified Steinmetz equation*) bezeichnete Methode wird anschließend in Abschn. 8.3.1 im Detail vorgestellt.

Ausgangspunkt für diese Betrachtung ist die Beobachtung, dass die von der Hystereseschleife umschlossene Fläche, die ja ein Maß für die entstehenden Verluste ist, bei konstant gehaltener Flussdichteamplitude mit steigender Frequenz f größer wird. Bei doppelter Frequenz steigen die Verluste nicht nur um den Faktor zwei, da die Schleife doppelt so oft umlaufen wird, sondern sie steigen mit einem höheren Faktor wegen der sich zusätzlich vergrößernden Schleifenfläche. In der Gl. (8.3) kommt diese Tatsache in dem Wert $\alpha > 1$ zum Ausdruck. Das bedeutet, dass die Kernverluste unmittelbar mit der Geschwindigkeit in Zusammenhang stehen, mit der sich die magnetische Flussdichte im Kern zeitlich ändert. Diese Geschwindigkeit ist aber direkt proportional zur zeitlichen Änderung der Flussdichte dB/dt.

Bei der Messung mit Sinussignalen zur Bestimmung der Datenblattwerte geht nur eine über den sinusförmigen Verlauf gemittelte zeitliche Änderung der Flussdichte in das Ergebnis ein. Ein beliebig periodischer, nicht sinusförmiger Flussdichteverlauf mit der Periodendauer $T = 1/f$ wird aber, verglichen mit dem sinusförmigen Verlauf gleicher Periodendauer, andere Kernverluste hervorrufen.

Bei der im Folgenden beschriebenen Vorgehensweise wird also im ersten Schritt für einen gegebenen periodischen Flussdichteverlauf der Betrag der zeitlichen Flussdichteänderung $|dB/dt|$ bei einem kompletten Umlauf um die Hystereseschleife gemittelt. Der zweite Schritt besteht dann darin, diejenige Frequenz für einen sinusförmigen Zeitverlauf zu ermitteln, die bei gleicher Aussteueramplitude den gleichen Mittelwert für $|dB/dt|$ aufweist. Diese wird als äquivalente Frequenz f_{eq} bezeichnet und mit den zugehörigen Werten K, α und β in die Beziehung (8.3) zur Berechnung der Verluste eingesetzt.

8.3.1 Die modifizierte Steinmetz-Gleichung „MSE"

In der Praxis tritt sehr häufig der Fall auf, dass die zeitlichen Verläufe von Spannungen und Strömen und damit auch Flussdichten als Ergebnis von Schaltungssimulationen in zeitdiskreter Form vorliegen. Daher werden wir die folgende Rechnung sowohl in Summendarstellung für abschnittsweise lineare Zeitverläufe der Flussdichte als auch in Integraldarstellung für analytisch vorgegebene Flussdichteverläufe angeben.

Abb. 8.5 Zeitlich periodischer
Verlauf der Flussdichte im
Kern

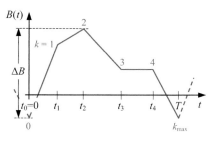

8.3.1.1 Die grundlegende Vorgehensweise

Beginnen wir die Betrachtung mit einer zeitabhängigen Flussdichte $B(t)$ im Kern, die gemäß Abb. 8.5 durch abschnittsweise Geradenstücke approximiert ist und die Periodendauer T aufweist. Wir wollen den zeitlichen Verlauf der Flussdichte zunächst derart einschränken, dass außer dem Minimal- und Maximalwert keine weiteren lokalen Extremwerte auftreten, d. h. beim Umlaufen der Hystereseschleife treten keine weiteren lokalen Subschleifen auf. In dem Zeitbereich, in dem sich die Flussdichte beginnend beim Minimalwert bis zum Maximalwert ändert, muss also $dB/dt \geq 0$ gelten, analog muss in dem sich anschließenden Zeitbereich, in dem sich die Flussdichte von dem Maximalwert zu dem Minimalwert ändert, $dB/dt \leq 0$ gelten. Auf die Behandlung der Situationen, in denen diese Bedingungen nicht erfüllt sind, kommen wir in Abschn. 8.3.1.2 zurück.

Die durch einen übergesetzten Querstrich gekennzeichnete mittlere zeitliche Änderung der Flussdichte ist durch eine Summation über die Beiträge aller einzelnen Abschnitte gegeben, wobei jeder Einzelbeitrag entsprechend seinem prozentualen Anteil an der Gesamtauslenkung $\Delta B_k / (B_{max} - B_{min})$ in das Ergebnis eingeht

$$\overline{\frac{\Delta B_w}{\Delta t}} = \frac{1}{2} \sum_{k=1}^{k_{max}} \frac{\Delta B_k}{\Delta t_k} \cdot \frac{\Delta B_k}{B_{max} - B_{min}} = \frac{1}{2\Delta B} \sum_{k=1}^{k_{max}} \frac{(B_k - B_{k-1})^2}{t_k - t_{k-1}} \qquad (8.11)$$

$$\text{mit} \quad \Delta B = B_{max} - B_{min} \,.$$

Da die Differenz zweier aufeinander folgender Flussdichtewerte $B_k - B_{k-1}$ quadratisch in die Beziehung eingeht, kann auf die Betragsbildung verzichtet werden. Mit dem gegenüber [1] zusätzlich eingeführten Faktor 2 im Nenner kann die linke Seite der Gl. (8.11) als mittlere zeitliche Flussdichteänderung bei einem vollständigen Umlauf um die Hystereseschleife interpretiert werden. Die Differenz ΔB wird nämlich insgesamt zweimal durchlaufen. Dieser Faktor dient mehr dem Verständnis der einzelnen Schritte, auf die Berechnung der äquivalenten Frequenz hat er keinen Einfluss. Die entsprechende Formulierung für einen kontinuierlichen Zeitverlauf lautet

$$\overline{\frac{dB_w}{dt}} = \frac{1}{2\Delta B} \oint \frac{dB}{dt} dB = \frac{1}{2\Delta B} \int_0^T \left(\frac{dB}{dt}\right)^2 dt \,. \qquad (8.12)$$

Für einen sinusförmigen Verlauf

$$B_{sin} = \hat{B} \sin \omega t = \frac{\Delta B}{2} \sin \omega t \tag{8.13}$$

der Frequenz $f_{sin} = \omega / 2\pi$ kann diese Beziehung ausgewertet werden und liefert das Ergebnis

$$\overline{\frac{\mathrm{d}B_{w,sin}}{\mathrm{d}t}} = \frac{1}{2\Delta B} \int\limits_0^{T_{sin}} \left(\frac{\mathrm{d}B_{sin}}{\mathrm{d}t}\right)^2 \mathrm{d}t = \frac{1}{2\Delta B} \int\limits_0^{T_{sin}} \left(\frac{\Delta B}{2} \omega \cos \omega t\right)^2 \mathrm{d}t$$

$$= \frac{\Delta B \omega^2}{8} \frac{T_{sin}}{2} = \Delta B \frac{\pi^2}{4} f_{sin} \,. \tag{8.14}$$

Im folgenden Schritt wird die mittlere zeitliche Änderung der Flussdichte für den tatsächlichen Kurvenverlauf mithilfe von Gl. (8.11) berechnet. Da dieser Wert für einen sinusförmigen Verlauf mit gleicher maximaler Aussteuerung und bei der äquivalenten Frequenz gleich sein soll, müssen die Ergebnisse (8.11) und (8.14) gleichgesetzt werden. Für die zeitdiskrete Beschreibung folgt damit der Zusammenhang

$$\overline{\frac{\Delta B_w}{\Delta t}} = \frac{1}{2\Delta B} \sum_{k=1}^{k_{max}} \frac{(B_k - B_{k-1})^2}{t_k - t_{k-1}} \stackrel{!}{=} \Delta B \frac{\pi^2}{4} f_{eq} \quad \rightarrow \quad f_{eq} = \frac{2}{\pi^2} \sum_{k=1}^{k_{max}} \left(\frac{\Delta B_k}{\Delta B}\right)^2 \frac{1}{t_k - t_{k-1}}$$

$$\tag{8.15}$$

und für die Integraldarstellung gilt

$$f_{eq} = \frac{2}{\pi^2} \frac{1}{(\Delta B)^2} \int\limits_0^T \left(\frac{\mathrm{d}B}{\mathrm{d}t}\right)^2 \mathrm{d}t \quad \text{mit} \quad \Delta B = B_{max} - B_{min} \,. \tag{8.16}$$

Es sei darauf hingewiesen, dass die Auswertung dieser Gleichungen unkritisch ist, da ein unendlich steiler Anstieg der Flussdichte bei nicht verschwindender Induktivität eine unendlich große Spannung erfordert. Dieser Fall tritt in der Praxis aber nicht auf.

Die Umrechnung einer gegebenen nichtsinusförmigen Kurvenform in eine äquivalente Sinusform erfolgt bei dieser Methode allein auf Basis identischer mittlerer Umlaufgeschwindigkeiten um die Hystereseschleife. Das Verhältnis der Periodendauern von Ausgangssignal und äquivalentem Sinussignal $T/T_{eq} = T f_{eq}$ hängt nur von der Form des Ausgangssignals ab, nicht aber von dessen Periodendauer T. Auf diesen Punkt wird hier besonders hingewiesen, da wir in Abschn. 8.3.2 noch eine Abwandlung dieser Methode vorstellen, bei der dieser Zusammenhang nicht mehr gilt.

Betrachten wir nun die Berechnung der Verluste. Bei einem sinusförmigen Flussdichteverlauf mit der Periodendauer $T = 1/f$ wird pro Umlauf um die Hystereseschleife die mit dem Kernvolumen zu multiplizierende Energiedichte

$$\frac{w(\tau)}{\mathrm{Ws/m^3}} = \frac{p_v(\tau)}{\mathrm{W/m^3}} \cdot \frac{T}{\mathrm{s}} = \frac{p_v(\tau)}{\mathrm{W/m^3}} \frac{1}{f/\mathrm{Hz}} \overset{(8.1)}{=} K(f) \cdot \left(\frac{f}{\mathrm{Hz}}\right)^{\alpha(f)-1} \left(\frac{\hat{B}}{\mathrm{T}}\right)^{\beta(f)} C(\tau)$$

$$(8.17)$$

in Wärme umgewandelt. Wird ein beliebiger, jedoch periodischer Flussdichteverlauf gemäß der angegebenen Beziehung durch einen sinusförmigen Verlauf gleicher Amplitude mit der Frequenz f_{eq} ersetzt, dann muss auf der rechten Seite dieser Gleichung die äquivalente Frequenz verwendet werden. Da diese Energieumwandlung nach der bisherigen Ableitung identisch ist zur Energieumwandlung während der Periodendauer T beim Ausgangssignal, erhalten wir den zeitlichen Mittelwert der Verlustleistungsdichte, indem wir das Ergebnis (8.17) auf die Periodendauer des Ausgangssignals beziehen. Die zugeschnittene Größengleichung für den zeitlichen Mittelwert der spezifischen Kernverluste (8.3) wird dann in der folgenden Weise modifiziert

$$\frac{P_v}{\mathrm{W}} = \frac{1}{T/\mathrm{s}} K(f_{eq}) \cdot \left(\frac{f_{eq}}{\mathrm{Hz}}\right)^{\alpha(f_{eq})-1} \left(\frac{1}{2}\frac{B_{\max} - B_{\min}}{\mathrm{T}}\right)^{\beta(f_{eq})} C(\tau) \frac{V_e \cdot 10^{-9}}{\mathrm{mm^3}}. \quad (8.18)$$

Handelt es sich bei dem Ausgangssignal um ein reines Sinussignal, dann ist das Ergebnis (8.18) natürlich identisch zu dem Ergebnis in Gl. (8.3). Die klassische Steinmetz-Gleichung (8.3) ist also ein Sonderfall der modifizierten Steinmetz-Gleichung (8.18). Das bedeutet aber auch, dass sich eventuelle Ungenauigkeiten in der Berechnung der Verluste nach der klassischen Steinmetz-Gleichung auf die MSE-Methode übertragen.

Durch die Umrechnung des zeitabhängigen Flussdichteverlaufs auf eine Sinusform mit gleicher Aussteueramplitude und angepasster (äquivalenter) Frequenz können die verfügbaren Materialparameter also weiterhin verwendet werden.

8.3.1.2 Die Behandlung von Subschleifen
Als Erweiterung der bisherigen Methode behandeln wir jetzt den Fall, dass innerhalb einer Periode mehrere lokale Maximalwerte bei der Flussdichte auftreten. Dazu betrachten wir das bereits in [1] verwendete Beispiel mit einem resonanten Schaltnetzteil, das einen zeitabhängigen Flussdichteverlauf im Kern gemäß Abb. 8.6 hervorruft.

Die verschiedenen Schleifen werden jetzt auf der Zeitachse voneinander separiert. Ausgehend vom Mittelwert der Flussdichte bei der Subschleife

$$B_{sub\,\mathrm{dc}} = \frac{1}{2}(B_{sub\,\max} + B_{sub\,\min}) \quad (8.19)$$

werden zunächst die beiden Zeitpunkte t_1 und t_2 in Abb. 8.6 bestimmt, die den Anfangsbzw. Endpunkt der Subschleife markieren. Die Zerlegung der Zeitfunktion $B(t)$ erfolgt gemäß Abb. 8.7 in die als unabhängig anzusehenden Teilschleifen, von denen jede einzelne

Abb. 8.6 Zeitlich periodischer Verlauf der Flussdichte im Kern mit Subschleifen

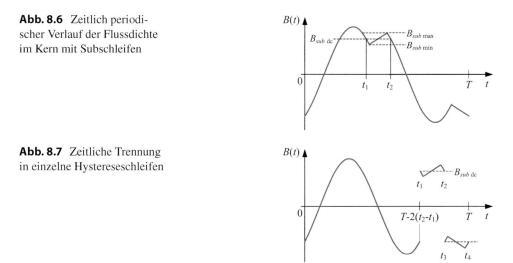

Abb. 8.7 Zeitliche Trennung in einzelne Hystereseschleifen

mit einer eventuell vorhandenen Gleichfeldvormagnetisierung nach der bereits beschriebenen Methode behandelt werden kann.

Man erhält somit zu jeder Subschleife die Aussteueramplitude

$$\Delta B_{sub} = B_{sub\,max} - B_{sub\,min} \tag{8.20}$$

und eine zugehörige äquivalente Frequenz $f_{eq,sub}$. Kennzeichnen wir die einzelnen Schleifen durch den Zählindex $n = 1..n_{max}$, wobei in der Abb. 8.7 $n_{max} = 3$ gilt, dann liefert die Summation aller Beiträge mithilfe von Gl. (8.18) das Ergebnis

$$\frac{P_v}{\mathrm{W}} = \frac{1}{T/\mathrm{s}} \left\{ \sum_{n=1}^{n_{max}} K\left(f_{eq,n}\right) \cdot \left(\frac{f_{eq,n}}{\mathrm{Hz}}\right)^{\alpha\left(f_{eq,n}\right)-1} \left(\frac{1}{2}\frac{\Delta B_n}{\mathrm{T}}\right)^{\beta\left(f_{eq,n}\right)} \right\} C\left(\tau\right) \frac{V_e \cdot 10^{-9}}{\mathrm{mm}^3} \cdot \tag{8.21}$$

Die bereits am Anfang des Abschn. 8.3.1.1 formulierte Bedingung, dass beim aufsteigenden Ast der Hystereseschleife $dB/dt \geq 0$ und beim absteigenden Ast $dB/dt \leq 0$ gelten muss, also keine weiteren Subschleifen in dem betrachteten Zeitabschnitt auftreten dürfen, muss auch hier gelten. Weitere lokale Minimal- und Maximalwerte innerhalb einer Subschleife erfordern eine weitere zeitliche Unterteilung, so dass jede einzelne Hystereseschleife in dem Ausgangssignal, gleichgültig ob Haupt- oder Subschleife, auf eine eigene Hystereseschleife mit gleicher Aussteueramplitude und zugehöriger äquivalenter Frequenz abgebildet wird.

8.3.1.3 Die Berücksichtigung der Frequenzabhängigkeit der Koeffizienten

Wir haben bereits in den vergangenen Abschnitten darauf hingewiesen, dass die Steinmetz-Koeffizienten K, α und β je nach Ferritmaterial unterschiedlich stark von der Frequenz abhängen. In der Praxis begegnet man dieser Situation dadurch, dass der gesamte Frequenzbereich in einzelne Abschnitte unterteilt wird, in denen unterschiedliche Werte für die Koeffizienten festgelegt werden, mit denen die in den jeweiligen Bereichen berechneten Verluste möglichst gut mit den gemessenen Verlusten übereinstimmen [8].

Die Berücksichtigung dieser Zusammenhänge lässt sich bei der vorgestellten Methode auf einfache Weise erreichen. An der Gl. (8.21) erkennt man bereits, dass die Verschachtelung mehrerer Schleifen innerhalb des Ausgangssignals dazu führt, dass jede infolge der zeitlichen Trennung entstandene Schleife separat behandelt wird und einen eigenen Beitrag zu den Gesamtverlusten liefert. Da jeder Schleife eine eigene äquivalente Frequenz zugeordnet ist, können auch die bei dieser Frequenz gültigen Koeffizienten in der Gleichung verwendet werden.

Eine alternative Möglichkeit, die Frequenzabhängigkeit der Exponenten α und β bei der Verlustberechnung zu erfassen, besteht darin, die Verluste aus mehreren, z.B. i Anteilen mit dem gleichen Formelaufbau wie Gl. (8.3) zusammenzusetzen, wobei aber bei jedem Anteil andere Koeffizienten K_i, α_i und β_i verwendet werden. Das Gesamtergebnis wird dann nicht mehr durch Überlagerung mehrerer infolge zeitlicher Separation entstandener Einzelschleifen zusammengesetzt, sondern durch Überlagerung von Einzelbeiträgen, die jeweils einem physikalischen Verlustmechanismus zugeordnet sind. In [17] werden zwei Anteile verwendet mit $\alpha_1 = 1$ und $\alpha_2 > 1$, d.h. der erste Anteil beschreibt die statischen Hystereseverluste. Mit zusätzlichen Anteilen lässt sich die Approximation der Messergebnisse natürlich verbessern. Der Vorteil, dass die Koeffizienten dann nicht mehr frequenzabhängig sein müssen, wird dadurch erkauft, dass die Anzahl der zu bestimmenden Koeffizienten um den Faktor i ansteigt.

8.3.1.4 Auswertungen

Zur Überprüfung der MSE-Methode betrachten wir zwei unterschiedliche Beispiele. Im ersten Beispiel wird ein dreieckförmiger Flussdichteverlauf mit einem sinusförmigen Flussdichteverlauf bei gleicher maximaler Aussteuerung und gleicher Periodendauer gemäß Abb. 8.8a verglichen. Die äquivalente Frequenz für den dreieckförmigen Verlauf erhalten wir aus Gl. (8.15)

$$f_{eq} = \frac{2}{\pi^2} \sum_{k=1}^{k_{max}} \left(\frac{\Delta B_k}{\Delta B} \right)^2 \frac{1}{t_k - t_{k-1}} = \frac{2}{\pi^2} \left(\frac{1}{\gamma T} + \frac{1}{T - \gamma T} \right) = \frac{2}{\pi^2 T} \frac{1}{\gamma (1 - \gamma)} \, . \tag{8.22}$$

Unter der Voraussetzung gleicher Koeffizienten bei f bzw. f_{eq} nimmt das Verhältnis der Verlustleistungen die folgende Form an

$$\frac{P_{v,dreieck}}{P_{v,sin}} = \left(\frac{f_{eq}}{f} \right)^{\alpha-1} = \left[\frac{2}{\pi^2} \frac{1}{\gamma (1 - \gamma)} \right]^{\alpha-1} \, . \tag{8.23}$$

Dieses Ergebnis ist in Abhängigkeit vom Tastgrad γ in Abb. 8.8b für die beiden Werte $\alpha = 1{,}4$ und $\alpha = 1{,}8$ dargestellt. Dabei zeigt sich, dass ein symmetrisches Dreieck mit

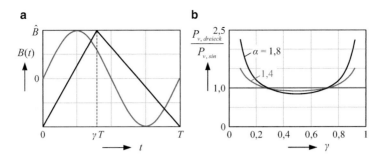

Abb. 8.8 a Dreieckförmiger und sinusförmiger Flussdichteverlauf, **b** Einfluss der Änderungsgeschwindigkeit der Flussdichte auf die spezifischen Kernverluste

gleicher Anstiegs- und Abfallzeit etwa 10 % geringere Verluste hervorruft als das vergleichbare Sinussignal. Offenbar führt die größere zeitliche Änderung im Bereich der Nulldurchgänge beim Sinussignal zu höheren Verlusten, die nicht durch die verschwindende zeitliche Änderung im Bereich der Maximalwerte kompensiert werden können.

Mit geringer werdendem Tastgrad ändert sich die Situation. Infolge der zunehmenden Anstiegsgeschwindigkeit im Bereich $0 \leq t \leq \gamma T$ steigen die Verluste stark an. Dieses Verhalten ist durch Messungen bestätigt [2].

Als zweites Beispiel betrachten wir einen Flussdichteverlauf der Form

$$B(t) = \hat{B} \left[(1 - c) \sin(\omega t) + c \sin(3\omega t) \right] \quad \text{mit} \quad 0 \leq c \leq 1 . \tag{8.24}$$

Wir wählen dieses Beispiel, um die Ergebnisse mit der in Abschn. 8.3.2 vorgestellten Methode vergleichen zu können, für die die entsprechenden Ergebnisse bereits in [18] veröffentlicht sind. Bei diesem Kurvenverlauf entsteht für $c \leq 0,1$ nur eine einzige Hystereseschleife, die mit den Formeln in Abschn. 8.3.1.1 behandelt werden kann. Mit der äquivalenten Frequenz

$$f_{eq} \overset{(8.16)}{=} \frac{2}{\pi^2} \frac{4}{(\Delta B)^2} \int_0^{T/4} \left(\frac{dB}{dt} \right)^2 dt \tag{8.25}$$

$$\text{mit} \quad \Delta B = B_{\max} - B_{\min} = 2B(T/4) = 2\hat{B} \cdot (1 - 2c)$$

erhalten wir die Verluste

$$\frac{P_v}{W} \overset{(8.18)}{=} \frac{1}{T/s} K(f_{eq}) \cdot \left(\frac{f_{eq}}{Hz} \right)^{\alpha(f_{eq})-1} \left(\frac{\hat{B} \cdot (1 - 2c)}{T} \right)^{\beta(f_{eq})} C(\tau) \frac{V_e \cdot 10^{-9}}{mm^3} \tag{8.26}$$

für $c \leq 0,1$.

Für Werte $c > 0,1$ treten innerhalb der Periodendauer T mehrere Maxima und Minima auf, so dass wir mehrere Hystereseschleifen erhalten, die gemäß der Beschreibung in

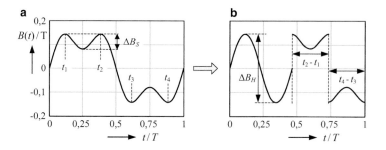

Abb. 8.9 **a** Flussdichteverlauf für $c = 0,3$ und $\hat{B} = 0,2$ T, **b** Zeitliche Separation der Hystereseschleifen

Abschn. 8.3.1.2 voneinander separiert werden. Den Flussdichteverlauf für die Zahlenkombination $c = 0,3$ und $\hat{B} = 0,2$ T zeigt die Abb. 8.9a. Nach Abb. 8.9b entstehen neben einer Hauptschleife zwei Subschleifen, die sich aber lediglich beim Vorzeichen der Flussdichte unterscheiden und somit gleiche Verluste zum Gesamtergebnis beitragen.

Die erste Subschleife nimmt den Zeitbereich $t_1 \leq t \leq t_2$ mit $t_2 = T/2 - t_1$ ein, d. h. wir müssen in einem ersten Rechenschritt den Zeitpunkt t_1 bestimmen. Aus der verschwindenden Ableitung der Funktion (8.24) im Bereich $t < T/4$ erhalten wir die Beziehung

$$\frac{t_1}{T} = \frac{1}{2\pi} \arccos \sqrt{\frac{10c - 1}{12c}} \,. \tag{8.27}$$

Zur Berechnung der äquivalenten Frequenzen benötigen wir weiterhin die Differenz zwischen maximaler und minimaler Flussdichte bei Haupt- und Subschleife

$$\Delta B_H = 2B(t_1) \quad \text{und} \quad \Delta B_S = B(t_1) - B(T/4) \,. \tag{8.28}$$

Diese Werte sind in Abb. 8.10a als Funktion des Parameters c dargestellt.

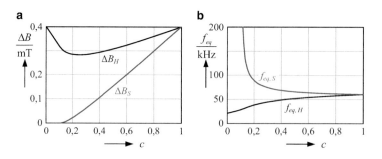

Abb. 8.10 **a** Aussteuerungsbereich der Flussdichte und **b** äquivalente Frequenz für die Haupt- und die Subschleife als Funktion des Parameters c

Mit diesen Zwischenergebnissen können die äquivalenten Frequenzen aus den Bestimmungsgleichungen

$$f_{eq,H} = \frac{2}{\pi^2} \frac{4}{(\Delta B_H)^2} \int\limits_0^{t_1} \left(\frac{dB}{dt}\right)^2 dt \quad \text{und} \quad f_{eq,S} = \frac{2}{\pi^2} \frac{1}{(\Delta B_S)^2} \int\limits_{t_1}^{T/2-t_1} \left(\frac{dB}{dt}\right)^2 dt$$

$$(8.29)$$

berechnet werden. Nach Einsetzen der jeweiligen Grenzen in das Integral

$$\int \left(\frac{dB}{dt}\right)^2 dt = \omega \hat{B}^2 \left(1 - 2c + 10c^2\right) \frac{\omega t}{2}$$
$$+ \frac{\omega \hat{B}^2 \sin(2\omega t)}{4} \left[(1 + 2c)^2 + 6c(1 - c)\cos(2\omega t) - 12c^2 \sin^2(2\omega t)\right] \quad (8.30)$$

erhalten wir die in Abb. 8.10b dargestellten Kurvenverläufe für die Frequenzen nach Gl. (8.29). Bei $c = 0$ liegt nur die Hauptschleife mit der Frequenz $f_{eq,H} = f = 20\,\text{kHz}$ vor. Bei $c = 0{,}1$ setzen die Subschleifen mit einer sehr hohen äquivalenten Frequenz aber zunächst noch vernachlässigbarer Amplitude ein. Bei der oberen Grenze $c = 1$ sind Haupt- und Subschleifen identisch und entsprechen jeweils einer Periode der Sinusschwingung mit dreifacher Frequenz: $f_{eq,H} = f_{eq,S} = 3f = 60\,\text{kHz}$.

Der verbleibende Schritt besteht darin, für die drei Schleifen in Abb. 8.9b die Kernverluste zu bestimmen und zum Gesamtergebnis zu addieren. Nach Gl. (8.21) erhalten wir für den zeitlichen Mittelwert der spezifischen Kernverluste die Beziehung

$$\frac{P_v}{W} = \frac{1}{T/s} \left[K\left(f_{eq,H}\right) \cdot \left(\frac{f_{eq,H}}{\text{Hz}}\right)^{\alpha(f_{eq,H})-1} \left(\frac{1}{2} \frac{\Delta B_H}{\text{T}}\right)^{\beta(f_{eq,H})} \right. \qquad (8.31)$$
$$\left. + 2K\left(f_{eq,S}\right) \cdot \left(\frac{f_{eq,S}}{\text{Hz}}\right)^{\alpha(f_{eq,S})-1} \left(\frac{1}{2} \frac{\Delta B_S}{\text{T}}\right)^{\beta(f_{eq,S})} \right] C(\tau) \frac{V_e \cdot 10^{-9}}{\text{mm}^3}$$

für $c > 0{,}1$.

An den Grenzen $c = 0$ und $c = 1$ sind die zeitlichen Verläufe der Flussdichte reine Sinussignale mit der einfachen bzw. dreifachen Frequenz. Die Verluste sind an diesen Stellen identisch mit den Verlusten, die sich aus der klassischen Steinmetz-Gleichung (8.3) ergeben. Die Genauigkeit der Ergebnisse entspricht an diesen Stellen der Genauigkeit der ursprünglichen nur für Sinussignale anwendbaren Vorgehensweise.

Die berechneten Verluste werden in Abschn. 8.3.3 im Vergleich mit der anschließend besprochenen Methode diskutiert.

8.3.2   Eine alternative Methode „iGSE"

In diesem Abschnitt soll eine leichte Abwandlung der MSE-Methode vorgestellt werden, die in der Literatur als iGSE (*improved generalized Steinmetz-equation*) bezeichnet wird. Bei der bisherigen MSE-Methode wurde die äquivalente Frequenz aus den Beziehungen (8.15) bzw. (8.16) berechnet, in denen die zeitliche Änderung der Flussdichte im Integral mit dem Exponenten 2 enthalten ist. Der Zusammenhang zwischen der Periodendauer des Ausgangssignals und der sich ergebenden äquivalenten Frequenz ist dadurch nur von der Kurvenform, nicht aber von der Periodendauer eines Gesamtumlaufs um die Hystereseschleife abhängig. Die konkrete Abhängigkeit der Kernverluste von der Frequenz, die sich in dem Exponenten α bei der klassischen Steinmetz-Gleichung widerspiegelt, kommt bei der Verlustberechnung zum Tragen, wenn die äquivalente Frequenz mit diesem Exponenten α in die Steinmetz-Gleichung eingesetzt wird. Bei der MSE-Methode enthält die Formel zur Berechnung der zeitlich gemittelten Verluste nach Gl. (8.18) den Faktor

$$\left(\frac{f_{eq}}{\text{Hz}} \right)^{\alpha(f_{eq})-1} \quad \text{mit} \quad f_{eq} \overset{(8.16)}{=} \frac{2}{\pi^2} \int\limits_0^T \left(\frac{\mathrm{d}B/\Delta B}{\mathrm{d}t} \right)^2 \mathrm{d}t \ . \tag{8.32}$$

Bei der iGSE-Methode [18] wird der Exponent α dagegen bereits bei der Berechnung der äquivalenten Frequenz verwendet, dann aber nicht mehr beim Einsetzen in die Steinmetz-Gleichung. Üblicherweise wird der Zwischenschritt über die Berechnung der äquivalenten Frequenz vermieden, indem der Faktor

$$k_1 \int\limits_0^T \left| \frac{\mathrm{d}B/\Delta B}{\mathrm{d}t} \right|^\alpha \mathrm{d}t \quad \text{mit} \quad k_1 = \frac{1}{2\pi^{\alpha-1}} \left[\int\limits_0^{\pi/2} (\cos\theta)^\alpha \, \mathrm{d}\theta \right]^{-1}$$

$$\approx \frac{1}{2\pi^{\alpha-1}} \left[0{,}2761 + \frac{1{,}7061}{\alpha + 1{,}354} \right]^{-1} \tag{8.33}$$

direkt in die Verlustbeziehung (8.18) eingesetzt wird. Dieser Ausdruck lässt sich aber auch auf die Form (8.32) bringen, wobei sich eine alternative Formulierung für die äquivalente Frequenz, jetzt als $f_{eq,G}$ bezeichnet, ergibt

$$\left(\frac{f_{eq,G}}{\text{Hz}} \right)^{\alpha-1} \quad \text{mit} \quad f_{eq,G} \overset{(8.33)}{=} \left[k_1 \int\limits_0^T \left| \frac{\mathrm{d}B/\Delta B}{\mathrm{d}t} \right|^\alpha \mathrm{d}t \right]^{\frac{1}{\alpha-1}} . \tag{8.34}$$

Der Normierungsfaktor k_1 ist so gewählt, dass bei einem sinusförmigen Flussdichteverlauf nach Gl. (8.13) der Zusammenhang $f_{eq,G} = f$ gilt, d. h. auch bei dieser Methode entsprechen die Ergebnisse bei einem rein sinusförmigen Verlauf den Ergebnissen der klassischen Steinmetz-Gleichung.

In Gl. (8.33) ist das Integral in dem Normierungsfaktor durch eine Fitfunktion ersetzt, die nach [18] im Bereich $0{,}5 < \alpha < 3$ einen maximalen Fehler von $0{,}15\,\%$ aufweist.

Für den zeitlichen Mittelwert der Verluste gilt jetzt

$$\frac{P_v}{\mathrm{W}} \overset{(8.18)}{=} \frac{1}{T/\mathrm{s}} K \cdot \left(\frac{f_{eq,G}}{\mathrm{Hz}}\right)^{\alpha-1} \left(\frac{1}{2}\frac{B_{\max} - B_{\min}}{\mathrm{T}}\right)^{\beta} C\left(\tau\right) \frac{V_e \cdot 10^{-9}}{\mathrm{mm}^3}$$

$$= \frac{1}{T/\mathrm{s}} K \cdot \left[k_1 \int_0^T \left|\frac{\mathrm{d}B/\Delta B}{\mathrm{d}t}\right|^{\alpha} \mathrm{d}t\right] \left(\frac{1}{2}\frac{B_{\max} - B_{\min}}{\mathrm{T}}\right)^{\beta} C\left(\tau\right) \frac{V_e \cdot 10^{-9}}{\mathrm{mm}^3} \quad (8.35)$$

mit k_1 nach Gl. (8.33). Man beachte, dass die Koeffizienten K, α und β in dieser Beziehung nicht von der Frequenz abhängen. Die Ursache liegt in dem von α abhängigen Normierungsfaktor $k_1 = k_1(\alpha)$.

Mit den Gleichungen (8.32) und (8.34) lassen sich die beiden unterschiedlichen Vorgehensweisen auf einfache Weise vergleichen, indem sowohl die sich ergebenden äquivalenten Frequenzen als auch darauf aufbauend die Unterschiede bei den Verlusten für verschiedene periodische Flussdichteverläufe gegenübergestellt werden.

8.3.3 Ein Vergleich der beiden Methoden MSE und iGSE

Als erstes Beispiel betrachten wir nochmals den Flussdichteverlauf in Abb. 8.9. Die Ergebnisse der MSE-Methode in Abschn. 8.3.1.4 sollen jetzt mit den Ergebnissen der iGSE-Methode verglichen werden.

Im Bereich $c \leq 0{,}1$ sind die Verluste entsprechend Gl. (8.35) durch die Beziehung

$$\frac{P_v}{\mathrm{W}} = \frac{1}{T/\mathrm{s}} K \cdot \left(\frac{f_{eq,G}}{\mathrm{Hz}}\right)^{\alpha-1} \left(\frac{\hat{B} \cdot (1-2c)}{\mathrm{T}}\right)^{\beta} C\left(\tau\right) \frac{V_e \cdot 10^{-9}}{\mathrm{mm}^3} \quad \text{für} \quad c \leq 0{,}1 \quad (8.36)$$

mit der äquivalenten Frequenz nach Gl. (8.34) gegeben. Im Bereich $c > 0{,}1$ wird die gleiche zeitliche Separation in Haupt- und Subschleifen wie bei der MSE-Methode vorgenommen. Mit den Zeitpunkten t_1 nach Gl. (8.27) und den Aussteueramplituden nach Gl. (8.28) können die Gesamtverluste ebenfalls angegeben werden

$$\frac{P_v}{\mathrm{W}} = \frac{K}{T/\mathrm{s}} \left\{ \left[k_1 4 \int_0^{t_1} \left|\frac{\mathrm{d}B/\Delta B_H}{\mathrm{d}t}\right|^{\alpha} \mathrm{d}t\right] \left(\frac{1}{2}\frac{\Delta B_H}{\mathrm{T}}\right)^{\beta} \right. \quad (8.37)$$

$$\left. + 2\left[k_1 \int_{t_1}^{T/2-t_1} \left|\frac{\mathrm{d}B/\Delta B_S}{\mathrm{d}t}\right|^{\alpha} \mathrm{d}t\right] \left(\frac{1}{2}\frac{\Delta B_S}{\mathrm{T}}\right)^{\beta} \right\} C\left(\tau\right) \frac{V_e \cdot 10^{-9}}{\mathrm{mm}^3}$$

für $c > 0{,}1$.

Die Berechnung der Verluste in Abhängigkeit des Parameters c ist unter Berücksichtigung der Fallunterscheidung für eine Temperatur von $100\,°\mathrm{C}$, d. h. $C(\tau) = 1$, für eine

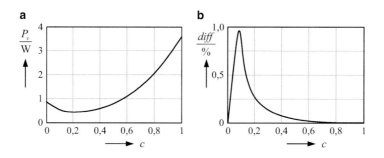

Abb. 8.11 a Zeitlicher Mittelwert der Verluste für $\alpha = 1{,}3$ und **b** relativer Unterschied der mit MSE bzw. iGSE berechneten Ergebnisse als Funktion des Parameters c

Frequenz $f = 20\,\text{kHz}$ und die Flussdichteamplitude $\hat{B} = 0{,}2\,\text{T}$ in Abb. 8.11a dargestellt. Als Materialparameter wurden $K = 12$, $\alpha = 1{,}3$ und $\beta = 2{,}55$ zugrunde gelegt. Bei der MSE-Methode wurde auf die Möglichkeit, frequenzabhängige Koeffizienten gemäß Abschn. 8.3.1.3 zu verwenden, zum besseren Vergleich der Ergebnisse verzichtet. Als Volumen wurden die Daten von einem Ringkern mit Außendurchmesser 39 mm, Innendurchmesser 19,5 mm und Höhe 12,5 mm verwendet.

Die Abb. 8.11b zeigt die relativen Unterschiede bei den berechneten Verlusten gemäß der Beziehung

$$diff = \frac{P_v\,(\text{MSE}) - P_v\,(\text{iGSE})}{P_v\,(\text{MSE})} \cdot 100\,\% \,. \tag{8.38}$$

Es zeigt sich, dass die Unterschiede sehr gering sind. Betrachtet man den Wertebereich $1 \le \alpha \le 2$, dann tritt der größte Unterschied bei $\alpha = 1{,}43$ auf und liegt im Vergleich der beiden Methoden unterhalb von $1{,}05\,\%$[1]. Im Bereich oberhalb von $\alpha = 2$ steigen die Unterschiede mit steigenden Werten α wieder an, aber selbst bei dem Extremwert $\alpha = 2{,}4$ bleiben die Unterschiede unterhalb von $1{,}6\,\%$.

Als zweites Beispiel betrachten wir den Flussdichteverlauf nach Abb. 8.8a. Die Ergebnisse der MSE-Methode sind bereits in Abschn. 8.3.1.4 angegeben. Die äquivalente Frequenz für den dreieckförmigen Verlauf erhalten wir bei der iGSE-Methode mithilfe von Gl. (8.34)

$$f_{eq.G} = \left\{ k_1 \left[\int\limits_0^{\gamma T} \left| \frac{2B_m / \Delta B}{\gamma T} \right|^\alpha \, \mathrm{d}t + \int\limits_{\gamma T}^{T} \left| \frac{2B_m / \Delta B}{(1-\gamma)\,T} \right|^\alpha \, \mathrm{d}t \right] \right\}^{\frac{1}{\alpha-1}}$$

$$= \left\{ k_1 \left[\frac{1}{(\gamma T)^{\alpha-1}} + \frac{1}{[(1-\gamma)\,T]^{\alpha-1}} \right] \right\}^{\frac{1}{\alpha-1}} \,. \tag{8.39}$$

---

[1] Die in [18] angegebenen großen Unterschiede in den Ergebnissen der beiden Methoden sind die Folge einer fehlerhaften Anwendung und zwar der Nichtberücksichtigung der entstehenden Subschleifen bei der MSE-Methode.

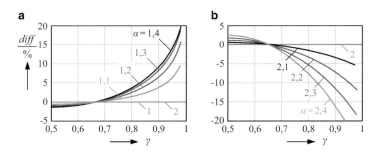

Abb. 8.12 Relativer Unterschied der mit MSE bzw. iGSE berechneten Verluste für den Flussdichteverlauf nach Abb. 8.8a. Wertebereiche: $\alpha \leq 2$ (**a**) und $\alpha \geq 2$ (**b**)

Für die Verluste gilt

$$\frac{P_v}{W} = \frac{K}{T/s} \left[\frac{k_1}{(\gamma T)^{\alpha-1}} + \frac{k_1}{[(1-\gamma)\,T]^{\alpha-1}} \right] \left(\frac{1}{2} \frac{\Delta B}{T} \right)^{\beta} C\,(\tau) \frac{V_e \cdot 10^{-9}}{mm^3}. \tag{8.40}$$

Die Abb. 8.12 zeigt die nach Gl. (8.38) berechneten relativen Unterschiede bei den nach den beiden Methoden berechneten Verlusten in Abhängigkeit des Tastgrads γ und für verschiedene Exponenten α. Sowohl bei $\alpha = 1$ als auch bei $\alpha = 2$ sind die Verluste für beide Methoden gleich. Bei $\alpha = 2$ sind die äquivalenten Frequenzen (8.32) und (8.34) identisch, bei $\alpha = 1$ sind die Verluste proportional zu f und der in Gl. (8.18) einzusetzende Faktor $f_{eq}^{\alpha-1}$ nimmt jeweils den Wert 1 an. Im Bereich $1 < \alpha < 1{,}4$ nehmen die Unterschiede mit wachsenden α-Werten zu, im Bereich $1{,}5 < \alpha < 2$ nehmen die Unterschiede mit wachsenden α-Werten wieder ab. Die größten Unterschiede treten wieder bei $\alpha \approx 1{,}43$ auf. Wegen der Symmetrie hinsichtlich des Tastgrads $\gamma = 0{,}5$ sind die Ergebnisse nur für den Bereich $0{,}5 \leq \gamma \leq 0{,}98$ dargestellt. Es zeigt sich, dass die Unterschiede kleiner als 20 % sind. Dieser maximale Wert tritt bei einem Tastgrad von 0,98 auf, also bei einer an die induktive Komponente angelegten Spannung, bei der sich die Amplituden in den beiden Zeitbereichen etwa um den Faktor 50 unterscheiden. Zieht man auch Werte im Bereich $\alpha > 2$ in Betracht, dann ändert die gemäß Gl. (8.38) berechnete Differenz nach Abb. 8.12b ihr Vorzeichen, der Absolutwert der Differenz bleibt aber in der gleichen Größenordnung.

In dem Bereich $0{,}15 \leq \gamma \leq 0{,}85$ stehen die beiden Methoden gleichwertig nebeneinander, ihre Ergebnisse unterscheiden sich um weniger als 6 %. In den extremen Bereichen $\gamma < 0{,}15$ bzw. $\gamma > 0{,}85$ liefert die MSE-Methode die etwas höheren Verluste. Die Frage, welche der beiden Methoden näher an der Realität liegt, muss durch sorgfältige Messungen untersucht werden und ist zum gegenwärtigen Zeitpunkt nicht eindeutig geklärt. Die Hauptschwierigkeit zur Klärung dieser Frage liegt im Bereich der Messtechnik:

- Die Messung der Kernverluste ist bereits fehlerbehaftet.
- Die in den Formeln einzusetzenden Koeffizienten müssen beim Arbeitspunkt (f, B) sowie bei der Kerntemperatur genau bekannt sein.

- Die während der Messung entstehenden Verluste verändern die Kerntemperatur und damit das Ergebnis.
- Das Kernmaterial muss vor der Messung sorgfältig entmagnetisiert werden.
- Die anteiligen Wirbelstromverluste müssen genau bekannt sein und subtrahiert werden, zumindest solange sie nicht vernachlässigt werden können.
- Nennenswerte Unterschiede in den Ergebnissen stellen sich nur ein bei extrem unterschiedlichen Steilheiten der ansteigenden bzw. abfallenden Flanke. Damit stellt sich die Frage, bei welcher Frequenz die in die Formeln einzusetzenden Steinmetz-Koeffizienten bestimmt werden müssen oder sind eventuell verschiedene Koeffizienten bei den extrem unterschiedlichen Flankensteilheiten erforderlich?

Ergebnisse des Vergleichs

- Bei reinen Sinussignalen liefern beide Methoden die gleichen Ergebnisse wie die klassische Steinmetz-Gleichung, unabhängig davon, ob die Dauer einer Sinusschwingung oder die Dauer mehrerer Sinusschwingungen als Periodendauer $T = 1/f$ zugrunde gelegt wird.
- Bei der MSE-Methode ist die äquivalente Frequenz nur abhängig von der Kurvenform, bei der iGSE-Methode zusätzlich von dem Parameter α.
- Für $\alpha = 2$ sind die äquivalenten Frequenzen und damit auch die Verluste bei beiden Methoden identisch.
- Für $\alpha = 1$ sind die Verluste bei beiden Methoden ebenfalls identisch, da die in die Verlustbeziehung einzusetzenden Faktoren nach Gl. (8.32) bzw. (8.34) jeweils den Wert 1 ergeben.
- Unterschiede zwischen den beiden Methoden von bis zu 20 % treten auf, wenn sich die zeitliche Änderung der Flussdichte in den einzelnen Bereichen um Faktoren (Größenordnung 50) unterscheidet.
- Bei der MSE-Methode können frequenzabhängige Koeffizienten auf einfache Weise berücksichtigt werden.

8.4   Die Berechnung der spezifischen Kernverluste mithilfe der Fourier-Entwicklung

Zu Beginn des Abschn. 8.3 haben wir bereits darauf hingewiesen, dass die Berechnung der spezifischen Kernverluste mithilfe der Fourier-Entwicklung infolge der nichtlinearen Zusammenhänge zu fehlerhaften Ergebnissen führt. In diesem Abschnitt werden wir die Abweichungen an zwei Beispielen quantifizieren.

Abb. 8.13 Relativer Unterschied der mit MSE bzw. mithilfe der Fourier-Entwicklung berechneten Verluste für den Flussdichteverlauf nach Abb. 8.8a

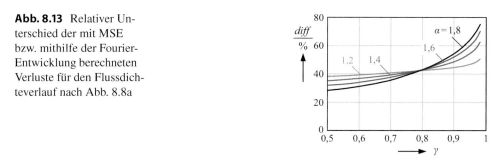

Als erstes Beispiel betrachten wir wieder den dreieckförmigen Flussdichteverlauf nach Abb. 8.8a. Dieser lässt sich durch die Fourier-Reihe

$$B(t) = \sum_{n=1}^{\infty} \hat{c}_n \sin(n\omega t - \phi_n) \quad \text{mit} \quad \hat{c}_n = \frac{2\hat{B}}{\pi^2 \gamma (1-\gamma)} \frac{1}{n^2} \sin(n\gamma\pi) \quad \text{und} \quad \phi_n = n\gamma\pi$$

(8.41)

darstellen. Die Berechnung der Verluste bei den einzelnen Harmonischen und deren additive Überlagerung führt mit Gl. (8.3) auf die Beziehung

$$\frac{P_v}{W} = \sum_{n=1}^{\infty} \left[K(nf) \cdot \left(\frac{nf}{\text{Hz}} \right)^{\alpha(nf)} \left(\frac{\hat{c}_n}{\text{T}} \right)^{\beta(nf)} \right] C(\tau) \frac{V_e \cdot 10^{-9}}{\text{mm}^3}.$$

(8.42)

Zum besseren Vergleich der Ergebnisse mit den bisher beschriebenen Verfahren werden die gleichen Daten $C(\tau) = 1$, $f = 20\,\text{kHz}$, $\hat{B} = 0{,}2\,\text{T}$, $K = 12$, $\alpha = 1{,}3$ und $\beta = 2{,}55$ zugrunde gelegt. Die Reihenentwicklung mit $n_{\text{max}} = 50$ Gliedern nimmt dann die folgende Form an

$$\frac{P_v}{W} = K \cdot \left(\frac{f}{\text{Hz}} \right)^{\alpha} \left(\frac{2\hat{B}/\text{T}}{\pi^2 \gamma (1-\gamma)} \right)^{\beta} \cdot \left\{ \sum_{n=1}^{n_{\text{max}}} n^{\alpha-2\beta} |\sin(n\gamma\pi)|^{\beta} \right\} \frac{V_e \cdot 10^{-9}}{\text{mm}^3}.$$

(8.43)

Die Abb. 8.13 zeigt die relativen Unterschiede bei den berechneten Verlusten gemäß der Beziehung

$$diff = \frac{P_v(\text{MSE}) - P_v(\text{Fourier})}{P_v(\text{MSE})} \cdot 100\,\%.$$

(8.44)

Man erkennt, dass die Ergebnisse deutlich voneinander abweichen. Die Fehler sind nicht mehr vernachlässigbar, zumal die Berechnung mit der Fourier-Entwicklung in diesem Beispiel viel zu niedrige Verluste ergibt.

Als zweites Beispiel betrachten wir den Flussdichteverlauf in Abb. 8.14a mit der Periodendauer $T = mT_0$. In dem Zeitabschnitt $0 \le t \le T_0$ hat die Flussdichte einen

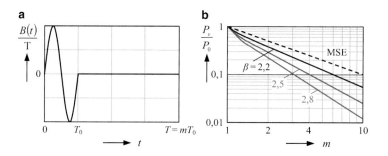

Abb. 8.14 **a** Zeitlicher Verlauf der Flussdichte, **b** Spezifische Kernverluste berechnet mit MSE bzw. mithilfe der Fourier-Entwicklung

sinusförmigen Verlauf, während sie in dem Zeitabschnitt $T_0 \leq t \leq T$ verschwindet

$$B\,(t) = \hat{B} \cdot \begin{cases} \sin\,(m\omega t) \\ 0 \end{cases} \quad \text{für} \quad \begin{array}{l} 0 \leq t \leq T_0 \\ T_0 \leq t \leq T \end{array} \quad . \tag{8.45}$$

Die Darstellung dieser Funktion durch eine Fourier-Entwicklung führt auf das Ergebnis

$$B\,(t) = \sum_{n=1}^{\infty} \hat{a}_n \cos\,(n\omega t) + \hat{b}_n \sin\,(n\omega t)$$

$$= \sum_{n=1}^{\infty} \hat{c}_n \sin\,(n\omega t + \phi_n) \quad \text{mit} \quad \hat{c}_n = \sqrt{\hat{a}_n^2 + \hat{b}_n^2} \tag{8.46}$$

mit den Koeffizienten

$$\hat{a}_n = \hat{B}\,\frac{1}{2\pi} \cdot \begin{cases} 0 \\ \dfrac{1 - \cos\,[(m+n)\,\omega T_0]}{m+n} + \dfrac{1 - \cos\,[(m-n)\,\omega T_0]}{m-n} \end{cases} \quad \text{für} \quad \begin{array}{l} n = m \\ n \neq m \end{array}$$

$$\hat{b}_n = \hat{B}\,\frac{1}{2\pi} \cdot \begin{cases} \omega T_0 \\ \dfrac{\sin\,[(m-n)\,\omega T_0]}{m-n} - \dfrac{\sin\,[(m+n)\,\omega T_0]}{m+n} \end{cases} \quad \text{für} \quad \begin{array}{l} n = m \\ n \neq m \end{array} \quad . \tag{8.47}$$

Für den Grenzfall $m = 1$ handelt es sich um eine Sinusfunktion ohne Lücken, für die die spezifischen Kernverluste mithilfe der Beziehung (8.3) bestimmt werden

$$\frac{P_0}{\text{W}} = K \cdot \left(\frac{f_0}{\text{Hz}}\right)^{\alpha} \left(\frac{\hat{B}}{\text{T}}\right)^{\beta} C\,(\tau)\,\frac{V_e \cdot 10^{-9}}{\text{mm}^3} \;. \tag{8.48}$$

Dieser Wert wird als Bezugswert für die folgenden Ergebnisse verwendet. Die Frequenzabhängigkeit der Steinmetz-Koeffizienten wird für die Auswertung wieder vernachlässigt.

Mit wachsenden m-Werten entsteht eine Lücke der Dauer $(m-1)T_0$ mit verschwindender Flussdichte. Zumindest am Anfang dieses Zeitintervalls können noch Verluste entstehen, einerseits infolge der abklingenden Wirbelströme im Kernmaterial, diese werden aber erst als Teil der in den folgenden Kapiteln beschriebenen Verlustbeiträge erfasst, und andererseits infolge möglicher Relaxationserscheinungen im Kernmaterial. Dieser in [10] beschriebene Verlustanteil spielt mit zunehmender Dauer der Lücke eine vernachlässigbare Rolle und bleibt bei dem folgenden Vergleich unberücksichtigt, zumal er die mit MSE berechneten Verluste erhöht und den Unterschied zu den mithilfe der Fourier-Entwicklung berechneten Verlusten noch weiter vergrößert. Für den zeitlichen Mittelwert der spezifischen Kernverluste muss also das Ergebnis (8.48) mit $1/m$ multipliziert werden. Mit der MSE-Methode erhält man für den gegebenen Flussdichteverlauf die äquivalente Frequenz $f_{eq} = f_0 = 1/T_0$ und mit Gl. (8.18) das erwartete Ergebnis für die Verluste

$$
\frac{P_{v,\mathrm{MSE}}}{\mathrm{W}} = \frac{K}{T}\left(\frac{f_0}{\mathrm{Hz}}\right)^{\alpha-1}\left(\frac{\hat{B}}{\mathrm{T}}\right)^{\beta} C\,(\tau)\,\frac{V_e \cdot 10^{-9}}{\mathrm{mm}^3} \quad \rightarrow \quad \frac{P_{v,\mathrm{MSE}}}{P_0} = \frac{1}{m}\,. \qquad (8.49)
$$

Die Summation über die Beiträge aller Harmonischen führt bei der Fourier-Entwicklung auf das Ergebnis

$$
\frac{P_{v,\mathrm{Fou}}}{\mathrm{W}} = K\left\{\sum_{n=1}^{n_{\max}}\left(\frac{n}{m}\,\frac{f_0}{\mathrm{Hz}}\right)^{\alpha}\left(\frac{\hat{c}_n}{\mathrm{T}}\right)^{\beta}\right\} C(\tau)\,\frac{V_e \cdot 10^{-9}}{\mathrm{mm}^3} \quad \rightarrow \quad \frac{P_{v,\mathrm{Fou}}}{P_0} = \sum_{n=1}^{n_{\max}}\left(\frac{n}{m}\right)^{\alpha}\left(\frac{\hat{c}_n}{\hat{B}}\right)^{\beta}.
$$
$$\tag{8.50}$$

Die mit $f_0 = 20\,\mathrm{kHz}$, $n_{\max} = 50$, $\alpha = 1{,}4$ und für den Wertebereich $1 \leq m \leq 10$ durchgeführte Auswertung ist in Abb. 8.14b dargestellt. Die gestrichelte Kurve zeigt das Ergebnis (8.49), während die durchgezogenen Kurven das Ergebnis (8.50) für verschiedene Exponenten β zeigen. Es fällt auf, dass die mithilfe der Fourier-Entwicklung berechneten Verluste nicht nur stark von dem Exponenten β abhängen, sondern auch deutlich von den erwarteten Ergebnissen abweichen. Die Abhängigkeit von dem Exponenten α ist in dem Wertebereich $1 \leq \alpha \leq 2{,}4$ praktisch vernachlässigbar.

Schlussfolgerung

- Die Berechnung der spezifischen Kernverluste mithilfe der Fourier-Entwicklung des periodischen Flussdichteverlaufs führt zu unerwarteten Ergebnissen.
- Die Ergebnisse hängen stark von dem Exponenten β ab.
- Die mit dieser Methode berechneten Verluste sind in der Regel viel zu niedrig.
- Die Differenz zwischen Rechnung und Messung kann mehrere hundert Prozent betragen.
- Eine überlagerte Gleichstromvormagnetisierung kann zwar beim Fourier-Spektrum als Konstante mit erfasst werden, es ist aber nicht erkennbar, wie ihr Einfluss auf die Kernverluste bei dieser Methode rechnerisch einbezogen werden kann.

- Die Zerlegung des Flussdichteverlaufs in ein Fourier-Spektrum ist keine geeignete Methode zur Berechnung der spezifischen Kernverluste.

8.5   Der Einfluss einer Gleichfeldvormagnetisierung

Die Formel (8.18) gilt zunächst nur bei symmetrischer Aussteuerung um den Nullpunkt. In vielen Applikationen ist der hochfrequenten Flussdichteänderung im Kern eine niederfrequente Flussdichteänderung, z. B. bei 50-Hz Filterspulen, oder sogar eine zeitlich konstante Flussdichte B_{dc} überlagert. Vielfach gibt man bei der Darstellung der Verluste in Abhängigkeit der Gleichfeldvormagnetisierung nicht die Flussdichte B_{dc} an, sondern die magnetische Feldstärke H_{dc}. Diese lässt sich nämlich aus den Beziehungen für den magnetischen Kreis relativ einfach berechnen, während die zur Angabe der Flussdichte B_{dc} erforderliche Permeabilität im Arbeitspunkt nur mit eingeschränkter Genauigkeit bekannt ist.

Ausgehend von Messungen mit verschiedenen Gleich- und Wechselfeldamplituden sind die Verluste in Abhängigkeit der Frequenz in [3] dargestellt. Es zeigt sich, dass die Verluste bei überlagerter Gleichfeldaussteuerung mit wachsender Feldstärke H_{dc} unter Umständen stark ansteigen. Dieser Anstieg hängt sowohl von der Amplitude der hochfrequenten Wechselfeldaussteuerung ΔB ab, er ändert sich aber auch mit dem Wert von H_{dc} und wird im Bereich der Sättigung wieder geringer.

Prinzipiell lässt sich dieser Einfluss auf die Verluste dadurch berücksichtigen, dass die Materialien durch umfangreiche Messungen charakterisiert werden, wobei alle möglichen Wertekombinationen von H_{dc}, ΔB, Frequenz f, Temperatur T usw. erfasst werden müssen. Aus diesen Datensätzen können dann die entsprechenden Koeffizienten abgeleitet werden, die bei der in einer Schaltung auftretenden Stromform zu verwenden sind.

In [9] wird für ein ausgewähltes Ferritmaterial im Frequenzbereich <100 kHz durch Messungen gezeigt, dass die Gleichfeldvormagnetisierung H_{dc} praktisch keinen Einfluss auf den Exponenten α bei der Frequenz in Gl. (8.1) hat. Lediglich die Parameter K und β müssen in Abhängigkeit von H_{dc} angepasst werden. Dazu werden K und β bezogen auf ihre Werte bei $H_{dc} = 0$ für verschiedene Temperaturen und in Abhängigkeit von H_{dc} graphisch dargestellt. Die benötigten Informationen können dann entweder direkt aus den Diagrammen abgelesen oder alternativ zunächst durch geeignete Fitfunktionen, z. B. Polynome, beschrieben und in den Berechnungsformeln mitverwendet werden.

Das grundsätzliche Problem bleibt jedoch bestehen, dass derartige Diagramme von den Materialherstellern nicht zur Verfügung gestellt werden und jeder Entwickler auf eigene Messungen angewiesen ist. Die komplizierten nichtlinearen Zusammenhänge zwischen den verschiedenen Parametern erschweren die Ableitung einfacher Formeln, mit deren Hilfe die Abhängigkeit der Verluste von der Gleichfeldvormagnetisierung durch möglichst wenige zusätzliche Materialparameter erfasst werden kann. Insofern erscheint die direkte Übertragung von Messergebnissen in die Simulationstools zur Auslegung induktiver Komponenten als ein gangbarer Weg.

8.6 Die Wirbelstromverluste im Kern

In diesem Abschnitt wenden wir uns dem eingangs beschriebenen zweiten Verlustmechanismus zu, nämlich den Wirbelstromverlusten im Kern. Die Ausgangssituation wurde bereits in Abschn. 6.4 beschrieben. Die stromdurchflossenen Windungen rufen im Kern ein axial gerichtetes Magnetfeld hervor, das infolge des Induktionsgesetzes in dem leitfähigen Kernmaterial Wirbelströme verursacht, die zu den genannten Verlusten führen.

Zur Berechnung dieser Verluste betrachten wir zunächst den Sonderfall eines runden Mittelschenkels nach Abb. 8.15, z. B. von einem P-, RM- oder ETD-Kern. Bei bekannter Windungszahl N und bekanntem Strom $i(t)$ durch die Wicklung können mit den Gleichungen in Abschn. 6.2 die magnetische Feldstärke $H_e(t)$ und bei bekannter Permeabilität auch die Flussdichte $B_e(t)$ im Kern angegeben werden.

Unter der Voraussetzung einer zunächst homogenen Feldverteilung im Kern wird in dem in Abb. 8.15 hervorgehobenen ringförmigen Ausschnitt mit Radius ρ eine Umlaufspannung

$$u\left(t\right) \overset{(1.28)}{=} -\frac{\mathrm{d}\Phi}{\mathrm{d}t} = -A\frac{\mathrm{d}B_e}{\mathrm{d}t} = -\pi\rho^2\frac{\mathrm{d}B_e}{\mathrm{d}t} \tag{8.51}$$

induziert, die auf einer Länge l in Richtung der Koordinate z den elementaren Beitrag

$$\mathrm{d}P_w\left(t\right) = \frac{u\left(t\right)^2}{R} = \left(\pi\rho^2\frac{\mathrm{d}B_e}{\mathrm{d}t}\right)^2\frac{\kappa l\,\mathrm{d}\rho}{2\pi\rho} \tag{8.52}$$

zu den Verlusten liefert. Die Integration über die Koordinate ρ führt auf das Zwischenergebnis

$$P_w\left(t\right) = \frac{\pi\kappa l}{2}\left(\frac{\mathrm{d}B_e}{\mathrm{d}t}\right)^2\int\limits_0^{r_c}\rho^3\,\mathrm{d}\rho = \frac{\pi\kappa l r_c^4}{8}\left(\frac{\mathrm{d}B_e}{\mathrm{d}t}\right)^2 = \frac{\kappa l A^2}{8\pi}\left(\frac{\mathrm{d}B_e}{\mathrm{d}t}\right)^2 \quad \text{mit} \quad A = \pi r_c^2. \tag{8.53}$$

Unter der Annahme eines mit der Kreisfrequenz ω zeitlich periodischen Flussdichteverlaufs

$$B_e\left(t\right) = \hat{B}_e\cos\left(\omega t\right) \tag{8.54}$$

Abb. 8.15 Querschnitt durch runden Mittelschenkel

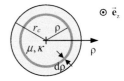

erhalten wir den zeitlichen Mittelwert der Wirbelstromverluste

$$P_w = \frac{1}{T}\int\limits_0^T P_w\,(t)\;\mathrm{d}t = \frac{\kappa l A^2}{8\pi}\omega^2\hat{B}_e^2\frac{1}{T}\int\limits_0^T [\sin\,(\omega t)]^2\;\mathrm{d}t = \frac{\pi}{4}\kappa l A^2 f^2\hat{B}_e^2 = \frac{\pi}{4}\kappa A V f^2\hat{B}_e^2\,.$$

$$(8.55)$$

Diese relativ einfache Formel, die in verschiedenen Publikationen zu finden ist, z. B. in [8, 12], zeigt, dass die Wirbelstromverluste mit dem Quadrat der Frequenz und dem Quadrat der kreisförmigen Querschnittsfläche ansteigen. Dieses Ergebnis ist allerdings an zwei Einschränkungen geknüpft, nämlich die Vernachlässigung der Feldverdrängung im Kern infolge des Skineffekts sowie die vorgegebene kreisförmige Querschnittsfläche des Schenkels. In den nächsten beiden Abschnitten werden wir diese Einflussgrößen berücksichtigen und die Grenzen für die Gültigkeit der Gl. (8.55) angeben.

An dieser Formel lässt sich aber bereits der Einfluss der Kerngröße auf die Wirbelstromverluste diskutieren. Betrachten wir zunächst wieder die Erhöhung des Kernquerschnitts auf mA_e. Nach Gl. (8.8) sinkt das Quadrat der Flussdichte bei konstant gehaltener Induktivität um m, während das Produkt aus Querschnittsfläche und Volumen um m^2 ansteigt. Unter den in Abschn. 8.2 diskutierten Voraussetzungen steigen diese Verluste im Gegensatz zu den spezifischen Kernverlusten linear mit der Querschnittsfläche an. Die Änderung der effektiven Schenkellänge hat dagegen keinen Einfluss auf die Wirbelstromverluste. Das Produkt $V\hat{B}_e^2$ in Gl. (8.55) ist nämlich wegen Gl. (8.10) konstant.

Beispiel

Die Gl. (8.55) legt den Schluss nahe, dass die Wirbelstromverluste im Kern quadratisch mit der Frequenz steigen. Um die Zusammenhänge etwas zu präzisieren betrachten wir die beiden Spannungsverläufe in Abb. 8.16. Es handelt sich jeweils um eine Rechteckspannung mit einem Tastverhältnis von 50 %, allerdings mit dem Unterschied, dass die Periodendauer im Teilbild a doppelt so groß ist wie im Teilbild b, d. h. es gilt $T_1 = 2T_2$ bzw. $f_2 = 2f_1$. Die zeitliche Änderung der Flussdichte $\mathrm{d}B/\mathrm{d}t$ ist wegen der gleichen Spannungsamplitude in beiden Fällen gleich, das bedeutet aber auch, dass die Flussdichteamplitude wegen der kürzeren Spannungsimpulse im Teilbild b nur halb so groß ist.

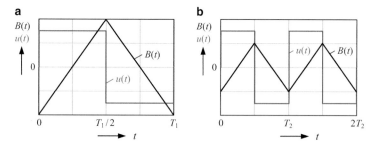

Abb. 8.16 Rechteckspannung und zugehöriger Flussdichteverlauf

Setzt man diese Werte in die Gl. (8.55) ein, dann stellt man fest, dass beim Übergang vom Teilbild a zum Teilbild b die doppelte Frequenz mit der halben Flussdichteamplitude multipliziert wird. Die Verluste sind also für beide Spannungsverläufe gleich.

Schlussfolgerung

Wird bei unveränderter Kurvenform der Flussdichte im Kern nur die Frequenz geändert, dann ändern sich die Wirbelstromverluste im Kern quadratisch mit der Frequenz. Wird dagegen die angelegte Spannung nur in der Frequenz geändert, dann sind die Verluste unabhängig von der Frequenz und es kommt nur auf die Kurvenform der Spannung an.

8.6.1   Die Wirbelstromverluste bei kreisförmigem Schenkelquerschnitt

Der Einfluss der induzierten Wirbelströme auf die Feldverteilung im Kern wurde bereits in Abschn. 6.4 berechnet. In den Gln. (6.37) und (6.38) sind alle benötigten Feldgrößen für einen zeitlich periodischen Verlauf mit der Kreisfrequenz ω angegeben. Die im zeitlichen Mittel entstehende Verlustleistung erhält man nach Gl. (1.71) durch Integration des Poyntingschen Vektors über die Zylinderoberfläche zu

$$P_w = \frac{\hat{i}^2}{2} R = -\frac{l}{2}\mathrm{Re}\left\{\int_0^{2\pi}\left[\underline{\widehat{\mathbf{E}}}(r_c) \times \underline{\widehat{\mathbf{H}}}^*(r_c)\right]\cdot\vec{\mathbf{e}}_\rho r_c\,\mathrm{d}\varphi\right\} = \frac{2\pi l}{2\kappa}\hat{H}_e^2\mathrm{Re}\left\{\alpha r_c \frac{\mathrm{I}_1(\alpha r_c)}{\mathrm{I}_0(\alpha r_c)}\right\}.$$

$$(8.56)$$

Mit dem bereits in Gl. (4.32) eingeführten Proximityfaktor kann die Gl. (8.56) in der vereinfachten Form

$$P_w = \frac{l}{\kappa}\hat{H}_e^2 \frac{1}{2} D_s \quad \text{mit} \quad D_s = 2\pi\mathrm{Re}\left\{\alpha r_c \frac{\mathrm{I}_1(\alpha r_c)}{\mathrm{I}_0(\alpha r_c)}\right\} \qquad (8.57)$$

dargestellt werden (die dort verwendete Bezeichnung r_D für den Drahtradius muss hier durch den Schenkelradius r_c ersetzt werden).

▶   Ein Vergleich mit der Beziehung (4.32) zeigt, dass die Verluste für den Fall eines tangential zum Zylinder verlaufenden Magnetfelds um den Faktor zwei kleiner sind als für den Fall eines senkrecht zur Zylinderachse orientierten externen Magnetfelds.

Die Lösung (8.57) gilt für den verallgemeinerten Fall mit Skineffekt im Kern und sollte zur Kontrolle bei vernachlässigtem Skineffekt, also für $f \to 0$ bzw. $\alpha r_c \to 0$ der Lösung (8.55) entsprechen. In diesem Bereich kann der Proximityfaktor durch die bereits in Abb. 4.8 angegebene Näherung ersetzt werden, wodurch die Lösung (8.57) richtig in das

Ergebnis (8.55) übergeht

$$P_w = \frac{l}{\kappa} \hat{H}_e^2 \frac{1}{2} D_s \overset{\alpha r_c \to 0}{=} \frac{l}{\kappa} \hat{H}_e^2 \frac{\pi}{4} \left(\frac{r_c}{\delta}\right)^4 \overset{(4.5)}{=} \frac{l}{\kappa} \hat{H}_e^2 \frac{\pi}{4} \frac{r_c^4 \, (\omega \kappa \mu)^2}{4} = \frac{\pi}{4} \kappa A V f^2 \hat{B}_e^2. \quad (8.58)$$

Nach Abb. 4.8 steigt der Proximityfaktor im Bereich $r_D/\delta < 1$ quadratisch mit der Frequenz und der Querschnittsfläche. Damit ist auch der Gültigkeitsbereich für die Näherungslösung (8.55) auf diesen Bereich beschränkt. Nach einem Übergangsbereich steigen die Verluste oberhalb von $r_D/\delta = 2$ nur noch mit der Wurzel aus Frequenz und Querschnittsfläche.

8.6.2 Die Wirbelstromverluste bei rechteckförmigem Schenkelquerschnitt

In diesem Abschnitt betrachten wir die Verluste in einem Schenkel mit rechteckförmiger Querschnittsfläche nach Abb. 6.12b. Diese können mithilfe der Gl. (6.53) bereits unmittelbar angeben werden

$$P_w = \frac{\hat{i}^2}{2} R \quad (8.59)$$

$$= \frac{l}{\kappa} \hat{H}_e^2 \, \mathrm{Re} \left\{ 2\alpha b \tanh(\alpha a) + 4 \sum_{n=1}^{\infty} \frac{(\alpha a)^4}{p_n^2 \sqrt{p_n^2 + (\alpha a)^2}^3} \tanh\left(\sqrt{p_n^2 + (\alpha a)^2} \frac{b}{a}\right) \right\}.$$

Um den Einfluss der Querschnittsform beurteilen zu können, zeigt die Abb. 8.17a die auf den Vorfaktor $P = l \hat{H}_e^2/\kappa$ bezogenen Verluste entsprechend den Gleichungen (8.57) und (8.59). Bei diesem Vergleich werden gleiche Flächen zugrunde gelegt, d. h. nach den Bezeichnungen in Abb. 6.12 soll $\pi r_c^2 = 4ab$ gelten. Als freier Parameter beim Rechteckquerschnitt kann dann noch das Seitenverhältnis a/b variiert werden. Für den kreisförmigen Querschnitt erhalten wir aus Gl. (8.57) den mit einem Faktor 0,5 multiplizierten, bereits in Abb. 4.8 dargestellten Proximityfaktor. Diese Kurve ist in Abb. 8.17a mit einem Kreis markiert. In dem Bereich $r_c/\delta < 2$ sind die Verluste bei den rechteckförmigen Querschnitten geringer, und zwar umso mehr, je flacher die Querschnittsform wird. Oberhalb von $r_c/\delta = 3$ dreht sich die Situation um. Hier ist die Eindringtiefe klein gegenüber der Kernabmessung, d. h. die Verluste entstehen nur noch in der Nähe der Oberfläche. Unter der Voraussetzung gleicher Querschnittsflächen ist aber der Umfang bei den Rechteckquerschnitten größer und damit auch der Bereich, in dem Verluste entstehen.

Die Abb. 8.17b zeigt die Verluste im Rechteckquerschnitt bezogen auf die Verluste im kreisförmigen Querschnitt und zwar in Abhängigkeit vom Seitenverhältnis a/b. Die Abmessung a kennzeichnet jeweils die kürzere der beiden Seiten. Im Teilbild a ist zu erkennen, dass alle Kurven im Bereich $r_c/\delta < 1$ praktisch parallel verlaufen, d. h. die für $r_c/\delta = 1$ gezeichnete untere Kurve im Teilbild b gilt für den gesamten Wertebereich $r_c/\delta < 1$. Bei $r_c/\delta = 2$ haben die Rechteckquerschnitte nur dann geringere Wirbelstrom-

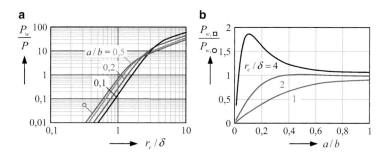

Abb. 8.17 **a** Normierte Wirbelstromverluste im Kern als Funktion des Verhältnisses r_c/δ, **b** Wirbelstromverluste im Rechteckquerschnitt bezogen auf die Verluste im kreisförmigen Querschnitt

verluste, wenn für das Seitenverhältnis $a/b < 0{,}3$ gilt. Bei noch größeren Werten r_c/δ ist der kreisförmige Querschnitt fast immer günstiger.

Bei der Diskussion eines typischen Zahlenbeispiels im Zusammenhang mit der Abb. 6.13 haben wir festgestellt, dass der Wert $r_c/\delta = 1$ nur bei großen Kernquerschnitten in Kombination mit sehr hohen Frequenzen überschritten wird. Für die Praxis bedeutet das, dass wir fast immer die Näherungsbeziehung (8.55) mit dem an der unteren Kurve in Abb. 8.17b für das entsprechende Seitenverhältnis ablesbaren Wert multiplizieren können, um das Ergebnis für den Rechteckquerschnitt zu erhalten. In diesem Zusammenhang bietet es sich an, eine passende Fitfunktion zu suchen, die diese untere Kurve mit guter Genauigkeit beschreibt. Eine derartige Funktion ist z. B. gegeben durch

$$F\left(a/b\right) = F(1)\left\{\frac{2a}{b} + \left(1 - \frac{a}{b}\right)\cosh\left(\sqrt{2}\right) - \cosh\left[\sqrt{2}\left(1 - \frac{a}{b}\right)\right]\right\} \tag{8.60}$$

mit $F(1) = 0{,}886$.

Damit lässt sich der zeitliche Mittelwert der Wirbelstromverluste beim Rechteckquerschnitt in dem Bereich $r_c/\delta < 1$ recht gut durch die folgende Gleichung approximieren

$$P_w = \frac{\pi}{4}\kappa A V f^2 \hat{B}_e^2 \cdot F\left(a/b\right) . \tag{8.61}$$

8.6.3 Die Wirbelstromverluste bei komplizierteren Kerngeometrien

Mit den Gln. (8.57) für den runden und (8.59) für den rechteckigen Schenkelquerschnitt können die Wirbelstromverluste in einem vorgegebenen Kern abgeschätzt werden. Je nach Querschnittsfläche und Frequenz können die beiden Näherungsbeziehungen (8.55) bzw. (8.61) verwendet werden. Die von der Wicklung hervorgerufene erregende magnetische Feldstärke $H_e(t)$ bzw. Flussdichte $B_e(t)$ ist üblicherweise bekannt (vgl. Abschn. 6.2 bzw. Abschn. 9.1). Die Berücksichtigung der realen Kernformen erfordert allerdings zusätzlichen Aufwand. Die einzelnen Schenkel der Kerne besitzen im Allgemeinen unterschiedliche Querschnittsformen und im Falle mehrerer Außenschenkel auch unterschiedliche

Querschnittsflächen. Um die Wirbelstromverluste im gesamten Kern zu erfassen, müssen die Beiträge der einzelnen Schenkel gemäß ihrer Länge, Form und Querschnittsfläche addiert werden.

Es ist offensichtlich, dass diese Vorgehensweise nicht zu einem exakten Ergebnis führt, zumal es weitere Gründe für mögliche Abweichungen zwischen Rechnung und Realität gibt. Die sich über den Kernquerschnitt infolge der Wirbelströme ändernde Flussdichteamplitude führt zu einer ortsabhängigen Permeabilität. Die inhomogene Flussdichteverteilung in den Eckbereichen der Kerne ist nur insofern erfasst, als ihr Einfluss auf die Verluste durch geeignete Festlegung der in den Gleichungen verwendeten Schenkellängen mitberücksichtigt wird. Eine größere Fehlerquelle entsteht durch die eventuell nur ansatzweise bekannte Leitfähigkeit des Ferritmaterials in Abhängigkeit von der Frequenz und der Temperatur. Trotzdem sind die so ermittelten Kernverluste, auch wenn sie absolut gesehen nicht hinreichend genau mit den Messergebnissen übereinstimmen, hilfreich bei einem Vergleich von Kerngrößen, Kernformen und auch Materialien untereinander.

8.6.4   Der Einfluss der Stromform auf die Wirbelstromverluste

Bei den Wirbelstromverlusten kann im Gegensatz zu den spezifischen Kernverlusten von der Möglichkeit Gebrauch gemacht werden, eine beliebige periodische Stromform bzw. die daraus resultierende erregende magnetische Flussdichte in eine Fourier-Reihe zu entwickeln und die Gesamtverluste aus der Überlagerung der Beiträge der einzelnen Oberschwingungen zu berechnen.

Als Beispiel vergleichen wir die Wirbelstromverluste für den dreieckförmigen Flussdichteverlauf nach Abb. 8.18a mit den Verlusten für den sinusförmigen Verlauf auf der Basis, dass sowohl Amplitude als auch Periodendauer in beiden Fällen gleich sind. Die dreieckförmige zeitabhängige Funktion

$$B_e\left(t\right) = \hat{B}_e \cdot \begin{cases} \dfrac{2}{\gamma}\dfrac{t}{T} - 1 & 0 \leq t < \gamma T \\[2ex] \dfrac{1}{1-\gamma}\left(1 + \gamma - 2\dfrac{t}{T}\right) & \gamma T \leq t < T \end{cases} \quad \text{für} \qquad (8.62)$$

kann durch die Fourier-Entwicklung (8.41) beschrieben werden

$$B_e\left(t\right) = \hat{B}_e \frac{2}{\pi^2 \gamma\left(1-\gamma\right)} \sum_{n=1}^{\infty} \frac{1}{n^2} \sin\left(n\gamma\pi\right) \sin\left[n\left(\omega t - \gamma\pi\right)\right]. \qquad (8.63)$$

Die im zeitlichen Mittel entstehende Verlustleistung beim kreiszylindrischen Schenkelquerschnitt ist für die Sinusfunktion in Gl. (8.57) angegeben. Beim dreieckförmigen Verlauf wird diese Gleichung ebenfalls zugrunde gelegt, allerdings muss über alle Harmonischen summiert werden. Bei der n-ten Oberschwingung gilt entsprechend den Gleichun-

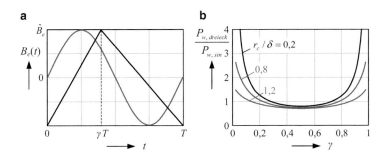

Abb. 8.18 **a** Periodische Flussdichteverläufe, **b** Verluste beim dreieckförmigen Verlauf bezogen auf die Verluste beim sinusförmigen Verlauf

gen (4.5) und (4.15)

$$\alpha_n r_c = (1 + \mathrm{j}) \frac{r_c}{\delta_n} = (1 + \mathrm{j}) \, r_c \sqrt{\pi n f \kappa \mu} = \alpha_1 r_c \sqrt{n} = \alpha r_c \sqrt{n} \,, \qquad (8.64)$$

so dass das in Abb. 8.18b dargestellte Verhältnis der beiden Ergebnisse aus der Beziehung

$$\frac{P_{w,dreieck}}{P_{w,sin}} = \left[\mathrm{Re} \left\{ \alpha r_c \frac{\mathrm{I}_1 \left(\alpha r_c \right)}{\mathrm{I}_0 \left(\alpha r_c \right)} \right\} \right]^{-1} \left[\frac{2}{\pi^2 \gamma \left(1 - \gamma \right)} \right]^2$$
$$\sum_{n=1}^{\infty} \left[\frac{1}{n^4} \sin^2 \left(n \gamma \pi \right) \mathrm{Re} \left\{ \alpha_n r_c \frac{\mathrm{I}_1 \left(\alpha_n r_c \right)}{\mathrm{I}_0 \left(\alpha_n r_c \right)} \right\} \right] \qquad (8.65)$$

berechnet wird. Für Werte $r_c/\delta \ll 1$, d. h. auch die das Ergebnis mitbestimmenden ersten Oberschwingungen fallen noch in den Gültigkeitsbereich der Näherungslösung (8.53), nimmt das Verhältnis (8.65) für ein symmetrisches Dreieck $\gamma = 0,5$ den Wert $8/\pi^2$ an [13]. Mit zunehmender Unsymmetrie der dreieckförmigen Kurve, d. h. für $\gamma \to 0$ bzw. $\gamma \to 1$, nehmen die Amplituden der Oberschwingungen zu. Damit steigen die Verluste insbesondere für kleine Werte r_c/δ stark an, da die ersten Harmonischen noch in den Bereich des Proximityfaktors nach Gl. (8.57) fallen, in dem D_s proportional mit dem Quadrat der Frequenz ansteigt (vgl. Abb. 4.8). Bei größeren Werten r_c/δ nimmt der Beitrag der Harmonischen ab, da D_s nur noch mit der Wurzel aus der Frequenz ansteigt. Dieses Verhalten ist deutlich an den Rändern der Kurven in Abb. 8.18b zu erkennen.

8.7 Auswertungen zu den Verlustmechanismen

In diesem Abschnitt betrachten wir die gesamten Kernverluste als Funktion der Frequenz und der Windungszahl. In den folgenden Beispielen wird das Material 3C90 und eine Temperatur von 50 °C zugrunde gelegt. Der Strom durch die Wicklung hat die Amplitude 200 mA.

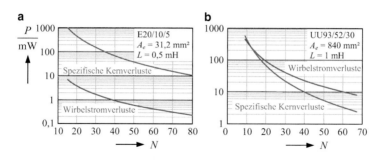

Abb. 8.19 Kernverluste als Funktion der Windungszahl, Frequenz $f = 100\,\text{kHz}$

Als erstes Beispiel betrachten wir wieder den E20/10/5 Kern, dessen effektive Querschnittsfläche $A_e = 31{,}2\,\text{mm}^2$ beträgt. Die Luftspaltlänge wird jeweils so eingestellt, dass
sich bei der vorgegebenen Windungszahl N immer die gleiche Induktivität $L = 0{,}5\,\text{mH}$
ergibt. Das Ergebnis ist in Abb. 8.19a dargestellt. Die Abhängigkeit der Verluste von
der Windungszahl bei konstant gehaltener Induktivität ist für beide Verlustmechanismen
(Wirbelstrom- und spezifische Kernverluste) ähnlich. Mit zunehmender Windungszahl N
muss der Luftspalt größer werden und die Flussdichte B_e nimmt ab. Nach Gl. (6.22) sind
die beiden Größen umgekehrt proportional zueinander.

In dem betrachteten Beispiel sind die Wirbelstromverluste gegenüber den spezifischen
Kernverlusten praktisch vernachlässigbar. Diese Situation ändert sich aber mit zunehmender Querschnittsfläche. Während die spezifischen Kernverluste nach Gl. (8.3) linear vom
Volumen und damit von der Querschnittsfläche A_e abhängen, gilt für die Wirbelstromverluste in dem Bereich $r_c/\delta < 1{,}6$ eine quadratische Abhängigkeit. Zur Verdeutlichung
betrachten wir im rechten Teilbild die beiden Verlustmechanismen bei einem Kern, dessen
effektive Querschnittsfläche um den Faktor 27 größer ist. In diesem Beispiel werden die
Wirbelstromverluste sogar größer als die spezifischen Kernverluste.

Die Abhängigkeit der Verluste von der Frequenz ist in Abb. 8.20 dargestellt. Die Windungszahl $N = 40$ wird konstant gehalten und die Frequenz wird in dem Bereich variiert,

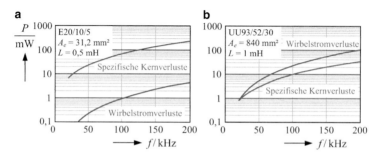

Abb. 8.20 Kernverluste als Funktion der Frequenz, Windungszahl $N = 40$

in dem das Material bevorzugt eingesetzt werden soll. Die Wirbelstromverluste steigen mit dem Quadrat der Frequenz, bei den spezifischen Kernverlusten ist der Exponent α bei der Frequenz nach Gl. (8.3) kleiner als 2.

In der Praxis besteht das Problem, die von dem Ferritmaterial, der Temperatur und der Frequenz abhängige Leitfähigkeit hinreichend genau zu bestimmen. Von den Herstellern gibt es an dieser Stelle nur sehr spärliche Informationen, oftmals nur einen einzigen Zahlenwert für Gleichstrom und Umgebungstemperatur. Bei den obigen Diagrammen sollten daher bei den Wirbelstromverlusten auch nicht so sehr die Absolutwerte als vielmehr die tendenziellen Abhängigkeiten beachtet werden. An den Auswertungen ist zu erkennen, dass bei höheren Frequenzen und insbesondere größeren Kernquerschnitten die Wirbelstromverluste zunehmend an Bedeutung gewinnen und gegebenenfalls größer als die spezifischen Kernverluste werden.

8.8 Schnittbandkerne

Als Alternative zu den Ferritmaterialien bieten sich in einigen Fällen die sogenannten Schnittbandkerne an. Diese werden durch Aufwickeln extrem dünner Folien (μm-Bereich) eines hochpermeablen Materials hergestellt. Da die Folien elektrisch gegeneinander isoliert sind, bilden sich die Wirbelströme nicht über den gesamten Kernquerschnitt, sondern nur innerhalb der Folienquerschnitte aus. Zur Berechnung der Wirbelstromverluste innerhalb einer Folie kann von der Gl. (8.59) ausgegangen werden, die aber wegen $a \ll b$ vereinfacht werden kann. Zunächst kann die Summe gegenüber dem ersten Term vernachlässigt werden

$$P_w = \frac{l}{\kappa} \hat{H}_e^2 \text{Re}\left\{2\alpha b \tanh\left(\alpha a\right)\right\} \approx \frac{l}{\kappa} \hat{H}_e^2 \text{Re}\left\{2\alpha b \left[\alpha a - \frac{1}{3}\left(\alpha a\right)^3\right]\right\}$$
$$= \frac{l}{\kappa} \hat{H}_e^2 2\frac{b}{a}\left[-\frac{1}{3}\left(\alpha a\right)^4\right]. \tag{8.66}$$

Mit der bereits eingesetzten Näherungsbeziehung für die tanh-Funktion sowie der Definition der Skinkonstanten nach Gl. (4.5) folgt die auch in [7] angegebene Beziehung

$$P_w = \frac{\pi^2}{6}\kappa\left(2a\right)^2 V f^2 \hat{B}_e^2 \tag{8.67}$$

für Folien der Dicke $2a$. Beim Übergang von der einzelnen Folie zum Gesamtkern bleibt die Beziehung erhalten, es muss lediglich das Gesamtvolumen des Kerns eingesetzt werden. Verglichen mit der Beziehung (8.55) geht anstelle der Querschnittsfläche A beim kreisförmigen Kernquerschnitt jetzt die Foliendicke quadratisch ein. Dieser Wert ist aber wesentlich kleiner als der Gesamtquerschnitt, so dass die Wirbelstromverluste bei den Schnittbandkernen geringer ausfallen. Dieser Vorteil wird zum Teil wieder dadurch aufgehoben, dass die Leitfähigkeit bei den Folien gegenüber den Ferritmaterialien deutlich größer ist. In der Praxis kommt ein weiteres Problem hinzu: die Rechnung setzt nämlich voraus, dass die einzelnen Folien elektrisch perfekt gegeneinander isoliert sind. Durch den Anpressdruck beim Aufwickeln kann das aber nicht immer garantiert werden, besonders kritisch wird diese Situation, wenn die Kerne aufgeschnitten werden, um einzelne Teilstücke zu erhalten oder auch um Luftspalte zu realisieren. Infolge der Kurzschlüsse zwischen den Folien an den Schnittstellen steigen die Wirbelstromverluste deutlich an.

8.9   Möglichkeiten zur Reduzierung der Kernverluste

Zur Reduzierung der in den meisten Fällen dominierenden spezifischen Kernverluste ergeben sich ausgehend von den Ergebnissen der letzten Abschnitte die folgenden Möglichkeiten:

- Auswahl eines für die Arbeitsfrequenz geeigneten Materials,
- Reduzierung der maximalen Flussdichte, z. B. durch Einfügung von Luftspalten,
- der Luftspalt reduziert auch den Gleichanteil beim Fluss und senkt damit die zusätzlichen Verluste infolge der Gleichfeldvormagnetisierung,
- Verwendung größerer Kerne im Zusammenspiel mit der angepassten Windungszahl,
- Betrieb der Schaltungen mit möglichst niedrigen Frequenzen,
- Vermeidung steilflankiger Flussdichteänderungen (Abb. 8.8),
- Betrieb des Materials bei der optimalen Temperatur (Abb. 8.4).

Zur Reduzierung der Wirbelstromverluste im Kern bieten sich die folgenden Möglichkeiten an:

- Auswahl eines Materials mit geringer Leitfähigkeit,
- Reduzierung der maximalen Flussdichte, z. B. durch Einfügung von Luftspalten,
- Vermeidung großer Schenkelquerschnitte,
- werden größere Schenkelquerschnitte durch Parallelschaltung einzelner I-Stücke realisiert, dann sollten Isolationen zwischen den Einzelteilen verwendet werden,
- Verwendung geeigneter, meist flacher Querschnittsformen,
- bei Folien möglichst geringe Dicken verwenden (nach Gl. (8.67)),
- Betrieb der Schaltungen mit möglichst niedrigen Frequenzen,
- Minimierung des Oberschwingungsanteils bei der Flussdichte,
- Tastgrad γ bei dreieckförmigen Magnetisierungsströmen möglichst bei 0,5.

Es ist offensichtlich, dass einige Maßnahmen beide Verlustmechanismen im Kern reduzieren, andere Maßnahmen dagegen wirken sich unterschiedlich auf die spezifischen bzw. Wirbelstromverluste im Kern aus. Für die Praxis bedeutet das, dass die Auswirkungen solcher Maßnahmen von der Aufteilung zwischen den beiden Verlustarten abhängen. Die Frage, ob sich eine solche Maßnahme positiv oder negativ auf die Gesamtverlustbilanz auswirkt, muss von Fall zu Fall entschieden werden.

Literatur

1. Albach M, Dürbaum T, Brockmeyer A (1996) Calculating core losses in transformers for arbitrary magnetizing currents – a comparison of different approaches. PESC, Baveno, Italy, S 1463–1468. doi:10.1109/PESC.1996.548774

2. Brockmeyer A, Albach M, Dürbaum T (1996) Remagnetization losses of ferrite materials used in power electronic applications. PCIM, Nürnberg, Germany, S 387–394

3. Brockmeyer A (1997) Dimensionierungswerkzeug für magnetische Bauelemente in Stromrichteranwendungen. Dissertation, RWTH Aachen

4. Dürbaum T, Albach M (1995) Core losses in transformers with an arbitrary shape of the magnetizing current. European Power Electronics Conference EPE, Sevilla, Spain, S 1.171–1.176

5. Hogdon ML (1988) Applications of a theory of ferromagnetic hysteresis. IEEE Trans Magn 24(1):218–221. doi:10.1109/20.43893

6. Jiles DC, Atherton DL (1986) Theory of ferromagnetic hysteresis. J Magn Magn Mater 61:48–60. doi:10.1016/0304-8853(86)90066-1

7. MIT Staff (1943) Magnetic circuits and transformers. John Wiley & Sons, New York

8. Mulder SA (1993) Fit formulae for power loss in ferrites and their use in transformer design. PCIM, Nürnberg, Germany, S 345–359

9. Mühlethaler J, Biela J, Kolar JW, Ecklebe A (2012) Core losses under the dc bias condition based on Steinmetz parameters. IEEE Trans Power Electron 27(2):953–963. doi:10.1109/TPEL.2011.2160971

10. Mühlethaler J, Biela J, Kolar JW, Ecklebe A (2012) Improved core-loss calculation for magnetic components employed in power electronic systems. IEEE Trans Power Electron 27(2):964–973. doi:10.1109/TPEL.2011.2162252

11. Preisach F (1935) Über die magnetische Nachwirkung. Z Phys 94:277–302. doi:10.1007/BF01349418

12. Roshen WA (1991) Ferrite core loss for power magnetic components design. IEEE Trans Magn 27(6)4407–4415. doi:10.1109/20.278656

13. Roshen WA (2005) A practical, accurate and very general core loss model for non-sinusoidal waveforms. APEC 2:1308–1314. doi:10.1109/APEC.2005.1453176

14. Skutt GR (1996) High-frequency dimensional effects in ferrite-core magnetic devices. Dissertation, Blacksburg, Virginia

15. Snelling EC (1969) Soft ferrites – properties and applications. ILIFFE Books, London

16. Steinmetz CP (1964) On the law of hysteresis. Proc IEEE 72(2):197–221. doi:10.1109/PROC.1984.12842

17. Van den Bossche AP, Van de Sype DM, Valchev VC (2005) Ferrite loss measurement and models in half bridge and full bridge waveforms. PESC, Recife, Brasilien, S 1535–1539. doi:10.1109/PESC.2005.1581834

18. Venkatachalam K, Sullivan CR, Abdallah T, Tacca H (2002) Accurate prediction of ferrite core loss with nonsinusoidal waveforms using only Steinmetz parameters. IEEE Workshop on Computers in Power Electronics, S 36–41. doi:10.1109/CIPE.2002.1196712

Der Einfluss des Kerns auf die Wicklungsverluste 9

Zusammenfassung

Der Übergang von der Luftspule zu einer Spule mit Kern hat großen Einfluss auf die Feldverteilung im Bereich der Wicklung und damit auf die Proximityverluste. Im diesem Kapitel wird zunächst eine Möglichkeit beschrieben, das Magnetfeld analytisch zu berechnen, wobei eine spezielle Vorgehensweise bei der Einbeziehung der Luftspaltfelder vorgestellt wird, mit deren Hilfe die Konvergenzprobleme infolge der extrem hohen Feldstärken im Bereich kleiner Luftspalte vermieden werden können. Basierend auf diesen Ergebnissen werden die Verluste für unterschiedliche Situationen berechnet und mögliche Maßnahmen zusammengestellt, die erhöhten Proximityverluste infolge Kern und Luftspalt zu begrenzen.

Die Verlustmechanismen in den Wickelpaketen haben wir bereits in Kap. 4 behandelt. In diesem Abschnitt steht allein die Frage im Mittelpunkt, in welcher Weise der Kern die Verluste in der Wicklung beeinflusst. Da der Kern im Zusammenspiel mit den Luftspalten die Feldverteilung im Bereich des Wickelfensters verändert, werden sich die von der externen magnetischen Feldstärke abhängigen Proximityverluste in den Windungen ebenfalls ändern. Im Gegensatz dazu sind die rms- und Skinverluste allein von der Drahtsorte und der Stromform abhängig.

Die Aufgabe besteht also darin, die Magnetfeldverteilung im Wickelfenster infolge des Kerns und der Luftspalte zu berechnen. An den Beziehungen (4.32) oder auch (4.49) ist zu erkennen, dass die Amplitude der Feldstärke quadratisch in die Verlustberechnung eingeht. Damit kommt den Luftspalten eine besondere Bedeutung zu, da in ihrer Nähe extrem hohe Feldstärken auftreten. Wegen der Stetigkeit der Normalkomponente der Flussdichte beim Übergang vom Kern in den Luftspalt muss die magnetische Feldstärke im Luftspalt nach Gl. (6.2) um den Faktor μ_r größer sein als im Kern. Um diesen Sachverhalt zu illustrieren, betrachten wir die im linken Teilbild der Abb. 9.1 im Querschnitt dargestellte

Abb. 9.1 Wickelaufbau
und Betrag der Feldstärke
im Wickelfenster

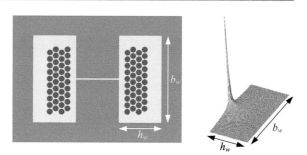

Spule. Das rechte Teilbild zeigt den Betrag der magnetischen Feldstärke im Wickelfenster
in perspektivischer Darstellung. Trotz der mit wachsendem Abstand vom Luftspalt deutlich abnehmenden Feldstärkeamplitude erstreckt sich dieser Einfluss bis in den Bereich
der Wicklung und führt zu erhöhten Proximityverlusten.

9.1 Die Berechnung der Feldverteilung im Wickelfenster

Für eine quantitative Analyse der unter Umständen sehr hohen Proximityverluste in den
in der Nähe des Luftspalts gelegenen Windungen muss die ortsabhängige Feldstärkeverteilung im Wickelfenster bekannt sein. Bei größeren Luftspalten wird der gesamte vom
Kern umschlossene Bereich in zwei Teilgebiete, nämlich Wickelfenster und Luftspaltbereich aufgeteilt. Auf der Kernoberfläche kann die Tangentialkomponente der magnetischen Feldstärke wegen des großen Luftspalts vernachlässigt werden und auf der Rotationsachse $\rho = 0$ müssen die Feldgrößen endlich bleiben. Mit diesen Randbedingungen
kann die magnetische Feldstärke im gesamten Bereich durch Lösen eines Randwertproblems berechnet werden. Diese Vorgehensweise kann in [1] nachgelesen werden und soll
hier nicht wiederholt werden. Bei kleinen Luftspalten ergeben sich mit dieser Methode
allerdings Konvergenzprobleme bei der Erfüllung der Randbedingungen in der Trenne-
ne zwischen Luftspalt und Wickelfenster. Wegen den in der Praxis häufig auftretenden
kleinen Luftspaltabmessungen soll daher eine alternative Vorgehensweise beschrieben
werden, zumindest insoweit, wie sie sich von der Vorgehensweise in [1] unterscheidet.

   Die im Folgenden beschriebene Methode zur Bestimmung der ortsabhängigen Magnetfeldverteilung im Wickelfenster besteht aus drei aufeinander folgenden Schritten, deren
Teillösungen zum Schluss überlagert werden. Im ersten Schritt wird nur das Feld der
stromdurchflossenen Wicklung ohne den Kern bestimmt. Im zweiten Schritt wird der
Beitrag des Luftspalts erfasst und im dritten Schritt wird der Einfluss des Kerns auf die
Feldverteilung bestimmt. Die Gesamtlösung muss die unterschiedlichen Feldgleichungen
in der Wicklung bzw. im Luftbereich erfüllen sowie alle durch den Kern verursachten
Randbedingungen.

9.1.1 Das Feld der Luftspule

In diesem Schritt berechnen wir die Feldverteilung bei Abwesenheit des Kerns. Zur Bestimmung der Proximityverluste benötigen wir nach Abb. 4.12 die magnetische Feldstärke auf der Oberfläche einer Windung. Dazu wird das Wickelpaket als eine Summe einzelner in sich geschlossener Windungen angesehen, deren Beitrag zum Feld mit den in Abschn. 12.4.1 angegebenen Formeln berechnet werden kann. Jede Windung liefert je nach Position im Wickelfenster und Strom durch die Windung, entsprechend ihrer Zugehörigkeit zur Primär- bzw. zu einer der Sekundärwicklungen beim Transformator, ihren eigenen Beitrag zum Magnetfeld. Bei Folienwindungen kann eine homogene Stromdichte zugrunde gelegt werden oder, sofern die ortsabhängige Stromdichte bei höheren Frequenzen bereits bestimmt wurde, auch die reale zum Rand der Folie hin ansteigende Stromdichte entsprechend Abb. 4.45.

Mit dieser Rechnung werden alle Ströme in allen Wicklungen erfasst. Bei periodischen nicht sinusförmigen Strömen wird die Rechnung für alle Oberschwingungen separat durchgeführt. Bei Spulen kann das Ergebnis entsprechend der geänderten Amplitude bei den Oberschwingungen einfach umskaliert werden, bei Transformatoren müssen unter Umständen die anderen Phasenbeziehungen zwischen den Oberschwingungen der verschiedenen Wicklungen berücksichtigt werden.

Handelt es sich bei dem Bauelement um eine Luftspule, dann können die Proximityverluste mit dieser Feldverteilung berechnet werden, z. B. mit der in Abschn. 4.2 beschriebenen Vorgehensweise. Ist ein Kern vorhanden, dann muss dessen Einfluss auf die Feldverteilung berücksichtigt werden.

9.1.2 Das Luftspaltfeld

Eine elegante Methode, das vom Luftspalt verursachte Feld zu berechnen besteht darin, den Luftspalt durch eine stromdurchflossene Windung zu ersetzen, die das Luftspaltfeld nachbildet. Wir werden die Vorgehensweise am Beispiel eines kreisförmigen Mittelschenkels diskutieren.

Ausgangspunkt ist die Abb. 9.2, in der die Umgebung des Luftspalts vergrößert dargestellt ist. Von der innerhalb des Luftspalts eingezeichneten ebenfalls kreisförmigen Windung müssen der Radius η und der Strom I so bestimmt werden, dass das von dieser Windung erzeugte Feld im Bereich des Wickelfensters dem Feld des Luftspalts entspricht.

Zur Festlegung des Schleifenradius η gibt es eine einfache Bedingung. Wegen der sehr hohen Permeabilität des Ferritmaterials steht die magnetische Feldstärke praktisch senkrecht auf der Kernoberfläche. Gemäß den Bezeichnungen in Abb. 9.2 muss die Feldstärke in den Ebenen $z = \pm l_g/2$, also beim Übergang zwischen Schenkel und Luftspalt, z-gerichtet sein. Auf der Schenkeloberfläche $\rho = r_c$ dagegen besitzt sie nur eine radial gerichtete Komponente. Die Ecken $\rho = r_c$, $z = \pm l_g/2$ stellen Sonderfälle dar, an denen die Feldlinien unter einem Winkel von 45° austreten, d. h. die ρ- und die z-Komponente

Abb. 9.2 Einzelleiter im Luftspalt

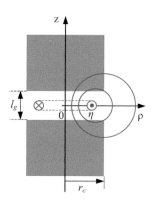

des Feldstärkevektors sind hier betragsmäßig gleich groß. Mit der in Gl. (12.7) angegebenen Feldstärke einer in der Ebene $z = 0$ liegenden kreisförmigen Schleife führt die
Forderung an der Ecke $- H_\rho(r_c, l_g/2) = H_z(r_c, l_g/2)$ unmittelbar auf die Beziehung

$$\frac{\partial}{\partial z} G(\eta, r_c, z) = \frac{1}{r_c} G\left(\eta, r_c, \frac{l_g}{2}\right) + \frac{\partial}{\partial \rho} G\left(\eta, \rho, \frac{l_g}{2}\right) \quad \text{für} \quad \rho = r_c, z = \frac{l_g}{2}, \quad (9.1)$$

wobei der Schleifenradius a jetzt durch η ersetzt wurde. Für die Berechnung wird der Bezugswert $x = \eta/r_c$ eingeführt, der im Bereich $0 < x < 1$ liegen muss. Mit der Abkürzung
$l_g/2r_c = \xi$ liefert die Gl. (9.1) in ausführlicher Schreibweise mithilfe der Beziehungen
(12.8) und (12.9) die Forderung

$$\left[x^2 \frac{\xi + 1}{\xi - 1} + \xi^2 + 1\right] E(m) = \left[(x - 1)^2 + \xi^2\right] K(m) \quad \text{mit} \quad m = \frac{4x}{(x + 1)^2 + \xi^2},$$
$$(9.2)$$

aus der der bezogene Schleifenradius x in Abhängigkeit des Parameters ξ zu bestimmen
ist. Zur Verdeutlichung des Prinzips betrachten wir die Abb. 9.3, in der ein Ausschnitt
aus dem Feldbild einer kreisförmigen Windung mit Radius η dargestellt ist. Die zusätzlich eingetragene Linie verbindet alle Punkte, bei denen die Tangenten an die Feldlinien
sowohl mit der z-Achse als auch mit der ρ-Achse einen Winkel von 45° einschließen und
damit die Forderung (9.2) erfüllen. Für den beispielhaft ausgewählten markierten Punkt
kann das Verhältnis $l_g/2r_c = \xi \approx 0{,}132$ bestimmt werden. Für das gesuchte Verhältnis $x = \eta/r_c$ ergibt sich ein Wert von etwa 0,78. Diese Wertekombination ist damit eine
mögliche Lösung der Gl. (9.2).

Der aus Gl. (9.2) berechnete Zusammenhang $x = f(\xi)$ ist in Abb. 9.4 dargestellt. Für ein
bekanntes Abmessungsverhältnis $\xi = l_g/2r_c$ kann aus diesem Diagramm der Schleifenradius η bestimmt werden. Die im Diagramm eingetragene Fitfunktion weicht im Bereich
$\xi < 0{,}2$ um weniger als 0,5 % von der nach Gl. (9.2) berechneten Funktion ab. Das Beispiel aus Abb. 9.3 ist auch hier als markierter Punkt eingetragen. Man erkennt, dass mit
zunehmender Luftspaltbreite l_g der Radius der Ersatzschleife η immer kleiner wird. Für
Werte $\xi > 0{,}28$ lässt sich die Forderung nach dem 45°-Winkel nicht mehr einhalten.

Abb. 9.3 Maßstabsgetreue Darstellung der Abmessungen, die Linie zeigt die jeweiligen 45° Positionen an

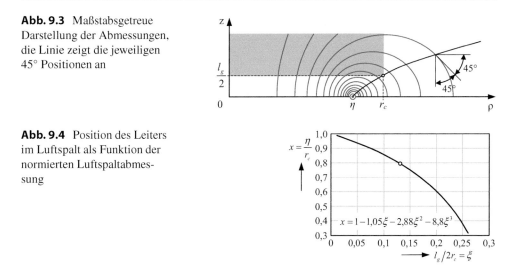

Abb. 9.4 Position des Leiters im Luftspalt als Funktion der normierten Luftspaltabmessung

Dieses Problem wird aber vermieden, wenn bei Werten $\xi > 0{,}2$ die in [1] beschriebene Methode verwendet wird. Alternativ kann anstelle der Drahtwindung eine Folienwindung in den Luftspalt gelegt werden, wobei der Radius mit $\xi = 0{,}2$ vorgegeben und die Folienbreite aus dem 45°-Winkel bestimmt wird.

Im nun folgenden Schritt muss noch eine Bedingung für den bisher unbekannten Strom der Schleife aufgestellt werden. Aus den Gleichungen in Abschn. 6.2 bzw. der noch folgenden Gleichung (9.6) ist die Feldstärke im Luftspalt bekannt. Wir stellen daher die Forderung auf, dass das Integral der von der Schleife hervorgerufenen z-gerichteten Feldstärke zwischen den beiden Ecken dem Wert $H_g l_g$ entsprechen soll

$$\int_{-l_g/2}^{l_g/2} H_z(r_c, z)\, \mathrm{d}z = I \int_{-l_g/2}^{l_g/2} \left[\frac{1}{r_c} G(\eta, r_c, z) + \frac{\partial}{\partial \rho} G(\eta, \rho, z) \Big|_{\rho = r_c} \right] \mathrm{d}z \stackrel{!}{=} H_g l_g. \quad (9.3)$$

Mit dem Zusammenhang nach Abb. 9.4 lässt sich das Integral in Gl. (9.3) ebenfalls als Funktion des Parameters ξ berechnen. Die Abb. 9.5 zeigt das Ergebnis für den Fall der kreisförmigen Drahtschleife. Als Folge des 45°-Winkels geht das Ergebnis für $\xi \to 0$ gegen 0,25. Die im Diagramm eingetragene Fitfunktion weicht im Bereich $\xi < 0{,}2$ um weniger als 1,5 % von der nach Gl. (9.3) berechneten Funktion ab.

Fassen wir die Vorgehensweise nochmals zusammen: Für ein bekanntes Abmessungsverhältnis $l_g/2r_c = \xi$ wird zunächst aus Gl. (9.2) bzw. aus Abb. 9.4 der zugehörige Wert x und daraus der Schleifenradius $\eta = xr_c$ bestimmt. Bei bekanntem Luftspaltfeld, z. B. nach Gl. (9.6), liefert die Gl. (9.3) bzw. die Abb. 9.5 den notwendigen Strom durch die Schleife.

Die bisherigen Betrachtungen bezogen sich auf den Sonderfall eines Luftspalts in einem kreisförmigen Mittelschenkel. Diese Vorgehensweise lässt sich prinzipiell auf jeden

Abb. 9.5 Diagramm zur
Berechnung des Stroms als
Funktion der normierten Luft-
spaltabmessung

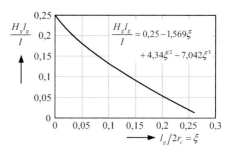

beliebigen Luftspalt anwenden. Ein zusätzliches Problem stellt sich allerdings ein, falls
der Schenkel einen rechteckförmigen Querschnitt aufweist. In diesem Fall wird eine ebenfalls rechteckförmige Leiterschleife verwendet. Während jedoch die 45°-Bedingung bei
der rotationssymmetrischen Anordnung unabhängig von der Zylinderkoordinate φ und damit entlang der gesamten Schenkelkante immer erfüllt ist, kann das bei dem rechteckigen
Schenkel durch Wahl der Seitenlängen $2a$ und $2b$ der Rechteckschleife gemäß Abb. 2.10
nur näherungsweise über die gesamte Länge der Schenkelkante gewährleistet werden.

9.1.3 Die Feldbeeinflussung durch den Kern

Zur Berechnung des gesamten Magnetfelds innerhalb der Wicklung fehlt jetzt noch der
Beitrag des Kerns. Dieser kann durch Lösung eines Randwertproblems bestimmt werden. Zur Erläuterung der Vorgehensweise betrachten wir den in Abb. 9.6 dargestellten
Querschnitt durch einen rotationssymmetrischen Kern, z. B. einen P-Kern, für den die
Rechnung in Zylinderkoordinaten durchgeführt werden kann. Das Wickelfenster erstreckt
sich in ρ-Richtung von r_c bis $r_c + h_w$ und in z-Richtung von $-b_w/2$ bis $b_w/2$. Mit A
werden die Kernquerschnitte bezeichnet, z. B. gilt $A_c = \pi r_c^2$.

Mit den bisherigen Rechnungen haben wir das Feld der Wicklung sowie den Beitrag
des Luftspalts bestimmt. Das durch Überlagerung der beiden Anteile entstehende Feld
erfasst die erregenden Ströme und erfüllt damit bereits die richtigen Feldgleichungen.
Weiterhin liefert die Integration der tangentialen Feldstärkekomponente entlang der Oberfläche des Wickelfensters (blaue Pfeile in Abb. 9.6) den eingeschlossenen Strom gemäß
dem Oerstedschen Gesetz (1.5). Der Beitrag des Luftspaltfeldes verschwindet bei dieser
Integration und das Feld der Luftspule führt automatisch zum richtigen Ergebnis. Damit
verbleibt nur noch ein Problem, nämlich die Erfüllung der Randbedingung für die magnetische Feldstärke in den Trennebenen zwischen Kern und Wickelfenster. Anders formuliert
bedeutet das, dass das Integral der magnetischen Feldstärke entlang der Oberfläche gemäß
dem Oerstedschen Gesetz nach der bisherigen Berechnung zwar den richtigen Mittelwert
liefert, die ortsabhängige Verteilung aber noch nicht der realen Situation entspricht.

Im ersten Schritt müssen wir also die geforderte Verteilung der tangentialen Feldstärke entlang der Oberfläche (Sollwert) bestimmen. Im zweiten Schritt wird die bisherige
Feldstärke infolge der Luftspule sowie des Ersatzstroms im Luftspalt (Istwert) an der

Abb. 9.6 Querschnitt durch Kern und Wicklung

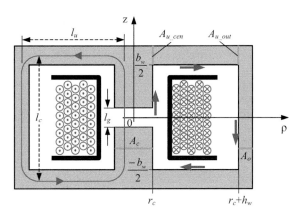

Oberfläche bestimmt. Der dritte Schritt läuft darauf hinaus, eine weitere Feldverteilung im Wickelfenster zu berechnen, die im betrachteten Gebiet die Laplace-Gleichung erfüllt und an der Oberfläche die Differenz zwischen Sollwert und Istwert aufweist. Die Überlagerung dieses dritten Anteils zum Luftspulen- und Luftspaltfeld stellt dann die resultierende Feldverteilung dar, die sowohl die Feldgleichung als auch alle Randbedingungen erfüllt und somit die Basis für die Berechnung der Proximityverluste in der Wicklung darstellt.

Zur Ermittlung der Sollfeldstärke an der Kernoberfläche können wir ähnlich wie in Abschn. 6.2 vorgehen, allerdings müssen jetzt zur Festlegung der ortsabhängigen tangentialen Feldstärke die realen Kernquerschnitte der einzelnen Schenkel zugrunde gelegt werden. Bemerkung: Die tangentiale Feldstärkekomponente auf der Kernoberfläche darf bei den jetzt betrachteten kleinen Luftspalten nicht mehr vernachlässigt werden, ansonsten ist die Erfüllung des Oerstedschen Gesetzes beim Grenzübergang $l_g \to 0$ nicht mehr gewährleistet.

Da fast der gesamte Fluss im Ferritmaterial verläuft, kann das Produkt aus Flussdichte B und Querschnittsfläche A als konstant angenommen werden. Wird weiterhin die Permeabilität μ als ortsunabhängig angesehen, d. h. der Einfluss der erhöhten Flussdichte in den Ecken und in Bereichen kleineren Querschnitts auf die Permeabilität wird vernachlässigt, dann kann die Tangentialkomponente der magnetischen Feldstärke unmittelbar angegeben werden. Mit den bekannten Schenkelquerschnitten und den Bezeichnungen in Abb. 9.6 gilt

$$\frac{\Phi}{\mu_0} = \mu_r H_e A_e = \mu_r H_c A_c = \mu_r H_{u\_cen} A_{u\_cen} = \mu_r H_{u\_out} A_{u\_out} = \mu_r H_o A_o = H_g A_g \,.$$

(9.4)

Bei der Berechnung müssen die Querschnittsflächen A_{u_cen}, A_{u_out} und A_o in Richtung der Koordinate φ nur über den Teil des Kreisumfangs integriert werden, bei dem das Ferritmaterial nicht wegen einer verbesserten Wärmeabfuhr ausgespart wurde. Im oberen und unteren Schenkel steigt die Querschnittsfläche linear mit der Koordinate ρ von A_{u_cen} auf

$A_{u\_out} = (1 + h_w/r_c)A_{u\_cen}$ an, d. h. die Feldstärke muss eine $1/\rho$-Abhängigkeit aufweisen. Im oberen Schenkel können wir sie in der folgenden Form darstellen

$$H_\rho(\rho) = \frac{r_c}{\rho} H_{u\_cen} \quad \rightarrow \quad H_{u\_out} = \frac{r_c}{r_c + h_w} H_{u\_cen}. \tag{9.5}$$

Es sei nochmals angemerkt, dass diese Abhängigkeit der Feldstärke von der Koordinate ρ eine Folge der nach außen ansteigenden Querschnittsfläche des oberen und unteren Kernschenkels ist, also z. B. für P- oder RM-Kerne gilt. Bei anderen Kernformen, z. B. bei E-Kernen, ist die Feldstärke wegen gleicher Querschnittsflächen $A_{u\_out} = A_{u\_cen}$ im oberen und unteren Schenkel konstant. Die folgenden Formeln sind dann entsprechend anzupassen.

Zur Berechnung des Luftspaltfeldes gehen wir wieder von der Gl. (6.16) aus und erhalten mit dem Kernfaktor C_1 das Ergebnis

$$NI = \mu_r H_e A_e \left[\frac{1}{\mu_r}\left(C_1 - \frac{l_g}{A_c}\right) + \frac{l_g}{A_g}\right] \xrightarrow{(9.4)} H_g = \frac{NI}{A_g}\left[\frac{1}{\mu_r}\left(C_1 - \frac{l_g}{A_c}\right) + \frac{l_g}{A_g}\right]^{-1}. \tag{9.6}$$

Der etwas kürzere Integrationsweg entlang der Oberfläche des Wickelfensters verglichen mit der Länge der auf der linken Seite in Abb. 9.6 angedeuteten Feldlinie führt zu etwas höheren Feldstärkewerten auf der Kernoberfläche. Unter der Annahme, dass das Wegintegral der Feldstärke im Luftspalt entlang der eingezeichneten Feldlinie genauso groß ist wie zwischen den beiden Ecken, kann das Umlaufintegral entlang der Oberfläche folgendermaßen dargestellt werden

$$NI = H_c\left(b_w - l_g\right) + H_g l_g + H_o b_w + 2H_{u\_cen}\int_{r_c}^{r_c+h_w} \frac{r_c}{\rho}\,d\rho$$

$$= H_g l_g + H_c\left[b_w - l_g + \frac{A_c}{A_o}b_w + 2r_c\frac{A_c}{A_{u\_cen}}\ln\frac{r_c + h_w}{r_c}\right]. \tag{9.7}$$

Damit erhält man das Ergebnis

$$H_c = \frac{NI - H_g l_g}{\left(1 + \frac{A_c}{A_o}\right)b_w - l_g + 2r_c\frac{A_c}{A_{u\_cen}}\ln\frac{r_c+h_w}{r_c}},$$

$$H_o = H_c\frac{A_c}{A_o}, \quad H_{u\_cen} = H_c\frac{A_c}{A_{u\_cen}}. \tag{9.8}$$

Resultierend können die Sollwerte für die Feldstärkekomponenten an der gesamten Oberfläche des Wickelfensters angegeben werden. Es muss gelten

$$H_z(r_c, z) = \begin{cases} H_g & \text{für} \quad -l_g/2 \le z \le l_g/2 \\ H_c & \text{sonst} \end{cases},$$

$$H_z(r_c + h_w, z) = -H_o \quad \text{und} \quad H_\rho(\rho, \pm b_w/2) = \pm H_{u\_cen}\frac{r_c}{\rho}. \tag{9.9}$$

Von diesen Werten werden die bereits vorhandenen Feldstärkewerte infolge der Luftspule sowie infolge des Ersatzstroms im Luftspalt subtrahiert. Die sich so ergebenden ortsabhängigen Werte auf der Oberfläche des Wickelfensters sind die Vorgabewerte für das zu lösende Randwertproblem. Da die im Bereich des Luftspalts extrem großen Feldstärken bereits durch den Ersatzleiter erzeugt werden, verbleibt nach der Differenzbildung ein Funktionsverlauf ohne diese extremen Feldstärkespitzen, so dass die Konvergenzprobleme bei der Orthogonalentwicklung wesentlich geringer werden.

Das jetzt noch zusätzlich zu überlagernde φ-gerichtete Vektorpotential muss die Laplace-Gleichung in Zylinderkoordinaten

$$\frac{\partial^2 A_\varphi}{\partial \rho^2} + \frac{1}{\rho}\frac{\partial A_\varphi}{\partial \rho} - \frac{1}{\rho^2}A_\varphi + \frac{\partial^2 A_\varphi}{\partial z^2} = 0 \tag{9.10}$$

erfüllen. In den Ansätzen müssen beide Versionen mit Orthogonalfunktionen sowohl in z- als auch in ρ-Richtung verwendet werden, um die Randbedingungen für die Tangentialkomponenten der magnetischen Feldstärke auf den Flächen z = const und auch auf den Flächen ρ = const zu erfassen. Mit dem folgenden Ansatz für das Vektorpotential

$$A(\rho, z) = \mu_0 \left[A_0\rho + C_0\rho z + D_0\frac{1}{\rho}z + E_0\left(\frac{z^2}{\rho} - \rho \ln\frac{\rho}{r_c + h_w}\right)\right] \tag{9.11}$$

$$+ \mu_0 \sum_p \left[A_{Ip}J_1(p\rho) + B_{Ip}Y_1(p\rho)\right]\left[C_{Ip}\sinh p\left(z + \frac{b_w}{2}\right) + D_{Ip}\cosh p\left(z + \frac{b_w}{2}\right)\right]$$

$$+ \mu_0 \sum_q \left[A_{IIq}I_1(q\rho) + B_{IIq}K_1(q\rho)\right]\left[C_{IIq}\sin q\left(z + \frac{b_w}{2}\right) + D_{IIq}\cos q\left(z + \frac{b_w}{2}\right)\right],$$

der die Differentialgleichung (9.10) erfüllt, kann das Randwertproblem vollständig gelöst werden. J_1 und Y_1 sind die gewöhnlichen Bessel-Funktionen erster Ordnung, I_1 und K_1 sind die modifizierten Bessel-Funktionen erster Ordnung. Die Feldstärke bzw. Flussdichte kann aus dem Vektorpotential folgendermaßen berechnet werden

$$\vec{B} = \text{rot}\left[\vec{e}_\varphi A_\varphi(\rho, z)\right] \overset{(14.26)}{=} \vec{e}_\rho\left(-\frac{\partial A_\varphi}{\partial z}\right) + \vec{e}_z\left(\frac{A_\varphi}{\rho} + \frac{\partial A_\varphi}{\partial \rho}\right). \tag{9.12}$$

Die unbekannten Vorfaktoren sowie die Eigenwerte in Gl. (9.11) müssen aus den Randbedingungen (9.9) bestimmt werden. Da die prinzipielle Vorgehensweise bei der Lösung dieses Problems bekannt ist, verzichten wir an dieser Stelle auf die Wiedergabe der doch etwas länglichen Rechnung.

9.2   Der Einfluss von Kern und Luftspalt auf die Proximityverluste

Bevor wir uns mit dem Einfluss von Kern und Luftspalt auf die Verlustverteilungen in den Wicklungen beschäftigen, zeigt die Abb. 9.7 zunächst noch einmal den Verlauf der Feldlinien für zwei unterschiedliche Situationen. Im Teilbild a ist die Luftspule dargestellt, im Teilbild b wird ein Kern mit Luftspalt im Mittelschenkel hinzugefügt.

Diese unterschiedlichen Feldbilder führen auch zu unterschiedlichen Verteilungen der Proximityverluste innerhalb des Wickelpakets. Der bereits in Abb. 9.1 dargestellte dominante Einfluss des Luftspalts zeigt sich auch bei der Feldverteilung im rechten Teilbild.

In den folgenden Beispielen wird ein E25/13/7 Kern mit dem Ferritmaterial 3C90 und ein sinusförmiger Strom der Amplitude $\hat{i} = 50\,\text{mA}$ und der Frequenz $f = 100\,\text{kHz}$ zugrunde gelegt. Die Wicklung besteht aus 3 Lagen mit je 15 Windungen und der Draht besitzt den Durchmesser $0{,}9\,\text{mm}$. Da wir die Wicklung unverändert lassen, sind die rms- und Skinverluste jeweils gleich. Interessant ist der Vergleich der Proximityverluste, und zwar sowohl den Gesamtwert als auch deren ortsabhängige Verteilung betreffend.

In Abb. 9.8 sind die Ergebnisse für die Luftspule angegeben. Die wesentlich größere Feldstärkeamplitude auf der Innenseite einer Lage im Vergleich zur Außenseite (s. auch Abb. 4.33b) führt zu einem deutlichen Anstieg der Verluste bei den inneren Lagen. Die Proximityverluste sind bereits um den Faktor 12 größer als die Summe aus rms- und Skinverlusten. An dieser Stelle sei angemerkt, dass wegen der ungleichmäßigen Aufteilung der einzelnen Verlustmechanismen die Gesamtverluste durch eine andere Drahtsorte deutlich reduziert werden können. Allerdings geht es im Moment nicht um die Minimierung der Verluste, sondern um den in den folgenden Bildern dargestellten Einfluss von Kern und Luftspalt. Die Luftspule dient nur als Referenz.

9.2.1   Die Ausdehnung der Lagenbreite bis zum Kern

In diesem Beispiel wird die bisherige Wicklung auf den E-Kern geschoben, ein Luftspalt ist noch nicht vorhanden. Die erzwungene Flussführung durch den Kern führt dazu, dass

a   b

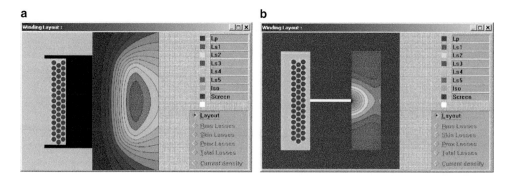

Abb. 9.7 Vergleich der Feldlinienverläufe für Luftspule und Spule mit Kern und Luftspalt

Abb. 9.8 Ortsabhängige Verteilung der Proximityverluste bei der Luftspule

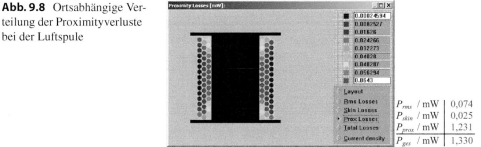

P_{rms} / mW	0,074
P_{skin} / mW	0,025
P_{prox} / mW	1,231
P_{ges} / mW	1,330

das Feld in dem Bereich innerhalb der Lagen reduziert und mehr nach außen verlagert wird. Bei gleichen Schenkelquerschnitten würde sich eine mehr oder weniger konstante tangentiale Feldstärke auf der Oberfläche des Wickelfensters einstellen, die an den jeweils gegenüberliegenden Seiten, also oben und unten, bzw. links und rechts, entgegengesetzt gerichtet ist (vgl. die Pfeile in Abb. 9.6). Irgendwo in der Mitte dazwischen muss die magnetische Feldstärke verschwinden, so dass die kleinsten Proximityverluste in den Windungen auftreten, die sich in der Mitte des Wickelpakets befinden. Die Feldstärke steigt von der Wicklungsmitte nach außen an und wird am größten in Richtung der längsten Ausdehnung der Wicklung. Die Verteilung der Proximityverluste ist zwar deutlich anders als bei der Luftspule, die Gesamtwerte unterscheiden sich aber zunächst nur wenig.

Die großen Verluste am Rand der Lage hängen damit zusammen, dass sich hier eine große ρ-gerichtete Feldstärke ergibt. Diese Situation lässt sich verbessern, indem der Abstand zwischen den Windungen und dem Kern reduziert wird. In Abb. 9.9b ist die Schenkelabmessung so geändert, dass die gleiche Wicklung genau in die Breite des Wickelfensters passt. Für die Feldverteilung bedeutet das, dass sich infolge der Spiegelung der Windungen an der hochpermeablen Berandung oben und unten eine von der z-Richtung näherungsweise unabhängige Anordnung ergibt, bei der die ρ-gerichtete Feldstärke in erster Näherung verschwindet. Die Proximityverluste werden dadurch wesentlich geringer.

a b

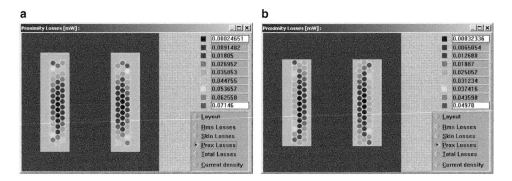

Abb. 9.9 Verteilung der Proximityverluste. **a** $P_{prox} = 1,267$ mW, **b** $P_{prox} = 0,884$ mW

a   b

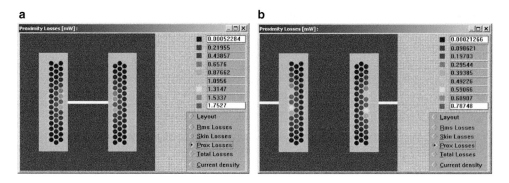

Abb. 9.10 Verteilung der Proximityverluste. **a** $P_{prox} = 9,494$ mW, **b** $P_{prox} = 5,78$ mW

9.2.2 Luftspalt im Innen- bzw. Außenschenkel

In Abb. 9.10a ist zusätzlich ein Luftspalt von 0,5 mm Länge im Mittelschenkel eingefügt.
Aufgrund der geänderten Feldstärkeverteilung im Wickelfenster stellt sich jetzt eine völlig andere Verlustverteilung ein. Dabei entstehen gleichzeitig zwei gravierende Probleme.
Zum einen sind die Proximityverluste gegenüber Abb. 9.9a um den Faktor 7,5 angestie-
gen, zum anderen sind die Verluste in den Drähten nahe am Luftspalt extrem hoch. Da
speziell diese Drähte unterhalb des Wickelpakets und damit direkt auf dem Wickelkörper
liegen, ist der thermische Widerstand zur Umgebung sehr groß und die Wärmeabfuhr wird
zum Problem. In der Praxis entsteht an dieser Stelle ein sogenannter „hot spot" mit der
Gefahr einer Beschädigung der Lackisolation und damit eines Kurzschlusses zwischen
den Windungen.

Günstiger wird die in Abb. 9.10b gezeigte Situation, bei der der Luftspalt in die Außenschenkel verlagert ist. Der größere Abstand zu den Windungen in der obersten Lage führt
zu deutlich niedrigeren Proximityverlusten bei gleichzeitig besserer Wärmeabfuhr an die
Umgebung. Ein großer Nachteil sind die vom Luftspalt hervorgerufenen Streufelder außerhalb der Komponente, die zu EMV Problemen mit anderen Schaltungsteilen führen
können.

9.2.3 Die Aufteilung des Gesamtluftspalts in mehrere Einzelluftspalte

Eine wirkungsvolle Methode zur Reduzierung der Verluste infolge des Luftspalts besteht
darin, den Luftspalt auf mehrere Einzelluftspalte mit reduzierter Länge zu verteilen. Wir
betrachten als Beispiel die Aufteilung der ursprünglichen Länge auf zwei Luftspalte mit
jeweils halber Länge. Die Drähte in der Nähe der Luftspalte weisen jetzt wesentlich geringere Verluste auf als in den Beispielen zuvor. Ideal wäre eine homogene Verteilung des
Luftspalts über die gesamte Länge des Mittelschenkels, d. h. ein Material mit reduzierter

a   b

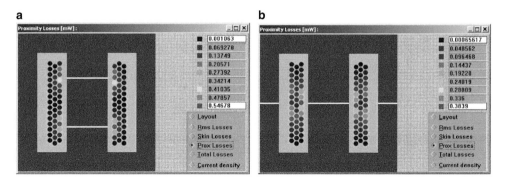

Abb. 9.11   Verteilung der Proximityverluste. **a** $P_{prox} = 3,927$ mW, **b** $P_{prox} = 3,737$ mW

Permeabilität und ausreichender Sättigungsflussdichte. Die Verlagerung eines Luftspalts in die Außenschenkel hat den gleichen Effekt wie in Abb. 9.10b.

9.2.4   Der Einfluss der Luftspaltbreite

In diesem Abschnitt vergleichen wir die Proximityverluste bei unterschiedlichen Luftspaltbreiten unter der Annahme, dass der Strom durch die Windungen immer gleich bleibt. Um den Einfluss des Lagenaufbaus auszuschließen betrachten wir in Abweichung von den bisherigen Daten nur eine einzelne Lage. Die Abb. 9.12a zeigt nochmals das Layout für den Fall, dass die Luftspaltlänge 50 % der Schenkellänge entspricht. Die im Teilbild b angegebenen Prozentzahlen beziehen sich auf die prozentuale Länge des Luftspalts, bezogen auf die Länge des Mittelschenkels. Bei kleinen Luftspalten werden die Proximityverluste in den Windungen nahe am Luftspalt sehr groß. Mit zunehmender Länge des Luftspalts wird die Feldstärke in dessen Nähe infolge der gleichbleibenden Durchflutung NI entsprechend Gl. (1.5) geringer. Bei größeren Luftspaltlängen sind die Verluste in der Nähe der Schenkelenden größer als im Bereich der Luftspaltmitte. Die geringsten Proximityverluste treten bei komplett entferntem Mittelschenkel auf. Diese in der Summe minimalen Gesamtverluste würden sich auch bei einem homogenen Mittelschenkel einstellen, der zwar eine reduzierte Permeabilität aber keine diskreten Luftspalte aufweist.

9.3   Der Einfluss der Windungspositionen

Bei vielen Spulendesigns wird der Wickelkörper nur zum Teil mit Draht bewickelt. In diesen Fällen bietet der zusätzlich zur Verfügung stehende Wickelbereich die Möglichkeit, durch geeignete Positionierung der Windungen innerhalb des Wickelfensters die Summe der entstehenden Wicklungsverluste zu minimieren. Natürlich lassen sich nicht alle denkbaren Varianten durchspielen, um dennoch ein Gespür für die Möglichkeiten und de

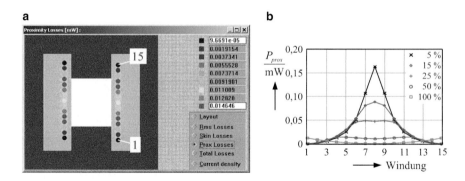

Abb. 9.12 Ortsabhängige Verteilung der Proximityverluste in Abhängigkeit der Luftspaltbreite

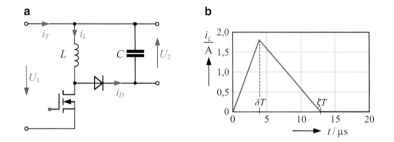

Abb. 9.13 **a** Spannungswandlerschaltung, **b** Spulenstrom für $U_1 = 230\,\text{V}$, $U_2 = 100\,\text{V}$, $P = 40\,\text{W}$, $f = 50\,\text{kHz}$, $L = 0,5\,\text{mH}$

ren quantitativen Einfluss auf die Verluste zu bekommen, betrachten wir ein konkretes Beispiel. Die Abb. 9.13 zeigt eine Buck-boost-Konverterschaltung (Sperrwandlerschaltung ohne galvanische Trennung) im diskontinuierlichen Betrieb mit einer Schaltfrequenz $f = 50\,\text{kHz}$. Der sich abhängig von den angenommenen Schaltungsdaten einstellende Spulenstrom ist ebenfalls angegeben. Der Einfluss einer galvanischen Trennung zwischen Primär- und Sekundärseite wird ebenfalls am Beispiel dieser Schaltung in Abschn. 10.10.2 untersucht.

Betrachten wir kurz die Betriebsweise der Schaltung. In dem Zeitabschnitt $0 \leq t < \delta T$ leitet der Transistor und der Eingangsstrom $i_T = i_L$ steigt wegen der konstanten Eingangsspannung linear an. Die Diode sperrt in diesem Zeitabschnitt. Wird der Transistor bei $t = \delta T$ gesperrt, dann bleibt der Spulenstrom kontinuierlich und fließt über die Diode in den Ausgangskreis. Wegen der jetzt umgekehrten Polarität der Spannung über der Spule nimmt der Strom linear bis auf null ab (Zeitpunkt $t = \zeta T$). Ein Rückwärtsstrom wird durch die Diode verhindert. Nach Ablauf der Periodendauer (20 μs im Beispiel) beginnt der Vorgang erneut.

Für den in Abb. 9.13b dargestellten Spulenstrom soll an einem E25/13/7 Kern mit dem Ferritmaterial 3C90 bei einer Betriebstemperatur von 80 °C der Einfluss der Windungs-

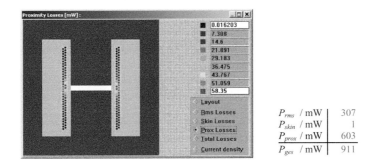

Abb. 9.14 Ortsabhängige Verteilung der Proximityverluste bei der Referenzanordnung

positionen im Wickelfenster auf die Wicklungsverluste untersucht werden. Als Beispiel verwenden wir einen Volldraht mit dem Durchmesser $2r_D = 0{,}4$ mm. Mit der gewählten Windungszahl $N = 66$ ergeben sich genau zwei vollständige Lagen. Da es hier nicht um eine Gesamtoptimierung geht, sondern nur der Einfluss der Windungspositionen betrachtet werden soll, bleiben alle andern Parameter im Folgenden unverändert.

Werden die beiden Wicklungslagen auf den Standardwickelkörper aufgebracht, dann erhalten wir mit dem zugehörigen Luftspalt und bei richtiger Skalierung aller geometrischen Daten die Anordnung in Abb. 9.14. Die Farbskala zeigt die windungsabhängige Verteilung der Proximityverluste in mW pro Windung. Die gesamten Wicklungsverluste (Summe über alle Windungen) sind in der Tabelle angegeben. Die Optimierungsfrage lautet jetzt: Inwieweit können die Wicklungsverluste reduziert werden durch eine geänderte Positionierung der Windungen im Wickelfenster? Das bisherige Ergebnis dient dabei als Referenz.

Das Problem sind offenbar die extrem hohen Proximityverluste in der Nähe des Luftspalts und die im Vergleich dazu deutlich geringeren rms-Verluste. Als erste Möglichkeit untersuchen wir daher den Fall, dass wir einen Wickelkörper mit größerem Durchmesser verwenden. In Abb. 9.15a ist der zusätzliche Parameter d eingetragen, der die Änderung gegenüber der Referenzsituation beschreibt. Die beiden relevanten Verlustmechanismen sowie die gesamten Wicklungsverluste sind in Abb. 9.15b als Funktion dieses Abstands dargestellt. Die rms-Verluste steigen aufgrund der zunehmenden Windungslänge an, während die Proximityverluste im Wesentlichen durch das Luftspaltfeld verursacht sind und mit wachsendem Abstand zum Luftspalt geringer werden. Die Summenverluste durchlaufen ein flaches Minimum im Bereich $d = 2$ mm und sind bereits deutlich geringer als bei der Ausgangssituation.

Als weitere Möglichkeit betrachten wir die Anordnung in Abb. 9.16. Der Abstand der Windungen vom Luftspalt ist jetzt möglichst groß, d. h. der Beitrag des Luftspaltfeldes zu den Proximityverlusten wird jetzt kleiner. Insgesamt steigt dieser Verlustmechanismus trotzdem an, da sich jetzt das Feld der Nachbardrähte stärker bemerkbar macht. Die beiden Teilwicklungen verhalten sich jeweils wie eine vierlagige Anordnung, wobei die Feldstär-

a 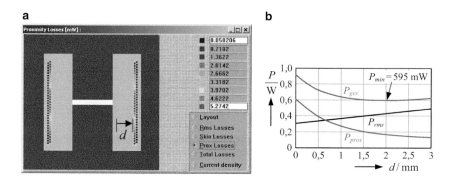 b

Abb. 9.15 Abhängigkeit der Wicklungsverluste vom geänderten Wickelkörperdurchmesser

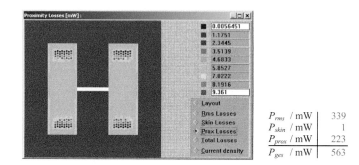

P_{rms} / mW	339
P_{skin} / mW	1
P_{prox} / mW	223
P_{ges} / mW	563

Abb. 9.16 Ortsabhängige Verteilung der Proximityverluste

ke wieder von außen nach innen (jetzt aber in z- bzw. −z-Richtung) ansteigt. Mit den gegenüber dem vorhergehenden Beispiel geringeren rms-Verlusten sind die Gesamtverluste nochmals gesunken.

Eine Kombination aus den bisherigen Beispielen zeigt die Anordnung in Abb. 9.17, mit der sich die Gesamtverluste weiter reduzieren lassen, und zwar auf nur noch 55 % der Verluste bei der Referenzanordnung. Trotz der ansteigenden rms-Verluste infolge der größeren Länge bei den außen liegenden Windungen führt die deutliche Reduzierung bei den Proximityverlusten durch zunehmenden Abstand vom Luftspalt zu wesentlich geringeren Wicklungsverlusten.

Betrachtet man die Situation in Abb. 9.17, dann erkennt man, dass die Windungen möglichst weit vom Luftspalt entfernt an den Rand des Wickelfensters positioniert werden sollten, und zwar sowohl in Richtung der Wickelfensterbreite b_w als auch in Richtung der Wickelfensterhöhe h_w. Die Frage nach den optimalen Abmessungsverhältnissen b_w/h_w und den weiteren Einsparpotentialen bei den Wicklungsverlusten unter der Voraussetzung optimaler Windungspositionierung wird in [2] diskutiert mit dem Ergebnis, dass bei hohen Frequenzen und damit hohen Proximityverlusten das Verhältnis h_w/b_w größer werden sollte als bei den Standardkernformen.

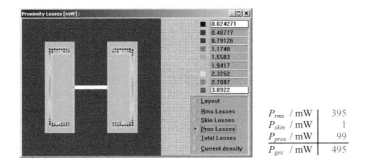

Abb. 9.17 Ortsabhängige Verteilung der Proximityverluste

Die deutliche Ergebnisverbesserung in Abb. 9.17 gegenüber Abb. 9.14 ist natürlich eine Folge der ungünstigen Aufteilung zwischen rms- und Proximityverlusten bei der Ausgangsanordnung. Bei anderen Drähten, insbesondere Litzen, ist die Verteilung der gesamten Wicklungsverluste auf die drei unterschiedlichen Mechanismen gegebenenfalls völlig anders, d. h. auch der Einfluss der Positionierung macht sich anders bemerkbar, so dass sich die endgültige Drahtpositionierung von dem betrachteten Beispiel unterscheiden kann. Letztlich ist an dem Beispiel aber klar erkennbar, dass für eine Minimierung der Gesamtverluste eine detaillierte ortsabhängige Berechnung der einzelnen Verlustmechanismen erforderlich ist.

9.4 Optimierungsmöglichkeiten bei Folienwicklungen

Bei Folienwicklungen entstehen im Zusammenhang mit den Kernen im Wesentlichen zwei Probleme, die besondere Beachtung verdienen. Zum einen sind das die Randeffekte, d. h. die in Abb. 4.45 bereits dargestellte extrem hohe Stromdichte an den Folienrändern, die jetzt durch die Nähe zum Kern beeinflusst wird, und zum anderen sind es die Luftspaltfelder. Diese stehen zum großen Teil senkrecht zur Folie und verursachen große Wirbelströme und damit auch extrem hohe Verluste (s. Abb. 4.46).

Betrachten wir zunächst die Randeffekte. Diese treten als Folge der endlichen Folienbreite und der damit verbundenen radialen, d. h. senkrecht zur Folie stehenden Feldkomponente auf. An dem Feldbild in Abb. 4.33a ist diese Situation sehr gut zu erkennen. Durch die Hinzunahme des Kerns entsteht eine Übergangsstelle zwischen Kern und Wickelfenster, an der sich die Permeabilität um mehrere Zehnerpotenzen ändert. Das bedeutet, dass die magnetischen Feldlinien praktisch senkrecht auf die hochpermeable Kernoberfläche auftreffen müssen. Lässt man also den Abstand zwischen Folienrand und Kern auf beiden Seiten der Folie nach null gehen, dann verschwindet die radiale Feldkomponente. Der Kern wirkt wie ein Spiegel für die stromdurchflossene Folie und die Anordnung wird unabhängig von der tangential zur Folie verlaufenden Koordinate, so dass sich die Berechnung wieder auf ein eindimensionales Problem vereinfacht. Die hohen zusätzlichen Verluste lassen sich also reduzieren, wenn es gelingt, die zur Folie senkrechten Feldkomponenten zu minimieren. Dieser Gedanke bildet die Grundlage für all die Strategien, die

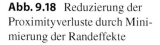

Abb. 9.18 Reduzierung der Proximityverluste durch Minimierung der Randeffekte

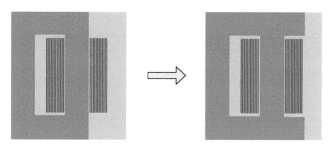

darauf abzielen, durch geschickte Formgebung der Folien diese hohen Verluste zu vermeiden.

Betrachtet man die in Abb. 9.18 dargestellte Folienspule mit einem U-Kern, dann ist zu erkennen, dass die Folien nur zu einem kleinen Teil dem hochpermeablen Material gegenüberstehen. Eine deutliche Verbesserung der Situation lässt sich nach [3] dadurch erreichen, dass die Kernform so abgeändert wird, dass der gesamte Folienrand an hochpermeables Material angrenzt. Der magnetische Fluss wird mehr in die Richtung tangential zur Folie gezwungen. Die daraus resultierende Reduzierung der radialen Feldkomponente führt zu geringeren Proximityverlusten an den Folienrändern.

Ein anderer Ansatz besteht darin, die Folienbreite über das Wickelpaket zu variieren. Die Randeffekte sind besonders an den Ecken des Wickelpakets, d. h. bei den inneren und äußeren Folien stark ausgeprägt. Reduziert man die Breite dieser Folien, dann können die Bereiche mit extrem hoher Verlustleistungsdichte vermieden werden. Durch entsprechende Simulationen kann die Formgebung für das Wickelpaket optimiert werden [5], indem die Breite für jede einzelne Windung im Zusammenspiel mit den Breiten aller anderen Windungen optimiert wird.

Das zweite Problem sind die Verluste infolge des Luftspaltfeldes. Die bereits in Abb. 9.10 gezeigten Effekte sind bei den Folien aufgrund deren Abmessung noch stärker ausgeprägt. Die Lösungsmöglichkeiten sind prinzipiell die gleichen wie bei den Runddrähten. Aussparungen bei den Folien in der Nähe des Luftspalts bieten auch hier die Möglichkeit, die Breite der Aussparung individuell für jede einzelne Windung zu optimieren [4].

9.5 Stabkernspulen

Eine besondere Situation stellt sich bei den Stabkernspulen ein. Diese bestehen aus einem zylinderförmigen Stab aus hochpermeablem Material, dessen Länge groß gegenüber seinem Durchmesser ist und der von den Windungen umschlossen wird. Bei dieser Anordnung bildet der gesamte Außenraum den Luftspalt, d. h. die magnetische Feldstärke wird von dem Stab in den Außenraum verdrängt. Betrachten wir wieder den Einfluss der Kernform auf die Proximityverluste in den Windungen, dann sind auch hier die Win-

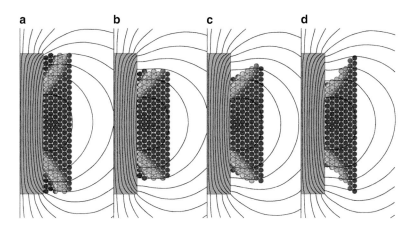

Abb. 9.19 Stabkernspule mit unterschiedlichen Wickelgeometrien

dungen in der Nähe der Übergangsstelle zwischen Stabende und Luftbereich der größten magnetischen Feldstärke ausgesetzt. Die größten Proximityverluste treten somit in den Windungen in der Nähe der Stabenden auf [6].

Für die Auswertung wurde ein Ferritstab mit der Länge 15 mm, dem Durchmesser 5 mm und mit einer Permeabilität von $\mu_r = 2000$ zugrunde gelegt. Der verwendete Runddraht besitzt einen Durchmesser von 0,5 mm, die Windungszahl wurde in allen Fällen so angepasst, dass sich jeweils die gleiche Induktivität einstellt.

Die konventionelle Wickelanordnung zeigt die Abb. 9.19a. Zur Vermeidung der hohen Proximityverluste in der Nähe der Stabenden sollten sich in diesem Bereich keine Windungen befinden. Die Teilbilder b, c und d zeigen verschiedene Möglichkeiten, die Wicklungsverluste insgesamt zu reduzieren. Für ein Ersatzschaltbild, bestehend aus einer *RL*-Reihenschaltung, sind die berechneten Werte für die vier Anordnungen in Tab. 9.1 zusammengestellt.

Aus den Ergebnissen erkennt man, dass sich die Wickelgeometrien in den verschiedenen Frequenzbereichen unterschiedlich auswirken. Die Anordnung a zeigt den größten Anstieg der Verluste mit der Frequenz sowie den gleichzeitig stärksten Abfall der Induk-

Tab. 9.1 Kenndaten der Spule, jeweils gleiche Induktivität

	a		b		c		d	
Windungszahl	156		143		144		145	
	$L/\mu H$	R/Ω	$L/\mu H$	R/Ω	$L/\mu H$	R/Ω	$L/\mu H$	R/Ω
1 kHz	320	0,337	321	0,327	320	0,335	319	0,345
10 kHz	320	0,664	321	0,556	320	0,547	319	0,543
100 kHz	297	24,2	305	16,3	305	15,3	305	14,8
1 MHz	233	142,3	265	84,1	266	84	265	98,2

tivität und ist somit die ungünstigste Lösung. Die für die Anwendung optimale Lösung hängt wegen der unterschiedlichen frequenzabhängigen Widerstände und der dadurch entstehenden Verluste von der Stromform, d. h. von dem Gleichanteil und dem Oberwellenspektrum ab.

9.6   Möglichkeiten zur Reduzierung der Wicklungsverluste

In Ergänzung zum Abschn. 4.7 können mit den vorstehenden Ergebnissen einige weitere Punkte zur Minimierung der Proximityverluste aufgelistet werden.

- Allgemeine Hinweise:
  - Bei gleicher Fläche des Kernquerschnitts führen Kerne mit rundem Schenkelquerschnitt zu kürzeren Windungslängen, verglichen mit rechteckförmigen Querschnittsformen.
  - Es sollte sich kein leifähiges Material in Bereichen mit hoher magnetischer Feldstärke befinden. Das betrifft die Positionierung von Windungen im Wickelfenster, die Formgebung von Folien sowie die Anschlüsse zu den Wicklungsenden.
  - Der Abstand zwischen Wicklung und Luftspalt sollte möglichst groß sein.
  - Vorteilhaft ist die Aufteilung des Gesamtluftspalts in viele einzelne kleine Luftspalte.
  - Optimal ist ein Verzicht auf diskrete Luftspalte. Eine gleichmäßige Verteilung des Luftspalts bedeutet, dass der Mittelschenkel aus einem Material mit geringer Permeabilität realisiert werden sollte.
- Drahtwicklungen:
  - Die Lagenbreite sollte möglichst bis zum Kern ausgedehnt werden (vgl. Abb. 9.9).
  - Windungen sollten nicht in der Nähe der Trennebenen positioniert werden, bei denen der magnetische Fluss vom hochpermeablen Material in den Luftbereich übertritt (vgl. Abb. 9.12a).
  - Windungen sollten im Wickelfenster so positioniert werden, dass sich ein guter Kompromiss zwischen rms- und Proximityverlusten ergibt, die Skinverluste sind bei dieser Betrachtung meistens vernachlässigbar (vgl. Abb. 9.17).
  - Gegebenenfalls sollten Wickelkörper mit entsprechender Aussparung in der Nähe des Luftspalts oder mit größerem Durchmesser verwendet werden.
- Folienwicklungen:
  - Der Abstand zwischen dem Folienrand und dem Kern sollte minimiert werden.
  - Folien sollten auf beiden Seiten von einem hochpermeablen Kern eingeschlossen sein (vgl. Abb. 9.18).
  - Auf den Folien senkrecht stehende Feldkomponenten sollten minimiert werden, z. B. durch Variation der Folienbreite über das Wickelpaket.
  - Dazu gehört auch die Aussparung der Folien in Luftspaltnähe. Das betrifft insbesondere die inneren Folienwindungen.

Literatur

1. Albach M, Roßmanith H (2001) The influence of air gap size and winding position on the proximity losses in high frequency transformers. PESC, Vancouver, Canada, S 1485–1490. doi:10.1109/PESC.2001.954329
2. Jensen RA, Sullivan CR (2003) Optimal core dimensional ratios for minimizing winding loss in high-frequency gapped-inductor windings. APEC, Bd 2, S 1164–1169. doi:10.1109/APEC.2003.1179363
3. Kutkut NH (1997) Minimizing winding losses in foil windings using field shaping techniques. PESC, St. Louis, Missouri, USA, Bd 1, S 634–640. doi:10.1109/PESC.1997.616788
4. Pollock JD, Sullivan CR (2004) Gapped-inductor foil windings with low ac and dc resistance. IAS Annual Meeting, Bd 1, S 552–557. doi:10.1109/IAS.2004.1348459
5. Pollock JD, Sullivan CR (2008) Loss models for shaped foil windings on low-permeability cores. PESC, Rhodos, Griechenland, S 3122–3128. doi:10.1109/PESC.2008.4592432
6. Spang M, Albach M (2008) Optimized winding layout for minimized proximity losses in coils with rod cores. IEEE Trans Magn 44(7):1815–1821. doi:10.1109/TMAG.2008.920149

Transformatoren

10

Zusammenfassung

Nachdem wir in den vorangegangenen Kapiteln ausschließlich Spulen betrachtet haben, werden wir jetzt einen weiteren Schritt in Richtung Verallgemeinerung gehen, indem wir induktive Bauteile mit mehreren Wicklungen, d. h. einer Primär- und einer oder mehreren Sekundärseiten, betrachten. Wichtig sind dabei vor allem zwei Aspekte, zum einen der Einfluss der Sekundärseiten auf die Kern- und Wicklungsverluste und zum anderen die Kopplung zwischen den einzelnen Wicklungen und deren Einfluss auf die Ersatzschaltbilder.

10.1 Der Zweiwicklungstransformator

Zum Einstieg in dieses Kapitel betrachten wir den Transformator in Abb. 10.1 mit einer Primär- und einer Sekundärseite. Die beiden Wicklungen besitzen die Windungszahlen N_1 und N_2 sowie die Selbstinduktivitäten L_{11} und L_{22}. Der Strom auf der Primärseite ruft im Kern einen magnetischen Fluss hervor, der mit dem verursachenden Strom rechtshändig verknüpft ist. Aufgrund der sehr hohen Permeabilität des Kernmaterials wird der Fluss im Kern geführt, d. h. bis auf einen geringen als Streufluss bezeichneten Anteil wird fast der gesamte Fluss auch die Sekundärwicklung durchsetzen.

Die zeitliche Änderung des Flusses induziert im Sekundärkreis eine Spannung, die bei geschlossenem Ausgangskreis zu einem Strom in der Sekundärwicklung führt, der seinerseits einen Fluss verursacht. Dieser Fluss ist nach der Lenzschen Regel dem Fluss infolge des primären Stroms entgegengerichtet und ebenfalls rechtshändig mit dem verursachenden Strom verknüpft. Auch dieser Fluss teilt sich auf in den überwiegenden Anteil, der auch die primäre Wicklung durchsetzt und einen Streufluss. Diesen Gedankengang mit der wechselseitigen Induktionswirkung kann man beliebig oft weiterführen. Resultierend

© Springer Fachmedien Wiesbaden GmbH 2017

M. Albach, *Induktivitäten in der Leistungselektronik*, DOI 10.1007/978-3-658-15081-5_10

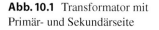

Abb. 10.1 Transformator mit
Primär- und Sekundärseite

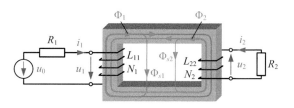

wird sich auf der Primärseite ein Strom einstellen, den wir mit i_1 bezeichnen und der den Fluss Φ_1 hervorruft. Den Streufluss bezeichnen wir mit Φ_{s1}. Für die entsprechenden Größen auf der Sekundärseite verwenden wir den Index 2.

Die Anwendung des Induktionsgesetzes (1.29) auf die beiden Stromkreise liefert die Beziehungen

$$-u_0 + R_1 i_1 = -\frac{\mathrm{d}}{\mathrm{d}t} \Phi_{1,ges} = -\frac{\mathrm{d}}{\mathrm{d}t} \left[N_1 \Phi_1 - N_1 \left(\Phi_2 - \Phi_{s2} \right) \right]$$

$$R_2 i_2 = -\frac{\mathrm{d}}{\mathrm{d}t} \Phi_{2,ges} = -\frac{\mathrm{d}}{\mathrm{d}t} \left[-N_2 \left(\Phi_1 - \Phi_{s1} \right) + N_2 \Phi_2 \right] , \qquad (10.1)$$

wobei in der eckigen Klammer auf der rechten Gleichungsseite der gesamte mit der jeweils betrachteten Wicklung verkettete Fluss steht. Dabei wird vorausgesetzt, dass der Fluss Φ_1 alle N_1 Windungen der Primärseite und der Fluss Φ_2 alle N_2 Windungen der Sekundärseite durchsetzt. Nach einer Umstellung dieser Gleichungen erhalten wir die folgende Darstellung

$$u_0 = R_1 i_1 + \frac{\mathrm{d}}{\mathrm{d}t} \left(N_1 \Phi_1 \right) - \frac{\mathrm{d}}{\mathrm{d}t} \left[N_1 \left(\Phi_2 - \Phi_{s2} \right) \right] = R_1 i_1 + \frac{\mathrm{d}}{\mathrm{d}t} \Phi_{11} - \frac{\mathrm{d}}{\mathrm{d}t} \Phi_{12}$$

$$0 = R_2 i_2 - \frac{\mathrm{d}}{\mathrm{d}t} \left[N_2 \left(\Phi_1 - \Phi_{s1} \right) \right] + \frac{\mathrm{d}}{\mathrm{d}t} \left(N_2 \Phi_2 \right) = R_2 i_2 - \frac{\mathrm{d}}{\mathrm{d}t} \Phi_{21} + \frac{\mathrm{d}}{\mathrm{d}t} \Phi_{22} . \qquad (10.2)$$

Bei den doppelt indizierten Flüssen kennzeichnet der erste Index jeweils die Wicklung, die vom Fluss durchsetzt wird, der zweite Index kennzeichnet den Strom, der den betreffenden Flussanteil hervorruft. Mithilfe der Beziehung (2.16) erhalten wir das Gleichungssystem

$$u_0 = R_1 i_1 + L_{11} \frac{\mathrm{d}i_1}{\mathrm{d}t} - L_{12} \frac{\mathrm{d}i_2}{\mathrm{d}t} = R_1 i_1 + L_{11} \frac{\mathrm{d}i_1}{\mathrm{d}t} - M \frac{\mathrm{d}i_2}{\mathrm{d}t}$$

$$0 = R_2 i_2 - L_{21} \frac{\mathrm{d}i_1}{\mathrm{d}t} + L_{22} \frac{\mathrm{d}i_2}{\mathrm{d}t} = R_2 i_2 - M \frac{\mathrm{d}i_1}{\mathrm{d}t} + L_{22} \frac{\mathrm{d}i_2}{\mathrm{d}t} . \qquad (10.3)$$

Dieses unterscheidet sich von der Gl. (2.28) durch die negativen Vorzeichen vor den Gegeninduktivitäten $L_{12} = L_{21} = M$, da sich die beiden Flüsse durch eine Wicklung gegensinnig überlagern (vgl. die Bemerkung im Anschluss an Gl. (2.28)).

Eine anschaulichere Darstellung erhält man durch die Ableitung von Ersatzschaltbildern, die dazu beitragen, ein besseres Verständnis für das physikalische Verhalten des realen Bauteils zu entwickeln. Ausgehend von dem Gleichungssystem (10.3) lässt sich das

Abb. 10.2 Induktives Ersatzschaltbild für den verlustlosen
Zweiwicklungstransformator

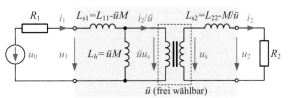

in Abb. 10.2 dargestellte Ersatzschaltbild mit der Hauptinduktivität L_h und den beiden der
Primärseite bzw. der Sekundärseite zugeordneten Streuinduktivitäten L_{s1} und L_{s2} ableiten.
Der im Schaltbild enthaltene ideale Transformator (vgl. Abb. 10.9) mit dem Übersetzungsverhältnis $\ddot{u}$ ist notwendig zur Realisierung der in der Ausgangsanordnung vorhandenen
galvanischen Trennung zwischen Eingangs- und Ausgangskreis.

Das Gleichungssystem (10.3) enthält nur die drei Werte L_{11}, L_{22} und M zur Beschreibung des Transformators. Das Ersatzschaltbild mit den vier unabhängigen Parametern L_h,
L_{s1}, L_{s2} und $\ddot{u}$ ist durch die drei Parameter der Gl. (10.3) unterbestimmt, d. h. einer der vier
Parameter kann frei gewählt werden. Es lässt sich leicht zeigen, dass die beiden Maschengleichungen bei der Schaltung in Abb. 10.2 identisch sind mit dem Gleichungssystem
(10.3), sofern die Zusammenhänge

$$L_h = \ddot{u}M, L_{s1} = L_{11} - \ddot{u}M \quad \text{und} \quad L_{s2} = L_{22} - \frac{M}{\ddot{u}} \tag{10.4}$$

gelten. Dem Übersetzungsverhältnis $\ddot{u}$ kann ein beliebiger Wert zugewiesen werden, da es
in den Maschengleichungen nicht enthalten ist. Das bedeutet aber auch, dass die Streuinduktivitäten in Gl. (10.4), deren Werte von der willkürlich gewählten Größe $\ddot{u}$ abhängen,
nicht dem Streufluss auf der Primär- bzw. Sekundärseite zugeordnet werden können. Um
dennoch einen möglichst engen Zusammenhang zwischen der physikalischen Realität und
dem Ersatzschaltbild herzustellen, verwendet man bei gut gekoppelten Wicklungen in
der Praxis üblicherweise das wirkliche Windungszahlenverhältnis $\ddot{u} = N_1/N_2$ (s. auch
Gl. (10.13)).

10.2 Die Koppelfaktoren

Sind mehrere Spulen (Stromkreise) magnetisch miteinander gekoppelt, dann führt die Beschreibung immer auf ein gekoppeltes Gleichungssystem, wie z. B. in den Gln. (2.28)
bzw. (10.3). Sein Aufbau ist unabhängig von der Geometrie der Anordnung und auch von
den Eigenschaften der verwendeten Materialien. Anders angeordnete Leiterschleifen und
andere Kernformen bzw. -materialien beeinflussen lediglich die Werte der Induktivitäten.

Der Wert der Gegeninduktivität M hängt nur davon ab, welcher Anteil des von einer
Schleife insgesamt erzeugten magnetischen Flusses die andere Schleife durchsetzt. Diese
Kopplung zwischen den beiden Schleifen kennzeichnet man durch sogenannte Koppelfak-
toren, die das Verhältnis von dem durch beide Schleifen hindurchtretenden Fluss zu dem

gesamten von einer Schleife erzeugten Fluss angeben. Mit den bisherigen Bezeichnungen gilt[1]

$$K_{21} = \frac{\Phi_{21}}{\Phi_{11}} = \frac{M}{L_{11}} \quad \text{und} \quad K_{12} = \frac{\Phi_{12}}{\Phi_{22}} = \frac{M}{L_{22}} . \tag{10.5}$$

Diese Koppelfaktoren können je nach Form der beiden Leiterschleifen oder je nach Anzahl der Windungen N_1 und N_2 sehr unterschiedliche Werte annehmen (vgl. folgendes Beispiel). Aus diesem Grund werden die beiden Koppelfaktoren oft so definiert, dass nicht die Gesamtflüsse durch die Schleifenflächen, sondern die durch die jeweiligen Windungszahlen dividierten Flüsse ins Verhältnis gesetzt werden. Die so definierten Koppelfaktoren sind dann betragsmäßig immer kleiner oder gleich eins. Diese Methode versagt aber, wenn die Leitergeometrie die Identifikation abzählbarer Windungen nicht erlaubt, sie ist selbst dann problematisch, wenn die einzelnen Windungen wie bei den Luftspulen in Kap. 2 von deutlich unterschiedlichen Flüssen durchsetzt werden. Auf den Koppelfaktor k in Gl. (10.6) haben diese unterschiedlichen Definitionen keine Auswirkung, er ist in beiden Fällen gleich.

Für die Praxis reicht zur Beschreibung der Kopplung zwischen den beiden Schleifen ein einziger Zahlenwert aus. Man bildet daher aus den beiden gegebenenfalls sehr unterschiedlichen Werten (10.5) das geometrische Mittel. Dieses ist unabhängig von den Windungszahlen betragsmäßig immer kleiner oder gleich eins

$$k = k_{12} = k_{21} = \pm\sqrt{K_{12}K_{21}} = \frac{M}{\sqrt{L_{11}L_{22}}} \quad \text{mit} \quad |k| \le 1 , \tag{10.6}$$

so dass das Gleichungssystem (10.3) auch in der Form

$$\begin{pmatrix} u_0 - R_1 i_1 \\ -R_2 i_2 \end{pmatrix} = \begin{pmatrix} L_{11} & -k_{12}\sqrt{L_{11}L_{22}} \\ -k_{12}\sqrt{L_{11}L_{22}} & L_{22} \end{pmatrix} \cdot \frac{\mathrm{d}}{\mathrm{d}t} \begin{pmatrix} i_1 \\ i_2 \end{pmatrix} \tag{10.7}$$

geschrieben werden kann. Für den verallgemeinerten Fall mit mehreren Wicklungen werden die Koppelfaktoren entsprechend Gl. (10.6) durch die Beziehung

$$k_{ik} = k_{ki} = \pm\sqrt{K_{ik}K_{ki}} = \frac{M_{ik}}{\sqrt{L_{ii}L_{kk}}} \quad \text{mit} \quad |k_{ik}| \le 1 \tag{10.8}$$

definiert. Der theoretische Grenzfall $|k| = 1$ bedeutet perfekte Kopplung, der andere Grenzfall $k = 0$ bedeutet keine Kopplung. In diesem Fall können die Wicklungen wie unabhängige Spulen behandelt werden.

Wir betrachten noch einmal das Schaltbild in Abb. 10.2 und wählen das Übersetzungsverhältnis $\ddot{u} = (L_{11}/L_{22})^{1/2}$. Sind die Wicklungen auf den gleichen Schenkel eines Kerns

---

[1] Wir verwenden an dieser Stelle Großbuchstaben K zur Unterscheidung von den mit gleichen Indizes gekennzeichneten und in Gl. (10.8) definierten Koppelfaktoren k.

Abb. 10.3 Induktives Ersatzschaltbild für den verlustlosen
Zweiwicklungstransformator

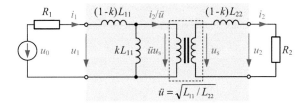

gewickelt, d. h. der magnetische Leitwert ist für beide Wicklungen gleich, dann ist dieses Verhältnis nach Gl. (5.26) identisch zu $\ddot{u} = N_1/N_2$. Mithilfe des Koppelfaktors nach
Gl. (10.6) können die Induktivitätswerte in den Gln. (10.4) auf die folgende Form gebracht
werden

$$L_h = k L_{11}, L_{s1} = (1-k) L_{11} \quad \text{und} \quad L_{s2} = (1-k) L_{22} \quad \text{mit} \quad \ddot{u} = \sqrt{\frac{L_{11}}{L_{22}}}. \quad (10.9)$$

Das zugehörige Schaltbild ist in Abb. 10.3 dargestellt. Für Koppelfaktoren $k \to 1$ verschwinden die beiden Streuinduktivitäten. In diesem Fall entspricht das Verhältnis der
Klemmenspannungen dem tatsächlichen Windungszahlenverhältnis $u_2/u_1 = N_2/N_1$.

Beispiel

Als Beispiel für die Berechnung der Koppelfaktoren (10.5) betrachten wir eine Anordnung mit zwei Wicklungen mit den Windungszahlen $N_1 = 9$ und $N_2 = 16$
(s. Abb. 10.4). Zur Vereinfachung sei angenommen, dass alle Windungen einer Wicklung so dicht beieinander liegen, dass der Fluss durch diese Windungen infolge des
Stroms in der anderen Wicklung identisch ist.

Im ersten Schritt nehmen wir einen Strom $i(t)$ in der Wicklung 1 an und betrachten
entsprechend Abb. 10.5 den Fluss durch die von der Wicklung 2 aufgespannte Querschnittsfläche AB.

Bezeichnen wir den von einer einzelnen Windung hervorgerufenen Fluss mit Φ,
dann beträgt der insgesamt von der Wicklung 1 erzeugte Fluss $\Phi_1 = N_1 \Phi$. Wir können
diesen Fluss interpretieren als die Summe aller Feldlinien durch die von einer stromführenden Windung aufgespannte Querschnittsfläche. Der insgesamt mit der Wicklung
1 verkettete Fluss ist dann $\Phi_{11} = N_1 \Phi_1 = N_1^2 \Phi$. Als Folge der nicht perfekten Kopplung wird nur ein Teil des Flusses Φ_1 entsprechend Abb. 10.5 die Querschnittsfläche

Abb. 10.4 Zur Berechnung
der Koppelfaktoren

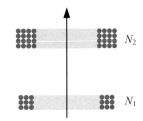

Abb. 10.5 Feldlinienbild einer
Stromschleife

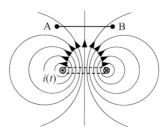

AB einer Windung der zweiten Wicklung durchsetzen. Mit dem Faktor $\xi < 1$ können wir ihn mit $\Phi_1 - \Phi_{s1} = \xi\,\Phi_1$ bezeichnen. Der mit der Wicklung 2 verkettete Fluss ist dann $\Phi_{21} = N_2\,\xi\,\Phi_1 = \xi\,N_2\,N_1\,\Phi$, so dass mit Gl. (10.5) $K_{21} = \xi\,N_2/N_1$ gilt.

Unter der Annahme gleicher Schleifenformen bei beiden Wicklungen erzeugt ein Strom $i(t)$ in der Wicklung 2 die gleiche Feldverteilung, d. h. es gilt $\Phi_2 = N_2\Phi$ und für den mit der Wicklung 2 verketteten Fluss $\Phi_{22} = N_2\Phi_2 = N_2^2\Phi$. Eine Windung der Wicklung 1 wird von dem Fluss $\xi\,\Phi_2$ durchsetzt und mit dem insgesamt mit der Wicklung 1 verketteten Fluss $\Phi_{12} = N_1\,\xi\,\Phi_2 = \xi\,N_1\,N_2\,\Phi$ gilt für den zweiten Koppelfaktor $K_{12} = \xi\,N_1/N_2$.

Man erkennt, dass die beiden Faktoren K_{12} und K_{21} in Abhängigkeit vom Verhältnis der Windungszahlen sehr unterschiedliche Werte annehmen können. Für das Zahlenbeispiel gilt $K_{12} = 9\xi/16$ und $K_{21} = 16\xi/9$. Für den Koppelfaktor (10.6) gilt aber $k_{12} = \xi$ und dieser Wert ist betragsmäßig kleiner als 1.

10.3 Vereinfachte Ersatzschaltbilder

Die freie Wahl des Wertes $\ddot{u}$ in der Schaltung in Abb. 10.2 bietet die Möglichkeit, das Ersatznetzwerk zu vereinfachen. Mit der Festlegung $\ddot{u} = M/L_{22}$ verschwindet die sekundärseitige Streuinduktivität nach Gl. (10.4). Für die beiden anderen Induktivitäten erhalten wir die Werte

$$L_h = \frac{M^2}{L_{22}} \overset{(10.6)}{=} k^2 L_{11} \quad \text{und} \quad L_{s1} = \left(1 - k^2\right) L_{11} \quad \text{mit} \quad \ddot{u} = \frac{M}{L_{22}} = k\sqrt{\frac{L_{11}}{L_{22}}}$$

$$(10.10)$$

und somit das vereinfachte Netzwerk in Abb. 10.6.

Abb. 10.6 Vereinfachtes
Ersatzschaltbild für den verlustlosen Transformator

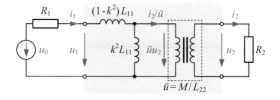

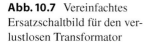 **Abb. 10.7** Vereinfachtes Ersatzschaltbild für den verlustlosen Transformator

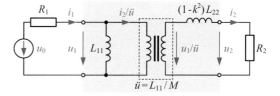

Den bei der verbleibenden Streuinduktivität auftretenden Faktor $1 - k^2$ bezeichnet man als Streugrad oder Streuung

$$\sigma = 1 - k^2 \quad \text{mit} \quad 0 \leq \sigma \leq 1 \,. \tag{10.11}$$

Eine große Streuung ist gleichbedeutend mit einer geringen Kopplung und umgekehrt. Ist $\sigma = 0$, d. h. $k^2 = 1$, dann spricht man von einem fest gekoppelten Transformator. Wird der Koppelfaktor deutlich kleiner als 1, dann spricht man von einem lose gekoppelten Transformator. Im Grenzfall $\sigma = 1$ bzw. $k = 0$ sind die beiden Wicklungen völlig entkoppelt und verhalten sich wie unabhängige Spulen.

Als weitere Möglichkeit kann das Übersetzungsverhältnis zu $\ddot{u} = L_{11}/M$ gewählt werden. In diesem Fall verschwindet die primärseitige Streuinduktivität und für die beiden anderen Induktivitäten erhalten wir mit Gl. (10.4) die Werte

$$L_h = \ddot{u}M = L_{11} \quad \text{und} \quad L_{s2} = L_{22} - \frac{M^2}{L_{11}} \overset{(10.6)}{=} \left(1 - k^2\right) L_{22} \tag{10.12}$$

$$\text{mit} \quad \ddot{u} = \frac{L_{11}}{M} = \frac{1}{k}\sqrt{\frac{L_{11}}{L_{22}}}$$

und somit das vereinfachte Netzwerk in Abb. 10.7.

Bei perfekter Kopplung bzw. verschwindender Streuung sind die beiden gewählten Übersetzungsverhältnisse identisch

$$\ddot{u} = \frac{M}{L_{22}} = \frac{L_{11}}{M} = \sqrt{\frac{L_{11}}{L_{22}}} \overset{(5.27)}{=} \frac{N_1}{N_2} \,. \tag{10.13}$$

Aus dem resultierenden Ersatzschaltbild in Abb. 10.8 ist unmittelbar zu erkennen, dass die Spannungen an den Eingangs- bzw. Ausgangsklemmen des Transformators im gleichen Verhältnis stehen wie die Windungszahlen von primärseitiger und sekundärseitiger Wicklung. In diesem Fall stimmt das Spannungsverhältnis mit dem Übersetzungsverhältnis überein $u_1/u_2 = \ddot{u}$.

Ein weiterer Schritt hin zu einem nochmals vereinfachten Netzwerk, jetzt zum idealen Transformator, erfordert das Verschwinden der Hauptinduktivität. Wenn in diesem Querzweig kein Strom mehr fließen soll, dann muss die Induktivität unendlich groß werden. Das bedeutet, dass der magnetische Leitwert des Kerns und damit die Permeabilität

Abb. 10.8 Ersatzschaltbild
für den verlustlosen streufreien
Transformator

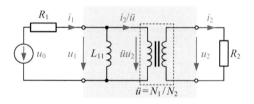

unendlich groß werden müssen. Da die eingangsseitig vom Transformator aufgenommene Leistung unmittelbar auf der Ausgangsseite an den Verbraucher abgegeben wird, stehen Eingangs- bzw. Ausgangsstrom des Transformators im umgekehrten Verhältnis wie die Windungszahlen von primärseitiger und sekundärseitiger Wicklung. Zusammengefasst gelten beim idealen Transformator die Gleichungen

$$\frac{u_1}{u_2} = \frac{i_2}{i_1} = \pm\ddot{u}, \quad \ddot{u} = \frac{N_1}{N_2} \quad \text{und} \quad u_1 i_1 = u_2 i_2 \,. \tag{10.14}$$

Je nach Wickelsinn der Sekundärwicklung bezogen auf den Wickelsinn der Primärwicklung ergeben sich zwei Möglichkeiten, die zusammen mit dem dreidimensionalen Aufbau in Abb. 10.9 angegeben sind.

Mithilfe der Gleichungen (10.14) kann eine Impedanz von der einen Seite des idealen Transformators gemäß der Beziehung

$$\underline{Z}_p = \frac{u_1}{\underline{i}_1} = \frac{\ddot{u}\underline{u}_2}{\underline{i}_2/\ddot{u}} = \ddot{u}^2 \underline{Z}_s \quad \text{bzw.} \quad \underline{Z}_s = \frac{1}{\ddot{u}^2}\underline{Z}_p \tag{10.15}$$

auf die andere Seite transformiert werden. Widerstände R und Induktivitäten L werden bei der Transformation von der Sekundär- auf die Primärseite wegen $\underline{Z}_R = R$ bzw. $\underline{Z}_L = j\omega L$ mit $\ddot{u}^2$ multipliziert, Kapazitäten C werden wegen $\underline{Z}_C = 1/j\omega C$ durch $\ddot{u}^2$ dividiert.

In der Abb. 10.9 sind jeweils einer der Eingangs- bzw. Ausgangsanschlüsse mit einem Punkt markiert. Diese Punkte sollen den Wickelsinn verdeutlichen für den Fall, dass nicht

Abb. 10.9 Idealer Transformator

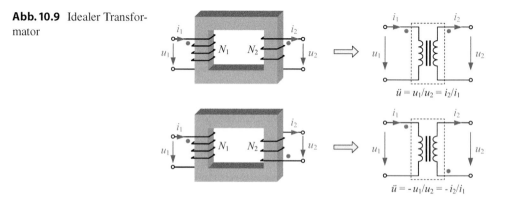

die dreidimensionale Anordnung entsprechend der linken Seite in der Abbildung, sondern das Ersatzschaltbild entsprechend der rechten Seite dargestellt ist. Ist das Potential an dem Eingangsanschluss mit Punkt höher als an dem anderen Eingangsanschluss, dann ist auch das Potential an dem Ausgangsanschluss mit Punkt höher als an dem anderen Ausgangsanschluss. Für den Transformatorbetrieb bedeutet das, dass ein Primärstrom, der eingangsseitig in den markierten Anschluss hineinfließt (der Transformator wirkt als Verbraucher gegenüber der Quelle), als Sekundärstrom an dem markierten Anschluss aus dem Transformator herausfließt (der Transformator wirkt als Quelle für den Verbraucher auf der Ausgangsseite).

In der Praxis besteht das Ziel sehr oft darin, die Transformatoren mit möglichst geringen Verlusten und sehr guter Kopplung zu realisieren. Insofern beschreiben die bisher abgeleiteten Ersatzschaltbilder das Verhalten dieser Komponenten bereits sehr gut. Zwar kann mit diesen Netzwerken das Verhalten der Transformatoren gut abgeschätzt werden, für eine Optimierung sind diese Schaltbilder allerdings nicht unbedingt geeignet. Wir werden daher in Kap. 11 ausführlichere Ersatzschaltbilder auch unter Einbeziehung kapazitiver Einflüsse betrachten.

10.4   Der Dreiwicklungstransformator

In diesem Abschnitt betrachten wir den verlustlosen Dreiwicklungstransformator, der unter der Voraussetzung, dass alle Flüsse durch eine Schleife gemäß Abb. 2.7 in die gleiche Richtung gezählt werden, durch das Gleichungssystem

$$\begin{pmatrix} u_1 \\ u_2 \\ u_3 \end{pmatrix} = \begin{pmatrix} L_{11} & M_{12} & M_{13} \\ M_{12} & L_{22} & M_{23} \\ M_{13} & M_{23} & L_{33} \end{pmatrix} \cdot \frac{\mathrm{d}}{\mathrm{d}t} \begin{pmatrix} i_1 \\ i_2 \\ i_3 \end{pmatrix} \tag{10.16}$$

beschrieben wird. Diese Induktivitätsmatrix enthält 6 unabhängige Werte zur Bestimmung der Größen im Ersatzschaltbild (ESB). Das in Abb. 10.10 angegebene ESB ist analog zur Abb. 10.2 aufgebaut mit dem Unterschied, dass jetzt zwei sekundärseitige Streuinduktivitäten L_{s2} und L_{s3} sowie zwei Übersetzungsverhältnisse $\ddot{u}_2$ und $\ddot{u}_3$ auftreten.

Die Anwendung der Kirchhoffschen Gleichungen liefert die drei Beziehungen

$$\begin{pmatrix} u_1 \\ u_2 \\ u_3 \end{pmatrix} = \begin{pmatrix} L_{s1} + L_h & \frac{1}{\ddot{u}_2} L_h & \frac{1}{\ddot{u}_3} L_h \\ \frac{1}{\ddot{u}_2} L_h & L_{s2} + \frac{1}{\ddot{u}_2^2} L_h & \frac{1}{\ddot{u}_2 \ddot{u}_3} L_h \\ \frac{1}{\ddot{u}_3} L_h & \frac{1}{\ddot{u}_2 \ddot{u}_3} L_h & L_{s3} + \frac{1}{\ddot{u}_3^2} L_h \end{pmatrix} \cdot \frac{\mathrm{d}}{\mathrm{d}t} \begin{pmatrix} i_1 \\ i_2 \\ i_3 \end{pmatrix}, \tag{10.17}$$

aus denen durch Vergleich mit der Gl. (10.16) die Zusammenhänge

$$L_{s1} = L_{11} - M_{12}M_{13}/M_{23}, \quad L_{s2} = L_{22} - M_{12}M_{23}/M_{13}, \quad L_{s3} = L_{33} - M_{13}M_{23}/M_{12}$$
$$L_h = M_{12}M_{13}/M_{23}, \qquad \ddot{u}_2 = M_{13}/M_{23}, \qquad \ddot{u}_3 = M_{12}/M_{23}$$

$$\tag{10.18}$$

Abb. 10.10 Induktives Ersatzschaltbild für den verlustlosen
Dreiwicklungstransformator

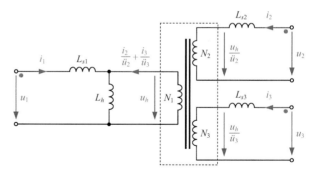

folgen. In diesem Fall enthält das ESB genau 6 unbekannte Größen, die eindeutig mit dem Gleichungssystem (10.16) bestimmt werden können. Ein Freiheitsgrad existiert bei dem betrachteten Ersatzschaltbild für den Dreiwicklungstransformator nicht mehr.

Für Transformatoren mit mehr als drei Wicklungen ist es nicht mehr möglich, geeignete Ersatzschaltbilder durch Hinzunahme weiterer Sekundärseiten ähnlich dem Übergang von der Abb. 10.2 zur Abb. 10.10 aufzustellen. Beim Übergang auf vier Wicklungen kommen vier weitere unabhängige Werte in der Induktivitätsmatrix (10.16) hinzu, eine weitere Sekundärseite bedeutet aber nur die beiden neuen Werte L_{s4} und $\ddot{u}_4$. Damit wäre das ESB überbestimmt. Abgesehen von speziellen Sonderfällen, bei denen die bisherige Vorgehensweise weiterhin anwendbar ist [5], besteht natürlich immer die Möglichkeit, durch Hinzufügen von weiteren Netzwerkelementen die Anzahl der zu bestimmenden Parameter im Ersatzschaltbild in Übereinstimmung mit der Anzahl der unabhängigen Werte in Gl. (10.16) zu bringen. In [6] werden ausgehend vom ESB für den Dreiwicklungstransformator bei jeder weiteren Wicklung auf der Sekundärseite Kopplungen mit den bisherigen Sekundärseiten eingefügt. Damit lässt sich für beliebige Wicklungszahlen immer eine eindeutige Zuordnung gewährleisten. In anderen Literaturstellen wie z. B. in [1, 4] werden alternative Netzwerktopologien beschrieben, die ebenfalls unabhängig von der Anzahl der Wicklungen verwendet werden können. Wir werden auf diese Möglichkeiten in Abschn. 11.3 nochmals zurückkommen.

10.5   Die messtechnische Bestimmung der Netzwerkparameter

Zur Bestimmung der Werte für die Komponenten in den Ersatzschaltbildern sind naturgemäß mehrere Messungen erforderlich. Prinzipiell kann die Eingangsimpedanz an jedem Klemmenpaar gemessen werden, wobei an den jeweils anderen Klemmenpaaren beliebige Ausgangsimpedanzen angeschlossen sein können. Die Interpretation der Messergebnisse ist allerdings am einfachsten, wenn als Ausgangsimpedanzen die Grenzfälle Leerlauf bzw. Kurzschluss verwendet werden.

Betrachten wir zunächst den Zweiwicklungstransformator. Aus der Impedanzmessung an den Eingangsklemmen bei offenem Ausgang erhält man aus dem Imaginärteil der

Impedanz nach Abb. 10.6 die primärseitige Selbstinduktivität L_{11}. Aus der Impedanzmessung an den Ausgangsklemmen bei offenem Eingang folgt analog die Selbstinduktivität L_{22}. Diese Messungen müssen in einem Frequenzbereich stattfinden, in dem die Impedanz linear mit der Frequenz ansteigt, der Phasenwinkel also bei 90° liegt. Bei zu niedrigen Frequenzen dominiert der ohmsche Anteil, bei zu hohen Frequenzen wird das Ergebnis zu stark von der Wicklungskapazität mit beeinflusst, die mit der Induktivität einen Resonanzkreis bildet. Ein weiterer Punkt ist zu beachten: Diese Induktivitäten hängen von der Permeabilität des Kernmaterials und damit von der Aussteuerung, d. h. dem Wert des Stroms sowie der Temperatur ab.

Zur Bestimmung des Koppelfaktors kann die Impedanz auf der Eingangsseite bei kurzgeschlossenem Ausgang gemessen werden. Unter der Voraussetzung eines idealen Kurzschlusses messen wir nach Abb. 10.6 die Streuinduktivität gemäß dem Ausdruck $(1 - k^2) L_{11}$. Die Division durch die primärseitige Selbstinduktivität L_{11} liefert direkt den Streugrad $\sigma = 1 - k^2$ bzw. durch Auflösen nach k den Koppelfaktor. Die Messung auf der Ausgangsseite bei kurzgeschlossenem Eingang liefert den Wert $(1 - k^2) L_{22}$, aus dem ebenfalls k berechnet werden kann. Ein idealer Kurzschluss lässt sich aber nicht realisieren, zumal auch die Verlustwiderstände in die Messungen eingehen. Die daraus entstehenden Messfehler sind dann gegebenenfalls nicht mehr vernachlässigbar.

Als Alternative kann auch das Spannungsübersetzungsverhältnis u_2/u_1 bei offener Sekundärseite gemessen werden. In diesem Fall spielt die sekundärseitige Streuinduktivität wegen $i_2 = 0$ keine Rolle. Aus Abb. 10.3 erhalten wir die folgenden Zusammenhänge und damit eine weitere Beziehung zur Bestimmung von k

$$\frac{\ddot{u} u_s}{u_1} = \sqrt{\frac{L_{11}}{L_{22}}} \frac{u_s}{u_1} = \sqrt{\frac{L_{11}}{L_{22}}} \frac{u_2}{u_1} \qquad \rightarrow \qquad k = \frac{u_2}{u_1} \sqrt{\frac{L_{11}}{L_{22}}}. \qquad (10.19)$$
$$\frac{\ddot{u} u_s}{u_1} = \frac{k L_{11}}{k L_{11} + (1 - k) L_{11}} = k$$

In der Praxis werden die aus unterschiedlichen Messungen abgeleiteten k-Werte nicht perfekt übereinstimmen, so dass eine geeignete Mittelung notwendig ist.

Da die Streuinduktivitäten im Wesentlichen durch den Fluss bestimmt werden, der in weiten Teilen der Wegstrecke durch Luft verläuft, sind diese Werte relativ konstant und unabhängig von den nichtlinearen Eigenschaften des Ferritmaterials. Bei Sättigung wird die Hauptinduktivität deutlich kleiner, die Streuinduktivitäten sind davon kaum beeinflusst. Der aus der Division der beiden Messergebnisse bestimmte Koppelfaktor hängt also von dem Messstrom bei der Leerlaufmessung ab (vgl. dazu die Abb. 6.6).

Beim Dreiwicklungstransformator ergeben sich weitere Messmöglichkeiten. Wird an der einen Sekundärwicklung eine sinusförmige Spannung u_3 angelegt und gleichzeitig sowohl die Primär- als auch die andere Sekundärwicklung im Leerlauf betrieben, dann tritt kein Spannungsabfall an den Streuinduktivitäten L_{s1} und L_{s2} auf, so dass das Verhältnis aus den beiden Leerlaufspannungen u_1/u_2 direkt dem Übersetzungsverhältnis $\ddot{u}_2$ entspricht. Die Messung von $\ddot{u}_3$ erfolgt auf analoge Weise.

Zur Messung der vier Induktivitätswerte ergeben sich vielfältige Möglichkeiten. Die Messung kann an drei Eingängen erfolgen mit Kurzschluss oder Leerlauf an den beiden jeweiligen Ausgängen, so dass wir insgesamt 12 Kombinationen erhalten. Meistens verzichtet man auf die Messungen, bei denen beide Ausgänge gleichzeitig kurzgeschlossen werden, so dass noch immer acht Messungen verbleiben. Werden mehr als vier Messungen durchgeführt, dann bietet es sich an, die vier Induktivitätswerte so zu mitteln, dass die Summe der Fehlerquadrate (Abweichungen zwischen Messwert und berechneten Werten) über alle Messergebnisse minimiert wird.

10.6   Die Berechnung der Streuinduktivitäten

Eine Möglichkeit zur Bestimmung der Selbst- und Gegeninduktivitäten mithilfe von magnetischen Netzwerken ist in Abschn. 5.1 beschrieben. Mit diesen Ergebnissen ist die Berechnung der Streuinduktivitäten wegen der Differenzbildung von annähernd gleich großen Zahlen sehr fehleranfällig. Die Voraussetzung für zuverlässige Ergebnisse sind daher hinreichend genau bekannte Werte für die Selbst- und Gegeninduktivitäten.

Diese Voraussetzung erfüllt die in Abschn. 9.1 beschriebene Vorgehensweise zur Berechnung der Feldverteilung im Wickelfenster. Legt man den Strom in nur einer Wicklung zugrunde, dann können aus der Flussverkettung mit allen Windungen die Selbstinduktivität sowie die Gegeninduktivitäten zu allen anderen Wicklungen mit hoher Genauigkeit berechnet werden. Damit lassen sich sukzessive alle Koeffizienten des Gleichungssystems (10.7) bestimmen, mit deren Hilfe dann alle weiteren Kenngrößen wie Koppelfaktoren, Streuungen und die Werte für die Induktivitäten in den Ersatzschaltbildern abgeleitet werden können. Diese Methode ist nicht an bestimmte Wicklungsanordnungen gebunden und damit sehr flexibel. Sie setzt wegen des mathematischen Aufwands allerdings voraus, dass ein Programm zur Berechnung der Feldverteilung vorhanden ist.

Unter gewissen vereinfachenden Annahmen hinsichtlich des Wickelaufbaus lassen sich aber die Streuinduktivitäten auch ohne den Aufwand für eine exakte Feldberechnung durch einfache Näherungsformeln recht gut abschätzen. Diese Gleichungen liefern nicht nur die Informationen, in welcher Größenordnung die Streuinduktivitäten liegen, sie zeigen auch, welchen Einfluss einzelne Parameter auf diese Werte haben. Als erstes Beispiel für diese Näherungsrechnung betrachten wir einen Zweiwicklungstransformator mit lagenorientiertem Wickelaufbau nach Abb. 10.11. Zur Vereinfachung erstrecken sich die Wicklungen über die gesamte Breite des Wickelfensters. Außerdem werden die Ströme in den einzelnen Windungen als eine homogen über den Wickelbereich verteilte Stromdichte aufgefasst. Analog zur Vorgehensweise bei den Messungen wird die Sekundärseite kurzgeschlossen, so dass wegen $N_1 i_1 = N_2 i_2$ der hochpermeable Kern praktisch feldfrei ist. Bei dem in der Abbildung angedeuteten Feldlinienverlauf besitzt die Feldstärke $\vec{H} = \vec{e}_z H(\rho)$ nur innerhalb des Wickelfensters einen nicht verschwindenden Wert, so dass die Feldstärke unmittelbar aus dem Durchflutungsgesetz (1.3) berechnet werden kann. Im

Abb. 10.11 Zur Berechnung der Streuinduktivität bei der Lagenwicklung

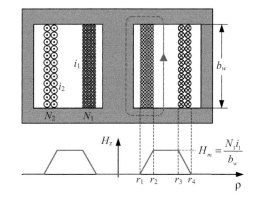

Bereich zwischen den Wicklungen nimmt sie den in der Abbildung angegebenen maximalen Wert H_m an, innerhalb der Wicklungen ergibt sich ein linearer Abfall zwischen dem Maximalwert in der Mitte und null an der jeweils äußeren Berandung.

Die im Wickelfenster gespeicherte magnetische Energie kann einerseits aus den Feldgrößen und andererseits aus dem Strom durch die Streuinduktivität in Abb. 10.6 berechnet werden. Gleichsetzen dieser beiden Formulierungen führt auf die Beziehung

$$L_s \overset{(2.3)}{=} \frac{\mu_0}{i_1^2} \int\limits_0^{b_w} \int\limits_0^{2\pi} \int\limits_{r_1}^{r_4} [H(\rho)]^2 \, \rho \, d\rho \, d\varphi \, dz$$

$$= \frac{\mu_0 2\pi b_w}{i_1^2} H_m^2 \left[\int\limits_{r_1}^{r_2} \left(\frac{\rho - r_1}{r_2 - r_1} \right)^2 \rho \, d\rho + \int\limits_{r_2}^{r_3} \rho \, d\rho + \int\limits_{r_3}^{r_4} \left(\frac{r_4 - \rho}{r_4 - r_3} \right)^2 \rho \, d\rho \right], \quad (10.20)$$

die nach Ausführung der Integration in Übereinstimmung mit [3] das folgende Ergebnis liefert

$$L_s = \mu_0 N_1^2 \frac{\pi}{6b_w} \left(r_4^2 + 2r_3 r_4 + 3r_3^2 - 3r_2^2 - 2r_1 r_2 - r_1^2 \right). \quad (10.21)$$

Bevor wir dieses Ergebnis diskutieren, wollen wir zunächst einen Zusammenhang herstellen zwischen dem Wert L_s und den Komponenten in den Ersatzschaltbildern. Schließen wir in Abb. 10.3 bzw. Abb. 10.6 die Sekundärseite kurz ($R_2 = 0$), dann erhalten wir an den Eingangsklemmen des Transformators die Streuinduktivität $L_s = (1 - k^2)L_{11}$. Sie ist nach Gl. (10.21) proportional zum Quadrat der Windungszahl und umgekehrt proportional zur Wickelbreite. Die gespeicherte Energie und damit auch die Streuinduktivität wächst mit der Höhe der Wicklungen $r_2 - r_1$ und $r_4 - r_3$ sowie mit dem Abstand $r_3 - r_2$ zwischen den Wicklungen. Eine Minimierung der Streuinduktivität bedeutet eine Minimierung der Fläche unterhalb der Feldstärkekurve in Abb. 10.11.

Abb. 10.12 Zur Berechnung
der Streuinduktivität bei der
Kammerwicklung

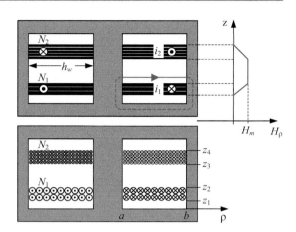

Werden die Wicklungen nicht mit Runddrähten, sondern mit Folien der Breite b_w ausgeführt, dann ändert sich im unteren Frequenzbereich nichts an der als homogen im Wickelbereich angenommenen Stromdichte. Bei sehr hohen Frequenzen wird sich die Stromdichte in Richtung der Foliendicke hin zu der Oberfläche verdrängen. Damit ändern sich sowohl die Feldverteilung als auch die Werte der Induktivitäten in den Ersatzschaltbildern. Das Ergebnis (10.21) gilt für Folienwicklungen zumindest im unteren Frequenzbereich. Mit zunehmender Frequenz sinkt die Streuinduktivität bei Folienwicklungen, da die Energie innerhalb der Folien wegen der Stromverdrängung geringer wird. In der Praxis muss oft ein Mindestabstand zwischen dem Folienrand und dem Kern eingehalten werden. In diesen Fällen wird sich die Stromdichte bei steigenden Frequenzen innerhalb der Folien nach Abb. 4.45 auch zu den Rändern verdrängen. Dieser Einfluss ist in dem Ergebnis (10.21) ebenfalls nicht erfasst.

Anders sieht die Situation bei der Anordnung in Abb. 10.12 aus. Wir betrachten zunächst das obere Teilbild mit den hochkant stehenden Folien. Im niedrigen Frequenzbereich stellen sich innerhalb der Wicklungen die folgenden von der Koordinate ρ abhängigen Stromdichten ein

$$\vec{\mathbf{J}}_1\left(\rho\right) = \vec{\mathbf{e}}_\varphi \frac{N_1 i_1}{z_2 - z_1} \frac{1}{\rho \ln\left(b/a\right)} \quad \text{bzw.} \quad \vec{\mathbf{J}}_2\left(\rho\right) = -\vec{\mathbf{e}}_\varphi \frac{N_2 i_2}{z_4 - z_3} \frac{1}{\rho \ln\left(b/a\right)} . \quad (10.22)$$

Für die allein ρ-gerichtete magnetische Feldstärke innerhalb des Wickelfensters gilt mit $N_1 i_1 = N_2 i_2$

$$H\left(\rho, z\right) = \frac{N_1 i_1}{\ln\left(b/a\right)} \frac{1}{\rho} \cdot \begin{cases} \left(z_4 - z\right)/\left(z_4 - z_3\right) & z_3 \le z \le z_4 \\ 1 & \text{für} \quad z_2 \le z \le z_3 \\ \left(z - z_1\right)/\left(z_2 - z_1\right) & z_1 \le z \le z_2 \end{cases} . \quad (10.23)$$

Die Berechnung der Streuinduktivität erfolgt ausgehend von der gespeicherten magnetischen Energie analog zum vorhergehenden Beispiel

$$L_s \stackrel{(2.3)}{=} \frac{\mu_0}{i_1^2} \int_{z_1}^{z_4} \int_0^{2\pi} \int_a^b [H(\rho, z)]^2 \, \rho \, d\rho \, d\varphi \, dz$$

$$= \mu_0 N_1^2 \frac{2\pi}{\ln(b/a)} \left[\int_{z_1}^{z_2} \left(\frac{z - z_1}{z_2 - z_1} \right)^2 dz + \int_{z_2}^{z_3} dz + \int_{z_3}^{z_4} \left(\frac{z_4 - z}{z_4 - z_3} \right)^2 dz \right]. \quad (10.24)$$

Nach Auswertung der verbleibenden Integrale erhalten wir das einfache Ergebnis

$$L_s = \mu_0 N_1^2 \frac{2\pi}{3 \ln(b/a)} [z_4 - z_1 + 2(z_3 - z_2)], \quad (10.25)$$

in dem die gleichen Abhängigkeiten von den geometrischen Abmessungen wie in Gl. (10.21) zu erkennen sind. Zur Reduzierung der Streuinduktivität müssen wieder die Wickelbreite, in diesem Fall das Verhältnis b/a vergrößert sowie die Wickelhöhe $z_2 - z_1$ bzw. $z_4 - z_3$ und der Abstand zwischen den Wicklungen $z_3 - z_2$ verkleinert werden.

Für das untere Beispiel in Abb. 10.12 sieht die Lösung anders aus. Bei den aus Einzeldrähten aufgebauten Wicklungen erhalten wir homogene von der Koordinate ρ unabhängige Stromdichten

$$\vec{J}_1(\rho) = \vec{e}_\varphi \frac{N_1 i_1}{z_2 - z_1} \frac{1}{b - a} \quad \text{bzw.} \quad \vec{J}_2(\rho) = -\vec{e}_\varphi \frac{N_2 i_2}{z_4 - z_3} \frac{1}{b - a}. \quad (10.26)$$

Die magnetische Feldstärke besitzt im Bereich des Wickelfensters sowohl eine ρ- als auch eine z-Komponente und lässt sich nicht in geschlossener Form darstellen. Die vollständige Berechnung erfordert einen Ansatz der Form (9.11), wobei aber auf die Summation über die Eigenwerte q verzichtet werden kann. Der Vorteil einer einfachen Berechnungsformel für die Streuinduktivität ist nicht mehr gegeben, so dass man auch in diesem Fall auf die Gl. (10.25) zurückgreift und den zusätzlichen, meist im einstelligen Prozentbereich liegenden Fehler toleriert oder aber direkt die in Abschn. 9.1 beschriebene exakte Lösung verwendet.

10.7 Auswertungen

In diesem Abschnitt wollen wir den quantitativen Einfluss verschiedener Parameter auf den Koppelfaktor k in Gl. (10.6) untersuchen, und zwar zunächst für Transformatoren ohne Kern. Die dazu notwendige exakte Berechnung der Selbst- und Gegeninduktivitäten für die Luftspulen wurde bereits in Kap. 2 behandelt. In diesen Fällen ist der Koppelfaktor aussagekräftiger, da die Zahlenwerte für Streu- und Hauptinduktivität zusätzlich von den

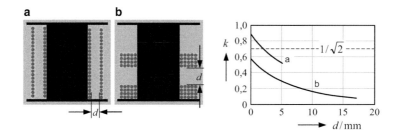

Abb. 10.13 Koppelfaktor k als Funktion der Wicklungsabstände

willkürlich gewählten Abmessungen beeinflusst werden. Im Gegensatz dazu liegen die Koppelfaktoren bei den anschließend betrachteten Transformatoren mit Kern sehr nahe bei eins, so dass wir dann aus dem direkten Vergleich der Streuinduktivitäten leichter Schlüsse ziehen können.

Als erstes Beispiel untersuchen wir den Einfluss des Abstands zwischen den beiden Wicklungen für die beiden Fälle, dass die Wicklungen nebeneinander bzw. übereinander liegen. Wir verwenden den Wickelkörper des EC52 Kerns mit einem Durchmesser von 16,2 mm und den 1,25 mm Runddraht mit dem Außendurchmesser 1,351 mm. Die Abb. 10.13 zeigt den Querschnitt durch die Wicklungen und den zugehörigen Koppelfaktor $k = M/(L_{11}L_{22})^{1/2}$ als Funktion der Abstände d.

Allgemein lässt sich feststellen, dass der Koppelfaktor mit zunehmenden Abständen geringer und damit die Streuinduktivitäten größer werden. Die Kopplung bei den nebeneinander liegenden Wicklungen ist erheblich geringer als bei den lagenweise übereinander angeordneten Wicklungen.

Für den Sonderfall $k = 1/\sqrt{2} \approx 0{,}71$ sind Streu- und Hauptinduktivität in dem Ersatzschaltbild in Abb. 10.6 gleich groß. Damit ist bei der Kammerwicklung in Abb. 10.13b wegen $k < 0{,}6$ die Streuinduktivität immer größer als die Hauptinduktivität. Bei der Lagenwicklung im Teilbild a überwiegt die Hauptinduktivität zumindest im Bereich kleiner Wicklungsabstände.

In Abb. 10.14 wird die Lagenbreite variiert, indem die Anzahl der Windungen $N_1 = N_2 = N$ von dem Minimalwert 1 bis zum Maximalwert 20 erhöht wird. Genauso wie bei der berechneten Streuinduktivität in Gl. (10.21) verbessert sich die Kopplung mit zunehmender Lagenbreite.

Abb. 10.14 Koppelfaktor k als Funktion der Lagenbreite

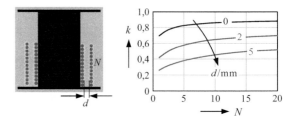

Abb. 10.15 Koppelfaktor k als Funktion der Wickelhöhe bei 4 Windungen pro Lage

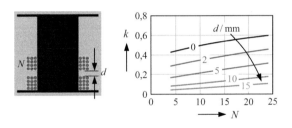

Nach Gl. (10.25) ergibt sich ein ähnlicher Effekt mit zunehmender Wickelhöhe bei den Kammerwicklungen. Die in Abb. 10.15 gezeigten Kurven wurden nur bei jeweils vollständigen Lagen (4 Windungen pro Lage), d. h. bei $N = 4, 8, .., 24$ Windungen berechnet und anschließend interpoliert.

In vielen praktischen Anwendungen ist man bestrebt, die Streuinduktivitäten zu minimieren. Eine gute Kopplung zwischen Primär- und Sekundärwicklung setzt kleine Abstände zwischen den Wicklungen voraus. Eine effektive Möglichkeit besteht darin, die Wicklungen zu verschachteln. Ausgehend von einer lagenorientierten Wicklung mit getrennter Primär- und Sekundärwicklung zeigen die bei den Teilbildern in Abb. 10.16 angegebenen Zahlenwerte den Einfluss einer lagenweisen Verschachtelung sowie die nochmalige Verbesserung der Kopplung durch die Verschachtelung der Wicklungen auch innerhalb der Lagen. Im rechten Teilbild ist zwar der Sonderfall gleicher Windungszahlen $N_1 = N_2$ dargestellt, diese Verschachtelung lässt sich aber auch für jedes andere ganzzahlige Windungszahlenverhältnis realisieren. Betrachten wir z. B. den Sonderfall $N_1 = 3N_2$, dann werden vier Drähte parallel gewickelt und anschließend drei Drähte als Primärwicklung in Reihe geschaltet.

Die beiden Ergebnisse in Abb. 10.17 zeigen die Abhängigkeit des Koppelfaktors von der Windungszahl. Im rechten Teilbild sind die Drahtdurchmesser auf die Hälfte reduziert und die Anzahl der Lagen sowie die Anzahl der Drähte pro Lage verdoppelt. Damit nehmen die Wicklungen den gleichen Bereich im Wickelfenster ein. Unter dieser Voraussetzung steigen alle Induktivitätswerte, sowohl die Haupt- als auch die Streuinduktivitäten mit dem Quadrat der Windungszahl N^2. Der Koppelfaktor ist daher in beiden Anordnungen praktisch identisch.

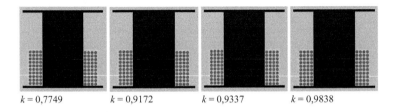

$k = 0{,}7749$ $k = 0{,}9172$ $k = 0{,}9337$ $k = 0{,}9838$

Abb. 10.16 Beeinflussung des Koppelfaktors durch Verschachteln

Abb. 10.17 Abhängigkeit
des Koppelfaktors von der
Windungszahl

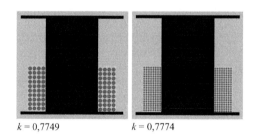

$k = 0{,}7749$ $k = 0{,}7774$

In der Praxis ist diese quadratische Abhängigkeit der Streuinduktivitäten von der Windungszahl nicht immer gegeben, da eine geänderte Windungszahl in der Regel einen geänderten Wickelbereich zur Folge hat, so dass die geänderte Geometrie das Ergebnis mit beeinflusst. In erster Näherung lässt sich aber festhalten, dass das Verhältnis von Streuinduktivität zu Hauptinduktivität unabhängig von der Windungszahl ist.

Wir betrachten jetzt den Einfluss des Ferritkerns. Die beiden Wicklungen sind gemäß Abb. 10.18 nebeneinander angeordnet. Wegen der symmetrischen Anordnung (gleicher Abstand der beiden Wicklungen zu den Kernseiten) sind die beiden im Ersatzschaltbild in Abb. 10.3 eingezeichneten Streuinduktivitäten gleich. Die Abb. 10.18 zeigt den Wert $L_{s1} = L_{s2}$ als Funktion des im Bild eingetragenen Abstands d.

Für die Luftspule ist der Koppelfaktor bereits in Abb. 10.13 angegeben. Die zugehörigen Streuinduktivitäten sind zum Vergleich ebenfalls in Abb. 10.18 eingezeichnet. Dabei zeigt sich, dass die Kopplung für zunehmende Abstände bei der Luftspule gegen null geht, d. h. die beiden Wicklungen sind wegen $L_h \to 0$, was einem Kurzschluss im ESB entspricht, entkoppelt und die Streuinduktivitäten müssen als Grenzwert den Wert der Selbstinduktivität der Wicklungen annehmen.

Für den Fall mit geschlossenem Kern ist die Angabe des Koppelfaktors nicht mehr sinnvoll. Wegen der extrem ansteigenden Flussdichte im Kern steigt die Hauptinduktivität in diesem Beispiel auf etwa 3,5 mH und für den Koppelfaktor gilt $k > 0{,}99$. Die Streuinduktivitäten hängen linear vom Abstand d ab und sind deutlich größer als bei der Luftspule. Die Ursache liegt in der geänderten Feldstärkeverteilung im Bereich der Wick-

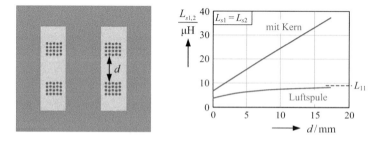

Abb. 10.18 Abhängigkeit der Streuinduktivitäten von dem Wicklungsabstand, Vergleich von Luftspule und Spule mit geschlossenem Ferritkern

Abb. 10.19 Vergleich der Streuinduktivitäten bei unterschiedlichen Wickelanordnungen

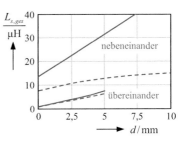

lungen. Während sich die Feldstärke bei der Luftspule im Bereich $\rho < a$, wobei a den mittleren Radius der Wicklung bezeichnet, konzentriert (vgl. Abb. 2.14), wird infolge des konstanten Flusses durch den Kern die Feldstärke mehr in den Außenbereich verdrängt. Dadurch steigt die Feldstärke auch in dem Bereich zwischen den Wicklungen und der Streufluss nimmt zu.

Als nächstes Beispiel vergleichen wir die beiden unterschiedlichen Wickelanordnungen gemäß Abb. 10.13, allerdings jetzt mit geschlossenem Kern. Da die lagenweise Anordnung nach Teilbild a auf sehr unterschiedliche Werte für die beiden Streuinduktivitäten führt, vergleichen wir jeweils die Summe $L_{s,ges} = L_{s1} + L_{s2}$. Wegen $N_1 = N_2$ und dem um drei Zehnerpotenzen größeren Wert L_h erhält man diese Summe durch Messung am Eingang der Schaltung in Abb. 10.2 bei sekundärseitigem Kurzschluss. Die Kurve für die nebeneinander liegenden Wicklungen entspricht dem doppelten Wert aus Abb. 10.18. Das Ergebnis in Abb. 10.19 zeigt einen großen Unterschied in den Streuinduktivitäten zugunsten der lagenorientierten Wickelanordnung. Die gestrichelten Kurven gelten für die Luftspulen. Während der Kern die Streuinduktivitäten bei den nebeneinander liegenden Wicklungen nach Abb. 10.18 um einen Faktor zwischen 2 und 4 erhöht, liegt dieser Unterschied bei den lagenweisen Wicklungen im Bereich <20 %.

Als abschließendes Beispiel untersuchen wir noch den Einfluss eines Luftspalts der Länge 1 mm im Mittelschenkel. Die Abb. 10.20 zeigt wieder die Summe der beiden Streuinduktivitäten für die nebeneinander liegenden Wicklungen. Zum Vergleich ist das Ergebnis aus Abb. 10.18 (ohne Luftspalt) gestrichelt eingetragen.

Der Einfluss des Luftspalts macht sich durch zwei Effekte bemerkbar. Einerseits wird die Feldstärke im Bereich des Luftspalts konzentriert, also ähnlich wie bei der Luftspule im Innenbereich der Wickelpakete. Dadurch sollte die Streuinduktivität wie beim Übergang zur Luftspule kleiner werden. Dieser Einfluss dominiert bei größeren Abständen d zwischen den Wickelpaketen. Andererseits dehnt sich das Luftspaltfeld in den Wickelbereich aus. Das hat zur Folge, dass die Windungen in der Nähe des Luftspalts von weniger Feldlinien durchsetzt werden. Der Streufluss nimmt zu und die Streuinduktivitäten werden größer. Dieser Effekt wirkt sich umso stärker aus, je näher die Wicklungen beim Luftspalt liegen, also bei kleinem Abstand d.

Beim lagenweisen Aufbau in Abb. 10.21 befinden sich immer Windungen in der Nähe des Luftspalts, d. h. die Streuinduktivitäten nehmen zu.

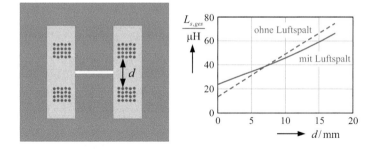

Abb. 10.20 Einfluss des Luftspalts auf die Streuinduktivitäten

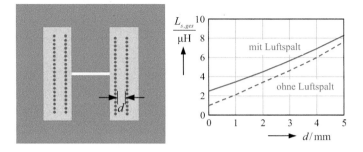

Abb. 10.21 Einfluss des Luftspalts auf die Streuinduktivitäten

Betrachtet man die absoluten Werte der Streuinduktivitäten in den letzten beiden Diagrammen, dann lässt sich feststellen, dass sich diese nicht so stark verändert haben. In der Praxis geht man daher oft davon aus, dass der Luftspalt in erster Näherung keinen Einfluss auf die Streuinduktivitäten hat.

Als letztes Beispiel betrachten wir den Dreiwicklungstransformator zunächst ohne Kern in Abb. 10.22. Abgesehen von den Windungszahlen $N_1 = N_2 = N_3 = 40$ sind alle Daten identisch zu den vorhergehenden Beispielen. Die innen liegende Wicklung wird als Primärseite angesehen, darüber liegen die erste und zweite Sekundärseite. Die für die dargestellte Wicklungsanordnung gemäß den Formeln in Abschn. 2.5.1 berechnete Induktivitätsmatrix ist ebenfalls in der Abbildung angegeben.

Abb. 10.22 Querschnitt durch einen Dreiwicklungstransformator ohne Kern

$$\left(\frac{L}{\mu H}\right) = \begin{pmatrix} 14{,}037 & 14{,}193 & 12{,}924 \\ 14{,}193 & 21{,}664 & 21{,}490 \\ 12{,}924 & 21{,}490 & 30{,}388 \end{pmatrix}$$

Die Umrechnung der Koeffizienten in dieser Matrix in die Werte des Ersatzschaltbilds in Abb. 10.10 erfolgt mithilfe der Gl. (10.18), die Berechnung der Koppelfaktoren mithilfe der Gl. (10.8)

$$\frac{L_{s1}}{\mu H} = 5{,}501 \quad \frac{L_{s2}}{\mu H} = -1{,}935 \quad \frac{L_{s3}}{\mu H} = 10{,}819 \quad \frac{L_h}{\mu H} = 8{,}536$$

$$\ddot{u}_2 = 0{,}6014 \quad \ddot{u}_3 = 0{,}6604 \quad k_{12} = 0{,}814 \quad k_{13} = 0{,}626 \quad k_{23} = 0{,}838\,.$$

$$(10.27)$$

Es sei nochmals daran erinnert, dass diese Umrechnung eindeutig ist und im Unterschied zum Zweiwicklungstransformator kein Freiheitsgrad existiert. Es fällt auf, dass die Übersetzungsverhältnisse trotz gleicher Windungszahlen bei allen Wicklungen deutlich von dem Zahlenwert 1 abweichen. Ein weiterer interessanter Aspekt ist der sich ergebende Zahlenwert bei der Streuinduktivität L_{s2}. Obwohl diese Streuinduktivität negativ ist und die darin gespeicherte Energie ebenfalls ein negatives Vorzeichen erhält, sind die Gesamtenergien, entweder berechnet aus den Beiträgen von allen Induktivitäten im Netzwerk oder aus der Feldverteilung bei der realen Anordnung, trotzdem identisch. Das negative Vorzeichen ist eine Folge der mathematischen Umrechnung der Koeffizientenmatrix auf eine willkürlich gewählte Netzwerkstruktur. Es bedeutet lediglich, dass das Ersatznetzwerk in der Praxis nicht aus einzelnen idealen Komponenten in dieser Form nachgebaut werden kann.

An den Koppelfaktoren sind diese Besonderheiten nicht zu erkennen. Die Kopplung der mittleren Wicklung zu den beiden benachbarten Wicklungen ist ähnlich, lediglich der Koppelfaktor zwischen der innersten und äußersten Wicklung ist aufgrund des größeren Abstands erwartungsgemäß geringer.

Völlig anders sieht die Situation bei der Anordnung in Abb. 10.23 aus. Die erzwungene Flussführung durch den Kern führt zu einer wesentlich besseren Kopplung und zu Übersetzungsverhältnissen, die praktisch den Windungszahlenverhältnissen entsprechen. Ausgehend von der in der Abbildung angegebenen Induktivitätsmatrix liefert die Gl. (10.18) die folgenden Ergebnisse

$$\frac{L_{s1}}{\mu H} = 11{,}27 \quad \frac{L_{s2}}{\mu H} = -2{,}102 \quad \frac{L_{s3}}{\mu H} = 12{,}88$$

$$\frac{L_h}{mH} = 7{,}054 \quad \ddot{u}_2 = 0{,}9985 \quad \ddot{u}_3 = 0{,}9988\,.$$

$$(10.28)$$

Während die Hauptinduktivität um drei Zehnerpotenzen steigt, bleiben die Streuinduktivitäten in der gleichen Größenordnung. In der Praxis ist das Verhältnis von Hauptinduktivität zu Streuinduktivität näherungsweise proportional zur Permeabilität des Kernmaterials.

Einen interessanten Effekt zeigt die Abb. 10.24. In Teilbild a sind die beiden Wicklungen 2 und 3 infolge der Verschachtelung gut gekoppelt, in Teilbild b ist ihre Kopplung aufgrund der Kammerwicklung wesentlich schlechter. Betrachtet man die Werte der zu-

Abb. 10.23 Querschnitt durch die Wickelanordnung mit Kern

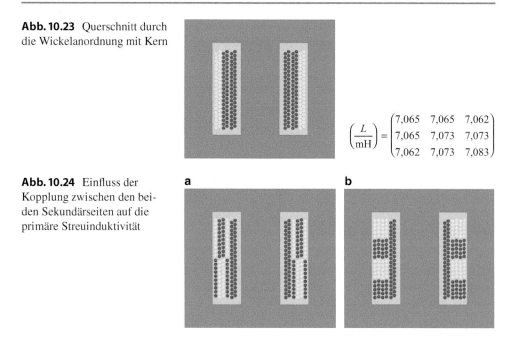

$$\left(\frac{L}{\mathrm{mH}}\right) = \begin{pmatrix} 7{,}065 & 7{,}065 & 7{,}062 \\ 7{,}065 & 7{,}073 & 7{,}073 \\ 7{,}062 & 7{,}073 & 7{,}083 \end{pmatrix}$$

Abb. 10.24 Einfluss der Kopplung zwischen den beiden Sekundärseiten auf die primäre Streuinduktivität

a   b

gehörigen Streuinduktivitäten für die beiden Fälle

$$\frac{L_{s1}}{\mu\mathrm{H}} = 13{,}06 \quad \frac{L_{s2}}{\mu\mathrm{H}} = 1{,}341 \quad \frac{L_{s3}}{\mu\mathrm{H}} = 1{,}420 \quad \text{für Teilbild a}$$

$$\frac{L_{s1}}{\mu\mathrm{H}} = 3{,}45 \quad \frac{L_{s2}}{\mu\mathrm{H}} = 20{,}04 \quad \frac{L_{s3}}{\mu\mathrm{H}} = 20{,}92 \quad \text{für Teilbild b}\,, \tag{10.29}$$

dann erkennt man zusätzlich einen starken Einfluss auf die primärseitige Streuinduktivität. Eine bessere Kopplung zwischen den beiden Sekundärseiten reduziert nicht nur die beiden Streuinduktivitäten L_{s2} und L_{s3}, sondern erhöht im Gegenzug die primäre Streuinduktivität L_{s1}.

10.8 Möglichkeiten zur Minimierung der Streuinduktivitäten

In vielen leistungselektronischen Schaltungen ist die Minimierung der Streuinduktivitäten im Transformator ein wichtiges Designkriterium. Bei der etwas später betrachteten Flybackschaltung in Abb. 10.26 z. B. wird die Energie in der primärseitigen Streuinduktivität nicht über den Transformator auf die Sekundärseite übertragen. Beim Ausschalten des Transistors werden infolge des Resonanzkreises, der aus der Reihenschaltung von Streuinduktivität und parasitärer Ausgangskapazität des Transistors besteht, hochfrequente Oszillationen angeregt, die zu Überspannungen am Schalter und zu EMV-Problemen

führen. Die Energie aus der Streuinduktivität wird, sofern nicht besondere schaltungs-
technische Maßnahmen ergriffen werden, in Verlustwärme umgewandelt.

Generell lässt sich feststellen, dass neben den Windungszahlen auch die geometrische
Anordnung der Wicklungen im Wickelfenster entscheidenden Einfluss auf die Streuinduktivitäten hat. Die in den vorangegangenen Abschnitten aufgezeigten Möglichkeiten
zur Minimierung der Streuinduktivitäten sind im Folgenden nochmals zusammengestellt:

- Die Abstände zwischen Primär- und Sekundärwicklung müssen minimiert werden.
  Allerdings ist bei allen darauf abzielenden Maßnahmen ein Kompromiss mit der anstei-
  genden Kapazität zwischen Primär- und Sekundärseite (s. Abschn. 11.4) erforderlich.
- Eine Möglichkeit zur Reduzierung der Abstände ist die Verwendung dünnerer Drähte.
  In diesem Fall ist ein Kompromiss mit den Wicklungsverlusten erforderlich.
- Nebeneinander liegende Wicklungen haben wesentlich größere Streuinduktivitäten zur
  Folge als übereinander liegende Wicklungen (s. Abb. 10.13).
- Die Streuinduktivität sinkt mit wachsender Lagenbreite, im Falle von Kammerwick-
  lungen mit wachsender Wickelhöhe (s. Abb. 10.14 und Abb. 10.15).
- Das Verschachteln der Wicklungen, sowohl lagenweise als auch innerhalb der Lagen,
  verbessert die Kopplung und reduziert die Streuinduktivitäten (s. Abb. 10.16).
- Die Streuinduktivitäten sind in erster Näherung proportional zum Quadrat der Win-
  dungszahlen (s. Abb. 10.17). Die Anzahl der Windungen muss daher möglichst gering
  bleiben. Bei Transformatoren mit Kern bedeutet das, dass für gleich bleibende Hauptinduktivität der Luftspalt reduziert werden muss mit der Konsequenz einer höheren
  Materialaussteuerung.
- Kernmaterialien mit einer höheren Permeabilität erfordern bei gleichem Luftspalt zur
  Realisierung der gleichen Hauptinduktivität weniger Windungen, d. h. die Streuinduktivitäten werden reduziert.
- Streuinduktivitäten werden auch erhöht durch die Leiterbahnführung der Anschlussdrähte, wenn hier große Schleifen entstehen. Wenn bei der bereits erwähnten Flybackschaltung in Abb. 10.26 die Streuinduktivität minimal werden soll, dann müssen auf
  der Eingangsseite die von Primärwicklung, Mosfet-Schalter und Spannungsquelle sowie auf der Ausgangsseite die von Sekundärwicklung, Diode und Speicherkondensator
  gebildeten Schleifenflächen minimiert werden.
- Ein geschlossener Kern erhöht die Streuinduktivität bei nebeneinander liegenden
  Wicklungen gegenüber der Luftspule um einen Faktor 2–4, bei übereinander liegenden
  Wicklungen ist die Erhöhung wesentlich geringer.

10.9   Die Aussteuerung des Kernmaterials

Nach der Betrachtung der induktiven Ersatznetzwerke wenden wir uns jetzt den Verlustmechanismen in den Transformatoren zu. Ähnlich wie bei den Spulen werden wir auch
hier die Beiträge im Kern und in der Wicklung getrennt betrachten.

10.9.1   Der Magnetisierungsstrom und die Kernverluste

Zur Berechnung der Kernverluste wird die Flussdichte im Kern benötigt. Für eine Spule
können wir den Zusammenhang aus der Gl. (6.22) übernehmen

$$B_e = \frac{\Phi_e}{A_e} = \frac{L I}{N A_e} \, . \tag{10.30}$$

Für einen Transformator mit n Wicklungen, der im Fall gleicher Zählrichtung der Teilflüsse durch die Wicklungen entsprechend Abb. 2.7 durch das Gleichungssystem (2.28) beschrieben wird, muss die Gl. (10.30) entsprechend erweitert werden. Mit der fortlaufenden
Nummerierung der Wicklungen $i = 1, 2, \ldots, n$ erhalten wir durch Überlagerung der einzelnen Beiträge die Beziehung

$$\begin{aligned} B_e\,(t) &= \frac{L_{11} i_1\,(t)}{N_1 A_e} + \frac{L_{22} i_2\,(t)}{N_2 A_e} + \ldots + \frac{L_{nn} i_n\,(t)}{N_n A_e} \\ &= \frac{L_{11}}{N_1 A_e} \left[i_1\,(t) + \frac{L_{22}}{N_2} \frac{N_1}{L_{11}} i_2\,(t) + \ldots + \frac{L_{nn}}{N_n} \frac{N_1}{L_{11}} i_n\,(t) \right] . \end{aligned} \tag{10.31}$$

Mit dem für alle Wicklungen gleichen A_L-Wert gilt mit Gl. (5.27) die Vereinfachung

$$B_e\,(t) = \frac{L_{11}}{N_1 A_e} \left[i_1\,(t) + \frac{N_2}{N_1} i_2\,(t) + \ldots + \frac{N_n}{N_1} i_n\,(t) \right] . \tag{10.32}$$

Diese Gleichung kann unter Verwendung der Windungszahlenverhältnisse (Übersetzungsverhältnisse) $\ddot{u}_i = N_1/N_i$ in der folgenden Form dargestellt werden

$$B_e\,(t) = \frac{L_{11}}{N_1 A_e} \left[i_1\,(t) + \frac{1}{\ddot{u}_2} i_2\,(t) + \ldots + \frac{1}{\ddot{u}_n} i_n\,(t) \right] . \tag{10.33}$$

Den Ausdruck in der eckigen Klammer bezeichnen wir als Magnetisierungsstrom

$$i_{mag}\,(t) = i_1\,(t) + \frac{1}{\ddot{u}_2} i_2\,(t) + \ldots + \frac{1}{\ddot{u}_n} i_n\,(t) \, . \tag{10.34}$$

Er setzt sich zusammen aus einer Überlagerung vom Primärstrom mit den auf die Primärseite transformierten Sekundärströmen. Die Flussdichte im Kern lässt sich damit in der

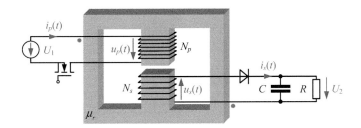

Abb. 10.25 Flybackschaltung mit schematisiertem Transformatoraufbau zur Verdeutlichung des Wickelsinns bei Primär- und Sekundärwicklung

abgekürzten Form

$$B_e\left(t\right) = \frac{L_{11}}{N_1 A_e} i_{mag}\left(t\right) = \frac{A_L}{A_e} N_1 i_{mag}\left(t\right) \tag{10.35}$$

darstellen. Diese Flussdichte wird verwendet, um die spezifischen Kernverluste mithilfe der Steinmetz-Gleichung (8.3) bzw. (8.18) zu berechnen. Die Frage, welche der Wicklungen mit dem Index 1 gekennzeichnet bzw. als Primärseite angesehen wird, ist für die Auswertung ohne Bedeutung, da das Produkt $N_1 i_{mag}(t)$ von dieser Festlegung unabhängig ist.

An dieser Stelle ist noch ein Hinweis hinsichtlich $i_{mag}(t)$ angebracht. Dieser Strom ist ein Maß für die im Kern gespeicherte magnetische Energie. Da diese Energie stetig sein muss, darf sich der Magnetisierungsstrom nicht sprunghaft ändern.

Beispiel

Als Beispiel betrachten wir den Flybackkonverter nach Abb. 10.25 zur Erzeugung einer galvanisch getrennten Ausgangsgleichspannung U_2 aus einer Eingangsgleichspannung U_1. Der Transformator wird als ideal, d. h. ohne parasitäre Eigenschaften, angesehen. An dieser Stelle ist eine Anmerkung zur Abbildung angebracht: Die auf dem Mittelschenkel angeordneten Wicklungen verdeutlichen zwar den Wickelsinn, sind aber nur aus zeichnerischen Gründen an dieser Stelle positioniert. In der Praxis werden die Wicklungen so im Wickelfenster verteilt, dass die Streuinduktivität möglichst klein wird.

Das der Berechnung zugrunde gelegte Ersatzschaltbild ist in der Abb. 10.26 dargestellt. Wir betrachten die diskontinuierliche Betriebsart. Im Intervall $0 \le t \le \delta T$ ist der Schalter geschlossen und die Diode sperrt. Zum Zeitpunkt $t = \delta T$ öffnet der Schalter und die Diode muss den Magnetisierungsstrom übernehmen. Zum Zeitpunkt ζT wird der Diodenstrom null und die Diode sperrt bis zum Ablauf der Schaltperiode T, wenn der Transistor erneut eingeschaltet wird. Die Gleichungen zur Berechnung der zeitabhängigen Strom- und Spannungsverläufe in Abb. 10.25 sind nachstehend angegeben.

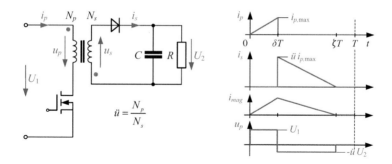

Abb. 10.26 Flybackschaltung mit Strom- und Spannungsverläufen

Im Intervall $0 \leq t \leq \delta T$ ist der Schalter geschlossen, d. h. $u_p(t) = U_1$. Wegen $u_s(t) = U_1/\ddot{u} > 0$ sperrt die Diode und es gilt

$$U_1 = L_p \frac{di_p}{dt} = L_p \frac{i_{p,\max}}{\delta T} \quad \rightarrow \quad i_p(t) = \frac{U_1}{L_p}t, \quad i_{p,\max} = \frac{U_1}{L_p}\delta T. \tag{10.36}$$

Im Intervall $\delta T \leq t \leq \zeta T$ ist der Schalter geöffnet, d. h. der Strom fließt durch die Sekundärseite mit einem Startwert, der aus der Stetigkeit der Energie zum Zeitpunkt $t = \delta T$ berechnet werden kann

$$\frac{1}{2}L_p i_{p,\max}^2 = \frac{1}{2}L_s [i_s(\delta T)]^2 \quad \rightarrow \quad i_s(\delta T) = \frac{N_p}{N_s}i_{p,\max} = \ddot{u}i_{p,\max}, \tag{10.37}$$

$$u_s = -U_2 = L_s \frac{di_s}{dt} = -\frac{L_p}{\ddot{u}}\frac{i_{p,\max}}{(\zeta - \delta)T}$$

$$\rightarrow \quad i_s(t) = i_s(\delta T) - \frac{U_2}{L_s}(t - \delta T), \tag{10.38}$$

$$u_p = \ddot{u}u_s = -\ddot{u}U_2, \quad \zeta = \frac{U_1 + \ddot{u}U_2}{\ddot{u}U_2}\delta. \tag{10.39}$$

Im Intervall $\zeta T \leq t < T$ sperren beide Halbleiter und es gilt $u_p = u_s = i_p = i_s = 0$.

Aus diesen Gleichungen kann der in der Abbildung bereits eingetragene Magnetisierungsstrom für die gesamte hochfrequente Schaltperiode mit Gl. (10.34) angegeben werden

$$i_{mag}(t) = \begin{cases} i_p(t) & 0 \leq t < \delta T \\ \dfrac{1}{\ddot{u}}i_s(t) & \text{für} \quad \delta T \leq t < \zeta T \\ 0 & \zeta T \leq t < T \end{cases} \tag{10.40}$$

10.9.2   Die Sättigungsproblematik

Zur Vermeidung der Kernsättigung muss die Flussdichte im Kern $B_e(t)$ unterhalb der Sättigungsflussdichte B_s bleiben. Aus Gl. (10.35) folgt damit, dass der Magnetisierungsstrom einen oberen Grenzwert nicht überschreiten darf. Bei der üblichen Betriebsweise eines Transformators, bei der die dem Eingang zugeführte Leistung zeitgleich ohne größere Verluste am Ausgang wieder abgegeben wird, ist der Magnetisierungsstrom verschwindend gering. Das bedeutet, dass selbst bei großen Strömen in den einzelnen Wicklungen nicht zwangsläufig Sättigung eintreten muss, da sich die von den einzelnen Strömen im Kern hervorgerufenen Teilflüsse gegenseitig kompensieren.

Die Ableitung von Maßnahmen zur Reduzierung der Flussdichte im Kern hat ausgehend von der Gl. (10.35) den Nachteil, dass die Änderung einzelner Parameter beim Spulen- oder Transformatordesign den Wert der Induktivität und damit gleichzeitig auch den Magnetisierungsstrom beeinflussen. Aus diesem Grund drückt man die Flussdichte im Kern häufig nicht mehr über den Magnetisierungsstrom aus, sondern über ein Spannungs-Zeit Produkt. Aus der Darstellung

$$u_1(t) = N_1 \frac{\mathrm{d}}{\mathrm{d}t} \Phi_e(t) = N_1 A_e \frac{\mathrm{d}}{\mathrm{d}t} B_e(t) \quad \rightarrow \quad B_e(t) = \frac{1}{N_1 A_e} \int u_1(t)\, \mathrm{d}t < B_s$$

(10.41)

erkennt man, dass die über die Zeit integrierte Eingangsspannung die Flussdichte im Kern bestimmt. Der Wert dieses Integrals ist in der Regel von der Schaltung vorgegeben und nicht durch das Design der induktiven Komponente beeinflusst. Bei sinusförmiger Eingangsspannung entspricht es dem Integral über die positive Halbwelle, bei der Flybackschaltung im obigen Beispiel ist es durch die Schaltfrequenz und den Tastgrad δ gegeben. Eine Reduzierung der maximalen Flussdichte lässt sich nach Gl. (10.35) durch eine Erhöhung der Windungszahl oder durch einen größeren Kernquerschnitt erreichen, wobei für eine geforderte Induktivität L_{11} der Luftspalt entsprechend angepasst werden muss.

10.10   Die Wicklungsverluste im Transformator

Beim Übergang von der Spule zum Transformator ändert sich bei der Berechnung der Kernverluste nur wenig. Wir müssen lediglich die Flussdichte im Kern aus einer Überlagerung der Beiträge aller zeitabhängigen Ströme in den verschiedenen Wicklungen zusammensetzen. Die Berücksichtigung der aussteuerungsabhängigen Permeabilität erfolgt auf die gleiche Weise wie bei den Spulen. Bei der Berechnung der Wicklungsverluste tritt allerdings eine völlig neue Situation auf. Die rms- und Skinverluste werden für jede einzelne Windung so berechnet wie bisher. Die Proximityverluste hängen aber extrem davon ab, wie der Transformator in der Schaltung betrieben wird. Solange er mit einer Wechselspannungsquelle am Eingang und festen Impedanzen an den Ausgängen betrieben wird, ist die Situation relativ unkritisch. Die sinusförmigen Ströme in den Wicklungen können zusammen mit der von ihnen erzeugten Feldverteilung im Wickelfenster berechnet werden. Die Feldverteilung auf den Drahtoberflächen nach Gl. (4.33) und (4.34) ergibt sich aus der Überlagerung der Beiträge aller Windungen, wobei natürlich die unterschiedlichen Phasenlagen der Ströme in den Wicklungen berücksichtigt werden müssen.

Kritisch wird die Situation in den Fällen, in denen die Ströme in den Wicklungen mithilfe von Halbleitern geschaltet werden. Die dreieckförmigen Ströme in Abb. 10.26 haben ein extrem hohes Oberwellenspektrum, d. h. wir müssen die Proximityverluste sowohl bei der Schaltfrequenz als auch für alle Oberschwingungen berechnen und addieren. Da der Proximityfaktor nach Abb. 4.8 mit der Frequenz ansteigt, müssen je nach Konvergenz der Fourier-Entwicklung bei den einzelnen Strömen sehr viele Oberschwingungen berücksichtigt werden, da diese einen nicht zu vernachlässigenden Beitrag zu den Gesamtverlusten liefern (vgl. Abschn. 10.10.5).

Man kann sich dieses Problem auch auf eine etwas andere Weise veranschaulichen. Beim Umschaltzeitpunkt δT in Abb. 10.26 kommutiert der Strom von der Primär- auf die Sekundärseite. Die ortsabhängige Feldverteilung im Wickelfenster muss sich während der extrem kurzen Schaltzeit völlig ändern mit der Folge, dass die in den Drähten induzierten Spannungen wegen der großen $d\Phi/dt$-Werte zu großen Proximityströmen führen.

Im Folgenden werden wir die beiden unterschiedlichen Situationen etwas detaillierter betrachten.

10.10.1 Der klassische Transformatorbetrieb

Als erstes Beispiel wollen wir die Wicklungsverluste in einem Transformator berechnen, der in der Schaltung nach Abb. 10.27 eingesetzt wird. Hierbei handelt es sich um die klassische Betriebsweise, bei der die dem Eingang zugeführte Leistung gleichzeitig am Ausgang wieder abgegeben werden soll. Die Speicherung magnetischer Energie im Kern infolge einer endlichen Hauptinduktivität L_{11} in Abb. 10.8 und die Verluste im Kern lassen sich nicht vollständig vermeiden und werden als parasitäre Eigenschaften angesehen.

Zur Vereinfachung wählen wir gleiche Windungszahlen für die Primär- und Sekundärseite. Mit dem Index p für die primärseitige Wicklung und s für die sekundärseitige Wicklung gilt $N_p = N_s = N$. Bei einer als perfekt angenommenen Kopplung gelten für die Induktivitäten dann die Beziehungen $L_p = L_s = L = N^2 A_L$ und $M = N^2 A_L$. Mit den

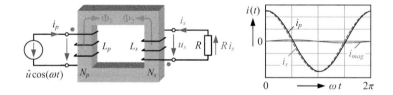

Abb. 10.27 Transformatorschaltung und zeitlicher Verlauf der Ströme für $\omega L/R = 20$

entgegengesetzt gerichteten Flüssen im Kern gilt hier das Gleichungssystem

$$
\begin{pmatrix} \hat{u}\cos(\omega t) \\ u_s \end{pmatrix} = \begin{pmatrix} L_p & -M \\ -M & L_s \end{pmatrix} \cdot \frac{\mathrm{d}}{\mathrm{d}t} \begin{pmatrix} i_p \\ i_s \end{pmatrix} = \begin{pmatrix} L & -L \\ -L & L \end{pmatrix} \cdot \frac{\mathrm{d}}{\mathrm{d}t} \begin{pmatrix} i_p \\ i_s \end{pmatrix}
$$

(10.42)

mit $u_s = -R\,i_s$. Die Auflösung liefert die beiden Ströme

$$
i_p(t) = \frac{\hat{u}}{\omega L}\sin(\omega t) + \frac{\hat{u}}{R}\cos(\omega t) = i_{mag} + \frac{\hat{u}}{R}\cos(\omega t) \quad \text{und} \quad i_s(t) = \frac{\hat{u}}{R}\cos(\omega t).
$$

(10.43)

Für das Zahlenverhältnis $\omega L/R = 20$ sind diese beiden Ströme in der Abb. 10.27 angegeben. Der gestrichelt gezeichnete Ausgangsstrom ist in Phase mit der Eingangsspannung, beim Eingangsstrom kommt ein zusätzlicher Anteil durch die Hauptinduktivität hinzu. Dieser entspricht dem ebenfalls dargestellten Magnetisierungsstrom i_{mag}, der wegen der unterschiedlichen Flussrichtungen im Kern aus der Differenz der beiden Ströme $i_p - i_s$ berechnet wird. Diese Ergebnisse lassen sich sehr leicht mit dem zugehörigen Ersatzschaltbild in Abb. 10.8 verstehen.

Für das Verhältnis $\hat{u}/R = 0{,}5$ A sollen die Verluste im Transformator untersucht werden. Infolge der geringen Phasenverschiebung zwischen den beiden Strömen von etwa $2{,}86°$ beträgt die Amplitude des Magnetisierungsstroms nur 25 mA. Die Kernverluste sind daher gering und werden umso geringer, je größer die Hauptinduktivität wird. Die Auswertung wird durchgeführt für den Kern E30/15/7, das Material 3C90, Runddrähte mit Durchmesser 0,8 mm, die Induktivität $L = 13{,}5$ mH und für eine Frequenz $f = 50$ kHz.

In Abb. 10.28 und auch in den folgenden Bildern zeigt das linke Teilbild jeweils im linken Wickelfenster den Wicklungsaufbau (blau: Primärseite, rot: Sekundärseite) und im rechten Wickelfenster die Proximityverluste in den einzelnen Windungen. Die den Farben zugeordneten Verluste in mW sind im gleichen Teilbild angegeben. Das rechte Teilbild zeigt tabellarisch die rms-, Skin- und Proximityverluste für die Primärseite L_p und für die Sekundärseite L_s.

Eine Reduzierung der Gesamtverluste bedeutet entsprechend den Ergebnissen im rechten Teilbild zunächst eine Minimierung der Proximityverluste. Es fällt auf, dass die größten Verluste in den sich gegenüberliegenden Lagen von Primär- und Sekundärseite entstehen. Da die beiden Ströme in entgegengesetzter Richtung durch das Wickelfenster fließen, bildet sich zwangsläufig die größte Feldstärke zwischen den beiden Wicklungen aus.

Zum leichteren Verständnis zeigt die Abb. 10.29 die Amplitude der magnetischen Feldstärke entlang der in Abb. 10.28 eingezeichneten ρ-Achse und zwar zum Zeitpunkt $\omega t = 0$, d. h. bei verschwindendem Magnetisierungsstrom. Wegen $i_{mag}(0) = 0$ A verschwindet zu diesem Zeitpunkt auch das Feld im Kern und damit gilt auch $|H| = 0$ an den beiden Berandungen. Ausgehend von der äußeren Berandung steigt die Feldstärke beim Durchgang durch eine Lage in Richtung Rotationsachse entsprechend dem Strom in

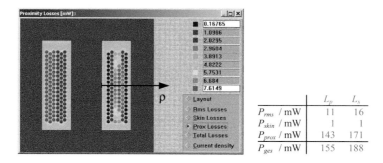

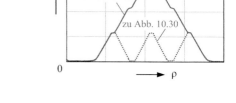

	L_p	L_s
P_{rms} / mW	11	16
P_{skin} / mW	1	1
P_{prox} / mW	143	171
P_{ges} / mW	155	188

Abb. 10.28 Transformatoraufbau und Verteilung der Proximityverluste

Abb. 10.29 Feldstärkeamplitude im Wickelfenster

der Lage an. Der gleiche Strom in den äußeren drei Lagen führt so zu einem dreimaligen Feldstärkeanstieg und ist die Ursache für die hohen Proximityverluste in den mittleren Lagen.

Damit deutet sich auch bereits eine effektive Methode an, diese Verluste durch eine alternative Lagenanordnung zu reduzieren. Werden die Lagen geeignet verschachtelt, so dass sich z. B. die Lagen mit Primärstrom und Sekundärstrom abwechseln, dann entsteht die in Abb. 10.30 dargestellte Wickelanordnung mit deutlich reduzierten Verlusten. Die zugehörige Feldstärkeverteilung ist in Abb. 10.29 ebenfalls eingezeichnet. Diese Feldstärkeamplitude ist im Mittel wesentlich kleiner und damit reduzieren sich auch die Proximityverluste entsprechend, im vorliegenden Beispiel auf nur noch 9,6 % verglichen mit

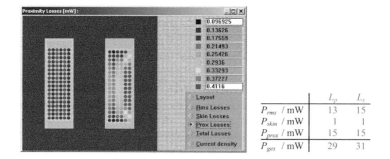

	L_p	L_s
P_{rms} / mW	13	15
P_{skin} / mW	1	1
P_{prox} / mW	15	15
P_{ges} / mW	29	31

Abb. 10.30 Verteilung der Proximityverluste bei verschachteltem Lagenaufbau

den nicht verschachtelten Wicklungen. Die Zunahme der Proximityverluste von den inneren zu den äußeren Lagen ist praktisch nur noch durch die zunehmende Windungslänge verursacht.

10.10.2   Der Betrieb als gekoppelte Spulen

Eine andere Situation stellt sich beim Transformator ein, wenn die Betriebsweise der Schaltung eine Energiezwischenspeicherung im Kern erforderlich macht. Da die dem Eingang zugeführte Energie nicht zeitgleich an dem Ausgang wieder abgegeben wird, heben sich die Flüsse im Kern nicht gegenseitig auf. Ein typisches Beispiel findet man in Konverterschaltungen mit mehreren Ausgängen, bei denen die Spulen in den Ausgangskreisen magnetisch miteinander gekoppelt sind [7]. Ein anderes Beispiel ist die Flybackschaltung in Abb. 10.25, bei der die beiden Wicklungen zu unterschiedlichen Zeiten von Strömen durchflossen werden. Von der Funktionsweise her betrachtet handelt es sich bei diesem Beispiel um zwei zeitversetzt arbeitende und durch den Kern magnetisch eng gekoppelte Spulen. Gemäß den Betrachtungen in Abschn. 6.2 wird bei diesen Fällen ein Luftspalt zur Energiespeicherung bzw. zur Reduzierung der Sättigungsproblematik in den Kern integriert. Die in Gl. (10.14) angegebenen Zusammenhänge für die Ströme und für die Leistungen sind jetzt natürlich nicht mehr gültig.

Die Situation beim klassischen Transformatorbetrieb nach Abb. 10.28 könnte im Prinzip auch näherungsweise mit einer eindimensionalen nur von der Koordinate ρ abhängigen Feldverteilung behandelt werden. Bei den jetzt betrachteten Anordnungen mit Energiespeicherung im Transformator ist ein Luftspalt erforderlich. Damit sind zuverlässige Ergebnisse nur zu erwarten, wenn der Verlustberechnung eine zweidimensionale Feldverteilung zugrunde gelegt wird.

Im Folgenden wollen wir am Beispiel der Flybackschaltung den Einfluss der galvanischen Trennung zwischen Eingangs- und Ausgangskreis auf die Wicklungsverluste untersuchen, indem wir die Ergebnisse mit denen einer ansonsten identischen Schaltung ohne galvanische Trennung vergleichen. Dazu betrachten wir die beiden idealisierten Schaltungen in Abb. 10.31. Die Daten sind in beiden Fällen völlig identisch:

- Eingangsspannung $U_1 = 12\,\text{V}$, Ausgangsspannung $U_2 = 42\,\text{V}$, Leistung $P = 20\,\text{W}$,
- Schaltfrequenz $f_s = 40\,\text{kHz}$, Induktivitäten $L = L_p = L_s = 50\,\mu\text{H}$,
- Kern E20/10/5, Material 3C90, Drahtdurchmesser 0,56 mm, Temperatur 100 °C.

Die Funktionsweise der Schaltung im linken Teilbild wurde bereits im Zusammenhang mit der Abb. 9.13, die Schaltung im rechten Teilbild im Zusammenhang mit der Abb. 10.26 besprochen. Der einzige Unterschied zwischen den beiden Schaltungen besteht darin, dass die Eingangs- und Ausgangsspannung im rechten Teilbild galvanisch voneinander getrennt sind. Mit den angenommenen Daten sind der Spulenstrom i_L und der Magnetisierungsstrom i_{mag} im Transformator identisch, d. h. bei der idealisierten Betrachtungsweise

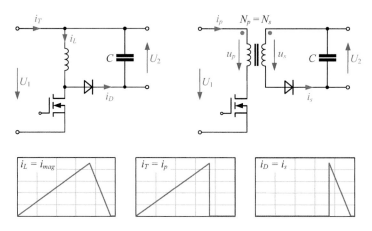

Abb. 10.31 Schaltung ohne bzw. mit galvanischer Trennung

sind auch die Kernverluste in beiden Fällen gleich. Trotz gleicher Drähte bei Spule und Transformator unterscheiden sich aber die Wicklungsverluste deutlich.

Der zeitliche Verlauf der drei in den Schaltungen auftretenden Ströme ist in der Abbildung ebenfalls angegeben. Für die beiden bereits in Abb. 10.26 verwendeten Parameter erhalten wir die Werte $\delta = 0{,}745$ und $\zeta = 0{,}958$. Der Maximalwert des Stroms beträgt 4,472 A.

Die Ergebnisse in Abb. 10.32 gehören zu der Spule in der linken Schaltung von Abb. 10.31 und dienen als Referenz für die folgenden Bilder, in denen unterschiedliche Wickelanordnungen für den Transformator in der rechten Schaltung von Abb. 10.31 untersucht werden.

Den einfachsten Aufbau für die Transformatorwicklungen zeigt die Abb. 10.33. Über die beiden Lagen der Primärseite werden zwei gleiche Lagen für die Sekundärseite gewickelt. Während die Spule von dem Strom i_{mag} durchflossen wird, fließen jetzt die Ströme i_p in der Primärseite und i_s in der Sekundärseite des Transformators.

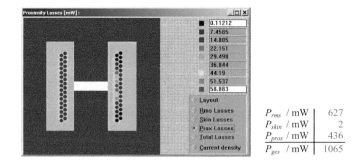

Abb. 10.32 Wicklungsaufbau und Verlustverteilung bei der Spule

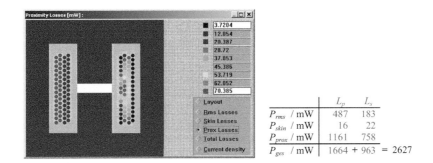

		L_p	L_s
P_{rms}	/ mW	487	183
P_{skin}	/ mW	16	22
P_{prox}	/ mW	1161	758
P_{ges}	/ mW	1664	+ 963 = 2627

Abb. 10.33 Wicklungsaufbau und Verlustverteilung beim Transformator

Die Aufteilung des Gesamtstroms auf die beiden Wicklungen hat auch eine Aufteilung der rms-Verluste auf die beiden Wicklungen zur Folge. Allerdings ist die Summe dieser Verluste in Abb. 10.33 größer als in Abb. 10.32. Die Ursache liegt in der größeren Länge bei den Windungen der Sekundärseite. Die Skinverluste sind zwar insgesamt relativ gering, steigen aber gegenüber der Spule fast um einen Faktor 20 an. Das hängt damit zusammen, dass das Oberwellenspektrum der beiden Ströme i_p und i_s in den beiden Wicklungen wesentlich größer ist als das Spektrum des Stroms i_{mag} durch die Spule. Die entscheidende Änderung stellt sich aber bei den Proximityverlusten ein, die jetzt zum dominierenden Verlustmechanismus werden.

Natürlich muss an dieser Stelle die Drahtsorte optimiert werden, z. B. die richtige Litze verwendet werden. Dieses Thema haben wir bereits in vorangegangenen Kapiteln diskutiert, so dass wir hier nur den Wicklungsaufbau betrachten.

Abhängig von den Effektivwerten und dem jeweiligen Oberwellenspektrum der beiden Ströme kann eine innen liegende Sekundärwicklung mit einer darüber angeordneten Primärwicklung geringere Gesamtverluste aufweisen. Betrachtet man die rms-Verluste, dann sollte die Wicklung mit dem größeren Effektivstrom wegen der kürzeren Windungslänge innen liegen. Andererseits steigen die Proximityverluste zu den inneren Lagen hin an, so dass die Wicklung mit dem günstigeren Oberwellenspektrum außen liegen sollte. Diese beiden Forderungen führen nicht immer zum gleichen Wickelaufbau, so dass jeder Einzelfall neu analysiert werden muss. Im vorliegenden Beispiel führt eine Vertauschung der beiden Wicklungen nicht zu einer Reduzierung der gesamten Wicklungsverluste.

Vielversprechender ist auch hier ein lagenweises Verschachteln der beiden Wicklungen ähnlich der Abb. 10.30. Die Reduzierung der Proximityverluste zeigt die Abb. 10.34.

Wir wollen noch einen Schritt weiter gehen und auch innerhalb der Lagen verschachteln. Realisieren lässt sich dieser Aufbau durch die Verwendung von Wickelkörpern mit mehreren Kammern und mit einer unterschiedlichen Reihenfolge der verschachtelten Lagen von Kammer zu Kammer. Den Aufbau und die Ergebnisse zeigt die Abb. 10.35. Die Proximityverluste können dadurch nochmals deutlich reduziert werden.

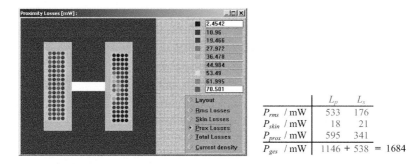

	L_p	L_s
P_{rms} / mW	533	176
P_{skin} / mW	18	21
P_{prox} / mW	595	341
P_{ges} / mW	1146 + 538 = 1684	

Abb. 10.34 Wicklungsaufbau und Verlustverteilung beim Transformator, Primär- und Sekundärseite sind lagenweise verschachtelt

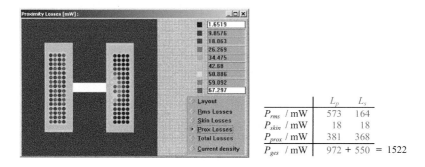

	L_p	L_s
P_{rms} / mW	573	164
P_{skin} / mW	18	18
P_{prox} / mW	381	368
P_{ges} / mW	972 + 550 = 1522	

Abb. 10.35 Wicklungsaufbau und Verlustverteilung beim Transformator, mit zusätzlicher Verschachtelung innerhalb der Lagen

Vergleicht man die gesamten Wicklungsverluste mit den Ergebnissen für die Spule in Abb. 10.32, dann ist zu erkennen, dass infolge der galvanischen Trennung deutlich höhere Gesamtverluste entstehen. Die Ursache liegt zum kleineren Teil in der steigenden Windungslänge bei den zusätzlichen äußeren Lagen, zum größeren Teil aber in dem höheren Oberwellenspektrum der Teilströme infolge der Auftrennung der Spule in zwei Wicklungen (sehr gut bei den hier vernachlässigbaren Skinverlusten zu erkennen). Abgesehen von dem Oberwellenspektrum der beiden Teilströme lassen sich die hohen Proximityverluste auch auf andere Weise veranschaulichen. Während des sehr kurzzeitigen Ausschaltvorgangs des Transistors kommutiert der Strom von der Primärwicklung zur Sekundärwicklung. Dieser Ortswechsel der Ströme tritt bei der Spule nicht auf, führt bei den getrennten Wicklungen aber zwangsläufig zu sehr großen Werten bei der zeitlichen Änderung der Flussdichte im Wickelfenster und damit zu hohen Proximityströmen. Genau dieser Effekt wird durch die enge Verschachtelung von Primär- und Sekundärseite reduziert, da der Positionswechsel der Ströme nur noch über kürzere Distanzen erfolgt. Bei der kontinuierlichen Betriebsart, d. h. der Transistor schaltet schon wieder ein bevor der Sekundärstrom auf null abgefallen ist, tritt dieses Problem auch beim Einschaltvorgang auf.

An den Auswertungen ist aber auch zu erkennen, dass der Luftspalt wieder eine mitentscheidende Rolle bei der Entstehung von Proximityverlusten spielt. Allerdings ist der Beitrag des Luftspaltfeldes wegen des kontinuierlichen Flussverlaufs und des damit geringeren Oberwellenspektrums nicht so dramatisch, verglichen mit den Verlusten infolge der Änderung der Stromposition während des Umschaltvorgangs. Mögliche Gegenmaßnahmen haben wir bereits in Kap. 9 diskutiert.

An dieser Stelle müssen noch zwei Bemerkungen angefügt werden:

- Wir haben bereits diskutiert, dass die Streuinduktivität bei dieser Schaltung möglichst klein sein sollte, da die in L_s gespeicherte Energie nicht zum Ausgang übertragen wird und zu den Verlusten in der Schaltung beiträgt. Auf der anderen Seite reduziert diese Streuinduktivität aber den Stromanstieg im Umschaltmoment und infolge des geringeren Oberwellenspektrums auch die Proximityverluste im Transformator.
- Die Simulationen wurden mit idealen dreieckförmigen Strömen durchgeführt. In der Praxis werden jedoch bei den Umschaltvorgängen aus parasitären Elementen bestehende Resonanzkreise angestoßen. Die dadurch entstehenden hochfrequenten Oszillationen können, sofern die Amplituden und die Frequenzen bekannt sind, bei der Berechnung der Wicklungsverluste mit einbezogen werden.

10.10.3 Folienwicklungen

In Abschn. 4.6.1.5 haben wir gesehen, dass die Proximityverluste in Folienwicklungen mit steigenden Windungszahlen extrem ansteigen. Die Ursache liegt in der ansteigenden magnetischen Feldstärke zu den inneren Windungen hin. Beim klassischen Transformatorbetrieb lässt sich dieses Problem dadurch lösen, dass die Primär- und Sekundärwicklung so wie in Abb. 10.30 für die Lagen aus Runddrähten gezeigt, möglichst gut verschachtelt werden. Die Wirksamkeit dieser Methode ist vergleichbar der Verschachtelung bei der Lagenwicklung.

Anders ist die Situation, wenn im Kern magnetische Energie gespeichert werden soll. Die Verschachtelung ist dann nicht mehr so effizient, dies war bereits beim Übergang von Abb. 10.33 zur Abb. 10.34 zu erkennen. Zusätzlich kommt das Problem des Luftspaltfeldes hinzu, das radiale, also senkrecht zur Folie stehende Komponenten erzeugt, die in den inneren Folien sehr hohe Proximityverluste verursachen.

Die Formeln zur Berechnung der Verluste haben wir bereits in Abschn. 4.6 ausführlich behandelt. Die zusätzliche Aufgabe besteht jetzt lediglich darin, die magnetische Feldstärke unter Einbeziehung aller Wicklungen auf den Oberflächen der Folien entsprechend Gl. (4.120) zu bestimmen, so wie z. B. in Abb. 4.38 bzw. in Abb. 10.29 bereits gezeigt.

Einige interessante Aspekte ergeben sich bei der Verwendung unterschiedlicher Wickelgüter. Betrachten wir z. B. einen Transformator, dessen Primärseite mit Folien und dessen Sekundärseite mit Runddrähten realisiert ist. Beim Verschachteln entsteht die Situation, dass auf eine Folienwindung der Primärseite unmittelbar eine Lage von Runddrähten der Sekundärseite gewickelt wird. Die praktisch homogene Verteilung des Sekundärstroms über die Lagenbreite erzwingt bei den hohen Frequenzen, dass sich der Primärstrom in der Folie wegen der Minimierung der Impedanz gleichmäßiger über die gesamte Folienbreite verteilt und nicht, z. B. als Folge des Abstands zwischen Folienrand und Kern, im Wesentlichen auf den Folienrand konzentriert.

10.10.4 Elektrostatische Abschirmungen

Eine ähnliche, mit den gleichen Formeln zu behandelnde Situation liegt vor, wenn zwischen den Wicklungen eines Transformators elektrostatische Schirme zur Reduzierung der Gleichtaktstörungen eingebaut werden. Diese Thematik wird ausführlich in Abschn. 12.2.2 diskutiert. Zur Bestimmung der Proximityverluste in einem derartigen Schirm wird dieser wie eine einzelne Folienwindung behandelt. Mit der Schirmbreite c, der Länge l, der Schirmdicke d und der gleichen Feldstärke auf beiden Seiten der Schirmwindung können die Verluste im Schirm (screen) mit der Beziehung (4.108) abgeschätzt werden

$$P_{scr} = \frac{l}{\kappa} \hat{H}_{ex}^2 D_f \quad \text{mit} \quad D_f = \frac{c}{\delta} \frac{\sinh(d/\delta) - \sin(d/\delta)}{\cosh(d/\delta) + \cos(d/\delta)} . \qquad (10.44)$$

Das Ergebnis ist zwar nur eine grobe Näherung, da bei dieser einzelnen Windung die formelmäßig nicht erfassten Endeffekte eine größere Rolle spielen, sie liefert aber Anhaltspunkte zur Reduzierung der Verluste in der Schirmwindung. Die möglichst gute Abschirmung der Sekundär- von der Primärwicklung lässt keine Kompromisse hinsichtlich der Breite und Länge der Schirmwindung zu. Die Leitfähigkeit des Schirmmaterials (Kupfer oder Aluminium) und die Dicke können aber in Grenzen frei gewählt werden.

Den Einfluss dieser beiden Parameter zeigt die Abb. 10.36. Dargestellt sind die auf den jeweils gleichen Bezugswert

$$P_0 = \frac{l}{\kappa_{Cu}} \hat{H}_{ex}^2 \qquad (10.45)$$

normierten Verluste in einer Schirmwindung für die beiden Materialien Kupfer und Aluminium für eine Frequenz $f = 100\,\text{kHz}$ in Abhängigkeit von der Dicke d der Schirmfolie.

Die beiden in der Abbildung eingezeichneten Kreuze markieren die Stellen, bei denen die Schirmdicke d und die Eindringtiefe des Leitermaterials δ gleich sind. Bei Schirmdicken $d \gg \delta$ gilt näherungsweise $D_f = c/\delta$, so dass die Verluste im Aluminiumschirm um den Faktor $P_{scr,Al}/P_{scr,Cu} \approx (\kappa_{Cu}/\kappa_{Al})^{1/2} \approx 1{,}265$ größer werden. Mit den Näherungsbeziehungen für die im Proximityfaktor D_f auftretenden Funktionen für kleine Schirmdicken $d \ll \delta$ gilt näherungsweise $P_{scr,Al}/P_{scr,Cu} \approx \kappa_{Al}/\kappa_{Cu} \approx 0{,}625$. In diesem Bereich ist Aluminium die bessere Wahl. Diese Verhältnisse bei der Gegenüberstellung der beiden Leitermaterialien haben wir auch bereits in der Abb. 4.10 gesehen. Unabhängig

Abb. 10.36 Proximityverluste im Schirm als Funktion der Schirmdicke, die eingetragenen Zahlenwerte entsprechen dem Verhältnis $P_{scr,Al}/P_{scr,Cu}$

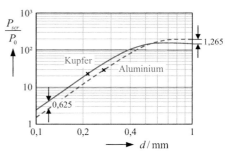

von der Materialauswahl sollte die Schirmfolie im Hinblick auf kleine Verluste möglichst dünn sein.

10.10.5   Fragen zur Konvergenz bei der Berechnung der Wicklungsverluste

Bei den Beispielen in den letzten Abschnitten haben wir gesehen, dass zwar der Magnetisierungsstrom stetig sein muss, die Ströme in den Wicklungen des Transformators aber im Gegensatz zur Spule Unstetigkeiten und damit einen großen Oberschwingungsanteil aufweisen können. Nachdem auf der einen Seite die Amplituden mit zunehmender Ordnungszahl der Oberschwingungen abnehmen, auf der anderen Seite aber Skin- und Proximityfaktor nach Abb. 4.5 bzw. Abb. 4.8 ansteigen, stellt sich die Frage nach der Konvergenz bei der Verlustberechnung mithilfe der Fourier-Entwicklung.

Stellen wir den Strom bzw. die Feldstärke als Fourier-Reihe dar

$$i\,(t) = \mathrm{I}_0 + \sum_{n=1}^{\infty} \hat{i}_n \cos\,(n\omega t + \varphi_n) \quad \text{bzw.} \quad H\,(t) = H_0 + \sum_{n=1}^{\infty} \hat{H}_n \cos\,(n\omega t + \varphi_n),$$

$$(10.46)$$

dann können die Skinverluste im Runddraht des Durchmessers $2r_D$ nach Gl. (4.15) mithilfe der Summe

$$P_{skin} = \frac{1}{2} R_0 \sum_{n=1}^{\infty} \hat{i}_n^2 \,(F_{s,n} - 1) \quad \text{mit} \quad F_{s,n} = \frac{1}{2} \mathrm{Re}\left\{\alpha_n r_D \frac{\mathrm{I}_0\,(\alpha_n r_D)}{\mathrm{I}_1\,(\alpha_n r_D)}\right\} \qquad (10.47)$$

und

$$\alpha_n r_D = (1+\mathrm{j})\,r_D\,\sqrt{\pi n f \kappa \mu_0} = (1+\mathrm{j})\,\frac{r_D}{\delta}\,\sqrt{n} \qquad (10.48)$$

berechnet werden. Die Eindringtiefe δ gilt bei der Frequenz $f = 1/T$. Für den Sonderfall eines homogenen externen Feldes werden die Proximityverluste nach Gl. (4.32) mithilfe

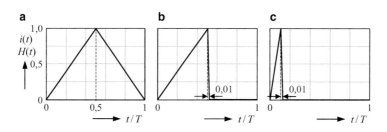

Abb. 10.37 Zeitlicher Verlauf von Strom bzw. Feldstärke

der Summe

$$P_{prox} = \frac{l}{\kappa} \sum_{n=1}^{\infty} \hat{H}_n^2 D_{s,n} \quad \text{mit} \quad D_{s,n} = 2\pi \text{Re} \left\{ \frac{\alpha_n r_D \text{I}_1 (\alpha_n r_D)}{\text{I}_0 (\alpha_n r_D)} \right\} \tag{10.49}$$

berechnet. Die Frage nach der Konvergenz lässt sich am besten dadurch beantworten, dass wir die Verluste für unterschiedliche Stromformen in Abhängigkeit von der oberen Summationsgrenze $n_{\max}$ berechnen. Zur übersichtlicheren Darstellung beziehen wir die beiden Ergebnisse jeweils auf den Wert, der sich für $n_{\max} = 2000$ einstellt (in der Annahme, dass der Beitrag der noch höheren Harmonischen zum Gesamtergebnis vernachlässigbar ist). Die normierten Ergebnisse

$$\frac{P_{skin}(n_{\max})}{P_{skin}(2000)} = \frac{\sum_{n=1}^{n_{\max}} \hat{i}_n^2 (F_{s,n} - 1)}{\sum_{n=1}^{2000} \hat{i}_n^2 (F_{s,n} - 1)} \quad \text{und} \quad \frac{P_{prox}(n_{\max})}{P_{prox}(2000)} = \frac{\sum_{n=1}^{n_{\max}} \hat{H}_n^2 D_{s,n}}{\sum_{n=1}^{2000} \hat{H}_n^2 D_{s,n}} \tag{10.50}$$

müssen im Bereich zwischen 0 und 1 liegen. Bei den im Folgenden ausgewerteten Beispielen werden die zeitabhängigen Strom- bzw. Feldstärkeverläufe nach Abb. 10.37 zugrunde gelegt.

Die Abb. 10.38 zeigt für diese drei Beispiele die Ergebnisse nach Gl. (10.50). Die normierten Skinverluste sind jeweils in Rot, die normierten Proximityverluste in Blau dargestellt. Betrachtet man die Verläufe von Skin- und Proximityfaktor in Abb. 4.5 und Abb. 4.8, dann erkennt man jeweils zwei Bereiche mit unterschiedlicher Steigung. Für $r_D/\delta < 1$ steigt D_s mit der 4. Potenz von r_D/δ, d. h. mit n^2, oberhalb von $r_D/\delta = 2$ nur noch mit $\sqrt{n}$. Die Funktion $F_s - 1$ hat das gleiche Verhalten, allerdings liegen die beiden Bereiche unterhalb von $r_D/\delta = 1,5$ bzw. oberhalb von $r_D/\delta = 4$.

Die Konvergenz der Summe hängt also davon ab, ob die erste Harmonische unterhalb oder oberhalb dieser Grenzen liegt. Liegt sie oberhalb, dann konvergiert die Summe wesentlich schneller.

Zur Verdeutlichung enthalten die Teilbilder in Abb. 10.38 jeweils zwei Kurvenpaare, die so ausgewählt sind, dass die Kombination aus Frequenz $f = 1/T$ und Drahtradius r_D die Werte $r_D/\delta = 2$ bzw. $r_D/\delta = 0,2$ für die erste Harmonische ergibt. In allen drei Bildern ist deutlich zu erkennen, dass das Endergebnis für $r_D/\delta = 2$ unabhängig von der

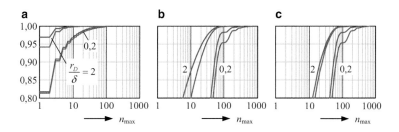

Abb. 10.38 Normierte Skin- (*rot*) und Proximityverluste (*blau*) nach Gl. (10.50)

Stromform mit wesentlich weniger Summanden, d. h. kleinerem n_{max} erreicht wird. In der Praxis wird man aber bestrebt sein die Drähte so auszuwählen, dass der Proximityfaktor und damit die Verluste möglichst gering bleiben. Das bedeutet, dass der Wert r_D/δ bei der Grundschwingung eher im unteren Bereich liegt und wir die Kurven mit $r_D/\delta = 0{,}2$ betrachten müssen.

Bei der symmetrischen Dreieckskurve nach Abb. 10.37a reichen bereits die ersten 40 Glieder der Summe aus für das Endergebnis. Der treppenartige Verlauf in Abb. 10.38a kommt dadurch zustande, dass das Spektrum der symmetrischen Kurve keine geradzahligen Harmonischen enthält. Die steile Flanke in den Kurvenverläufen b und c ist verantwortlich dafür, dass bis zu 250 Oberschwingungen berücksichtigt werden müssen. Bei allen Bildern in Abb. 10.38 ist festzustellen, dass die Konvergenz bei den Skinverlusten schlechter ist. Die Ursache liegt in den höheren Werten r_D/δ für den Übergangsbereich.

Schlussfolgerung

Zusammenfassend gilt, dass die Konvergenz im Wesentlichen von zwei Kriterien abhängt, zum einen von dem Wert r_D/δ bei der Grundschwingung und zum anderen von dem Oberwellenspektrum.

10.11   Möglichkeiten zur Reduzierung der Wicklungsverluste

Aus den betrachteten Beispielen lassen sich einige weitere Maßnahmen ableiten, die zu einer Verringerung der Verluste, insbesondere der Proximityverluste beitragen:

- Wicklungen mit größeren rms-Strömen sollten wegen der kürzeren Windungslänge nach innen gelegt werden.
- Gegebenenfalls muss die Wicklung mit dem geringeren Oberwellenspektrum im Strom wegen der Zunahme der Proximityverluste bei den inneren Lagen nach außen gelegt werden.
- Das Oberwellenspektrum bei den Strömen sollte minimiert werden, z. B. durch langsameres Ein- und Ausschalten der Halbleiterbauelemente. Diese Maßnahme erfordert einen Kompromiss mit den Schaltverlusten in den Halbleitern.

- Die Wicklungen sollten so im Wickelfenster verteilt werden, dass sich keine Bereiche mit großen Feldstärkeamplituden ergeben, d. h. die Wicklungen sollten lagenweise verschachtelt werden.
- Das Verschachteln der Wicklungen innerhalb der Lagen reduziert die Proximityverluste zusätzlich. (Die Möglichkeit des Verschachtelns ist begrenzt wegen der Kapazitätserhöhung zwischen Primär- und Sekundärwicklung und wegen eventuell notwendiger Isolation zwischen den Wicklungen.)
- Bei mehreren Sekundärwicklungen ist es in der Regel vorteilhaft, diejenige Sekundärwicklung mit dem größten Strom nahe an die Primärwicklung zu legen, um größere Bereiche mit hoher Feldstärke zu vermeiden.
- Hilfswicklungen bzw. Sekundärseiten mit wenig Strom, die nicht nennenswert zur Kompensation der Feldstärke beitragen, sollten möglichst separat nach außen gelegt werden, in Bereiche mit geringer Feldstärke.
- Die gegebenenfalls unterschiedlichen Draht- und Foliensorten für die einzelnen Wicklungen müssen optimiert werden.
- Randeffekte bei Folienwicklungen werden nach [2] minimiert, wenn die Folien von Primär- und Sekundärseite gleich breit sind und mittig im Wickelfenster positioniert werden.
- Schaltungen, die Transformatorwicklungen mit Mittenanzapfung benötigen, sind im Hinblick auf Proximityverluste ungünstig, da auch die jeweils nicht benötigte (stromdurchflossene) Teilwicklung zu den Verlusten beiträgt.
- Beim Verschachteln von Runddrahtwicklungen und Folienwicklungen im Transformator zwingt die homogene Stromverteilung über die Lagenbreite bei der Drahtwicklung wegen der Minimierung der Impedanz den Strom in der Folie zur besseren Ausnutzung der gesamten Folienbreite.
- Es sollten sich möglichst keine leitenden Materialien in Bereichen mit hoher magnetischer Feldstärke, also zwischen der Primär- und Sekundärseite bei Transformatoren und zwischen der Wicklung und dem Kern bei Spulen, befinden. Das betrifft neben den Schirmen vor allem die Anschlussdrähte.
- Abschirmfolien bei Transformatoren zur Reduzierung der kapazitiven Kopplung zwischen den Wicklungen (vgl. Abschn. 12.2.2) befinden sich immer in Bereichen mit hoher Feldstärke. Zur Reduzierung der Proximityverluste sollten möglichst dünne Folien mit geringer Leitfähigkeit verwendet werden. Die Folien können zusätzlich abwechselnd von den Seiten eingeschnitten werden, um die sich ausbildenden Proximityströme zu reduzieren.
- Im Hinblick auf hohe Wirksamkeit müssen die Schirme die darunterliegende Wicklung möglichst komplett überdecken. Die Überlappungsfläche am Anfang und Ende der Schirmwindung sollte aber möglichst klein sein, um kapazitive Ströme in der Schirmwindung zu vermeiden.

Literatur

1. Chen Q, Lee FC, Jiang JZ, Jovanovic MM (1994) A new model for multiple-winding transformer. PESC, Taipei, Taiwan, S 864–871. doi:10.1109/PESC.1994.373780
2. Dai N, Lee FC (1994) Edge effect analysis in a high-frequency transformer. PESC, Taipei, Taiwan, Bd 2, S 850–855. doi:10.1109/PESC.1994.373778
3. Dauhajre A, Middlebrook RD (1986) Modelling and estimation of leakage phenomena in magnetic circuits. PESC, Vancouver, Canada, S 213–226. doi:10.1109/PESC.1986.7415565
4. Erickson RW, Maksimovic D (1998) A multiple-winding magnetics model having directly measurable parameters. PESC, Fukuoka, Japan, S 1472–1478. doi:10.1109/PESC.1998.703254
5. Hsu Shi-Ping, Middlebrook RD, Cuk S (1981) Transformer modelling and design for leakage control, advances in switched-mode power conversion, Bd 1. TESLAco, S 205–218
6. Niemela van A (2000) Leakage-impedance model for multiple-winding transformers. PESC, Galway, Ireland, Bd 1, S 264–269. doi:10.1109/PESC.2000.878853
7. Witulski AF (1995) Introduction to modeling of transformers and coupled inductors. IEEE Trans Power Electron 10(3):349–357. doi:10.1109/63.388001

Erweiterte Ersatzschaltbilder

11

Zusammenfassung

Die Simulation von kompletten Schaltungen mithilfe entsprechender Programme, wie z. B. SPICE setzt voraus, dass die parasitären Eigenschaften der einzelnen Komponenten durch elektrische Ersatznetzwerke erfasst werden, die aus möglichst idealen Grundelementen zusammengesetzt sind. Realitätsnahe Simulationsergebnisse können aber nur erwartet werden, wenn die Modellierung der Komponenten alle relevanten Abhängigkeiten hinreichend genau beschreibt. In den vorangegangenen Abschnitten wurde gezeigt, dass dazu aufwändige Feldberechnungen durchgeführt werden müssen und dass die sich ergebenden parasitären Netzwerkelemente in den Ersatzschaltbildern von den verschiedensten Parametern wie z. B. Aussteuerung, Frequenz oder Temperatur abhängen. Trotz dieser Schwierigkeiten wollen wir versuchen, geeignete Ersatznetzwerke abzuleiten, mit deren Hilfe die wesentlichen Eigenschaften der Komponenten erfasst und bei den Simulationen mithilfe von Netzwerkanalysetools berücksichtigt werden können.

Grundsätzlich entstehen bei der Modellierung induktiver Komponenten zwei unterschiedliche Fragenkomplexe. Der erste betrifft die Art der Modellierung und beschreibt die Herangehensweise auf qualitativer Ebene. Dabei ist die Frage zu beantworten, ob die Charakterisierung in Form einer Induktivitätsmatrix gemäß Gl. (2.28) genügt oder ob die Ableitung eines Ersatzschaltbilds (ESB) erforderlich ist. Welche Effekte sollen erfasst und welche können vernachlässigt werden? Ist die Kenntnis der induktiven Kopplung ausreichend oder müssen die internen Resonanzstellen und damit auch die kapazitiven Effekte berücksichtigt werden? Wie genau müssen die Verluste bestimmt werden und inwieweit ist die Einbeziehung der nichtlinearen Materialeigenschaften erforderlich? Zum Beispiel ist im Hinblick auf Wirkungsgradbetrachtungen die möglichst genaue Kenntnis der Verlustmechanismen in Abhängigkeit aller relevanten Parameter erforderlich, die Beschreibung

© Springer Fachmedien Wiesbaden GmbH 2017

M. Albach, *Induktivitäten in der Leistungselektronik*, DOI 10.1007/978-3-658-15081-5_11

des EMV-Verhaltens dagegen erfordert die Erfassung der parasitären kapazitiven Eigenschaften der induktiven Komponente.

Der zweite Fragenkomplex umfasst die quantitative Beschreibung und definiert die Genauigkeit, mit der die reale dreidimensionale Geometrie einer Spule bzw. eines Transformators inklusive der Materialbeschreibung bei den Werten der einzelnen Komponenten im Ersatzschaltbild zu berücksichtigen ist. Genügt die Charakterisierung der Impedanz bis zur ersten Resonanzstelle oder muss das Ersatznetzwerk eine realitätsnahe Beschreibung auch im höheren Frequenzbereich erlauben? Wie genau müssen die ortsabhängige Temperaturverteilung in dem Bauelement und deren Einfluss auf die verschiedenen Verlustmechanismen in der Modellierung erfasst werden?

Die Beantwortung dieser und weiterer Fragen beeinflusst die Art der Modellierung und legt damit die Randbedingungen fest, unter denen die Ersatzschaltbilder gültig sind und welche Abweichungen zwischen ESB und Realität auftreten. An den vielfältigen Fragestellungen ist zu erkennen, dass es nicht sinnvoll ist, ein umfassendes Modell für alle Eventualitäten aufzustellen. Es wird zu komplex und als Folge werden die Simulationen sehr rechenintensiv. Sinnvoll sind die an das Problem bzw. an die betreffende Fragestellung angepassten Modelle, die die wesentlichen Zusammenhänge durch möglichst einfache Approximationen beschreiben.

Vielleicht muss an dieser Stelle einmal grundsätzlich festgelegt werden, was mit den Modellen erreicht werden soll. Die Simulation von Schaltungen unter Einbeziehung von hinreichend genauen Ersatzschaltbildern auch der induktiven Komponenten hat das Ziel, noch vor dem Aufbau einer Schaltung bereits einen ersten Entwurf zu haben, der einer optimalen Lösung schon sehr nahe kommt. Dieses Ziel lässt sich umso besser erreichen, je detaillierter das ESB ist und je mehr Abhängigkeiten von den verschiedenen Parametern in den Modellen berücksichtigt sind. Auf der anderen Seite gibt es aber auch Einflüsse, die vor der praktischen Realisierung nicht vollständig bekannt und damit auch nicht in den Simulationen berücksichtigt werden können, wie z. B. die von dem Aufbau abhängige thermische Situation. Das bedeutet, dass wirklich zuverlässige Daten erst nach einer Messung vorliegen.

Immer weiter verbesserte Ersatzschaltbilder reduzieren zwar die Anzahl der Optimierungsschleifen beim Designprozess und helfen auch beim Verständnis und der Vermeidung einzelner Probleme, ersetzen aber nicht den praktischen Nachweis der Funktionsfähigkeit einer Schaltung unter allen geforderten Randbedingungen. Wenn also ohnehin abschließende Messungen erforderlich sind, dann genügt es, den Aufwand bei der Erstellung der Ersatzschaltbilder auf das notwendige Maß zu beschränken.

Bei niedrigen Frequenzen wird üblicherweise ein konventionelles Modell aus Induktivitäten und in Reihe liegenden Widerständen verwendet. Damit können die Streuinduktivitäten und die Wicklungsverluste erfasst werden. Die Wirbelstromverluste im Kern können wegen deren quadratischer Abhängigkeit von der Amplitude der Flussdichte durch eine Sekundärwicklung mit Widerstand erfasst werden. Alternativ kann der Widerstand auch direkt ohne Übersetzungsverhältnis an eine Wicklung angeschlossen werden. Diese Form der Abhängigkeit gilt jedoch nicht für die spezifischen Kernverluste. Beim Transformator werden üblicherweise parallel zur Primärseite ein Widerstand für die gesamten Kernverluste und eine Induktivität für den Feldaufbau durch den Magnetisierungsstrom verwendet.

Bei höheren Frequenzen reicht die Beschreibung der Bauelemente durch die vereinfachten Ersatznetzwerke in Kap. 10 nicht mehr aus. Die Ströme durch die parasitären Kapazitäten steigen mit zunehmender Frequenz an und die Verluste in Kern und Wicklung nehmen ebenfalls zu. Gleichzeitig ändern sich die Induktivitätswerte infolge der frequenzabhängigen Permeabilität des Kernmaterials und der abnehmenden inneren Induktivität der Windungen.

In den folgenden Abschnitten werden wir daher am Beispiel einer einfachen Spule Möglichkeiten aufzeigen, den im Bereich höherer Frequenzen auftretenden komplizierteren Impedanzverlauf durch geeignete lineare Netzwerke, bestehend aus Widerständen, Induktivitäten und Kapazitäten nachzubilden und für Schaltungssimulationen verfügbar zu machen. Für die Ableitung induktiver Ersatzschaltbilder für Transformatoren mit mehr als drei Wicklungen werden zwei unterschiedliche Vorgehensweisen beschrieben, bei denen die einzelnen Parameter im ESB unabhängig voneinander durch Messungen bestimmt werden können. In weiteren Abschnitten werden wir die Berechnung der Kapazitäten zwischen den einzelnen Wicklungen am Beispiel eines Zweiwicklungstransformators demonstrieren sowie ein thermisches Netzwerk betrachten, mit dessen Hilfe die Temperaturabhängigkeit der Verlustmechanismen durch ein iteratives Verfahren, d. h. eine abwechselnde Berechnung von Verlusten und Temperaturerhöhung in Kern und Wicklung, in den Simulationen mit einbezogen werden kann.

11.1 Das Spulenersatzschaltbild

Es gibt prinzipiell verschiedene Möglichkeiten ein geeignetes Ersatzschaltbild für eine Spule anzugeben. Im Hinblick auf die erreichbare Übereinstimmung mit Messungen betrifft das sowohl die Anzahl als auch die Zusammenschaltung der einzelnen idealen Netzwerkelemente zu einem Ersatznetzwerk.

11.1.1 Die Standardlösung

Ein brauchbares und für die meisten Fälle hinreichend genaues ESB zeigt die Abb. 11.1a. Bei Gleichstrom ist nur der Kupferwiderstand R_0 wirksam, mit zunehmender Frequenz steigt die Impedanz zunächst gemäß $R_0 + j\omega L$. Abhängig von der Wicklungskapazität wird sich eine Parallelresonanz einstellen, oberhalb derer die Impedanz infolge des parallel liegenden Kondensators wieder abnimmt. Die Hochfrequenzverluste im Kern und in der Wicklung reduzieren die Güte des Schwingkreises. Im ESB wird dieser Effekt durch einen Parallelwiderstand R_p erfasst.

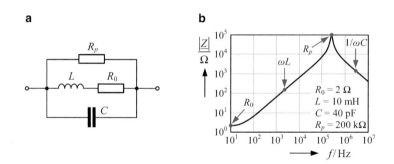

Abb. 11.1 **a** Einfaches Spulenersatzschaltbild, **b** Zugehöriger Impedanzverlauf

Im Teilbild b ist der Betrag der Impedanz

$$\underline{Z} = \frac{1}{\frac{1}{R_0 + j\omega L} + j\omega C + \frac{1}{R_p}} = \frac{R_0 + \frac{R_0^2}{R_p} + \frac{\omega^2 L^2}{R_p} + j\omega \left[L - \omega^2 L^2 C - C R_0^2 \right]}{\left(1 - \omega^2 LC + \frac{R_0}{R_p} \right)^2 + \left(\omega C R_0 + \frac{\omega L}{R_p} \right)^2} \quad (11.1)$$

mit den in der Abbildung angegebenen Zahlenwerten für die einzelnen Komponenten als Funktion der Frequenz dargestellt. Liegt umgekehrt ein solches Messergebnis vor, dann können an den entlang der Kurve markierten Stellen die Werte für die Komponenten des ESB direkt einzeln bestimmt werden, ohne ein System von vier Gleichungen auflösen zu müssen.

Die Resonanzfrequenz kann aus der Impedanz des Netzwerks bestimmt werden, indem der Imaginärteil zu null gesetzt wird. Als Ergebnis erhält man

$$f_{res} = \frac{1}{2\pi \sqrt{LC}} \sqrt{1 - \frac{C}{L} R_0^2} \quad \rightarrow \quad C = \frac{L}{(2\pi f_{res})^2 L^2 + R_0^2}. \quad (11.2)$$

Diese Gleichung kann zur Kontrolle der ermittelten Netzwerkparameter verwendet werden. Alternativ kann auch die Kapazität aus der bekannten Resonanzfrequenz berechnet werden.

11.1.2   Der Impedanzverlauf im Bereich höherer Frequenzen

Das Ersatzschaltbild in Abb. 11.1 beschreibt den üblichen Einsatzbereich einer Spule unterhalb der Resonanzfrequenz sehr gut. Nun gibt es aber Anwendungsfälle, z. B. beim Einsatz in Netzfiltern, bei denen eine Charakterisierung des Spulenverhaltens auch im höheren Frequenzbereich erforderlich ist. Misst man den Impedanzverlauf bis zu wesentlich höheren Frequenzen, dann wechseln sich Maximal- und Minimalwerte ständig ab [6]. Diese Abfolge von Parallel- und Serienresonanzen lässt sich im ESB nur durch die Hinzunahme weiterer induktiver und kapazitiver Komponenten erfassen.

Abb. 11.2 Erweitertes Spulenersatzschaltbild

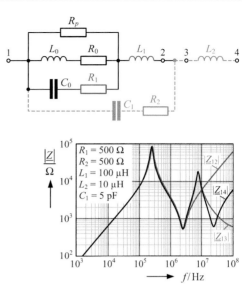

Abb. 11.3 Impedanzverlauf
für das erweiterte Spulenersatzschaltbild

Die Ursache dafür, dass wir mit dem bisherigen ESB nur eine einzige Resonanzstelle beschreiben können liegt darin, dass wir die in der Realität über die Komponente verteilten parasitären Eigenschaften zusammengefasst und durch einzelne diskrete Werte ersetzt haben. Zur detaillierteren Beschreibung müssten wir ein Netzwerk aufstellen, in dem von jeder Windung Teilkapazitäten zu allen anderen Windungen ausgehen und jede Windung Koppelinduktivitäten zu allen anderen Windungen aufweist. Es ist offensichtlich, dass der mathematische Aufwand damit erheblich ansteigt.

Um im Anschluss an die Parallelresonanz in Abb. 11.1b eine Serienresonanz zu erhalten, ist eine Induktivität in Reihe zu dem Kondensator erforderlich. Wegen der höheren Resonanzfrequenz ist der Wert dieser in Abb. 11.2 eingezeichneten Induktivität L_1 kleiner als der Wert von L_0. Die Dämpfung dieses Reihenschwingkreises erfolgt durch einen zusätzlichen Widerstand $R_1 \ll R_p$.

Der Betrag der Impedanz $\underline{Z}_{12}$, der sich zwischen den Anschlüssen 1 und 2 in Abb. 11.2 einstellt, ist in Abb. 11.3 für die angegebenen Zahlenwerte dargestellt. Da die Werte der bereits in Abb. 11.1 enthaltenen Komponenten für die Auswertung nicht geändert wurden, verschieben sich die Ergebnisse leicht gegenüber dem bisherigen Impedanzverlauf. Um die erste Resonanzstelle auch weiterhin unverändert beizubehalten, müssten einige Korrekturen an den bisherigen Daten vorgenommen werden wie z. B. eine Erhöhung des Parallelwiderstandes R_p oder eine geringfügige Verkleinerung der Induktivität L_0.

Die erneute Hinzunahme einer Resonanz, jetzt wieder eine Parallelresonanz, erfordert einen Parallelkondensator mit Dämpfungswiderstand. Mit C_1 und R_2 erhält man die zwischen den Anschlüssen 1 und 3 entstehende Impedanz $\underline{Z}_{13}$. Ihr Betrag ist in Abb. 11.3 ebenfalls eingetragen. Ab jetzt wiederholen sich die Schritte, die Reihenschaltung einer weiteren noch kleineren Induktivität L_2 erzeugt eine erneute Serienresonanz usw.

11.2   Die Berücksichtigung nichtlinearer Abhängigkeiten

Bei der Charakterisierung der induktiven Komponenten spielen mehrere Abhängigkeiten von anderen Parametern eine bedeutende Rolle. Wir wollen uns zumindest einen kurzen Überblick verschaffen, wie wir mit diesen Zusammenhängen umgehen können.

11.2.1   Die Frequenzabhängigkeit

Eine Frequenzabhängigkeit der Impedanz entsteht natürlich durch die induktiven und kapazitiven Eigenschaften der Bauelemente. Zur Beschreibung dieser Effekte können wie bisher konstante Werte für die einzelnen Komponenten in den Ersatzschaltbildern zugrunde gelegt werden. An dieser Stelle interessieren aber insbesondere die nichtlinearen Abhängigkeiten von der Frequenz. Dafür gibt es verschiedene Ursachen:

- Die frequenzabhängige Permeabilität der Kernmaterialien beeinflusst die Induktivitätswerte.
- Mit zunehmender Frequenz nehmen die gespeicherte magnetische Energie in den Leitern und damit die innere Induktivität aufgrund der Stromverdrängung an die Oberfläche ab. Dieser Einfluss kann aus dem Imaginärteil der Gl. (4.7) berechnet werden.
- Die spezifischen Kernverluste sind nach Gl. (8.3) stark frequenzabhängig und beeinflussen die Widerstandswerte zur Erfassung der Kernverluste.
- Eine völlig andere Frequenzabhängigkeit weisen die Wirbelstromverluste im Kern infolge der frequenzabhängigen Leitfähigkeit des Kernmaterials auf.
- Der Skinfaktor nach Abb. 4.5 und der Proximityfaktor nach Abb. 4.8 sind nichtlinear von der Frequenz abhängig und beeinflussen die Widerstände zur Erfassung der Wicklungsverluste.
- Die sich mit der Frequenz ändernde induktive Kopplung zwischen den Windungen beeinflusst die Potentialverteilung entlang der Wicklung und damit sogar die Kapazitäten.

Diese Liste erhebt zwar keinen Anspruch auf Vollständigkeit, es ist aber trotzdem erkennbar, dass die Erfassung all dieser Abhängigkeiten Probleme verursacht.

Wie gelangen wir nun zu einem möglichst brauchbaren Ersatzschaltbild? Im Prinzip gibt es zwei Optionen: wir können entweder von den Berechnungen ausgehen oder von Messergebnissen im Falle eines bereits existierenden Bauelements. Betrachten wir zunächst die Berechnungsmethode. Wir legen das ESB aus Abb. 11.1 zugrunde und bestimmen die Werte der einzelnen Komponenten mit den Formeln aus den vorangegangenen Abschnitten bei verschiedenen Frequenzen. Damit hängen die Zahlenwerte für die Komponenten von der Frequenz ab. Das stellt aber für die im Zeitbereich arbeitenden Schaltungssimulatoren in der Regel ein Problem dar, so dass eine Modifikation des ESB sinnvoll erscheint. Rechnet man mit den gegebenen Daten die komplexe Impedanz als Funktion der Frequenz aus, dann hat man zwei Kurvenverläufe zur Verfügung, entweder Real- und Imaginärteil oder Betrag und Phase der Impedanz. Ausgehend von Messungen liegt die gleiche Information vor, so dass der folgende Schritt für beide Vorgehensweisen identisch ist. Dieser besteht darin, ein alternatives Netzwerk aufzustellen, das ähnlich der Abb. 11.2 zwar aus frequenzunabhängigen Komponenten zusammengesetzt ist, diese Vereinfachung aber im Gegenzug durch eine aufwändigere Netzwerkstruktur kompensiert (vgl. auch die Abb. 11.17). Die Werte der einzelnen Komponenten werden dann so gefittet, dass das Netzwerk die gegebenen Kurven mit nur geringen Abweichungen zufriedenstellend beschreibt.

11.2.2 Die Stromabhängigkeit

Eines der Hauptprobleme ist die aussteuerungsabhängige Permeabilität und damit auch die Sättigung des Kernmaterials. In dem ESB erhalten wir eine vom Strom abhängige Induktivität und wegen der nichtlinearen Abhängigkeit der spezifischen Kernverluste von der Flussdichte auch Widerstandswerte, die von der Stromform und insbesondere von der Amplitude des Stroms abhängen. Die Berechnung der stromabhängigen Induktivität $L(I)$, z. B. mithilfe der differentiellen Permeabilität, wurde in Abschn. 6.5 behandelt. Im Gegensatz zur Frequenzabhängigkeit wird jetzt nicht die Netzwerkstruktur erweitert, sondern die Werte der Komponenten werden als stromabhängige Funktionen beschrieben. Während eines Simulationsdurchlaufs muss dann der Wert der Induktivität je nach aktuellem Stromwert nachgesteuert werden. Eine Möglichkeit diese Problematik zu umgehen besteht darin, die Amplitudenpermeabilität μ_a zugrunde zu legen und mit der daraus resultierenden konstanten mittleren Induktivität im ESB zu rechnen. Für die Auslegung der induktiven Komponente ist die Verwendung von μ_a üblich, bei der Schaltungsanalyse ergeben sich dabei eventuell Probleme (s. Abb. 6.15), wenn das Sättigungsverhalten nicht angemessen berücksichtigt wird.

Ein Hinweis ist noch angebracht im Hinblick auf Transformatoren. In deren Ersatzschaltbildern sind mehrere Induktivitäten enthalten. Diese Sättigungsproblematik betrifft aber nur die Hauptinduktivität. Bei den Streuinduktivitäten führt der Weg für den magnetischen Fluss größtenteils durch Luft, d. h. die Stromabhängigkeit ist bei den Streuinduktivitäten vernachlässigbar.

11.2.3 Die Temperaturabhängigkeit

Die Vorgehensweise bei der Einbeziehung der Temperaturabhängigkeit unterscheidet sich grundsätzlich von der Behandlung der vorstehenden Abhängigkeiten. Während sich die Frequenz- und die Stromabhängigkeit innerhalb einer Hochfrequenzperiode, also auf der Kurzzeitskala bemerkbar machen, ist der Temperatureinfluss ein Langzeiteffekt. Die Temperatur kann also für einen Simulationsdurchlauf konstant gehalten werden. Die berechneten Verluste führen zu einer geänderten Temperatur in Kern und Wicklung, so dass mit den temperaturabhängigen Materialeigenschaften auch die Werte der Netzwerkkomponenten angepasst werden müssen. Die Wiederholung der Simulation in Form einer Iterationsschleife für sich ändernde Temperaturen wird in Abschn. 11.6 ausführlich diskutiert.

11.3   Induktives Ersatzschaltbild für einen Transformator mit mehreren Wicklungen

In diesem Abschnitt wollen wir zwei Möglichkeiten aufzeigen, ein induktives Ersatzschaltbild für einen Transformator mit einer beliebigen Anzahl von Wicklungen herzuleiten. Ausgangspunkt ist die Induktivitätsmatrix, die z. B. für den Dreiwicklungstransformator in Gl. (10.16) angegeben ist. Wegen der Symmetrie der Matrizenelemente bezüglich der Hauptdiagonalen nach Gl. (2.10) enthält die einen Transformator mit n Wicklungen beschreibende $n \times n$-Matrix genau $n(n + 1)/2$ unabhängige Werte. Bei einer Erweiterung von n auf $n + 1$ Wicklungen kommen $n + 1$ neue Werte hinzu. Für eine eindeutige Zuordnung muss die gleiche Anzahl von freien Parametern auch in den Ersatzschaltbildern enthalten sein. Das war auch die Ursache dafür, dass die Erweiterung der Abb. 10.10 um eine weitere Ausgangsseite mit nur zwei neuen zusätzlichen Parametern zu einem überbestimmten ESB führte.

Eine erste Möglichkeit besteht darin, für einen Transformator mit n Wicklungen ein Netzwerk mit n Knoten zu definieren, bei dem zwischen jeweils zwei Knoten i und k eine Induktivität L_{ik} angeordnet wird. Die Anzahl dieser Induktivitäten entspricht der Anzahl der Elemente auf den Nebendiagonalen in der Matrix. Für eine eindeutige Zuordnung fehlen dann aber noch weitere n Parameter im ESB. Diese werden dadurch eingeführt, dass auf der Primärseite die Hauptinduktivität L_{11} und bei allen Sekundärseiten die Übersetzungsverhältnisse $\ddot{u}_i$ mit $i = 2 .. n$ als unbestimmte Werte verwendet werden. Die auch bereits in [4] vorgestellte Ersatzanordnung ist für den Fall $n = 4$ in Abb. 11.4 dargestellt.

Der nicht hinterlegte Bereich ist identisch zu dem ESB für den Zweiwicklungstransformator in Abb. 10.7, wobei lediglich die dort auf der Sekundärseite eingetragene Streuinduktivität mit dem Quadrat des Übersetzungsverhältnisses in der Form $(1 - k^2)L_{22}\ddot{u}_2^2 = L_{12}$ auf die Primärseite transformiert wird und der Induktivität L_{12} in Abb. 11.4 entspricht. Die in dieser Abbildung eingezeichneten Induktivitäten L_{ik} können offenbar als Streuinduktivität zwischen der i-ten und k-ten Wicklung aufgefasst werden. Durch Hinzunahme einer dritten und vierten Wicklung kommen entsprechend den markierten Bereichen drei bzw. vier neue Parameter im ESB hinzu. Diese Vorgehensweise lässt sich auf eine beliebige Anzahl von Sekundärwicklungen erweitern.

Eine bei diesen Ersatzschaltbildern immer wieder diskutierte Frage ist die nach der messtechnischen Ermittlung der einzelnen Parameter. Bei der vorliegenden Ersatzanordnung ist die Situation relativ einfach. Die Hauptinduktivität L_{11} wird wie üblich als Induktivität zwischen den Eingangsklemmen bei offenen Ausgängen gemessen. Die Übersetzungsverhältnisse erhält man genauso wie in Abb. 10.7 aus dem Verhältnis von Eingangsspannung zu Ausgangsspannung bei Leerlauf an den Ausgängen. Da üblicherweise mit sinusförmigen Spannungen und Strömen gemessen wird, sind die folgenden Beziehungen mit den komplexen Amplituden nach Abschn. 1.9 formuliert. Mit einer angelegten Spannung $\underline{\hat{u}}_1$ und einer gemessenen Leerlaufspannung $\underline{\hat{u}}_i$ ist das zugehörige Übersetzungsverhältnis in der Form $\ddot{u}_i = |\underline{\hat{u}}_1/\underline{\hat{u}}_i|$ gegeben. Zur Messung der Streuinduktivitäten L_{ik} wird eine Spannung $\underline{\hat{u}}_k$ an der k-ten Wicklung angelegt und alle anderen Wicklungen

Abb. 11.4 Ersatzanordnung für einen Transformator mit mehreren Wicklungen

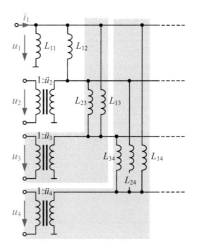

werden kurzgeschlossen. Mit dem in der Wicklung i gemessenen Kurzschlussstrom $\hat{\underline{i}}_i$ gilt

$$L_{ik} = \ddot{u}_i \ddot{u}_k \left| \frac{\hat{\underline{u}}_k}{j\omega \hat{\underline{i}}_i} \right|. \tag{11.3}$$

Das gleiche Ergebnis muss man mit einer angelegten Spannung $\hat{\underline{u}}_i$ und einem gemessenen Kurzschlussstrom $\hat{\underline{i}}_k$ erhalten. Diese Messung kann zur Kontrolle durchgeführt werden.

Beispiel

Eine an die Wicklung 3 angelegte Spannung $\hat{\underline{u}}_3$ verursacht über der Streuinduktivität L_{34} die transformierte Spannung $\ddot{u}_3\hat{\underline{u}}_3$. Der Strom durch L_{34} ist dann durch

$$\hat{\underline{i}}_{34} = \frac{\ddot{u}_3\hat{\underline{u}}_3}{j\omega L_{34}} \tag{11.4}$$

gegeben. Dieser wird mit dem Übersetzungsverhältnis $\ddot{u}_4$ an die Ausgangsklemmen transformiert und wir erhalten den Kurzschlussstrom $\hat{\underline{i}}_4 = \ddot{u}_4\hat{\underline{i}}_{34}$ und nach Zusammenfassung der Gleichungen die Streuinduktivität L_{34} gemäß Gl. (11.3).

Der Vorteil bei diesem ESB besteht also darin, dass die einzelnen Parameter messtechnisch separat bestimmt werden können. Bei den Kurzschlussmessungen ist allerdings sorgfältig darauf zu achten, dass keine zusätzlichen Impedanzen im Messkreis enthalten sind, da diese leicht in der Größenordnung der Streuinduktivitäten liegen können.

Die zweite Möglichkeit zur Erstellung eines induktiven Ersatzschaltbilds für einen Transformator mit beliebig vielen Wicklungen beginnt mit dem ESB für den Dreiwicklungstransformator nach Abb. 10.10. Die Hinzunahme einer vierten Wicklung bedeutet in der Induktivitätsmatrix vier weitere unabhängige Parameter. Die Abb. 11.5 zeigt die

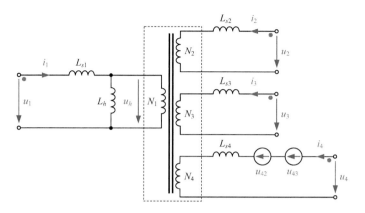

Abb. 11.5 Alternative Ersatzanordnung für einen Transformator mit mehreren Wicklungen

prinzipielle Vorgehensweise bei einer Erweiterung des Ersatzschaltbilds auf vier Wicklungen. Wird im allgemeinen Fall ein Transformator mit $n-1$ Wicklungen um eine n-te Wicklung erweitert, dann erhalten wir im ESB ein zusätzliches Übersetzungsverhältnis $\ddot{u}_n$, eine Streuinduktivität L_{sn} sowie $n-2$ in der Sekundärwicklung eingeführte stromgesteuerte Spannungsquellen u_{ni} mit $i = 2 .. n-1$ [8]. Diese Spannungen können mithilfe der komplexen Amplituden in der Form

$$\hat{\underline{u}}_{ni} = \underline{Z}_{ni}\hat{\underline{i}}_i = \mathrm{j}\omega L_{ni}\hat{\underline{i}}_i \tag{11.5}$$

als das Produkt einer Koppelimpedanz $\underline{Z}_{ni}$ zwischen der n-ten und i-ten Wicklung mit dem Strom in der i-ten Wicklung dargestellt werden.

Damit stellt sich wieder die Frage nach der Bestimmung der n neuen Parameter. Zunächst kann noch einmal festgehalten werden, dass auch dieses Netzwerk genauso viele freie Parameter wie die Induktivitätsmatrix aufweist, und zwar unabhängig von der Anzahl der Wicklungen. Im Folgenden werden wir die Messungen besprechen, mit denen diese Parameter ermittelt werden können. Die Herleitung des ESB aus Simulationsergebnissen erfolgt auf die gleiche Art und Weise, indem die gleichen Abschlussimpedanzen Leerlauf bzw. Kurzschluss an den einzelnen Wicklungen zugrunde gelegt werden und die ansonsten gemessenen Größen Strom, Spannung oder Impedanz jetzt ausgehend von den berechneten Feldverteilungen ermittelt werden.

Das Übersetzungsverhältnis erhalten wir mit einer Eingangsspannung $\hat{\underline{u}}_1$ und offenen Ausgängen bei allen Sekundärseiten. Da alle sekundärseitigen Ströme verschwinden gilt

$$\hat{\underline{u}}_1 = \frac{L_{s1} + L_h}{L_h}\hat{\underline{u}}_h = \frac{L_{s1} + L_h}{L_h}\ddot{u}_n\hat{\underline{u}}_n \quad \rightarrow \quad \ddot{u}_n = \frac{L_h}{L_{s1} + L_h}\frac{\hat{\underline{u}}_1}{\hat{\underline{u}}_n} \approx \frac{N_1}{N_n}. \tag{11.6}$$

Bei gut gekoppelten Wicklungen entspricht $\ddot{u}_n$ etwa dem Windungszahlenverhältnis N_1/N_n.

Abb. 11.6 Netzwerk zur
Bestimmung von $\hat{\underline{u}}_{42}$

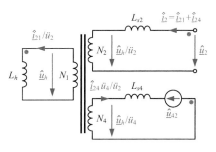

Zur Bestimmung der Streuinduktivität L_{sn} wird die Spannung $\hat{\underline{u}}_1$ angelegt, der Ausgang n kurzgeschlossen und alle übrigen Sekundärseiten im Leerlauf betrieben. Für die eingangsseitige Impedanz gilt dann

$$\underline{Z}_1 = \frac{\hat{\underline{u}}_1}{\hat{\underline{i}}_1} = \mathrm{j}\omega L_{s1} + \mathrm{j}\omega \frac{L_h \cdot \ddot{u}_n^2 L_{sn}}{L_h + \ddot{u}_n^2 L_{sn}}$$

$$\rightarrow \quad \ddot{u}_n^2 L_{sn} = \frac{L_h \left(\underline{Z}_1/\mathrm{j}\omega - L_{s1}\right)}{L_h - \left(\underline{Z}_1/\mathrm{j}\omega - L_{s1}\right)} \overset{L_h \to \infty}{\approx} \frac{\underline{Z}_1}{\mathrm{j}\omega} - L_{s1} \, . \tag{11.7}$$

Wegen der im Allgemeinen um einige Zehnerpotenzen größeren Hauptinduktivität kann die in der Gl. (11.7) angegebene Näherung verwendet werden, nach der sich die Eingangsimpedanz aus den Beiträgen der primärseitigen Streuinduktivität und der auf die Primärseite transformierten sekundärseitigen Streuinduktivität zusammensetzt.

Die Ermittlung der Werte für die stromgesteuerten Spannungsquellen behandeln wir am Beispiel der Spannung $\hat{\underline{u}}_{42}$. Zu diesem Zweck wird die Spannung $\hat{\underline{u}}_2$ an die Wicklung 2 angelegt, die Wicklung 4 wird am Ausgang kurzgeschlossen und alle übrigen Wicklungen werden im Leerlauf betrieben. Das so entstehende Netzwerk ist in Abb. 11.6 dargestellt.

Mit den in der Abbildung eingeführten Bezeichnungen für die Spannungen und die Ströme gelten die drei Maschengleichungen

$$\hat{\underline{u}}_2 = \mathrm{j}\omega L_{s2} \hat{\underline{i}}_2 + \frac{\hat{\underline{u}}_h}{\ddot{u}_2}, \quad \hat{\underline{u}}_h = \mathrm{j}\omega L_h \frac{\hat{\underline{i}}_{21}}{\ddot{u}_2},$$

$$\frac{\hat{\underline{u}}_h}{\ddot{u}_4} = \mathrm{j}\omega L_{s4} \frac{\ddot{u}_4}{\ddot{u}_2} \hat{\underline{i}}_{24} - \hat{\underline{u}}_{42} \overset{(11.5)}{=} \mathrm{j}\omega L_{s4} \frac{\ddot{u}_4}{\ddot{u}_2} \hat{\underline{i}}_{24} - \mathrm{j}\omega L_{42} \hat{\underline{i}}_2 . \tag{11.8}$$

Die Auflösung dieser Gleichungen führt auf die Spannung

$$\hat{\underline{u}}_h = \mathrm{j}\omega L_h \frac{\ddot{u}_4}{\ddot{u}_2} \frac{\ddot{u}_4 L_{s4} - \ddot{u}_2 L_{42}}{L_h + \ddot{u}_4^2 L_{s4}} \hat{\underline{i}}_2 \overset{L_h \to \infty}{\approx} \mathrm{j}\omega \frac{\ddot{u}_4}{\ddot{u}_2} \left(\ddot{u}_4 L_{s4} - \ddot{u}_2 L_{42}\right) \hat{\underline{i}}_2 \tag{11.9}$$

und durch Einsetzen in die erste Gleichung von (11.8) auf die Eingangsimpedanz $\underline{Z}_{2,K4}$ an der Wicklung 2 bei Kurzschluss an der Wicklung 4

$$\underline{Z}_{2,K4} = \frac{\hat{\underline{u}}_2}{\hat{\underline{i}}_2} = \mathrm{j}\omega L_{s2} + \mathrm{j}\omega L_h \frac{\ddot{u}_4}{\ddot{u}_2^2} \frac{\ddot{u}_4 L_{s4} - \ddot{u}_2 L_{42}}{L_h + \ddot{u}_4^2 L_{s4}} \overset{L_h \to \infty}{\approx} \mathrm{j}\omega L_{s2} + \mathrm{j}\omega \frac{\ddot{u}_4}{\ddot{u}_2^2} \left(\ddot{u}_4 L_{s4} - \ddot{u}_2 L_{42}\right) .$$

$$\tag{11.10}$$

Damit sind die Koppelinduktivität

$$L_{42} = \frac{\ddot{u}_2}{\ddot{u}_4}\left(L_{s2} - \frac{\underline{Z}_{2,K4}}{j\omega}\right)\left(1 + \ddot{u}_4^2\frac{L_{s4}}{L_h}\right) + \frac{\ddot{u}_4}{\ddot{u}_2}L_{s4} \overset{L_h \to \infty}{\approx} \frac{\ddot{u}_2}{\ddot{u}_4}\left(L_{s2} - \frac{\underline{Z}_{2,K4}}{j\omega}\right) + \frac{\ddot{u}_4}{\ddot{u}_2}L_{s4}$$

(11.11)

und die Spannung

$$\underline{\hat{u}}_{42} \overset{(11.5)}{=} j\omega L_{42}\hat{\underline{i}}_2$$

(11.12)

bekannt. Die weiteren Spannungen können direkt angegeben werden, sofern die Indizes passend ausgetauscht werden. Es bleibt festzuhalten, dass auch bei diesem ESB die Parameter einzeln ermittelt werden können, wobei die Koppelimpedanzen wieder durch Kurzschlussmessungen bestimmt werden. Aus der Ableitung ist aber auch erkennbar, dass das Ergebnis zunächst nur bei der betrachteten Frequenz gilt. Für die Praxis bedeutet das, dass diese Messung gegebenenfalls bei unterschiedlichen Frequenzen durchgeführt werden muss und dass die resultierenden Werte für die einzelnen Komponenten frequenzabhängig werden.

11.4 Kapazitives Transformatorersatzschaltbild

Die Kapazitäten innerhalb einer Wicklung haben wir bereits in Kap. 3 behandelt. Beim Transformator treten zusätzliche Kapazitäten zwischen den Wicklungen auf [3]. Als Beispiel betrachten wir den Zweiwicklungstransformator in der vereinfachten Darstellung in Abb. 11.7. Bezeichnen wir das elektrostatische Potential mit φ_e, dann können den vier Anschlüssen im allgemeinen Fall vier unterschiedliche Potentiale zugeordnet werden. Wird dem leitfähigen Kern ebenfalls ein elektrostatisches Potential φ_{e0} zugeordnet, dann entsteht ein Netzwerk mit fünf unabhängigen Knoten.

Ordnen wir den elektrischen Flüssen zwischen jeweils zwei Knoten Teilkapazitäten zu, dann erhalten wir das kapazitive Ersatzschaltbild auf der rechten Seite in Abb. 11.7 mit zehn Kondensatoren.

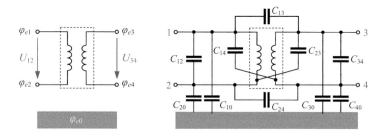

Abb. 11.7 Kapazitives Ersatzschaltbild für den Zweiwicklungstransformator

An dieser Stelle muss eine zusätzliche Bemerkung eingefügt werden. In der Elektrostatik werden üblicherweise voneinander isolierte und auf unterschiedlichen Potentialen liegende Leiter betrachtet. Diese Situation lässt sich eindeutig in ein Netzwerk aus diskreten Teilkapazitäten überführen, wobei auf den beiden Elektroden eines solchen Kondensators genau die Ladungen angenommen werden, die für den Fluss zwischen den beiden beteiligten Leitern verantwortlich sind. Im Gegensatz dazu ist die Situation hier anders, da die als Knoten bezeichneten Anschlüsse miteinander verbunden sind und sich das Potential entlang einer Verbindung von einem Knoten zum nächsten Knoten kontinuierlich ändert (vgl. auch Kap. 3). Als Konsequenz erhalten wir örtlich verteilte Kapazitäten, d. h. jedes Ersatznetzwerk mit diskreten Kondensatoren ist, auch wenn es plausibel erscheint, in gewisser Weise willkürlich. Trotzdem sind diese Ersatzschaltungen sehr hilfreich, wenn es darum geht, verschiedene Effekte im Bauelement oder auch in der Schaltung besser zu verstehen und die verschiedenen Einflussfaktoren abzuschätzen.

Um die folgenden Betrachtungen möglichst übersichtlich zu gestalten, werden wir das ESB in Abb. 11.7 noch etwas vereinfachen. In der Praxis sind die Abstände zwischen den Lagen wesentlich kleiner als die Abstände der Wicklungen zum Kern, so dass wir die bereits in Kap. 7 diskutierten Teilkapazitäten C_{i0} bei den folgenden Betrachtungen unberücksichtigt lassen. Das resultierende Netzwerk reduziert sich damit auf die verbleibenden sechs Teilkapazitäten gemäß Abb. 11.8. Diese Vernachlässigung ist sicherlich nicht mehr zulässig, wenn die Wicklungskapazitäten klein werden, z. B. bei einlagigen Wicklungen. In diesen Fällen können die Kapazitäten zwischen den Wicklungen und dem Kern mit der in Kap. 7 vorgestellten Methode abgeschätzt werden.

Die Aufgabe besteht also darin, für einen gegebenen Transformatoraufbau, wie z. B. in Abb. 11.8 im Querschnitt gezeigt, die Werte für die Teilkapazitäten im rechten Ersatznetzwerk zu bestimmen. Die Kapazität zwischen den beiden Lagen der Primärseite entspricht der in Kap. 3 definierten Lagenkapazität und trägt zur Kapazität C_{12} bei. Die Kapazität zwischen den beiden Lagen der Sekundärseite trägt entsprechend zum Wert C_{34} bei. Völlig anders gestaltet sich die Situation bei der Kapazität, die sich zwischen den Lagen von Primär- und Sekundärwicklung einstellt. In Abb. 11.8 betrifft das den Bereich zwischen der 2. Lage der Primärseite und der 1. Lage der Sekundärseite.

Bei der weiteren Vorgehensweise werden wir vergleichbar zur Herleitung in [2] zunächst die Energie bestimmen, die zwischen diesen beiden Lagen gespeichert ist. Darauf aufbauend müssen dann die Werte für die Teilkapazitäten im ESB hergeleitet werden. Im allgemeinen Fall sind mehrere solcher Bereiche zu erfassen, z. B. bei den verschachtelten Wicklungen in Abb. 10.30. Die gesamte gespeicherte Energie ergibt sich durch Addition der Energien aus den einzelnen Teilbereichen. Das bedeutet, dass die für jeden Bereich aus den dort gespeicherten Energien abgeleiteten Beiträge zu den Teilkapazitäten ebenfalls addiert werden. Die Struktur des Ersatznetzwerks ändert sich dadurch nicht.

Zur Bestimmung der Energie in dem Zwischenbereich wird die Potentialverteilung entlang der sich gegenüberstehenden Lagen benötigt. Ausgehend von bekannten Potentialen an den Anschlussklemmen 1 bis 4 können die Potentiale der einzelnen Windungen unmittelbar angegeben werden. Üblicherweise setzt man dabei voraus, dass alle Windungen

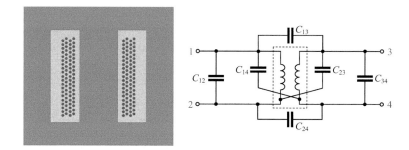

Abb. 11.8 Transformatoraufbau und Ersatznetzwerk

vom gleichen Fluss durchsetzt werden und sich die von außen angelegte Spannung mehr oder weniger unabhängig von der Frequenz linear über die einzelnen Windungen verteilt.

In der Praxis sind allerdings nicht unbedingt die Potentiale an den Anschlussklemmen bekannt, sondern lediglich die Spannungen zwischen den Eingangs- bzw. zwischen den Ausgangsklemmen. Da bei der Energieberechnung nur die Potentialdifferenzen benötigt werden, können wir das Potential einer Eingangsklemme willkürlich festlegen, das Potential der anderen Eingangsklemme ist dann durch die bekannte Eingangsspannung U_{12} bestimmt. Auf der Ausgangsseite ist mit der Spannung zwar die Potentialdifferenz $\varphi_{e3} - \varphi_{e4} = U_{34}$ bekannt, die absoluten Werte der beiden Potentiale können so aber nicht bestimmt werden. Für die folgende Rechnung spielt das zunächst keine Rolle, für die spätere quantitative Berechnung der Teilkapazitäten werden wir diese Frage aber beantworten müssen.

Der Ausgangspunkt für die weiteren Betrachtungen ist die in Abb. 11.9 dargestellte Anordnung. Sie entspricht der Schaltung im rechten Teilbild von Abb. 11.8 mit dem Unterschied, dass die beiden Wicklungen zeichnerisch in mehrere Abschnitte aufgeteilt sind. Um den allgemeinen Fall zu erfassen, nehmen wir an, dass nur ein Teil der Windungen von

Abb. 11.9 Zur Herleitung der Kapazitätswerte im Ersatznetzwerk

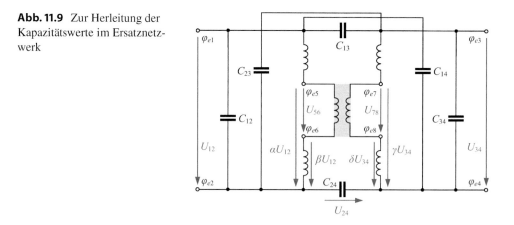

Abb. 11.10 Zur Energieberechnung

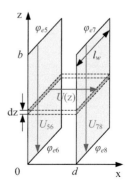

der Primärseite einem Teil der Windungen von der Sekundärseite gegenübersteht. Das Potential der betreffenden Windungen auf der Primärseite liegt im Bereich zwischen φ_{e5} und φ_{e6}, auf der Sekundärseite zwischen φ_{e7} und φ_{e8}. Diese Potentiale sind durch Abzählen der Windungen im Wickelpaket bekannt.

Zur Bestimmung der Energie in dem markierten Bereich betrachten wir die in Abb. 11.10 dargestellte Ersatzanordnung mit einem Plattenkondensator. Die beiden Platten stehen stellvertretend für die sich gegenüber stehenden Windungen. Die eingetragene Abmessung l_w entspricht der mittleren Windungslänge, b ist die Breite der Lagen und d der Abstand zwischen den beiden Lagen. Die Potentiale an der oberen und unteren Berandung der Platten sind mit den Werten aus Abb. 11.9 identisch. Innerhalb der Platten werden sie in Richtung der eingetragenen Koordinate z als linear veränderlich angenommen, d. h. es gilt für die linke Platte

$$\varphi_{e,l}(z) = \varphi_{e6} + (\varphi_{e5} - \varphi_{e6})\frac{z}{b} = \varphi_{e6} + U_{56}\frac{z}{b} \tag{11.13}$$

und für die rechte Platte

$$\varphi_{e,r}(z) = \varphi_{e8} + (\varphi_{e7} - \varphi_{e8})\frac{z}{b} = \varphi_{e8} + U_{78}\frac{z}{b}. \tag{11.14}$$

Für die in dem elementaren Abschnitt dz gespeicherte Energie erhält man mit der von der Koordinate z abhängigen Spannung zwischen den Platten

$$dW_e(z) = \frac{1}{2}\varepsilon\left[\frac{U(z)}{d}\right]^2 d\,l_w\,dz. \tag{11.15}$$

Zur Bestimmung der gesamten zwischen den beiden Platten gespeicherten Energie muss der Beitrag (11.15) über die Koordinate z integriert werden

$$W_e = \frac{1}{2}\varepsilon\frac{l_w}{d}\int_0^b [\varphi_{e,l}(z) - \varphi_{e,r}(z)]^2\,dz = \frac{1}{2}\varepsilon\frac{l_w}{d}\int_0^b \left[U(0) + (U_{56} - U_{78})\frac{z}{b}\right]^2\,dz.$$

$$\tag{11.16}$$

Mit der Kapazität des Plattenkondensators als Bezugswert

$$C_0 = \varepsilon \frac{l_w b}{d} \qquad (11.17)$$

nimmt das Ergebnis nach Ausführung der Integration die folgende Form an

$$W_e = \frac{1}{2} C_0 \left[U(0)^2 + U(0)(U_{56} - U_{78}) + \frac{1}{3}(U_{56} - U_{78})^2 \right]. \qquad (11.18)$$

Der nächste Schritt besteht darin, die Werte der Teilkapazitäten in Abb. 11.8 so zu bestimmen, dass die darin insgesamt gespeicherte Energie

$$W_e = \frac{1}{2} C_{12} U_{12}^2 + \frac{1}{2} C_{13} U_{13}^2 + \frac{1}{2} C_{14} U_{14}^2 + \frac{1}{2} C_{23} U_{23}^2 + \frac{1}{2} C_{24} U_{24}^2 + \frac{1}{2} C_{34} U_{34}^2 \qquad (11.19)$$

dem Wert (11.18) entspricht. Für die in dieser Gleichung verwendeten Spannungen gilt $U_{ik} = \varphi_{ei} - \varphi_{ek}$ mit $i = 1 .. 3$ und $k = 2 .. 4$. Der eleganteste Weg für diese Umrechnungen besteht darin, alle Spannungen in den beiden Gleichungen durch die drei unabhängigen Werte U_{12}, U_{24} und U_{34} auszudrücken und einen Koeffizientenvergleich durchzuführen. Da jede Spannung als Produkt mit sich selbst und mit den beiden anderen Spannungen auftritt, existieren insgesamt sechs mögliche Kombinationen. Der Koeffizientenvergleich liefert also sechs Gleichungen zur Bestimmung der gesuchten sechs Teilkapazitäten.

Beginnen wir mit der Gl. (11.18). Mit den aus Abb. 11.9 ablesbaren Zusammenhängen

$$U(0) = \beta U_{12} + U_{24} - \delta U_{34} \quad \text{und} \quad U_{56} - U_{78} = (\alpha - \beta) U_{12} - (\gamma - \delta) U_{34} \qquad (11.20)$$

lässt sich die Energie folgendermaßen darstellen

$$W_e = \frac{1}{2} C_0 \left\{ \frac{1}{3} \left(\alpha^2 + \alpha\beta + \beta^2 \right) U_{12}^2 + U_{24}^2 + \frac{1}{3} \left(\gamma^2 + \delta\gamma + \delta^2 \right) U_{34}^2 + (\alpha + \beta) U_{12} U_{24} \right.$$
$$\left. - \frac{1}{3} \left[\alpha\delta + \beta\gamma + 2 (\alpha\gamma + \beta\delta) \right] U_{12} U_{34} - (\gamma + \delta) U_{24} U_{34} \right\}. \qquad (11.21)$$

Die Gl. (11.19) führt mit den Zusammenhängen

$$U_{13} = U_{12} + U_{24} - U_{34}, \quad U_{14} = U_{12} + U_{24}, \quad U_{23} = U_{24} - U_{34} \qquad (11.22)$$

auf die Darstellung

$$W_e = \frac{1}{2} (C_{12} + C_{13} + C_{14}) U_{12}^2 + \frac{1}{2} (C_{13} + C_{14} + C_{23} + C_{24}) U_{24}^2$$
$$+ \frac{1}{2} (C_{13} + C_{23} + C_{34}) U_{34}^2$$
$$+ (C_{13} + C_{14}) U_{12} U_{24} - C_{13} U_{12} U_{34} - (C_{13} + C_{23}) U_{24} U_{34}. \qquad (11.23)$$

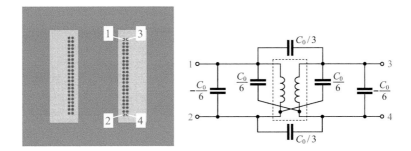

Abb. 11.11 Transformatoraufbau und Ersatznetzwerk für einlagige Wicklungen

Aus dem Koeffizientenvergleich der beiden Beziehungen (11.21) und (11.23) folgt das Ergebnis

$$C_{12} = \frac{1}{2}C_0 \left[\frac{2}{3} \left(\alpha^2 + \alpha\beta + \beta^2 \right) - \alpha - \beta \right] \quad C_{13} = \frac{1}{2}C_0 \left[\frac{1}{3} \left(\alpha\delta + \beta\gamma \right) + \frac{2}{3} \left(\alpha\gamma + \beta\delta \right) \right]$$

$$C_{14} = \frac{1}{2}C_0 \left(\alpha + \beta \right) - C_{13} \qquad\qquad C_{23} = \frac{1}{2}C_0 \left(\gamma + \delta \right) - C_{13}$$

$$C_{24} = \frac{1}{2}C_0 \left(2 - \alpha - \beta - \gamma - \delta \right) + C_{13} \qquad C_{34} = \frac{1}{2}C_0 \left[\frac{2}{3} \left(\gamma^2 + \gamma\delta + \delta^2 \right) - \gamma - \delta \right].$$

$$\tag{11.24}$$

Um den Einfluss des Wickelaufbaus auf die Werte der Kapazitäten zu verstehen, werden wir mit diesen Beziehungen verschiedene Fälle untersuchen. Zunächst aber kann festgestellt werden, dass alle Werte proportional zur Kapazität des Plattenkondensators C_0 sind. Eine Reduzierung der Kapazitäten ist also mit einer Reduzierung des Wertes in Gl. (11.17) zu erreichen.

Wir betrachten zunächst den Sonderfall, dass die beiden Transformatorwicklungen gemäß Abb. 11.11 aus jeweils nur einer Lage bestehen. Für die in Abb. 11.9 eingeführten Parameter gilt dann $\alpha = \gamma = 1$ und $\beta = \delta = 0$. Die mithilfe von Gl. (11.24) berechneten Teilkapazitäten sind in dem ESB von Abb. 11.11 eingetragen.

Das Auftreten negativer Kapazitätswerte hat keine weiteren Konsequenzen. Die im System gespeicherte Gesamtenergie ist immer positiv und entspricht der im Plattenkondensator in Abb. 11.10 gespeicherten Energie. Es gilt hier ebenso die Aussage wie bei den negativen Streuinduktivitäten in den vorhergehenden Abschnitten, dass das Ersatznetzwerk zwar als Modell den Rechnungen zugrunde gelegt werden kann, nicht jedoch durch einzelne Komponenten realisierbar sein muss.

In manchen Fällen, z. B. bei Spartransformatoren, wird ein Anschluss der Primärseite mit einem Anschluss der Sekundärseite verbunden. Die Abb. 11.12 zeigt zwei Möglichkeiten (Verbindung der Anschlüsse 2 und 4 bzw. 2 und 3) mit den zugehörigen vereinfachten Ersatzschaltbildern. Diese können direkt aus Abb. 11.11 durch Zusammenfassung der

Abb. 11.12 Sonderfälle zum
Transformatoraufbau in
Abb. 11.11

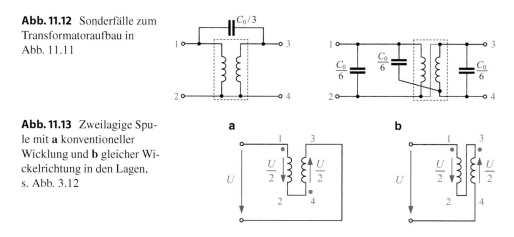

Abb. 11.13 Zweilagige Spule mit **a** konventioneller
Wicklung und **b** gleicher Wickelrichtung in den Lagen,
s. Abb. 3.12

infolge der leitenden Verbindung jeweils parallel liegenden Teilkapazitäten hergeleitet
werden.

Beispiel

Ausgehend von den bisherigen Ergebnissen ist die Kapazität einer zweilagigen Spule
für die beiden Fälle in Abb. 11.13 zu bestimmen.

Das gesuchte Ergebnis für den Fall a erhalten wir unmittelbar aus Abb. 11.11, indem wir die Anschlüsse 2 und 4 leitend miteinander verbinden. Dadurch entsteht das
Ersatznetzwerk im linken Teilbild in Abb. 11.12. Gemäß den Teilspannungen an den
beiden Lagen in Abb. 11.13a sind die Spulenanschlüsse mit den Anschlüssen 1 und
3 identisch, so dass wir an den Anschlussklemmen die Kapazität $C_0/3$ erhalten. In
Abb. 3.3 hatten wir für diese Kapazität den Wert C_{L12} gefunden. Diese beiden Ergebnisse sind gleichwertig. Der Faktor $1/3$ kommt dadurch zustande, dass die Gl. (11.17)
zur Berechnung von C_0 unter der Voraussetzung konstanter Klemmenspannung zwischen den Kondensatorplatten gilt, während sich die Spannung bei der Berechnung der
Lagenkapazität nach Abb. 3.3 von der Klemmenspannung an einem Ende der Platten
linear auf null am anderen Ende der Platten ändert.

▶ Als wichtiges Ergebnis können wir festhalten, dass der Wert C_0 in den vorstehenden
Gleichungen durch den Wert $3C_{L12}$ ersetzt werden kann. Die Genauigkeit der Ergebnisse in Gl. (11.24) lässt sich damit deutlich verbessern, da bei der Berechnung von
C_{L12} die Geometrie der Runddrähte mit Lackisolation berücksichtigt wurde, entweder
in der Anordnung nach Abb. 3.3 oder nach Abb. 3.6.

Im Falle gleicher Wickelrichtung nach Teilbild b werden die Anschlüsse 2 und 3 leitend verbunden. Die Spulenanschlüsse sind identisch mit den Anschlüssen 1 und 4 (s.
Abb. 11.14). Werden ausgehend von dem rechten Teilbild in Abb. 11.12 die beiden Teilkapazitäten zwischen den Anschlüssen 1 und 2 bzw. zwischen 3 und 4 jeweils mit dem

Abb. 11.14 Zur Ableitung der Spulenkapazität bei gleicher Wickelrichtung

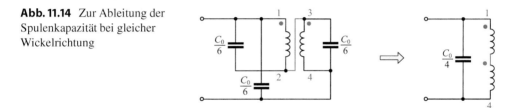

Übersetzungsverhältnis $1/\ddot{u} = N_2/N_1 = 1/2$ an die Eingangsklemmen transformiert, dann setzt sich die resultierende Spulenkapazität aus den Werten $C_0/6 + 2C_0/(6 \cdot 2^2)$ zusammen. Das Ergebnis $C_0/4 = 3C_{L12}/4$ ist in Übereinstimmung mit Gl. (3.39) und entspricht dem auf 75 % reduzierten Wert aus Teilbild a.

An den unterschiedlichen Wickelanordnungen in Abb. 11.13 ist zu erkennen, dass bei gleicher Induktivität, gleicher Windungszahl und gleicher Aufteilung der Windungen auf die Lagen unterschiedliche Wicklungskapazitäten entstehen. Die Ursache liegt in der Wickelrichtung, in der die Windungen nebeneinander gelegt werden. Wird z. B. in Abb. 11.11 eine Lage nicht oben beginnend nach unten gewickelt sondern umgekehrt, dann dreht sich die Potentialverteilung in dieser Lage um. Da sich der Wickelsinn, also die Richtung der Windungen um den Schenkel, und damit die Richtung des Stroms durch die Windungen bzw. die Richtung des magnetischen Flusses durch den Kern nicht ändert, bleibt die magnetische Kopplung davon völlig unbeeinflusst. Die Wickelrichtung ändert lediglich die von der Koordinate z abhängige Spannung in Abb. 11.10 und somit die gespeicherte elektrische Energie. Trotz gleicher Kapazität C_0 ist die wirksame Kapazität an den Anschlussklemmen deutlich unterschiedlich.

Im Beispiel wurden die beiden Wickelmöglichkeiten für die zweilagige Spule untersucht. Wir kehren jetzt zum Transformator zurück und betrachten wieder die vereinfachte Situation, bei der die beiden Wicklungen gemäß Abb. 11.11 aus jeweils genau einer Lage bestehen. In der Abb. 11.15 werden die verschiedenen Varianten gezeigt, die sich dabei ergeben können. Die beiden Wicklungen können an den unteren Anschlüssen verbunden sein, es kann ein unterer mit einem oberen Anschluss verbunden sein oder die beiden Wicklungen sind galvanisch völlig getrennt voneinander. In den drei oberen Teilbildern ist die Wickelrichtung so gewählt, dass die Windungen mit dem höheren Potential auf der Primärseite denjenigen Windungen auf der Sekundärseite gegenüberliegen, die dort ebenfalls das höhere Potential aufweisen. Bei den unteren Teilbildern ist die Wickelrichtung bei der Sekundärseite vertauscht, d. h. den Windungen höheren Potentials auf der Primärseite liegen die Windungen mit niedrigerem Potential auf der Sekundärseite gegenüber.

Wir wollen die Betrachtung noch dahingehend verallgemeinern, dass wir eventuell unterschiedliche Drahtdurchmesser für Primär- und Sekundärseite verwenden, so dass eine unterschiedliche Anzahl von Drähten bei gleicher Lagenbreite untergebracht werden kann. Die Kapazität C_0 bleibt zwar in allen Fällen gleich, das Übersetzungsverhältnis $\ddot{u} = N_p/N_s = U_{12}/U_{34}$ kann aber einen beliebigen Wert annehmen.

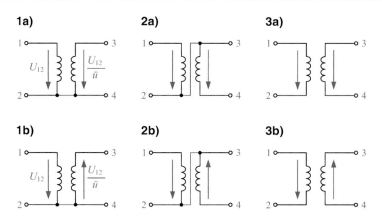

Abb. 11.15 Wickelanordnungen beim Zweiwicklungstransformator mit einlagigen Wicklungen

Ein direkter Vergleich zwischen den sechs Fällen in Abb. 11.15 wird dadurch erschwert, dass das zugehörige ESB in Abb. 11.11 mehrere Teilkapazitäten enthält. Wir können aber ähnlich der Vorgehensweise in Abb. 11.14 eine zwischen den Anschlussklemmen 1 und 2 anzunehmende sogenannte effektive Kapazität C_{eff} definieren, in der die gleiche elektrische Energie gespeichert ist wie in allen Teilkapazitäten des Netzwerks in Abb. 11.11 zusammen. Diese Blindenergie muss von der Quelle bereitgestellt werden und ist damit ein möglicher Qualitätsparameter.

Aus der geforderten Gleichheit der Energien folgt mit Gl. (11.19)

$$C_{eff} = \frac{2W_e}{U_{12}^2} = C_{12} + C_{13}\frac{U_{13}^2}{U_{12}^2} + C_{14}\frac{U_{14}^2}{U_{12}^2} + C_{23}\frac{U_{23}^2}{U_{12}^2} + C_{24}\frac{U_{24}^2}{U_{12}^2} + C_{34}\frac{1}{\ddot{u}^2} . \qquad (11.25)$$

Mit den Zusammenhängen (11.22) und nach Einsetzen der bereits bekannten Kapazitätswerte gemäß Abb. 11.11

$$C_{eff} = C_0 \left(\frac{1}{3} + \frac{U_{24}^2}{U_{12}^2} + \frac{1}{3}\frac{1}{\ddot{u}^2} + \frac{U_{24}}{U_{12}} - \frac{2}{3}\frac{U_{34}}{U_{12}} - \frac{U_{24}U_{34}}{U_{12}^2} \right) \qquad (11.26)$$

verbleibt noch die Bestimmung der Spannungsverhältnisse für die sechs Schaltungsvarianten. Bei den Teilbildern 1 und 2 sind die Einzelspannungen direkt ablesbar, bei den Schaltungen 3 dagegen fehlt die galvanische Kopplung, d. h. der Sekundärseite kann prinzipiell ein beliebiges konstantes Potential überlagert werden. Wir benötigen also eine zusätzliche Bedingung zur Bestimmung der Potentialdifferenzen zwischen Primär- und Sekundärseite. In der Praxis wird sich diese Konstante so einstellen, dass die insgesamt im System gespeicherte Energie ein Minimum ist. Man kann auch von der Forderung ausgehen, dass die Gesamtladung auf der Sekundärseite verschwinden muss. Beide Forderungen führen zum gleichen Ergebnis.

Tab. 11.1 Effektive Kapazität beim Zweiwicklungstransformator mit einlagigen Wicklungen

	1a)	2a)	3a)	1b)	2b)	3b)
U_{24}/U_{12}	0	$1/\ddot{u}$	$(1/\ddot{u}-1)/2$	0	$-1/\ddot{u}$	$-(1/\ddot{u}+1)/2$
U_{34}/U_{12}	$1/\ddot{u}$	$1/\ddot{u}$	$1/\ddot{u}$	$-1/\ddot{u}$	$-1/\ddot{u}$	$-1/\ddot{u}$
C_{eff}/C_0	$\frac{1}{3}\left(1-\frac{1}{\ddot{u}}\right)^2$	$\frac{1}{3}\left(1+\frac{1}{\ddot{u}}+\frac{1}{\ddot{u}^2}\right)$	$\frac{1}{12}\left(1-\frac{1}{\ddot{u}}\right)^2$	$\frac{1}{3}\left(1+\frac{1}{\ddot{u}}\right)^2$	$\frac{1}{3}\left(1-\frac{1}{\ddot{u}}+\frac{1}{\ddot{u}^2}\right)$	$\frac{1}{12}\left(1+\frac{1}{\ddot{u}}\right)^2$
$C_{eff}(\ddot{u}=0{,}5)$	$\frac{4}{12}C_0$	$\frac{28}{12}C_0$	$\frac{1}{12}C_0$	$\frac{36}{12}C_0$	$\frac{12}{12}C_0$	$\frac{9}{12}C_0$
$C_{eff}(\ddot{u}=1)$	0	$\frac{12}{12}C_0$	0	$\frac{16}{12}C_0$	$\frac{4}{12}C_0$	$\frac{4}{12}C_0$
$C_{eff}(\ddot{u}=2)$	$\frac{1}{12}C_0$	$\frac{7}{12}C_0$	$\frac{0{,}25}{12}C_0$	$\frac{9}{12}C_0$	$\frac{3}{12}C_0$	$\frac{2{,}25}{12}C_0$

Minimale Energie bedeutet, dass die Kapazität C_{eff} in Gl. (11.26) als Funktion der Spannung U_{24} zwischen den Wicklungen ein Minimum aufweisen muss. Aus der Forderung

$$\frac{dC_{eff}}{dU_{24}} = C_0 \left(\frac{2U_{24}}{U_{12}^2} + \frac{1}{U_{12}} - \frac{U_{34}}{U_{12}^2} \right) \overset{!}{=} 0 \tag{11.27}$$

folgt unmittelbar

$$U_{24} = \frac{U_{34} - U_{12}}{2}. \tag{11.28}$$

Die Forderung nach verschwindender Gesamtladung auf den an der Sekundärseite angeschlossenen Kondensatoren nach Abb. 11.11 führt auf die Gleichung

$$Q = C_0 \left(\frac{1}{3}U_{31} + \frac{1}{6}U_{32} + \frac{1}{6}U_{41} + \frac{1}{3}U_{42} \right) \overset{!}{=} 0, \tag{11.29}$$

die mit den Zusammenhängen in Gl. (11.22) wieder das Ergebnis (11.28) liefert. Zusammenfassend können die Spannungsverhältnisse in Gl. (11.26) für die 6 Beispiele in Abb. 11.15 angegeben werden. Die Ergebnisse sind in Tab. 11.1 zusammengestellt.

Neben den allgemeinen Formeln für C_{eff} als Funktion von $\ddot{u}$ sind die Ergebnisse auch für drei ausgewählte Übersetzungsverhältnisse angegeben. Bei den Varianten 1 und 3 ist jeweils der Fall a) wesentlich günstiger, bei der Variante 2 der Fall b).

Diese Ergebnisse lassen sich leicht verstehen, wenn man die Verteilung der Potentialdifferenz über die Breite der Lage betrachtet. Da das Quadrat der Spannung über die Lagenbreite nach Gl. (11.16) integriert wird, muss das Ziel darin bestehen, diesen Ausdruck zu minimieren. Die Sonderfälle $C_{eff} = 0$ in der Tabelle kommen dadurch zustande, dass in diesen Fällen die Spannung $U(z)$ über die gesamte Lagenbreite verschwindet.

Werfen wir zum Abschluss noch einen Blick auf einen allgemeinen Transformatoraufbau. Wenn die einzelnen Wicklungen aus mehreren Lagen aufgebaut sind, dann werden alle sich gegenüber stehenden Lagen in der gleichen Weise behandelt. Es müssen jeweils der zugehörige Wert C_0 sowie die Beiträge zu den Teilkapazitäten nach Gl. (11.24) berechnet werden. Gehören die beiden Lagen zur gleichen Wicklung, dann geht der Beitrag entsprechend dem Beispiel bzw. gemäß den Rechnungen in Kap. 3 nur in die Werte C_{12} bzw. C_{34} ein.

Die in Abb. 11.7 dargestellten Kapazitäten zum Kern können mit der gleichen Methode berechnet werden. Auch hier kann die Energieberechnung nach dem Modell des Plattenkondensators in Abb. 11.10 verwendet werden. Das Potential des Kerns muss aber genauso wie bei der galvanisch getrennten Sekundärseite entweder aus der Forderung nach einem Minimum der Energie oder aus der Forderung nach verschwindender Gesamtladung auf dem Kern vorab bestimmt werden (vgl. Kap. 7).

Schlussfolgerung

Für die Praxis gilt, dass die Maßnahmen zur Reduzierung der Proximityverluste oder zur Reduzierung der Streuinduktivitäten wie die Verringerung des Abstands zwischen Primär- und Sekundärwicklung, die Verschachtelung der Wicklungen, die Reduzierung der Lagenzahl bei gleichzeitiger Verbreiterung der Lagen usw. die Kapazität zwischen Primär- und Sekundärwicklung erhöhen. D. h. aber auch, dass all diese Maßnahmen unter Beachtung der entstehenden Kapazitäten durchgeführt werden sollten und immer der Kompromiss für das Gesamtsystem gefunden werden muss.

Eine Reduzierung der Teilkapazitäten lässt sich durch folgende Maßnahmen erreichen:

- Die Minimierung von C_0 nach Gl. (11.17) erfordert größere Abstände zwischen den Lagen, eine Minimierung der sich gegenüberliegenden Flächen und ein möglichst kleines ε_r.
- Das Integral des Spannungsquadrats zwischen den Lagen muss minimiert werden, z. B. indem die Richtung beim fortschreitenden Wickeln innerhalb einer Lage geeignet gewählt wird.
- Es sollten sich keine Windungen mit großen Potentialdifferenzen gegenüberstehen.
- Zur Reduzierung der wirksamen Kapazität zwischen Primär- und Sekundärseite können elektrostatische Schirme (nicht geschlossene Folienwindungen) eingebaut werden, die auf definierte Potentiale gelegt werden (s. Abschn. 12.2.2).

11.5   Das Widerstandsersatzschaltbild

Nachdem wir in den bisherigen Kapiteln immer in der Reihenfolge induktive, kapazitive und resistive Zusammenhänge betrachtet haben, fehlt bei den Ersatzschaltbildern noch der Blick auf die Widerstandsnetzwerke. Bei den Spulen haben wir die Widerstände bereits in der Abb. 11.2 berücksichtigt. Die Verlustmechanismen können wir formelmäßig einbeziehen, indem wir die Induktivitätsmatrix (10.16) erweitern und Widerstände in geeigneter Weise in das Gleichungssystem bzw. in das ESB einfügen.

Abb. 11.16 *RL*-Ersatzschaltbild für den Zweiwicklungstransformator

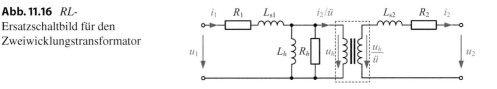

11.5.1 Die Standardlösung

Beginnen wir die Betrachtung mit dem Zweiwicklungstransformator in Abb. 10.2. Wir haben bereits erwähnt, dass die Kernverluste mit einem Widerstand parallel zur Hauptinduktivität beschrieben werden können. Aufgrund der nichtlinearen Zusammenhänge zwischen der Aussteuerung des Kernmaterials und den spezifischen Kernverlusten nach Gl. (8.3) ist dieser Widerstand von der Form und der Größe des Magnetisierungsstroms abhängig. Bei niedrigen Frequenzen sind die Kernverluste vernachlässigbar, im ESB drückt sich das dadurch aus, dass der Widerstand R_h in Abb. 11.16 durch die parallel liegende Hauptinduktivität kurzgeschlossen wird.

Zur Beschreibung der Wicklungsverluste werden Widerstände in Reihe zu den beiden Streuinduktivitäten geschaltet. Formelmäßig wird deren Einfluss durch einen zusätzlichen Spannungsabfall entsprechend Gl. (2.28) erfasst. Da jeder Widerstand ausschließlich von dem Strom durch die entsprechende Wicklung durchflossen wird, muss er auch alle von diesem Strom verursachten Wicklungsverluste einschließlich der in allen Windungen entstehenden Proximityverluste erfassen. Auf die damit verbundenen Probleme kommen wir etwas später noch einmal zurück.

Wie sieht es nun mit der Abhängigkeit der Widerstandswerte von der Stromamplitude und der Frequenz aus? Die rms-Verluste sind nach Gl. (4.10) proportional zum Quadrat des Effektivwerts und damit auch zur Amplitude des Stroms. Bei den Skinverlusten gilt diese Aussage für die einzelnen Oberschwingungen nach Gl. (4.15). Die Proximityverluste bei den einzelnen Oberschwingungen sind nach Gl. (4.32) proportional zum Quadrat der Feldstärkeamplitude im Wickelfenster und damit ebenfalls zum Quadrat der Stromamplitude. Streng genommen gilt das nicht exakt, da die sich mit steigender Amplitude ändernde Permeabilität des Kernmaterials Einfluss auf die Feldverteilung nimmt. Dieser Effekt wird aber in der Regel vernachlässigt, so dass die gesamten Wicklungsverluste in der Form I^2R dargestellt werden können.

Damit bleibt die Frage nach der Frequenzabhängigkeit. Bei niedrigen Frequenzen sind die Widerstände identisch zu den Gleichstromwiderständen der Wicklungen. Die mit steigenden Frequenzen auftretenden Skin- und Proximityverluste in den Wicklungen verursachen aber eine Frequenzabhängigkeit bei diesen Widerständen. Es gibt verschiedene Möglichkeiten, dieses nichtlineare Verhalten mithilfe geeigneter Netzwerke zu erfassen. Die Abb. 11.17 zeigt zwei unterschiedliche *RL*-Kombinationen, mit denen diese Eigenschaft nachgebildet werden kann. Am einfachsten sind diese Zusammenhänge zu verstehen, wenn man die beiden Grenzfälle $f = 0$ und $f \to \infty$ betrachtet. Bei dem z. B. in [5]

Abb. 11.17 Zur Erfassung
frequenzabhängiger Verluste

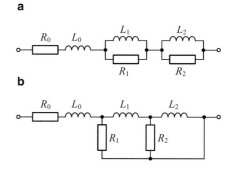

analysierten Netzwerk entsprechend Teilbild a entstehen Gleichstromverluste ausschließlich in dem Widerstand R_0. Mit steigenden Frequenzen steigt auch das Impedanzverhältnis $j\omega L_i/R_i$ bei den Parallelschaltungen und ein zunehmender Anteil des Stroms fließt durch die Widerstände. Das Verhalten der Schaltung in Teilbild b ist bei Gleichstrom identisch. Der Unterschied besteht aber in einer geänderten Dimensionierung der Netzwerkelemente. In Teilbild a fließt der Strom bei sehr hohen Frequenzen durch die Reihenschaltung aller Widerstände, in Teilbild b lediglich durch die beiden Widerstände R_0 und R_1. Durch geeignete Wahl der Widerstands- und Induktivitätswerte lässt sich ein gewünschter Frequenzgang realisieren.

11.5.2   Ein erweiterter Ansatz

Der Übergang zu einem Transformator mit drei Wicklungen bringt jetzt einige Probleme mit sich. Folgen wir wieder der Gl. (2.28), dann wird in der dritten Wicklung ein Widerstand R_3 in Reihe zur Streuinduktivität L_{s3} eingeführt, an dem die vom Strom i_3 verursachten gesamten Wicklungsverluste entstehen. Mit einer entsprechenden Frequenzabhängigkeit des Widerstands lassen sich die rms- und auch die Skinverluste richtig erfassen. Ein prinzipielles Problem entsteht aber bei den Proximityverlusten. Betrachten wir eine beliebige Windung aus dem gesamten Wickelpaket, dann sind die Proximityverluste in dieser Windung nach Abschn. 4.2 proportional zum Quadrat der resultierenden magnetischen Feldstärke, in der sich diese Windung befindet. Diese Feldstärke setzt sich aber aus den Beiträgen der Ströme aller Wicklungen zusammen. Selbst mit der vereinfachenden Annahme, dass sich alle Ströme i_1 .. i_3 zeitlich sinusförmig ändern, können sie unterschiedliche Amplituden aufweisen, sie sind im allgemeinen Fall zueinander phasenverschoben und die von ihnen an der Stelle der betrachteten Windung hervorgerufenen Feldstärkebeiträge besitzen unterschiedliche Richtungen. Die Felder können sich bei gleicher Richtung addieren, bei entgegengesetzter Richtung subtrahieren oder je nach Richtung jede denkbare Situation dazwischen annehmen.

Bei der Berechnung der Proximityverluste wird die resultierende magnetische Feldstärke quadriert, es entstehen also Beiträge, in denen die Produkte der Ströme der verschiedenen Wicklungen auftreten. Mit einem einzigen Widerstand in Reihe zur Streuinduktivität ist dieser Sachverhalt aber nicht beschreibbar. Zur formelmäßigen Erfassung benötigen wir analog zu den Koppelinduktivitäten jetzt Koppelwiderstände, so dass wir das Gleichungssystem (2.28) in der folgenden Weise erweitern

$$
\begin{pmatrix} u_1(t) \\ u_2(t) \\ .. \\ u_n(t) \end{pmatrix} = \begin{pmatrix} R_{11} + L_{11}\frac{\mathrm{d}}{\mathrm{d}t} & R_{12} + M_{12}\frac{\mathrm{d}}{\mathrm{d}t} & .. & R_{1n} + M_{1n}\frac{\mathrm{d}}{\mathrm{d}t} \\ R_{12} + M_{12}\frac{\mathrm{d}}{\mathrm{d}t} & R_{22} + L_{22}\frac{\mathrm{d}}{\mathrm{d}t} & .. & R_{2n} + M_{2n}\frac{\mathrm{d}}{\mathrm{d}t} \\ .. & .. & .. & .. \\ R_{1n} + M_{1n}\frac{\mathrm{d}}{\mathrm{d}t} & R_{2n} + M_{2n}\frac{\mathrm{d}}{\mathrm{d}t} & .. & R_{nn} + L_{nn}\frac{\mathrm{d}}{\mathrm{d}t} \end{pmatrix} \begin{pmatrix} i_1(t) \\ i_2(t) \\ .. \\ i_n(t) \end{pmatrix}.
$$

$$(11.30)$$

Die Widerstände in Gl. (2.28) liegen im ESB jeweils in Reihe zur Streuinduktivität, in der Gl. (11.30) gehen sie in die Werte R_{ii} auf der Hauptdiagonalen ein. Im Gegensatz dazu besteht die Erweiterung darin, dass wir jetzt auch Widerstände R_{ik} mit $i \neq k$ auf allen Nebendiagonalen erhalten. Mit diesen Widerständen werden Proximityverluste erfasst, sie sind also frequenzabhängig und müssen für $f \to 0$ verschwinden. Für den Sonderfall sinusförmiger Zeitverläufe kann mit den komplexen Amplituden nach Abschn. 1.9 gerechnet werden. Die Gl. (11.30) nimmt dann folgende Form an

$$
\begin{pmatrix} \hat{\underline{u}}_1 \\ \hat{\underline{u}}_2 \\ .. \\ \hat{\underline{u}}_n \end{pmatrix} = \begin{pmatrix} \underline{Z}_{11} & \underline{Z}_{12} & .. & \underline{Z}_{1n} \\ \underline{Z}_{12} & \underline{Z}_{22} & .. & \underline{Z}_{2n} \\ .. & .. & .. & .. \\ \underline{Z}_{1n} & \underline{Z}_{2n} & .. & \underline{Z}_{nn} \end{pmatrix} \begin{pmatrix} \hat{\underline{i}}_1 \\ \hat{\underline{i}}_2 \\ .. \\ \hat{\underline{i}}_n \end{pmatrix}
$$

$$(11.31)$$

$$\text{mit} \quad \underline{Z}_{ii} = R_{ii} + \mathrm{j}\omega L_{ii} \quad \text{und} \quad \underline{Z}_{ik} \overset{i \neq k}{=} R_{ik} + \mathrm{j}\omega M_{ik}\,.$$

Die Aufgabe des Gleichungssystems (11.30) besteht darin, das Verhalten des Transformators möglichst gut zu beschreiben und zwar unabhängig von den Strömen durch die Wicklungen. Das bedeutet, dass die Stromamplituden und die Phasenverschiebungen bei den Strömen nicht in das resistive Ersatzschaltbild eingehen. Lediglich die unterschiedlichen Richtungen der Feldstärkeanteile infolge der verschiedenen Ströme spielen bei deren Überlagerung zum gesamten externen Feld im Hinblick auf die Berechnung der Proximityverluste in einer Windung eine Rolle. Die Durchführung dieser Überlagerung bei allen Windungen und die Mittelung der Ergebnisse bildet die Basis für die Bestimmung der Widerstände.

Werfen wir nochmals einen Blick zurück auf die Abb. 11.16 und stellen uns vor, wir hätten den Zweiwicklungstransformator ohne Kern realisiert. Wenn der Widerstand R_h nur die Kernverluste beschreibt, kann er jetzt entfallen. Die verbleibenden Widerstände R_1 und R_2 stehen in dem Gleichungssystem (11.30) auf der Hauptdiagonalen und der Koppelwiderstand R_{12} ist nicht vorgesehen. Die beschriebene Problematik existiert also auch schon beim Transformator mit nur zwei Wicklungen. Die Aufstellung der Maschengleichungen für das Netzwerk in Abb. 11.16 zeigt aber, dass infolge des Widerstands R_h auch auf der

Nebendiagonalen ein resistiver Anteil bei der Impedanz $\underline{Z}_{12}$ existiert. Mit der abgekürzten Schreibweise für die Impedanzen

$$\underline{Z}_1 = R_1 + \mathrm{j}\omega L_{s1}, \quad \underline{Z}_2 = R_2 + \mathrm{j}\omega L_{s2} \quad \text{und}$$

$$\underline{Z}_h = \frac{R_h \cdot \mathrm{j}\omega L_h}{R_h + \mathrm{j}\omega L_h} = \frac{R_h}{1 + \left(\frac{R_h}{\omega L_h}\right)^2} + \mathrm{j}\frac{\omega L_h}{1 + \left(\frac{\omega L_h}{R_h}\right)^2} \tag{11.32}$$

erhalten wir das Gleichungssystem

$$\begin{pmatrix} \hat{\underline{u}}_1 \\ \hat{\underline{u}}_2 \end{pmatrix} = \begin{pmatrix} \underline{Z}_1 + \underline{Z}_h & -\dfrac{1}{\ddot{u}}\underline{Z}_h \\ \dfrac{1}{\ddot{u}}\underline{Z}_h & -\underline{Z}_2 - \dfrac{1}{\ddot{u}^2}\underline{Z}_h \end{pmatrix} \begin{pmatrix} \hat{\underline{i}}_1 \\ \hat{\underline{i}}_2 \end{pmatrix}. \tag{11.33}$$

Das Problem lässt sich also zumindest beim Zweiwicklungstransformator umgehen, da zusammen mit R_h insgesamt drei unabhängige Widerstände im ESB enthalten sind. An dem Widerstand R_h entstehen nicht nur die Kernverluste, sondern er wird auch im Falle des nicht vorhandenen Kerns als zusätzlicher freier Parameter für die Proximityverluste verwendet. Die Berechnung der Widerstände R_{11}, R_{22} und R_{12} in Gl. (11.30) für einen Transformator mit zwei Wicklungen wird in [9] an zwei sehr einfachen Beispielen mit Folienwindungen demonstriert.

Die Erweiterung auf einen Dreiwicklungstransformator bedeutet nach Gl. (11.30) das Auftreten von drei weiteren unabhängigen Widerständen. Im ESB wird ein Widerstand in Reihe zur Streuinduktivität L_{s3} geschaltet für die rms- und Skinverluste. Zwei weitere Widerstände können prinzipiell in Reihe zu den entsprechenden Streuinduktivitäten nach Abb. 11.4 geschaltet werden.

Betrachten wir noch die über eine Periodendauer zeitlich gemittelten Verluste. Diese erhält man für sinusförmige Ströme und Spannungen als den Realteil der komplexen Leistung, die summiert über alle n Wicklungen dem Netzwerk zugeführt wird

$$P = \mathrm{Re}\{\underline{S}\} = \frac{1}{2}\mathrm{Re}\left\{\sum_{i=1}^{n} \hat{\underline{u}}_i \hat{\underline{i}}_i^*\right\}. \tag{11.34}$$

Bemerkung: Bei Zugrundelegung der Gl. (11.33) muss der Strom $\hat{\underline{i}}_2$ wegen der in Abb. 11.16 festgelegten Orientierung mit negativem Vorzeichen verwendet werden.

Einsetzen der Gl. (11.31) in (11.34) führt auf die Darstellung

$$P = \frac{1}{2}\mathrm{Re}\left\{\sum_{i=1}^{n}\sum_{k=1}^{n} \underline{Z}_{ik}\hat{\underline{i}}_k\hat{\underline{i}}_i^*\right\} = \frac{1}{2}\sum_{i=1}^{n} R_{ii}\left|\hat{\underline{i}}_i\right|^2 + \frac{1}{2}\mathrm{Re}\left\{\sum_{i=1}^{n}\sum_{\substack{k=1 \\ k \neq i}}^{n} \underline{Z}_{ik}\hat{\underline{i}}_k\hat{\underline{i}}_i^*\right\}. \tag{11.35}$$

Wegen der bezüglich der Hauptdiagonalen symmetrischen Matrix kann die verbleibende Doppelsumme weiter vereinfacht werden. Resultierend erhalten wir das Ergebnis

$$P = \frac{1}{2} \sum_{i=1}^{n} R_{ii} \left| \hat{\underline{i}}_i \right|^2 + \frac{1}{2} \sum_{i=2}^{n} \sum_{k=1}^{i-1} R_{ik} \left(\hat{\underline{i}}_k \hat{\underline{i}}_i^* + \hat{\underline{i}}_k^* \hat{\underline{i}}_i \right), \tag{11.36}$$

in dem die Summe der Stromprodukte bereits reell ist.

Zusammenfassung

Zur vereinfachten Herleitung der Ersatzschaltbilder wurden das induktive ESB, das kapazitive ESB und die Einbeziehung der Verluste separat betrachtet. Die in der Praxis vorhandene gegenseitige Beeinflussung der verschiedenen Effekte hat erfahrungsgemäß nur begrenzte Auswirkungen auf die Ergebnisse, so dass mit dieser getrennten Vorgehensweise alle relevanten Zusammenhänge hinreichend genau beschrieben werden können.

Damit bleibt noch die Frage nach der Zusammenführung der Teilergebnisse. Betrachtet man das *RL*-Netzwerk für den Zweiwicklungstransformator in Abb. 11.16 und das entsprechende kapazitive Ersatznetzwerk in Abb. 11.8, dann stellt man fest, dass alle Anschlusspunkte für die Teilkapazitäten auch im *RL*-Netzwerk vorhanden sind. Die Zusammenfassung zu einem Gesamtnetzwerk erfolgt also durch Parallelschaltung der beiden Netzwerke. Ähnlich wie bei dem erweiterten Spulenersatzschaltbild in Abb. 11.2 kann auch hier das Problem entstehen, dass die Güten der aus den Induktivitäten und Kapazitäten gebildeten Schwingkreise zu hoch werden. Zur Bedämpfung müssen dann Widerstände in Serie oder parallel zu den Kondensatoren hinzugefügt werden.

11.6 Thermisches Ersatzschaltbild

Die Verluste in Kern und Wicklung führen zu einer Temperaturerhöhung der induktiven Bauteile und damit zu einer Beeinflussung der Eigenschaften sowohl des Kern- als auch des Wicklungsmaterials. Im stationären Betrieb stellt sich ein thermisches Gleichgewicht ein, wenn die durch Verluste entstehende Wärme der von dem Bauelement an die Umgebung abgegebenen Wärme entspricht. Die Frage ist nun, ob bei dieser Temperatur ein sicherer Betrieb der Spule bzw. des Transformators gewährleistet werden kann, oder ob die vielfältigen Auswirkungen der Temperaturerhöhung Gegenmaßnahmen erfordern.

11.6.1 Die Notwendigkeit einer thermischen Analyse

In der Praxis ist man meistens aus Kostengründen bestrebt, die geforderte Funktionalität mit einem möglichst kleinen Bauteil zu realisieren. Diese gewünschten Materialeinsparungen sind aber in der Regel gleichbedeutend mit einer stärkeren Aussteuerung der

Materialien, also einer höheren magnetischen Flussdichte im Kern oder einer größeren Stromdichte in den Windungen. Einerseits steigen mit der so erzielten Volumenreduzierung die Verluste zusätzlich an, gleichzeitig führt aber eine verkleinerte Oberfläche des Bauteils zu einer schlechteren Wärmeabfuhr. Eine Optimierung im Hinblick auf minimales Volumen bei maximal zulässiger Temperatur lässt sich damit nur durchführen, wenn die verschiedenen thermischen Einflüsse auf das Verhalten des Bauelements bekannt sind.

Betrachten wir zunächst den Temperatureinfluss auf die Wicklung. Der spezifische Widerstand der Leitermaterialien und damit auch die rms-Verluste steigen um etwa 0,39 % pro Grad Temperaturerhöhung an.

Bei den Skin- und Proximityverlusten sieht die Situation anders aus. Mit steigender Temperatur nimmt die Leitfähigkeit von Kupfer bzw. Aluminium ab. Damit steigt die Eindringtiefe und sowohl der Skinfaktor nach Abb. 4.5 als auch der Proximityfaktor nach Abb. 4.8 nehmen ab. Die logarithmischen Darstellungen der beiden Funktionen können durch jeweils zwei Geraden approximiert werden. Im unteren Bereich sind diese Funktionen proportional zu $1/\delta^4$ bzw. zu κ^2. Bei der Berechnung der Skinverluste nach Gl. (4.10) muss der Wert $F_s - 1$ aber noch mit dem Gleichstromwiderstand multipliziert, d. h. nochmals durch die Leitfähigkeit dividiert werden. Zur Berechnung der Proximityverluste wird der Proximityfaktor D_s nach Gl. (4.32) ebenfalls durch die Leitfähigkeit dividiert. Beide Verlustmechanismen sind in diesem Bereich also proportional zur Leitfähigkeit κ und nehmen mit steigender Temperatur ab. Oberhalb der Knickstellen sind die beiden Funktionen nur noch proportional zu $\sqrt{\kappa}$, die Verluste sind dann proportional zu $1/\sqrt{\kappa}$, d. h. die Verluste steigen jetzt mit wachsender Temperatur. Diesen Zusammenhang hatten wir auch schon beim Vergleich der Proximityverluste in Kupfer und Aluminium in Abb. 4.9 festgestellt.

Ein weiterer wichtiger Punkt ist der Einfluss der Temperatur auf die Eigenschaften des Kernmaterials. Die spezifischen Kernverluste sind bei den Ferritmaterialien nach Abb. 8.2 stark temperaturabhängig. Übersteigt die Temperatur den Bereich, in dem diese Verluste minimal werden, dann droht eine thermisch instabile Situation, da sich die Verluste und die Temperatur gegenseitig erhöhen. Bei den Wirbelstromverlusten haben wir im Kern nach Gl. (8.57) praktisch die gleiche funktionale Abhängigkeit von der Leitfähigkeit wie bei den Proximityverlusten in der Wicklung. Allerdings nimmt die Leitfähigkeit des Ferritmaterials anders als bei den Leitermaterialien mit steigenden Temperaturen zu. Damit kehrt sich die Situation im Kern gegenüber der Wicklung um.

Ein weiteres wichtiges Problem ist die mit steigender Temperatur abnehmende Sättigungsflussdichte nach Abb. 5.14. Der maximale Wert für B_s stellt bei vielen Designs eine Grenze dar, die eine weitere Reduzierung des Bauteilvolumens verhindert.

11.6.2   Die Wärmeübertragung

Die Entwärmung des Bauelements kann durch Wärmeleitung, durch Konvektion und durch Strahlung erfolgen. In den folgenden Abschnitten wollen wir diese in der Praxis gemeinsam auftretenden Mechanismen und ihre mathematische Beschreibung zumindest

Tab. 11.2 Gegenüberstellung der Beziehungen für Wärmeleitung und elektrische Leitung

Wärmeleitung	Elektrische Leitung
Thermische Leitfähigkeit λ [W/Km]	Elektrische Leitfähigkeit κ [A/Vm]
Thermischer Widerstand [K/W]: $R_{th} = \dfrac{l}{\lambda A}$	Elektrischer Widerstand [V/A]: $R = \dfrac{l}{\kappa A}$
Wärmestrom P [W]	Elektrischer Strom I [A]
Temperaturdifferenz ΔT [K], $\Delta T = T_1 - T_2$	Potentialdifferenz U [V], $U = \varphi_{e1} - \varphi_{e2}$

kurz diskutieren, eine ausführliche Darstellung der Zusammenhänge kann in [11, 12] nachgelesen werden.

11.6.2.1 Die Wärmeleitung

Bei diesem physikalischen Vorgang erfolgt die Wärmeübertragung innerhalb fester Stoffe durch den Austausch kinetischer Energie zwischen den molekularen Bausteinen. Für den einfachsten (eindimensionalen) Fall einer stationären Wärmeleitung durch einen Körper mit der Querschnittsfläche A und der Länge l gilt das Fouriersche Gesetz

$$P = \frac{\lambda A}{l}\,(T_1 - T_2) = \frac{1}{R_{th}}\,\Delta T\,. \tag{11.37}$$

In dieser Gleichung bezeichnen P den gesamten Wärmestrom, dieser ist gleichzusetzen mit den im Bauelement entstehenden Verlusten, T_1 und T_2 sind die Temperaturen auf beiden Seiten des Körpers und λ beschreibt die thermische Leitfähigkeit des Materials. Diese Gleichung ist völlig analog aufgebaut zu der Leitung eines elektrischen Stroms durch einen massiven Körper, wobei die in Tab. 11.2 angegebenen Korrespondenzen gelten.

11.6.2.2 Die Konvektion

Bei diesem Vorgang wird die Wärme von dem Bauteil an ein den Körper umströmendes flüssiges oder gasförmiges Medium, z. B. Luft abgegeben. Die infolge der Erwärmung hervorgerufenen Dichteschwankungen in der Luft führen zu einem Lufttransport, ähnlich einer Kaminwirkung. Mathematisch beschrieben wird dieser Zusammenhang durch das Newtonsche Gesetz

$$P = \alpha A\,(T - T_K) \tag{11.38}$$

mit der umströmten Fläche des Körpers A, der Oberflächentemperatur des Körpers T_K, der Temperatur des strömenden Mediums (nach seiner Erwärmung) und dem Wärmeübergangskoeffizienten α. Während die thermische Leitfähigkeit eines Materials noch relativ gut bestimmt werden kann, wird der Parameter α von sehr vielen Faktoren beeinflusst. Die Wärmeabfuhr durch Konvektion hängt z. B. von folgenden Fragen ab:

- Welche Strömungsgeschwindigkeit der Luft stellt sich ein?
- Wird die Luftströmung durch eine hohe Packungsdichte auf der Platine behindert?
- Stellt sich laminare oder turbulente Strömung ein?

- Wird eine bessere Konvektion, z. B. durch einen Ventilator erzwungen?
- In welchem Abstand befinden sich weitere Wärmequellen?
- Mit welcher Orientierung wird die Komponente eingebaut?
- Wie ist die Oberfläche der Komponente beschaffen?
- Welche Form bzw. welche Höhe hat die Komponente?

In der Entwicklungsphase sind die Antworten auf diese und weitere Fragen noch nicht im Detail bekannt. Der Wärmeübergangskoeffizient muss daher in vielen Fällen experimentell bestimmt werden.

11.6.2.3 Die Strahlung

Dieser Wärmeübertragungsmechanismus beruht auf elektromagnetischer Strahlung (Infrarot) zwischen Körpern unterschiedlicher Temperatur. Der Strahlungsfluss ist ebenfalls proportional zur Fläche A des abstrahlenden Körpers, die absolute Temperatur geht allerdings mit der 4. Potenz ein, d. h. der Zusammenhang

$$P = \varepsilon \sigma A T^4 \tag{11.39}$$

ist extrem nichtlinear. Die Stefan-Boltzmann-Konstante σ besitzt den Wert $\sigma = 5{,}67 \cdot 10^{-8}\,\mathrm{Wm}^{-2}\,\mathrm{K}^{-4}$. Der Emissionsgrad ε beschreibt die Emission des Körpers im Verhältnis zur Emission des schwarzen Körpers bei gleicher Temperatur und liegt im Bereich zwischen 0 und 1. In [11] sind diese Werte für verschiedene Oberflächen tabelliert.

Besitzt der strahlende Körper die Temperatur T_1 und absorbiert er gleichzeitig eine von der Umgebung kommende Strahlung der Leistung $P = \varepsilon \sigma A T_2^4$, dann wird die bisherige Beziehung in der folgenden Weise erweitert

$$P = \varepsilon \sigma A \left(T_1^4 - T_2^4 \right). \tag{11.40}$$

Diese Gleichung gilt unter der Voraussetzung, dass die lineare Ausdehnung der Flächen bedeutend größer ist als ihr Abstand voneinander.

Auch bei der Wärmeabgabe durch Strahlung gibt es zahlreiche Einflüsse, die nur näherungsweise bekannt sind:

- Welchen Emissionsgrad haben die verschiedenen Oberflächen von Kern und Wicklung?
- In welchem Abstand befinden sich weitere Wärmequellen?
- Welcher absolute Temperaturwert stellt sich letztlich ein?

11.6.3 Das verwendete Ersatzschaltbild

Ausgehend von der in Abschn. 11.6.2.1 beschriebenen Analogie zwischen elektrischer Leitung und Wärmeleitung wird der Analyse üblicherweise ein thermisches Netzwerk zugrunde gelegt, das mit den gleichen Methoden wie die elektrischen Netzwerke behandelt werden kann. Die Stromquellen in elektrischen Netzwerken werden durch Wärmequellen

(Verluste in Kern und Wicklung) ersetzt, die zu berechnenden Spannungen (Potentialdifferenzen) in den elektrischen Netzwerken entsprechen den gesuchten Temperaturdifferenzen und die elektrischen Widerstände werden durch die thermischen Widerstände ersetzt.

Es ist offensichtlich, dass diese Vorgehensweise einige prinzipielle Probleme mit sich bringt. Während die Konvektion ähnlich wie die Wärmeleitung durch einen thermischen Widerstand $R_{th} = 1/\alpha A$ beschrieben werden kann, ist diese Vorgehensweise bei der Wärmeübertragung durch Strahlung wegen der extrem nichtlinearen Abhängigkeit von der absoluten Temperatur nicht mehr möglich. Ein Ausweg besteht darin, die Gl. (11.40) um den Arbeitspunkt zu linearisieren und den thermischen Widerstand von der Temperatur abhängig zu machen. Hinzu kommt die Tatsache, dass dieser Beitrag zur Entwärmung vor allem von der Temperatur der benachbarten Bauteile abhängt, da die umgebende Luft für die Wärmestrahlung vollkommen durchlässig ist. Ein weiteres Problem sind die verschiedenen Koeffizienten in den vorstehenden Gleichungen, die bezogen auf das eigene Design nicht hinreichend genau bekannt sind.

Insgesamt lässt sich festhalten, dass mit einem thermischen Ersatznetzwerk keine perfekte Analyse möglich ist, dass es bestenfalls eine gute Approximation für die zu erwartende thermische Situation liefern kann. In vielen Fällen ist eine detaillierte Analyse auch gar nicht erforderlich, oft reicht eine grobe Abschätzung aus, zumal das thermische Design wegen der angesprochenen Unsicherheiten mit entsprechendem Sicherheitsabstand zu den Grenzwerten ausgelegt werden muss.

Unter diesen Gesichtspunkten stellt sich dann auch die Frage, wie umfangreich das thermische Ersatznetzwerk sein sollte. Solange man nicht an dynamischen Temperaturverläufen interessiert ist, wie z. B. dem Erwärmungsvorgang nach einer ersten Inbetriebnahme, kann auf Speicherelemente in den thermischen Netzwerken verzichtet werden. Zur Berechnung der stationären Temperaturverteilung ist ein reines Widerstandsnetzwerk ausreichend.

Soll der ortsabhängige Temperaturverlauf im Inneren des Bauelements, vor allem innerhalb der Wicklung untersucht werden, um z. B. die Temperatur am sogenannten „hot spot", üblicherweise in der Nähe des Luftspalts, zu kontrollieren, dann ist ein umfangreiches Widerstandsnetzwerk erforderlich. In [1] wird z. B. ein thermisches Ersatznetzwerk vorgeschlagen, bei dem jede Windung durch einen Knoten im Netzwerk repräsentiert wird und Kern und Wickelkörper durch ein Gitternetz nachgebildet werden. Ist man dagegen mehr an einem mittleren Richtwert interessiert, z. B. um den Einfluss der Temperatur auf die Verlustbilanz und das Sättigungsverhalten abzuschätzen oder um die geeignete Aufteilung der Verluste zwischen Kern und Wicklung im Hinblick auf ein optimales Design zu finden, dann genügt ein relativ einfaches Netzwerk, so wie es z. B. in der Abb. 11.18 dargestellt ist. Darin bezeichnen T_a die Umgebungstemperatur (**a**mbient), T_w die Temperatur der Wicklung (**w**inding) und T_c die Temperatur des Kerns (**c**ore). Thermische Widerstände treten zwischen Kern und Umgebung ($R_{th,c-a}$), zwischen Wicklung und Umgebung ($R_{th,w-a}$) sowie zwischen Kern und Wicklung ($R_{th,c-w}$) auf.

Zur Analyse des Netzwerks müssen die Verluste im Kern P_c und in der Wicklung P_w sowie die Werte der thermischen Widerstände bekannt sein. Für die Luftspule in Teilbild a erhält man die Temperaturerhöhung der Wicklung gegenüber der Umgebungstemperatur durch die einfache Beziehung

$$T_w - T_a = R_{th} P_w \,. \tag{11.41}$$

Die Berechnung des Netzwerks in Teilbild b führt auf die Beziehungen

$$T_c - T_a = \frac{R_{th,c-a}}{R_{th,w-a} + R_{th,c-a} + R_{th,c-w}} \left[P_c \left(R_{th,w-a} + R_{th,c-w} \right) + P_w R_{th,w-a} \right] \tag{11.42}$$

und

$$T_w - T_a = \frac{R_{th,w-a}}{R_{th,w-a} + R_{th,c-a} + R_{th,c-w}} \left[P_w \left(R_{th,c-a} + R_{th,c-w} \right) + P_c R_{th,c-a} \right] \tag{11.43}$$

für die Temperaturerhöhungen von Kern und Wicklung gegenüber der Umgebungstemperatur.

11.6.4   Die thermischen Widerstände der Standardkerne

Aufgrund der vorangegangenen Abschnitte ist deutlich geworden, dass ein thermisches Ersatzschaltbild mit den zugeordneten Werten für die thermischen Widerstände nur eine grobe Annäherung an die Praxis sein kann. Zu viele nur ansatzweise bekannte Parameter beeinflussen das Ergebnis. Unter Berücksichtigung dieser Problematik kann man die thermischen Widerstände in dem vorgestellten Netzwerk in Abb. 11.18 trotzdem für die verschiedenen Kerne näherungsweise quantifizieren. Die den Widerständen zugeordneten Zahlenwerte werden dabei aus zahlreichen unter definierten Bedingungen durchgeführten Messreihen abgeleitet.

In [7] wurde bereits eine Näherungsbeziehung angegeben, wobei allerdings die Verluste in Kern und Wicklung zusammengefasst und nur ein einziger thermischer Widerstand zur Umgebung betrachtet wurde. Bei voller Ausnutzung des Wickelfensters gilt als Daumenregel der folgende Zusammenhang zwischen dem thermischen Widerstand und dem

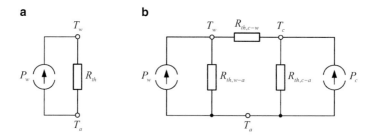

Abb. 11.18 Thermisches Ersatzschaltbild für ein induktives Bauteil **a** ohne Kern und **b** mit Kern

Tab. 11.3 Thermische Widerstände ausgewählter Kerne in K/W (Näherungswerte)

Kern	$R_{th,c-a}$	$R_{th,w-a}$	$R_{th,c-w}$	Kern	$R_{th,c-a}$	$R_{th,w-a}$	$R_{th,c-w}$
E13/6/6	92,0	175,0	58,0	ETD29	24,0	62,0	18,0
E20/10/5	53,0	124,0	38,0	ETD39	16,0	39,0	14,0
E25/13/7	34,0	80,0	22,0	ETD49	11,0	24,0	10,0
E36/21/15	14,0	34,0	13,0	P14/8	82,0	370,0	18,0
E42/33/20	8,5	19,0	9,6	P18/11	52,0	260,0	15,0
E65/32/27	5,5	10,6	7,8	P26/16	28,0	160,0	9,0
EC35	22,0	49,0	21,0	P42/29	11,5	52,0	5,6
EC52	13,3	25,0	11,2	RM5/I	75,0	290,0	38,0
EFD10	190,0	410,0	75,0	RM8/I	34,0	140,0	18,0
EFD25	36,0	64,0	25,0	RM12/I	17,0	70,0	12,0

effektiven Kernvolumen

$$R_{th} \approx \frac{50}{\sqrt{V_e/\text{cm}^3}} \frac{\text{K}}{\text{W}} \, . \tag{11.44}$$

In [10] wurden die gemessenen Widerstandswerte entsprechend dem Netzwerk in Abb. 11.18b für die Standardkerne mit voller Bewicklung vorgestellt. Die Zahlenwerte sind für einige ausgewählte Kerne in Tab. 11.3 zusammengestellt und können als Richtwerte für einen ersten Entwurf verwendet werden. Allerdings gibt es einige Einflussgrößen, die sich bei unterschiedlichen Kernformen quantitativ unterschiedlich auswirken. Zunächst spielt die Wicklungshöhe eine Rolle. Bei mehr Lagen bzw. dickeren Drähten steigt die Höhe des Wickelpakets und damit auch dessen Oberfläche, so dass insbesondere der thermische Widerstand zwischen Wicklung und Umgebung abnimmt. Dieser Einfluss macht sich mehr bei den offenen Kernen (E-Kerne) bemerkbar, weniger bei den geschlossenen Kernen (P-Kerne). Eine weitere eher untergeordnete Einflussgröße ist die Umgebungstemperatur. Mit steigenden T_a-Werten nimmt der Wärmeübergang durch Konvektion zwar ab, allerdings wird dieser Effekt vielfach durch die zunehmende Strahlung (infolge der höheren Temperatur von Kern und Wicklung) mehr als kompensiert, so dass die thermischen Widerstände mit steigenden Umgebungstemperaturen geringfügig sinken. Ein dritter wichtiger Punkt ist die räumliche Orientierung, mit der die Spule bzw. der Transformator auf der Platine eingebaut werden. Für den thermischen Widerstand zwischen Kern und Umgebung ist eine stehende Position, insbesondere bei den flachen Kernen (E-Kerne) von Vorteil, da die der Luftströmung ausgesetzte Fläche größer wird. Hier kommt es vor allem auf die Ausnutzung der Kaminwirkung an.

Durch Einbeziehung der thermischen Simulation während der Entwurfsphase lässt sich die Anzahl der Testmessungen reduzieren. Auf der anderen Seite sollte aber wegen der Unsicherheiten bei der thermischen Analyse und aufgrund der speziellen Bedingungen beim endgültigen Einbau der Komponente in der Schaltung auf abschließende Kontrollmessungen zur Verifikation nicht verzichtet werden.

Weitere Daten für bisher nicht enthaltene Kerne können der Tabelle hinzugefügt werden, indem die Daten gleicher oder ähnlicher Kerntypen interpoliert werden. Für eine induktive Komponente ohne Kern wird nach Abb. 11.18 nur ein einzelner thermischer Widerstand R_{th} zwischen Wicklung und Umgebung verwendet. Falls ein solcher Wert nicht bekannt ist, kann er zumindest näherungsweise aus den drei Tabellenwerten gemäß der Gleichung

$$R_{th} = \frac{R_{th,w-a} \cdot (R_{th,c-a} + R_{th,c-w})}{R_{th,w-a} + R_{th,c-a} + R_{th,c-w}} \qquad (11.45)$$

abgeschätzt werden.

11.6.5 Die thermische Iterationsschleife

Die Berücksichtigung der Temperaturerhöhung beim Design einer induktiven Komponente führt zwangsläufig auf einen iterativen Rechenprozess. In einem ersten Schritt werden bei einer angenommenen Anfangstemperatur die Verluste in Kern und Wicklung berechnet. Die mithilfe der Gln. (11.42) und (11.43) berechneten neuen Temperaturen werden einer erneuten Verlustberechnung zugrunde gelegt. Die geänderten Verluste führen wiederum zu geänderten Temperaturen und damit zum nächsten Iterationsschritt. Dieser Rechenablauf wird beendet, wenn die Änderungen der Temperaturen immer kleiner werden und einen vorgegebenen Grenzwert unterschreiten. Es kann aber auch der Fall eintreten, dass sich infolge eines nicht geeigneten Designs eine thermische Instabilität einstellt, bei der die Temperaturen nach jeder neuen Rechnung weiter ansteigen. In diesem Fall wird die Rechnung abgebrochen, wenn die Temperaturen von Kern und Wicklung vorgegebene Maximalwerte überschreiten.

11.6.5.1 Strategien zur Reduzierung der Rechenzeit
Die Berechnung der Kern- und Wicklungsverluste erfordert mit den in diesem Buch vorgestellten analytischen Formeln nur noch kurze Rechenzeiten. Selbst bei komplizierten Wickelaufbauten und der Notwendigkeit, viele Harmonische der Stromformen zu berücksichtigen, dauert ein Rechendurchlauf nur wenige Sekunden. Werden aber automatisierte Optimierungen durchgeführt, indem verschiedene Windungszahlen mit einer großen Anzahl von Volldrähten und HF-Litzen kombiniert und durchgerechnet werden, oder verschiedene Positionierungen der Windungen im Wickelfenster untersucht werden, dann steigt die Rechenzeit deutlich, vor allem, wenn auch noch die thermische Iterationsschleife einbezogen wird. Zur Vermeidung unnötiger Rechenzeiten gibt es verschiedene Strategien, von denen einige im Folgenden erläutert werden.

1. Strategie
Die einfachste Vorgehensweise besteht darin, alle Optimierungen mit einer festen Temperatur durchzuführen und die thermische Iterationsschleife zu vermeiden. Wird dabei die

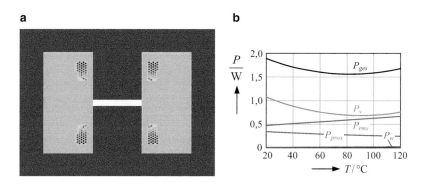

Abb. 11.19 Verlustmechanismen als Funktion der Temperatur

erwartete Betriebstemperatur der Komponente zugrunde gelegt, dann liegen die gefundene Windungszahl und die optimale Drahtsorte bereits nahe am Optimum. Die mit diesen Daten berechnete Temperatur von Kern und Wicklung dient dann als Grundlage für eine nochmalige Optimierung mit einer nur noch geringen Auswahl an vergleichbaren Windungszahlen und Drahtsorten.

2. Strategie
Sofern bereits alle sonstigen Daten der Komponente festliegen und nur noch die Verlustberechnung in Kombination mit der Temperaturschleife durchgeführt werden soll, kann der Rechenaufwand reduziert werden, wenn die Startwerte der Temperaturen bereits nahe an den Endwerten liegen. Aus diesem Grund ist es in vielen Fällen vorteilhaft, nicht mit der Umgebungstemperatur zu beginnen, sondern diejenige Temperatur als Startwert zu verwenden, bei der die spezifischen Kernverluste nach Abb. 8.2b minimal sind.

Als Beispiel betrachten wir die in Abb. 11.19a im Querschnitt dargestellte 0,5 mH Spule auf einem E25/10/6 Kern mit dem Ferritmaterial 3C90, die mit insgesamt 72 Windungen eines Runddrahtes mit 0,25 mm Durchmesser realisiert ist. Das Teilbild b zeigt die verschiedenen Verlustmechanismen für einen Strom der Amplitude 1 A und der Frequenz 100 kHz als Funktion der Temperatur. Bei den Wicklungsverlusten steigen die rms-Verluste mit der Temperatur an, während die Proximityverluste in ähnlicher Größenordnung abnehmen. Die Skinverluste sind komplett vernachlässigbar. Bei den Kernverlusten sind die Wirbelstromverluste P_w zwar in der Abbildung eingetragen, aber ebenfalls praktisch vernachlässigbar. Da sich der temperaturabhängige Verlauf der spezifischen Kernverluste P_v bei den Gesamtverlusten wiederspiegelt, ist die zu $P_{v,min}$ gehörende Temperatur ein geeigneter Startwert für die thermische Iterationsschleife.

An diesen Ergebnissen ist noch ein anderer interessanter Aspekt zu erkennen. Der beste Wirkungsgrad bzw. die geringsten Verluste sind nicht gleichbedeutend mit der niedrigsten Temperatur. Bei einer Betriebstemperatur dieser Komponente von 40°C sind die Verluste deutlich höher als bei einer Betriebstemperatur von 80°C. Trotzdem bleibt das Ziel bestehen, die Temperatur der induktiven Komponente durch Verlustminimierung so weit wie möglich zu reduzieren. Stellt sich eine zu niedrige Betriebstemperatur ein, dann bietet sich eventuell die Möglichkeit, einen kleineren Kern zu verwenden.

3. Strategie

Bei der zu Beginn des Abschn. 11.6.5 beschriebenen abwechselnden Berechnung von Verlusten und Temperaturverteilung kann der Rechenaufwand reduziert werden, indem bei einer erneuten Verlustberechnung nur noch die Anteile in den Gleichungen betrachtet werden, die von der Temperatur beeinflusst werden. Die übrigen Faktoren in den Gleichungen werden zwischengespeichert.

Am einfachsten ist diese Vorgehensweise bei den spezifischen Kernverlusten umzusetzen. Betrachten wir z. B. die Gln. (8.18) bzw. (8.21), dann hängt nur der Faktor $C(\tau)$ von der Temperatur ab. Sind diese Verluste $P_v(T_1)$ bereits bei einer Temperatur T_1 berechnet, dann erhält man sie bei einer anderen Temperatur T_2 durch einfaches Umskalieren entsprechend der Beziehung

$$P_v(T_2) = P_v(T_1) \frac{C(\tau_2)}{C(\tau_1)} = P_v(T_1) \frac{ct_0 - ct_1 \cdot \tau_2 + ct_2 \cdot \tau_2^2}{ct_0 - ct_1 \cdot \tau_1 + ct_2 \cdot \tau_1^2} \quad \text{mit} \quad \tau_i = \frac{T_i}{100\,°C} \,. \tag{11.46}$$

Bei den rms-Verlusten in der Wicklung ist die Situation ähnlich einfach. Nach Gl. (4.10) bzw. (4.15) geht die Temperaturabhängigkeit nur in den Gleichstromwiderstand $R_0 = l/\kappa A$ ein. Bezeichnet $\rho(T)$ den temperaturabhängigen spezifischen Widerstand des Leitermaterials, dann gilt mit dem Zusammenhang für Kupfer

$$\frac{1}{\kappa(T)} = \rho(T) = \rho(20\,°C) \cdot \left[1 + \frac{3,9}{10^3}\left(\frac{T}{°C} - 20\right)\right] = \rho(20\,°C) \cdot \left[0,922 + \frac{3,9}{10^3}\frac{T}{°C}\right] \tag{11.47}$$

bei den rms-Verlusten die einfache Umskalierung auf eine andere Temperatur

$$P_{rms}(T_2) = P_{rms}(T_1) \frac{\kappa(T_1)}{\kappa(T_2)} = P_{rms}(T_1) \frac{0,922 + 0,0039 \cdot T_2/°C}{0,922 + 0,0039 \cdot T_1/°C} \,. \tag{11.48}$$

Bei den Skin- und Proximityverlusten ist die Situation etwas komplizierter, da hier entsprechend Abb. 4.5 bzw. Abb. 4.8 sowohl der Drahtradius als auch die Frequenz in die Verluste eingehen. Das bedeutet, dass wir die Verlustbeiträge von allen Drähten mit gleichem Radius zusammenfassen können. Enthält der Wickelaufbau unterschiedliche Drahtsorten, dann muss das Verfahren auf jede Drahtsorte angewendet werden. Ähnlich verhält es sich bei nichtsinusförmigen Stromformen. Im Prinzip müsste jede Oberschwingung getrennt betrachtet werden. Allerdings können aufgrund der speziellen Kurvenformen beim Skin- und Proximityfaktor die Verluste von allen Oberschwingungen zusammengefasst werden, die im Bereich des unteren Kurvenastes liegen und gleiches gilt auch für den Bereich des oberen Kurvenastes.

Zum besseren Verständnis betrachten wir die Verluste für eine Oberschwingung, die im Bereich des unteren Kurvenastes liegt. Wir haben bereits in Abschn. 11.6.1 festgestellt, dass beide Verlustmechanismen in diesem Bereich proportional zur Leitfähigkeit sind, d. h. für die Umskalierung der Skin- bzw. Proximityverluste auf eine andere Temperatur gilt die Beziehung

$$P_{skin}\,(T_2) = P_{skin}\,(T_1)\,\frac{\kappa\,(T_2)}{\kappa\,(T_1)} = P_{skin}\,(T_1)\,\frac{0{,}922 + 0{,}0039 \cdot T_1/^{\circ}\mathrm{C}}{0{,}922 + 0{,}0039 \cdot T_2/^{\circ}\mathrm{C}}, \qquad (11.49)$$

die in der gleichen Form für P_{prox} anzuwenden ist. Im Bereich des oberen Kurvenastes sind beide Verlustmechanismen proportional zu $1/\sqrt{\kappa}$, d. h. die Umskalierung nimmt jetzt die folgende Form an

$$P_{skin}\,(T_2) = P_{skin}\,(T_1)\,\sqrt{\frac{\kappa\,(T_1)}{\kappa\,(T_2)}} = P_{skin}\,(T_1)\,\sqrt{\frac{0{,}922 + 0{,}0039 \cdot T_2/^{\circ}\mathrm{C}}{0{,}922 + 0{,}0039 \cdot T_1/^{\circ}\mathrm{C}}}. \qquad (11.50)$$

Für die Proximityverluste gilt wieder die gleiche Formel. Oberschwingungen, die in den Übergangsbereich zwischen den beiden Approximationen fallen, können entweder einem der beiden Bereiche zugeordnet werden, oder noch einfacher als unabhängig von der Temperatur behandelt werden. Alternativ kann der Umskalierungsfaktor auch aus dem exakten Verhältnis der modifizierten Bessel-Funktionen, d. h. aus dem exakten Kurvenverlauf in den beiden Abbildungen hergeleitet werden.

Die große Ersparnis bei der Rechenzeit kommt dadurch zustande, dass die aufwendige Berechnung der exakten Proximityverluste (s. das Beispiel in Abschn. 4.2.3) nur einmal durchgeführt werden muss, wohingegen die thermische Iteration mithilfe der Gln. (11.42) und (11.43) und mit den Umskalierungen bei den Verlusten praktisch keine Rechenzeit mehr beansprucht.

11.6.6   Möglichkeiten zur Reduzierung der Temperatur in Kern und Wicklung

Zur Absenkung der Temperatur bestehen nach Gl. (11.37) prinzipiell zwei Möglichkeiten. Zum einen kann die Verlustleistung reduziert werden und zum anderen kann die Wärmeabfuhr verbessert, d. h. der thermische Widerstand reduziert werden. In manchen Fällen ist man auch an einer anderen Temperaturaufteilung zwischen Kern und Wicklung interessiert. Im Folgenden sind einige Möglichkeiten aufgelistet, mit deren Hilfe diese Ziele erreicht werden können.

- Bemerkungen im Zusammenhang mit den Verlusten:
  - Die einfachste Möglichkeit ist natürlich die Reduzierung der Verluste. Dieses Thema haben wir bereits in den vorhergehenden Kapiteln behandelt.

- Die Maximaltemperatur in der Wicklung kann reduziert werden durch eine andere Verlustaufteilung zwischen Kern und Wicklung, z. B. durch weniger Windungen und eine höhere Flussdichte im Kern.
- Mit zunehmender Bauteilgröße steigt das Volumen mit der dritten Potenz, die Oberfläche aber nur mit der zweiten Potenz der Abmessungen. Die Verlustleistungsdichte in der Komponente muss bei steigendem Volumen tendenziell geringer werden, um bei einer im Verhältnis geringeren Oberfläche einen erhöhten Temperaturanstieg zu vermeiden.
- Umgekehrt können Bauteile mit kleinerem Volumen mit höherer Stromdichte in den Wicklungen betrieben werden.

- Verbesserung der Wärmeleitung:
  - Die Wicklung oder auch das komplette Bauelement kann vergossen werden.
  - Eine gut wärmeleitende Verbindung zwischen der Wärmequelle und großflächigen Teilen, z. B. dem Gehäuse, ist wünschenswert.
  - Kühlkörper können direkt am Bauelement angebracht werden, oder am Gehäuse, in das die Komponente ohne Lufteinschlüsse eingebaut wurde.
  - Da die Anschlüsse der Wicklungen ebenfalls zur Wärmeableitung beitragen, ist deren Verbindung mit einer großflächigen Kupferkaschierung auf der Platine von Vorteil.
  - Folienwicklungen sind hinsichtlich der Wärmeabfuhr deutlich besser als Runddrahtwicklungen, da der thermische Widerstand quer zur Wickelrichtung, also in Richtung zum Folienrand, um Größenordnungen geringer ist als bei den Drahtwicklungen. Litzewicklungen sind in dieser Hinsicht besonders ungünstig.

- Verbesserung der Konvektion:
  - Der Einbau sollte so erfolgen, dass eine freie Luftströmung um die Komponente möglich wird. Das setzt eine reduzierte Packungsdichte und damit freie Bereiche in der Nähe der Komponente voraus.
  - Das Bauelement sollte so positioniert werden, dass sich eine Kaminwirkung einstellen kann. Z. B. sollte die Platine nicht quer unter dem Bauelement angeordnet sein und der Bereich zwischen Wickelkörper und Mittelschenkel sollte gut von der Luft durchströmt werden können.
  - Eine verbesserte Konvektion kann durch größere Anströmflächen erreicht werden, z. B. durch eine Oberflächenvergrößerung mithilfe von Kühlkörpern.
  - Offene Kerne (U-, E-Kerne) sind den geschlossenen Kernen (P-, RM-Kerne) vorzuziehen.
  - Eine Zwangskühlung mithilfe eines Ventilators verbessert die Wärmeabfuhr deutlich.

- Verbesserung der Strahlung:
  - Eine Möglichkeit besteht darin, den Emissionsgrad ε der Oberfläche zu erhöhen (vgl. [11]).
  - Der Abstand zu anderen Wärmequellen auf der Platine sollte möglichst groß sein.

Literatur

1. Brockmeyer A (1997) Dimensionierungswerkzeug für magnetische Bauelemente in Stromrichteranwendungen. Dissertation, RWTH Aachen
2. Dürbaum T, Sauerländer G (2001) Energy based capacitance model for magnetic devices. APEC, Bd 1, S 109–115. doi:10.1109/APEC.2001.911635
3. Duerdoth WT (1946) Equivalent capacitances of transformer windings. Wireless Engineer, June 1946, S 161–167
4. Erickson RW, Maksimovic D (1998) A multiple-winding magnetics model having directly measurable parameters. PESC, Fukuoka, Japan, S 1472–1478. doi:10.1109/PESC.1998.703254
5. Heinemann L, Schulze R, Wallmeier P, Grotstollen H (1994) Modeling of high frequency inductors. PESC, Taipei, Taiwan, S 876–883. doi:10.1109/PESC.1994.373782
6. Laveuve E, Bensoam M, Keradec JP (1991) Wound component parasitic elements: calculation, simulation and experimental validation in high frequency power supply. European Power Electronics Conference EPE, Firenze, Italy, Bd 2, S 480–483
7. Mulder SA (1990) On the design of low profile high frequency transformers. PCIM, Nürnberg, Germany, S 162–181
8. Niemela van A (2000) Leakage-impedance model for multiple-winding transformers. PESC, Galway, Ireland, Bd 1, S 264–269. doi:10.1109/PESC.2000.878853
9. Spreen JH (1990) Electrical terminal representation of conductor loss in transformers. IEEE Trans Power Electron 5(4):424–429. doi:10.1109/63.60685
10. Steinbauer J (2003) Thermisches Modell für induktive Bauteile. Diplomarbeit, Lehrstuhl für Elektromagnetische Felder, FAU Erlangen-Nürnberg
11. VDI (2002) VDI Wärmeatlas: Berechnungsblätter für den Wärmeübergang, 9. Aufl. Springer, Berlin. ISBN 3-540-41200-X
12. Wutz M (1991) Wärmeabfuhr in der Elektronik. Vieweg & Sohn

—

EMV-Aspekte bei induktiven Komponenten

12

Zusammenfassung

Den induktiven Bauteilen kommt im Hinblick auf die elektromagnetische Verträglichkeit eine Schlüsselrolle zu. In diesem Kapitel werden wir uns mit drei Themen auseinandersetzen:

- der Beeinflussung der Funkstörspannungen durch den Transformatoraufbau,
- der Verwendung von Spulen als Filterbauelemente und
- der Erzeugung hochfrequenter Magnetfelder durch induktive Komponenten.

Nach einer Einleitung zum Thema Funkstörspannungen werden die Möglichkeiten zur Minimierung der Störpegel durch einen geeigneten Transformatoraufbau diskutiert. Im Abschnitt Filterspulen werden die speziellen Komponenten wie z. B. die stromkompensierten Drosseln vorgestellt, es werden aber auch die Gründe für die Abweichungen zwischen erwarteter und gemessener Filterdämpfung diskutiert. Die Berechnung der von den induktiven Komponenten erzeugten Magnetfelder wird für verschiedene Wickelaufbauten ohne hochpermeablen Kern angegeben. Der Einfluss der Kerne und der Luftspalte wird an verschiedenen Beispielen gezeigt.

12.1 Die Funkstörspannungen

Bevor wir uns konkret mit den induktiven Komponenten beschäftigen, soll zunächst noch einmal die grundlegende Problematik im Überblick betrachtet werden. Im Frequenzbereich bis 30 MHz sind die Funkstöremissionen überwiegend leitungsgebunden. Die Abb. 12.1 zeigt die Ursachen für die Entstehung der Funkstörspannungen. Eine Störquelle, wie z. B. das in der Abbildung dargestellte Schaltnetzteil, ist eingangsseitig an das 230 V Versorgungsnetz angeschlossen. Durch die hochfrequenten Schaltvorgänge innerhalb des

© Springer Fachmedien Wiesbaden GmbH 2017   345
M. Albach, *Induktivitäten in der Leistungselektronik*, DOI 10.1007/978-3-658-15081-5_12

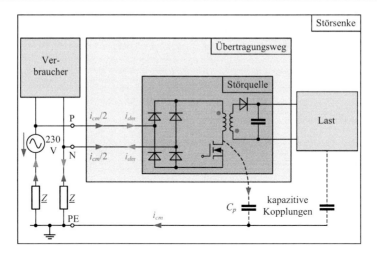

Abb. 12.1 Die Störproblematik

Netzteils werden Störströme auf den Eingangsleitungen erzeugt, die an den beiden Netz-impedanzen $\underline{Z}$ hochfrequente Spannungen hervorrufen. Diese Störspannungen überlagern sich der 230 V Versorgungsspannung und liegen somit auch am Eingang jedes weiteren Verbrauchers, der an dem gleichen Verzweigungspunkt (Steckdose, Hausanschluss usw.) angeschlossen ist. Da andere Verbraucher durch diese Hochfrequenzsignale beeinflusst werden können, sind die maximal zulässigen Pegel dieser Funkstörspannungen, die ein Gerät an der Netzimpedanz hervorrufen darf, durch entsprechende Vorschriften begrenzt.

12.1.1   Gleichtakt- und Gegentaktstörungen

Für die Entstehung der hochfrequenten Störspannungen an den Netzimpedanzen gibt es unterschiedliche Ursachen. Der in Abb. 10.26 dargestellte dreieckförmige Eingangsstrom dieser Schaltung schließt sich eingangsseitig über den Brückengleichrichter, die beiden Anschlussleitungen P und N, die beiden Netzimpedanzen und die Netzspannungsquelle. Da dieser Strom auf der einen Netzleitung zur Schaltung hin, auf der anderen Netzleitung von der Schaltung weg fließt, die Ströme auf den beiden Netzleitungen also im Gegentakt fließen, bezeichnet man sie als Gegentaktströme (*differential-mode currents* i_{dm}).

Daneben gibt es eine weitere wichtige Störquelle. Während der Umschaltvorgänge des Halbleiterschalters, ihre Dauer liegt im ns-Bereich, entstehen an dem „heißen Punkt" zwischen Transistor und Primärseite des Transformators steilflankige Spannungsänderungen in der Größenordnung von mehreren hundert Volt. Infolge der nicht vermeidbaren parasitären Kapazität C_p zwischen den an diesem Punkt angeschlossenen Schaltungsteilen (Leiterbahnen, Transformatorwicklung, Kühlkörper, …) und dem geerdeten Schaltungsgehäuse bzw. anderen mit dem Schutzleiter verbundenen leitenden Teilen bilden sich Verschiebungsströme entsprechend der Beziehung $i = C_p \, \mathrm{d}u/\mathrm{d}t$ aus. Diese fließen über

Abb. 12.2 Prinzipschaltbild zur getrennten Messung der Gleichtakt- und Gegentaktströme

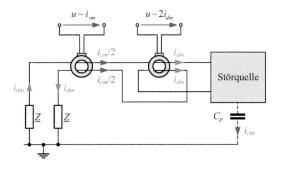

den Schutzleiter und teilen sich dann auf, um in der gleichen Richtung über die beiden Netzleitungen P und N zur verursachenden Quelle zurückzufließen. Diese Ströme werden daher als Gleichtaktströme (*common-mode currents* i_{cm}) bezeichnet. Obwohl der Wert der parasitären Kapazität C_p in der Größenordnung weniger pF liegt, sind die von den Gleichtaktströmen verursachten Störspannungen, sofern keine Gegenmaßnahmen ergriffen werden, deutlich größer als die zulässigen Grenzwerte.

Diese beiden Ströme sind in der Abb. 12.1 bereits eingetragen. Aufgrund der phasenmäßig unterschiedlichen Überlagerung der Ströme an den Netzimpedanzen müssen die gemessenen Funkstörspannungen an beiden Impedanzen $\underline{Z}$ die Grenzwerte einhalten. Bei der messtechnischen Überprüfung wird nicht zwischen den beiden Ursachen unterschieden, es wird lediglich der Gesamtstörpegel als Funktion der Frequenz erfasst.

12.1.2 Die getrennte Messung der Gleichtakt- und Gegentaktstörungen

Zur Entstörung einer Schaltung müssen sowohl die Gleichtakt- als auch die Gegentaktströme soweit reduziert werden, dass der verbleibende Gesamtpegel unterhalb der Grenzwertkurve liegt, und zwar für den gesamten Messbereich, in der Regel zwischen 9 kHz oder 150 kHz als untere und 30 MHz als obere Frequenzgrenze. Da die Maßnahmen zur Unterdrückung der beiden Störungen unterschiedlich sind, ist die getrennte Erfassung der Störpegel von Gleichtakt- und Gegentaktstörungen zumindest während der Entwicklungsphase der Schaltung von großer Bedeutung. Eine prinzipielle Möglichkeit zur Durchführung dieser Messungen zeigt die Abb. 12.2.

Führt man die beiden Leitungen in der in der Abbildung gezeigten Weise durch zwei Stromzangen, dann kompensiert sich jeweils einer der beiden Stromanteile und man kann entweder den common-mode Strom oder den doppelten Wert des differential-mode Stroms separat messen. Dabei muss jedoch beachtet werden, dass die Stromzange zur Messung des dm-Stroms auch den zweifachen Wert des Netzstroms erfasst. Nun liegen aber die zulässigen Amplituden der Störströme im Bereich µA, während der 50 Hz Netzstrom je nach aufgenommener Leistung mehrere A betragen kann. Zur Vermeidung von Sättigungserscheinungen und damit Fehlmessungen werden die beiden Stromzan-

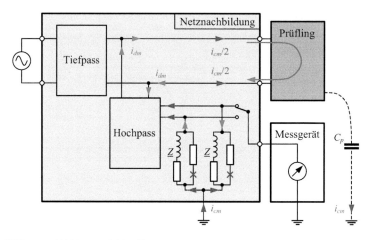

Abb. 12.3   V-Netznachbildung mit Prüfling und Messgerät

gen daher nicht unmittelbar in die Netzleitung, d. h. in die Verbindung zwischen dem
230 V Versorgungsnetz und dem Prüfling eingebaut, sondern innerhalb der bei den Funkstörspannungsmessungen üblicherweise verwendeten Netznachbildung in die beiden
Leitungen, die die Impedanzen $\underline{Z}$ enthalten. Zum besseren Verständnis betrachten wir die
Abb. 12.3.

Diese Abbildung zeigt den Aufbau zur Messung der Funkstörspannungen an den beiden Netzimpedanzen. Um definierte Verhältnisse für die Messung der von einem zu prü-
fenden Gerät ausgehenden Funkstörspannungen herzustellen, wird eine sogenannte V-
Netznachbildung verwendet, mit der das Verhalten einphasiger Wechselspannungsnet-
ze nachgebildet wird. Sie enthält zwei gleiche Impedanzen $\underline{Z}$, die zwischen Phase und
Schutzleiter (P und PE) bzw. zwischen Neutralleiter und Schutzleiter (N und PE) geschaltet werden. Jede Impedanz besteht aus der Reihenschaltung einer 50 μH-Spule und
eines 5 Ω-Widerstandes sowie einem zu dieser Reihenschaltung parallel liegenden 50 Ω-
Widerstand.

Der Tiefpass innerhalb der Netznachbildung hat die Aufgaben,

• den Prüfling aus dem Netz mit der benötigten Betriebsspannung zu versorgen,
• den Prüfling und die gesamte Messeinrichtung von eventuell im Netz vorhandenen
  hochfrequenten Störungen abzuschirmen,
• das Eindringen der vom Prüfling ausgehenden hochfrequenten Störungen ins Netz zu
  verhindern.

Die Aufgabe des Hochpasses besteht darin,

• die Messeinrichtung von der Netzspannung zu entkoppeln,
• die vom Prüfling ausgehenden hochfrequenten Störströme ungedämpft zur Messeinrichtung weiterzuleiten.

Mithilfe von Hoch- und Tiefpass wird also der 50 Hz Netzstrom vom hochfrequenten Störstrom separiert. Dadurch bietet sich die Möglichkeit zur getrennten Messung von Gleichtakt- und Gegentaktströmen ohne das Problem einer möglichen Sättigung der Stromzangen durch den Netzstrom. Im Unterschied zur Abb. 12.2 werden nicht die Netzleitungen, sondern die Verbindungsleitungen zu den 50 Ω-Widerständen innerhalb der Netznachbildung einmal gleichsinnig und einmal gegensinnig durch die Stromzangen geführt. Die prinzipielle Position für die Auftrennung der Leitungen zum Einbau der beiden Stromzangen ist in der Abbildung durch zwei Kreuze markiert. Der Hochfrequenzstrom durch diese Widerstände ist nämlich ein direktes Abbild der an den Netzimpedanzen entstehenden Funkstörspannungen. Bezieht man die Umwandlungsfaktoren der Stromzangen in die Bewertung der Messergebnisse mit ein, dann sind die Messkurven für die beiden getrennten Störsignale unmittelbar mit den Spannungsmessungen an den Netzimpedanzen gemäß Norm vergleichbar.

An dieser Stelle ist noch ein Hinweis für die Nachrüstung der Netznachbildung mit Stromzangen angebracht. Bei der normgerechten Messung an einer Netzimpedanz wird der 50 Ω-Widerstand von $\underline{Z}$ üblicherweise durch den Eingangswiderstand des Messempfängers ersetzt. Der Einbau der Stromzangen an der richtigen Stelle hängt also vom Schaltplan der verwendeten Netznachbildung ab. Eine detaillierte Beschreibung des Einbaus sowie eine umfassende Charakterisierung dieser Messmethode ist in [2] angegeben.

12.1.3 Die Beeinflussung der dm-Störpegel durch die induktive Komponente

Die Störpegel infolge der differential-mode Ströme hängen im Wesentlichen von der ausgewählten Schaltungstopologie, deren Betriebsart sowie den Spannungen am Ein- und Ausgang der Schaltung und der zu übertragenden Leistung ab. Bei der Betriebsart sind die Schaltfrequenz, die Induktivität der Spule bzw. die Hauptinduktivität und die Übersetzungsverhältnisse bei Transformatoren sowie die Frage, ob die Schaltung im kontinuierlichen oder diskontinuierlichen Betrieb arbeitet, entscheidend. Mit der Festlegung dieser Parameter können die hochfrequenten Stromverläufe innerhalb der Schaltung und damit auch die durch die Netzimpedanzen fließenden Eingangsströme vorab berechnet werden.

Die Beeinflussung der differential-mode Störspannungspegel durch die induktiven Komponenten hängt entscheidend von der Schaltungstopologie ab. Bei Konverterschaltungen, bei denen die induktive Komponente in der Eingangsleitung liegt, z. B. beim Hochsetzsteller (boost-converter), kann durch Vergrößern der Induktivität die Anstiegsgeschwindigkeit der hochfrequenten, meist dreieckförmigen Ströme reduziert werden. Die Betriebsart der Schaltung wechselt mit steigenden L-Werten vom diskontinuierlichen zum kontinuierlichen Betrieb, bei dem der Eingangsstrom keine Lücken mehr aufweist. Er besitzt einen niederfrequenten 50-Hz Anteil mit überlagertem Hochfrequenzanteil. Als Richtwert gilt, dass bei einer Verdopplung der Induktivität der dm-Störpegel um 6 dB sinkt.

Bei manchen Konverterschaltungen liegt allerdings der Hochfrequenzschalter in der Eingangsleitung, z. B. bei der Sperrwandlerschaltung in Abb. 10.31. Während des Ausschaltvorgangs kommutiert der Strom von der Eingangsseite der Schaltung auf die Ausgangsseite, d. h. neben den immer vorhandenen Lücken im Eingangsstrom kommt auch noch eine große Änderungsgeschwindigkeit des Eingangsstroms während des Ausschaltmoments hinzu. Diese beiden Effekte verursachen sehr hohe dm-Störpegel in einem weiten Frequenzbereich und können durch den Wert der Induktivität praktisch nicht beeinflusst werden.

Zusammenfassend lässt sich sagen, dass zumindest bei einem Teil der hochfrequent arbeitenden Konverterschaltungen der differential-mode Störpegel durch den Wert der Induktivität beeinflusst werden kann. Weitere Möglichkeiten, durch spezielle Maßnahmen beim Aufbau der induktiven Komponente den dm-Störpegel zu beeinflussen, existieren praktisch nicht.

12.1.4   Die Beeinflussung der cm-Störpegel durch die induktive Komponente

Völlig anders ist die Situation bei den common-mode Strömen. Deren Pegel sind in hohem Maße von dem internen Aufbau der induktiven Komponenten, insbesondere der Transformatoren abhängig. Um die Ursachen des Problems leichter zu verstehen, betrachten wir die Schaltung in Abb. 12.4 zur Erzeugung einer von der Netzwechselspannung galvanisch getrennten Gleichspannung. Der Widerstand R auf der Sekundärseite symbolisiert den mit Gleichspannung versorgten Verbraucher.

In der Praxis tritt häufig der Fall auf, dass das Netzteil in ein geerdetes Gehäuse eingebaut und die galvanisch getrennte Sekundärseite leitend mit dem Gehäuse verbunden ist. Die Hauptursache für die common-mode Ströme sind die steilflankigen Spannungsände-

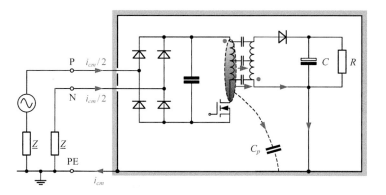

Abb. 12.4 Ausbreitung von cm-Störungen über die Kapazität zwischen Primär- und Sekundärwicklung

rungen am Drain des Mosfets aufgrund der hochfrequenten Schaltvorgänge. Ein Teil der common-mode Ströme fließt als Verschiebungsstrom durch die in der Abbildung eingetragene parasitäre Kapazität C_p gemäß der Beziehung

$$i_{cm} = C_p \frac{\mathrm{d}u}{\mathrm{d}t} \,. \tag{12.1}$$

Eine weitere Ausbreitungsmöglichkeit von dem in der Abbildung markierten „heißen Punkt" ergibt sich durch eine ebenfalls parasitäre Kapazität zwischen Primär- und Sekundärseite des Transformators. Der gesamte von der sekundärseitigen Schaltung inklusive der angeschlossenen Kabel und der Verbraucher erzeugte cm-Strom fließt über den Transformator, d. h. über die parasitäre Kapazität zwischen Primär- und Sekundärseite. Diese Kapazität ist wegen der geringen Abstände der Wicklungen im Transformator unter Umständen viel größer als der eingezeichnete Wert C_p, so dass der interne Aufbau des Transformators wesentlichen Einfluss auf die resultierenden cm-Störpegel hat. Im Folgenden sollen die Entstörmöglichkeiten betrachtet werden, wobei die Reduzierung der Störpegel durch einen geeigneten Transformatoraufbau im Vordergrund steht.

12.2 Möglichkeiten zur Reduzierung der cm-Störpegel

In der Praxis gibt es einen umfangreichen Maßnahmenkatalog zur Reduzierung der Störpegel, wobei sich die einzelnen Maßnahmen sowohl nach Wirksamkeit aber auch nach Aufwand bzw. Kosten unterscheiden. Die klassische Vorgehensweise besteht darin, die Störpegel bereits an der Quelle soweit zu minimieren, dass der verbleibende Aufwand, wie z. B. der Einsatz von Schirmgehäusen und Filterkomponenten, kostengünstig realisiert werden kann.

Bevor wir uns eingehender mit dem Transformator beschäftigen, sollen zumindest einige wesentliche Punkte angesprochen werden, die maßgeblichen Einfluss auf die cm-Störpegel haben. Das Thema beginnt schon mit der Auswahl der Schaltungstopologie. Im Gegensatz zu den hart schaltenden Wandlerprinzipien weisen die resonant bzw. quasiresonant arbeitenden Schaltungen deutliche Vorteile auf, insbesondere dann, wenn die Schalter bei den Nulldurchgängen der hochfrequenten Spannungsverläufe schalten und damit vernachlässigbare $\mathrm{d}u/\mathrm{d}t$-Werte aufweisen. Andere Maßnahmen zielen auf eine Reduzierung der Flankensteilheit bei den Spannungsänderungen, um die höherfrequenten Spektralanteile in dem zeitlich periodischen Spannungsverlauf zu minimieren. Realisieren lässt sich das z. B. durch langsameres Schalten mithilfe von Widerständen im Gate-Kreis der Mosfet Schalter oder auch durch zusätzliche Beschaltungen an den Halbleiterbauelementen, wie z. B. durch die aus Widerständen, Kondensatoren und Dioden bestehenden RCD-Snubberschaltungen. Bei all diesen Maßnahmen ist oft ein Kompromiss einzugehen zwischen verbessertem EMV-Verhalten der Schaltung und reduziertem Wirkungsgrad.

Ein weiterer wichtiger Ansatzpunkt ist die Reduzierung der parasitären Kapazität C_p zwischen dem geerdeten Gehäuse und den Schaltungsteilen, die mit dem Drain des Mosfet

Schalters verbunden sind. Die typischen Maßnahmen sind die Reduzierung dieser Flächen sowie eine Erhöhung der Abstände zu den am Schutzleiter angeschlossenen metallischen Teilen. Besondere Beachtung verdient in diesem Zusammenhang der Kühlkörper, der elektrisch isoliert vom Halbleiterschalter an einen „ruhigen Punkt" in der Schaltung angeschlossen werden sollte.

12.2.1   Das Wicklungslayout im Transformator

Ein wesentlicher Anteil der cm-Störungen wird von den Transformatoren übertragen. Die nahezu rechteckförmigen Spannungsverläufe am Halbleiterschalter verursachen Verschiebungsströme durch die Kapazität zwischen Primär- und Sekundärseite des Transformators. Diese fließen von der sekundärseitigen Schaltung inklusive der angeschlossenen Last über den Schutzleiter, die Netzimpedanzen und zurück zur Schaltung. Da diese Ströme nach Gl. (12.1) proportional zum Wert der Kapazität sind, bietet die Minimierung dieser Kapazität durch eine geeignete Positionierung der Wicklungen im Wickelfenster eine erste effektive Möglichkeit zur Reduzierung der Störströme. Die Berechnung der Kapazitäten im Transformator wurde bereits in Abschn. 11.4 behandelt. Leider führt eine einfache Abstandsvergrößerung zwischen Primär- und Sekundärwicklung z. B. durch Kammerwicklung (nebeneinander) oder durch eingelegte Isolationsfolien bei der Lagenwicklung (übereinander) auch zu einer größeren Streuinduktivität und damit in vielen Fällen zu anderen unerwünschten Effekten wie z. B. zusätzlichen Verlusten in der Schaltung. Das Auffinden des optimalen Wicklungslayouts ist eines der größeren Probleme beim Transformatordesign. Es kann nur festgelegt werden bei gleichzeitiger Beachtung aller parasitären Eigenschaften wie Kapazitäten, Streuinduktivitäten und Wicklungsverlusten infolge des Proximityeffekts.

Nach Gl. (12.1) können die Ströme aber auch reduziert werden, indem die zeitliche Änderung der Spannung über den Kondensatoren verringert wird. Betrachten wir dazu nochmals den Transformator in Abb. 12.4. Die gesamte zwischen Primär- und Sekundärseite liegende Kapazität ist in der Realität eine über die Wickelbreite verteilte Kapazität. In der Abbildung wird diese Kapazität durch drei einzelne diskrete Kondensatoren repräsentiert. Die oberste Windung der Primärseite liegt direkt an der Eingangsspannung und damit an einem potentialmäßig ruhigen Punkt. Die unterste Windung ist dagegen mit dem Drain des Mosfets verbunden und ist der kompletten Potentialänderung an dieser Stelle infolge der Schaltvorgänge des Transistors ausgesetzt. Nehmen wir zum leichteren Verständnis zunächst an, dass die Sekundärwicklung auf einem konstanten Potential liegt, dann entsteht an dem oberen der drei Kondensatoren nur eine kleine hochfrequente Spannungsänderung, während diese an dem untersten Kondensator maximal wird. Daraus folgt, dass der anteilige common-mode Strom von der Primär- zur Sekundärseite von dem Wert null an der obersten Windung auf den Maximalwert an der untersten Windung ansteigt. Der Beitrag zu dem Störstrom wird dort besonders groß, wo sich große Spannungsänderungen zwischen den sich gegenüberliegenden Windungen von Primär- und Sekundärseite ergeben. Die Ziele bei der Festlegung der Windungspositionen müssen also darin bestehen, einerseits die Koppelkapazitäten zwischen Primär- und Sekundärwicklung möglichst gering zu halten und andererseits darauf zu achten, dass die Potentialänderungen bei den sich gegenüberliegenden Windungen von Primär- und Sekundärseite minimal werden.

Um die Wirksamkeit dieser Maßnahmen zu untersuchen betrachten wir die Messergebnisse einer in Abb. 10.26 beschriebenen Flybackschaltung. Sie ist als Demonstrationsobjekt so ausgelegt, dass sie mit einer Schaltfrequenz von 70 kHz und bei einer übertragenen Leistung von 10 W aus einer Eingangsgleichspannung von 24 V eine Ausgangsgleichspannung von 12 V erzeugt. Der Transformator ist mit einem ETD29-Kern und einem Luftspalt $l_g = 1$ mm realisiert, die Wicklungen bestehen aus 0,5 mm Runddraht, die Windungszahlen sind $N_p = 34$ und $N_s = 17$. Bei den Messungen wurden immer die gleiche Schaltung sowie der gleiche Kern verwendet. Lediglich die Wickelkörper mit den unterschiedlichen Wickelanordnungen wurden beim Transformator ausgetauscht, so dass die unterschiedlichen Messergebnisse allein durch die unterschiedlichen Wickelaufbauten verursacht wurden.

Die verwendete Messschaltung entspricht der Abb. 12.3, wobei allerdings die Wechselspannungsquelle durch eine Gleichspannungsquelle ersetzt wurde. Gemessen wurde nur der common-mode Störpegel gemäß der in Abschn. 12.1.2 beschriebenen Vorgehensweise. Die absoluten Störpegel hängen natürlich auch von dem sonstigen Schaltungsaufbau und den dort durchgeführten Entstörmaßnahmen ab, insofern geht es bei der Interpretation der folgenden Messergebnisse nur um die Unterschiede zwischen den Pegeln in den verschiedenen Diagrammen und nicht um die absoluten Werte. Trotzdem lassen sich aus der Bewertung der Messergebnisse Rückschlüsse auf die Effektivität der einzelnen Maßnahmen ziehen.

Als Referenz dient der Aufbau in Abb. 12.5. Die Primärseite befindet sich als unterste Lage auf dem Wickelkörper, für die Sekundärseite wurden zwei Drähte parallel gewickelt, so dass sich ebenfalls eine komplette Lage über die gesamte Wickelkörperbreite ergibt. In dem linken Teilbild ist jeweils zu erkennen, welches Wicklungsende mit welchem Anschluss in der Schaltung verbunden ist. Das rechte Teilbild zeigt den cm-Störpegel im

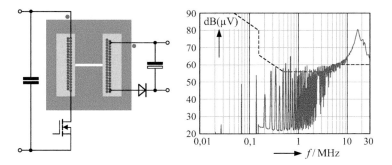

Abb. 12.5 Einfluss der Wickelanordnung auf die cm-Störungen, Referenzanordnung

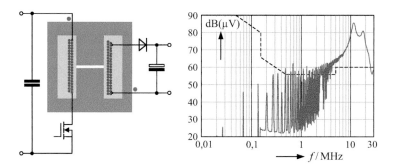

Abb. 12.6 Einfluss der Wickelanordnung auf die cm-Störungen, 1. Modifikation

Frequenzbereich zwischen 10 kHz und 30 MHz. Der Pegel wird üblicherweise gemäß der Beziehung

$$\frac{u_{cm}}{\text{dB}\,(\mu\text{V})} = 20 \log \frac{u}{1\,\mu\text{V}} \tag{12.2}$$

in dB(μV) angegeben. In dieser Gleichung bezeichnet u die Spannung an der Netzimpedanz.

Kehrt man bei gleichem Wickelsinn den Vorschub beim Wickeln der Sekundärseite um, dann liegen die mit der sekundärseitigen Masse verbundenen Windungen nach Abb. 12.6 unmittelbar gegenüber den Primärwindungen, die dem vollen Spannungshub am Drain des Mosfets ausgesetzt sind. Damit gelangt der größere Anteil des cm-Störstroms über die untere Kapazität im Transformator entsprechend Abb. 12.4 direkt zum sekundärseitigen Masseanschluss. Dieser ist im vorliegenden Fall zwar nicht direkt mit einem geerdeten Gehäuse verbunden, besitzt aber aufgrund der sekundären Schaltung eine größere parasitäre Kapazität zur Umgebung, verglichen mit den am anderen sekundärseitigen Transformatorausgang angeschlossenen Schaltungsteilen. Die Pegel im Bereich oberhalb von 2 MHz werden im Vergleich zur Referenzanordnung deutlich größer.

Einen dramatischen Unterschied in den Störpegeln zeigen die Abb. 12.7 und die Abb. 12.8. Die Sekundärwicklung ist nur noch mit einem Einzeldraht ausgeführt, so dass lediglich die halbe Wickelbreite benötigt wird. Werden diese Windungen in der Nähe der Primärwindungen mit dem großen Spannungshub angeordnet, dann entsteht ein extrem großer Störpegel.

Umgekehrt wird der Störpegel verglichen mit der Referenzsituation erheblich kleiner, wenn die sekundären Windungen nur noch in der Nähe derjenigen primären Windungen liegen, die nur einen geringen hochfrequenten Spannungshub aufweisen. Die Koppelkapazität zwischen Primär- und Sekundärseite hat sich durch diese Maßnahme gegenüber der vorherigen Situation praktisch nicht verändert. Die Spannungsänderung du/dt über dem Kondensator und damit der Strom i_{cm} nach Gl. (12.1) ist jedoch wesentlich geringer.

Diese beiden Messergebnisse zeigen, dass die Positionierung der Windungen ein großes Optimierungspotential bietet. Unter Beachtung der sich gleichzeitig ändernden

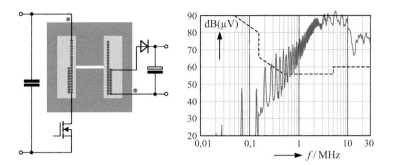

Abb. 12.7 Einfluss der Wickelanordnung auf die cm-Störungen, 2. Modifikation

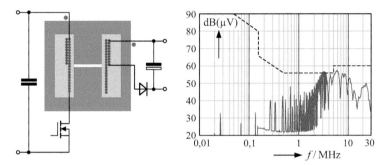

Abb. 12.8 Einfluss der Wickelanordnung auf die cm-Störungen, 3. Modifikation

Streuinduktivitäten und Proximityverluste sollte das Wicklungslayout im Hinblick auf die Störpegel jedenfalls optimiert werden.

In der Praxis liegt die Sekundärwicklung entgegen der bisherigen Annahme nicht auf einem konstanten Potential. Aus Abb. 12.4 ist zu erkennen, dass die mit dem Gehäuse verbundene Windung keine Potentialänderungen aufweist, während das andere Wicklungsende infolge der Schaltvorgänge der Diode ebenfalls große Potentialänderungen erfährt. Das für die Primärseite gezeigte Prinzip in Abb. 12.8 ist entsprechend auch für die Sekundärseite umzusetzen. Insbesondere bei mehreren Sekundärseiten oder bei geschachtelten Wicklungen ist dieser Problematik besondere Aufmerksamkeit zu schenken.

12.2.2   Schirmungsmaßnahmen im Transformator

Eine andere Vorgehensweise zur Reduzierung der cm-Störungen ist der Einbau von elektrostatischen Schirmen zwischen den verschiedenen Wicklungen. Diese Schirme bestehen aus dünnen Kupfer- oder Aluminiumfolien und werden an einen hochfrequenzmäßig ruhigen Punkt in der Schaltung angeschlossen. Die Abb. 12.9 zeigt die prinzipielle Wirkungsweise. Die hochfrequenten Verschiebungsströme fließen von der Primärwicklung

Abb. 12.9 Elektrostatischer
Schirm im Transformator

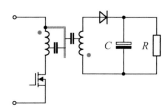

über die parasitäre Kapazität zum Schirm und von dort zurück zur Primärseite. Da der
Schirm auf einem ruhigen Potential liegt, fließt kein Strom über die parasitäre Kapazität
zwischen Schirm und sekundärer Wicklung. Dadurch wird das kapazitive Überkoppeln
von der Primär- zur Sekundärseite deutlich reduziert.

Der Schirm sollte die Primärwicklung an beiden Rändern überdecken und den Umfang
so weit wie möglich umschließen, ohne eine Kurzschlusswindung zu bilden (die Enden
müssen offen bleiben!). Die besten Ergebnisse werden erzielt, wenn der Schirm nicht an
einem Ende, sondern in der Mitte kontaktiert wird. In diesem Fall hebt sich die längs
der Schirmwindung induzierte Windungsspannung insgesamt auf, und die verbleibende
Kopplung auf die Sekundärseite wird minimal. Da die Effektivität eines Schirms umso
besser wird, je niedriger die Impedanz der Anschlussleitung ist, ist die direkte Verbindung
des Schirms mit dem primärseitig ruhigen Anschluss bereits innerhalb des Transformators
eine gute Lösung.

Die Messergebnisse der Referenzanordnung mit einem zusätzlichen 0,1 mm dicken
Kupferschirm zwischen Primär- und Sekundärwicklung zeigt die Abb. 12.10.

Der bereits im letzten Abschnitt angesprochene „heiße Punkt" auf der Sekundärseite
infolge der Schaltvorgänge der Diode ist im linken Teilbild der Abb. 12.11 markiert. Die
hier gegenüber dem Schutzleiter bzw. der Umgebung auftretende hochfrequente Spannung
ruft ebenfalls einen in der Abbildung eingetragenen Störstrom über die Primärseite, den
Schirm und die Kapazität zwischen Schirm und Sekundärwicklung hervor. Dieser Strom
wird umso größer, je höher die vom Konverter zur Verfügung gestellte Ausgangsspannung
ist. Abhilfe schafft ein zweiter Schirm, der an den ruhigen Punkt auf der Sekundärseite an-

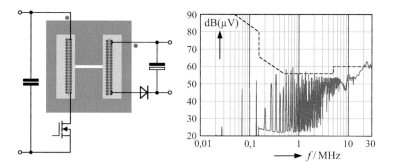

Abb. 12.10 Einfluss eines Schirms auf die cm-Störungen

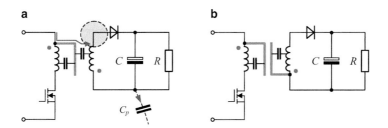

Abb. 12.11 Elektrostatische Schirme im Transformator

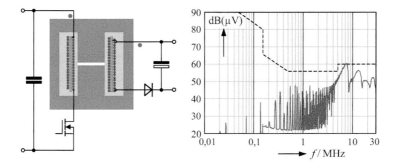

Abb. 12.12 Einfluss der beiden Schirme auf die cm-Störungen

geschlossen wird. Zwischen den beiden Schirmen existiert natürlich auch eine Kapazität. Durch diese fließt aber praktisch kein Strom, da zwischen den Schirmen im Idealfall keine zeitabhängige Spannung anliegt.

Die Verwendung der beiden Schirme führt bei dem Versuchsaufbau auf die in Abb. 12.12 dargestellten Messergebnisse.

In der Regel sind die Schirme offene Windungen, die sich im Hinblick auf eine optimale Entstörwirkung an den Enden etwas überdecken und damit eine kleine parasitäre Kapazität zwischen Anfang und Ende der Windung aufweisen. Selbst bei vernachlässigbarer Kapazität bilden sich in den großflächigen Schirmwindungen Wirbelströme aus, die zu erhöhten Verlusten im Transformator beitragen. Eine Maßnahme zur Reduzierung dieser Verluste besteht darin, die Schirmwicklung abwechselnd von den beiden Seiten einzuschneiden und so die sich ausbildenden Wirbelströme zu verhindern.

12.3 Induktive Bauteile als Filterkomponenten

Bei der Entstörung von Schaltnetzteilen (SNT) oder Wechselrichterschaltungen wird zunächst versucht, die Störpegel durch geeignete Maßnahmen an den Störquellen soweit wie möglich zu reduzieren. Oft sind diese Maßnahmen aber nicht ausreichend, so dass die Einhaltung der vorgeschriebenen Grenzwerte für die Störpegel den Einsatz von Hochfrequenzfiltern erfordert. Zur Bestimmung der notwendigen Filterdämpfung wird eine Störungsmessung ohne Filter in dem zu betrachtenden Frequenzbereich durchgeführt. Die Differenz zwischen den Messwerten und den Grenzwerten entspricht der erforderlichen Filterdämpfung.

Die zwischen Netzteil und Versorgungsspannung eingebauten Netzfilter sind so ausgelegt, dass sie für den niederfrequenten 50/60 Hz Netzwechselstrom niederohmig, für die Schaltfrequenz und ihre Harmonischen dagegen hochohmig sind. Das als passiver Tiefpass aufgebaute Filter wirkt bidirektional, d. h. es reduziert nicht nur die von dem SNT ausgehenden Störsignale, es verhindert auch das Eindringen von Störenergie in das Netzteil.

Erfahrungsgemäß erfolgt die Störausbreitung auf den Leitungen im unteren Frequenzbereich bis ca. 3 MHz vorwiegend symmetrisch, d. h. hier dominieren die Gegentaktströme i_{dm}. Im oberen Frequenzbereich zwischen 3 MHz und 30 MHz überwiegen dagegen die Gleichtaktströme i_{cm}. Die Dimensionierung der Filter muss dieser Situation Rechnung tragen. Im Zusammenhang mit der Filterdimensionierung sind neben der geforderten Filterdämpfung weitere Punkte zu beachten:

- Erwärmung der induktiven Filterkomponenten infolge der Verluste,
- Abhängigkeit der Permeabilität und damit auch der Induktivität von der Temperatur,
- Abhängigkeit der Induktivität von den nichtlinearen Materialeigenschaften (Sättigung),
- Resonanzfrequenz der Spule infolge der Wicklungskapazität.

Bei den Filterspulen ist der Hochfrequenzanteil beim Strom vernachlässigbar gegenüber dem Gleichstrom bei Batteriebetrieb bzw. dem 50/60 Hz Netzstrom. Sowohl die Kernverluste als auch die Hochfrequenzverluste in der Wicklung infolge der induzierten Wirbelströme spielen daher keine Rolle. Der verwendete Drahtquerschnitt muss so ausgelegt sein, dass die aus dem Effektivwert des Niederfrequenzstroms und dem Gleichstromwiderstand der Wicklung berechneten Wicklungsverluste nicht zu einer übermäßigen Erwärmung des Bauelements führen.

Das zweite bereits eingangs erwähnte Problem bei den induktiven Filterkomponenten entsteht durch die Verwendung von hochpermeablen Materialien, z. B. von Metallpulver oder Ferritmaterialien. Deren relative Permeabilität ist von den verschiedenen Einflussgrößen wie Materialaussteuerung, Frequenz, Temperatur, Vormagnetisierung usw. abhängig. Da diese Zusammenhänge außerdem nichtlinear sind, müssen die unterschiedlichen Randbedingungen beim späteren Einsatz der Komponenten bereits beim Design der Spulen berücksichtigt werden.

12.3.1 Filterspulen zur Reduzierung der Gegentaktströme

Die Abhängigkeit der Induktivität von der Materialaussteuerung ist vor allem bei den Spulen zur Unterdrückung der Gegentaktströme ein Problem. Der aus der Quelle ent-

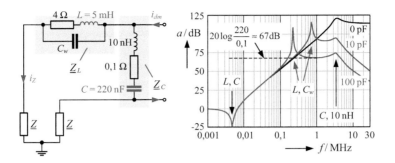

Abb. 12.13 Einfluss der Wicklungskapazität auf das Dämpfungsverhalten eines LC-Filters

nommene Strom i_{Netz} zur Übertragung der Leistung (Gleichstrom bei Batteriebetrieb bzw. sinusförmiger 50/60 Hz Strom bei Betrieb am Wechselspannungsnetz) fließt ebenfalls im Gegentakt auf den beiden Eingangsleitungen und verursacht eine Vormagnetisierung des Kernmaterials. Führt diese Vormagnetisierung bei falscher Spulenauslegung zur Kernsättigung, dann geht die Dämpfungswirkung wegen der stark abnehmenden Induktivitätswerte verloren. Zur Vermeidung der Sättigung ist eine Auslegung auf den Gleichstrom bzw. den Maximalwert beim Netzstrom ausreichend, da die Amplituden der hochfrequenten Ströme bei den Filterspulen in der Regel vernachlässigbar sind.

Die Abhängigkeit der Induktivität von den Parametern Temperatur und Aussteuerung (Hysterese) lässt sich durch eine höhere Windungszahl mit entsprechend größerem Luftspalt reduzieren (vgl. Abschn. 6.2). Dies ist leicht einzusehen, da mit wachsendem Luftspalt die magnetische Flussdichte im Ferritkern sinkt und somit der Einfluss des hochpermeablen Materials auf das Spulendesign abnimmt.

Bei gleicher Induktivität lässt sich die Sättigungsproblematik aber auch mit größeren Kernquerschnitten entsprechend Gl. (6.23) oder mit einem geeigneten Kernmaterial reduzieren. Zur Dämpfung der Gegentaktströme werden bevorzugt Metallpulverkerne eingesetzt. Die Permeabilität dieser Materialien ist zwar geringer als bei den Ferriten, sie besitzen aber eine höhere Sättigungsflussdichte.

Der dritte wichtige Punkt beim Entwurf der Filterspulen ist die Wicklungskapazität. Die Auswirkungen dieser parasitären Eigenschaft auf das Dämpfungsverhalten veranschaulicht die Abb. 12.13.

Wir betrachten als Beispiel ein einfaches LC-Filter zur Dämpfung der Gegentaktströme i_{dm}. Das Filter besteht aus einem Kondensator $C = 220\,\text{nF}$ und einer Induktivität $L = 5\,\text{mH}$. Die übrigen in der Abbildung eingezeichneten Bauelemente repräsentieren die parasitären Eigenschaften der beiden LC-Komponenten. Die Zuleitungsinduktivität und der ohmsche Widerstand eines realen Kondensators entsprechen etwa den angegebenen Werten $L_C = 10\,\text{nH}$ und $R_C = 0,1\,\Omega$. Die gesamten in dem Spulenwiderstand $R_L = 4\,\Omega$ zusammengefassten Verluste aus Kern und Wicklung tragen zwar zur zusätzlichen Dämpfung bei, spielen aber verglichen mit der Impedanz ωL nur eine vernachlässigbare Rolle. Einen wesentlich größeren Einfluss auf die Dämpfung hat die Wicklungskapazität C_w der

Spule. Um diese Problematik deutlich hervorzuheben, sind die Ergebnisse in Abb. 12.13 für verschiedene C_w-Werte dargestellt.

Die Dämpfung dieser Filterstruktur wird berechnet, indem bei vorgegebenem Störstrom i_{dm} der Strom durch die Netzimpedanz einmal ohne Filter ($= i_{dm}$) und einmal mit Filter ($= i_Z$) berechnet wird. Die Rechnung mit komplexen Amplituden liefert die in dB angegebene Dämpfung a entsprechend dem Verhältnis der beiden Ströme

$$\frac{a}{\mathrm{dB}} = 20 \log \left| \frac{i_{dm}}{i_Z} \right| = 20 \log \left| \frac{\underline{Z}_L + 2\underline{Z} + \underline{Z}_C}{\underline{Z}_C} \right| . \tag{12.3}$$

Für die Netzimpedanz $\underline{Z}$ und die beiden Filterimpedanzen $\underline{Z}_C$ und $\underline{Z}_L$ gelten die Beziehungen

$$\underline{Z} = \frac{(5\,\Omega + \mathrm{j}\omega 50\,\mu\mathrm{H}) \cdot 50\,\Omega}{55\,\Omega + \mathrm{j}\omega 50\,\mu\mathrm{H}} \tag{12.4}$$

bzw.

$$\underline{Z}_C = R_C + \mathrm{j}\left(\omega L_C - \frac{1}{\omega C}\right) \quad \text{und} \quad \underline{Z}_L = \frac{R_L + \mathrm{j}\omega L}{1 - \omega^2 L C_w + \mathrm{j}\omega C_w R_L} . \tag{12.5}$$

Das rechte Teilbild in Abb. 12.13 zeigt die Dämpfung der Gegentaktströme als Funktion der Frequenz. Oberhalb der Filterresonanz bei ca. 4,8 kHz steigt die Dämpfung des 2-stufigen Filters mit 40 dB/Dekade an. Infolge der unvermeidlichen parasitären Komponenten treten weitere Resonanzstellen auf. Oberhalb der Eigenresonanz der Spule L mit ihrer Wicklungskapazität C_w wird die Impedanz $\underline{Z}_L$ durch die Kapazität C_w bestimmt. Die Spule wirkt dann als Kondensator und die Dämpfung bleibt konstant auf einem Pegel, der sich aus dem kapazitiven Spannungsteiler $220\,\mathrm{nF}/C_w$ ergibt. Oberhalb der Eigenresonanz des Kondensators bei ca. 3,4 MHz fällt die Dämpfung sogar wieder ab. Eine Verdopplung des C_w-Wertes bedeutet eine um den Faktor $\sqrt{2}$ niedrigere Resonanzfrequenz der Spule und oberhalb dieser Frequenz eine um 6 dB geringere Dämpfung. Ein wesentliches Ziel im Hinblick auf eine optimale Filterwirkung ist die Minimierung dieser parasitären Eigenschaft.

In der Abbildung ist die Filterspule nur in eine Netzleitung eingebaut. In der Praxis werden die Filter jedoch vorzugsweise symmetrisch aufgebaut, d. h. die wirksame Induktivität wird auf die beiden Netzleitungen aufgeteilt. Dabei spielt es keine Rolle, ob zwei einzelne Spulen verwendet werden oder ob die beiden Wicklungen auf einem gemeinsamen Kern angeordnet sind. Die besprochenen Probleme sind davon unabhängig.

12.3.2 Filterspulen zur Reduzierung der Gleichtaktströme

Die Filterstufen zur Unterdrückung der Gleichtaktströme sind prinzipiell ähnlich aufgebaut. Um den Gleichtaktströmen i_{cm} einen Strompfad parallel an den Netzimpedanzen vorbei anzubieten, müssen aber die Kondensatoren jeweils zwischen einer Netzleitung

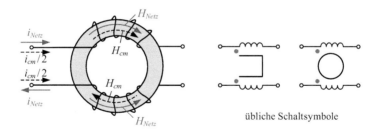

Abb. 12.14 Stromkompensierte Ringkerndrossel

und dem Schutzleiter eingebaut werden. Damit fließen aber auch 50/60 Hz Ableitströme über diese Kondensatoren zum Schutzleiter. Zur Lösung der damit verbundenen Sicherheitsprobleme werden sogenannte Y-Kondensatoren verwendet. Diese müssen einerseits eine erhöhte mechanische und elektrische Sicherheit, z. B. im Hinblick auf Durchschläge im Dielektrikum, aufweisen. Andererseits sind die Kapazitätswerte für diese Kondensatoren auf wenige nF begrenzt, insbesondere um die Ableitströme auf ein ungefährliches Maß zu reduzieren. Eine nennenswerte Hochfrequenzentstörung lässt sich dann aber nur realisieren, wenn die zugehörigen Filterspulen entsprechend hohe Induktivitätswerte aufweisen.

Die Realisierung großer Induktivitätswerte bei gleichzeitiger Vermeidung der Sättigung durch die Netzströme führt auf spezielle, als stromkompensierte Drosseln bezeichnete Bauelemente. Bei dem in Abb. 12.14 gezeigten Beispiel sind zwei Wicklungen mit gleicher Windungszahl auf einen hochpermeablen Ringkern aufgebracht. Die beiden Wicklungen werden so in die beiden Netzleitungen eingefügt, dass der Betriebsstrom i_{Netz} die beiden Teilwicklungen gegensinnig durchfließt. Die dadurch im Kern hervorgerufenen Magnetfelder sind ebenfalls entgegengesetzt gerichtet und kompensieren sich fast vollständig. Mit dieser Maßnahme wird eine Sättigung des Materials verhindert.

Daher können insgesamt hohe Induktivitätswerte L_{cm} zur Dämpfung der Gleichtaktströme i_{cm} realisiert werden. Wegen der gleichsinnigen Orientierung dieser Ströme durch die beiden Wicklungen überlagern sich die Magnetfelder im Kern ebenfalls gleichsinnig, so dass hier die volle Induktivität wirksam wird. Für die Gegentaktströme i_{dm}, die auf einer Netzleitung hin und auf der anderen zurückfließen, gilt das gleiche wie für den Netzstrom. Die erzeugten Magnetfelder kompensieren sich größtenteils und die wirksame Induktivität besteht lediglich aus einer relativ geringen Streuinduktivität L_{dm}, die dadurch entsteht, dass die beiden Wicklungen nicht perfekt gekoppelt sind und eine vollständige Kompensation der beiden Feldanteile nicht erreicht wird. Auf eine verbesserte Kopplung durch eine bifilare Wicklung wird wegen der erforderlichen Isolation zwischen den Netzleitungen P und N in der Regel verzichtet.

In der Praxis ist eine perfekte Kopplung auch gar nicht erwünscht. Diese Streuinduktivität trägt nämlich zur Dämpfung der differential-mode Ströme bei, d. h. man sollte sie im Gegenteil sogar möglichst groß machen. Es ist lediglich darauf zu achten, dass bei

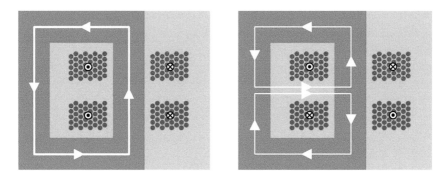

Abb. 12.15 Mit zwei U-Kernhälften realisierte stromkompensierte Drossel

maximalem Netzstrom noch keine Kernsättigung eintritt. Eine Vergrößerung der Streuinduktivität L_{dm} bei gleich bleibender Induktivität L_{cm} lässt sich z. B. dadurch erreichen, dass ein Kernmaterial mit niedrigerer Permeabilität in Kombination mit einer größeren Windungszahl verwendet wird.

Zur Erreichung der hohen Induktivitätswerte L_{cm} werden geschlossene Kerne ohne Luftspalt verwendet. Bevorzugt werden Materialien mit hoher Permeabilität, niedrigen Verlusten und geringer Temperaturabhängigkeit. Bei den Ringkernen werden die Windungen direkt auf den Kern gewickelt. Um eine Beschädigung der Drahtisolation zu vermeiden, werden die Kerne mit einer Schutzisolation überzogen, deren Farbe einen Hinweis auf das Kernmaterial gibt.

Alternativ lassen sich diese Spulen auch mit U- oder E-Kernen realisieren. Die Abb. 12.15 zeigt den Querschnitt durch einen U-Kern, bei dem die beiden Wicklungen in zwei getrennten Kammern auf dem Wickelkörper nebeneinander angeordnet sind. Bei den Gleichtaktströmen i_{cm} im linken Teilbild addieren sich die Flüsse im Kern und die wirksame Induktivität wird maximal. Bei den Gegentaktströmen im rechten Teilbild heben sich die angedeuteten Flüsse im Kern gegenseitig fast vollständig auf. Der magnetische Fluss schließt sich über den Luftbereich zwischen den beiden Kammern. Wegen des großen magnetischen Widerstandes stellt sich nur eine geringe Induktivität ein, deren Berechnung bereits in Abschn. 10.6 behandelt wurde. Bei dieser Anordnung kann die Streuinduktivität auf einfache Weise durch den Abstand zwischen den Kammern beeinflusst werden. Sie lässt sich auch einfach dadurch vergrößern, dass in den Zwischenraum zwischen den beiden Kammern hochpermeables Material eingebracht wird, wobei natürlich keine Kurzschlusswindung entstehen darf.

Die Vermeidung der Sättigung bei dieser Wickelanordnung setzt voraus, dass sich die Summe der beiden Netzströme in Hin- und Rückleiter zu null ergibt. Da diese Bedingung auch für die Summe der Ströme im Dreiphasensystem erfüllt ist, kann diese Wickelanordnung auch in der gleichen Weise bei Dreileitersystemen angewendet werden.

Zur Minimierung der parasitären Kapazitäten bei den stromkompensierten Drosseln können einlagige Wicklungen verwendet werden oder die Anordnung der Drähte bei

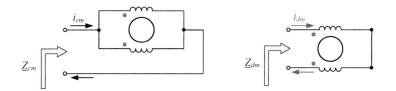

Abb. 12.16 Messschaltungen zur Bestimmung der Impedanzen der stromkompensierten Drossel

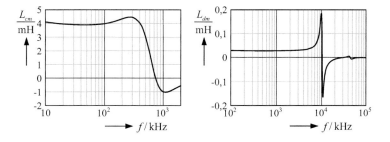

Abb. 12.17 Frequenzabhängige Induktivität einer stromkompensierten Drossel, Messergebnisse entsprechend den Messschaltungen in Abb. 12.16

mehreren Lagen wird entsprechend spezieller Wickelschemata wie z. B. in Abb. 3.20b dargestellt vorgenommen. Auf jeden Fall sollten die Potentialunterschiede zwischen benachbarten Windungen minimiert und die Ein- und Ausgangsanschlüsse möglichst weit voneinander entfernt sein.

Die Messschaltungen zur Bestimmung der für die Gleichtaktströme i_{cm} bzw. Gegentaktströme i_{dm} wirksamen unterschiedlichen Impedanzen $\underline{Z} = R + j\omega L$ sind in Abb. 12.16 dargestellt.

Die gemessene Induktivität für eine handelsübliche $2 \times 4\,\mathrm{mH}$ stromkompensierte Ringkerndrossel ist als Funktion der Frequenz in Abb. 12.17 dargestellt.

Die für die Gleichtaktströme wirksame Induktivität entspricht den angegebenen Werten, fällt aber oberhalb von $400\,\mathrm{kHz}$ bereits stark ab. Die für die Gegentaktströme wirksame Induktivität kann als parasitäre Eigenschaft aufgefasst werden. Sie ist um mehr als einen Faktor 10 geringer und besitzt eine erste Resonanz bei $10\,\mathrm{MHz}$.

Die Position für den Einbau dieser Drossel in die Netzleitung zeigt die Abb. 12.18. Zusammen mit den beiden Y-Kondensatoren bildet sie das Filter für die Gleichtaktströme. Die gewählte Filtertopologie hängt von den Impedanzen der Störquelle und der Last ab. Die Impedanz der Störquelle ist durch die parasitäre Kapazität C_p bzw. durch die Kapazität zwischen Primär- und Sekundärseite im Transformator gegeben und damit extrem hochohmig. Auf der anderen Seite besteht die Lastimpedanz aus der Parallelschaltung der beiden Netzimpedanzen und ist mit Werten $\leq 25\,\Omega$ sehr niederohmig. Die optimale Dämpfungswirkung erzielt man also mit der in Abb. 12.18 eingezeichneten Reihenfolge der Filterkomponenten.

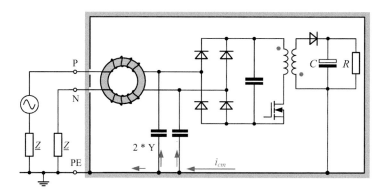

Abb. 12.18 Flybackkonverter mit cm-Filter

12.3.3 Bemerkungen zum internen Aufbau eines Filters

Zum Abschluss fügen wir noch einige Hinweise zum internen Filteraufbau an. Um die mit den ausgewählten Filterkomponenten theoretisch mögliche Dämpfung auch zu erreichen, sind einige Regeln zu beachten:

- Zur Vermeidung von kapazitiven und induktiven Kopplungen zwischen den einzelnen Filterstufen sollten diese im Zuge der Leitungsführung angeordnet werden. Entsprechend sollten die Ein- und Ausgänge des Filters räumlich so weit wie möglich voneinander getrennt angeordnet sein.
- Eine Verringerung der Kopplungen kann durch separate Schirmwände zwischen den einzelnen Filterstufen erreicht werden.
- Induktive Bauelemente in den verschiedenen Filterstufen sind so zu positionieren, dass eine möglichst geringe Kopplung zwischen ihnen auftritt. Dies lässt sich z. B. durch 90°-Verdrehung gegeneinander erreichen.
- Die Leiterbahnführung auf der Platine ist so zu gestalten, dass die Schleifenflächen zwischen Hin- und Rückleiter minimal werden.
- Die induktive Kopplung zwischen dem Filter und der induktiven Komponente in der Konverterschaltung muss vermieden werden durch große Abstände, kleine Schleifenflächen im Filter und geringe externe Magnetfelder der induktiven Komponente. Die geometrische Positionierung der induktiven Komponente in Bezug auf die Filterstufen spielt ebenfalls eine Rolle.
- Falls möglich (Sicherheitsvorschriften, Spannungsfestigkeit) sollte der Kern einer Spule mit der Rückleitung verbunden werden. Dadurch wird die parasitäre Kapazität zwischen Wicklung und Kern in die Dämpfung der dm-Ströme mit einbezogen.

12.4 Das von induktiven Komponenten erzeugte Magnetfeld

Ein weiteres wichtiges Thema im Zusammenhang von induktiven Komponenten und elektromagnetischer Verträglichkeit ist die ungewollte Erzeugung magnetischer Felder außerhalb der Bauteile. Einerseits existieren Vorschriften, die die Amplituden der Magnetfelder in einem vorgegebenen Abstand von der Schaltung, z. B. in einer Entfernung von 3 m begrenzen, andererseits können Kopplungen dieser Felder mit anderen benachbarten Schaltungsteilen zu Fehlfunktionen führen. Aus diesem Grund ist es wünschenswert, zumindest eine grobe Abschätzung für die entstehenden Felder zu haben und die ursächlichen Zusammenhänge zu kennen. In den folgenden Abschnitten werden wir zunächst die Felder von Luftspulen betrachten, diese können mit elementaren Mitteln exakt berechnet werden. Anschließend werden wir einige Situationen mit Kernen diskutieren und versuchen, die verschiedenen Abhängigkeiten zu identifizieren und die Möglichkeiten aufzuzeigen, diese Felder zu minimieren.

12.4.1 Das von Luftspulen erzeugte Magnetfeld

Wir betrachten nacheinander die einzelne kreisförmige Windung, die Vereinfachung der Berechnung durch die Verwendung magnetischer Dipole, die rechteckförmige Windung und anschließend den Übergang zu einer aus mehreren Windungen bestehenden Wicklung. Diese Ergebnisse können dann unmittelbar auf eine Folienwicklung erweitert werden.

12.4.1.1 Die kreisförmige Windung

Beginnen wollen wir mit dem Feld der bereits in Abb. 2.8 dargestellten in der Ebene $z = 0$ liegenden kreisförmigen Leiterschleife mit Radius a. Ausgehend von dem in Gl. (2.39) angegebenen Vektorpotential und der in Gl. (2.38) definierten Abkürzung kann die magnetische Feldstärke der kreisförmigen Leiterschleife im allgemeinen Raumpunkt angegeben werden. Für einen Punkt außerhalb des Leiters gilt

$$\vec{B} = \mu_0 \vec{H} \overset{(1.12)}{=} \operatorname{rot} \vec{A} = \operatorname{rot} \left[\vec{e}_\varphi A_\varphi (\rho, z) \right] \overset{(14.26)}{=} -\vec{e}_\rho \frac{\partial A_\varphi}{\partial z} + \vec{e}_z \left(\frac{A_\varphi}{\rho} + \frac{\partial A_\varphi}{\partial \rho} \right). \quad (12.6)$$

Durch Einsetzen der Gl. (2.39) kann die Feldstärke zunächst in der Form

$$\vec{H} (\rho, z) = -\vec{e}_\rho I \frac{\partial}{\partial z} G (a, \rho, z) + \vec{e}_z I \left[\frac{1}{\rho} G (a, \rho, z) + \frac{\partial}{\partial \rho} G (a, \rho, z) \right] \quad (12.7)$$

dargestellt werden. In ausführlicher Schreibweise erhalten wir für die beiden Komponenten die folgenden Integraldarstellungen, die aber wiederum durch die elliptischen Integrale

$$
\begin{aligned}
\frac{H_\rho\,(\rho,z)}{I} &= \frac{z}{2\pi a^2} \int\limits_0^\pi \frac{\cos\varphi\,\mathrm{d}\varphi}{\sqrt{1 + \frac{\rho^2+z^2}{a^2} - 2\frac{\rho}{a}\cos\varphi}^{\,3}} \\
&= \frac{z}{2\pi\rho}\,\frac{1}{\sqrt{(a+\rho)^2 + z^2}}\left[\frac{a^2+\rho^2+z^2}{(a-\rho)^2+z^2}\mathrm{E}\,(m) - \mathrm{K}\,(m)\right]
\end{aligned}
\tag{12.8}
$$

und

$$
\begin{aligned}
\frac{H_z\,(\rho,z)}{I} &= \frac{1}{\rho}G\,(a,\rho,z) - \frac{1}{2\pi a}\int\limits_0^\pi \frac{\left[\frac{\rho}{a} - \cos\varphi\right]\cos\varphi\,\mathrm{d}\varphi}{\sqrt{1 + \frac{\rho^2+z^2}{a^2} - 2\frac{\rho}{a}\cos\varphi}^{\,3}} \\
&= \frac{1}{2\pi}\,\frac{1}{\sqrt{(a+\rho)^2+z^2}}\left[\frac{a^2-\rho^2-z^2}{(a-\rho)^2+z^2}\mathrm{E}\,(m) + \mathrm{K}\,(m)\right]
\end{aligned}
\tag{12.9}
$$

mit der Abkürzung m nach Gl. (2.35)

$$
m = \frac{4a\rho}{(a+\rho)^2 + z^2}
\tag{12.10}
$$

ausgedrückt werden können. Auf der z-Achse besitzt die magnetische Feldstärke nur eine z-Komponente, für die man aus der Gl. (12.9) den vereinfachten Ausdruck

$$
H_z\,(0,z) = \frac{I}{2a}\,\frac{1}{\left[(z/a)^2 + 1\right]^{3/2}}
\tag{12.11}
$$

erhält. Der Verlauf der Feldlinien ist bereits in Abb. 2.16 dargestellt. Die Berechnung dieser Feldbilder ist bei den rotationssymmetrischen Anordnungen relativ einfach. Man muss nur alle Punkte ρ,z miteinander verbinden, die die Bedingung $\rho \cdot A_\varphi(\rho,z) = \text{const}$ erfüllen. Durch Vorgabe verschiedener Werte für die Konstante erhält man die verschiedenen Feldlinien.

12.4.1.2   Der magnetische Dipol

Für die Berechnung der Magnetfelder von induktiven Komponenten ist das Konzept des magnetischen Dipols sehr hilfreich. Darunter versteht man eine kleine vom Strom I durchflossene dünne, ebene Leiterschleife der Fläche A. Unter klein ist hier zu verstehen, dass das von der Schleife hervorgerufene Magnetfeld in einem Abstand betrachtet wird, der groß ist gegenüber der Schleifenabmessung. Eine zahlenmäßige Beschreibung dieses Sachverhalts erfolgt am Ende von Abschn. 12.4.1.3.

Als vektorielles Moment des Dipols bezeichnet man den Ausdruck

$$\vec{\mathbf{M}} = \vec{\mathbf{n}}M = \vec{\mathbf{n}}IA. \tag{12.12}$$

Der Einheitsvektor $\vec{\mathbf{n}}$ steht senkrecht auf der Schleifenfläche und ist rechtshändig mit dem Strom verknüpft. Die betrachtete kreisförmige Schleife aus Abb. 2.8 kann man als magnetischen Dipol

$$\vec{\mathbf{M}} = \vec{\mathbf{e}}_z I \pi a^2 \tag{12.13}$$

auffassen, sofern das Magnetfeld in einem Abstand berechnet werden soll, der groß gegenüber der Schleifenabmessung ist. Unter der Voraussetzung großer Aufpunktsentfernungen $r_p \gg a$ kann der Wert $1/r$ in Gl. (2.33) mit der Näherungsformel

$$(1 \pm \varepsilon)^n \approx 1 \pm n\varepsilon \quad \text{für} \quad |\varepsilon| \ll 1 \tag{12.14}$$

vereinfacht werden

$$\frac{1}{r} \overset{(2.31)}{\approx} \left[r_P^2 - 2a\rho_P \cos\varphi \right]^{-1/2} = \frac{1}{r_P} \left[1 - 2\frac{a}{r_P}\frac{\rho_P}{r_P}\cos\varphi \right]^{-1/2} \overset{(12.14)}{\approx} \frac{1}{r_P} \left[1 + \frac{a}{r_P}\frac{\rho_P}{r_P}\cos\varphi \right]. \tag{12.15}$$

Das verbleibende Integral führt nach seiner Auswertung zu der Beziehung

$$\vec{\mathbf{A}}\left(\vec{\mathbf{r}}_P\right) \overset{(2.34)}{=} \vec{\mathbf{e}}_{\varphi P} \frac{\mu_0 I a}{4\pi r_P} \int_0^{2\pi} \left[1 + \frac{a}{r_P}\frac{\rho_P}{r_P}\cos\varphi \right] \cos\varphi \, d\varphi = \vec{\mathbf{e}}_{\varphi P} \frac{\mu_0}{4\pi} \left(I\pi a^2 \right) \frac{\rho_P}{r_P^3}, \tag{12.16}$$

die das Vektorpotential einer vom Strom I durchflossenen kleinen Leiterschleife vom Radius a in großem Abstand beschreibt. Drückt man das Produkt $\vec{\mathbf{e}}_{\varphi P}\rho_P$ in der letzten Gleichung durch das mit dem z-gerichteten Einheitsvektor und dem Aufpunktsvektor $\vec{\mathbf{r}}_P$ nach Gl. (2.29) gebildete Kreuzprodukt aus

$$\vec{\mathbf{e}}_z \times \vec{\mathbf{r}}_P \overset{(2.29)}{=} \vec{\mathbf{e}}_z \times \left(\vec{\mathbf{e}}_{\rho P}\rho_P + \vec{\mathbf{e}}_z z_P \right) = \left(\vec{\mathbf{e}}_z \times \vec{\mathbf{e}}_{\rho P} \right) \rho_P = \vec{\mathbf{e}}_{\varphi P}\rho_P, \tag{12.17}$$

dann gelangt man mit Gl. (12.13) zu einer neuen Darstellung für das Vektorpotential

$$\vec{\mathbf{A}}\left(\vec{\mathbf{r}}_P\right) = \frac{\mu_0}{4\pi} \left(\vec{\mathbf{M}} \times \frac{\vec{\mathbf{r}}_P}{r_P^3} \right) \quad \text{mit} \quad \vec{\mathbf{M}} = \vec{\mathbf{e}}_z M = \vec{\mathbf{e}}_z I \pi a^2 \quad \text{und} \quad r_P \gg a. \tag{12.18}$$

Für die magnetische Feldstärke findet man zunächst den Ausdruck

$$\vec{\mathbf{H}}\left(x,y,z\right) = \frac{1}{\mu_0}\operatorname{rot}\vec{\mathbf{A}} = \frac{1}{4\pi}\operatorname{rot}\left(\vec{\mathbf{M}} \times \frac{\vec{\mathbf{r}}_P}{r_P^3} \right) \overset{(14.18)}{=} \frac{1}{4\pi}\left[-\left(\vec{\mathbf{M}}\cdot\operatorname{grad} \right)\frac{\vec{\mathbf{r}}_P}{r_P^3} + \vec{\mathbf{M}}\operatorname{div}\frac{\vec{\mathbf{r}}_P}{r_P^3} \right], \tag{12.19}$$

in dem bei der Anwendung der Rotation auf das Kreuzprodukt die Glieder mit Ableitungen hinsichtlich des konstanten Vektors $\vec{\mathbf{M}}$ verschwinden. Weiterhin verschwindet wegen

$$\operatorname{div} \frac{\vec{\mathbf{r}}_P}{r_P^3} \overset{(14.15)}{=} - \operatorname{div} \operatorname{grad} \frac{1}{r_P} \overset{(14.14)}{=} -\Delta \frac{1}{r_P} = 0 \quad \text{für} \quad r_P \neq 0 \qquad (12.20)$$

der zweite Term in der eckigen Klammer, so dass für die magnetische Feldstärke das Ergebnis

$$\vec{\mathbf{H}}(x, y, z) = -\frac{1}{4\pi} \left(\vec{\mathbf{M}} \cdot \operatorname{grad} \right) \frac{\vec{\mathbf{r}}_P}{r_P^3} \overset{(12.13)}{=} -\frac{IA}{4\pi} \frac{\partial}{\partial z} \frac{\vec{\mathbf{e}}_x x + \vec{\mathbf{e}}_y y + \vec{\mathbf{e}}_z z}{(x^2 + y^2 + z^2)^{3/2}} \qquad (12.21)$$

verbleibt. Die Ausführung der Differentiation führt auf die Beziehungen für die Feldstärkekomponenten

$$\vec{\mathbf{H}}(x, y, z) = \frac{IA}{4\pi r_P^5} \left[\vec{\mathbf{e}}_x 3xz + \vec{\mathbf{e}}_y 3yz + \vec{\mathbf{e}}_z \left(-x^2 - y^2 + 2z^2 \right) \right] \qquad (12.22)$$

$$\text{mit} \quad r_P = \sqrt{x^2 + y^2 + z^2},$$

in denen $r_P \approx r$ den Abstand des Aufpunkts vom Koordinatenursprung bezeichnet. Die Genauigkeit dieser Näherungsbeziehung wird im folgenden Abschnitt diskutiert.

12.4.1.3   Die rechteckförmige Windung

Wir berechnen jetzt die magnetische Feldstärke der in Abb. 12.19a dargestellten rechteckförmigen Leiterschleife. Sie besitzt die Seitenlängen $2a$ und $2b$ und befindet sich in der Ebene $z = 0$ des kartesischen Koordinatensystems.

Mit der Bezeichnung

$$\vec{\mathbf{r}} = \vec{\mathbf{r}}_P - \vec{\mathbf{r}}_Q \quad \text{mit} \quad \vec{\mathbf{r}}_P = \vec{\mathbf{e}}_x x + \vec{\mathbf{e}}_y y + \vec{\mathbf{e}}_z z \qquad (12.23)$$

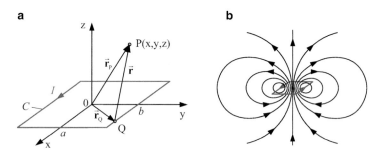

Abb. 12.19 a Stromdurchflossene Rechteckschleife, **b** Qualitativer Verlauf der Feldlinien in der Ebene $x = 0$

für den Abstandsvektor vom Quellpunkt Q auf der Leiterschleife zum Aufpunkt P und dem gerichteten Wegelement $d\vec{r}_Q$ entlang des Leiters der Kontur C kann die magnetische Feldstärke aus dem Umlaufintegral (1.27)

$$\vec{H}\left(\vec{r}_P\right) = \frac{I}{4\pi} \oint_C \left(d\vec{r}_Q \times \frac{\vec{r}}{r^3}\right) \tag{12.24}$$

über die Leiterkontur berechnet werden. Nach Auswertung der Integrale für alle vier Seiten erhält man für die gesuchte magnetische Feldstärke im allgemeinen Raumpunkt P(x, y, z) den folgenden auf $I/4\pi$ normierten Ausdruck

$$\vec{H}\left(\vec{r}_P\right) \cdot \frac{4\pi}{I} = \tag{12.25}$$

$$\frac{\vec{e}_x z - \vec{e}_z (x-a)}{(x-a)^2 + z^2} \left[\frac{y+b}{\left[(x-a)^2 + (y+b)^2 + z^2\right]^{1/2}} - \frac{y-b}{\left[(x-a)^2 + (y-b)^2 + z^2\right]^{1/2}} \right]$$

$$+ \frac{\vec{e}_y z - \vec{e}_z (y+b)}{(y+b)^2 + z^2} \left[\frac{x-a}{\left[(x-a)^2 + (y+b)^2 + z^2\right]^{1/2}} - \frac{x+a}{\left[(x+a)^2 + (y+b)^2 + z^2\right]^{1/2}} \right]$$

$$- \frac{\vec{e}_x z - \vec{e}_z (x+a)}{(x+a)^2 + z^2} \left[\frac{y+b}{\left[(x+a)^2 + (y+b)^2 + z^2\right]^{1/2}} - \frac{y-b}{\left[(x+a)^2 + (y-b)^2 + z^2\right]^{1/2}} \right]$$

$$- \frac{\vec{e}_y z - \vec{e}_z (y-b)}{(y-b)^2 + z^2} \left[\frac{x-a}{\left[(x-a)^2 + (y-b)^2 + z^2\right]^{1/2}} - \frac{x+a}{\left[(x+a)^2 + (y-b)^2 + z^2\right]^{1/2}} \right].$$

Die Abb. 12.19b zeigt den qualitativen Verlauf der Feldlinien in der Ebene x = 0. Um nun einen Eindruck von der Ortsabhängigkeit der Feldstärke zu erhalten, wird der Betrag der magnetischen Feldstärke (12.25) in der Ebene x = 0 in der Messentfernung 3 m berechnet. Aus Symmetriegründen verschwindet die x-Komponente in dieser Ebene und außerdem genügt die Berechnung im ersten Quadranten y > 0 und z > 0.

Für einen Vergleich mit den in den Normen angegebenen Grenzwerten muss die Feldstärke gemäß der Beziehung

$$\frac{H}{dB\,(\mu A/m)} = 20 \log \frac{|H|}{1\,\mu A/m} \quad \text{mit} \quad |H| = \sqrt{H_x^2 + H_y^2 + H_z^2} \tag{12.26}$$

in dB(μA/m) angegeben werden. Die Abb. 12.20 zeigt diesen Wert für eine Schleifenfläche $A = 4ab = 16\,cm^2$ mit einem Strom $I = 1$ A als Funktion der Winkelkoordinate $0 \le \vartheta \le 90°$ in der Entfernung $r = (y^2 + z^2)^{1/2} = 3$ m. Mit x = 0, y = $r \sin(\vartheta)$ und

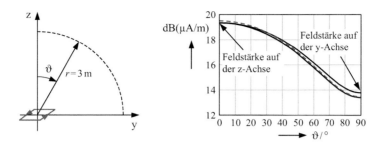

Abb. 12.20 Betrag der magnetischen Feldstärke in 3 m Abstand, Rechteckschleife mit $A = 16\,\mathrm{cm}^2$, $I = 1\,\mathrm{A}$

$z = r\cos(\vartheta)$ können die Feldstärkekomponenten für jeden Punkt auf dem Kreisbogen berechnet werden. Die gestrichelte Kurve gilt für die Schleifenabmessungen $a = b = 2\,\mathrm{cm}$, während die beiden durchgezogenen Linien die Ergebnisse für die Abmessungsverhältnisse $a = 1\,\mathrm{mm}$, $b = 40\,\mathrm{cm}$ bzw. $a = 40\,\mathrm{cm}$, $b = 1\,\mathrm{mm}$ darstellen. Wegen der in allen drei Fällen gleichen Schleifenfläche sind die Feldstärkepegel in dem bezogen auf die Schleifenabmessung großen Abstand praktisch identisch.

▶ Die Form der Leiterschleife spielt im betrachteten Abstand offenbar keine Rolle, d. h. das Ergebnis wird allein von der Größe der Schleifenfläche, nicht aber von der Schleifenform bestimmt. In dem betrachteten Abstand verhalten sich die drei Schleifen trotz der sehr unterschiedlichen Geometrie bereits wie magnetische Dipole.

Der maximale Feldstärkepegel tritt auf der z-Achse, also senkrecht oberhalb der Schleifenfläche auf. Tangential zur Schleifenfläche, d. h. bei $z = 0$, $y = 3\,\mathrm{m}$ ist der Betrag der Feldstärke um 6 dB, d. h. um den Faktor 2 geringer.

An dieser Stelle wollen wir einen kurzen Vergleich der unterschiedlichen Formeln ziehen. Dazu berechnen wir die Feldstärke senkrecht über der Schleife auf der z-Achse und in der Schleifenebene auf der y-Achse als Funktion des Abstands r vom Ursprung. In der Gl. (12.25) wird $a = b = 2\,\mathrm{cm}$ gesetzt, in der Dipolformel (12.22) gilt $A = 4ab$ und der Radius der Kreisschleife in Formel (12.9) bzw. (12.11) wird zu $a = (A/\pi)^{1/2}$ gewählt, so dass die Schleifenfläche in allen Fällen identisch ist. Vergleicht man die Ergebnisse, dann stellt man fest, dass sie sich bereits in einem Abstand $r > 25\,\mathrm{cm}$ um weniger als 1 % voneinander unterscheiden. Daraus ergibt sich eine einfache Konsequenz:

▶ Ist der Abstand zum Schleifenmittelpunkt größer als der zehnfache Schleifenradius, dann kann mit ausreichender Genauigkeit die Dipolformel zugrunde gelegt werden.

12.4.1.4 Die drahtgewickelte Luftspule

Um das Magnetfeld der in Abb. 12.21 dargestellten Luftspule zu berechnen müssen an den bisherigen Ergebnissen für die Einzelwindungen zwei Änderungen vorgenommen werden.

Abb. 12.21 Luftspule

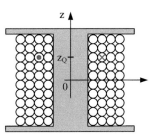

Zum einen liegen die Windungen nicht mehr ausschließlich in der Ebene $z = 0$, d. h. für eine in der Ebene $z = z_Q$ liegende Windung muss eine Koordinatentransformation durchgeführt werden, indem in der Formel z durch $z - z_Q$ ersetzt wird. Zum anderen muss über alle N Windungen summiert werden.

Für die Berechnung der Feldstärke in unmittelbarer Nähe zur Spule sollten die exakten Formeln mit den genannten Änderungen verwendet werden. Betrachtet man dagegen das Magnetfeld in einem Abstand von der Spule, der z. B. größer als die zehnfache Spulenabmessung ist, dann kann die Feldstärke mithilfe der Dipolformel (12.22) bestimmt werden, sofern die Fläche A durch die Summe der Flächen aller Windungen ersetzt wird. Die Verschiebung der einzelnen Windungen aus der Ebene $z = 0$ in die Ebene $z = z_Q$ spielt dann keine Rolle mehr. Vergleicht man das Magnetfeld dieser Spule mit dem Feld einer einzelnen Windung mit einer mittleren Schleifenfläche, dann ist das Feld der Spule um den Faktor N größer!

12.4.1.5   Die Folienspule
Ausgehend von den Ergebnissen im letzten Abschnitt lässt sich auch das Feld einer Folienspule ohne größeren Aufwand angeben. In größerem Abstand wird das Feld mit der Dipolformel (12.22) berechnet, wobei die Fläche A durch die Summe der Flächen aller Windungen ersetzt wird. Eine einfache Vorgehensweise zur Berechnung der Feldstärke in unmittelbarer Umgebung der Spule besteht darin, jede einzelne Folie zu diskretisieren, d. h. durch n Einzeldrähte zu ersetzen, in denen der Strom I/n fließt. Die Folienspule kann dann genauso wie die drahtgewickelte Luftspule behandelt werden.

12.4.1.6   Verschachtelte Transformatorwicklungen
Transformatoren werden wegen der geforderten guten Kopplung zwischen Primär- und Sekundärseite mit hochpermeablen Kernen realisiert. Der Einfluss des Kerns auf das Magnetfeld außerhalb der Komponente führt aber auf eine komplizierte dreidimensionale Rechnung. Um diese Problematik zu umgehen und trotzdem einen Eindruck davon zu bekommen, wie die Verschachtelung der Wicklungen das äußere Magnetfeld beeinflusst, betrachten wir allein das erregende Feld des Wickelaufbaus. Als Beispiel wählen wir einen Aufbau mit rundem Wickelkörper und vier Lagen Primär- sowie vier Lagen Sekundärwicklung, die aber in unterschiedlicher Reihenfolge übereinander angeordnet werden. Für die Auswertung wird der Durchmesser der innersten Schleife mit $2a = 20\,\text{mm}$ und der

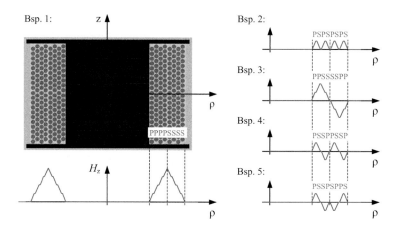

Abb. 12.22 Untersuchte Wickelanordnungen

Drahtdurchmesser mit $d = 1\,$mm festgelegt. Jede Lage enthält 20 Windungen. Die erste Beispielanordnung mit 4 Lagen primär und anschließend 4 Lagen sekundär ist im linken Teilbild von Abb. 12.22 maßstabsgerecht dargestellt. Zum leichteren Verständnis der späteren Ergebnisse ist der prinzipielle Verlauf der Feldstärkeamplitude im Bereich der Wicklung, analog zur Darstellung in Abb. 10.11, im unteren Teilbild ebenfalls angegeben. Bei den übrigen vier Beispielen ist nur noch die Abfolge der Primär- und Sekundärseiten mit der Feldverteilung dargestellt.

Nach Abb. 12.20 ist die maximale Feldstärke im senkrechten Abstand zur Schleifenfläche zu erwarten. Für die Bewertung der unterschiedlichen Wickelaufbauten betrachten wir die magnetische Feldstärke daher auf der z-Achse und zwar im Bereich $0 \leq z \leq 100\,$mm. Befindet sich eine Windung mit Radius r_i in einer Ebene z_i, dann ist die Feldstärke auf der z-Achse nach Gl. (12.11) in der folgenden Form gegeben

$$H_z\,(z) = \frac{I}{2r_i}\left[\left(\frac{z - z_i}{r_i}\right)^2 + 1\right]^{-3/2}. \tag{12.27}$$

Die Gesamtfeldstärke setzt sich aus der Summe der Beiträge aller Primärwindungen abzüglich der Summe aller Sekundärwindungen zusammen. Die Abb. 12.23 zeigt das logarithmierte Ergebnis für die fünf Beispielanordnungen gemäß der Beziehung

$$\frac{H_z\,(z)\,/\,Ia}{\mathrm{dB}} = 20\log\left\{\left|\sum_{N_{i,P}}\frac{a}{2r_i}\left[\left(\frac{z - z_i}{r_i}\right)^2 + 1\right]^{-3/2}\right.\right. \tag{12.28}$$
$$\left.\left. - \sum_{N_{i,S}}\frac{a}{2r_i}\left[\left(\frac{z - z_i}{r_i}\right)^2 + 1\right]^{-3/2}\right|\right\}.$$

Zunächst fällt auf, dass die Gesamtfeldstärke Nullstellen aufweist. Der Grund dafür ist leicht zu verstehen. Vergleichen wir die Feldstärken von zwei Schleifen mit unterschiedlichen Radien, dann ist bei kleinen z-Werten, also z. B. in der Schleifenebene, die Feldstärke der kleineren Schleife nach Gl. (12.11) größer. Bei großen z-Werten dagegen ist die Feldstärke proportional zur Schleifenfläche, d. h. hier dominiert der Beitrag der größeren Schleife. Dazwischen existiert ein Abstand z, bei dem beide Feldstärken gleich sind und die Differenz verschwindet.

Mit zunehmendem Abstand von der Wicklung nimmt die Feldstärke ab. Infolge der quasistationären Rechnung, d. h. die Wellenausbreitung spielt noch keine Rolle, befinden wir uns bei den betrachteten Abständen im sogenannten Nahfeld, in dem die Feldstärke mit der 3. Potenz des Abstands von der Stromschleife abfällt. Diese Abstandsabhängigkeit ist in der Formel (12.11) gut zu erkennen. Bei Abständen, die kleiner als 1/10 der Wellenlänge sind, kann diese Rechnung mit hoher Genauigkeit verwendet werden. Um diesen Sachverhalt etwas genauer zu spezifizieren, betrachten wir einen Strom mit der Frequenz 10 MHz. Mit der zugehörigen Wellenlänge $\lambda = c/f = 30$ m können wir die Rechnung selbst bei dieser für die leistungselektronischen Anwendungen relativ hohen Frequenz für Abstände bis zu 3 m ohne Genauigkeitseinbußen verwenden. In diesem Bereich sinkt die Feldstärke also um 18 dB bei einer Verdopplung des Abstands bzw. um 60 dB bei einer Verzehnfachung.

Betrachten wir wieder das Ergebnis des 1. Beispiels. In dem Abstand z = 100 mm können wir schon die Dipolnäherung verwenden. Wir vereinfachen die Anordnung, indem wir annehmen, dass alle Schleifen in der Ebene z = 0 liegen. Bezeichnen wir mit A_i die Fläche einer kreisförmigen Schleife in der i-ten Lage, dann erhalten wir mit der Dipolformel (12.22) die z-Komponente der magnetischen Feldstärke auf der z-Achse für die erste Beispielanordnung

$$H_z\,(z) \stackrel{(12.22)}{=} \frac{I\,A}{4\pi\,z^5}\left(2z^2\right) \stackrel{Bsp.\,1}{=} \frac{I}{2\pi\,z^3}\left[\sum_{i=1}^{4} N A_i - \sum_{i=5}^{8} N A_i\right]$$

$$= \frac{N\,I}{2\pi\,z^3}\left[\sum_{i=1}^{4}\pi\,[a+(i-1)\,d]^2 - \sum_{i=5}^{8}\pi\,[a+(i-1)\,d]^2\right]. \qquad (12.29)$$

Mit den bereits angegebenen Zahlenwerten und den $N = 20$ Windungen pro Lage erhalten wir das Ergebnis

$$\frac{H_z\,(z)}{I\,a} = \frac{a}{2\pi\,z^3}\,N\,\underbrace{\left|\sum_{i=1}^{4}\pi\,[a+(i-1)\,d]^2 - \sum_{i=5}^{8}\pi\,[a+(i-1)\,d]^2\right|}_{A_{res,1}}\,\stackrel{z=100\,mm}{=}\,-27,29\,\text{dB}$$

$$(12.30)$$

in Übereinstimmung mit Abb. 12.23. An dieser Gleichung sehen wir, dass wir die Summe der vier großen Flächen (Sekundärseiten) von der Summe der vier kleinen Flächen

Abb. 12.23 Feldstärke auf der
z-Achse für die Beispielanordnungen nach Abb. 12.22

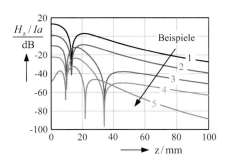

(Primärseiten) subtrahieren müssen. Wir erhalten also einen resultierenden magnetischen Dipol, dessen Fläche $A_{res,1}$ dieser Differenzfläche entspricht und der das Feld bestimmt.

In der Literatur wird gerne mit den in der Abb. 12.22 eingetragenen Feldstärkediagrammen gearbeitet und die unterschiedlichen Flächen unter diesen Diagrammen als Maß für die zu erwartenden Streuinduktivitäten bzw. im vorliegenden Fall als Maß für das externe Magnetfeld herangezogen. Betrachten wir zum Vergleich das 2. Beispiel, dann reduziert sich diese Fläche genau um einen Faktor 4, von 16 kleinen Dreiecken auf 4. Zählen wir die Schleifenflächen mit den richtigen Vorzeichen zusammen, dann reduziert sich die resultierende Fläche im 2. Beispiel ebenfalls um den Faktor 4. Das Ergebnis bei der zweiten Kurve ist also um $20 \log(4) = 12\,\mathrm{dB}$ geringer.

Kritisch wird dieses Vorgehen jetzt aber bei den Beispielen drei bis fünf. Die Fläche unter dem Feldstärkediagramm verschwindet jeweils, was eigentlich perfekte Lösungen bedeutet. In der Abb. 12.23 lässt sich das aber nicht bestätigen. Es kommt noch ein weiteres Problem hinzu: die unterschiedlichen Ergebnisse der Beispiele drei bis fünf können aus diesen Diagrammen nicht mehr ermittelt werden.

Rechnen wir aber die resultierende Schleifenfläche für Beispiel 3 aus

$$A_{res,3} = N\, |\sum_{i=1,2,7,8} \pi\,[a + (i-1)\,d]^2 - \sum_{i=3}^{6} \pi\,[a + (i-1)\,d]^2\,| = \frac{A_{res,1}}{13,5}, \quad (12.31)$$

dann ist diese lediglich um den Faktor 13,5 kleiner als im 1. Beispiel, d. h. die Kurve im 3. Beispiel ist ab einem bestimmten Abstand z um 22,6 dB niedriger in Übereinstimmung mit dem exakten Ergebnis in der Abbildung. Die Ursache für die Fehleinschätzung bei dem Feldstärkediagramm liegt darin, dass die Unterschiede in den Schleifenflächen von Lage zu Lage nicht berücksichtigt werden.

Beim 4. Beispiel wird das Magnetfeld nochmals kleiner, da die resultierende Fläche

$$A_{res,4} = N\, \left| \sum_{i=1,4,5,8} \pi\,[a + (i-1)\,d]^2 - \sum_{i=2,3,6,7} \pi\,[a + (i-1)\,d]^2 \right| = \frac{A_{res,1}}{54} \quad (12.32)$$

auf ein verglichen mit dem ersten Beispiel um 34,6 dB geringeres Magnetfeld führt.

Interessant wird jetzt das 5. Beispiel. Für die berechnete Fläche gilt nämlich $A_{res,5} = 0$, d. h. das resultierende Dipolmoment verschwindet ebenfalls. Da sich lediglich die Summe aller Dipole weghebt, nicht aber die einzelnen Dipole exakt entgegengesetzt gleich sind, entweder infolge verschiedener Größen der Einzelschleifen oder im allgemeinen Fall auch infolge unterschiedlicher Positionen auf der z-Achse, bleibt in unmittelbarer Nähe zu den Schleifen ein zwar kleineres, aber nicht verschwindendes resultierendes Feld erhalten. Ein großer Vorteil als Folge des verschwindenden resultierenden Dipols besteht aber darin, dass das verbleibende Feld mit einem höheren Exponenten des Abstands abklingt. Eine genaue Rechnung zeigt, dass die Feldstärke mit der 5. Potenz des Abstands von der Stromschleife abfällt. In der Abbildung erkennt man das deutlich schnellere Abfallen der dem Beispiel 5 zugeordneten Kurve.

An dieser Stelle sind noch drei Bemerkungen angebracht. Die erste Bemerkung betrifft die vorstehenden Formeln. Natürlich müssen bei der Berechnung des resultierenden Dipols nicht nur die Flächen betrachtet werden, sondern nach Gl. (12.13) muss das Produkt aus Strom und Fläche für jede stromdurchflossene Schleife eingesetzt werden. Bei dem betrachteten Beispiel konnte der Betrag des Stromes I, der in allen Schleifen gleich war, ausgeklammert werden. Das unterschiedliche Vorzeichen bei den Strömen in Primär- bzw. Sekundärseite wurde bei der Zusammenfassung der Flächen berücksichtigt.

Die zweite Bemerkung bezieht sich auf die Kammerwicklung. Werden die beiden Wicklungen in zwei Kammern nebeneinander mit jeweils gleicher Lagenzahl und gleicher Anzahl Windungen pro Lage angeordnet, so wie z. B. in der Abb. 10.13b, dann verschwindet das resultierende Dipolmoment ebenfalls und wir haben die gleiche Situation wie im vorhergehenden Beispiel 5. Die Ursache für ein verbleibendes Restfeld ist jetzt die unterschiedliche Position der Wicklungen auf der z-Achse.

Die dritte Bemerkung betrifft die Realisierung von Wicklungen mit verschwindendem Dipolmoment. Aufgrund von Fertigungstoleranzen wird auch in Beispiel 5 ein zwar kleines aber nicht völlig verschwindendes Dipolmoment vorhanden sein, so dass auch die Kurve 5 ab einer bestimmten Entfernung nur noch mit der 3. Potenz des Abstands von der Stromschleife abfällt.

12.4.2 Der Einfluss des Ferritkerns auf das äußere Magnetfeld

Die Berechnung der Magnetfelder außerhalb von induktiven Komponenten, die mit hochpermeablen Kernen realisiert sind, erfordert in den meisten Fällen umfangreiche, numerisch arbeitende Softwarepakete. Da diese Lösungsmöglichkeit deutlich über die Zielsetzung dieses Buches hinausgeht, wollen wir in den nächsten Abschnitten zwar keine exakten Berechnungen durchführen, aber dennoch versuchen, eine zumindest qualitative Beschreibung der Zusammenhänge zu geben.

Zum Einstieg betrachten wir die beiden in Abb. 12.24 dargestellten Anordnungen mit einem im zunächst homogenen Raum der Permeabilität μ_0 angeordneten unendlich lan-

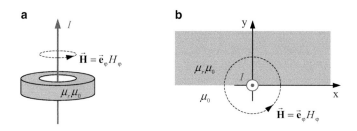

Abb. 12.24 Ausfüllung von Teilbereichen mit hochpermeablem Material

gen dünnen Linienleiter, der sich auf der z-Achse von $-\infty$ bis $+\infty$ erstreckt und vom
Strom I durchflossen wird. Die Formeln zur Berechnung der magnetischen Feldstärke
dieses Leiters sind in Abschn. 1.4.1 angegeben. Im Teilbild a ist ein ringförmiger Bereich
um den Leiter mit einem Material der Permeabilität $\mu = \mu_r \mu_0$ ausgefüllt, im Teilbild b
besteht der komplette Halbraum $y \geq 0$ aus diesem Material. Um ein besseres Verständnis für den Einfluss der Kerne auf die Feldverteilung zu bekommen, wollen wir zunächst
die Frage beantworten, wie sich die Feldverteilung bei den beiden Anordnungen infolge des permeablen Materials ändert. Dazu müssen wir uns die Randbedingungen an den
Übergängen zwischen Material und Luft etwas näher ansehen.

Da der Leiter im homogenen Raum der Permeabilität μ_0 nur eine φ-gerichtete magnetische Feldstärke besitzt, verläuft die Oberfläche des Rings ausschließlich parallel zu den
Feldlinien. Eine Feldkomponente senkrecht zur Oberfläche des permeablen Materials ist
nicht vorhanden und die tangentiale Feldstärke muss an der Oberfläche stetig sein. Das bedeutet aber, dass sich die magnetische Feldstärke infolge des permeablen Rings überhaupt
nicht ändert, die Feldgleichung (Laplace-Gleichung) gilt weiterhin im gesamten Raum
und die Randbedingungen infolge des Sprungs der Materialeigenschaften wurden auch
schon von dem Feld erfüllt, das vor dem Einbringen des permeablen Materials vorhanden
war. Der einzige Unterschied besteht darin, dass die φ-gerichtete Flussdichte innerhalb des
Rings um den Faktor μ_r größer wird. Damit ändert sich zwar nach Gl. (5.50) die insgesamt
im Raum gespeicherte Energie und mit Gl. (2.3) auch die Induktivität der Anordnung, die
magnetische Feldstärke aber bleibt unverändert.

Beim Teilbild b sieht die Situation anders aus. Hier steht das ursprüngliche Magnetfeld
ausschließlich senkrecht auf der Trennebene zwischen permeablem Material und Luft.
Der Verlauf der Feldlinien wird daher bei dieser Anordnung auch nicht geändert, allerdings erfordert die Stetigkeit der Normalkomponente der Flussdichte einen Sprung in der
Normalkomponente der magnetischen Feldstärke an der Materialoberfläche

$$\mu_0 H_{y,L} = \mu_r \mu_0 H_{y,F}\big|_{y=0} \, . \tag{12.33}$$

Damit ist die Feldstärke im Luftbereich (Index L) insgesamt um den Faktor μ_r größer als
im Ferritmaterial (Index F). Mit dem Oerstedschen Gesetz (1.3) erhalten wir eine zweite

Gleichung zur Bestimmung der Feldstärken

$$\oint_C \vec{\mathbf{H}} \cdot d\vec{s} = [H_L\,(\rho) + H_F\,(\rho)]\,\pi\,\rho = I\,. \tag{12.34}$$

Die Auflösung liefert

$$\vec{\mathbf{H}}_F = \vec{\mathbf{e}}_\varphi \frac{I}{2\pi\rho} \frac{2}{\mu_r + 1} \quad \text{und} \quad \vec{\mathbf{H}}_L = \vec{\mathbf{e}}_\varphi \frac{I}{2\pi\rho} \frac{2\mu_r}{\mu_r + 1}\,. \tag{12.35}$$

Die Feldstärke wird aus dem hochpermeablen Material in den Luftbereich verdrängt. Im Grenzfall $\mu_r \to \infty$ verschwindet sie im Material und verdoppelt sich bei diesem Beispiel im Luftbereich.

▶ • Die Ausfüllung eines Volumenbereichs mit permeablem Material lässt die magnetische Feldstärke im gesamten Volumen unverändert, wenn die Oberfläche des permeablen Körpers ausschließlich parallel zu den Feldlinien verläuft. Lediglich die magnetische Flussdichte erhöht sich innerhalb des permeablen Bereichs um μ_r.

   • Die Ausfüllung eines Volumenbereichs mit permeablem Material lässt den Verlauf der magnetischen Feldlinien im gesamten Volumen unverändert, wenn die Oberfläche des permeablen Körpers ausschließlich senkrecht zu den Feldlinien verläuft. In diesem Fall wird die magnetische Feldstärke innerhalb des permeablen Bereichs geringer. Die Reduzierung des Feldstärkeintegrals in dem Material addiert sich infolge des Oerstedschen Gesetzes zum Feldstärkeintegral im Luftbereich, d. h. die magnetische Feldstärke im Luftbereich wird entsprechend größer.

Bei den folgenden Beispielen ist die Situation nicht mehr so einfach überschaubar, dennoch lassen sich die Auswirkungen der Kerne auf die Feldverteilung qualitativ verstehen.

12.4.2.1 Die Stabkernspule

Beginnen wir die Betrachtungen mit der Stabkernspule. Diese rotationssymmetrische Anordnung lässt sich noch mit begrenztem Aufwand berechnen, indem ein Magnetisierungsstrombelag auf der Oberfläche des Materials angenommen wird, dessen ortsabhängige Verteilung aus den Randbedingungen an der Trennfläche zwischen Kern und umgebender Luft berechnet werden kann. Den Beitrag des Kerns zum Feld erhält man, indem man stellvertretend den Beitrag des so ermittelten Strombelags [1] mit den bereits angegebenen Formeln berechnet. Ohne den Stabkern ist die magnetische Feldstärke innerhalb der Spule sehr viel größer als im Außenbereich. Wird dieser Innenbereich durch hochpermeables Material ausgefüllt, dann wird sich das Feldbild nur unwesentlich ändern. Die Feldlinien verlaufen jetzt aber abschnittsweise durch den Kern und im Außenbereich weiterhin durch Luft. Dadurch entsteht eine Umverteilung der Feldstärke vergleichbar zur Situation in Abb. 12.24b. Die Verdrängung des Feldes aus dem hochpermeablen Innenbereich führt zu einem starken äußeren Magnetfeld und damit zu einer stärkeren Kopplung mit anderen Komponenten oder Leiterschleifen.

12.4.2.2   Die Ringkernspule

Im Gegensatz zur Stabkernspule mit einem extrem großen Außenfeld wird die Ringkernspule oft als Idealfall angesehen, bei dem kein Außenfeld existiert. Betrachten wir zunächst den Sonderfall mit homogener Bewicklung nach Abb. 12.25a. Werden N Windungen als einlagige Wicklung gleichmäßig über den gesamten Umfang verteilt sind, dann kann der Wert der φ-gerichteten Feldstärke innerhalb des Kerns mit hoher Genauigkeit angegeben werden. Aus dem Oerstedschen Gesetz (1.1) folgt unmittelbar

$$\int\limits_0^{2\pi} \vec{e}_\varphi H_\varphi \cdot \vec{e}_\varphi \rho \, d\varphi = H_\varphi(\rho) \, 2\pi\rho = NI \quad \rightarrow \quad H_\varphi(\rho) = \frac{NI}{2\pi\rho}. \tag{12.36}$$

Die Berechnung dieses Integrals im Außenraum liefert zwar immer den Wert null, das bedeutet aber nicht, dass der Integrand und damit die Feldstärke an jedem Punkt verschwinden. Den komplizierten Feldverlauf im Bereich der Windungen für den kleinen markierten Ausschnitt zeigt das Teilbild b. Die durch Pfeile markierten abschnittsweise entgegengesetzt gerichteten Feldanteile kompensieren sich mit wachsendem Abstand von den Windungen sehr schnell und liefern einen vernachlässigbaren Beitrag zum Außenfeld. Es existiert aber ein weiterer durch die Wickelanordnung bedingter Feldanteil mit größerer Amplitude. Infolge der Steigungshöhe beim Wickeln besitzt der Strombelag auf der Oberfläche des Ringkerns auch eine φ-gerichtete Komponente. Von dem einen Anschluss fließt der Strom flächenhaft über die Kernoberfläche verteilt in φ-Richtung zum anderen Anschluss. Das dadurch hervorgerufene Außenfeld entspricht dem Feld der in Teilbild c dargestellten kreisförmigen Schleife und kann wie ein Dipolfeld nach Abschn. 12.4.1.2 berechnet werden. Mit dem Innenradius a und dem Außenradius b des Ringkerns entsprechend Abb. 5.6 ist der Radius der Dipolfläche durch $(b + a)/2$ gegeben.

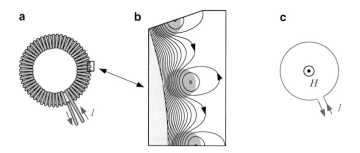

Abb. 12.25 a Homogen bewickelte Ringkernspule, **b** Feld im Bereich der Windungen, **c** Ersatzdipol zur Berechnung des Außenfelds

Abb. 12.26 Magnetfeldreduzierung bei Ringkernspulen durch Aufteilung der Wicklung

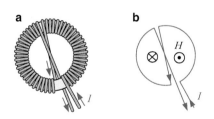

Dieses Feld könnte kompensiert werden durch eine weitere Lage mit entgegengesetzter Steigungshöhe beim Wickeln, so dass ein weiterer Dipol nach Teilbild c mit umgekehrter Stromrichtung entsteht, allerdings dann mit dem Nachteil einer entsprechend großen Lagenkapazität (s. Abschn. 3.1). Die alternative Wickelanordnung nach Abb. 12.26 liefert bei gleicher Gesamtwindungszahl die gleiche Induktivität. Da aber die Steigungshöhe beim Wickeln bei der ersten Hälfte der Windungen entgegengesetzt gerichtet ist zur Steigungshöhe bei der zweiten Hälfte der Windungen, erhalten wir die beiden in Teilbild b dargestellten magnetischen Dipole. Ihre Flächen sind nur noch halb so groß und aufgrund ihrer unterschiedlichen Orientierung kompensieren sich die Felder weitgehend. Der Beitrag der Schleifenfläche infolge der Zuleitungen muss natürlich mitberücksichtigt werden, da er unter Umständen in der gleichen Größenordnung liegt.

Ein zusätzliches äußeres Magnetfeld stellt sich ein, wenn die Wicklung nicht den gesamten Umfang des Ringkerns bedeckt. Als Beispiel betrachten wir den Ringkern in Abb. 12.27a, bei dem zwei Windungen an der homogenen Bewicklung fehlen. Das resultierende Feld können wir uns vorstellen als die Überlagerung der Felder von den beiden in Teilbild b dargestellten Wicklungen. Die erste ist wieder die homogene Bewicklung aus Abb. 12.25. Von dem Feld dieser Anordnung subtrahieren wir das Feld der Anordnung mit nur zwei Windungen auf dem Ringkern.

Damit stellt sich die Frage, welches Feld der Ringkern mit den beiden Windungen erzeugt (die Zuleitungen bleiben bei der folgenden Betrachtung unberücksichtigt). Innerhalb des Kerns erhalten wir die Feldstärke nach Gl. (12.36) mit $N = 2$. Betrachten wir nun die beiden an der Kernoberfläche markierten Punkte A und B. Nach dem Oerstedschen Gesetz muss das Integral der magnetischen Feldstärke entlang der beiden Teilabschnitte 1

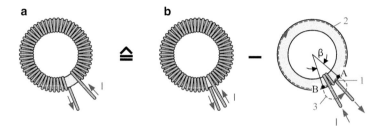

Abb. 12.27 **a** Ringkernspule mit Teilbewicklung, **b** Ersatzanordnungen zur Feldberechnung

(von A nach B) und 2 (von B nach A) den Wert $2I$ ergeben. Das gleiche Ergebnis erhalten wir, wenn wir das Integral der magnetischen Feldstärke entlang der beiden Teilabschnitte 1 und 3 berechnen. Als Gleichung lässt sich dieser Zusammenhang folgendermaßen ausdrücken

$$\int_{A}^{B} \vec{\mathbf{H}} \cdot d\vec{\mathbf{s}}_1 + \int_{B}^{A} \vec{\mathbf{H}} \cdot d\vec{\mathbf{s}}_2 = NI = \int_{A}^{B} \vec{\mathbf{H}} \cdot d\vec{\mathbf{s}}_1 + \int_{B}^{A} \vec{\mathbf{H}} \cdot d\vec{\mathbf{s}}_3 \quad \rightarrow \quad \int_{B}^{A} \vec{\mathbf{H}} \cdot d\vec{\mathbf{s}}_2 = \int_{B}^{A} \vec{\mathbf{H}} \cdot d\vec{\mathbf{s}}_3 .$$

$$(12.37)$$

Um einen quantitativen Eindruck zu bekommen nehmen wir nun an, dass der in der Abbildung eingetragene Öffnungswinkel $\beta = 18°$ beträgt. Mit diesem Zahlenwert erhalten wir die Ergebnisse

$$\int_{A}^{B} \vec{\mathbf{H}} \cdot d\vec{\mathbf{s}}_1 = \frac{\beta}{360°} NI = 0,05 NI \quad \text{und} \quad \int_{B}^{A} \vec{\mathbf{H}} \cdot d\vec{\mathbf{s}}_2 = \int_{B}^{A} \vec{\mathbf{H}} \cdot d\vec{\mathbf{s}}_3 = 0,95 NI . \quad (12.38)$$

Offenbar ist die Feldstärke außerhalb des Ringkerns relativ groß. Interessant ist der Vergleich mit der Feldverteilung bei nicht vorhandenem Ringkern. In diesem Fall werden die Feldlinien nicht durch das hochpermeable Material geführt, d. h. das Feldlinienbild sieht etwas anders aus (s. Abb. 2.16). Entscheidender ist der Wert der ortsabhängigen Feldstärke außerhalb der Anordnung. Aus den bisherigen Betrachtungen bei den Luftspulen ist deutlich geworden, dass die Feldstärke im Bereich innerhalb der Windungen, also im Bereich des Integrationswegs 1 in Gl. (12.37), wesentlich größer ist als außerhalb der Windungen. Dieser Zusammenhang ist auch an der hohen Feldliniendichte innerhalb der Windung in Abb. 2.16 erkennbar. Damit wird der Beitrag der Integrationswege 2 bzw. 3 zur Durchflutung NI geringer. Der Ringkern sorgt also dafür, dass die Feldstärke aus dem Innenbereich der Wicklung in den Außenbereich verlagert wird, d. h. die Feldstärkeamplitude wird im Außenbereich größer als bei der Luftspule.

Schlussfolgerung

- Die Windungen sollten gleichmäßig über den gesamten Umfang des Ringkerns verteilt werden. Eine nicht gleichförmige Bewicklung ruft ein Streufeld im Außenraum hervor, das auf die gleiche Art wie bei den fehlenden Windungen berechnet werden kann.
- Auch bei homogener Bewicklung ist der Ringkern im Außenraum nicht feldfrei. Eine ungeradzahlige Anzahl von Lagen (oft ist nur eine Lage vorhanden) wirkt wie ein magnetischer Dipol mit einer Fläche, die der mittleren Ringkernfläche entspricht.
- Eine Teilbewicklung auf dem Ringkern kann näherungsweise wie eine Luftspule behandelt werden, auch wenn die Ortsabhängigkeit des Feldes nicht identisch ist (vgl. die Anordnung mit den zwei Windungen).

Abb. 12.28 Feldverteilung
einer stromkompensier-
ten Ringkerndrossel mit
differential-mode Strömen

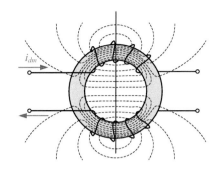

12.4.2.3   Stromkompensierte Ringkerndrossel

Einen Sonderfall stellt die in Abb. 12.14 dargestellte Filterspule mit zwei getrennten Wicklungen dar. Durch die besondere Wickelanordnung überlagern sich die Felder infolge der
common-mode Ströme additiv im Kern. Das Außenfeld infolge dieser Ströme kann abgeschätzt werden, indem die nicht homogen über den gesamten Kern verteilte Wicklung
wie die Anordnung in Abb. 12.27 durch Überlagerung behandelt wird. Völlig anders ist
die Situation bei den differential-mode Strömen. Idealisiert betrachtet kompensieren sich
die Felder der beiden Wicklungen fast vollständig innerhalb des Kerns. Das Feld wird
aus dem Innenbereich der Wicklungen herausgedrängt, so dass allein das Wegintegral der
Feldstärke durch den Außenraum die Durchflutung ergeben muss. Dieses Verhalten haben wir bereits bei der Stabkernspule kennen gelernt. Zur Berechnung des Außenfeldes
bei den differential-mode Strömen können wir die stromkompensierte Drossel wie zwei
nebeneinander liegende Stabkernspulen behandeln. Den zu erwartenden Verlauf der Feldlinien zeigt die Abb. 12.28.

12.4.3   Der Einfluss von Ferritkern und Luftspalt
auf das äußere Magnetfeld

Betrachten wir noch den Fall einer Ringkernspule mit Luftspalt. In Abschn. 6.2 haben
wir festgestellt, dass die Feldstärke im Luftspalt um den Faktor μ_r größer ist als im
Kernmaterial. In Abhängigkeit der Luftspaltlänge können bis nahezu 100 % der Durchflutung als Feldstärkeintegral über dem Luftspalt abfallen. Damit haben wir eine völlig
andere Situation als bei der praktisch konstanten Verteilung der Feldstärke entlang des
Ringkerns in Gl. (12.37). Mit den bisherigen Betrachtungen lässt sich aber unmittelbar
verstehen, welche Auswirkungen die Positionierung der Windungen auf dem Ringkern
für das Außenfeld hat. Legen wir die Windungen direkt über den Luftspalt, dann liefert
das Feldstärkeintegral entlang des bisher als Abschnitt 1 bezeichneten Weges die gesamte Durchflutung und die Feldstärke entlang der Wege 2 bzw. 3 verschwindet praktisch.
Legen wir die Windungen dagegen auf die dem Luftspalt gegenüber liegende Seite, dann
liefert das Integral der Feldstärke in dem Abschnitt 1 keinen Beitrag und die Feldstärke
im Außenbereich wird, einmal abgesehen von der anderen Ortsabhängigkeit, noch größer
als bei der Situation in Gl. (12.38).

Abb. 12.29 Außenfeld der
Ferritkernspule

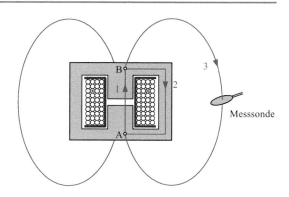

Der Schritt hin zu einer anderen Kernform mit oder ohne Luftspalt ist jetzt nicht mehr weit. UI- bzw. UU-Kerne verhalten sich ähnlich wie Ringkerne, wenn die Wicklung auf beide Schenkel verteilt wird. Elektrisch sind beide Wicklungen in Reihe geschaltet, d. h. die Flüsse im Kern addieren sich. Die beiden nicht bewickelten kurzen Schenkel des Kerns haben vergleichbare Außenfelder zur Folge wie die Lücken bei der Ringkernbewicklung in Abb. 12.27.

Als nächstes Beispiel betrachten wir die in Abb. 12.29 im Querschnitt gezeichnete Spule mit Ferritkern und Luftspalt im Mittelschenkel. Der erste Schritt besteht darin, das Magnetfeld im Kern und im Luftspalt zu berechnen (s. Kap. 6). Aus der bekannten Beziehung für die Induktivität L lässt sich zunächst der Fluss Φ durch die N Windungen und daraus die Flussdichte bzw. die magnetische Feldstärke abschätzen

$$L = N\frac{\Phi}{I} = N\frac{BA_e}{I} \quad \rightarrow \quad B = \frac{LI}{NA_e} = \mu H = \begin{cases} \mu_0 H_L & \text{im Luftspalt} \\ \mu_0\mu_r H_F & \text{im Ferrit} \end{cases}.$$

$$(12.39)$$

Es ist zu beachten, dass die Feldstärke im Luftspalt um mehrere Zehnerpotenzen ($\mu_r > 1000$) größer ist als die Feldstärke im Ferritkern (s. Gl. (12.33))

$$H_L = \frac{LI}{\mu_0 NA_e} = \mu_r H_F.$$

$$(12.40)$$

Um nun einen Zusammenhang zwischen dem von der Ferritkernspule in großem Abstand verursachten Magnetfeld und den Ergebnissen (12.39) und (12.40) herzustellen, betrachten wir die Abb. 12.29. Diese zeigt schematisch den Verlauf des Flusses innerhalb des Kerns (nur in der rechten Kernhälfte dargestellt).

Ein Teil des Flusses tritt auch durch die Kernoberfläche aus und bildet den außerhalb des Bauelements messbaren unerwünschten Streufluss. Nach dem Oerstedschen Gesetz erhält man mit den Bezeichnungen der Abb. 12.29 wiederum die Beziehung (12.37). Die Wegintegrale der magnetischen Feldstärke entlang der beiden Wege 2 und 3 sind wieder identisch. Diese Gleichung liefert zwar keine detaillierte Information über den tatsächlichen Wert der Feldstärke an einzelnen Positionen entlang des Integrationsweges 3, sie zeigt aber die Möglichkeiten auf, die Feldstärke insgesamt zu reduzieren. In großem Abstand wird sich auch bei dieser Spule ähnlich wie bei der Luftspule in Abb. 12.21 und bei der Leiterschleife in Abb. 12.19 ein Verlauf des Feldstärkepegels wie in Abb. 12.20 berechnet einstellen.

Die außerhalb der Ferritkernspule nach Abb. 12.29 zu erwartende magnetische Feldstärke kann prinzipiell dadurch reduziert werden, dass das Wegintegral der Feldstärke innerhalb des Kerns entlang des Integrationsweges 2 vom Punkt B zum Punkt A reduziert wird (s. Gl. (12.37)). Bei einem vorgegebenen Produkt NI muss entsprechend dem ersten Teil der Gleichung das Integral entlang des Weges 1 vom Punkt A zum Punkt B daher möglichst groß werden, d. h. die Feldstärke muss im Außenschenkel verringert und im Innenschenkel bzw. im Luftspalt entsprechend vergrößert werden.

An dieser Stelle ist noch eine Bemerkung hinsichtlich der speziellen Form der E-Kerne angebracht. Die Wicklungen sind üblicherweise um den Mittelschenkel angeordnet und das Feld wird entsprechend der Abbildung links und rechts durch die beiden Außenschenkel geführt. Wie sieht das Feld aber senkrecht zur Zeichenebene aus? Eine dreidimensionale Rechnung wird zeigen, dass sich der Feldverlauf in dieser Richtung von dem Verlauf in Richtung der beiden Schenkel unterscheiden wird. Bildet man aber das Wegintegral der Feldstärke vom Punkt B zum Punkt A entlang eines Weges 3, der jetzt aber nicht in der Zeichenebene sondern senkrecht dazu verläuft, dann muss das Ergebnis gleich bleiben. Das bedeutet, dass sich die Feldstärke in Richtung senkrecht zur Zeichenebene zwar ortsabhängig anders verteilt als in Richtung der beiden Außenschenkel, der Mittelwert bleibt aber gleich. In größerem Abstand von der Komponente werden sich diese Unterschiede in der Ortsabhängigkeit mehr und mehr ausgleichen.

12.4.4   Wirbelstromschirmung

Eine praktische Möglichkeit zur Reduzierung der externen magnetischen Feldstärke bei induktiven Bauelementen zeigt die Abb. 12.30. Eine Kurzschlusswindung, in der Regel bestehend aus einer Kupferfolie, wird außen um die gesamte Komponente gelegt. Das Streufeld durchsetzt diese Windung und erzeugt in ihr einen Kurzschlussstrom, der so gerichtet ist, dass das von ihm erzeugte äußere Magnetfeld dem ursprünglichen Feld entgegengerichtet ist. In der Summe werden das äußere Feld und damit die induktive Kopplung mit anderen Schaltungsteilen reduziert. Typische Dämpfungswerte liegen in der Größenordnung 10–15 dB.

12.4.5   Möglichkeiten zur Reduzierung des Außenfelds

Unter der Voraussetzung, dass eine bestimmte Induktivität L realisiert werden soll und bei vorgegebenem Strom I bieten sich aus den Gln. (12.39) und (12.40) folgende Möglichkeiten an:

Abb. 12.30 Ferritkernspule
mit Kurzschlussfolie

- Die Anzahl der Windungen N muss nach Gl. (12.39) möglichst groß werden, das externe Feld ist nämlich bei konstant gehaltener Induktivität proportional zu $1/N$.
  Bemerkung: Obwohl damit NI größer wird (s. Gl. (12.37)), nimmt die Feldstärke im Außenschenkel ab, da das Wegintegral der Feldstärke insbesondere im Bereich des Luftspalts wegen der stark wachsenden Luftspaltlänge größer wird.
- Aus dem gleichen Grund sollte der effektive Kernquerschnitt A_e möglichst groß werden. Der dadurch reduzierte magnetische Widerstand des Kerns muss bei konstanter Induktivität durch eine vergrößerte Luftspaltlänge kompensiert werden.
- Das gleiche Argument gilt für die relative Permeabilität des Kernmaterials μ_r.
- Insbesondere der Querschnitt der Außenschenkel sollte möglichst groß sein.

Ein Luftspalt bietet die Möglichkeit, das Außenfeld gegenüber der Situation ohne Luftspalt zu verringern. Dazu müssen aber einige Voraussetzungen erfüllt werden:

- Es muss sichergestellt werden, dass das Feldstärkeintegral nach Möglichkeit nur in dem Bereich innerhalb der Windungen einen Beitrag zur Durchflutung leistet.
- Der Luftspalt darf sich nicht im Außenschenkel (im Bereich des Integrationsweges 2) befinden. Beispiel: Zwei E-Kernhälften mit Abstand auch bei den Außenschenkeln.
- In dieser Hinsicht ist die Stabkernspule der ungünstigste Fall, da der Außenraum den Luftspalt bildet.
- Die Windungen sollten im Hinblick auf kleine Feldstärkeamplituden im Außenbereich möglichst nahe am Luftspalt positioniert werden. Das gilt nicht nur für die Ringkerne, sondern auch für die anderen Kernformen.
- Bei einer über die Breite des Wickelkörpers verteilten Lagenwicklung sollte der Luftspalt ebenfalls entsprechend verteilt werden, z. B. auf mehrere Einzelluftspalte.
- In diesem Sinne ist ein gleichmäßig bewickelter Ringkern mit diskretem Luftspalt eine sehr ungünstige Lösung.

Eine weitere von den vorstehend genannten Möglichkeiten weitgehend unabhängige Option ist die Wirbelstromabschirmung, z. B. in Form einer Kurzschlusswindung außen um den Kern:

- Die Kurzschlusswindung sollte so angeordnet werden, dass sie möglichst den gesamten Streufluss umfasst.
- Der ohmsche Widerstand der Abschirmfolie sollte möglichst gering sein. Die Leitfähigkeit des Schirmmaterials sollte also möglichst hoch sein.
- Die Abschirmwirkung steigt mit breiter werdender Abschirmfolie. Hier ist ein Kompromiss mit der Wärmeabfuhr aus dem Bauelement erforderlich.

Literatur

1. Stadler A (2011) Radiated magnetic field of a low-frequency ferrite rod antenna. Compatibility and Power Electronics Conference CPE, S 283–288. doi:10.1109/CPE.2011.5942246
2. Stahl J, Kübrich D, Bucher A, Dürbaum T (2010) Characterization of a modified LISN for effective separated measurements of common mode and differential mode EMI noise. IEEE Energy Conversion Congress and Exposition ECCE, Atlanta, GA, S 935–941. doi:10.1109/ECCE.2010.5617888

Strategische Vorgehensweise bei der Auslegung 13

Zusammenfassung

Eine Standardisierung von induktiven Komponenten ist abgesehen von wenigen Ausnahmen wegen der sehr unterschiedlichen Anforderungen kaum durchführbar. Als Konsequenz bedeutet das, dass die Spulen und Transformatoren fast immer für die spezielle Aufgabe ausgelegt werden müssen. Die Vielfalt an Kombinationsmöglichkeiten von Kernformen, Kernmaterialien, Wickelgütern und Wickelanordnungen erfordert eine zielgerichtete strategische Vorgehensweise zum Auffinden der optimalen Lösung. In diesem Kapitel werden die in einer geeigneten Reihenfolge durchzuführenden Schritte des Designprozesses vorgestellt und mit Hinweisen und Vorschlägen für besondere Situationen ergänzt.

13.1 Der Designprozess beginnt bei der Schaltung

Bevor wir uns mit der Auslegung induktiver Komponenten näher beschäftigen, sollten wir uns darüber klar werden, dass diese Komponenten immer nur ein Bauteil aus einer Schaltung sind. Das Hauptaugenmerk liegt also auf der Optimierung der Gesamtschaltung und die Dimensionierung der induktiven Komponenten muss wegen der Rückwirkung auf das Schaltungsverhalten immer auch im Zusammenhang mit der Gesamtschaltung betrachtet werden. Wir wollen daher zumindest vorübergehend den Bogen etwas weiter spannen um das eigentliche übergeordnete Ziel zu betrachten.

Im Allgemeinen erfolgt die Auslegung leistungselektronischer Schaltungen auf mehreren Ebenen. Auf der ersten (obersten) Ebene besteht das Ziel darin, eine für die Applikation optimal geeignete Schaltungstopologie zu finden, wobei für die Optimierung mehrere Kriterien mit unterschiedlicher Gewichtung ausschlaggebend sind. In den meisten Fällen wird ein maximaler Wirkungsgrad in Kombination mit minimalem Volumen

© Springer Fachmedien Wiesbaden GmbH 2017
387
M. Albach, *Induktivitäten in der Leistungselektronik*, DOI 10.1007/978-3-658-15081-5_13

und damit minimalem Materialverbrauch bzw. minimalen Kosten angestrebt. Aber auch die thermischen Probleme, das EMV-Verhalten, die Regelcharakteristik sowie die Fragen der Zuverlässigkeit spielen eine wesentliche Rolle.

Die Auswahl der möglichen Schaltungstopologien wird von sehr unterschiedlichen Anforderungen beeinflusst, wie z. B. die zu übertragende Leistung, die Spannungsformen am Ein- und Ausgang der Schaltung, die eventuell erforderliche galvanische Trennung zwischen Ein- und Ausgang sowie die Anzahl der zu erzeugenden Sekundärspannungen.

Der Vergleich der Schaltungen mit Hilfe von Simulationsprogrammen führt aber nur zu optimierten Ergebnissen, wenn auch die unterschiedlichen Betriebsarten analysiert und gegenübergestellt werden. Bei den pulsweitenmodulierten Schaltungen betrifft das z. B. den kontinuierlichen, den diskontinuierlichen oder auch den dazwischen liegenden Grenzbetrieb. Auf dieser zweiten Auslegungsebene gilt es also die im Hinblick auf die oben genannten Kriterien optimale Betriebsart zu finden. Ausschlaggebend in diesem Zusammenhang ist die Wahl der Schaltfrequenz und zwar in Kombination mit der Festlegung der Induktivität der Spulen und im Falle der Transformatoren auch der Übersetzungsverhältnisse. Bei kontinuierlichem Stromverlauf mit einem geringen Verhältnis von Hochfrequenz- zu Gleichanteil verlieren die Hochfrequenzverluste in Kern und Wicklung an Bedeutung und die Sättigungsproblematik rückt in den Vordergrund. Eventuell ist dann ein Material mit hoher Sättigungsflussdichte trotz der vergleichsweise höheren HF-Verluste gegenüber Ferrit die bessere Wahl. Andererseits bedeutet die diskontinuierliche Betriebsart bei gleicher Frequenz eine kleinere Induktivität, allerdings verbunden mit dem Nachteil höherer Amplituden bei den Oberschwingungen im Strom. In diesem Fall ist wahrscheinlich wieder Ferrit zu bevorzugen. Aber es existiert nicht nur eine Abhängigkeit der induktiven Komponente von der Schaltung und ihrer Betriebsart.

In der Praxis hat die Auslegung der induktiven Komponenten auch entscheidenden Einfluss auf das Verhalten der Schaltung. Während bei den Flybackschaltungen die Streuinduktivitäten möglichst klein sein müssen, sind bei den resonanten Schaltungen in vielen Fällen definierte Werte für die Streuinduktivitäten gefordert, die dann als Teil der Resonanzkreise in die Schaltung miteinbezogen werden. Aber auch die parasitären Kapazitäten in den Transformatoren müssen bei der Entwicklung dieser Komponenten berücksichtigt werden, da sie häufig die Ursache von massiven EMV-Problemen sind. Auf dieser dritten Auslegungsebene steht also die Optimierung der Bauelemente im Vordergrund und damit sind wir bei dem Kernproblem: Während sich die Auswahl der Halbleiterschalter auf das Auffinden der geeigneten Komponenten aus dem vorhandenen Angebot beschränkt, stellt sich die Situation bei den induktiven Komponenten völlig anders dar. Sofern nicht auf standardisierte Bauteile, wie z. B. im Falle von Filterspulen, zurückgegriffen werden kann, ist der Schaltungsentwickler mit der Situation konfrontiert, aus der Vielfalt vorhandener Kernformen, Kernmaterialien und Wickelgüter eine eigene Spule bzw. einen eigenen Transformator zu entwickeln und so zu dimensionieren, dass die auf den verschiedenen Ebenen ablaufende Optimierung zu akzeptablen Gesamtergebnissen führt.

Wir werden uns im Folgenden natürlich nicht mit diesen übergeordneten Optimierungsschleifen beschäftigen. Es ist aber offensichtlich, dass hier eine Wechselwirkung besteht zwischen der Schaltungstopologie, der Betriebsart der Schaltung und der induktiven Komponente. Für die folgenden Überlegungen gehen wir davon aus, dass für eine gewählte Schaltungstopologie mit vorgegebener Betriebsart die „optimale" induktive Komponente gefunden werden soll. Als Eingabedaten für den Designprozess liegen damit diejenigen Werte fest, die der vorausgehenden Schaltungssimulation zugrunde gelegt wurden:

- die Induktivität der Spule bzw. die Hauptinduktivität und die Übersetzungsverhältnisse bei Transformatoren,
- der zeitliche Verlauf der Ströme und Spannungen an der Komponente.

Aus diesen Daten können weitere Informationen hergeleitet werden, wie z. B. die zu übertragende Leistung oder auch die von der Komponente zu speichernde Energiemenge. Wir werden aber im Folgenden sehen, dass diese zusätzlichen Informationen redundant sind und für die Auslegung nicht benötigt werden.

Neben diesen schaltungsbezogenen Basisdaten gibt es eine Reihe weiterer wichtiger Einflussfaktoren, die beim Design der induktiven Komponenten zu beachten sind. Dazu gehören

- der geforderte Wirkungsgrad bzw. die maximal zulässigen Verluste,
- die maximale Temperatur und die Möglichkeiten der Entwärmung,
- das maximale Bauvolumen, eventuell auch die Bauform,
- die parasitären induktiven und kapazitiven Eigenschaften,
- die Abhängigkeiten der Materialparameter von anderen physikalischen Einflussgrößen,
- die erlaubten Toleranzen und
- letztlich auch die Kosten.

Damit bleibt noch die Frage zu beantworten, was unter „optimaler" Komponente zu verstehen ist. Während die elektrischen Vorgaben aus der ersten Liste von der Schaltungstopologie und der Betriebsart abhängen und direkt als Eingabedaten für das Design verwendet werden müssen, werden die Vorgaben aus der zweiten Liste von der Kernform, dem Kernmaterial und dem Wicklungsaufbau bestimmt. Eine gleichzeitige Optimierung hinsichtlich minimaler Verluste und damit minimaler Temperatur, minimalem Volumen, minimaler parasitärer Effekte und auch noch minimaler Kosten gibt es nicht, d. h. die Auslegung ist immer ein Kompromiss zwischen den einzelnen Kriterien. In der Praxis wird durch die Angabe von Grenzwerten für die verschiedenen Einflussfaktoren festgelegt, welchen dieser Kriterien welche Priorität zugeordnet wird. Das Optimum besteht dabei nicht immer in der Lösung mit den geringsten Verlusten innerhalb eines vorgegebenen Bauvolumens, das Hauptziel kann z. B. auch in der Realisierung bestimmter parasitärer Eigenschaften liegen oder in der Realisierung einer bestimmten, z. B. flachen Bauform.

13.2   In 10 Schritten zur optimalen Komponente

In vielen Publikationen werden Beispieldesigns vorgerechnet, die sich in der Vorgehensweise zum Teil deutlich unterscheiden. Das betrifft nicht nur die Reihenfolge der durchzuführenden Schritte, sondern auch die dem Designprozess zugrunde gelegten Eingangsdaten. In den folgenden Abschnitten wird ein Ablaufplan vorgestellt und im Detail besprochen, der sich in der Praxis hervorragend bewährt hat. Ein nach diesem Schema arbeitendes und auf den analytischen Formeln der vorangegangenen Abschnitte basierendes Softwarepaket erlaubt die optimierte Auslegung induktiver Komponenten mit einer Rechenzeit von nur wenigen Sekunden.

Schritt 1: Dateneingabe
Der erste Schritt besteht in der Eingabe der Induktivität bzw. der Hauptinduktivität und der Übersetzungsverhältnisse. Für diese Daten sollten zu diesem Zeitpunkt gewisse Toleranzbereiche (wenige Prozent) vorgegeben werden, da sich infolge der ganzzahligen Windungen bei vorgegebenen Kernen mit eventuell vorgegebenem Luftspalt weder die Induktivität noch die Übersetzungsverhältnisse exakt einstellen lassen.

Bei der Eingabe der Zeitverläufe ist es ausreichend die Ströme an den einzelnen Wicklungen zu kennen. Diese Daten können frei vorgegeben oder aus einem Schaltungsanalyseprogramm übernommen werden. Die Spannungen können mithilfe der Induktivitätsmatrix ausgerechnet werden, sind aber nicht unbedingt erforderlich. Wichtig ist, dass ein kompletter Hochfrequenzzyklus bei den Strömen vorgegeben wird, wobei die Periodizität gleichen Strom am Anfang und Ende des Zyklus erfordert. Das ist notwendig für die Berechnung der Stromharmonischen mithilfe der Fourier-Entwicklung.

Schritt 2: Datenreduktion
Beim Einlesen der Stromverläufe von zeitdiskret arbeitenden Simulationsprogrammen fallen sehr große Datenmengen an. Aufgrund der oft sehr kleinen Zeitschritte enthalten diese Daten sehr viel redundante Information, so dass eine geeignete Datenreduktion sinnvoll ist. Mehr als 1000 Stützstellen zur Beschreibung der Ströme innerhalb einer Hochfrequenzperiode sind nicht erforderlich, selbst dann nicht, wenn überlagerte Oszillationen infolge der Schaltvorgänge in den Halbleitern mitberücksichtigt werden sollen.

Eine Besonderheit sind die hochfrequent arbeitenden Schaltungen, die am Wechselspannungsnetz betrieben werden. In diesem Fall muss eine komplette Netzhalbwelle betrachtet werden. Bei 100 kHz Schaltfrequenz bedeutet das 1000 unterschiedliche Hochfrequenzperioden innerhalb einer 50 Hz Netzhalbwelle. Aufgrund der geringen Änderung der Stromform von einer HF-Periode zur nächsten bietet sich die Möglichkeit an, die Rechenzeit dramatisch zu reduzieren, indem nur wenige Hochfrequenzzyklen, z. B. im Abstand von 1 ms betrachtet werden. Die Kern- und Wicklungsverluste an diesen Zeitpunkten werden als Stützstellen verwendet und in den Zwischenbereichen wird geeignet interpoliert. Der zeitliche Mittelwert der Verluste über eine Netzhalbwelle ergibt sich dann als eine gewichtete Summe über die Ergebnisse bei den Stützstellen.

Abb. 13.1 Zeitdiskrete
Darstellung einer Hochfrequenzperiode des Stroms

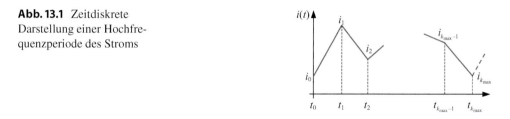

Schritt 3: Umrechnung der Eingangsdaten

Ausgehend von den zeitabhängigen Strömen können bereits der Effektivwert des Stroms und seine Fourier-Entwicklung für die spätere Berechnung der Wicklungsverluste sowie der Magnetisierungsstrom für die Berechnung der Kernverluste bestimmt werden.

Den Magnetisierungsstrom erhalten wir mithilfe von Gl. (10.34), im Falle einer Spule ist er identisch mit dem Spulenstrom. Zur Berechnung des Effektivwerts gilt generell die Beziehung

$$I_{rms} = \sqrt{\frac{1}{T} \int_0^T i\,(t)^2 \,\mathrm{d}t}\,. \tag{13.1}$$

Falls die Fourier-Entwicklung bereits bekannt ist, kann auch die Gl. (4.14) verwendet werden. Für den Fall, dass der Strom mit einem numerisch arbeitenden Schaltungsanalyseprogramm berechnet wurde, liegt er als zeitdiskrete Zahlenfolge vor. Mit den Bezeichnungen in Abb. 13.1 geht die Gl. (13.1) in die folgende Form über

$$I_{rms} = \sqrt{\frac{1}{3T} \sum_{k=1}^{k_{\max}} \left(i_{k-1}^2 + i_{k-1}i_k + i_k^2\right)(t_k - t_{k-1})}\,. \tag{13.2}$$

Dabei wurde angenommen, dass sich der Strom zwischen den Stützstellen zeitlich linear ändert.

Die Gleichungen zur Berechnung der Fourier-Entwicklung sind in Abschn. 4.1.3 angegeben. Bei der zeitdiskreten Darstellung des Stroms werden die Koeffizienten aus den Beziehungen

$$a_0 = \frac{1}{T} \sum_{k=1}^{k_{\max}} \frac{i_k + i_{k-1}}{2}(t_k - t_{k-1}) \quad \text{mit} \quad T = t_{k_{\max}} - t_0, \omega = \frac{2\pi}{T}$$

$$\hat{a}_n = \frac{T}{2n^2\pi^2} \sum_{k=1}^{k_{\max}} \frac{i_k - i_{k-1}}{t_k - t_{k-1}} \left[\sin(n\omega t_k) - \sin(n\omega t_{k-1})\right]$$

$$\hat{b}_n = \frac{T}{2n^2\pi^2} \sum_{k=1}^{k_{\max}} \frac{i_k - i_{k-1}}{t_k - t_{k-1}} \left[\cos(n\omega t_k) - \cos(n\omega t_{k-1})\right] \tag{13.3}$$

berechnet. Für den Sonderfall $t_k = t_{k-1}$ gelten die Grenzübergänge

$$\lim_{t_k \to t_{k-1}} = \frac{\sin(n\omega t_k) - \sin(n\omega t_{k-1})}{t_k - t_{k-1}} = n\omega \cos(n\omega t_{k-1})$$

$$\lim_{t_k \to t_{k-1}} = \frac{\cos(n\omega t_k) - \cos(n\omega t_{k-1})}{t_k - t_{k-1}} = -n\omega \sin(n\omega t_{k-1}) \ . \tag{13.4}$$

Durch Einsetzen dieser Werte in die Gl. (4.11) und Vergleich mit dem vorgegebenen zeitabhängigen Strom kann einerseits die Fourier-Entwicklung kontrolliert und andererseits aber auch durch Berechnung der Abweichung (z. B. Summe der Fehlerquadrate an den Stützstellen) der Maximalwert für n geeignet festgelegt werden.

Auch hier müssen wir den Sonderfall einer Schaltung am Wechselspannungsnetz betrachten. Bei den Schaltungen zur Leistungsfaktorkorrektur (PFC) wird der Mittelwert des innerhalb einer Schaltperiode vom Netz aufgenommenen Stroms proportional zur aktuellen Netzspannung nachgeführt mit dem Ziel, die Oberschwingungen der Netzfrequenz im Bereich weniger kHz (abhängig von den Normen) möglichst zu vermeiden. Als Konsequenz ist bei den im kontinuierlichen Betrieb arbeitenden Schaltungen der Strom am Anfang und am Ende einer Hochfrequenzperiode nicht identisch. Bei der Berechnung der Fourier-Koeffizienten nach Gl. (13.3) wird aber diese Gleichheit vorausgesetzt. Die Lösung für dieses Problem ist relativ einfach. Vor Anwendung der Gln. (13.3) wird die linear über die Zeitachse verteilte Differenz der beiden Ströme am Anfang und am Ende der Hochfrequenzperiode Δi an den einzelnen Stützstellen in Abb. 13.1 gemäß der folgenden Formel subtrahiert:

$$i\,(t_k) \quad \text{wird ersetzt durch } i\,(t_k) - \underbrace{[i\,(t_{k_{\max}}) - i\,(t_0)]}_{\Delta i} \frac{t_k - t_0}{t_{k_{\max}} - t_0} \ . \tag{13.5}$$

Schritt 4: Auswahl von Kernmaterial und Kernform

Der nächste Schritt besteht in der Auswahl des Kernmaterials und der Kernform. In manchen Fällen kann auch die Frage diskutiert werden, ob nicht völlig auf den Kern verzichtet werden kann. Die Vorteile sind ganz offensichtlich: neben den Material- und Kosteneinsparungen tritt keine Kernsättigung auf, es entstehen keine Kernverluste, die Induktivität ist nur in geringem Maße von der Frequenz und auch nicht vom Strom abhängig, d. h. die Stromtragfähigkeit steigt. Auf der anderen Seite werden mehr Windungen für die gleiche Induktivität benötigt und die Streufelder steigen deutlich an.

In den meisten Fällen wird man aber auf einen Kern nicht verzichten können. Die Vor- und Nachteile der unterschiedlichen Materialien haben wir in Abschn. 5.4.3 beschrieben. Oft besteht der Wunsch nach einer Kombination von hohen Flussdichten und minimalen Verlusten bei den Betriebstemperaturen sowie gleichzeitig niedrigen Verlusten bei den Betriebsfrequenzen. Durch Festlegung auf ein Material ist die Sättigungsflussdichte in Abhängigkeit der Temperatur bekannt. Unabhängig davon sollte man an dieser Stelle eventuell eine niedrigere maximale Flussdichte $B_{\max} < B_s$ vorschreiben, die als Obergrenze bei den folgenden Rechnungen verwendet wird. Das gibt zumindest eine gewisse

Sicherheitsreserve für die Schaltung bei unvorhergesehenen Betriebszuständen und erhöht insgesamt die Zuverlässigkeit.

Leider gibt es bei vielen Materialien nur wenige Kernformen, die größte Auswahl existiert bei den Ferriten. Da in vielen Fällen völlig andere nicht technische Gründe die Material- und Kernauswahl vorschreiben, wollen wir an dieser Stelle nur einige qualitative Aussagen zu einigen ausgewählten Kernformen zusammenstellen:

- Vergleich **geschlossene Bauform–offene Bauform:**
  Die Kerne mit geschlossener Bauform (RM-, P-Kerne) besitzen ein geringeres Streufeld verglichen mit anderen Kernformen, gleichzeitig verursacht aber der größere thermische Widerstand zwischen Wicklung und Umgebung eine schlechtere Wärmeabfuhr. Bedingt durch die Bauform ist der Kernquerschnitt nicht überall gleich groß. Der daraus resultierende größere Unterschied zwischen dem effektiven Kernquerschnitt A_e und dem minimalen Kernquerschnitt A_{min} hat entsprechende Konsequenzen für die einsetzende Sättigung. Ein weiteres Problem vor allem bei den P-Kernen ist der begrenzte Zugang für die Anschlüsse. Das Extrembeispiel für einen Kern in offener Bauform ist der Stabkern. Bei diesen Kernen wird der gesamte Außenbereich zum Luftspalt mit der Folge, dass ein großes Außenfeld existiert und dass viele Windungen zur Realisierung einer bestimmten Induktivität erforderlich sind. Auf der anderen Seite ist die Induktivität nur in geringem Maße von dem Strom abhängig und die Sättigung sowie die Entwärmung sind in der Regel kein Problem.
- Vergleich verschiedener **Querschnittsformen bei den Wickelfenstern:**
  Kerne, bei denen das Verhältnis von Breite zu Höhe des Wickelfensters möglichst groß ist (E-Kerne), haben deutliche Vorteile gegenüber den mehr quadratischen Wickelfensterformen (P-Kerne). Die geringere Anzahl der Lagen reduziert die Wicklungsverluste und die zunehmende Lagenbreite reduziert die Streuinduktivitäten.
- Vergleich **runder Wickelkörper–rechteckiger Wickelkörper:**
  Bei Kernen mit rundem Schenkelquerschnitt (EC-, ETD-, RM-, P-Kerne) ist der Umfang bei gleicher Querschnittsfläche geringer. Die damit verbundenen kürzeren Windungslängen bedeuten geringere Verluste. Bei einem rechteckigen Wickelkörper (EE-, UI-Kerne) liegen die Drähte nur in den Ecken dicht aufeinander, die äußeren Lagen nehmen mehr Kreis- bzw. Ellipsenform an. Da der mittlere Drahtabstand steigt, nimmt die Wicklungskapazität deutlich ab und die Streuinduktivitäten steigen. Die Wicklungsverluste nehmen aufgrund der größeren Windungslänge zu, wobei sich der im Mittel steigende Drahtabstand positiv bei den Proximityverlusten auswirkt. Wicklungen mit HF-Litzen haben das Problem, dass sich die Querschnittsform der Litzen an den Ecken des Wickelkörpers deformiert.
- Kerne in **flacher Bauform** (EFD-Kerne, Low Profile): Der Hauptvorteil dieser Kernformen liegt in der niedrigen Bauhöhe (sofern dieser Vorteil gefragt ist). Speziell bei den EFD-Kernen verursacht die flache Querschnittsform des Mittelschenkels große Windungslängen mit all den Nachteilen hinsichtlich Verlusten und Kapazitäten.

- **Ringkerne**: Metallpulverkerne und aus nanokristallinen Materialien hergestellte Kerne werden fast ausschließlich in dieser Form angeboten. Neben den geringen Kosten sind weitere Vorteile dieser Kernform die günstige Wärmeabfuhr und das bei gleichförmiger Bewicklung geringe Streufeld. Zudem ist die Anzahl der Lagen gering, ein deutlicher Vorteil im Hinblick auf die Proximityverluste. Nachteile sind der Aufwand bei der Bewicklung und die Montage.
- **Zusammengesetzte Kerne**: Bei sehr hohen Leistungen kann es vorkommen, dass die verfügbaren Kerne nicht die notwendige Größe aufweisen. In diesen Fällen besteht die Möglichkeit, durch Stapeln von Kernen mit einfachen Formen, wie z. B. U-, I- oder E-Kerne, sowohl die effektiven Längen l_e durch Reihenanordnung als auch die effektiven Querschnitte A_e durch Parallelanordnung der Einzelkerne zu vergrößern.

Schritt 5: Festlegung der Kerngröße

Mit welcher Kerngröße starten wir nun den Designprozess? Das Ziel besteht darin, den kleinsten Kern zu finden, mit dem die eingangs aufgelisteten Anforderungen (in den meisten Fällen minimale Verluste und limitierte Temperaturerhöhung) erfüllt werden können.

In der Literatur findet man verschiedene Strategien, die darauf abzielen, mit den bisher vorhandenen Informationen bereits den richtigen Kern zu bestimmen. Eine häufig beschriebene und auch in [1] und [2] verwendete Vorgehensweise besteht darin, die Kerne durch eine sogenannte geometrische Kernkonstante zu charakterisieren, in der das Produkt aus Kernquerschnittsfläche und Wickelfensterfläche durch die mittlere Windungslänge dividiert wird. Ausgewählt wird dann ein Kern, dessen Kernkonstante größer ist als ein aus den bisherigen Informationen berechneter Wert, in den auch noch weitere Daten wie Kupferfüllfaktor, erwartete Kern- und Wicklungsverluste, Steinmetz-Koeffizienten usw. eingehen. Das Problem dabei ist, dass zu viele vereinfachende Annahmen gemacht werden müssen wie sinusförmiger Strom, vorgegebene Aufteilung des Wickelfensters für die verschiedenen Wicklungen bei Transformatoren und insbesondere die komplette Vernachlässigung der Proximityverluste, die zu diesem Zeitpunkt noch nicht bekannt sein können. Die auszuwählende Kerngröße hängt aber auch noch von weiteren Faktoren ab, wie z. B. der Temperaturerhöhung infolge der noch nicht bekannten Verluste oder den Möglichkeiten zur Entwärmung.

Unabhängig von der gewählten Vorgehensweise lässt sich die optimale Lösung damit nicht finden, bestenfalls reduziert sich die Anzahl der Iterationsschritte, bis der richtige Kern gefunden ist. Letztlich wird man feststellen, dass lange Vorabüberlegungen für die Auswahl eines Kerns den Designprozess nicht wirklich beschleunigen. Der einfachste Weg besteht darin, aus der Erfahrung heraus einen vermutlich geeigneten Kern zu wählen und damit zu beginnen. Es wird sich dann ohnehin sehr schnell herausstellen, falls der Kern zu klein gewählt ist und eine der beiden Grenzen überschreitet. Entweder geht das Material in Sättigung oder die Verluste sind zu groß mit der Folge einer thermischen Instabilität.

Dass der Kern eventuell zu groß ist, lässt sich erst nach einigen Optimierungsschritten feststellen, wenn es bei der maximalen Flussdichte oder bei der Temperaturerhöhung noch Spielräume gibt.

Schritt 6: Festlegung der Luftspalte
Die Notwendigkeit von Luftspalten ist immer gegeben, wenn in der Komponente Energie gespeichert werden soll. Alternativ werden Luftspalte auch verwendet, wenn die Induktivität unabhängiger von den Kerneigenschaften, d. h. von der Aussteuerung und von der Temperatur werden soll (vgl. Abb. 6.6 und Abb. 6.7).

Als Eingangsinformation für die folgenden Rechnungen werden die Anzahl der Luftspalte sowie deren Größen und Positionen benötigt. Die Größen sind bekannt, sofern Kernhälften mit bereits eingeschliffenen Luftspalten verwendet werden. Empfehlenswert ist allerdings eine alternative Vorgehensweise, bei der man für die Luftspaltlängen lediglich Maximalwerte definiert, die nicht überschritten werden sollen. Die endgültigen Längen bleiben zunächst unbestimmt und werden dann in Abhängigkeit der später festgelegten Windungszahlen und der vorgegebenen Induktivität berechnet. Der Vorteil dieser Methode besteht darin, dass man mit der noch frei wählbaren Luftspaltlänge l_g auch die Windungszahl N in gewissen Bereichen frei wählen kann und damit einen zusätzlichen Parameter für die Optimierung zur Verfügung hat. Die Möglichkeit, die vorgegebene Induktivität mit verschiedenen Kombinationen von l_g und N zu realisieren (s. Gl. (6.21)), bietet die Chance, die Verluste in Abhängigkeit von N zu minimieren.

Nach Beendigung der Schritte 1–3 waren alle schaltungsbezogenen Daten bekannt, nach dem Schritt 6 sind alle Kern- und Materialdaten bekannt. Die folgenden Schritte betreffen den Aufbau der Wicklung.

Schritt 7: Berechnung der Grenzen für die Windungszahlen
Zur Realisierung der vorgegebenen Induktivität muss bei bekanntem Luftspalt nach Gl. (6.21) die Windungszahl angepasst werden. Passend zur minimalen Luftspaltlänge, z. B. $l_g = 0\,\text{mm}$ erhalten wir eine Mindestwindungszahl $N_{\text{min},1}$. Dieser Wert ist in der Regel nicht ganzzahlig und muss daher aufgerundet werden. Wird der Kern aus zwei Hälften zusammengesetzt, dann wirkt die Rauhigkeit der Oberflächen wie ein kleiner Luftspalt in der Größenordnung von einigen μm. Dieser geringfügige Unterschied bei l_g kann bereits merkliche Unterschiede bei $N_{\text{min},1}$ verursachen. Für den maximalen Luftspalt liefert die Gl. (6.21) eine obere Grenze für die Windungszahl N_{max}. Dieser Wert muss auf die nächst niedrigere ganze Zahl abgerundet werden.

Unter Umständen müssen wir den möglichen Windungszahlenbereich weiter einschränken. Die maximal zulässige Flussdichte aus Schritt 4 darf nicht überschritten werden. Nach Abb. 6.5 bedeutet das eine Mindestlänge für den Luftspalt und damit eine Mindestwindungszahl. Mit Gl. (6.23) gilt dann

$$N_{\text{min},2} = \frac{L\,|I_{\text{max}}|}{B\,A_{e,\text{min}}} \quad \text{mit} \quad B = \min\{B_s, B_{\text{max}}\}. \tag{13.6}$$

In dieser Gleichung ist der betragsmäßig größte Wert des Stroms, bei Transformatoren des Magnetisierungsstroms, einzusetzen. Als Querschnittsfläche A_e ist die bei dem gewählten Kern auftretende kleinste Querschnittsfläche $A_{e,\min}$ zu verwenden, da hier die Sättigung zuerst eintritt. Die Flussdichtewerte aus Schritt 4 wurden bei der maximal zulässigen Temperatur festgelegt. Anstelle der Gl. (6.21) kann bei Zugrundelegung der Spannungen auch die Gl. (10.41) verwendet werden.

Als minimale Windungszahl ist der größere der beiden Werte $N_{\min}$ zu verwenden. Damit ist sichergestellt, dass die Sättigung des Kernmaterials vermieden wird. Ein in Schritt 5 wegen der Sättigungsproblematik zu klein gewählter Kern scheidet an dieser Stelle bereits wegen $N_{\min2} > N_{\max}$ aus.

Die Windungszahlen für die Sekundärseiten liegen mit den Übersetzungsverhältnissen und mit der primärseitigen Windungszahl fest. Ändert sich N_{prim}, dann müssen die Werte N_{sek} angepasst werden. Mit dem Verhältnis aus zwei ganzen Zahlen N_{prim}/N_{sek} lässt sich aber nicht immer das exakte Übersetzungsverhältnis realisieren. An dieser Stelle hilft zunächst der in Schritt 1 angesprochene Toleranzbereich, so dass auch mit abweichenden Zahlenverhältnissen weitergearbeitet werden kann.

Ein besonderes Problem bezüglich der Windungszahl stellt sich ein, wenn an einer Transformatorwicklung eine sehr kleine Spannung erzeugt werden soll und sich die berechnete Windungszahl durch Runden stark ändert. Eine dadurch zu hohe Ausgangsspannung bedeutet hohe Verluste in einem notwendigen Längsregler. Nimmt man andererseits diese Windungszahl als Basis und führt eine Anpassung bei den anderen Wicklungen entsprechend den Übersetzungsverhältnissen durch, dann erhält man deutlich andere Windungszahlen bei den anderen Wicklungen. Ein möglicher Ausweg bietet sich an, wenn der Kern mehrere Außenschenkel besitzt. Betrachten wir als Beispiel einen E-Kern mit zwei Außenschenkeln. Der Gesamtfluss im Mittelschenkel teilt sich je zur Hälfte auf die beiden Außenschenkel auf. Das bedeutet, dass eine um einen Außenschenkel gewickelte Windung nur den halben Fluss umfasst und wie eine halbe Windung wirkt. Damit lassen sich die Windungszahlenverhältnisse besser an die geforderten Übersetzungsverhältnisse anpassen.

Schritt 8: Spezifikation des Wicklungslayouts
Der letzte Schritt bei der Dateneingabe ist die Festlegung des Wicklungslayouts. Dazu gehört die Auswahl des Wickelguts nach Querschnittsfläche und Typ, z. B. Runddraht, HF-Litze, Rechteckdraht oder Folie, die Anzahl der Windungen, beim Transformator für alle Wicklungen unter Berücksichtigung der Übersetzungsverhältnisse, und die Positionierung aller Windungen im Wickelfenster.

Die Auswahl des Wickelguts hängt oft von der Verfügbarkeit ab, wird aber auch von der Stromform mitbestimmt. Vor allem das Verhältnis vom Gleichanteil zu den Amplituden bei den höheren Harmonischen spielt eine wesentliche Rolle. Bei einem überwiegenden Gleich- bzw. 50/60 Hz Anteil dominieren die rms-Verluste, d. h. der Kupferfüllfaktor bzw. die Querschnittsfläche der einzelnen Leiter muss maximiert werden. Bei diesem Kriterium haben die Folien klare Vorteile. Zusätzlich sollte die Windungslänge minimal werden,

d. h. die Windungszahl sollte klein bleiben. Dominieren dagegen die Skin- und Proximityverluste, dann sind die Runddrähte und insbesondere die Litzen im Vorteil.

Die Kombination Folie und Ringkern scheidet in der Regel aus, ebenso ist die Kombination Folie und Luftspalt problematisch, da sich in der Nähe des Luftspalts Feldkomponenten senkrecht zur Folienwicklung ausbilden, die nach Abb. 4.46 extrem hohe Verluste verursachen.

Als Startwert für die Drahtdicke bzw. Foliendicke ist die bei der Arbeitsfrequenz gültige Eindringtiefe ein guter Wert. Da mit zunehmender Drahtdicke die rms-Verluste sinken, die Proximityverluste aber ansteigen, existiert ein von der Querschnittsfläche der Leiter abhängiger optimaler Wert (vgl. Abb. 4.44).

Die Anzahl der Windungen ist ebenfalls ein Parameter, der für die Optimierung verwendet werden kann. Da die Wicklungsverluste mit zunehmender Windungszahl ansteigen, die Kernverluste dagegen geringer werden, stellt sich auch hier ein Optimum ein, bei dem die Summe der Verluste minimal wird. Nimmt man an, dass die Wicklungsverluste mit N^2 ansteigen und die Kernverluste mit N^2 abnehmen, dann werden die Gesamtverluste minimal, wenn die beiden Verlustanteile gleich groß werden. In der Praxis stimmen beide Annahmen nicht wirklich. Zusätzlich kompliziert wird die Situation dadurch, dass sich Kern- und Wicklungsverluste wegen der thermischen Kopplung gegenseitig beeinflussen. Eine oft empfohlene gleichmäßige Aufteilung zwischen Kern- und Wicklungsverlusten ist daher eher als Richtwert anzusehen, von dem das Optimum aber abweichen wird.

Schritt 9: Berechnung und Optimierung
Mit der Festlegung aller notwendigen Daten kann die Analyse beginnen, und zwar die Berechnung

1. der Luftspaltlängen,
2. der Feldverteilung im Wickelfenster,
3. der Kern- und Wicklungsverluste mit Temperaturschleife (s. Abschn. 11.6.5.1),
   (Die Punkte 2 und 3 werden wiederholt durchgeführt für verschiedene Drahtsorten und -größen sowie verschiedene Positionen der Windungen im Wickelfenster. Diese Schleife dient zum Auffinden des Minimums bei den Wicklungsverlusten in Abhängigkeit vom Wickelaufbau bei einer festen Windungszahl. In einer weiteren, äußeren Schleife werden die Punkte 1 bis 3 ebenfalls mehrmals durchlaufen zum Auffinden des Minimums bei den Gesamtverlusten in Abhängigkeit von der Windungszahl.)
4. der temperaturabhängigen Permeabilität und der maximalen Flussdichte,
5. der Haupt- und Streuinduktivitäten (inwieweit weicht die genauere Rechnung von den Sollwerten ab?),
6. der Kapazitäten.

Die zu verwendenden Berechnungsformeln wurden in den vorangegangenen Kapiteln ausführlich beschrieben, so dass hier vielleicht nur noch ein Hinweis angebracht ist. Die Auslegung kann natürlich für den vorgesehenen Arbeitspunkt durchgeführt werden. Es ist trotzdem empfehlenswert, die Komponente auch unter denjenigen Betriebszuständen zu untersuchen, denen sie über längere Zeiträume ausgesetzt ist und unter denen sie ebenfalls zuverlässig arbeiten soll. Dazu gehören insbesondere die Grenzsituationen (worst case Bedingungen), wie maximale Umgebungstemperaturen, höhere Ströme infolge niedriger Eingangsspannung oder unterschiedliche Lastsituationen. Kritische Kurzfristsituationen (z. B. Einschaltverhalten der Schaltung) können ebenfalls auftreten, betreffen aber vorwiegend das Sättigungsverhalten und müssen auch überprüft werden.

Schritt 10: Messtechnische Überprüfung
Auch bei vertrauenswürdigen Simulationsergebnissen sollte auf eine messtechnische Überprüfung nicht verzichtet werden. Kleinsignalmessungen zur Kontrolle der Kapazitäten, der Streuinduktivitäten und der wirklich realisierten Übersetzungsverhältnisse sind akzeptabel. Wirkungsgrad- und Temperaturmessungen erfordern Großsignalaussteuerung unter ähnlichen Bedingungen wie beim späteren Einsatz.

Zusammenfassung

- Eine weitest gehende analytische Berechnung induktiver Komponenten ist möglich.
- Die daraus resultierenden sehr kurzen Rechenzeiten eröffnen die Möglichkeit, mehrere Optimierungsschleifen in kürzester Zeit abzuarbeiten.
- Auf Vorabüberlegungen für einen möglichst guten Startwert bei der Auswahl von Kernen oder Windungen kann verzichtet werden. Die Zeitersparnis ist vernachlässigbar.
- Die oft verwendete maximale Stromdichte zur Auswahl von Drähten spielt als Eingabeparameter für die Auslegung keine Rolle. Entscheidend ist die sich einstellende Temperatur.
- Das „optimale" Design existiert nicht. Aufgrund der sehr vielen unterschiedlichen Anforderungen hängt es von der eingangs vorgestellten Prioritätenliste ab.
- Es sind mehrere Designdurchläufe notwendig. Ein verbessertes Design zeichnet sich entweder durch geringere Verluste oder durch Materialeinsparungen aus.
- Es gibt zwei wesentliche limitierende Faktoren: entweder ist die Komponente sättigungslimitiert oder temperaturlimitiert.
- Bei niedrigen Frequenzen sind die Kernverluste sowie die Skin- und Proximityverluste gering. Weitere Reduzierungen der Kerngröße werden in der Regel durch die Kernsättigung verhindert.
- Bei hohen Frequenzen sind die Kernverluste der begrenzende Parameter, bei den Wicklungsverlusten dominieren die Proximityverluste. Die Komponente ist dann temperaturlimitiert.

Literatur

1. McLyman WT (2004) Transformer and Inductor Design Handbook. Marcel Dekker, New York
2. Erickson RW, Maksimovic D (2001) Fundamentals of Power Electronics. Springer, New York

Anhang

14

Zusammenfassung

In Abhängigkeit der zu untersuchenden Strukturen ist die Verwendung geeigneter Koordinatensysteme erforderlich, mit deren Hilfe die Beschreibung der Probleme und die Erfüllung von Randbedingungen auf einfache Weise möglich werden. Im folgenden Abschnitt werden das kartesische und das zylindrische Koordinatensystem vorgestellt, einerseits um die im Buch durchgängig verwendeten Bezeichnungen einzuführen und andererseits um alle notwendigen Formeln im Zusammenhang mit den Koordinatensystemen im Überblick darzustellen. In einem separaten Abschnitt sind einige Beziehungen aus der Vektoranalysis angegeben, auf die in den vorhergehenden Kapiteln Bezug genommen wird.

Weitere Abschnitte beschreiben einfache Möglichkeiten zur Berechnung der vollständigen elliptischen Integrale sowie der modifizierten Bessel-Funktionen. Damit lassen sich einfache Approximationen für den Skin- und Proximityfaktor herleiten.

14.1 Verwendete Koordinatensysteme

Im Folgenden werden das kartesische und das zylindrische Koordinatensystem vorgestellt. In beiden Fällen handelt es sich um orthogonale Rechtssysteme, d. h. die in Richtung wachsender Koordinatenwerte weisenden Einheitsvektoren stehen senkrecht aufeinander und erfüllen somit die Bedingung der Orthogonalität, das Skalarprodukt zweier Einheitsvektoren verschwindet also.

© Springer Fachmedien Wiesbaden GmbH 2017

M. Albach, *Induktivitäten in der Leistungselektronik*, DOI 10.1007/978-3-658-15081-5_14

Abb. 14.1 a Das kartesische
Koordinatensystem, **b** Vektorielles Wegelement

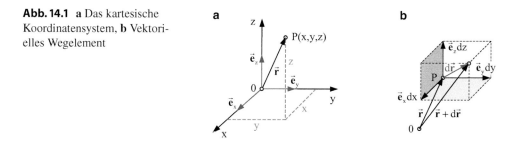

14.1.1 Das kartesische Koordinatensystem

Bei einem Rechtssystem liefert das Vektorprodukt zweier aufeinander folgender Einheitsvektoren den jeweils nächsten Einheitsvektor, so dass für das kartesische Koordinatensystem in Abb. 14.1a die nachstehenden Gleichungen gelten

$$\vec{e}_x \times \vec{e}_y = \vec{e}_z, \quad \vec{e}_y \times \vec{e}_z = \vec{e}_x, \quad \vec{e}_z \times \vec{e}_x = \vec{e}_y. \tag{14.1}$$

Der Raumpunkt P wird bezogen auf den Koordinatenursprung 0 durch den Ortsvektor

$$\vec{r} = \vec{e}_x x + \vec{e}_y y + \vec{e}_z z \quad \text{mit} \quad r = |\vec{r}| = \sqrt{x^2 + y^2 + z^2} \tag{14.2}$$

der Länge r beschrieben. Die differentielle Änderung des Ortsvektors $d\vec{r}$ beim Fortschrei-
ten vom Punkt P(x, y, z) um die elementaren Strecken dx, dy, dz in Richtung der gleich-
namigen Koordinaten

$$d\vec{r} = \vec{e}_x \, dx + \vec{e}_y \, dy + \vec{e}_z \, dz \tag{14.3}$$

wird vektorielles Wegelement genannt (s. Abb. 14.1b).

Für die Umrechnung der kartesischen Einheitsvektoren in die Einheitsvektoren des
Zylinderkoordinatensystems gilt

$$\vec{e}_x = \vec{e}_\rho \cos\varphi - \vec{e}_\varphi \sin\varphi \quad \text{und} \quad \vec{e}_y = \vec{e}_\rho \sin\varphi + \vec{e}_\varphi \cos\varphi. \tag{14.4}$$

14.1.2 Das zylindrische Koordinatensystem

Beim Übergang von kartesischen Koordinaten zu Zylinderkoordinaten bleibt die z-
Koordinate unverändert, während die Position eines Punktes P(x, y) in einer Ebene
$z = $ const jetzt durch die beiden in der Abb. 14.2 eingetragenen Koordinaten ρ und φ beschrieben wird. Die Koordinate ρ kennzeichnet den Abstand des Punktes von der z-Achse
und der Winkel φ wird definitionsgemäß beginnend bei der positiven x-Achse entgegen

Abb. 14.2 Das zylindrische
Koordinatensystem

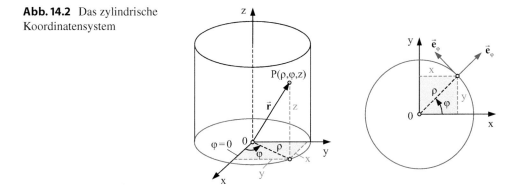

dem Uhrzeigersinn gezählt. Der positiven x-Achse ist der Wert $\varphi = 0$ zugeordnet, der negativen x-Achse der Wert $\varphi = \pi$. Der Zusammenhang mit den kartesischen Koordinaten ist durch die Gleichungen

$$\begin{aligned} x &= \rho \cos \varphi & & 0 \le \rho < \infty \\ y &= \rho \sin \varphi & \text{mit} & \quad 0 \le \varphi < 2\pi \\ z &= z & & -\infty < z < +\infty \end{aligned} \tag{14.5}$$

gegeben. Für die Kreuzprodukte gelten die Beziehungen

$$\vec{e}_\rho \times \vec{e}_\varphi = \vec{e}_z, \quad \vec{e}_\varphi \times \vec{e}_z = \vec{e}_\rho, \quad \vec{e}_z \times \vec{e}_\rho = \vec{e}_\varphi . \tag{14.6}$$

Für den Ortsvektor und seine differentielle Änderung gilt

$$\vec{r} = \vec{e}_\rho \rho + \vec{e}_z z = \vec{e}_x \rho \cos \varphi + \vec{e}_y \rho \sin \varphi + \vec{e}_z z \quad \text{und} \quad \mathrm{d}\vec{r} = \vec{e}_\rho \, \mathrm{d}\rho + \vec{e}_\varphi \rho \, \mathrm{d}\varphi + \vec{e}_z \, \mathrm{d}z . \tag{14.7}$$

Die Umrechnung der Einheitsvektoren des Zylinderkoordinatensystems in die Einheitsvektoren des kartesischen Koordinatensystems erfolgt mit den Gleichungen

$$\vec{e}_\rho = \vec{e}_x \cos \varphi + \vec{e}_y \sin \varphi \quad \text{und} \quad \vec{e}_\varphi = -\vec{e}_x \sin \varphi + \vec{e}_y \cos \varphi . \tag{14.8}$$

14.2 Verwendete Beziehungen aus der Vektoranalysis

In diesem Abschnitt werden einige Formeln zusammengestellt, auf die in den einzelnen Kapiteln zurückgegriffen wird. ψ beschreibt eine beliebige skalare ortsabhängige Funktion, $\vec{A}$ und $\vec{B}$ sind frei wählbare Vektoren. Für die Darstellung eines Vektors in Komponentenschreibweise gilt:

$$\vec{A} = \vec{e}_x A_x + \vec{e}_y A_y + \vec{e}_z A_z \quad \text{bzw.} \quad \vec{A} = \vec{e}_\rho A_\rho + \vec{e}_\varphi A_\varphi + \vec{e}_z A_z \tag{14.9}$$

Die ausführliche Schreibweise für die Operatoren ist für die beiden Koordinatensysteme in den folgenden Abschnitten angegeben.

$$\iint_A \text{rot}\,\vec{\mathbf{B}} \cdot d\vec{\mathbf{A}} = \oint_C \vec{\mathbf{B}} \cdot d\vec{\mathbf{s}} \qquad \text{Stokesscher Satz} \tag{14.10}$$

$$\iiint_V \text{div}\,\vec{\mathbf{B}}\,dV = \oiint_A \vec{\mathbf{B}} \cdot d\vec{\mathbf{A}} \qquad \text{Gaußscher Satz} \tag{14.11}$$

$$\text{div}\,\text{rot}\,\vec{\mathbf{A}} = 0 \qquad\qquad \text{Quellenfreiheit eines Wirbelfeldes} \tag{14.12}$$

$$\text{rot}\,\text{grad}\,\psi = \vec{\mathbf{0}} \qquad\qquad \text{Wirbelfreiheit eines Gradientenfeldes} \tag{14.13}$$

$$\Delta\psi = \text{div}\,\text{grad}\,\psi \qquad \text{Laplace-Operator} \tag{14.14}$$

$$\text{grad}\,[\psi\,(r)] = \frac{\vec{\mathbf{r}}}{r}\frac{d\psi}{dr} \quad \rightarrow \quad \text{grad}\,\frac{1}{r} = -\frac{\vec{\mathbf{r}}}{r^3} \tag{14.15}$$

$$\text{rot}\,\text{rot}\,\vec{\mathbf{A}} = \text{grad}\,\text{div}\,\vec{\mathbf{A}} - \Delta\vec{\mathbf{A}} \tag{14.16}$$

$$\text{div}\left(\vec{\mathbf{A}} \times \vec{\mathbf{B}}\right) = \vec{\mathbf{B}} \cdot \text{rot}\,\vec{\mathbf{A}} - \vec{\mathbf{A}} \cdot \text{rot}\,\vec{\mathbf{B}} \tag{14.17}$$

$$\text{rot}\left(\vec{\mathbf{A}} \times \vec{\mathbf{B}}\right) = \left(\vec{\mathbf{B}} \cdot \text{grad}\right)\vec{\mathbf{A}} - \left(\vec{\mathbf{A}} \cdot \text{grad}\right)\vec{\mathbf{B}} + \vec{\mathbf{A}}\,\text{div}\,\vec{\mathbf{B}} - \vec{\mathbf{B}}\,\text{div}\,\vec{\mathbf{A}} \tag{14.18}$$

14.2.1   Vektoroperatoren im kartesischen Koordinatensystem

$$\text{grad}\,\psi = \vec{\mathbf{e}}_x \frac{\partial\psi}{\partial x} + \vec{\mathbf{e}}_y \frac{\partial\psi}{\partial y} + \vec{\mathbf{e}}_z \frac{\partial\psi}{\partial z} \tag{14.19}$$

$$\text{div}\,\vec{\mathbf{A}} = \frac{\partial A_x}{\partial x} + \frac{\partial A_y}{\partial y} + \frac{\partial A_z}{\partial z} \tag{14.20}$$

$$\text{rot}\,\vec{\mathbf{A}} = \vec{\mathbf{e}}_x \left(\frac{\partial A_z}{\partial y} - \frac{\partial A_y}{\partial z}\right) + \vec{\mathbf{e}}_y \left(\frac{\partial A_x}{\partial z} - \frac{\partial A_z}{\partial x}\right) + \vec{\mathbf{e}}_z \left(\frac{\partial A_y}{\partial x} - \frac{\partial A_x}{\partial y}\right) \tag{14.21}$$

$$\Delta\psi = \frac{\partial^2\psi}{\partial x^2} + \frac{\partial^2\psi}{\partial y^2} + \frac{\partial^2\psi}{\partial z^2} \tag{14.22}$$

$$\Delta\vec{\mathbf{A}} = \vec{\mathbf{e}}_x \Delta A_x + \vec{\mathbf{e}}_y \Delta A_y + \vec{\mathbf{e}}_z \Delta A_z \tag{14.23}$$

14.2.2   Vektoroperatoren im zylindrischen Koordinatensystem

$$\text{grad}\,\psi = \vec{\mathbf{e}}_\rho \frac{\partial\psi}{\partial\rho} + \vec{\mathbf{e}}_\varphi \frac{1}{\rho}\frac{\partial\psi}{\partial\varphi} + \vec{\mathbf{e}}_z \frac{\partial\psi}{\partial z} \tag{14.24}$$

$$\text{div}\,\vec{\mathbf{A}} = \frac{1}{\rho}\frac{\partial}{\partial\rho}\left(\rho A_\rho\right) + \frac{1}{\rho}\frac{\partial A_\varphi}{\partial\varphi} + \frac{\partial A_z}{\partial z} \tag{14.25}$$

$$\text{rot}\,\vec{\mathbf{A}} = \vec{\mathbf{e}}_\rho \left(\frac{1}{\rho} \frac{\partial A_z}{\partial \varphi} - \frac{\partial A_\varphi}{\partial z} \right) + \vec{\mathbf{e}}_\varphi \left(\frac{\partial A_\rho}{\partial z} - \frac{\partial A_z}{\partial \rho} \right) + \vec{\mathbf{e}}_z \left(\frac{1}{\rho} \frac{\partial}{\partial \rho} \left(\rho A_\varphi \right) - \frac{1}{\rho} \frac{\partial A_\rho}{\partial \varphi} \right)$$

(14.26)

$$\Delta \psi = \frac{\partial^2 \psi}{\partial \rho^2} + \frac{1}{\rho} \frac{\partial \psi}{\partial \rho} + \frac{1}{\rho^2} \frac{\partial^2 \psi}{\partial \varphi^2} + \frac{\partial^2 \psi}{\partial z^2} \tag{14.27}$$

$$\Delta \vec{\mathbf{A}} = \vec{\mathbf{e}}_\rho \left[\Delta A_\rho - \frac{2}{\rho^2} \frac{\partial A_\varphi}{\partial \varphi} - \frac{1}{\rho^2} A_\rho \right] + \vec{\mathbf{e}}_\varphi \left[\Delta A_\varphi + \frac{2}{\rho^2} \frac{\partial A_\rho}{\partial \varphi} - \frac{1}{\rho^2} A_\varphi \right] + \vec{\mathbf{e}}_z \Delta A_z$$

(14.28)

14.2.3 Der Nablaoperator

Die in den vorstehenden Kapiteln verwendeten Differentialoperatoren grad, div, rot und Δ lassen sich auch mithilfe eines einzigen Operators darstellen. Dieser wird als Nablaoperator bezeichnet und ist durch die Beziehung

$$\nabla = \vec{\mathbf{e}}_x \frac{\partial}{\partial x} + \vec{\mathbf{e}}_y \frac{\partial}{\partial y} + \vec{\mathbf{e}}_z \frac{\partial}{\partial z} \tag{14.29}$$

definiert. Damit gelten die folgenden Zusammenhänge

$$\text{grad}\,\psi = \nabla \psi, \quad \text{div}\,\vec{\mathbf{A}} = \nabla \vec{\mathbf{A}}, \quad \text{rot}\,\vec{\mathbf{A}} = \nabla \times \vec{\mathbf{A}}, \quad \Delta \psi = \nabla^2 \psi \,. \tag{14.30}$$

14.3 Die vollständigen elliptischen Integrale

In vielen Softwareprogrammen sind die vollständigen elliptischen Integrale $K(m)$ und $E(m)$ als bekannte Funktionen enthalten. Für die eigene Berechnung bietet sich eine einfache Rekursionsbeziehung an [1], die sehr wenig Rechenzeit beansprucht, da sie schon nach wenigen Schritten konvergiert und das Ergebnis mit hoher Genauigkeit liefert. Ausgehend von den drei Startwerten

$$a_0 = 1, \quad b_0 = \sqrt{1 - m} \quad \text{und} \quad c_0 = \sqrt{m} \tag{14.31}$$

werden in den folgenden Schritten die Werte

$$a_{n+1} = \frac{1}{2} \left(a_n + b_n \right), b_{n+1} = \sqrt{a_n b_n} \quad \text{und} \quad c_{n+1} = \frac{1}{2} \left(a_n - b_n \right) \quad \text{für} \quad n = 0, 1, 2, \ldots$$

(14.32)

berechnet. Mit dem zuletzt verwendeten Wert $n = N$ gilt dann

$$K(m) = \frac{\pi}{2 a_N} \quad \text{und} \quad E(m) = \frac{\pi}{2 a_N} \left(1 - \frac{1}{2} \sum_{n=0}^{N} 2^n c_n^2 \right) . \tag{14.33}$$

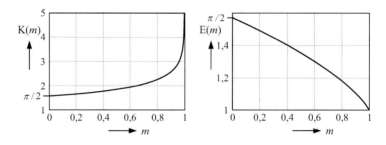

Abb. 14.3 Vollständige elliptische Integrale

Als Beispiel erhält man für den Parameter $m = 0,25$ und für $n = 0..3$ nacheinander die Ergebnisse

$$
\begin{aligned}
&\text{K}\,(0,25) = 1,5708 \quad 1,6836 \quad 1,6857496 \quad 1,6857504 \\
&\text{E}\,(0,25) = 1,3744 \quad 1,4656 \quad 1,4674616 \quad 1,4674622\,.
\end{aligned}
\tag{14.34}
$$

Die Abb. 14.3 zeigt den Verlauf der beiden Funktionen in Abhängigkeit des Parameters m für den auftretenden Wertebereich $0 \leq m < 1$.

14.4 Die modifizierten Bessel-Funktionen mit komplexem Argument

Bei der Berechnung der Skin- und Proximityverluste im Runddraht treten die modifizierten Bessel-Funktionen erster Art und n-ter Ordnung $\text{I}_n(x + \mathrm{j}x)$ mit $n = 0, 1, 2, ..$ auf. Infolge der in Gl. (4.5) angegebenen Skinkonstanten α besitzt das komplexe Argument der Bessel-Funktionen gleichen Real- und Imaginärteil. Zur Berechnung der Funktionswerte gibt es verschiedene Möglichkeiten. Nach [1] können sowohl die Summendarstellung

$$
\text{I}_n\,(z) = \left(\frac{z}{2}\right)^n \sum_{k=0}^{\infty} \frac{(z/2)^{2k}}{k!\,(n+k)!} \quad \text{mit} \quad z = x + \mathrm{j}x
\tag{14.35}
$$

als auch die Integraldarstellung

$$
\text{I}_n\,(z) = \frac{1}{\pi} \int_{0}^{\pi} e^{z\,\cos\theta}\,\cos\,(n\theta)\,\mathrm{d}\theta
\tag{14.36}
$$

verwendet werden, wobei das Integral numerisch gelöst werden muss. Zur Veranschaulichung sind die Funktionen $\text{I}_0(x + \mathrm{j}x)$ und $\text{I}_1(x + \mathrm{j}x)$ in Abhängigkeit von dem reellen Parameter x in Abb. 14.4 in der komplexen Zahlenebene dargestellt. Sie bilden sich öffnende Spiralen.

Abb. 14.4 Verlauf der modifizierten Bessel-Funktionen $I_0(x + jx)$ und $I_1(x + jx)$

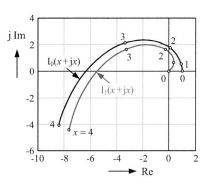

14.5 Die Berechnung des Skin- und Proximityfaktors

Der in Gl. (4.8) angegebene Skinfaktor

$$F_s = \frac{1}{2}\text{Re}\left\{\alpha r_D \frac{I_0(\alpha r_D)}{I_1(\alpha r_D)}\right\} \quad \text{mit} \quad \alpha r_D = (1 + j)\frac{r_D}{\delta} \tag{14.37}$$

kann natürlich mit den Bessel-Funktionen aus dem letzten Abschnitt berechnet werden. An der doppelt logarithmischen Darstellung in Abb. 4.5 ist aber zu erkennen, dass der Kurvenverlauf aus zwei geraden Abschnitten und einem dazwischen liegenden Übergangsbereich besteht.

Eine einfache Beschreibung für den unteren Kurvenbereich erhält man, indem man die Gl. (14.35) in die Gl. (14.37) einsetzt, durchdividiert und schließlich den Realteil bildet. Bricht man die Summendarstellung nach dem 5. Glied ab, dann folgt mit

$$I_0(z) = \sum_{k=0}^{\infty} \frac{(z/2)^{2k}}{(k!)^2} = 1 + \frac{z^2}{4} + \frac{z^4}{4 \cdot 16} + \frac{z^6}{36 \cdot 64} + \frac{z^8}{576 \cdot 256} + \dots \tag{14.38}$$

und

$$I_1(z) = \sum_{k=0}^{\infty} \frac{(z/2)^{2k+1}}{k!\,(k+1)!} = \frac{z}{2}\left[1 + \frac{z^2}{2 \cdot 4} + \frac{z^4}{12 \cdot 16} + \frac{z^6}{144 \cdot 64} + \frac{z^8}{2880 \cdot 256} + \dots\right] \tag{14.39}$$

das Ergebnis

$$\begin{aligned}
F_s - 1 &= \text{Re}\left\{\frac{\alpha r_D}{2}\frac{I_0(\alpha r_D)}{I_1(\alpha r_D)}\right\} - 1 \\
&= \text{Re}\left\{\frac{(\alpha r_D)^2}{8} - \frac{(\alpha r_D)^4}{192} + \frac{(\alpha r_D)^6}{96 \cdot 32} - \frac{(\alpha r_D)^8}{180 \cdot 256} + \dots\right\} \\
&= \frac{1}{48}\left(\frac{r_D}{\delta}\right)^4 - \frac{1}{2880}\left(\frac{r_D}{\delta}\right)^8 + \dots
\end{aligned} \tag{14.40}$$

Nimmt man die Berechnung des Skinfaktors mit der Integraldarstellung (14.36) als Referenz, dann beträgt der Fehler der Approximation (14.40) im Bereich $r_D/\delta < 1{,}5$ weniger als 1 %.

Mit der in [1] angegebenen asymptotischen Entwicklung der Bessel-Funktionen für große Werte r_D/δ

$$I_0(z) \sim \frac{e^z}{\sqrt{2\pi z}} \left\{ 1 + \frac{1}{8z} + \frac{9}{2\,(8z)^2} + \frac{9 \cdot 25}{6\,(8z)^3} + \ldots \right\} \quad \text{und} \tag{14.41}$$

$$I_1(z) \sim \frac{e^z}{\sqrt{2\pi z}} \left\{ 1 - \frac{3}{8z} - \frac{15}{2\,(8z)^2} - \frac{15 \cdot 21}{6\,(8z)^3} - \ldots \right\} \tag{14.42}$$

erhält man für die Approximation das Ergebnis

$$
\begin{aligned}
F_s - 1 &= \mathrm{Re}\left\{ \frac{\alpha r_D}{2} \frac{I_0(\alpha r_D)}{I_1(\alpha r_D)} \right\} - 1 = \mathrm{Re}\left\{ \frac{\alpha r_D}{2} + \frac{1}{4} + \frac{3}{16\alpha r_D} + \frac{3}{16\,(\alpha r_D)^2} + \ldots \right\} - 1 \\
&= \frac{1}{2}\frac{r_D}{\delta} - \frac{3}{4} + \frac{3}{32}\frac{\delta}{r_D} + \ldots
\end{aligned}
\tag{14.43}
$$

Der Fehler gegenüber der Berechnung mit der Integraldarstellung (14.36) liegt im Bereich $r_D/\delta > 3{,}2$ unterhalb von 1 %. In dem Zwischenbereich $1{,}5 < r_D/\delta < 3{,}2$ können die Bessel-Funktionen mit der Summation (14.35) berechnet und in die Formel für den Skinfaktor eingesetzt werden. Um den Fehler auch in diesem Bereich unterhalb von 1 % zu halten, genügt es, jeweils nur die ersten sechs Glieder der Summe zu berücksichtigen.

Im nächsten Schritt betrachten wir den Proximityfaktor nach Gl. (4.32)

$$D_s = 2\pi \mathrm{Re}\left\{ \frac{\alpha r_D I_1(\alpha r_D)}{I_0(\alpha r_D)} \right\} \quad \text{mit} \quad \alpha r_D = (1 + j)\frac{r_D}{\delta}. \tag{14.44}$$

Die gleiche Vorgehensweise wie beim Skinfaktor führt bei kleinen Werten auf die Approximation

$$
\begin{aligned}
D_s &= \pi \mathrm{Re}\left\{ (\alpha r_D)^2 - \frac{(\alpha r_D)^4}{8} + \frac{(\alpha r_D)^6}{48} - \frac{11\,(\alpha r_D)^8}{192 \cdot 16} + \ldots \right\} \\
&= \frac{\pi}{2}\left(\frac{r_D}{\delta}\right)^4 - \frac{11\pi}{192}\left(\frac{r_D}{\delta}\right)^8 + \ldots,
\end{aligned}
\tag{14.45}
$$

deren Fehler im Bereich $r_D/\delta < 0{,}95$ unterhalb von 1 % liegt. Für große Werte r_D/δ ergibt sich die Näherung

$$D_s = 2\pi \mathrm{Re}\left\{ \alpha r_D - \frac{1}{2} - \frac{1}{8\alpha r_D} - \frac{1}{8\,(\alpha r_D)^2} \right\} = 2\pi\frac{r_D}{\delta} - \pi - \frac{\pi}{8}\frac{\delta}{r_D}, \tag{14.46}$$

die im Bereich $r_D/\delta > 3$ unterhalb von 1 % liegt. Auch beim Proximityfaktor ist die Berechnung der jeweils ersten sechs Glieder der Summe in dem Zwischenbereich ausreichend, um die Fehlergrenze von 1 % nicht zu überschreiten.

Literatur

1. Abramowitz M, Stegun IA (1970) Handbook of Mathematical Functions. Dover Publications, New York

Symbolverzeichnis

Generelle Bemerkungen

Die Koordinatenbezeichnungen werden steil gesetzt.

Vektoren werden durch Fettdruck und mit Pfeil gekennzeichnet, z. B. $\vec{\mathbf{r}}$. Ihr Betrag (Länge) wird in der Form $|\vec{\mathbf{r}}| = r$ geschrieben.

Ein Ring im Integralzeichen kennzeichnet einen geschlossenen Integrationsweg, d. h. Anfangs- und Endpunkt des Integrationswegs sind identisch. Beim Doppelintegral kennzeichnet der Ring eine geschlossene Hüllfläche.

Vektoren

$\vec{\mathbf{0}}$		Vektor der Länge Null
$\vec{\mathbf{A}}$	m²	1) gerichtete Fläche $\vec{\mathbf{A}} = \vec{\mathbf{n}}A$, $\vec{\mathbf{n}}$ steht senkrecht auf A
	Vs/m	2) Vektorpotential
d$\vec{\mathbf{A}}$	m²	vektorielles Flächenelement $d\vec{\mathbf{A}} = \vec{\mathbf{n}}\,dA$
$\vec{\mathbf{B}}$	Vs/m²	magnetische Flussdichte, (Induktion)
$\vec{\mathbf{D}}$	As/m²	elektrische Flussdichte, Verschiebungsflussdichte
$\vec{\mathbf{E}}$	V/m	elektrische Feldstärke
$\vec{\mathbf{e}}$		Einheitsvektor, Vektor mit Betrag $|\vec{\mathbf{e}}| = 1$
$\vec{\mathbf{e}}_x, \vec{\mathbf{e}}_y, \vec{\mathbf{e}}_z$		Einheitsvektoren in kartesischen Koordinaten
$\vec{\mathbf{e}}_\rho, \vec{\mathbf{e}}_\varphi, \vec{\mathbf{e}}_z$		Einheitsvektoren in Zylinderkoordinaten
$\vec{\mathbf{H}}$	A/m	magnetische Feldstärke
$\vec{\mathbf{J}}$	A/m²	(räumlich verteilte) Stromdichte
$\vec{\mathbf{K}}$	A/m	(auf Fläche verteilter) Strombelag
$\vec{\mathbf{M}}$	A/m	1) Magnetisierung
	Am²	2) magnetisches Dipolmoment
$\vec{\mathbf{n}}$		Normalenvektor der Länge 1, üblicherweise senkrecht auf einer Fläche
$\vec{\mathbf{r}}$	m	1) Abstandsvektor vom Quellpunkt zum Aufpunkt, $\vec{\mathbf{r}} = \vec{\mathbf{r}}_P - \vec{\mathbf{r}}_Q$
	m	2) Vektor vom Ursprung (Nullpunkt) zum Aufpunkt P, $\vec{\mathbf{r}} = \vec{\mathbf{e}}_r r$
$\vec{\mathbf{r}}_P$	m	Vektor vom Ursprung 0 zum Aufpunkt P

© Springer Fachmedien Wiesbaden GmbH 2017
M. Albach, *Induktivitäten in der Leistungselektronik*, DOI 10.1007/978-3-658-15081-5

$\vec{r}_Q$	m	Vektor vom Ursprung 0 zum Quellpunkt Q
$d\vec{r}$	m	differentielle Änderung des Abstandsvektors (= vektorielles Wegelement)
$\vec{S}$	VA/m^2	Poyntingscher Vektor
$\vec{s}$	m	gerichtete Strecke
$d\vec{s}$	m	vektorielles Wegelement

Lateinische Buchstaben

A	m^2	1) Fläche
	Vs/m	2) Betrag des Vektorpotentials
A_L	nH	A_L-Wert
a	m	1) Schleifenradius
	dB	2) Dämpfung
a, b, c, d	m	Abmessungen
B	Vs/m^2	Betrag der magnetischen Flussdichte
B_s	Vs/m^2	Sättigungsflussdichte
b_w	m	Breite des Wickelfensters
C	F = As/V	1) Kapazität
		2) unbekannte Integrationskonstante
		3) Kontur, Flächenberandung
C_{Lik}	As/V	Lagenkapazität (zwischen der i-ten und k-ten Lage)
C_1, C_2	1/m, 1/m^3	Kernfaktoren
D	As/m^2	Betrag der elektrischen Flussdichte
D_s, D_f		Proximityfaktor für Runddraht bzw. Folie
E	V/m	Betrag der elektrischen Feldstärke
E( )		vollständiges elliptisches Integral 2. Art
e		Eulersche Konstante 2,71828...
F_s, F_f		Skinfaktor für Runddraht bzw. Folie
F( )		Abkürzung für eine Funktion
f	Hz = 1/s	Frequenz
f_{eq}	Hz = 1/s	äquivalente Frequenz
G	A/V = 1/Ω	elektrischer Leitwert
G( )		Abkürzung für ein Integral
H	A/m	Betrag der magnetischen Feldstärke
h	m	Länge (Höhe)
I	A	Gleichstrom
I$_n$( )		modifizierte Bessel-Funktion 1. Art und n-ter Ordnung
i		1) Zählindex
	A	2) zeitabhängiger Strom
J	A/m^2	Betrag der Stromdichte
J$_n$( )		(gewöhnliche) Bessel-Funktion 1. Art und n-ter Ordnung

j		imaginäre Einheit
K	A/m	1) Betrag des Strombelags
		2) Koppelfaktor
K( )		vollständiges elliptisches Integral 1. Art
K_n( )		modifizierte Bessel-Funktion 2. Art und n-ter Ordnung
k		1) Zählindex
		2) Koppelfaktor
		3) Abkürzung
L	Vs/A	Induktivität
L_a	Vs/A	äußere Selbstinduktivität
L_i	Vs/A	innere Selbstinduktivität
L_{ik}	Vs/A	Gegeninduktivität zwischen dem i-ten und k-ten Leiter
L_{ii}	Vs/A	Selbstinduktivität des i-ten Leiters
l	m	Länge
M_{ik}	Vs/A	Gegeninduktivität (mutual inductance), entspricht L_{ik}
m		Abkürzung
N		1) Anzahl der Windungen einer Spule
		2) Anzahl der Adern bei einer HF-Litze
n		Zählindex
P		Aufpunkt
P_s	VA	Strahlungsleistung
P_v	VA	Verlustleistung
p	1/m	Separationskonstante (Eigenwert)
p_v	VA/m^3	Verlustleistungsdichte
Q		Quellpunkt
Q	As	Ladung
q	1/m	Separationskonstante (Eigenwert)
R	V/A $= \Omega$	elektrischer Widerstand
R_0	V/A	elektrischer Widerstand bei Gleichstrom
R_m	A/Vs	magnetischer Widerstand
R_{th}	K/W	thermischer Widerstand
r	m	Betrag des Abstandsvektors $\vec{r}$, $r = |\vec{r}| = |\vec{r}_P - \vec{r}_Q|$
r_D	m	Radius eines Runddrahts
r_{Li}	m	Radius des Litzebündels
r_P	m	Betrag des Aufpunktsvektors, $r_P = |\vec{r}_P|$
r_Q	m	Betrag des Quellpunktsvektors, $r_Q = |\vec{r}_Q|$
r_s	m	Radius einer Einzelader bei einer HF-Litze
S		Raumkurve, Feldlinie
$\underline{S}$	W	komplexe Leistung
T	°C	1) Temperatur
	s	2) Periodendauer $= 1/f$

T_C	°C	Curietemperatur
T_c	°C	Kerntemperatur
t	s	Zeit
U	V	1) Gleichspannung
	m	2) Umfang
u	V	zeitabhängige Spannung
$ü$		Übersetzungsverhältnis
V	m³	Volumen
V_∞	m³	das durch die unendlich ferne Hülle begrenzte Gesamtvolumen
V_m	A	magnetische Spannung
W	VAs	Energie
W_i	m	Abkürzung, $i = 1, 2, 3, 4$
w	VAs/m³	Energiedichte
x, y, z	m	kartesische Koordinaten
$Y_n()$		(gewöhnliche) Bessel-Funktion 2. Art und n-ter Ordnung
Y_1, Y_2		Abkürzungen
$\underline{Z}$	V/A	Impedanz
$\underline{Z}1, \underline{Z}2$		Abkürzungen für komplexe Größen
z		Anzahl der Windungen in einer Lage

Griechische Buchstaben

Φ	Vs	magnetischer Fluss
Φ_A	Vs	magnetischer Fluss durch den Kernquerschnitt
Λ	Vs/A	magnetischer Leitwert
Θ	A	Durchflutung
Ψ	As	elektrischer Fluss
$\alpha, \beta, \delta, \gamma, \eta, \xi, \psi, \zeta$		Abkürzungen
α	1/m	Skinkonstante $\alpha^2 = j\omega\kappa\mu$
δ	m	1) Dicke der Lackisolation
	m	2) Eindringtiefe $\delta = \sqrt{2/\omega\kappa\mu}$
		3) Tastgrad
ε	As/Vm	1) Dielektrizitätskonstante, (Permittivität), $\varepsilon = \varepsilon_0\varepsilon_r$
		2) kleine Größe $|\varepsilon| \ll 1$
ε_0	As/Vm	Dielektrizitätskonstante im Vakuum, (elektrische Feldkonstante) $\varepsilon_0 = 8,854 \cdot 10^{-12}$ As/Vm
ε_r		Dielektrizitätszahl, $= 1$ im Vakuum
φ		Zylinderkoordinate, $0 \le \varphi < 2\pi$
φ		Phasenwinkel
$\varphi(\vec{r}, t)$	V	elektrodynamisches Potential
φ_e	V	elektrostatisches Potential
κ	A/Vm	elektrische Leitfähigkeit
λ	W/Km	thermische Leitfähigkeit

λ_s, λ_p		Qualitätsfaktoren bei HF-Litzen
μ	Vs/Am	(absolute) Permeabilität, $\mu = \mu_r \mu_0$
μ_0	Vs/Am	Permeabilität im Vakuum, (magnetische Feldkonstante) $\mu_0 = 4\pi \cdot 10^{-7}$ Vs/Am
μ_r		Permeabilitätszahl, $= 1$ im Vakuum
μ_{eff}		effektive Permeabilität
θ		Winkel
ρ	m	Zylinderkoordinate $0 \le \rho < \infty$
ρ	As/m^3	(freie) Raumladungsdichte
σ		1) Streuung, Streugrad
		2) Stefan-Boltzmann-Konstante $\sigma = 5{,}67 \cdot 10^{-8}$ Wm^{-2}K^{-4}
ω	1/s	Kreisfrequenz, $\omega = 2\pi f$
ψ		Winkelkoordinate
ψ		skalare Ortsfunktion

Indizes

A		bezieht sich auf eine Fläche
c		1) den Kern (core) betreffend
		2) symmetrischer Anteil (common-mode)
D		bezieht sich auf einen Runddraht
d		schiefsymmetrischer Anteil (differential-mode)
e		1) elektrisch (z. B. Skalarpotential oder Fluss)
		2) effektive Kerngrößen
ex		externes Feld
g		den Luftspalt (gap) betreffend
i, k		Zählindizes
m		magnetisch (z. B. Skalarpotential)
n		in Richtung der Flächennormalen
P		bezieht sich auf den Aufpunkt
p		Primärseite
$prox$		bezieht sich auf den Proximityeffekt
Q		bezieht sich auf den Quellpunkt
rms		bezieht sich auf den Effektivwert
s		1) Sättigung
		2) Sekundärseite
		3) Streu(induktivität)
$skin$		bezieht sich auf den Skineffekt
St		Störgröße
$strand$		bezieht sich auf eine Einzelader in der HF-Litze
x, y, z		in Richtung der jeweiligen Koordinate
ρ, φ		in Richtung der jeweiligen Koordinate

Sonstiges

$\cdot$		Skalarprodukt
$\times$		Kreuzprodukt
Δ		1) Laplace-Operator
		2) differentielle Änderung
$\overline{u}$		zeitlicher Mittelwert von $u(t)$
$\hat{u}$		Spitzenwert (Amplitude) von $u(t)$
$\underline{u}$		komplexe Größe
$\underline{u}^*$		konjugiert komplexer Wert von $\underline{u}$
$|\underline{u}|$		Betrag der komplexen Größe $\underline{u}$
$\underline{\hat{u}}$		komplexe Amplitude (Spitzenwertzeiger)
$\mathrm{Im}\{..\}$		Imaginärteil von ..
$\mathrm{Re}\{..\}$		Realteil von ..

Sachverzeichnis

Printed in the United States
By Bookmasters